Ruby
逆引きハンドブック
改訂2版

株式会社マネーフォワード
卜部昌平／金子雄一郎／泉谷圭祐／伊藤大介／加藤拓也
河野湖々／澤田剛／濱田陽／丸橋得真

C&R研究所

■権利について

● 本書に記述されている社名・製品名などは、一般に各社の商標または登録商標です。なお、本書では™、©、®は割愛しています。

■本書の内容について

● 本書は著者・編集者が実際に操作した結果を慎重に検討し、著述・編集しています。ただし、本書の記述内容に関わる運用結果にまつわるあらゆる損害・障害につきましては、責任を負いませんのであらかじめご了承ください。

● Rubyおよび拡張ライブラリなどは、仕様が変更になる場合もあります。本書で解説している場合と動作が異なったり、サンプルコードが動作しなくなる場合がありますので、あらかじめご了承ください。

● 本書は2018年6月現在の情報で記載しています。

■サンプルについて

● 本書で紹介しているサンプルは、C&R研究所のホームページ(http://www.c-r.com)からダウンロードすることができます。ダウンロード方法については、8ページを参照してください。

● サンプルデータの動作などについては、著者・編集者が慎重に確認しております。ただし、サンプルデータの運用結果にまつわるあらゆる損害・障害につきましては、責任を負いませんのであらかじめご了承ください。

● サンプルデータの著作権は、著者及びC&R研究所が所有します。許可なく配布・販売することは堅く禁止します。

● 本書の内容についてのお問い合わせについて

　　この度はC&R研究所の書籍をお買いあげいただきましてありがとうございます。本書の内容に関するお問い合わせは、「書名」「該当するページ番号」「返信先」を必ず明記の上、C&R研究所のホームページ(http://www.c-r.com/)の右上の「お問い合わせ」をクリックし、専用フォームからお送りいただくか、FAXまたは郵送で次の宛先までお送りください。お電話でのお問い合わせや本書の内容とは直接的に関係のない事柄に関するご質問にはお答えできませんので、あらかじめご了承ください。

〒950-3122 新潟県新潟市北区西名目所4083-6　株式会社 C&R研究所　編集部
FAX 025-258-2801
「改訂2版 Ruby逆引きハンドブック」サポート係

||| PROLOGUE

●改訂2版によせて

　このたびRuby逆引きハンドブックを改訂する機会に恵まれました。従来Rubyのバージョン1.8から1.9ごろに対応していたものを、2.3から2.5ごろの記述に更新しています。

　内容を読み返してみて、文法など、今日のRubyに繋がる基礎的な考え方は、初版の時点ですでに確立しており、骨格はそこまで変わっていないという印象を受けました。そこで基本的な章立ては従前を踏襲し、また、内容についてもそこまでのリライトをかけずに済んだ部分も多いです。

　とは申しましても、変えたところもあります。新しく増えたクラスやメソッドの解説を必要に応じて追加してあります。逆に減ったクラスもあり（Bignumなど）、これにも対応しないといけませんでした。

　また、Ruby自体よりもその周辺環境の動きが早かった部分があります。Rubygemsは組み込みになり、今ではBundlerの利用が一般的です。このような部分も全般的に現代的な記述に改めました。

　もちろん、サンプルコードは現在のRubyでの動作確認を行っています。執筆時点でアクティブなRubyのバージョンである2.3/2.4/2.5について、動作を確認しました。本書の内容に関しては読者の皆さんが安心してお使いいただけるものと自負しています。

　改訂に際しては出版社を筆頭に著者陣勤務先など、各方面の多大なご尽力が必要でした。お名前を挙げていくことができず、平にご容赦ください。もちろん、内容に瑕疵があれば（あると思いますが）、それはひとえに著者の責に帰すものです。

2018年初夏

著者を代表して
卜部 昌平

●初版のはじめに

　Ruby on Railsの大ブレークで日本発のオブジェクト指向スクリプト言語「Ruby」は世界的に注目されています。もちろんRubyはWeb専用言語ではなくて、システム管理やテキスト処理から数値計算まで、あらゆる用途に適しています。Rubyの活躍する領域があまりにも広範囲に及ぶため、エッセンスを詰め込んだだけでもこんなにぶ厚い本になりました。

　本書は「Rubyで○○するにはどう書けばいいのか?」という問いに答える逆引き本です。項目を開くと、そこにはRubyらしい答えが書いてあります。さまざまな条件に対応できるように、1つの項目につき、サンプルをたくさん用意しました。また、関連する項目を簡単に参照できるようになっています。困ったときにはとりあえず机の横に置いてある本書を参照するような、辞書的な使い方ができることを狙いにしています。

　本書はRuby初めての人からベテランに至るまで、Rubyに関わるすべての人のために書きました。プログラミングが初めての人は入門書と併用するといいでしょう。プログラミング経験者はCHAPTER 01 ～ 04を流し読みするとRubyの概要がわかると思います。

　本書はRubyの基礎から奥義まで紹介しています。文字列・正規表現・配列・ハッシュは、基本中の基本なので多くのページ数を割きました。Rubyでは組み込みのメソッドをしっかりマスターすることが大切だからです。後半の章から実践的な項目になっていき、最後の方はRubyの柔軟性に直に迫ります。Rubyは特に今流行りのDSL(ドメイン特化言語)の作成に向いています。DSLの作成についても解説しています。

　RailsでRubyを知った人は、まずRubyの基礎を固めてください。基礎がしっかりしていないうちにRailsという応用をやろうとしても、すぐにつまづいてしまいます。これからRailsを始める初心者にも、Rubyをよりよく使おうと思っている中・上級者にも、本書が役立てば幸いです。

　一般に、書籍のサンプルとなってるアプリケーションのソースコードは、スペースおよび説明の都合上、どうしても無理やりこしらえたおもちゃのような例になってしまいます。そこで本書のサンプルは、もっとミクロな視点で「このテクニックを使うと何が起きるのか」がはっきりわかるような説明的なコードにしました。

　本書はリファレンスマニュアルを置き換えるものではありません。幸い、RubyにはReFe2というリファレンスマニュアル閲覧ツールがあります。詳しい情報を手早くReFe2で参照できるように、メソッド名はReFe2が解釈する形で表記しています。たとえば、組み込み関数「print」は「Kernel#print」と表記しています。

　本書はRuby 1.8.6/1.8.7/1.9の各バージョンに対応しています。

　最後に、Ruby 1.9の情報を追い掛けているMauricio Fernandez氏には感謝しています。現場では当分Ruby 1.8の時代が続くと思いますが、長年の議論でより使いやすくパワーアップしたRubyをお楽しみください。

るびきち

本書について

♦ 本書の表記方法
本書の表記についての注意点は、次のようになります。

▶ サンプルの注釈方法について
サンプルには実際の使用例に加え、注釈記号による注釈を付けました。注釈記号は3つあります。注釈記号「# =>」の後ろにはその行の式の値を記しています。厳密にいうと「式の値にinspectメソッドを適用して人間が読みやすい文字列に変換したもの」を記しています。Rubyはオブジェクト指向で値ベースの言語であるため、式の値が何になるかが一番大切です。式の値を表示するとその値が文字列化されるため、値のクラスがあやふやになってしまいます。そのため、通常のプログラミング解説書のような「ソースコードと実行結果」形式を採らずに注釈方式を採用しました。irbでサンプルの式を1行1行、打ち込んで試してみてください。

例外（エラー）が発生するコードは「例外が発生するコード rescue $! # => #<例外クラス:エラーメッセージ>」のように注釈しています。irbに打ち込むときはrescue以下は不要です。

注釈記号「# >>」は標準出力への出力を記しています。サンプルをRubyインタプリタで実行するとそのように表示されることを意味します。仕様上の制限のため、出力はサンプルの末尾にまとめられますが、どの部分で出力されたのかがはっきりわかるように配慮しました。

注釈記号「# !>」はその行で発生した警告を記しています。仕組みの解説の上でやむを得ず警告が出るコードを示すことはありますが、実際のプログラミングでは警告の出るコードは記述すべきではありません。

次に注釈の例を示します。注釈方式による解説は、Ruby界でしばしば使われるので慣れてください。

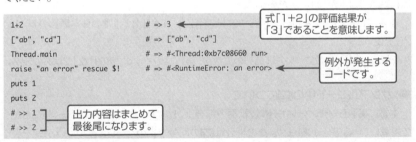

▶ クラスの表記方法について

　Rubyのデータは文字列や配列も含め、すべて何らかのクラスに属したオブジェクトです。目次ページでは初心者が逆引きできるように「文字列」など、すべて日本語で表記してありますが、解説ページでは厳密にするためにクラス名で表記することがあります。日本語名とクラス名の対応は次のようになります。

日本語名	クラス名
整数	Integer
浮動小数点数	Float
数値	Numeric
文字列	String
正規表現	Regexp
配列	Array
ハッシュ	Hash
時刻	Time
範囲	Range
ペア	2要素の配列

▶ インスタンスの表記方法について

　本書ではクラス名をクラスのインスタンスという意味で使っています。たとえば「Stringを返す」は「Stringクラスのインスタンスを返す」、すなわち「文字列を返す」を意味します。また、Rubyではクラスそのものもオブジェクトなので、クラスをオブジェクトとして扱う場合は「Stringクラスオブジェクト」と明記します。

▶ インデックスの表記方法について

　文字列や配列のインデックスは1からではなくて0から始まります。たとえば配列「a = ["a", "b", "c"]」において「a[0] == "a"」「a[1] == "b"」「a[2] == "c"」となります。対して、通常の日本語では1番目から数えます。そのため、プログラミングの文脈で「N番目」という言葉は文脈によって0始点か1始点かが異なります。

　本書ではインデックスを「インデックスN」と表記し、「N番目」は通常の日本語の意味（1始点）で使います。

　なお、メソッドの引数については最初の引数が「第1引数」です。「第0引数」ではありません。

💎 サンプルコード中の▼について

　本書に掲載したサンプルコードは、紙面の都合上、1つのサンプルコードがページをまたがって掲載している部分があります。その場合は▼の記号で次のページに続いていることを表しています。

❖ 本書で使用しているシェルコマンドについて

プログラムの実行結果ではいろいろなコマンドが使われています。登場するコマンドは
GNU/Linuxなど、Unix系OSのコマンドなのでWindowsユーザには見慣れないかもしれません。本書で使われているコマンドについて解説します。

- 「cat」はファイルの内容を標準出力に表示するコマンドです。Windowsでは「type」コマンドに相当します。スクリプトの入力ファイルの内容を示す場合にも使用しています。
- 「echo」は引数をそのまま標準出力に表示するコマンドです。パイプと併用して短い文字列をコマンドの標準入力に渡すときに使用しています。Windowsでも同名です。
- 「sudo」はUnix系OSでは管理者権限でコマンドを実行します。主にライブラリなどのインストール時に使用しています。

シェルにはリダイレクト機能が存在します。通常、標準入力は端末からのキーボード入力で、標準出力は端末への表示です。それらをファイルにリダイレクトすると入出力がファイルに置き換えられます。Unix系OS・Windows共通です。

- 「>」は標準出力の内容をファイルに書き込みます。
- 「<」はファイルの内容を標準入力へ送ります。
- 「|」はパイプで、前のコマンドの標準出力を次のコマンドの標準入力へ送ります。

❖ サンプルの動作について

サンプルの中にはUnix系OSのコマンドや環境に依存しているため、Windows環境では動作しないサンプルがあります。また、お使いの環境によっては、本書の注釈と異なる結果が表示されたり、動作しない場合もあります。

なお、Windows環境の場合、バイナリがない拡張ライブラリはインストールできなかったり、正しく動作しないことがあります。あらかじめ、ご了承ください。

▶サンプルファイルのダウンロードについて

　本書のサンプルデータは、C&R研究所のホームページからダウンロードすることができます。本書のサンプルを入手するには、次のように操作します。

❶ 「http://www.c-r.com/」にアクセスします。

❷ トップページ左上の「商品検索」欄に「244-0」と入力し、[検索]ボタンをクリックします。

❸ 検索結果が表示されるので、本書の書名のリンクをクリックします。

❹ 書籍詳細ページが表示されるので、[サンプルデータダウンロード]ボタンをクリックします。

❺ 下記の「ユーザー名」と「パスワード」を入力し、ダウンロードページにアクセスします。

❻ 「サンプルデータ」のリンク先のファイルをダウンロードし、保存します。

サンプルのダウンロードに必要な
ユーザー名とパスワード

| ユーザー名 | k2ruby |
| パスワード | m7u5f3 |

※ユーザー名・パスワードは、半角英数字で入力してください。また、「J」と「j」や「K」と「k」などの大文字と小文字の違いもありますので、よく確認して入力してください。

　ダウンロード用のサンプルファイルは、CHAPTERごとのフォルダの中に項目番号のフォルダに分かれています。サンプルはZIP形式で圧縮してありますので、解凍してお使いください。

CONTENTS

CHAPTER 01 Rubyの基礎知識

001 Rubyとは ……………………………………………… 32

002 Rubyの入手方法について ……………………… 34

003 Rubyの基本的な記述方法について ……………… 35

004 Rubyの実行について ……………………… 37

005 スクリプトを探索する順序について ……………… 38

006 ライブラリを読み込む ……………………………… 40
COLUMN ■ ファイル間でローカル変数は共有できない
COLUMN ■ ローカル変数の代わりに無引数メソッドを使用する
COLUMN ■ グローバルな名前空間を汚染しないでロードする

007 ライブラリが意図通りに動かない原因について ……………… 44

008 Rubyを制御する環境変数について ……………… 46

009 オブジェクト指向について ……………………… 48
COLUMN ■ 特異メソッド
COLUMN ■ クラスメソッド

010 クラス階層について ……………………………… 51
COLUMN ■ Ruby 1.9以降はBasicObjectがObjectのスーパークラス
COLUMN ■ 卵が先か鶏が先か

011 動的型付について ……………………………… 54

012 ドキュメントにおけるメソッドの表記方法について ……………… 56

013 エンコーディングについて ……………………… 57

CHAPTER 02 基本的なツール

014 手軽な実験環境 ……………………………… 60
COLUMN ■ 「Kernel#p」で式の値を表示する
COLUMN ■ 「xmpfilter」とエディタを使えば自動で再計算できる
COLUMN ■ 「irb」でスクリプトを実行する

015 「Pry」を使う ……………………………………… 63
COLUMN ■ 「Pry」をカスタマイズする
COLUMN ■ 「pry-byebug」

016 新しいgemをインストールする ……………… 67

017 gem間のバージョン依存関係を管理する ……………… 68

018 ドキュメント引き ……………………………… 69
COLUMN ■ 「ri」コマンドのその他の機能

||||||||||| CONTENTS |||||||||||||||||||||||||||||||||||||||||||||||||||||||||||||||||||||

CHAPTER 03 Rubyの文法

019 リテラルについて ……………………………………………… 74

020 演算子について ………………………………………………… 75

021 四則演算・剰余・べき乗について ……………………… 77

022 論理式について ………………………………………………… 79
COLUMN ■ 論理式を使った条件分岐
COLUMN ■ 「and」「or」「not」をメソッドの引数にするときは二重括弧が必要

023 代入について …………………………………………………… 82
COLUMN ■ 一部のオブジェクトは即値
COLUMN ■ インデックス代入・書き込みアクセサは広い意味での代入式

024 多重代入について ……………………………………………… 84
COLUMN ■ 代入形式のメソッドにも多重代入が使用可能

025 変数と定数について ………………………………………… 86
COLUMN ■ スレッドローカル変数

026 組み込み変数について ……………………………………… 91
COLUMN ■ Perlでおなじみの「$_」

027 コメントについて …………………………………………… 95

028 条件分岐式について ………………………………………… 96

029 ループ式について …………………………………………… 99

030 ループ制御について ………………………………………… 102
COLUMN ■ 深いループを抜けるには「Kernel#catch」「Kernel#throw」を使用する
COLUMN ■ 「break」「next」と返り値
COLUMN ■ ブロックの旧名はイテレータ

031 インクリメント・デクリメントについて ……………… 105
COLUMN ■ なぜインクリメント演算子を用意していないか

032 メソッド呼び出しについて ……………………………… 107
COLUMN ■ 組み込み関数とトップレベルのself

033 メソッド定義について ……………………………………… 109
COLUMN ■ 標準的なメソッドの命名法
COLUMN ■ 暗黙の「begin」式
COLUMN ■ メソッド定義のネスト

034 ブロックの使用例 …………………………………………… 118

035 ブロック付きメソッドについて ………………………… 121
COLUMN ■ ブロックローカル変数
COLUMN ■ ブロックと高階関数

036 クラス・モジュール定義について ……………………… 126
COLUMN ■ 標準的なクラス・モジュールの命名法
COLUMN ■ 動的なクラス・モジュール定義
COLUMN ■ 暗黙のbegin式

037 クラスの継承について ……………………………………… 132

038 Mix-inについて ……………………………………………… 135
COLUMN ■ インクルードをフックする

039 特異メソッド・クラスメソッドについて …………………… 138
COLUMN ■「Object#extend」はモジュールを特異クラスにインクルードする
COLUMN ■ モジュール関数はプライベートメソッドと特異メソッド

040 呼び出されるメソッドの決定方法 …………………………… 143
COLUMN ■ 関数の落とし穴

041 「===」と「case」式について ………………………………… 148
COLUMN ■「case」に式を指定しないと「if ～ elsif ～ else」の代わりになる

042 例外処理・後片付けについて ………………………………… 152
COLUMN ■ 例外は濫用するな

043 定義の別名・取り消しについて ……………………………… 158
COLUMN ■ 元のメソッド定義を利用してメソッドを再定義する
COLUMN ■ クラス・モジュールの別名を付ける
COLUMN ■ メソッド内でaliasする
COLUMN ■ クラスメソッドをaliasする

044 式の検査について …………………………………………… 163
COLUMN ■ クラス・モジュールからメソッドの存在を確認する

045 %記法について ……………………………………………… 167

046 予約語について ……………………………………………… 170

CHAPTER 04　オブジェクトの基礎

047 オブジェクトの文字列表現について ………………………… 174

048 オブジェクトを表示する ……………………………………… 175
ONEPOINT ■ オブジェクトを画面に表示するには
　　　　　　「Kernel#print」や「Kernel#puts」を使用する
COLUMN ■「Kernel#p」は主にデバッグ用

049 オブジェクトの同一性と同値性について …………………… 177
COLUMN ■ ユーザ定義クラスでは「==」を再定義する必要があるので注意
COLUMN ■「eql?」と「hash」
COLUMN ■ Rubyと他言語の同一性比較・同値性比較の違い

050 破壊的メソッドについて ……………………………………… 180
COLUMN ■ オブジェクトをコピーしてから破壊的メソッドを適用すれば安全

051 オブジェクトの比較について ………………………………… 182

052 オブジェクトのコピーについて……………………………… 183

053 オブジェクトが空であるかどうかを調べる ………………… 185
ONEPOINT ■ 空のオブジェクトであるか判定するには「empty?」メソッドを使用する

|||||||||||| CONTENTS |||||||||||||||||||||||||||||||||||||||||||||||||||||||||||||||||||||||||||||||||||

CHAPTER 05 文字列と正規表現

054 文字列リテラルについて …………………………………………… 188

055 Rubyでの日本語の扱いについて …………………………………… 191

056 ヒアドキュメントについて ………………………………………… 192

057 文字列の長さを求める ……………………………………………… 196
ONEPOINT■文字列の長さを求めるには「String#length」を指定使用する

058 部分文字列を抜き出す ……………………………………………… 197
ONEPOINT■部分文字列を抜き出すには「String#[]」を使用する

059 文字列を連結する …………………………………………………… 198
ONEPOINT■文字列を結合するには「String#+」や「String#<<」を指定する
COLUMN■「<<」メソッドはStringとArrayとIOで共用できる

060 文字列の一部を書き換える ………………………………………… 200
ONEPOINT■文字列の一部を書き換えるには「String#[]=」を使用する

061 文字列を取り除く …………………………………………………… 201
ONEPOINT■文字列の一部を取り除くには「String#slice!」を使用する
COLUMN■「String#[]=」でも文字列の一部を取り除くことができる

062 文字列を挿入する …………………………………………………… 203
ONEPOINT■文字列を挿入するには「String#insert」を使用する

063 文字列を繰り返す …………………………………………………… 204
ONEPOINT■文字列を繰り返すには「String#*」を使用する

064 文字列を反転する …………………………………………………… 205
ONEPOINT■文字列を反転するには
「String#reverse」「String#reverse!」を使用する

065 文字列を比較する …………………………………………………… 206
ONEPOINT■文字列比較は文字コード順に行われる

066 式の評価結果を文字列に埋め込む(式展開) …………………… 208
ONEPOINT■式展開はダブルクォート文字列に「#{式}」を含める
COLUMN■式展開のタイミングをずらす方法

067 文字列をフォーマットする(sprintf) …………………………… 210
ONEPOINT■文字列をフォーマットするには
「Kernel#sprintf」「String#%」を使用する

068 文字列を1行・1バイト・1文字ごとに処理する …………………… 212
ONEPOINT■文字列を行、バイト、文字ごとに処理するには
「String#lines」「String#bytes」「String#chars」を使用する

069 文字列を大文字・小文字変換する ………………………………… 213
ONEPOINT■すべてのASCIIアルファベットを大文字にするには
「String#upcase」を使用する

070 文字列を中央寄せ・左詰め・右詰めする ………………………… 214
ONEPOINT■文字列を中央寄せするには「String#center」を使用する

CONTENTS

071 文字列の最後の文字・改行を取り除く ……………………………… 215
ONEPOINT ■ 文字列の末尾の改行を取り除くには「String#chomp」を使用する

072 文字列の先頭と末尾の空白文字を取り除く ……………………… 217
ONEPOINT ■ 文字列の先頭と末尾の空白文字を取り除くには
「String#strip」を使用する

073 文字の集合に含まれる同一の文字の並びを1つにまとめる………… 218
ONEPOINT ■ 連続する文字の並びをまとめるには「String#squeeze」を使用する
COLUMN ■ 余計な空白文字を取り除く

074 文字列を数値に変換する …………………………………………… 220
ONEPOINT ■ 文字列を整数に変換するには「String#to_i」を、
小数に変換するには「String#to_f」を使用する
COLUMN ■ 頭に0が付いて数の落とし穴

075 文字列中の文字を数える …………………………………………… 222
ONEPOINT ■ 特定の文字を数えるには「String#count」を使用する
COLUMN ■ 括弧の対応が取れているかチェックする
COLUMN ■ 行数を数える

076 文字列中の文字を置き換える ……………………………………… 224
ONEPOINT ■ 文字を別の文字に置き換えるには「String#tr」を使用する

077 文字列をevalできる形式に変換する ……………………………… 225
ONEPOINT ■「String#dump」において「eval(string.dump) == string」が成立する

078 連番付きの文字列を生成する ……………………………………… 227
ONEPOINT ■ 連番付きの文字列を生成するには範囲オブジェクトを作成する
COLUMN ■ 連番を適切に認識してくれない場合の対処法

079 文字コードを変換する ……………………………………………… 230
ONEPOINT ■ 文字コードを変換するには「String#encode」を使用する
COLUMN ■ 改行コード変換にも「String#encode」を使用する
COLUMN ■ Unicode正規化形式KC

080 正規表現の基本……………………………………………………… 233

081 正規表現の文法について …………………………………………… 235

082 正規表現のオプションについて …………………………………… 239

083 正規表現の部分マッチを取得する（後方参照） …………………… 241
ONEPOINT ■ 後方参照するには「( )」付き正規表現にマッチさせてから
「$1」やMatchDataを使用する

084 正規表現の欲張りマッチ・非欲張りマッチについて ………………… 243

085 正規表現の先読みについて ………………………………………… 246

086 文字列から正規表現を作成する …………………………………… 249
ONEPOINT ■ 文字列から正規表現を作成するには正規表現中の式展開を使用する
COLUMN ■ grepコマンドをRubyで実装する

087 先頭・末尾がマッチするか調べる ………………………………… 251
ONEPOINT ■ 文字列の先頭・末尾が文字列にマッチするか調べるには
「String#start_with?」「String#end_with?」を使用する

13

CONTENTS

088 正規表現で場合分けする ……………………………… 252
ONEPOINT■正規表現で場合分けするには「case」式を使用する

089 文字列そのものにマッチする正規表現を生成する ………… 254
ONEPOINT■文字列そのものにマッチする正規表現を作成するには
「Regexp.escape」や「Regexp.union」を使用する

090 正規表現マッチに付随する情報（マッチデータ）を参照する ……… 255
ONEPOINT■正規表現マッチに関する情報はMatchDataオブジェクトを参照する
COLUMN■予約語のメソッド名を作成することは可能
COLUMN■マッチ関連の特殊変数のスコープはローカルかつスレッドローカル

091 複雑な正規表現をわかりやすく記述する ………………… 258
ONEPOINT■複雑な正規表現を記述するには「x」オプションを指定する
COLUMN■複雑すぎる正規表現を書かないようにする

092 正規表現にマッチする部分を1つ抜き出す ……………… 260
ONEPOINT■文字列から最初に正規表現にマッチする部分を抜き出すには
「String#[]」に正規表現を指定する

093 正規表現にマッチする部分を全部抜き出す ……………… 261
ONEPOINT■正規表現にマッチする部分をすべて抜き出すには
「String#scan」を使用する
COLUMN■正規表現にマッチした回数を数える
COLUMN■文字列の出現回数を数える

094 文字列を置き換える …………………………………… 264
ONEPOINT■文字列を置換するにはString#sub、String#gsubなどを使用する
COLUMN■特殊変数置換はシングルクォート文字列で
COLUMN■改行コードを統一する
COLUMN■欲張りマッチの落とし穴に注意
COLUMN■「\」を倍増させるには（ダブルエスケープ問題）
COLUMN■「String#gsub」をまとめると効率が上がることも
COLUMN■ブロックパラメータはお勧めできない

095 文字列を分割する ……………………………………… 270
ONEPOINT■文字列を分割するには「String#split」を使用する
COLUMN■分割結果を構造体にまとめる
COLUMN■「String#partition」「String#rpartition」について
COLUMN■先読み・戻り読み正規表現を指定する

096 文字列を検索する ……………………………………… 273
ONEPOINT■文字列を検索するには
「正規表現」「String#index」「String#rindex」を使用する
COLUMN■indexやmatchの（知られざる）第2引数について

097 シンボルについて ……………………………………… 275

098 文字列とシンボルを変換する ………………………… 278
ONEPOINT■文字列とシンボルの変換には
「Symbol#to_s」「String#intern」を使用する

099 バイナリデータの扱い ………………………………… 279
ONEPOINT■バイナリ文字列から情報を取り出すには「String#unpack」を使用する

||||||||||||||||||||||||||||||||||||||||||||||||||||||||||||||||||||||||||||||||| CONTENTS ||||||||||||||||

100 文字列を一定の桁で折り畳む（日本語対応） ·················· 281
ONEPOINT ■ 文字列を一定の桁で折り返すには
「NKF.nkf」の第1引数に「-f」「-F」オプションを指定する

101 文字列から書式指定で情報を取り出す（scanf） ·············· 283
ONEPOINT ■ 文字列から書式指定で情報を取り出すには「String#scanf」を使用する
COLUMN ■ 書式文字列における文字クラスの落とし穴

102 パスワード文字列を照合する ······································ 286
ONEPOINT ■ パスワードを照合するにはOpenSSLの提供するハッシュ関数を利用する
COLUMN ■ そもそも自前でパスワードを照合する必要はあるのか
COLUMN ■ 「String#crypt」について

103 文字列を暗号化・復号化する ······································ 288
ONEPOINT ■ 文字列を暗号化・復号化するには「OpenSSL::Cipher」を使用する
COLUMN ■ コマンドラインの「openssl enc」で暗号化したファイルを復号するには

104 Unixシェル風に単語へ分割する ································· 290
ONEPOINT ■ Unixシェルの規則で単語分割・エスケープするには
Shellwordsを使用する

105 HTMLエスケープ・アンエスケープする ······················ 291
ONEPOINT ■ HTMLエスケープするには「CGI.escapeHTML」を使用する
COLUMN ■ クロスサイトスクリプティング脆弱性

106 テキストにRubyの式を埋め込む（ERB） ····················· 293

107 ERBで無駄な改行を取り除く ····································· 297
ONEPOINT ■ ERBで余計な改行の出力を抑制するには
「ERB.new」の「trim_mode」に「<>」を指定する
COLUMN ■ 明示的に改行を抑制するERBタグについて

108 ERBで行頭の%を有効にする ···································· 299
ONEPOINT ■ ERBで「%」から始まる行をRubyの式として評価するには
「trim_mode」に「%」を指定する

109 ERBに渡す変数を明示する ······································· 300

110 ERBでメソッドを定義する ······································· 302
ONEPOINT ■ ERBでメソッドを定義するには「def_method」メソッドを使用する
COLUMN ■ ERBのコンパイル結果を得る

111 ERBでHTMLエスケープする ····································· 304
ONEPOINT ■ ERBでHTMLエスケープするには
「ERB::Util#h」モジュール関数を使う

112 CSVデータを処理する ··· 305
ONEPOINT ■ CSVファイルを扱うにはCSV.readなどを使用する
COLUMN ■ CSVファイルのエンコーディング

113 HTMLを解析する ·· 307
ONEPOINT ■ HTMLを解析するには「Nokogiri」を使用する

114 REXMLでXMLを解析する ··· 309

15

CONTENTS

CHAPTER 06 配列とハッシュ

115 配列・ハッシュを作成する ……………………………………… 314

116 同一要素にまつわる問題について ……………………………… 316

117 配列・ハッシュの要素を取り出す ……………………………… 318
ONEPOINT■配列・ハッシュから要素を取り出すには
「Array#[]」「Hash#[]」「Array#fetch」「Hash#fetch」を使用する

118 配列・ハッシュの要素を変更する ……………………………… 320
ONEPOINT■配列・ハッシュの要素を変更するには「[]=」を使用する

119 配列・ハッシュの要素数を求める ……………………………… 321
ONEPOINT■配列・ハッシュのサイズを求めるには
「Array#length」「Hash#length」を使用する

120 配列を結合する ……………………………………………………… 322
ONEPOINT■配列と配列を結合した結果を得るには
「Array#+」か「Array#concat」を使用する
COLUMN■ループ中では「concat」を使用する

121 同じ配列を繰り返す ………………………………………………… 323
ONEPOINT■同じ配列を整数回繰り返すには「*」演算子を使用する
COLUMN■コピーして繰り返す

122 部分配列を作成する ………………………………………………… 325
ONEPOINT■配列の連続した部分配列を作成するには「Array#[]」を使用する
COLUMN■最初のn個を取り出すには「Enumerable#take」が使用可能
COLUMN■最初のn個を取り除いた配列の作成には
「Enumerable#drop」が使用可能
COLUMN■複数インデックスの要素からなる部分配列を作成するには

123 配列で集合演算する ………………………………………………… 327
ONEPOINT■配列で集合演算するには「&」「|」「-」演算子を使用する
COLUMN■配列Aのすべての要素が配列Bに含まれているかチェックする
COLUMN■集合クラス

124 順列・組み合わせ・直積を求める ……………………………… 329
ONEPOINT■順列・組み合わせを求めるには
「Array#permutation」「Array#combination」を使用する

125 配列に要素を追加する ……………………………………………… 331
ONEPOINT■配列に要素を破壊的に追加するには
「Array#push」「<<」「Array#unshift」を使用する

126 配列の末尾・先頭の要素を取り除く …………………………… 332
ONEPOINT■配列の末尾・先頭の要素を取り除くには
「Array#pop」「Array#shift」を使用する

127 配列をLisp的連想リストとして使う …………………………… 333
ONEPOINT■連想リストからキーに対応する要素を得るには
「Array#assoc」を使用する
COLUMN■少数要素でもハッシュの方が速い

|||||||||||||||||||||||||||||||||||||||||||||||||||||||||||||||||||||||||||||||||||||||||||||||||||||||||||||| CONTENTS |||||||||||||||

128 配列・ハッシュを空にする ················ 334
ONEPOINT ■ 配列・ハッシュの内容を空にするには「clear」メソッドを使用する
COLUMN ■ 別の配列・ハッシュに置き換えるには「replace」メソッドを使用する

129 配列から要素を取り除く ················ 335
ONEPOINT ■ 配列から要素を削除するには
「Array#delete」「Array#delete_at」「Array#delete_if」を使用する
COLUMN ■ 要素を削除する他のメソッド

130 配列の要素を1つずつ処理する ················ 336
ONEPOINT ■ 配列の要素を1つずつ処理するには「Array#each」を使用する

131 配列のインデックスに対して繰り返す ················ 338
ONEPOINT ■ 配列のインデックスに対して繰り返すには
「Array#each_index」を使用する
COLUMN ■ 他の方法を模索する

132 配列の指定された範囲を同じ値で埋める ················ 339
ONEPOINT ■ 配列を同じ値で埋めるには「Array#fill」を使用する
COLUMN ■ 「fill(value, 範囲指定引数)は同一要素問題に注意

133 ネストした配列を平坦化する ················ 340
ONEPOINT ■ ネストした配列を平坦化するには
「Array#flatten」「Array#flatten!」を使用する

134 配列内で等しい要素の位置を求める ················ 341
ONEPOINT ■ 等しいオブジェクトを見つけてそのインデックスを得るには
「Array#index」「Array#rindex」を使用する

135 配列に要素を挿入する ················ 342
ONEPOINT ■ 配列に要素を挿入するには「Array#insert」を使用する

136 配列を文字列化する ················ 343
ONEPOINT ■ 配列を文字列化するには「Array#inspect」や「Array#join」を使用する

137 配列を反転する ················ 344
ONEPOINT ■ 配列の要素を逆順にするには「Array#reverse」を使用する

138 二次元配列を転置する ················ 345
ONEPOINT ■ 疑似二次元配列の行と列を入れ替えるには
「Array#transpose」を使用する

139 配列から重複要素を取り除く ················ 346
ONEPOINT ■ 配列から重複要素を取り除くには「Array#uniq」を使用する

140 配列をシャッフルする ················ 347
ONEPOINT ■ 配列をシャッフルするには「Array#shuffle」を使用する

141 配列をスタックとして使う ················ 348
ONEPOINT ■ 配列をスタックとして使うには
「Array#push」と「Array#pop」と「Array#last」を使用する

142 配列をキューとして使う ················ 350
ONEPOINT ■ 配列をキューとして使うには「Array#push」と「Array#shift」を使用する

17

CONTENTS

143 多次元配列を扱う 352
ONEPOINT ■ 多次元配列はネストした配列やハッシュで代用する

144 ハッシュのデフォルト値を求める・設定する 354
ONEPOINT ■ ハッシュの値が設定されていない場合はデフォルト値を使用する

145 ハッシュの要素を1つずつ処理する 356
ONEPOINT ■ ハッシュの要素を1つずつ処理するには「Hash#each」を使用する

146 ハッシュがキー・値を持つかどうかをチェックする 357
ONEPOINT ■ ハッシュがキーを持つかチェックするには「Hash#key?」を使用する

147 ハッシュから要素を取り除く 358
ONEPOINT ■ ハッシュから要素を取り除くには
「Hash#delete」や「Hash#delete_if」を使用する
COLUMN ■ nilの落とし穴

148 ハッシュの値に対応するキーを求める 360
ONEPOINT ■ ハッシュの値に対応するキーを求めるには「Hash#key」を使用する
COLUMN ■ ハッシュの逆検索は非常に遅い

149 ハッシュのキーと値を反転する(逆写像) 361
ONEPOINT ■ ハッシュのキーと値を反転するには「Hash#invert」を使用する

150 ハッシュのキー・値のみを集める 362
ONEPOINT ■ ハッシュのすべてのキー・値を得るには
「Hash#keys」「Hash#values」を使用する

151 ハッシュを混合する 363
ONEPOINT ■ ハッシュを混ぜ合わせるには
「Hash#merge」か「Hash#update」を使用する

152 オブジェクトをハッシュのキーとして扱えるようにする 364
ONEPOINT ■ ハッシュのキーとして使えるようにするには
「Object#eql?」と「Object#hash」を再定義する
COLUMN ■ キーに破壊的メソッドを適用すると値を取り出せなくなる

153 ネストした配列・ハッシュから指定した要素を取り出す 367
ONEPOINT ■ ネストした配列・ハッシュから指定した要素を取り出すには
「Array#dig」「Hash#dig」を使用する

154 ハッシュの要素の中で条件にマッチしたものを取り出す 369
ONEPOINT ■ ハッシュの要素の中で条件にマッチしたものを取り出すには
「Hash#select」を使う
COLUMN ■ 「Hash#select」と「Enumerable#select」の違い

CHAPTER 07　コレクション一般を扱うモジュールEnumerable

155 「Enumerable」は配列を一般化したもの 372

156 各要素に対してブロックの評価結果の配列を作る(写像) 374
ONEPOINT ■ 各要素にブロックを適用した配列を作成するには
「Enumerable#map」を使用する

CONTENTS

157 すべての要素の真偽をチェックする ……………………… 375
ONEPOINT■全要素・1つ以上の要素が条件を満たすか調査するには
「Enumerable#all?」と「Enumerable#any?」を使用する
COLUMN■「Enumerable#all?」の真逆は「Enumerable#none?」
COLUMN■1つの要素のみが条件を満たすか調査するには
「Enumerable#one?」を使用する

158 要素とインデックスを使って繰り返す …………………… 377
ONEPOINT■要素にインデックスを付けて繰り返すには
「Enumerable#each_with_index」を使用する
COLUMN■他の配列との並行処理を行うには「Enumerable#zip」を使用する

159 指定した要素が含まれるかを調べる …………………… 378
ONEPOINT■指定した要素が含まれるか調べるには
「Enumerable#include?」を使用する
COLUMN■「case」式で配列展開を使うこともできる

160 パターンにマッチする要素を求める …………………… 380
ONEPOINT■要素のパターンマッチを行うには「Enumerable#grep」を使用する

161 合計を計算する ………………………………………… 381
ONEPOINT■要素の合計を計算するには「Enumerable#sum」を使用する

162 最小値・最大値を求める ……………………………… 382
ONEPOINT■要素の最小値・最大値を求めるには「Enumerable#min」
「Enumerable#max」を使用する

163 条件を満たす最初の要素を求める …………………… 383
ONEPOINT■条件を満たす最初の要素を求めるには「Enumerable#find」を使用する

164 条件を満たす要素をすべて求める …………………… 384
ONEPOINT■条件を満たす要素をすべて求めるには
「Enumerable#select」を使用する

165 条件を満たさない要素をすべて求める ……………… 386
ONEPOINT■条件を満たさない要素を求めるには「Enumerable#reject」を使用する
COLUMN■条件を満たさないところで打ち切るには
「Enumerable#drop_while」を使用する

166 条件を満たす要素と満たさない要素に分ける ……… 388
ONEPOINT■「Enumerable#partition」＝
「Enumerable#select」＋「Enumerable#reject」
COLUMN■ブロックの値によって分けるには
「Set#classify」や「Enumerable#group_by」を使用する

167 指定した条件でコレクションの要素をグループ分けする …………… 389
ONEPOINT■指定した条件でコレクションを区切るには
「Enumerable#slice_before」や「Enumerable#slice_before」、
「Enumerable#slice_when」を使用する

168 条件を満たす要素を数える …………………………… 392
ONEPOINT■条件を満たす要素を数えるには「Enumerable#count」を使用する
COLUMN■Enumeratorの要素数(行数・文字数)を求める

19

CONTENTS

169 ソートする ········· 394
ONEPOINT ■ 要素のソートには
「Enumerable#sort」や「Enumerable#sort_by」を使用する
COLUMN ■ 降順のソートは「sort.reverse」を使用する
COLUMN ■ 「sort_by」のカラクリ

170 コレクションを畳み込み処理する ········· 397
COLUMN ■ 「inject」応用編
COLUMN ■ クラス名を表す文字列から実際のクラスオブジェクトを取り出す

171 畳み込み処理による縦横計算をする ········· 401
ONEPOINT ■ 「Enumerable」で縦横計算するには「Enumerable#zip」を使用する

172 各要素をN個ずつ繰り返す ········· 403
ONEPOINT ■ 各要素をN個ずつ繰り返すには「Enumerable#each_slice」を使用する
COLUMN ■ 重複ありでN個一組にして繰り返すには
「Enumerable#each_cons」を使う

173 各要素をローテーションする ········· 405
ONEPOINT ■ 要素をローテーションするには「Enumerable#cycle」を使用する

174 長さが不確かなコレクションを繰り返し処理する ········· 407
ONEPOINT ■ 無限の長さを持つ要素を扱うときは「Enumerable#lazy」を使用する

175 クラスにeachを定義せずにEnumerableのメソッドを利用する ··· 408

176 each以外のメソッドでEnumerableモジュールを使用する ········· 411
ONEPOINT ■ 繰り返しメソッドでブロックを省くと「each」メソッド以外で
「Enumerable」モジュールが使用できる
COLUMN ■ 繰り返しメソッドを「with_index」化する
COLUMN ■ 繰り返しメソッドをEnumerator化するおまじない

CHAPTER 08 数値と範囲

177 数値リテラルについて ········· 414
COLUMN ■ 偶数・奇数判定は「Integer#even?」「Integer#odd?」を使用する
COLUMN ■ 整数の16進、8進、2進表記を得るには

178 数学関数の値を求める ········· 416
ONEPOINT ■ 数学関数を使うにはMathモジュールを使用する

179 乱数を得る ········· 418
ONEPOINT ■ 疑似乱数を得るには「Kernel#rand」を使用する
COLUMN ■ 乱数の種を設定する

180 範囲オブジェクトを作成する ········· 420
ONEPOINT ■ 範囲オブジェクトを作成するには「..」「...」リテラルを使用する
COLUMN ■ 「<=>」メソッドを持っていれば始点・終点になれる

181 範囲の間の繰り返しを行う ········· 422
ONEPOINT ■ MからNまでの繰り返すには
「Integer#upto」や「Range#each」を使用する

	CONTENTS

182 範囲に含まれているかどうかをチェックする …………………… 424
ONEPOINT■範囲に含まれているかチェックするには
「Comparable#between?」や「Range#include?」を使用する
COLUMN■文字列に対する「Range#include?」

183 数字を3桁ずつカンマで区切る ………………………………… 426
ONEPOINT■数字を3桁ずつカンマで区切るには文字列化してから
「String#gsub」を使用する
COLUMN■登場する正規表現の解説

184 行列・ベクトルの計算をする …………………………………… 428
ONEPOINT■行列を作るには「Matrix.[]」を、
ベクトルを作るには「Vector.[]」を使用する
COLUMN■数値の高速な行列計算をするには

185 複素数を計算する ………………………………………………… 431
ONEPOINT■複素数計算をするにはComplexクラスやCMathライブラリを利用する

186 有理数を計算する ………………………………………………… 432
ONEPOINT■有理数を作成するには「Kernel#Rational」を使用する

187 任意精度浮動小数点数で浮動小数点数の誤差をなくす …………… 433
ONEPOINT■10進小数を使用するには「Kernel#BigDecimal」を使用する
COLUMN■浮動小数点数の誤差の累積について
COLUMN■10進小数の2進数表記

188 数値計算用多次元配列で高速な数値計算をする ………………… 436
ONEPOINT■数値計算専用の配列を作成するには「NArray.[]」を使用する
COLUMN■NArrayの要素の取り出し方は配列とは逆

CHAPTER 09 時刻と日付

189 現在時刻・日付を求める ………………………………………… 440
ONEPOINT■現在時刻・日付を得るには「Time.now」や「Date.today」を使用する
COLUMN■特定の時刻・日付を得るには「Time.local」や「Date.new」を使用する

190 時刻・日付から情報を抜き出す ………………………………… 442
ONEPOINT■「Time」「Date」「DateTime」から情報を抜き出すには
時間の単位名のメソッドを使用する
COLUMN■他の情報を抜き出すには

191 時刻・日付をフォーマットする ………………………………… 443
ONEPOINT■「Time」「Date」をフォーマットするには「strftime」メソッドを使用する

192 文字列から時刻・日付に変換する ……………………………… 444
ONEPOINT■文字列を解析して「Time」「Date」「DateTime」に変換するには
「parse」クラスメソッドを使用する

193 時刻・日付を加減算する ………………………………………… 446
ONEPOINT■時刻・日付の計算をするには加減算を使用する

CONTENTS

CHAPTER 10 入出力とファイルの扱い

194 ファイル操作を始めるには ……………………………………… 450
COLUMN ■ ファイルのパーミッションを指定する

195 IOエンコーディングについて ……………………………………… 453
COLUMN ■ default_externalとdefault_internalを設定する
コマンドラインオプション
COLUMN ■ default_externalとdefault_internalをスクリプト内で設定する

196 ファイル全体を読み込む ……………………………………… 457
ONEPOINT ■ ファイル全体を読み込むには「IO#read」や「IO.read」を使用する
COLUMN ■ 「IO#read」「IO.read」のoptional引数

197 ファイルを1行ずつ読み込む ……………………………………… 458
ONEPOINT ■ ファイルから1行ずつ読み込むには
「IO#gets」や「IO#each_line」を使用する
COLUMN ■ 「IO#gets」や「IO#readlines」で改行以外の区切りを指定する

198 ファイルを1バイトずつ読み込む ……………………………………… 461
ONEPOINT ■ ファイルから1バイトずつ読み込むには「IO#each_byte」を使用する

199 ファイル全体を書き込む ……………………………………… 462
ONEPOINT ■ ファイル全体を書き込むには「File.write」を使用する

200 ファイルに書き込む ……………………………………… 463
ONEPOINT ■ ファイルに書き込むには「IO#<<」などを使用する
COLUMN ■ 「IO#<<」とポリモーフィズム
COLUMN ■ 「$stdout」と「$stderr」にIO以外を指定することも可能

201 ファイルの情報を得る ……………………………………… 466
ONEPOINT ■ ファイルの情報を得るには「File.stat」を使用する
COLUMN ■ シンボリックリンクそのものの情報を得るには「File.lstat」を使用する

202 ファイルのコピー・移動・削除などを行う ……………………… 469
ONEPOINT ■ ファイルをコピー・移動・削除するにはFileUtilsモジュールを使用する

203 ポジションを移動する ……………………………………… 472
ONEPOINT ■ ポジションを移動するには「IO#pos=」などを使用する

204 一時ファイルを作成する ……………………………………… 473
ONEPOINT ■ 一時ファイルを作成するには「Tempfile.create」を使用する
COLUMN ■ 一時ディレクトリを得るには「Dir.tmpdir」を使用する

205 gzip圧縮のファイルを読み書きする ……………………………… 475
ONEPOINT ■ gzip圧縮のファイルを読み書きするには
「Zlib::GzipReader」と「Zlib::GzipWriter」を使用する
COLUMN ■ Ruby2.4以降ではgzip圧縮のファイルを読み書きするには
「Zlib.gzip」と「Zlib.gunzip」を使用する

206 ファイル名を操作する ……………………………………… 477
ONEPOINT ■ パス名を操作するにはFileの各種クラスメソッドを使用する

|||||||||||||||||||||||||||||||||||||||||||||||||||||||||||||||||||||||||||||||||||||||||| CONTENTS |||||||||||||

207 ワイルドカードでファイル名をパターンマッチする ·················· 479
　　COLUMN ■ 隠しファイルについて
　　COLUMN ■ 「File.fnmatch」のフラグについて
　　COLUMN ■ 「Dir.[]」と「Dir.glob」について

208 ファイル名をオブジェクト指向で扱う ································ 484

209 文字列をIOオブジェクトのように扱う ······························ 487
　　ONEPOINT ■ 文字列をIOオブジェクトのように扱うにはStringIOクラスを使用する
　　COLUMN ■ オブジェクトがIOであるかを判定してはいけない

210 ログファイルに書き込む ·· 489
　　ONEPOINT ■ ログファイルに書き込むには「Logger」を使用する
　　COLUMN ■ ログファイルを取り換える
　　COLUMN ■ 特定の重要度のログのみを取り出す

CHAPTER 11　システムとのインターフェイス

211 コマンドとしてもライブラリとしても使えるようにする
　　　　　　　　　　　　　　　　　イディオムについて ········· 494
　　COLUMN ■ オプション変数

212 入力ファイルまたは標準入力を読む ································ 497
　　ONEPOINT ■ フィルタの入力を扱うには「ARGF」を使用する
　　COLUMN ■ 「ARGF」は実は「File」オブジェクトではない

213 コマンドラインオプションを処理する ······························ 499
　　COLUMN ■ 受け付けるオプション引数を制限する
　　COLUMN ■ オプション引数の変換
　　COLUMN ■ カジュアルなオプション解析をするには
　　　　　　　「OptionParser.getopts」を使用する

214 環境変数を読み書きする ·· 504
　　ONEPOINT ■ 環境変数を読み書きするにはENVにアクセスする
　　COLUMN ■ 環境変数は基本的に汚染されている

215 Rubyのバージョンを知る ·· 505
　　ONEPOINT ■ Rubyのバージョンを得るには「RUBY_VERSION」にアクセスする

216 OSの種類を判別する ·· 506
　　ONEPOINT ■ 動作しているOSの種類を知るには
　　　　　　　「RUBY_PLATFORM」にアクセスする
　　COLUMN ■ より細かい判別にはPlatformモジュールを使用する

217 外部コマンドを実行する ·· 507
　　ONEPOINT ■ 外部コマンドを実行するには「Kernel#system」を使用する
　　COLUMN ■ 「Process::Status」オブジェクトについて

218 子プロセスの出力を文字列で得る ·································· 509
　　ONEPOINT ■ 子プロセスの出力を得るには「｀コマンド｀」を使用する

CONTENT3

219 文字列を標準入力として子プロセスの出力を文字列で得る ……… 510
ONEPOINT■文字列をフィルタコマンドにかけた結果を得るには
「String#external_filter」を定義して使う

220 子プロセスとのパイプラインを確立する …………………… 511
ONEPOINT■子プロセスとのパイプを作成するには「IO.popen」を使用する
COLUMN■入出力バッファリングについて

221 シグナルを捕捉する ………………………………………… 513
ONEPOINT■シグナルを捕捉するには「Signal.trap」を使用する
COLUMN■シグナルによる割り込みから守る

222 デーモンを作成する ………………………………………… 516
ONEPOINT■「Process.daemon」を使用して簡単にデーモンを作成する

223 ワンライナーを極める ……………………………………… 518

224 ワンライナーでフィルタを記述する ……………………… 520
COLUMN■「-i」でファイルを書き換える
COLUMN■Perlには負けてしまう

225 ワンライナーでレコードセパレータを変更する…………………… 525

CHAPTER 12 | ネットワーク

226 URLからホスト名、パスなどを抜き出す ………………… 528
ONEPOINT■URLからホスト名などを抜き出すにはURIクラスを使用する
COLUMN■URI=URL+URN

227 Webサーバを立ち上げる …………………………………… 530

228 URLにある内容を読み込む………………………………… 532
ONEPOINT■URLの内容を読み込むには「open-uri」ライブラリを使用する

229 ソケットを読み書きする …………………………………… 533
ONEPOINT■ソケットはIOのサブクラス

230 JSONでデータをやり取りするHTTPサーバを作成する ………… 535
COLUMN■Ruby on Rails

231 Web APIにアクセスする………………………………… 538
ONEPOINT■Web APIにアクセスするときは「httpclient」などの
HTTPクライアントライブラリを使用する
COLUMN■公式クライアントを活用する

232 メールを読み書きする ……………………………………… 540
ONEPOINT■メールを読み書きするにはmailを使用する
COLUMN■添付ファイル付きのメールを作成する

233 メールを送信する …………………………………………… 543
ONEPOINT■メールを送信するには「Mail#deliver」を使用する
COLUMN■単純なメールならば「Net::SMTP」だけで充分

||||||||||||||||||||||||||||||||||||||||||||||||||||||||||||||||||||||||||||||||||||| CONTENTS |||||||||||||

234 TCPサーバ・クライアントを作成する ……………………………… 545
ONEPOINT ■ TCPサーバを作成するには「Socket.tcp_server_loop」を使う
COLUMN ■ ソケットはIOのサブクラス

CHAPTER 13 クラス・モジュール・オブジェクト

235 アクセサを使ってインスタンス変数をパブリックにする ……………… 548
ONEPOINT ■ インスタンス変数を外部からアクセス可能にするには
「Module#attr_accessor」などを使用する
COLUMN ■ アクセサ経由でインスタンス変数にアクセスすることの利点
COLUMN ■「obj.getA()」「obj.setA(a)」ではなくて
「obj.a」「obj.a = a」がRuby流

236 デフォルト値付きのアクセサを定義する …………………………… 551
ONEPOINT ■ デフォルト値のアクセサを定義するには
「Module#attr_accessor_default」を定義する

237 オブジェクトがメソッドを受け付けるかチェックする ………………… 553
ONEPOINT ■ オブジェクトがメソッドを受け付けるかチェックするには
「Object#respond_to?」を使用する
COLUMN ■「Object#respond_to?」を使わずに
メソッドを受け付けるかチェックする方法
COLUMN ■ プライベートメソッドやプロテクテッドメソッドを受け付けるかチェックする

238 メソッドの可視性を設定する ……………………………………… 555
COLUMN ■ privateなメソッドを外部から強引に呼ぶ
COLUMN ■ 使いどころが難しいprotected
COLUMN ■ 内部インターフェイスを共有する場合は
privateにして「Object#__send__」で呼び出す

239 変数を遅延初期化する ……………………………………………… 559
ONEPOINT ■ 変数がnilのときに初期値を与えるには「||=」演算子を使用する
COLUMN ■「||=」は警告が出ないので安心
COLUMN ■「||=」演算子を簡易memoizeとして使う

240 複数のコンストラクタを定義する ………………………………… 562
ONEPOINT ■ new以外のコンストラクタを定義するには
クラスメソッド定義中にnewを呼ぶ

241 キーワード引数を使う …………………………………………… 564
ONEPOINT ■ キーワード引数の指定の仕方
COLUMN ■ 疑似キーワード引数

242 モジュール関数を定義する ……………………………………… 566
ONEPOINT ■ モジュール関数を定義するには「module_function」を指定する
COLUMN ■「extend self」とするとすべてのメソッドをモジュール関数にできる

243 情報を集積するタイプのオブジェクトには構造体を使う ………… 568
ONEPOINT ■ 構造体を定義するには「Struct.new」を使用する
COLUMN ■ ハッシュとの違い
COLUMN ■ OpenStructについて

25

CONTENTS

244 ハッシュのキーをアクセサにする ································ 570
ONEPOINT ■ ハッシュのキーをアクセサにするには構造体に変換する

245 メソッドを委譲する ··· 571
ONEPOINT ■ メソッドをインスタンス変数に委譲するには
Forwardableモジュールを使用する
COLUMN ■ 継承と委譲

246 オブジェクトを変更不可にする ····························· 573
ONEPOINT ■ オブジェクトを変更不可にするには「Object#freeze」を使用する
COLUMN ■ 自己代入は名札の張り替えである

247 キャッシュ付きのメソッドを定義する ······················ 574
ONEPOINT ■ 計算結果をキャッシュするメソッドを作成するには
ブロック付き「Hash.new」を使用する
COLUMN ■ フィボナッチ数列にmemoizeが効果的な理由

248 オブジェクトに動的に特異メソッドを追加する ·············· 577
ONEPOINT ■ オブジェクトに動的に特異メソッドを追加するには
「Kernel#extend」を使用する
COLUMN ■ 組み込みクラスに必要に応じてメソッドを追加するには
COLUMN ■ オブジェクトの特異メソッド定義はextendを使用するべき

249 動的にメソッドを定義する ································· 580
ONEPOINT ■ 動的にメソッドを定義するには「Module#define_method」を使用する

250 動的にブロック付きメソッドを定義する ·················· 582
ONEPOINT ■ 動的にブロック付きメソッドを定義するには
「Module#define_method」でブロック引数を使用する
COLUMN ■ optional引数やkeyword引数を使う

251 動的に特異メソッドを定義する ··························· 584
ONEPOINT ■ 動的に特異メソッドを定義するには
特異クラス内で「Module#define_method」を使用する
COLUMN ■ 特異クラスの取得方法とスコープの関係
COLUMN ■ 「class << self; self; end」というイディオム

252 動的にクラス・モジュールを定義する ···················· 587
ONEPOINT ■ 動的にクラスを定義するには「Class.new」を使用する

253 メソッドを再定義する ····································· 588
ONEPOINT ■ 元の定義を保持しつつメソッドを再定義するには
「Module#prepend」を使用する
COLUMN ■ 「Module#prepend」と継承ツリー

254 ブロックでクロージャー（無名関数）を作る ··············· 590
ONEPOINT ■ 手続きオブジェクトは明示的にも作成できる
COLUMN ■ 「Proc.new」と「Kernel#lambda」の違い
COLUMN ■ クロージャーでデータを隠蔽する
COLUMN ■ Procに関する文法

255 メソッドオブジェクトを得る ······························· 594
ONEPOINT ■ メソッドをオブジェクトとして扱うには「Kernel#method」を使用する
COLUMN ■ Methodはメソッドの実体をコピーする

26

CONTENTS

256 ブロックを他のメソッドに丸投げする ……………………… 596
ONEPOINT ■ ブロックを他のメソッドに丸投げするにはブロック引数を指定する

257 ブロックを簡潔に表現する ……………………… 598
ONEPOINT ■ 無引数メソッド呼び出しのみのブロックを簡潔に記述するには
ブロック引数にシンボルを指定する

258 抽象メソッドを定義する ……………………… 600
ONEPOINT ■ サブクラスで定義されるべきメソッドを表現するには
「NotImplementedError」を利用する

259 文脈を変えてブロックを評価する ……………………… 602
ONEPOINT ■ 文脈を変えてコードを評価するには「BasicObject#instance_eval」
や
「Module#module_eval」を使用する
COLUMN ■ 「Module#define_method」とメソッド定義は同一ではない

260 文脈を変えて引数付きでブロックを評価する ……………………… 605
ONEPOINT ■ 「BasicObject#instance_eval」にブロックパラメータを渡すには
「BasicObject#instance_exec」を使用する
COLUMN ■ 「Module#module_exec」と「Module#class_exec」

261 似たようなメソッドをまとめて定義する ……………………… 607
ONEPOINT ■ 似たようなメソッドをまとめて定義するには
「Module#def_each」を定義する

262 文字列をRubyの式として評価する ……………………… 609
ONEPOINT ■ 文字列をRubyの式として評価するには「Kernel#eval」を使用する
COLUMN ■ 複数行の文字列を評価する場合は
ファイル名と行番号を設定しておくべき

263 名前を指定してメソッドを呼び出す ……………………… 612
ONEPOINT ■ 名前を指定してメソッドを呼び出すには
「BasicObject#__send__」を使用する
COLUMN ■ 呼び出すメソッドを「case」式で分岐する処理が出てきたら
「BasicObject#__send__」を使うチャンス

264 名前を指定して定数の値を得る ……………………… 614
ONEPOINT ■ 名前を指定して定数の値を得るには「Module#const_get」を使用する

265 名前を指定してインスタンス変数を読み書きする ……………………… 615
ONEPOINT ■ オブジェクトのインスタンス変数を外から参照するには
「Kernel#instance_variable_get」を使用する

266 終了直前に実行する処理を記述する ……………………… 617
ONEPOINT ■ スクリプト終了直前に実行させるには「Kernel#at_exit」などを使用する
COLUMN ■ リソース使用開始時に終了処理を記述する

267 大きいオブジェクトをコンパクトに表示する ……………………… 619
ONEPOINT ■ 大きいオブジェクトをコンパクトに表示するには
不要なオブジェクトを短縮形にする
COLUMN ■ UnboundMethodからメソッドを定義する

268 セキュリティチェックについて ……………………… 622
COLUMN ■ 徐々に廃止されてきたセーフレベル

27

CONTENTS

269 リフレクションについて ……………………………………………… 625

270 使用可能なメソッド名をすべて得る ……………………………… 628
COLUMN ■ 普通は「Kernel#respond_to?」を使用する

271 変数のリストを得る ………………………………………………… 631

272 存在しないメソッド呼び出しをフックする ……………………… 634
ONEPOINT ■ 存在しないメソッドを呼び出した場合の動作を定義するには
「method_missing」メソッドを定義する

CHAPTER 14　マルチスレッドと分散Ruby

273 スレッドで並行実行する ………………………………………… 638
ONEPOINT ■ Rubyで並行処理するには「Thread.start」を使用する
COLUMN ■ 「Thread.start」の引数の必要性
COLUMN ■ スレッドでの例外には注意

274 無限ループを実現する …………………………………………… 642
ONEPOINT ■ 無限ループするには「Kernel#loop」を使用する
COLUMN ■ 「StopIteration」例外で「Kernel#loop」から抜けることができる

275 他のスレッドの実行終了を待つ ………………………………… 644
ONEPOINT ■ 他のスレッドと待ち合わせをするには「Thread#join」を使用する
COLUMN ■ 「Thread#join」と例外
COLUMN ■ スレッドのブロックが返した値を知るには「Thread#value」を使用する
COLUMN ■ タイムアウトの設定

276 スレッドローカル変数を扱う……………………………………… 646
ONEPOINT ■ スレッド固有のデータを設定するには
「Thread#thread_variable_get」を使用する

277 ブロックの実行にタイムアウトを設定する …………………… 647
ONEPOINT ■ タイムアウトを設定するには
「Timeout.timeout」モジュール関数を使用する
COLUMN ■ timeout.rbのソースコードを読んでみる

278 キューで順番に処理していく …………………………………… 648
ONEPOINT ■ スレッド間通信のキューを作成するには「Queue」クラスを使用する

279 スレッドを排他制御する ………………………………………… 650
ONEPOINT ■ 排他制御するには「Mutex#synchronize」や
「Monitor#synchronize」を使用する
COLUMN ■ 「Monitor」は「Mutex」の高機能版
COLUMN ■ 「Thread.stop」はカレントスレッドを停止する

280 他のRubyスクリプトと通信する ……………………………… 653
ONEPOINT ■ 他のRubyスクリプトとdRubyで通信するには「DRb.start_service」と
「DRbObject.new_with_uri」を対で使用する
COLUMN ■ dRubyサーバを動かし続ける方法
COLUMN ■ 相手の知らないオブジェクトを渡すとどうなるか
COLUMN ■ Unix系OSで他のユーザに使わせないようにするにはdrbunixを使用する

28

|||||||||||||||||||||||||||||||||||||||||||||||||||||||||||||||||||||||||||||||||||| CONTENTS ||||||||||||||

281 dRubyでオブジェクトを遠隔操作する ……………………………… 656
ONEPOINT■相手の知らないオブジェクトを遠隔操作するには
　　　　　　「DRbUndumped」をインクルードする
COLUMN■「Marshal.dump」を実行できないオブジェクトは参照渡しになる
COLUMN■巨大なオブジェクトも参照渡しがよい

CHAPTER 15　ドメイン特化言語(DSL)の構築

282 ドメイン特化言語とは ……………………………………………… 660

283 ハッシュの省略記法やキーワード引数を使って
　　　　　　　　　　　　設定ファイルのDSLを構築する …… 663

284 ブロックを使ってDSLを構築する ……………………………… 666

285 メソッド呼び出しを英語として自然に読めるようにする ………… 668

286 メソッドを定義せずにメソッド呼び出しに反応させる………………… 670
COLUMN■メソッド呼び出しを記録するには「Recorder」クラスを定義する

287 単位を表すDSLについて ………………………………………… 674

288 型付き構造体を表すDSLについて……………………………… 677

CHAPTER 16　プログラムを書いた後の話

289 エコシステム概論：プログラムを書いた後に何が始まるか ………… 686

290 YARDでドキュメントを記述する…………………………………… 688
ONEPOINT■ドキュメントコメントという概念について
COLUMN■ドキュメントに何を書くべきか問題
COLUMN■ドキュメントもテストすればいいという発想

291 テストを書くということ …………………………………………… 691
ONEPOINT■テストとドキュメントにはある程度の関連がある
COLUMN■テストは冪等に書く
COLUMN■テストを書かないということ

292 test-unitを使ってテストを記述する ……………………………… 693
ONEPOINT■単体テスト自動化フレームワークtest-unitを使う

293 minitestを使ってテストを記述する ……………………………… 695
ONEPOINT■明快で強力なテスティングフレームワーク

294 RSpecを使ってspecを記述する ………………………………… 697
ONEPOINT■実行可能なSpecをRSpecで記述する

295 selenium-webdriverを使ってWebサイトをテストする…………… 699
ONEPOINT■End-to-endテストを実施しよう

29

CONTENTS

２９６ SimpleCovでテストの網羅率を確認する ······························ 701
ONEPOINT ■ C0カバレッジを計測するにはSimpleCovを使う
COLUMN ■ カバレッジは指標なのであり目標ではない

２９７ Byebugでデバッグする ·· 703

２９８ benchmarkでベンチマークする ································· 708
ONEPOINT ■ 実時間計測にはbenchmarkを使う

２９９ stackprofでプロファイリングを取得する ····················· 709
COLUMN ■ 集計結果を閲覧するにはstackprofコマンドを使う

３００ この本には書いていないことについて ················· 712

●索引 ··· 714

CHAPTER 01
Rubyの基礎知識

SECTION-001

Rubyとは

♦ Rubyの概要

Rubyは、まつもとゆきひろ氏が作成した、手軽に使えるオブジェクト指向スクリプト言語です。簡単に使え、使っていて「楽しい」言語です。しかもフリーソフトウェアです。言語オタクの作者がいろいろな言語を渡り歩いて、それぞれの良さを集結した究極の言語です。

▶日本発!

Rubyの作者は日本人で、日本語の使用は最初から考慮されています。日本語が文字化けする外国産ソフトウェアもある中、非常にありがたいことです。また、日本語の情報源が多いのも嬉しいことです。作者に日本語で質問できるのは助かります。

▶オブジェクト指向スクリプト言語

Rubyは、PerlやPythonと同様に、スクリプト言語です。そのため、プログラムを記述したらコンパイルしないですぐに実行できます。

Rubyは設計当初からオブジェクト指向を念頭に置いた言語です。オブジェクト指向と聞いて怖がる必要はありません。オブジェクト指向は本来、人間にとって自然な考え方であり、Rubyならば自然な形でオブジェクト指向プログラミングすることができます。他言語のオブジェクト指向に挫折した人も、プログラム初心者も、Rubyを試してみる価値が大いにあります。

▶すぐに使えるクラスが豊富

オブジェクト指向プログラミングというと、すぐにクラス定義や継承が思い付く人もいるでしょう。肩の力を抜いてください。Rubyにはすでに多くのクラスが用意してあって、すぐに使えます。クラスを使うだけならば、とても簡単です。そして、多くの雑用はクラスを使うだけの手続き型プログラミングで済みます。

▶すぐに使える変数

変数はいちいち宣言する必要がありません。最初の代入が変数宣言を兼ねています。

ローカル変数、グローバル変数、インスタンス変数、クラス変数、定数と、いろいろな種類の変数が存在しますが、変数名を見ただけで、どの種類の変数かがわかります。

▶動的型付

変数には型がありません。その代わり、オブジェクトが自分の型を知っています。そのため、自分が考えている処理をすぐに記述できます。数値が代入してある変数に文字列を代入することさえ可能です。

▶すべてがオブジェクト

Rubyでは、整数や文字列など、基本的なデータ型もオブジェクトであり、特定のクラスに属しています。クラスさえもオブジェクトです。そのため、すべてのデータを差別することなく、統一的に扱えます。

▶ 特異メソッド

特定のオブジェクトに専用のメソッドを定義したり、上書きしたりすることができます。たとえば、引数に合ったメソッドを動的にくっつけるということも可能です。

▶ ブロック

ブロックは、Ruby的高階関数です。ブロックを使うことで、コードをより抽象化することができます。しかも、わかりやすい文法です。

▶ テキスト処理が得意

強力な文字列操作と正規表現はPerlから受け継ぎました。テキスト処理が強いので、ネットワークプログラミングも得意です。

▶ 多倍長整数

組み込みの多倍長整数があります。無量大数（10の68乗）でも表現できます。それこそメモリが許す限り、どんなに大きい整数でも表すことができます。

▶ 拡張ライブラリが簡単に作れる

多くのスクリプト言語はC言語などで拡張することができます。Rubyの拡張ライブラリAPIは使いやすいよう工夫されているので、作成は簡単です。

▶ 温かいコミュニティ

まつもと氏は気さくで話しやすい人です。その人柄に触発されたのか、Rubyコミュニティは温かい雰囲気があります。疑問があったら怖がらずにメーリングリストで質問してみましょう。誰でも最初は初心者なのです。初心者の質問でも優しく答えてくれる人が、メーリングリストにはたくさんいます。

筆者も昔はくだらない質問をしては、先輩rubyistたちに助けられました。だからこそ今があります。初心者にも優しいコミュニティというのは意外に見過されがちですが、言語の発展において重要な要素だと筆者は考えています。

▶「楽しい」

Rubyプログラミングは楽しいです。これが一番大切です。楽しいプログラミングになるように、Rubyは慎重に設計されています。楽しいと必然的にやる気が出て、作業効率も上がります。ここまで「楽しい」を全面に押し出している言語は、他に知りません。

SECTION-002

Rubyの入手方法について

❖ Rubyのダウンロード

Rubyはフリーソフトウェアです。つまり、誰でも自由に無料で使えます。

Windows環境において最新版のRubyを扱うには、RubyInstallerを使うのが無難です。これは、完全なRuby開発環境をWindows上にセットアップしてくれます。

Unix系OSならば、ソースからインストールしましょう。もしも使っているOSにパッケージシステムがあるならば、それを使うと楽です。

具体的なインストール方法については、Rubyインストールガイドに詳細な説明があるので、参考にしてください。

ソースからインストールする場合、なるべく安定版を選びましょう。最新版はあくまで開発版なので、仕様変更の恐れがあります。冒険したい人はどうぞ。

内容	URL
Ruby公式サイト	https://www.ruby-lang.org/ja/
RubyInstaller	https://rubyinstaller.org
Rubyソースコード	https://www.ruby-lang.org/ja/downloads/
Rubyインストールガイド	https://www.ruby-lang.org/ja/documentation/installation/

●Ruby公式サイト

SECTION-003

Rubyの基本的な記述方法について

❖ Rubyスクリプトファイルの作成

Rubyスクリプトは、テキストエディタかRuby統合開発環境（IDE）を使って作成することができます。Windows環境の場合はメモ帳でも、一応、作成することはできますが、より高機能なテキストエディタを使うことをお勧めします。最近のテキストエディタはRubyのソースコードにも対応していて、色を付けたり、括弧の対応を取ったりすることができます。**エディタのサポートは開発効率に大きく響きます。**

Rubyスクリプトの拡張子は、基本的に「.rb」です。ただし、CGIスクリプトとして実行する場合は「.cgi」にするなど、一部例外はあります。実行スクリプトの場合は、拡張子がないことも多くあります。

❖ Rubyの式の評価結果をすぐ知る方法

Rubyは制御構造も含め、すべての「文」に値を持つ言語です。そのため、以後、「Rubyの式」という表現に統一します。

Rubyの式の評価結果を知りたいならば、わざわざスクリプトファイルを作成せずに、インストールしたらすぐに使える「irb」というRuby電卓（REPL:Read-Eval-Print-Loop）を使いましょう。

❖ Rubyスクリプトの基本的な記述

Rubyスクリプトの基本的な記述は、次のようになります。

▶「#!」行

実行用のRubyスクリプトの1行目は「#!」から始めます。Unix系OSを使っている人やCGIスクリプトを設置したことのある人にはおなじみのshebangです。shebangには「#!/usr/bin/env ruby」や「#!/usr/bin/ruby -Ke」などと記述します。前者は「env」コマンドでRubyインタプリタを環境変数「PATH」から探して実行する指定、後者は「/usr/bin/ruby」を「-Ke」オプション付きで実行する指定です。Unix系OSはshebangを読み取ることで、実行許可されたスクリプトをそのまま実行することができます。

Windowsだと「#!」の行に「ruby」という文字列が含まれる場合、その右にある「-」から始まる文字はRubyインタプリタのオプションとして認識されます。Unix系OSのshebangとは異なり、あくまでオプションの指定のみに使われます。

■ SECTION-003 ■ Rubyの基本的な記述方法について

▶インデントは2

　Rubyも他言語と同様に、制御が深くなっていくとインデントします。Rubyのインデントは、ほぼすべて2です。他言語の4～8インデントに目が慣れている人には浅い気がするかもしれませんが、そのうち慣れます。

　なお、タブでインデントするのは、お勧めできません。タブの幅はエディタの設定で可変なのでソースのインデントがぐちゃぐちゃになりかねません。ほんのわずかのバイト数を節約することはできますが、大容量時代である今日では、弊害の方がずっと大きくなります。タブでのインデントは避けましょう。

関連項目 ▶ ▶ ▶

● 手軽な実験環境 ……………………………………………………… p.60

SECTION-004

Rubyの実行について

❖ Rubyの実行方法

Rubyスクリプトを実行するには、コマンドラインでRubyの式を実行する方法（ワンライナー）と、irbを使う方法、スクリプトファイル名を指定して実行する方法があります。

▶ ワンライナー

ワンライナーを実行するには、「ruby -e 'Rubyの式'」とします。わざわざファイルを作成するまでもないような小さいRubyスクリプトを実行するのに使います。シェルとの親和性もあります。ワンライナーには独自のテクニックがあるので、《ワンライナーを極める》(p.518)で解説します。

▶ irbを使う方法

irbは入力したRubyの式やスクリプトファイルを、1行ずつ実行してその値を表示します。手軽にRubyの使い方を学習できます。

▶ Rubyスクリプトファイルを実行する

Rubyスクリプトファイルを実行するには、「ruby オプション スクリプトファイル名 コマンドライン引数」とします。オプションとコマンドライン引数は省略可能です。ASCII文字以外を含むスクリプトを実行するときは、スクリプトに文字コードを設定してください。

Unix系OSを使っている開発者は、shebang機能を使ってスクリプトをコマンドとして実行できるように、環境変数「PATH」の通ったディレクトリにスクリプトファイルを置いています。shebang機能が使えないWindowsは、そのままでは実行できません。代わりに「ruby -S スクリプト」と実行してください。

Rubyはアプリケーションに組み込まれていたり、CGIスクリプトとして実行することができたりと、実行方法は多岐に及びます。

▶ Rubyインタプリタのオプション

Rubyインタプリタには、マニアックなものも含め、多様なオプションがあります。すべてを知るためには「ruby -h」を実行してください。

通常の使用で重要となるのは、次のオプションになります。

オプション	内容
-S	実行するスクリプトを環境変数RUBYPATHとPATHから探す
-Idirectory	ライブラリのロードパスの先頭にdirectoryを加える
-rlibrary	スクリプト実行前に「require library」を実行する

関連項目 ▶ ▶ ▶

- Rubyの基本的な記述方法について ………………………………………………… p.35
- 手軽な実験環境 …………………………………………………………………… p.60
- コマンドとしてもライブラリとしても使えるようにするイディオムについて ………… p.494
- ワンライナーを極める ……………………………………………………………… p.518

SECTION-005

スクリプトを探索する順序について

❖ スクリプト探索パス

カレントディレクトリ以外のスクリプトを指定するときに、常にフルパスで指定しないといけないとしたら、長くなって打ち込むのが面倒です。おまけに呼び出されるスクリプトを他のディレクトリに移動したら、呼び出すスクリプトのパスも書き換えないといけません。それを解消するために、スクリプトの探索パスがあります。スクリプトのファイル名のみを指定した場合、探索パスの優先順位の高い方から順に探索し、見つかったスクリプトを適用します。

探索パスには、次のように、相対パスを設定することができます。そのときは、カレントディレクトリを基準とした相対パスになります。

▶ 探索パスの設定方法

探索パスが1つの場合は1つのディレクトリ名を、複数の場合はディレクトリ名を区切り文字で区切ります。区切り文字は、Windowsは「;」(セミコロン)で、Unix系OSが「:」(コロン)です。

▶ 実行スクリプトの探索パス

Rubyインタプリタに「-S」オプションを付けた場合、スクリプトは実行スクリプト探索パスから探索されます。環境変数「RUBYPATH」が設定されている場合は、そのディレクトリから探索します。その次に、環境変数「PATH」に設定されているディレクトリから探索します。

▶ ライブラリの探索パス(ロードパス)

Rubyでは、「load」や「require」でスクリプトをライブラリとして読み込めます。ライブラリの探索パスは「$LOAD_PATH」(特殊変数なら「$:」)にディレクトリの配列で設定されています。ロードパスを知るには、「ruby -e 'puts $:'」を実行します。

環境変数「RUBYLIB」を設定すると、ロードパスの先頭に設定したディレクトリが追加されます。

さらに「-I」オプションでディレクトリを指定すると、環境変数「RUBYLIB」よりも優先して探索します。

```
$ RUBYLIB= ruby -e 'puts $:'
/usr/local/lib/ruby/gems/2.4.0/gems/did_you_mean-1.1.0/lib
/usr/local/lib/ruby/site_ruby/2.4.0
/usr/local/lib/ruby/site_ruby/2.4.0/x86_64-darwin17
/usr/local/lib/ruby/site_ruby
/usr/local/lib/ruby/vendor_ruby/2.4.0
/usr/local/lib/ruby/vendor_ruby/2.4.0/x86_64-darwin17
/usr/local/lib/ruby/vendor_ruby
/usr/local/Cellar/ruby/2.4.2_1/lib/ruby/2.4.0
/usr/local/Cellar/ruby/2.4.2_1/lib/ruby/2.4.0/x86_64-darwin17

$ RUBYLIB=/opt/ruby ruby -e 'puts $:'
```

■ SECTION-005 ■ スクリプトを探索する順序について

```
/opt/ruby
/usr/local/lib/ruby/gems/2.4.0/gems/did_you_mean-1.1.0/lib
/usr/local/lib/ruby/site_ruby/2.4.0
/usr/local/lib/ruby/site_ruby/2.4.0/x86_64-darwin17
/usr/local/lib/ruby/site_ruby
/usr/local/lib/ruby/vendor_ruby/2.4.0
/usr/local/lib/ruby/vendor_ruby/2.4.0/x86_64-darwin17
/usr/local/lib/ruby/vendor_ruby
/usr/local/Cellar/ruby/2.4.2_1/lib/ruby/2.4.0
/usr/local/Cellar/ruby/2.4.2_1/lib/ruby/2.4.0/x86_64-darwin17

$ RUBYLIB=/opt/ruby ruby -Ilib -e 'puts $:'
/Users/takuyan/lib
/opt/ruby
/usr/local/lib/ruby/gems/2.4.0/gems/did_you_mean-1.1.0/lib
/usr/local/lib/ruby/site_ruby/2.4.0
/usr/local/lib/ruby/site_ruby/2.4.0/x86_64-darwin17
/usr/local/lib/ruby/site_ruby
/usr/local/lib/ruby/vendor_ruby/2.4.0
/usr/local/lib/ruby/vendor_ruby/2.4.0/x86_64-darwin17
/usr/local/lib/ruby/vendor_ruby
/usr/local/Cellar/ruby/2.4.2_1/lib/ruby/2.4.0
/usr/local/Cellar/ruby/2.4.2_1/lib/ruby/2.4.0/x86_64-darwin17
```

関連項目 ▶ ▶ ▶

- ● ライブラリを読み込む ……………………………………………………………… p.40
- ● ライブラリが意図通りに動かない原因について ……………………………………… p.44

SECTION-006

ライブラリを読み込む

♦ ライブラリの使い方

Rubyの組み込みクラスは充実していますが、それだけでは実用的なプログラミングはできません。標準のRubyにないクラスやメソッドを使用する場合は、ライブラリをロードする必要があります。

▶ ライブラリの種類

ライブラリとは、標準のRubyにないクラスやメソッドを定義するものです。ライブラリには、Rubyスクリプトと拡張ライブラリがあります。

Rubyスクリプトによるライブラリの拡張子は「.rb」です。

拡張ライブラリは、C言語などのコンパイル言語で記述されたライブラリです。C言語のライブラリをRubyで使用する場合や、Rubyスクリプトでは遅すぎる場合は、拡張ライブラリを使うことになります。拡張子は「.so」や「.dll」などプラットフォームによって異なります。拡張ライブラリを使用するにはコンパイルする必要があるため、コンパイラがない環境の場合は、あらかじめコンパイルされたバイナリを探してくる必要があります。

▶ ライブラリをロードする

ライブラリをロードするには、「Kernel#require」を使用します。ロードとは、ライブラリを読み込んでトップレベルでその内容を評価（実行）することです。「require ライブラリ名」という書式になります。

ライブラリ名は、絶対パス（フルパス）でも相対パスでも記述できます。絶対パスの場合は、そのライブラリがロードされます。相対パスの場合はロードパス（「$LOAD_PATH」「$:」変数）から順次ライブラリを探します。たとえば、ロードパスに「/usr/local/lib/ruby/2.4.0」が含まれている場合に「require 'cgi/session'」すると「/usr/local/lib/ruby/2.4.0/cgi/session.rb」がロードされます。

ライブラリの拡張子は、省略するのが普通です。省略した場合、「Rubyスクリプト→拡張ライブラリ」の順に検索されます。

「require」は、同じライブラリを、複数回、ロードしません。すでにロードされている場合は、無視されます。ロードしたかどうかは、すでにロードしたライブラリを「$"」変数に追加することで判別します。

▶ 任意のRubyスクリプトをロードする

任意のファイルをRubyスクリプトとしてロードするには、「Kernel#load」を使用します。すでにロードされたライブラリを再ロードすることもできます。拡張ライブラリには使用できません。

拡張子は「.rb」でなくても構いませんが、その代わり、拡張子まで指定する必要があります。Rubyスクリプトによる設定ファイルをロードするには、「load」を使用してください。再読み込みできるのが強味です。

■ SECTION-006 ■ ライブラリを読み込む

| COLUMN | ファイル間でローカル変数は共有できない |

「require」や「load」では、グローバル変数とインスタンス変数、クラス変数、定数は共有できますが、ローカル変数は共有できません。ローカル変数の影響範囲を局所化するために、そういう仕様になっています。

次に実例を示します。

```
# vars.rb
$gvar = 1
@ivar = 1
class X
  @@cvar = 1
end
CONST = 1
lvar = 1
lvar2 = 1
```

```
require 'vars'
$gvar       # => 1
@ivar       # => 1
class X
  @@cvar    # => 1
end
CONST       # => 1
lvar rescue $!  # => #<NameError: undefined local variable or method `lvar' for
#<Object:0xb7bac644 @ivar=1>>
```

このようにvars.rbにあるローカル変数を読み取ろうとしても「NameError」になります。

すでに宣言されているローカル変数lvar2を共有するには「Kernel#eval」と「IO.read」で可能ですが、強引な方法なのでお勧めできません。それでも、宣言されていないローカル変数（lvar）を外部から与えることはできません。

```
lvar2 = 0
eval File.read("vars.rb")
lvar rescue $!  # => #<NameError: undefined local variable or method `lvar' for
#<Object:0xb7bac644 @ivar=1>>
lvar2                               # => 1
```

■ SECTION-006 ■ ライブラリを読み込む

COLUMN	ローカル変数の代わりに無引数メソッドを使用する

　Rubyでは、ローカル変数の参照と無引数メソッド呼び出しは、字面上、同じになっています。そのため、無引数メソッドをローカル変数の代わりにすることができます。前コラムのコードと見比べてみてください。lvarに「代入」すると、今度はメソッド呼び出しではなく、ローカル変数「lvar」が宣言されます。

```
# vars2.rb
def lvar() 1 end


require 'vars2'
lvar                       # => 1
defined? lvar              # => "method"
lvar = 2
lvar                       # => 2
defined? lvar              # => "local-variable"
```

　モジュールやメソッド定義など、ローカル変数が見えないスコープでは、「lvar」メソッドが見えるようになります。

```
module Foo
  lvar                     # => 1
  defined? lvar            # => "method"
end
```

　「lvar」メソッドを再定義しても、ローカル変数「lvar」が見えるのでローカル変数が優先されます。ローカル変数が見えないところでは再定義が反映されます。

```
def lvar() 3 end # !> method redefined; discarding old lvar
lvar                       # => 2
module Foo
  lvar                     # => 3
end
```

　ローカル変数が見えていても、「()」を付ければ強制的にメソッド呼び出しになります。

```
lvar()                     # => 3
```

■ SECTION-006 ■ ライブラリを読み込む

| COLUMN | グローバルな名前空間を汚染しないでロードする |

　「Kernel#load」の省略可能な第2引数にtrueを指定した場合、グローバルな名前空間を汚染しません。内部で生成される無名モジュールがトップレベルとなるからです。これは、複数の独立したRubyスクリプトを1つのプロセスで動かす場合に使います。ただし、既存のクラスを開くには、「::」を前置する必要があります。

```
# anonymous.rb
def hoge() p :hoge end
class ::Object     # Objectクラスを開くには、::を前置する必要がある
  def fuga() p :fuga end
end
hoge
```

```
load "anonymous.rb", true
1.fuga            # うまくいく
hoge              # エラー！
# ~> -:3:in `<main>': undefined local variable or method `hoge' for main:Object
(NameError)
# >> :hoge
# >> :fuga
```

関連項目 ▶ ▶ ▶

● スクリプトを探索する順序について ‥‥‥‥‥‥‥‥‥‥‥‥‥‥‥‥‥‥‥‥‥‥‥‥ p.38

SECTION-007

ライブラリが意図通りに動かない原因について

❖ ロードパス問題

ライブラリが意図通り動かない原因のうち、典型的な原因はライブラリのロードパスの優先順位にまつわる問題です。Rubyに限らず、あらゆる言語において起こることです。

▶ ロードパスの優先順位に気を付けよう

ライブラリが意図したように動かない場合、まずは他のライブラリがロードされている可能性を疑ってください。ライブラリ探索の優先順位は、ロードパスの先頭にあるほど高くなります。そのため、本来、読み込まれるべきディレクトリよりも前にあるディレクトリにライブラリが見つかった場合は、そちらの方が読み込まれます。

ロードパス問題を説明するために、筆者のロードパスを例にします。

```
puts $:
# >> /m/home/rubikitch/ruby
# >> /usr/local/lib/ruby/gems/2.5.0/gems/did_you_mean-1.2.0/lib
# >> /usr/local/lib/ruby/site_ruby/2.5.0
# >> /usr/local/lib/ruby/site_ruby/2.5.0/x86_64-linux
# >> /usr/local/lib/ruby/site_ruby
# >> /usr/local/lib/ruby/vendor_ruby/2.5.0
# >> /usr/local/lib/ruby/vendor_ruby/2.5.0/x86_64-linux
# >> /usr/local/lib/ruby/vendor_ruby
# >> /usr/local/lib/ruby/2.5.0
# >> /usr/local/lib/ruby/2.5.0/x86_64-linux
```

ロードパスの最優先になるディレクトリは「/m/home/rubikitch/ruby」で、自作のライブラリを置いています。そして「/usr/local/lib/ruby/site_ruby」以下で標準添付されていないライブラリを置いています。その次に「/usr/local/lib/ruby/2.5.0」以下に標準ライブラリを置いています。最後にカレントディレクトリからライブラリを探索します。まとめると「自作ライブラリ→インストールしたライブラリ→標準ライブラリ→カレントディレクトリのライブラリ」の順になります。

Rubyは、デフォルトでは自作のライブラリのディレクトリを設定していません。筆者の環境では、環境変数「RUBYLIB」に「/m/home/rubikitch/ruby」を設定したため、ロードパスの先頭に加わっています。

▶ 既存ライブラリと同名の自作ライブラリを作ってはいけない

たとえば、筆者の環境で、「uri.rb」は「/usr/local/lib/ruby/2.5.0/uri.rb」にありますが、「/m/home/rubikitch/ruby」に「uri.rb」を置いた場合は、「/m/home/rubikitch/ruby/uri.rb」が読み込まれてしまいます。標準ライブラリの存在を知らずに同名の自作ライブラリを自分用のディレクトリに置いてしまうと、標準ライブラリを使用するスクリプトが自作ライブラリを読み込んでしまい、誤動作してしまいます。

この悲劇を防ぐためには、あらかじめ、どのような標準ライブラリがあるのかを知っておく必要があります。そして、標準ライブラリと同じにならないファイル名にしましょう。また、標準ライブラリだけでなく、インストールしたライブラリとも同じにならないようにしましょう。

▶ ライブラリの存在チェック

既存のライブラリと同じファイル名になっていないかどうかをチェックする簡単な方法があります。シェルから「ruby -rチェックするライブラリ名 -e ''」というコマンドを実行するのです。これはライブラリを読み込んですぐに終了するワンライナーです。既存のライブラリ名の場合は何も表示せずに終了しますが、存在しないライブラリの場合は「LoadError」が発生します。「LoadError」が発生すれば、同じファイル名のライブラリはないので、安心してそのライブラリ名を使えます。

次の図では、「cgi.rb」と「newlib.rb」の存在をチェックしています。cgi.rbは標準ライブラリとして存在するので何も表示せずに終了しましたが、newlib.rbは存在しないライブラリなので「LoadError」を起こしました。

```
$ ruby -rcgi -e ''
$ ruby -rnewlib -e ''
ruby: no such file to load -- newlib (LoadError)
```

環境変数「RUBYLIB」を設定している人は、環境変数「RUBYLIB」を設定しない状態で上記のコマンドを実行すると、自作ライブラリかどうかを判別することができます。「LoadError」が発生すれば、自作ライブラリか存在しないライブラリです。

▶ インストールしたライブラリと標準ライブラリの衝突

自作ライブラリとの衝突は簡単に判別できるため、それほど深刻な問題ではありません。しかし、めったに起こらないものの、インストールしたライブラリと標準ライブラリの衝突は、かなりタチの悪い問題です。次のストーリーを考えてください。

- 自分の環境にはRuby 2.5.0がインストールしてある
- ライブラリxxのバージョン0.9をインストールしてある
- (長い年月の末)Ruby 3.0.0をインストールする
- 3.0.0にはxxのバージョン1.0が標準添付されている

この場合、「/usr/local/lib/ruby/site_ruby/2.5.0/xx.rb」(0.9)と「/usr/local/lib/ruby/3.0.0/xx.rb」(1.0)が共存している状態にあります。ロードパスは標準ライブラリよりもインストールしたライブラリを優先するため、「require 'xx'」したら古いバージョン0.9が読み込まれることになります。

ライブラリはなるべく互換性が保たれる状態で開発されるため、古いバージョンでも動くものと動かないものが出てきます。そして、気付くのが遅くなりがちです。そういう意味でかなりやっかいです。こうなると、ライブラリのファイル名を知る必要があります。

SECTION 008

Rubyを制御する環境変数について

❖ Rubyインタプリタが参照する環境変数

いくつかの環境変数を設定することで、Rubyインタプリタの挙動をカスタマイズすることができます。

▶ 環境変数の指定方法

環境変数の指定方法は、シェルによって異なります。お使いのシェルのドキュメントを参照してください。なお、Windowsについては、バッチファイルでの設定方法です。

シェル	指定方法
sh系	RUBYLIB=$HOME/ruby:$HOME/ruby2; export RUBYLIB
Windows	set RUBYLIB=% HOME% /ruby;% HOME% /ruby2

▶ 環境変数「RUBYOPT」

環境変数「RUBYOPT」には、Rubyインタプリタにデフォルトで渡すオプションを指定します。たとえば、環境変数「RUBYOPT」に「-Ke」を渡すと、コマンドラインや「#!」で「-Ke」を指定しなくてもEUC-JPを認識します。一見すると便利そうですが、筆者は利用をお勧めしません。なぜなら、次の危険性があるからです。実際に筆者もはまりました。

- スクリプトが予期せぬ挙動をしてしまう恐れがある。
- その挙動がRubyインタプリタのデフォルトの挙動だと思い込んでしまう。
- いつの間にか環境変数「RUBYOPT」の存在すら忘れてしまう。

▶ 環境変数「RUBYLIB」

環境変数「RUBYLIB」を設定すると、この環境変数の値をRubyライブラリの探索パスに先頭に加えます。環境変数「RUBYLIB」には、自作のRubyライブラリを格納するディレクトリを指定しておくとよいでしょう。使用例は、上記の表の通りです。

▶ 環境変数「PATH」

環境変数「PATH」は、シェル・Rubyインタプリタ内外を問わず、コマンドを実行するときに検索するパスです。「-S」オプションを指定したときは、環境変数「PATH」で指定されたディレクトリからスクリプトを探索します。

▶ 環境変数「RUBYPATH」

環境変数「RUBYPATH」は、「-S」オプションを指定したときに、環境変数「PATH」よりも優先的にスクリプトを探索するパスです。実行用Rubyスクリプトのみのディレクトリを作成している人は設定しましょう。

Unix系OSの場合、スクリプトでもバイナリでも実行許可属性が付いていたら、そのファイルを、直接、実行できます。そのため、これは事実上、非Unix系OSのためのオプションです。

■ SECTION-008 ■ Rubyを制御する環境変数について

▶環境変数「RUBYSHELL」

　環境変数「RUBYSHELL」は、Rubyインタプリタ内でコマンドを実行するときに使用する
シェルを指定します。指定されていない場合は「COMSPEC」の値を使います。これはOS2
版、mswin32版、mingw32版のみに有効な環境変数です。

関連項目 ▶ ▶ ▶
- Rubyの実行について ……………………………………………………………… p.37
- スクリプトを探索する順序について ……………………………………………… p.38

SECTION-009

オブジェクト指向について

❖ Rubyは純粋なオブジェクト指向プログラミング言語

Rubyは設計当初からオブジェクト指向を念頭に置いている言語です。また、Rubyのデータは、**すべてがクラスに属したオブジェクト**です。そのため、整数であろうがユーザ定義クラスのオブジェクトだろうが、分け隔てなく、メソッド呼び出しができます。

▶ オブジェクト・クラス・メソッド

Rubyのオブジェクトは、特定のクラスに属しています。クラスとは、データがどういう種類のもので、どういう振る舞いをするかを決定付ける枠組です。オブジェクトの振る舞いは、メソッドで定義されます。メソッドはオブジェクトと結び付いたいわゆる関数のことで、実際にC++ではメンバ関数と呼ばれています。

たとえば、文字列「"abcd"」の長さを知るには「"abcd".length」と記述します。「String」オブジェクト「"abcd"」に「length」というメソッドを呼び出すという意味です。C言語だと「strlen("abcd");」となりますが、Rubyの場合は「"abcd"」が前に来ます。あくまで「"abcd"」が「主役」なのです。日本語や英語でも主語が前に来るように、(多くの)オブジェクト指向言語は、主体となるオブジェクトが前に来ます。この主体となるオブジェクトを「レシーバ」と呼びます。

また、クラスが異なれば、同じ名前のメソッドを持つことができます。たとえば、配列(つまり「Array」オブジェクト)「["a","b","c","d"]」の長さを知るには、「["a","b","c","d"].length」と記述します。同じ長さを求めるメソッドでも、文字列の場合とはコンピュータから見て別の処理です。一方、人間から見て「長さを求める」というのは、オブジェクトが異なるだけで同じ意味です。そのため、同じメソッド名になっています。そう考えると、オブジェクト指向というのは、より人間的な考え方といえます。

▶ ポリモーフィズム

逆に「obj」の長さを求めるために「obj.length」と記述した場合、objが文字列ならば「String#length」が、配列ならば「Array#length」が呼び出されます。オブジェクトの種類によって自動的に最適な処理(メソッド)が選ばれます。これをポリモーフィズムや多態と呼びます。そのおかげで、何がやりたいのかが明確なプログラムになります。また、別のクラスに同名のメソッドを用意することで、そのクラスにも対応できるようになります。

▶ カプセル化

オブジェクトは内部構造をユーザから隠し、メソッド経由でしか操作できないようになっています。そのため、ユーザは内部構造を知らなくてもオブジェクトを使えます。また、開発者は振る舞いを保持したまま内部構造を自由に変更できます。

▶ インスタンス

インスタンスとオブジェクトは同じ意味です。ただ、インスタンスには、クラスに属していることを強調するニュアンスがあります。たとえば、配列「[1, 2]」のことを「配列オブジェクト」とも「配列クラスのインスタンス」ともいいます。

クラスとインスタンスの関係を明確にしてください。「配列」がクラスで、「[1, 2]」がインスタンスです。「[3, 4]」もインスタンスです。このように、インスタンスはたくさん作成できます。

▶ 複数のインスタンス

複数のインスタンスを作成できることは大きなメリットです。テキストエディタを作成することを想像してみてください。1つのファイルのみしか編集できないエディタならば、「ファイルから読み込む」関数と「セーブする」関数を用意して、ファイルを読み込むバッファをグローバル変数にするかもしれません。オブジェクト指向プログラミングではバッファをクラスにして、「ファイルからバッファに読み込む」メソッド、「バッファの内容をセーブする」メソッドを作成します。複数のインスタンスを作成できるので、複数個のファイルを扱うのは容易です。それぞれのバッファはみな独立した状態を持っていて、特定のバッファに対してメソッドを呼び出せば、そのバッファのみに作用します。グローバル変数にアクセスする関数よりも、メソッドの方がはるかに強力であることは想像に難くないでしょう。

▶ 継承とMix-in

クラスの継承とは、あるクラスに機能を追加したクラスを作ることです。Rubyでは、継承の元となるクラスを「スーパークラス」といいます。親クラス・基本クラス・基底クラスなどと表現している言語もあります。Rubyでは、継承されたクラスを「サブクラス」といいます。子クラス・派生クラス・導出クラスなどと表現している言語もあります。

サブクラスはスーパークラスのメソッドをすべて受け継ぎます。また、スーパークラスのメソッドをサブクラスで書き換えることもできます。

スーパークラスが複数ある継承のことを多重継承といいますが、混乱の元となるのでRubyでは意図的にサポートしていません。その代わり、モジュールから機能を追加するMix-inがあります。**クラス階層を表現する継承と、機能を共有するためのMix-inをうまく使い分けるのが、Rubyにおける設計で重要なことです。**Mix-inで多重継承の機能をほとんどをサポートできるので、「単一継承+Mix-in」がRuby流の多重継承といえるでしょう。

たとえば、「数値」クラスがあると、それを継承した「実数」クラスを作ることができます。「比較可能なオブジェクト」はモジュールとして表現しておいて「実数」クラスにMix-inし、「複素数」クラスにはMix-inしないでおきます（実際は絶対値で比較可能になっている）。「比較可能なオブジェクト」はクラス階層を横断して、「文字列」にMix-inすることもできます。

■ SECTION-009 ■ オブジェクト指向について

▶ クラスもオブジェクト

Rubyではクラスさえもオブジェクトです。たとえば、文字列クラスを表す「String」は、「Class」クラスのインスタンスです。「Class」クラスは、クラス全体の振る舞い方を定義しています。たとえば、オブジェクトは「new」メソッドで作成しますが、それは「Class」クラスで定義しているのです。「クラスもオブジェクト」なのは事実ですが、オブジェクト指向の初心者には混乱のもととなるので、慣れないうちは頭の片隅に置いておく程度で構いません。

▶ 関数

厳密にいうと、Rubyには関数は存在しません。ただし、「func(1,2,3)」のようにレシーバを指定しないでメソッド呼び出しができます。どうしても関数にしか見えないので、それを関数的メソッドとか、いっそのこと「関数」と呼んでいます。本書でもトップレベルで定義されたメソッドを関数と呼んでいます。

▶ インスタンスメソッドとクラスメソッド

インスタンスメソッドとは、インスタンスと結び付いたメソッドです。「"abcd".length」は、「String」クラスのインスタンスメソッド「length」(「String#length」)を呼び出すという意味です。まずインスタンスありきです。なお、単に「メソッド」と表現した場合はインスタンスメソッドです。

クラスメソッドは、クラスと結び付いたメソッドです。クラスメソッドの場合はインスタンスを生成しなくてもいきなり使えます。たとえば、「File」クラスのクラスメソッド「join」(「File.join」)はパスを「/」でつなぐメソッドで、「File」オブジェクトとは無関係で使えます。クラスメソッドは、そのクラスと関係のある関数的メソッドを定義するのに使えます。もちろん、インスタンスを生成する「new」メソッドは、クラスメソッドです。クラスメソッドは、複数のコンストラクタを定義する場合にも使えます。

COLUMN 特異メソッド

人間社会には枠にとらわれない人間がいるように、Rubyのオブジェクトもクラスという枠を超えて個性を出すことができます。Rubyは、個々のオブジェクト専用のメソッドを定義できます。そういうメソッドを特異メソッドと呼びます。特異メソッドはクラスで定義されていないメソッドを定義したり、クラスで定義されているメソッドを上書きしたりすることができます。

クラスが振る舞いを定義していても特異メソッドで振る舞いを追加・変更できるので、Rubyの場合は他言語ほどクラスの権力は強くありません。

COLUMN クラスメソッド

クラスの特異メソッドはクラスメソッドです。しかし、クラスオブジェクトは「Class」クラスと「Module」クラスのメソッド(「Module#attr」など)も受け付けます。それらはクラスの特異メソッドと混用できるので、クラスメソッドだという考え方もあります。

それでも「クラスメソッド」という言葉が出てくるときはクラスの特異メソッドに焦点を絞っていることが多いので、本書でも「クラスメソッド=クラスの特異メソッド」という定義にします。

SECTION-010

クラス階層について

❀ すべてのデータは何らかのクラスに属している

Rubyのすべてのデータは、何らかのクラスに属したオブジェクトです。整数や文字列という基本的なデータも例外ではありません。

▶ Objectクラスはすべてのオブジェクトの源

Rubyはスーパークラスを1つしか持たない単一継承なので、クラス階層は単純な木構造になります。その始点がObjectクラスです。どのクラスでもスーパークラスをたどっていけば、必ずObjectクラスに到達します。Objectクラスはすべてのオブジェクトの源といえるでしょう。

Objectクラスは、Rubyのオブジェクトの一般的な振る舞いを定義しています。そのため、Objectのインスタンスメソッドは、どんなクラスのインスタンスにも適用できます。たとえば、オブジェクトごとに一意的に割り当てられているIDを得る「object_id」メソッドは、Objectクラスで定義されています。

▶ 組み込みクラスのクラス階層

Ruby 2.4のクラス階層は、次のようになります。インクルードしているモジュール（Mix-in）は「<>」で付記しています。

```
Object
├Array <Enumerable>
├Binding
├Data
│ └StringIO <IO::generic_writable>, <IO::generic_readable>, <Enumerable>
├Dir <Enumerable>
├Encoding
├Enumerator <Enumerable>
├Exception
├FalseClass
├Fiber
├Hash <Enumerable>
├IO <File::Constants>, <Enumerable>
│ └File <File::Constants>, <Enumerable>
├MatchData
├Method
├Module
│ └Class
├Monitor <MonitorMixin>
├NilClass
├Numeric <Comparable>
│ ├Integer <Comparable>
│ ├Float <Comparable>
│ ├Rational <Comparable>
```

■ SECTION-010 ■ クラス階層について

```
| ├Complex <Comparable>
| ├Integer <Comparable>
| └Integer <Comparable>
├Proc
├Random <Random::Formatter>
├Range <Enumerable>
├Regexp
├RubyVM
├String <Comparable>
├Struct <Enumerable>
├Symbol <Comparable>
├Thread
├Thread::ConditionVariable
├Thread::Mutex
├Thread::Queue
|  └Thread::SizedQueue
├ThreadGroup
├Time <Comparable>
├TracePoint
├TrueClass
└UnboundMethod
```

💠 クラス階層の詳細

それでは上のクラス階層図を眺めてみましょう。

▶ ClassはModuleでもある

任意の「クラス」はClassというクラスのインスタンスであることは、特筆すべき点の1つです。つまり、クラスそのものもオブジェクトとして扱うことができるということです。

さらに、ClassのスーパークラスはModuleです。そのため、Moduleで定義されているメソッドは、Classでも適用することができます。たとえば、インスタンス変数へアクセスするメソッドを作成する「Module#attr_accessor」は、モジュール定義でもクラス定義でも使用可能です。

▶ FileはIOでもある

FileのスーパークラスはIOです。IOは一般的な入出力を扱うクラスで、Fileはファイル入出力に特化したクラスです。「read」や「print」などの読み書きメソッドはIOで定義されていますが、当然、Fileでも適用することができます。

▶ インクルードしているモジュール(Mix-in)

多くのクラスでは、EnumerableやComparableがインクルードされています。モジュールをインクルードすると、そのモジュールのメソッドも使用可能になります。

「each」メソッドが定義されているクラスにはEnumerableが、「<=>」メソッドが定義されているクラスにはComparableがインクルードされています。これらは、特定のメソッドが定義されているクラスを使いやすくパワーアップするモジュールです。また、クラス階層を横断してメソッドを追加します。

■ SECTION-010 ■ クラス階層について

| COLUMN | Ruby 1.9以降はBasicObjectがObjectのスーパークラス |

　Objectクラスがすべてのオブジェクトの源と述べましたが、実際は少し違っている部分があります。実はObjectクラスにBasicObjectというスーパークラスが存在します。BasicObjectクラスはごくわずかのメソッドしか定義されていない、いわば半人前のオブジェクトが属するクラスです。それを継承して、Rubyのオブジェクトとして使いものになるようにしたのがObjectクラスです。それでも、あくまで内部構造が少し変わっただけなので、通常のプログラミングではObjectがすべてのオブジェクトの源と考えて問題ありません。このBasicObjectクラスは、特殊な用途に使用するためにRuby 1.9から導入されました。

| COLUMN | 卵が先か鶏が先か |

　ClassのスーパークラスはModuleで、ModuleのスーパークラスはObjectであることはクラス階層により明らかです。一方、ObjectクラスオブジェクトはClassのインスタンスです。つまり、ObjectとClassは「卵が先か鶏が先か」という関係となっています。頭が混乱しそうな構造ですが、Rubyインタプリタは、この問題にうまく対処しています。興味がある方はRubyインタプリタのソースコード「object.c」の「Init_Object」関数を読んでみてください。

SECTION-011

動的型付について

💎 変数ではなくてオブジェクト自身が型を知っている

Rubyの変数には、どんなオブジェクトでも代入できます。

▶ 変数は名札

Rubyの変数には型がありません。その代わり、Rubyオブジェクトが自分自身の型を知っています。そのため、Rubyの変数には、どんなオブジェクトでも代入できます。代入という言葉は箱に入れるようなイメージを思い浮かべますが、実際は貼ってはがせる名札を貼り付けるようなイメージです。

▶ クラスの権力はさほど大きくない

しかし、どんなオブジェクトでも代入できるからといって、何を代入してもそのプログラムが動くわけではありません。「型」に合ったオブジェクトを代入しないと、後でそのオブジェクトを使うときにエラーが出ます。

ここで、Rubyにおける「型」を考えてみます。たとえば、「io.print("abcd\n")」というプログラムをエラーなく動かすことを考えてみます。これを見て、変数「io」には、「IO」オブジェクトや「File」オブジェクトが入らないといけないと思う先入観は捨ててください。実は、変数「io」には、1つの引数を取る「print」メソッドを持つオブジェクトならば、何でも代入できるのです。それがRubyにおける「型」です。クラスではなく、振る舞いで型が決まる型付けを、「動的型付」や「duck-typing」といいます。

そのため、「IO」オブジェクトや「File」オブジェクト以外にも、「StringIO」オブジェクトも代入可能です。「StringIO」クラスは「IO」クラスのサブクラスではありません。単に「IO」クラスの振る舞いをまねしている文字列のクラスです。振る舞いをまねするとは、対象クラスのメソッドをすべて持ち、同じ引数で動作することです。それどころか、特異メソッド「print」を定義した文字列オブジェクトも条件を満たします。「同じインターフェイスを持つ」という表現もしますが、Javaのようにinterface宣言があるわけではありません。呼び出すメソッドに反応するかしないか、それがすべてなのです。

このようにRubyにおいて、クラスの力は絶対ではありません。それでは、なぜ、クラスを用意しているかというと、クラスはオブジェクト指向プログラミングにおける大切な思考のツールだからです。

▶動的型付の利点と欠点

　動的型付は便利ですが、欠点がないわけでもありません。静的型付言語のようにコンパイル時の型チェックがなくなります。そのため、実行してみるまで変数に正しい型が代入されているのかがわかりません。

　静的型付言語と動的型付言語は、個人の経験や背景の違いにより好みが分かれます。静的型付言語で変数にいちいち型を記述しないといけないのは面倒ですが、コンパイル時に型チェックが効く上に、型がわかる分、コードを読むのが楽です。反面、動的型付言語は型を記述しなくていい分、素早くプログラムを記述することができますが、実行時でないと型チェックできず、巨大なプログラムを読むときは型を想像しないといけません。

　Rubyはあくまでスクリプト言語なので、素早くコーディングできることが求められます。そのため、動的型付を選びました。型チェックが弱い欠点は、自動テスト（ユニットテストなど）でカバーしましょう。型がわからない問題は、変数名をわかりやすくするなどの工夫をしましょう。

SECTION-012
ドキュメントにおける
メソッドの表記方法について

❖ メソッドの表記方法の違いについて

Rubyのメソッドは、「インスタンスメソッド」と「特異メソッド」の2つに分けられます。クラスオブジェクトの特異メソッドを「クラスメソッド」といいます。Rubyでは、事実上、標準となっているメソッドの表記方法が存在します。ReFeやRIでドキュメントを参照する場合にも使用されるので、覚えておいてください。

▶ インスタンスメソッドの表記方法

インスタンスメソッドは「クラス名#メソッド名」と表記します。たとえば、「Array」クラスの「each」インスタンスメソッドは「Array#each」となります。また、単に「メソッド」という場合は、インスタンスメソッドを指します。

▶ クラスメソッドの表記方法

クラスメソッド、すなわちクラスオブジェクトの特異メソッドは「クラス名.メソッド名」か「クラス名::メソッド名」と表記します。たとえば、「Time」クラスの「now」クラスメソッドは、「Time.now」または「Time::now」となります。インスタンスメソッドの表記方法とは異なり、実際のコードでのクラスメソッドの呼び方のままなので覚えやすいと思います。

▶ モジュール関数の表記方法

モジュール関数とは、モジュールのインスタンスメソッドであると同時に特異メソッドでもあるメソッドのことです。これについては特に表記方法が定まっていないようです。そのため、「Math」モジュールの「sin」モジュール関数は、「Math.sin」とも「Math::sin」とも「Math#sin」とも表記されます。本書ではモジュール関数と明記した上で、「Math.sin」とクラスメソッドと同じ表記にしました。

▶ 組み込み関数の表記方法

組み込み関数は、実際は「Kernel」のモジュール関数です。たとえば、組み込み関数「print」は「Kernel.print」とも「Kernel::print」とも「Kernel#print」とも表記されます。しかし、組み込み関数はプライベートメソッドでレシーバを付けることができないため、「Kernel#print」と表記されることが多くなります。本書でも「Kernel#print」と表記することにしました。

SECTION-013

エンコーディングについて

💠 文字と文字列について

Rubyでは、全部ではないもののいくつかのオブジェクトにエンコーディングという属性が付いていて、特徴的になっています。この節ではエンコーディングについて概説します。

Rubyに限った話ではありませんが、一般的に言ってコンピューターで文字を扱うときにどのように処理するかというと、まずはそれぞれの文字に番号を振るという話になります。さらに、番号のままでは相互運用の面で若干の困難があるため、何らかの変換をほどこしてバイナリ列の形に整形したものをやり取りする、ということにするのが一般的で、このようにして生成されたバイナリ列のことを我々は一般に文字列と呼び、Rubyにおいては「String」クラスのインスタンスとして表現されます。

Rubyが作られる以前も含めた過去の歴史的な経緯により、この「何らかの変換」というものは残念ながら一通りではありません。さらにいうと文字に番号を振るというのも、何種類もあったりします。このような状況に鑑み、Rubyにおいては文字列の内容をただの抽象的な「文字の列」として扱うのではなく、文字をバイナリに落とし込むための変換が行われていることを明示的に取り扱うということになっています。これがエンコーディングと呼ばれるもので、Rubyにおいては「Encoding」クラスのインスタンスとして表現されます。

💠 エンコーディングが意味を持つクラスと、そのエンコーディングの由来

Rubyでは具体的には、文字列（「String」）、シンボル（「Symbol」）、正規表現（「Regexp」）、入出力（「IO」）の各クラスでエンコーディングに意味があります。

このうち文字列、シンボル、正規表現に関してはリテラルがあり、リテラル由来のオブジェクトについてはソースコードが何で書かれているかに応じて適切なエンコーディングが付きます。デフォルトはUTF-8です（これをファイル単位で変える方法がありますが、実のところUTF-8以外を指定するニーズはないでしょうから、本書では省略します）。一方、IOにリテラルはありませんが、プロセス開始時からすでに用意されている、いわゆる標準入出力というものがあります。これらのエンコーディングはプロセス起動時のロケールなどで決まります。《IOエンコーディングについて》（p.453）を参照してください。

文字列をIOから読み込んで生成する場合や、正規表現オブジェクトを文字列から作る場合など、他のオブジェクトに対する操作の結果としてエンコーディングが付くオブジェクトが生成される場合には、そのもとのオブジェクトのエンコーディングを引き継ぐのが通例です。

```
Regexp.new("漢字").encoding # => #<Encoding:UTF-8>
```

■ SECTION-013 ■ エンコーディングについて

💎 エンコーディングの操作といわゆるASCII compatibilityについて

エンコーディングがいろいろあるのは外部との相互運用のためであり、典型的にはエンコーディングの変換が必要になるのはIOを経由して読み書きするときであることが想定されています。が、それはさておき変換せずに扱うということも可能で、そういった場合、1つのプログラムの中に複数の異なる種類のエンコーディングの文字列が同時に存在し得ることになります。エンコーディングがバラバラな文字列を扱うのは面倒なので変換することができて、これは「String#encode」を用います。

```
binary = "\x8A\xD6\x93\x8C"
binary.encode('UTF-8', 'CP932') # => "関東"
```

「String#encode」にはさまざまな機能があります。詳細は《文字コードを変換する》(p.230)を参照してください。

基本的にはエンコーディングの異なる文字列同士を比較すると同じとはみなされません。また、エンコーディングの異なる文字列同士を結合するといった操作もできません。どちらかのエンコーディングに変換してから実施する必要があります。《文字列を連結する》(p.198)、および《文字列を比較する》(p.206)も参照してください。

しかしながら一部の場合に例外があります。ASCIIというエンコーディングと互換性のあるエンコーディングの一群があり、ASCIIに収録されている文字のみで構成されている文字列であれば、それらの間では相互に比較したり、結合したりできるのです。

```
ascii    = "ASCII Only".encode(Encoding::ASCII)
utf16be = ascii.encode(Encoding::UTF_16BE)
cp932   = ascii.encode(Encoding::Windows_31J)

# ASCII互換性はString#ascii_only?で調べられる
ascii.ascii_only?  # => true
cp932.ascii_only?  # => true
utf16be.ascii_only? # => false

# ASCII互換な文字列同士は比較できる
cp932 == ascii    # => true

# ASCII互換性がない場合は比較に失敗する
utf16be == ascii  # => false
```

関連項目 ▶ ▶ ▶

- Rubyでの日本語の扱いについて ………………………………………… p.191
- 文字列を連結する ……………………………………………………… p.198
- 文字列を比較する ……………………………………………………… p.206
- 文字コードを変換する ………………………………………………… p.230
- IOエンコーディングについて ………………………………………… p.453

CHAPTER 02

基本的なツール

SECTION-014

手軽な実験環境

❖ Ruby電卓irb

　物事を始めるには準備が大切です。プログラミングにおいて、ツールの整備は欠かせません。まずは「irb」というRuby電卓から紹介します。

▶「irb」は電卓

　Rubyをインストールしたら、「irb」が使えるようになっています。コマンドプロンプトから「irb」と打ってみてください。「irb(main):001:0>」というプロンプトが出てきます。これは電卓です。適当にRubyの式を入力してください。

```
$ irb
irb(main):001:0> 1            数値はそのまま
=> 1
irb(main):002:0> 1+3          四則演算は普通にできる
=> 4
irb(main):003:0> "string"     「"」でくくると文字列
=> "string"
irb(main):004:0> "12345".length    文字列に「length」というメッセージ
=> 5                               を送ると長さが返る
irb(main):005:0> Math.cos(0)       三角関数の計算もできる
=> 1.0
irb(main):006:0>
```

　一目瞭然です。使い方を少し試すくらいならば、わざわざファイルにスクリプトを記述する必要はありません。次は変数に代入して式の計算をする例です。

```
irb(main):006:0> a=1
=> 1
irb(main):007:0> b=7
=> 7
irb(main):008:0> c=10
=> 10
irb(main):009:0> a+b+c
=> 18
irb(main):010:0> a+b*c
=> 71
irb(main):012:0> a*b*c
=> 70
irb(main):013:0>
```

HINT

システムにGNU Readlineライブラリがインストールされていれば、ESC p(Alt+p)を押すことで前に入力した式を取り出すことができます。

■ SECTION-014 ■ 手軽な実験環境

COLUMN 「Kernel#p」で式の値を表示する

「Kernel#p」は式の値を表示します。irbの最初の例で「Kernel#p」を使ったら、次のようになります。

```
p 1
p 1+3
p "string"
p "12345".length
p Math.cos(0)
# >> 1
# >> 4
# >> "string"
# >> 5
# >> 1.0
```

しかし、多数の「Kernel#p」を使うと、どの式の値か、ひと目ではわからなくなってしまいます。この問題を解決するのが、「xmpfilter」による注釈付けです（次のCOLUMN参照）。

COLUMN 「xmpfilter」とエディタを使えば自動で再計算できる

上記の四則演算で、たとえば、aを2にして再計算する場合を考えてください。再び「a+b+c」などの3つの計算式を手作業で再実行する必要があり、面倒です。

この問題を解決するために、Mauricio Fernandez氏とるびきち氏が「xmpfilter」というツールを開発しました。「xmpfilter」を利用すると、計算マーク「# =>」を付けたRubyスクリプトを「xmpfilter」に通すと、計算マークの後ろに計算結果が出てきます。実行するたびに再計算され、計算結果は更新されます。https://github.com/rcodetools/rcodetoolsからダウンロードし、展開して「setup.rb」を実行してください。本書に登場するRubyスクリプトは「xmpfilter」で注釈を付けました。

```
$ tar xzvf rcodetools-0.8.1.tar.gz
$ cd rcodetools-0.8.1
$ sudo ruby setup.rb
```

「xmpfilter」はエディタと併用することで真価を発揮します。そのため、EmacsとVimインターフェイスも付属しています。普通のフィルタプログラムなので、他のエディタに対応させるのは容易です。

■ SECTION-014 ■ 手軽な実験環境

COLUMN	「irb」でスクリプトを実行する

　実は、「irb」には、スクリプトファイル名を指定し、ファイルに書いてある行を1行ずつ実行する機能があります。本書ではスペースの都合上、「xmpfilter」を使うことにしますが、「irb --prompt simple」を実行しても、「irb」で手入力しても構いません。

```
$ cat irb-input.rb
1+2
"abcdef".upcase
exit
$ irb --prompt simple irb-input.rb
>> 1+2
=> 3
>> "abcdef".upcase
=> "ABCDEF"
>> exit
$
```

関連項目 ▶ ▶ ▶

● 「Pry」を使う p.63

SECTION-015

「Pry」を使う

❖ 「irb」の代わりに「Pry」を使う

「Pry」は「irb」と同じようにRuby電卓のような機能を持つツールですが、「Pry」には「irb」にはない多くの便利な機能があります。

Rubyでの開発を本格的に行えば行うほど、「Pry」の提供する機能は必要となってくるので、はじめのうちから「Pry」を使って慣れておくとよいかもしれません。

▶ 「Pry」を使って計算する

「Pry」は「irb」とは違ってRubyをインストールすると同時に使えるようになっているわけではありません。別途、インストール必要があります。

インストールするには、コマンドプロンプトに次のように入力します。

```
gem instll pry pry-doc
```

インストールが終わったら、コマンドプロンプトに「pry」と入力すると「Pry」が起動します。

それでは早速計算させてみましょう。

```
$ pry
[1] pry(main)> 1
=> 1
[2] pry(main)> 1+3
=> 4
[3] pry(main)> "string"
=> "string"
[4] pry(main)> "12345".length
=> 5
[5] pry(main)> Math.cos(0)
=> 1.0
```

このセクションの冒頭部分で「irb」を使って行わせた計算と同じものです。実行結果は「irb」のときとまったく同じですが、「Pry」を使うと式がシンタックスハイライトされて文字に色が付きます。ぜひ、手元で実際に試してみてください。

次に、メソッドを定義してみましょう。

```
[6] pry(main)> def foo
[6] pry(main)*   p "foo"
[6] pry(main)* end
=> :foo
```

お気付きでしょうか。自動でインデントされています。メソッドの定義自体は「irb」でもできますが、「Pry」は自動でインデントされるのでより記述しやすいといえます。

63

■ SECTION-015 ■ 「Pry」を使う

▶「Pry」コンソール上でシェルコマンドを実行する

「Pry」はシェルと統合していて、シェルコマンドを実行できるようになっています。シェルコマンドを実行したいときは、コマンドの前に「.」を付けて実行します。

```
[1] pry(main)> .ls
[2] pry(main)> .pwd
```

シェルと統合したことによってRubyの「#||」（文字列に式展開するリテラル）もシェルスクリプトの中で使えるので、たとえば次のようにして「Hoge」クラスが定義されているファイルを探すこともできます。

```
[3] pry(main)> x = "class Hoge"
[4] pry(main)> .find . -name "*.rb" | xargs grep #{x}
```

なお、「Pry」にはいくつかの組み込みコマンドが用意されていて、そのうちの1つの「shell-mode」というコマンドを使うとプロンプトにカレントディレクトリが表示され、Tabキーでディレクトリを補完できるようになり、よりシェルコマンドを使ったファイル操作が簡単になります。

💎 「Pry」でドキュメントやソースコードを参照する

「?」や「show-doc」を使うとドキュメントを見ることができます。

```
[1] pry(main)> ? String#upcase

From: string.c (C Method):
Owner: String
Visibility: public
Signature: upcase(*arg1)
Number of lines: 6

Returns a copy of str with all lowercase letters replaced with their
uppercase counterparts.

See String#downcase for meaning of options and use with different encodings.

    "hEllO".upcase    #=> "HELLO"
```

また、「$」や「show-method」を使うことでメソッドの定義を見ることができます。

C言語で実装されている組み込みライブラリのメソッドであっても、「pry-doc」をインストールしておくと同じ方法で読むことができます。

```
[1] pry(main)> $ String#upcase

From: string.c (C Method):
Owner: String
Visibility: public
```

■ SECTION-015 ■ 「Pry」を使う

```
Number of lines: 7

static VALUE
rb_str_upcase(int argc, VALUE *argv, VALUE str)
{

    str = rb_str_dup(str);
    rb_str_upcase_bang(argc, argv, str);
    return str;
}
```

　このように、ドキュメントもソースコードも「Pry」上で参照することができるので、わざわざブラ
ウザを開いて検索する必要がなくなります。

▶組み込みコマンド

　「Pry」には便利な組み込みコマンドが用意されています。「help」コマンドを実行すると一
覧を表示させることができます。
　下表によく使うコマンドとその動作を紹介します。

コマンド	動作
hist	Pryコンソールで評価した過去の式の一覧を表示する
ls	有効なオブジェクトを表示する
cd	指定したオブジェクトに移動する
gem install	Pryコンソール上でgemをインストールする
gem-list	gemの一覧を表示する
shell-mode	Pryからファイルにシームレスにアクセスできるモードに移行する
!	Pryで評価しているフレームをリセットする
? / show-doc	対象のメソッドのドキュメントを表示する
$ / show-method	メソッドの定義を見ることができる

▶「Pry」をデバッガとして使う

　ソースコードの任意の場所に「binding.pry」と書き、その状態でプログラムを実行すると、
実行途中に「binding.pry」のある行でストップして「Pry」が立ち上がります。
　起動した状態の「pry」を確認すると、前後のソースコードが表示されています。変数名を
入力するとその環境での変数の値を確認することができます。また、「edit-method」コマンド
で現在のメソッドを指定するとそのメソッドを編集でき「reload-method」コマンドを使って再読
み込みを行えばstep実行もできます。

■ SECTION-015 ■ 「Pry」を使う

COLUMN	「Pry」をカスタマイズする

　ここまで、デフォルトの設定の状態の「Pry」について紹介してきましたが、「Pry」は「~/.pryrc」ファイルの編集やプラグインの導入によってカスタマイズが可能です。

　「~/.pryrc」の編集については、下記のURLのページで詳しく紹介されているので、好みのものを探して見てください。

　URL https://github.com/pry/pry/wiki/Customization-and-configuration

　プラグインについては下記のURLから探すといいでしょう。

　URL https://github.com/pry/pry/wiki/Available-plugins

COLUMN	「pry-byebug」

　前述したように、「Pry」は簡易的なデバッガとして使用することができますが、「pry-byebug」というプラグインを使用することによって、さまざまなコマンドが使えるようになり、「Pry」をより便利にデバッガとして使うことができるようになります。

　詳しくは《Byebugでデバッグする》(p.703)をご覧ください。

関連項目 ▶ ▶ ▶

● 手軽な実験環境 ‥‥‥‥‥‥‥‥‥‥‥‥‥‥‥‥‥‥‥‥‥‥‥‥‥‥‥‥‥‥‥ p.60

SECTION-016

新しいgemをインストールする

「gem」とは

多くのプログラミング言語と同様に、Rubyにも幅広いサードパーティのライブラリが提供されています。それらのほとんどは「gem」という形式で公開されています。

ライブラリの作成や公開、インストールを助けるシステムとしてRubyGemsが存在します。これはRubyに特化した「apt-get」と同じようなパッケージングシステムを想像するとよいでしょう。

RubyGemsを用いてインストールできるgemは、RubyGems.orgというWebサービスに格納されています。

gemコマンドの基本的な使い方

gemをインストール/アンインストールするには、次のようなコマンドを用います。

```
# railsのインストール
gem install rails
# railsのアンインストール
gem uninstall rails
```

この他にも、インストール済みの「gem」リストを確認する「gem list」や、独自のgemを作成するための「gem package」、それを他の人にgemとして共有するための「gem push」など、さまざまなコマンドが存在します。

詳細は「gem help」を実行し、確認してみましょう。

RubyGems.org

「gem install」コマンドが「gem」を探すためにデフォルトで設定されている場所がRubyGems.orgです。RubyGems.orgは一般的なWebサービスであり、ブラウザで直接、アクセスし、「gem」に関する情報を閲覧することも可能です。

また、RubyGemsにユーザ登録を行うことで、RubyGemsに独自の「gem」を登録することができます。

詳細は下記のURLを確認してみましょう。

URL https://rubygems.org/

関連項目 ▶ ▶ ▶
● gem間のバージョン依存関係を管理する ……………………………………… p.68

SECTION-017

gem間のバージョン依存関係を管理する

❖ ライブラリ間の依存関係の管理

「RubyGems」を用いてインストールした「gem」は、そのシステム全般で使用することができます。しかし、複数のRubyプロジェクトを抱えている場合に、同じgemであっても異なるバージョンが必要になる場合があります。

これは依存性地獄とも呼ばれますが、このライブラリ間の依存関係を管理するためにBundlerが作られました。

❖ GemfileとGemfile.lock

Rubyプロジェクトで必要となる「gem」は、「Gemfile」というファイルに記述します。

```
source 'https://rubygems.org'
gem 'nokogiri'
gem 'rack', '~> 2.0.1'
gem 'rspec'
```

Gemfileに記述された「gem」に対する操作は「bundle」コマンドを介して行います。

```
# gemのインストール
bundle install
# installしたgemのリストを表示する
bundle list
# gemのバージョンアップ
bundle update
# 特定のgemのバージョンアップ
bundle update rails
```

どのコマンドも「-h」オプションを渡すことで詳しい情報を得ることができます。詳細は下記のURLを確認してください。

URL http://bundler.io/

関連項目 ▶▶▶
- 新しいgemをインストールする ·· p.67

SECTION-018

ドキュメント引き

💎 Rubyリファレンスマニュアルでドキュメント引き

Rubyリファレンスマニュアルは下記のURLにてオンラインで閲覧することができます。

> **URL** https://docs.ruby-lang.org/ja/

●Rubyリファレンスマニュアル

プログラミング言語 Ruby リファレンスマニュアル

Ruby 最新安定版

常に最新のバージョンのドキュメントを参照したい場合は上のリンク先が使えます。

Ruby 2.5

Ruby 2.4

Ruby 2.3

Ruby 2.2

注：Rubyは2.1.0からSemantic Versioningを採用しています。 Ruby 2.1.1, 2.1.2等はバグ修正やセキュリティfixのみを含むため、リファレンスとしては2.1に統一しています。

るりまサーチ (全文検索)

Other versions

Ruby 2.1 (2017/04/01 サポート終了)

Ruby 2.0.0 (2016/02/24 サポート終了)

Ruby 1.9.3 (2015/02/23 サポート終了)

Ruby 1.8.7 (2013/06/30 サポート終了)

http://doc.okkez.net/

Project Page

るりまプロジェクト

また、下記のURLで全文検索することもできます。

> **URL** https://docs.ruby-lang.org/ja/search/

■ SECTION-018 ■ ドキュメント引き

❀ 「ri」コマンドでドキュメント引き

Rubyをインストールすると、RIというドキュメント検索ツールが付いてきます。

▶「ri」コマンドの使い方

ドキュメントを検索するには、「ri」コマンドを使います。引数に調べたいメソッド名を入力します。クラス名込みで指定することができます。指定方法は、Rubyの慣例に従います。つまり、クラスメソッドの場合は「.」か「::」で、インスタンスメソッドの場合は「#」もしくは「.」でクラス名とメソッド名を区切ります。

```
$ ri IO::readlines
= IO::readlines

(from ruby core)
------------------------------------------------------------------------
  IO.readlines(name, sep=$/ [, open_args])     -> array
  IO.readlines(name, limit [, open_args])      -> array
  IO.readlines(name, sep, limit [, open_args]) -> array


------------------------------------------------------------------------
Reads the entire file specified by name as individual lines, and
returns those lines in an array. Lines are separated by sep.

  a = IO.readlines("testfile")
  a[0]   #=> "This is line one\n"

If the last argument is a hash, it's the keyword argument to open. See IO.read
for detail.

$ ri IO#readlines
= IO#readlines

(from ruby core)
------------------------------------------------------------------------
  ios.readlines(sep=$/)    -> array
  ios.readlines(limit)     -> array
  ios.readlines(sep, limit) -> array


------------------------------------------------------------------------
Reads all of the lines in ios, and returns them in
anArray. Lines are separated by the optional sep. If
sep is nil, the rest of the stream is returned as a single record.  If
the first argument is an integer, or optional second argument is given, the
returning string would not be longer than the given value in bytes. The stream
must be opened for reading or an IOError will be raised.
```

■ SECTION-018 ■ ドキュメント引き

```
f = File.new("testfile")
f.readlines[0]    #=> "This is line one\n"
```

メソッド名のみ指定すると候補が出てきます。また、それらの部分文字列を指定することもできます。

```
$ ri readlin
.readlin not found, maybe you meant:

ARGF#readline
ARGF#readlines
CSV#readline
CSV#readlines
CSV::readlines
File::readlink
IO#readline
IO#readlines
IO::generic_readable#readline
IO::readlines
IRB::Locale#readline
Kernel#readline
Kernel#readlines
OpenSSL::Buffering#readline
OpenSSL::Buffering#readlines
Pathname#readlines
Pathname#readlink
REXML::IOSource#readline
Readline::readline
StringIO#readlines
Zlib::GzipReader#readline
Zlib::GzipReader#readlines
```

COLUMN   「ri」コマンドのその他の機能

　「ri」コマンドを引数を指定せず起動するとインタラクティブにドキュメントを検索することができます。また、「--server」オプションを付けて起動することで、ドキュメント閲覧ためのwebアプリケーションを起動することもできます。

関連項目 ▶ ▶ ▶
　●ドキュメントにおけるメソッドの表記方法について ………………………………… p.56

CHAPTER 03

Rubyの文法

SECTION-019

リテラルについて

💎 豊富なリテラル

リテラルとは、Rubyスクリプトに、直接、記述できる値のことです。文法として言語組み込みですが、どれもオブジェクトでメソッド呼び出しできます。詳しくは、それぞれの参照先を見てください。

▶ 数値リテラル

数値を表します。「0」「-1」「1.1」など、普通に記述できます。他にも科学的記数法や2進、8進、16進リテラル、有理数を表すRationalリテラル、複素数を表すImaginaryリテラルがあります。《数値リテラルについて》(p.414)を参照してください。

▶ 文字列リテラル

文字列を表します。「"a"」「'a'」や%記法、ヒアドキュメントがあります。《文字列リテラルについて》(p.188)、《ヒアドキュメントについて》(p.192)を参照してください。

▶ コマンド出力

コマンドの標準出力を文字列で得ます。《子プロセスの出力を文字列で得る》(p.509)を参照してください。

▶ 正規表現リテラル

正規表現を表します。「/re/」や%記法があります。《正規表現の基本》(p.233)を参照してください。

▶ 配列式

配列を表します。「["a"]」や%記法があります。《配列・ハッシュを作成する》(p.314)を参照してください。

▶ ハッシュ式

ハッシュを表します。「{a: 'b'}」のように記述します。《配列・ハッシュを作成する》(p.314)を参照してください。

▶ 範囲オブジェクト

範囲を表します。「1..10」「1...10」のように記述します。《範囲オブジェクトを作成する》(p.420)を参照してください。

▶ シンボル

シンボルを表します。「:a」や%記法があります。《シンボルについて》(p.275)を参照してください。

▶ %記法

文字列、配列、シンボルをわかりやすく定義するために%記法があります。《%記法について》(p.167)を参照してください。

SECTION-020

演算子について

❖ Rubyの演算子

Rubyで利用できる演算子は、次の表のようになります。演算子の形をしていても、実はメソッド呼び出しであるものは再定義できます。数式で掛け算が足し算よりも優先して計算されるように、優先順位の高い演算子ほど結合が強くなります。結合順序を変えるには、数式と同様に「()」を使います。Rubyの演算子はC言語やPerlの演算子に似ています。

優先順位	演算子	再定義の可否	説明
1(高)	::	×	定数参照
	.	×	メソッド呼び出し
	&.	×	Null条件演算子
	()	×	メソッド呼び出しの括弧
2	[]	○	配列参照の括弧
3	+@	○	単項＋
	!	○	否定
	~	○	ビットごとの否定
4	**	○	べき乗
5	-@	○	単項-
	*	○	乗算
	/	○	除算
	%	○	剰余
6	+	○	加算
	-	○	減算
7	<<	○	左シフト
	>>	○	右シフト
8	&	○	ビットごとの論理積、積集合
9	|	○	ビットごとの論理和、和集合
	^	○	ビットごとの排他的論理和
10	>	○	大きい
	>=	○	大きいか等しい
	<	○	小さい
	<=	○	小さいか等しい
11	<=>	○	比較演算子
	==	○	等しい(同値)
	===	○	case式での比較
	!=	○	等しくない
	=~	○	正規表現マッチ
	!~	○	正規表現マッチの否定
12	&&	×	論理積
13	||	×	論理和
14	..	×	範囲オブジェクトの作成(a以上b以下)
	...	×	範囲オブジェクトの作成(a以上b未満)
15	?:	×	条件演算子(三項演算子)
16	rescue	×	rescue修飾子
17	= など	×	代入や自己代入

■SECTION-020■ 演算子について

優先順位	演算子	再定義の可否	説明
18	defined?	×	単項演算子defined?
19	not	×	論理否定
20	and	×	論理積
	or	×	論理和
21	if	×	if修飾子
	unless	×	unless修飾子
	while	×	while修飾子
	until	×	until修飾子
22	=>	×	Hash Rocket演算子
23（低）	{}	×	イテレーターの括弧

SECTION-021

四則演算・剰余・べき乗について

💎 数値・数式は一般的な記法で記述できる

Rubyでは数値は一般的な方法で記述できます。

▶ 四則演算を行うには

四則演算を行うには、加算は「+」、減算は「-」、掛け算は「*」、割り算は「/」を使います。

```
3+10*3-1                    # => 32
10/5                        # => 2
```

ただし、整数同士の割り算は、余りがあっても整数で答えが出るので注意してください。どちらか一方が浮動小数点数であれば、浮動小数点数で答えが出ます。これは、C言語の仕様と同じです。整数を浮動小数点数に変換するには、「Integer#to_f」を使います。

```
11/5                        # => 2
11.0/5                      # => 2.2
11.to_f/5                   # => 2.2
```

▶ 割り算の商を求めるには

割り算の商を求めるには、「Numeric#quo」や「Numeric#div」を使います。「Numeric#quo」を使うともっとも正確な割り算の商を求めることができ、「Numeric#div」を使うと整数の商を求めることができます。

```
11.quo 5                    # => (11/5)
11.0.quo 5                  # => 2.2
6.1.div 2.9                 # => 2
```

▶ 割り算の余りを求めるには

割り算の余り（剰余）を求めるには、「%」を使います。「Numeric#modulo」は別名です。

```
11%5                        # => 1
```

▶ 商と余りを同時に求めるには

商と余りを同時に求めるには、「Numeric#divmod」を使います。

```
11.divmod 5                 # => [2, 1]
```

■ SECTION-021 ■ 四則演算・剰余・べき乗について

▶ べき乗を求めるには

べき乗は「**」を使います。指数に浮動小数点数も指定できるので、たとえば0.5乗で平方根を求めることもできます。0.25乗で四乗根です。

```
2**16                      # => 65536
65536**0.5                 # => 256.0
65536**0.25                # => 16.0
```

▶ 有理数の計算を行うには

有理数の計算を行うにはRationalリテラルを使います。

```
11/5r                      # => (11/5)
11/5r*5                    # => (11/1)
3.14r                      # => (157/50)
```

浮動小数点数との計算を行うと、浮動小数点数で答えが出ます。

```
11.0/5r                    # => (2.2)
11/5r*5.0                  # => (11.0)
```

▶ 複素数の計算を行うには

複素数の計算を行うには、Imaginaryリテラルを使います。

```
11i                        # => (0+11i)
3.14i                      # => (0+3.14i)
11i*5                      # => (0+55i)
```

虚数部が有理数の複素数も表すことができます。

```
11ri                       # => (0+(11/1)*i)
3.14ri                     # => (0+(157/50)*i)
```

SECTION-022

論理式について

◆ andとorとnot

Rubyの論理演算子には、優先順位が高いものと低いものが用意されています。用途によって使い分けましょう。

論理式で重要なのは、**論理式の真偽が確定した時点で残りを評価しないこと**です。これを「ショートサーキット評価」と呼びます。ショートサーキット評価を使って条件分岐を行うことができます。

名前	優先度低	優先度高	説明
論理積	and	&&	AかつB。Aが偽だとBは評価されない
論理和	or	||	AまたはB。Aが真だとBは評価されない
否定	not	!	Aではない

▶ 真偽値

真を表す代表的な値が「true」です。「nil」と「false」が偽で、その他はすべて真です。「0」（ゼロ）、「""」（空文字列）、「[]」（空配列）、「{}」（空ハッシュ）も真なので注意してください。

「nil」と「false」の使い分けですが、「false」は「true」の対義語で、「1>3」のような式を評価すると「false」になります。「nil」は「何もない」とか「無意味」などの意味です。

真偽値の論理式の例を示します。まずは論理積です。両方とも真でないと偽になります。

```
true && true                    # => true
[true && false, true && nil]    # => [false, nil]
[false && true, nil && true]    # => [false, nil]
[false && false, nil && nil]    # => [false, nil]
[false && nil, nil && false]    # => [false, nil]
```

論理和は1つでも真があれば真になります。

```
true || true                    # => true
[true || false, true || nil]    # => [true, true]
[false || true, nil || true]    # => [true, true]
[false || false, nil || nil]    # => [false, nil]
[false || nil, nil || false]    # => [nil, false]
```

否定です。真の否定は「false」になり、偽の否定は「true」になります。

```
!true                           # => false
[!false, !nil]                  # => [true, true]
```

■ SECTION-022 ■ 論理式について

▶ 優先順位の低い論理演算子

「and」「or」は優先順位がかなり低く、これらより低い演算子は「if」、「unless」、「while」、「until」、「=>」(Hash Rocket 演算子)、「||」(イテレーターの括弧)の6つしかありません。「not」は「and」「or」より優先順位が1つ上です。代入よりも低いことに注意してください。優先順位が低いので、式の区切りとして認識するとよいでしょう。上の式は下の式のように解釈されます。

```
1 and 2 or 3 and 4              # => 4
((1 and 2) or 3) and 4          # => 4
```

▶ 優先順位の高い論理演算子

「&&」「||」は「and」よりもやや優先順位が高いですが、演算子全体から見たら低い方です。「&&」は「||」より優先順位が1つ上です。優先順位が「and」と「||」の間に入る演算子は、低い順から「=」(代入)、「rescue」「?:」(条件演算子・三項演算子)、「..」「...」(範囲オブジェクト生成)のみです。上の式は下の式のように解釈されます。

```
0 || 1 && 2                     # => 0
0 || (1 && 2)                   # => 0
```

```
1 && 2 || 3 && 4                # => 2
(1 && 2) || (3 && 4)            # => 2
```

「!」はかなり優先順位が高い演算子です。「!」より高いのは「[]」「::」「.」「&.」「()」の5つのみです。

▶ ショートサーキット評価

ショートサーキット評価とは、真偽が確定した時点で以後の評価をやめ、その時点の値が論理式の値になることです。次の例では最後まで評価されます。

```
true and 1 and 2               # => 2
```

次の例ではnilを評価した時点で論理式が偽に確定するため、「a=1」は未評価になります。なお、未評価の変数はnilになります。

```
nil and a=1                     # => nil
a                               # => nil
```

次の例では1を評価した時点で論理式が真に確定するため、「b=2」は未評価になります。

```
1 or b=2                        # => 1
b                               # => nil
```

■ SECTION-022 ■ 論理式について

| COLUMN | 論理式を使った条件分岐 |

　andとorは代入よりも優先順位が低いため、「変数 = 式1 and 式1が真のとき評価される式2」や「変数 = 式1 or 式1が偽のとき評価される式2」のような式を記述できます。この場合、式1の値が変数に代入されます。「and」や「or」を「&&」や「||」に置き換えてしまうと論理式の評価結果が変数に代入されてしまうので注意してください。

　優先順位が低い論理演算子の例です。条件式の結果がvarに代入され、条件分岐されます。

```
var = 1 < 10 and "ok"          # => "ok"
var                            # => true
var = 20 < 10 and "ok"         # => false
var                            # => false
var = 1 < 10 or "NG"           # => true
var                            # => true
var = 20 < 10 or "NG"          # => "NG"
var                            # => false
```

　優先順位が高い論理演算子の例です。条件式全体の結果がvarに代入されます。なお、「<」の方が「&&」「||」より優先順位が高くなります。

```
var = 1 < 10 && "ok"           # => "ok"
var                            # => "ok"
var = 20 < 10 && "ok"          # => false
var                            # => false
var = 1 < 10 || "NG"           # => true
var                            # => true
var = 20 < 10 || "NG"          # => "NG"
var                            # => "NG"
```

| COLUMN | 「and」「or」「not」をメソッドの引数にするときは二重括弧が必要 |

　論理式をメソッドの引数にするときは注意が必要です。「and」「or」「not」をメソッドの引数にするときは「p((1 and 2))」のように二重の括弧が必要になってしまいます。美しくないので「p(1 && 2)」のように記号を使いましょう。

関連項目 ▶ ▶ ▶
● 条件分岐式について ………………………………………………………………… p.96

81

SECTION-023

代入について

💎 代入とは名札を貼り付けること

　Rubyの式が評価されると、オブジェクトが生成されます。オブジェクトを使うためには、名前を付ける必要があります。オブジェクトに名前を付けることを伝統的に「オブジェクトを変数に代入する」と表現します。代入というと、どうしても箱のようなものや未知数にオブジェクトを入れることを連想しがちですが、Rubyの場合は**オブジェクトに貼ってはがせる「名札」を付けること**を想像してください。その名札を「変数」と呼びます。

▶ 単純な代入は「変数＝式」

　代入は「変数1 ＝ 式1」の書式です。式の評価結果のオブジェクトに変数の名札を付けます。その後、「変数2 ＝ 変数1」としたとき、式1の評価結果のオブジェクトには変数1と変数2の両方の名札が付いている状態です。すなわち、オブジェクトそのものはコピーされません。このとき、変数1が指しているオブジェクトを書き換えたとき、同時に変数2が指しているオブジェクトにも影響が出ます。

　「変数1 ＝ 式2」としたとき、式1の評価結果のオブジェクトに付いている変数1という名札をはがし、式2の評価結果のオブジェクトに変数1の名札を付けます。

```
a = 1 + 3
b = a
```

▶ 自己代入

　「変数3 ＝ 変数3 ＋ 式3」のように、自分自身に演算子を作用させて上書きする処理は頻繁に起こります。そのため、短縮して「変数3 ＋= 式3」のように記述することができます。それを自己代入といいます。「＋」以外にも、さまざまな二項演算子で自己代入することができます。

```
a = 10
a += 1      # => 11
a           # => 11
a -= 7
a           # => 4
a /= 2
a           # => 2
```

■SECTION-023■ 代入について

COLUMN 　一部のオブジェクトは即値

　ここでは代入をオブジェクトへの名札の貼り付けと表現しましたが、実際はオブジェクトへのポインタが変数に格納されています。ただし、効率の関係上、IntegerやFloatの1.0に近い代表的な値たちとSymbolとnil/true/falseはその値が変数へそのまま格納されています。

COLUMN 　インデックス代入・書き込みアクセサは広い意味での代入式

　配列の要素の設定や、書き込みアクセサの使用は代入式の形をしていますが、実はメソッド呼び出しです。それでも自己代入や多重代入ができるので、インデックス参照やアクセサを変数とみなした代入式と考えても構いません。

```ruby
a = [10, 43]
# 実際はArray#[]=というメソッドを呼び出しているが、a[0]を変数と考えるとよい
a[0] = 22          # => 22
a                  # => [22, 43]
# 自己代入もできる
a[0] += 10         # => 32
a                  # => [32, 43]
# 実際はIO#sync=というメソッドを呼び出しているが、$stdout.syncを変数と考えるとよい
$stdout.sync = true  # => true
$stdout.sync         # => true
```

関連項目 ▶ ▶ ▶

● オブジェクトの同一性と同値性について ……………………………………… p.177
● 破壊的メソッドについて ……………………………………………………………… p.180

SECTION-024

多重代入について

💠 多重代入

多重代入は、配列や複数の式から同時に代入を行う構文です。「変数, 変数, … = 式」という書式を取ります。多重代入の返り値は、配列に変換された右辺です。

▶簡単な多重代入

多重代入の典型的な使い道は、配列の要素を別個に変数に代入する場合です。配列の最初の要素から左辺の対応する変数に次々と代入していきます。次に示すようにaは1、bは2になります。

```
a, b = [1, 2]
[a, b]                          # => [1, 2]
```

配列の要素が足りず、左辺の変数に対応する要素がない場合、その変数にはnilが代入されます。

```
a, b, c = [1, 2]
[a, b, c]                       # => [1, 2, nil]
```

逆に配列の要素が多すぎる場合は、余った要素は無視されます。

```
a, b = [1, 2, 3]
[a, b]                          # => [1, 2]
```

「,」か「*」で左辺を終了すると残りの要素は無視されます。

```
a, = [1, 2]
a                               # => 1
a, * = [1, 2]
a                               # => 1
```

▶splat付き多重代入

多重代入の最後の変数の前に「*」が付いている場合、右辺の余った要素が配列にまとめられます。この「*」マークをsplatといいます。余る要素がない場合は、splatに対応する変数は空配列になります。

```
a, *rest = [1, 2, 3]
[a, rest]                       # => [1, [2, 3]]
a, b, *rest = [1, 2, 3]
[a, b, rest]                    # => [1, 2, [3]]
a, b, c, *rest = [1, 2, 3]
[a, b, c, rest]                 # => [1, 2, 3, []]
```

■ SECTION-024 ■ 多重代入について

▶ ネストした配列の多重代入

「()」付きの多重代入はネストした配列を分解します。Lispを知っている人は「destructuring -bind」のようなものだと思ってください。

```
a, (b, c) = [1, [2, 3]]
[a, b, c]                       # => [1, 2, 3]
(a, b), (c, d), e = [[1, 2], [3, 4], 5]
[a, b, c, d, e]                 # => [1, 2, 3, 4, 5]
```

もちろん、splatと併用できます。

```
a, (b, (c, *d)) = [1, [2, [3, 4, 5]]]
[a, b, c, d]                    # => [1, 2, 3, [4, 5]]
```

▶ 右辺に複数の式を記述することもできる

多重代入の右辺に複数の式を記述することができます。そのとき、配列に変換されたものとして解釈されます。なお、「変数1, 変数2 = 変数2, 変数1」は、変数の値を入れ替えるイディオムです。わざわざ一時変数を用意する必要はありません。

```
a, b = 1, 2
[a, b]                          # => [1, 2]
b, a = a, b
[a, b]                          # => [2, 1]
```

COLUMN　**代入形式のメソッドにも多重代入が使用可能**

Rubyのメソッドには、配列要素の設定など、「=」で終わるものもあります。

次の例では構造体の値の設定を多重代入で行います。Rubyの構造体は、ハッシュ的な配列だと思ってください。「foo.a, foo.b = 1, 2」は「foo.a = 1」と「foo.b = 2」を同時に行っています。同様に「foo[0], foo[1] = 3, 4」は「foo[0] = 3」と「foo[1] = 4」を同時に行っています。

```
Foo = Struct.new :a, :b
foo = Foo.new
foo.a, foo.b = 1, 2
foo             # => #<struct Foo a=1, b=2>
[foo.a, foo.b]  # => [1, 2]
foo[0], foo[1] = 3, 4
foo             # => #<struct Foo a=3, b=4>
[foo.a, foo.b]  # => [3, 4]
```

関連項目 ▶ ▶ ▶

● ブロック付きメソッドについて ……………………………………………………… p.121
● 情報を集積するタイプのオブジェクトには構造体を使う ……………………………… p.568

85

SECTION-025

変数と定数について

いろいろな変数

　Rubyには、いろいろな変数が用意されています。Rubyの変数の特徴は、最初の1文字でどの種類の変数なのかがわかるところです。変数名に使えるのは英数字と「_」(アンダーライン)です。Rubyの変数は、オブジェクトに貼り付ける名札です。定義を明確にするため、変数の種類の横に変数が満たす正規表現を記載しておきます。

▶ローカル変数(/^[a-z_][0-9A-Za-z_]*$/)

　小文字か「_」で始まる変数は、ローカル変数です。ローカル変数への最初の代入が宣言とみなされます。ローカル変数は宣言した変数スコープのみで有効な変数です。変数スコープはクラス・モジュール定義、メソッド定義、ブロック内です。基本的には宣言した場所に対応する「end」までですが、「if」や「while」などの制御構造はスコープを作らないので勘違いしないようにしてください。

　なお、宣言されていない変数の参照は、無引数のメソッド呼び出しと解釈されます。メソッドも存在しなければ「NameError」になります。

　ブロックが手続きオブジェクト化された場合、オブジェクトが消滅するまで有効です。

```ruby
a0 = 0      # トップレベルのローカル変数a0はプログラム終了まで見える
class AClass
  # ここではa0は見えない。a1はクラス定義スコープで/classまで有効
  a1 = 1
  def a_method
    "method!"            # a1は見えない
  end
  def initialize
    a2 = 2 # ここではa1は見えない
    a3 = 3 # a2とa3はメソッド定義スコープで/defまで有効
    [[1,2]].each do |x,a3|      # a3はブロックから抜けると見えない
      # 以後ブロックスコープ。a2は見える
      a2      # => 2
      a4 = 4 # ブロック内で宣言されたのローカル変数はブロック外では見えなくなる
      x       # => 1
      a3      # => 2
    end
    # ブロックを抜けたのでa3は3
    a3      # => 3

    if true    # ifは制御構造なのでスコープは作らないので注意
      a4 = 4   # a4はメソッド定義スコープ
    else
      a4 = 5
```

▽

■ SECTION-025 ■ 変数と定数について

```
   end
   a4         # => 4
   # 変数宣言されていないので無引数メソッド呼び出しになる
   a_method  # => "method!"
 end # /def
 # 再びクラス定義の文脈なのでa1が見える
 a1         # => 1
end # /class
# クラス定義を抜けたので外側のローカル変数が見える
a0          # => 0
AClass.new
```

▶インスタンス変数(/^@[A-Za-z_][0-9A-Za-z_]*$/)

「@」で始まる変数はインスタンス変数で、オブジェクトに所属しています。インスタンスメソッドから読み書きできます。未定義のインスタンス変数を参照した場合はnilが返され、エラーにはなりません。インスタンス変数をメンバ変数やフィールドと呼んでいる言語もあります。

また、Rubyはクラスもオブジェクトなので、「クラスのインスタンス変数」というのも存在します。クラス定義の文脈でインスタンス変数に代入したら、それは定義しているクラス自身のインスタンス変数となります。クラスメソッドから読み書きできます。あくまでインスタンス変数なのでサブクラスからは見えません。Ruby初心者が陥りやすい落とし穴です。

インスタンス変数はprivateなので、外部に見せたい場合はアクセサを定義してください。

```
self              # => main
@main = "main"    # トップレベルならどこでも読み書きできる。mainに属している

class Hoge
  @class_ivar = "instance variable of Hoge" # クラスのインスタンス変数
  def self.cmeth          # クラスメソッドなので@class_ivarは見える
    @class_ivar # => "instance variable of Hoge"
  end
  # クラス定義の文脈なので@class_ivarは見える
  @class_ivar  # => "instance variable of Hoge"
  def initialize
    @ivar = "ivar"        # オブジェクトのインスタンス変数
  end
  def imeth
    # @ivarは見える
    @ivar      # => "ivar"
    # @class_ivarは見えない。未定義なのでnilとなる
    @class_ivar # => nil
  end
end
Hoge.cmeth
Hoge.new.imeth
```

87

■ SECTION-025 ■ 変数と定数について

▶ 定数(/^[A-Z][0-9A-Za-z_]*$/)

　大文字から始まる変数は定数です。一見すると矛盾するようですが、「変数=名札」という定義においては、定数も変数の一種です。他言語でも定数は大文字で定義することが慣例となっているので、違和感はないでしょう。

　定数の定義は、トップレベルかクラス・モジュール定義中に行うことができます。定義されていない定数にアクセスしようとすると、NameErrorになります。

　自分のクラスに定義されている定数がなければ、次の順序で探します。

❶ トップレベル以外のネストの外側の定数

❷ スーパークラスの定数

　ネストの内側の定数を参照するには、「::」演算子を使います。

　定数に再代入することは可能ですが、警告が出ます。あくまで定数を定義しているライブラリの再読み込みを可能にするためにやむを得ず可能にしているのであって、定数と名乗っている以上、再代入を正当化するものではありません。

　クラス名は大文字から始まりますが、それは、クラスオブジェクトを生成後、定数に代入しているからです。そのため、クラス名の参照ルールは、定数の参照ルールに従います。モジュールについても同様です。

　定数に対して破壊的メソッド(オブジェクトそのものを書き換えるメソッド)を適用することは可能です。再代入と破壊的メソッドは別物なので注意してください。配列やハッシュなどを定数に代入した場合、要素の設定などの破壊的メソッドを適用すると、内容が書き変わります。定数に代入したからといってオブジェクトがfreeze(変更禁止)されるわけではありません。

```ruby
CONST = "toplevel" # トップレベル(Objectクラス)の定数定義は最後に参照される
class SuperClass
  CONST = "superclass"        # トップレベルクラスでの定数定義
end
class AClass
  # ネストの外側がないのでスーパークラス(Object)の定数が参照される
  CONST                       # => "toplevel"
end
class SubClass < SuperClass
  # ネストの外側がないのでスーパークラス(SuperClass)の定数が参照される
  CONST                       # => "superclass"
end
module Nest
  CONST = "nest"              # ネストの内側の定数定義
  class SubSubClass < SubClass
    # まずネストの外側が優先的に参照される
    CONST                     # => "nest"
  end
  # ネストの外側がないのでスーパークラスの定数が参照される
  SubSubClass::CONST          # => "superclass"
```

■ SECTION-025 ■ 変数と定数について

```
   # ::から定数を始めるとトップレベルの定数が参照される
   ::CONST                       # => "toplevel"
end
# スーパークラスの定数が参照される
Nest::SubSubClass::CONST         # => "superclass"
SubClass::CONST                  # => "superclass"
```

▶ クラス変数(/^@@[A-Za-z_][0-9A-Za-z_]*$/)

「@@」で始まる変数はクラス変数で、クラス定義の中で定義され、自分のクラスおよびサブクラスのクラス定義・クラスメソッド・インスタンスメソッドから読み書きできます。スーパークラスで定義されているクラス変数にサブクラスで代入すると、スーパークラス側が参照されるため、影響を受けることに注意してください。定数と違い再代入可能で、クラス・サブクラス以外からは見えません。クラスのインスタンス変数とは異なり、サブクラス間で共有されます。モジュールにおいてもクラス変数はインクルード元とインクルード先で共有されます。

クラス変数のアクセサを作成すれば、外から見えるようになります。

```
module Nest
  @@cv = "nest"        # Nestのクラス変数はネストの内側でも見えない
  class SuperClass
    @@cv = "super"     # SuperClassのクラス変数はSubClassとも共有される
  end
  class SubClass < SuperClass
    @@cv               # => "super"
    @@cv = "sub"       # サブクラスで書き換え
  end
  class SuperClass
    # 共有されているのでスーパークラスに影響が及ぶ
    @@cv               # => "sub"
  end
end
```

▶ グローバル変数(/^\$[A-Za-z][0-9A-Za-z_]*$/)

「$」から始まる変数は、グローバル変数でプログラム中のどこからでも読み書きできます。影響範囲が広いので、他言語と同様に、濫用は禁物です。未定義のグローバル変数を参照するとnilを返します。なお、「$_」などの特殊変数は、グローバル変数ではないことがあります。

```
$gvar = 1  # どこでも見えるので危険!
class X
  $gvar    # => 1
  class Y
    $gvar  # => 1
  end
end
def foo
```

89

■ SECTION-025 ■ 変数と定数について

```
    $gvar    # => 1
  end
  foo
```

▶疑似変数

下表の識別子は疑似変数といいますが、変更はできません。

疑似変数	説明
self	レシーバ。つまりメソッドと結び付いている主体
true	「TrueClass」唯一のインスタンスで真の代表値
false	「FalseClass」唯一のインスタンスで偽を表す
nil	「NilClass」唯一のインスタンスで「空」や「無意味」を表す。falseとともに偽を表す
__FILE__	現在のソースファイル名（93ページの「$0」も参照）
__LINE__	現在実行中の行番号
__method__	現在実行中のメソッドのシンボル
__ENCODING__	現在のソースのスクリプトエンコーディング
__dir__	現在のソースのディレクトリ名

COLUMN　スレッドローカル変数

厳密な変数ではありませんが、いわゆるスレッドローカル変数が存在します。グローバル変数は全スレッドが読み書きできますが、スレッドローカル変数はそのスレッドのみで読み書き可能です。

関連項目 ▶ ▶ ▶

● 代入について ……………………………………………………………… p.82
● アクセサを使ってインスタンス変数をパブリックにする ……………… p.548
● ブロックでクロージャー（無名関数）を作る ………………………… p.590
● スレッドローカル変数を扱う …………………………………………… p.646

SECTION-026

組み込み変数について

❖ 組み込み変数

Rubyには多くの組み込み変数があります。組み込み変数は「$」から始まるのでグローバル変数に見えますが、そうではないこともあります。

RubyはPerl風の特殊変数が使えます。特殊変数は組み込み変数の一種で「$」から始まり、1文字の記号・数字が続きます。

❖ グローバルではない組み込み変数

グローバルではない組み込み変数は、ローカルスコープかスレッドローカルスコープです。ローカルスコープの組み込み関数は、スレッドローカルでもあります。

▶ 正規表現マッチにまつわる特殊変数

正規表現マッチにまつわる特殊変数は、ローカルスコープかつスレッドローカルです。

特に「$1」などの「$数字」は、最後の正規表現マッチのN番目の括弧にマッチした文字列を表し、頻出です。10以上の括弧があれば「$10」も有効です。

その他の特殊変数は、たまに登場します。なお、「$~」以外はPerlと同じです。《**正規表現マッチに付随する情報（マッチデータ）を参照する**》(p.255)を参照してください。

特殊変数	意味
$~	最後の正規表現マッチに関するMatchData
$&	最後の正規表現マッチでマッチした文字列
$`	最後の正規表現マッチでマッチした部分より前の文字列
$'	最後の正規表現マッチでマッチした部分より後の文字列
$+	最後の正規表現マッチで最後の括弧にマッチした文字列

▶「$?」は子プロセスのステータス

「$?」は最後に終了した子プロセスのステータスを表す「Process::Status」オブジェクトです。「Kernel#system」「IO.popen」「backquote」によるコマンド出力などを実行すると設定されます。特に、終了ステータスの整数値を得るには、「$?.exitstatus」と記述する必要があります。スレッドローカルスコープです。

```
system "sh", "-c", "exit 0";  $?.exitstatus # => 0
system "sh -c 'exit 1'";      $?.exitstatus # => 1
IO.popen("sh -c 'exit 2'"){}; $?.exitstatus # => 2
open("| sh -c 'exit 3'"){};   $?.exitstatus # => 3
`sh -c 'exit 4'`;             $?.exitstatus # => 4
```

▶ 例外にまつわる特殊変数

例外にまつわる特殊変数は、スレッドローカルです。「begin」式の「rescue」節、「rescue」修飾子で使われます。

■ SECTION 026 ■ 組み込み変数について

「$!」はraiseによって設定される最近の例外オブジェクトです。本書でも例外が発生するコードは「式 rescue $! # => 例外オブジェクト」という形で注釈しています。

「$@」は例外発生時のバックトレースを表す文字列配列です。要素は「"filename:line"」あるいは「"filename:line:in `methodname'"」となります。標準入力からスクリプトを読み込む場合の「filename」は、「-」となります。

なお、「$@」は「$!.backtrace」と等価です。「$@」へ代入するときは「Kernel#set_backtrace」が呼ばれます。

```
1/0 rescue [$!, $@]
# => [#<ZeroDivisionError: divided by 0>,
#       ["-:1:in `/'", "-:1:in `<main>'"]]

def error_test
  begin
    raise NameError, "ERR!!"
  rescue NameError => err
    err  # => #<NameError: ERR!!>
    $!   # => #<NameError: ERR!!>
    $@   # => ["-:4:in `error_test'", "-:12:in `<main>'"]
  end
end


error_test
```

▶「$SAFE」はセーフレベル

「$SAFE」は、セーフレベルを表すスレッドローカルな組み込み変数です。《セキュリティチェックについて》(p.622)を参照してください。

💎 グローバルな組み込み変数

その他の組み込み変数は、見た目通り、グローバルスコープです。

▶ライブラリに関する組み込み変数

「$:」「$LOAD_PATH」は、ライブラリの探索パス(ロードパス)を表す文字列配列です。各要素はディレクトリ名で、先頭からライブラリを探索します。特定のディレクトリをロードパスに最優先で加えるには、「$:.unshift ディレクトリ名」と記述します。

「$"」「$LOADED_FEATURES」は、requireされたライブラリのファイル名の文字列配列です。requireが同じライブラリを、複数回、ロードしないといわれる理由は、「$"」に含まれるライブラリをロードしないからです。

▶入出力

「$stdin」「$stdout」「$stderr」は、それぞれ、標準入力、標準出力、標準エラー出力を表すIOオブジェクトです。それぞれ、定数の「STDIN」「STDOUT」「STDERR」が代入されています。グローバル変数と定数が用意されている理由は、グローバル変数を変更するこ

■ SECTION-026 ■ 組み込み変数について

とでリダイレクト可能にするからです。たとえば、「$stderr = $stdout」と記述すると、エラーや
警告も標準出力に書き出されます。定数の方は「本物の」標準入力などです。

「$>」は「$stdout」の別名です。

「$<」はコマンドライン引数で指定されたファイル・(なければ)標準入力を表す「ARGF」の
別名です。《入力ファイルまたは標準入力を読む》(p.497)を参照してください。

▶ デバッグ関係

Rubyインタプリタを「-d」オプションを付けて起動したら、「$DEBUG」「$VERBOSE」が
trueになります。

「$DEBUG」が真であれば、デバッグモードになります。いかなるスレッドが例外終了したと
きもRubyインタプリタを終了します。通常の実行では、そのスレッドは警告も出さず黙って終了
します。また、例外はたとえ捕捉されたとしても、必ず標準エラー出力にレポートされます。

```
$DEBUG = false
$stderr = $stdout
raise "rescued" rescue 0
Thread.start{ raise "error in thread" }
sleep 0.1
puts "ok"
# >> ok
```

```
$DEBUG = true
$stderr = $stdout
raise "rescued" rescue 0
Thread.start{
  raise "error in thread" rescue $!
  # => #<RuntimeError: error in thread>
}
sleep 0.1
puts "ok"
# >> Exception `RuntimeError' at -:3 - rescued
# >> Exception `RuntimeError' at -:4 - error in thread
# >> Exception `RuntimeError' at -:5 - error in thread
```

「$VERBOSE」は、警告メッセージの冗長度を表します。値には次のような意味があります。
Rubyインタプリタのコマンドラインオプションでも設定できます。

$VERBOSEの値	オプション	意味
nil	-W0	警告を出力しない
false	-W1, 無指定	重要な警告のみ出力(デフォルト)
true	-W2, -W, -v, -w, -d	すべての警告を出力する

▶ その他の組み込み変数

「$0」は実行しているRubyスクリプトのファイル名です。「if __FILE__ == $0 … end」はメ
インルーチンを記述するイディオムです。《コマンドとしてもライブラリとしても使えるようにする
イディオムについて》(p.494)を参照してください。

93

■ SECTION-026 ■ 組み込み変数について

「$*」はコマンドライン引数の文字列配列「ARGV」の別名です。《コマンドとしてもライブラリとしても使えるようにするイディオムについて》(p.494)を参照してください。

「$$」はRubyインタプリタのプロセスIDです。「Process.pid」と同じです。

Rubyインタプリタのオプションを表す引数があります。たとえば、「$-d」は「$DEBUG」と同じです。

その他の組み込み変数は、めったに使われないので下表にまとめておきます。

変数	意味	デフォルト値
$/	入力レコードセパレータを表す文字列	"\n"
$\	出力レコードセパレータを表す文字列	nil
$,	デフォルトの区切り文字列	nil
$;	String#splitで引数を省略した場合の区切り文字	nil
$.	最後に読んだ入力ファイルの行番号(ARGF.lineno)	—
$FILENAME	ARGFで現在読み込み中のファイル名(ARGF.filename)	—

COLUMN　Perlでおなじみの「$_」

Perlを使ったことのある人は、「$_」という奇妙な変数が使われていることを知っているでしょう。RubyはPerlをお手本に作ったため、その名残として特殊変数「$_」を使うことができます。「Kernel#gets」「Kernel#readline」で読み込んだ文字列は、「$_」に格納されます。条件式に正規表現のみを指定した場合や、無引数の「Kernel#print」も「$_」に作用します。Perlでは他にもいろいろな局面で「$_」を使いますが、Rubyではあくまで歴史的理由により残っていると考えるべきです。

次のコードは標準入力またはコマンドライン引数で指定したファイルから「ruby」が含まれる行のみを表示しますが、警告が出ます。ブロックを使って「ARGF.each do |line| 〜 end」と記述するのがRuby流です。それでもワンライナーでは活躍する特殊変数です。

```
while gets      # $_に読み込んだ行が格納される
  if /ruby/     # 「$_ =~ /ruby/」と等価
    print       # 「print $_」と等価
  end
end
```

関連項目 ▶ ▶ ▶

- スクリプトを探索する順序について ……………………………………………… p.38
- ライブラリを読み込む ……………………………………………………………… p.40
- 正規表現マッチに付随する情報(マッチデータ)を参照する …………………… p.255
- ファイルに書き込む ………………………………………………………………… p.463
- コマンドとしてもライブラリとしても使えるようにするイディオムについて ……… p.494
- 外部コマンドを実行する …………………………………………………………… p.507
- ワンライナーでフィルタを記述する ………………………………………………… p.520
- セキュリティチェックについて ……………………………………………………… p.622

SECTION-027

コメントについて

❖ Rubyのコメント

Rubyの1行コメントは多くのスクリプト言語同様「#」より後ろです。複数行コメントは行頭が「=begin」で始まる行から「=end」の行までです。

コメントはRubyインタプリタが読み飛ばします。

▶「#」から行末までがコメント

1行コメントは、「#」から行末までです。

```
puts("a")                    # This is a comment.
# This is a comment too.
```

ただし、文字列リテラルの中("〜")、文字リテラル(?#)、正規表現リテラル(/#/)に含まれる#はコメントではありません。

```
str = "#not comment"
str =~ /#abc/
```

▶ 埋め込みドキュメント

RubyのソースコードにRuby以外のテキストを埋め込む機能を、埋め込みドキュメントといいます。埋め込みドキュメントは「=begin」で始まる行で開始します。「=begin」の後ろから行末まで何を記述しても構いません。そして「=end」だけを含む行で終了します。「=begin」から「=end」まで何を記述してもRubyインタプリタは読み飛ばします。

```
=begin
This is a comment
=end
puts("b")
```

関連項目 ▶ ▶ ▶

● YARDでドキュメントを記述する ………………………………………………… p.688

SECTION-028

条件分岐式について

いろいろな条件分岐

Rubyには、いろいろな条件分岐の制御構造が用意されています。単純な条件分岐は、他言語と同様に「if」を使います。他にも可読性を高めるために、対義語「unless」があります。「and」と「or」は論理式の扱いですが、条件分岐に使えるのでここでも少し触れておきます。これらはすべて値を持ちます。そのため、メソッドの引数やレシーバにすることができます。

多岐分岐は「case」式を使います。《「===」と「case」式について》(p.148)を参照してください。

▶「if」式

まずは条件分岐の定番の「if」です。条件式の後ろに「then」を付けることもできますが、多くの場合、省略されます。ただし、1行で記述するときは「then」が必要です。「elsif」節は、0個以上、何個でも持つことができます。「else」節は最後に付けることができます。**「elsif」は「else if」でも「elif」でもありません。**「if」式の値は、最後に評価された式の値になります。条件を満たさず「else」節がない場合はnilになります。falseとnilのみが偽で、それ以外はすべて真です。「if」式の書式は、次のようになります。

```
if 条件1 [then]
    条件1が真のときに評価される式
elsif 条件2 [then]
    条件1が偽で、条件2が真のときに評価される式
else
    条件1、2ともに偽のときに評価される式
end
```

```
# 通常の条件分岐
if 6 % 4 == 0
  s = "6は4の倍数"
elsif 6 % 2 == 0
  s = "6は偶数"
else
  s = "6は奇数"
end
s     # => "6は偶数"
# 条件分岐式は値を持つ
v1 = if 6 % 4 == 0
        "6は4の倍数"
     elsif 6 % 2 == 0
        "6は偶数"
     else
        "6は奇数"
     end
```

■ SECTION-028 ■ 条件分岐式について

```
v1    # => "6は偶数"
# 1行で記述するときはthenが必要
if true then 1 else 2 end  # => 1
```

▶「if」修飾子

「if」式の簡易バージョンが「if」修飾子です。「if」式の値は、条件が真のときは条件が真のときに評価される式の値になり、偽のときはnilになります。「if」修飾子の書式は、次のようになります。

条件が真のときに評価される式 if 条件

```
"ok" if 1 < 10    # => "ok"
"ok" if 20 < 10   # => nil
puts "debug message" if $DEBUG
```

▶「unless」式・「unless」修飾子

「if」の反対バージョンが「unless」です。「else」節は省略可能ですが、「elsif」節は付けることができません。「unless」修飾子もあります。式の値については「if」と同様です。「unless」式と「unless」修飾子の書式は、次のようになります。

```
unless 条件1 [then]
   条件1が偽のときに評価される式
else
   条件1が真のときに評価される式
end
```

条件が偽のときに評価される式 unless 条件

```
Time.now              # 2017-09-01 00:00:00 +0900
unless Time.now.hour < 12
  s = "good afternoon"
else
  s = "good morning"
end
s                     # => "good morning"
# 条件分岐はレシーバにもなる。現在時刻で分岐
v2 = unless Time.now.hour < 12
       "good afternoon"
     else
       "good morning"
     end.upcase
v2                    # => "GOOD MORNING"

"NG" unless 1 < 10    # => nil
"NG" unless 20 < 10   # => "NG"
```

■ SECTION-028 ■ 条件分岐式について

▶「and」「or」

「and」「or」で構成される論理式は、「if」修飾子・「unless」修飾子の条件と評価される
式を逆にしたものと考えることができます。メソッドの引数にするには、「and」「or」の代わりに
「&&」「||」を使います。修飾子は式の値かnilを返すのに対し、論理式は式の値か真偽値
を返します。

```
条件 and 条件が真のときに評価される式
条件 or 条件が偽のときに評価される式
```

```
1 < 10 and "ok"    # => "ok"
20 < 10 and "ok"   # => false
1 < 10 or "NG"     # => true
20 < 10 or "NG"    # => "NG"
```

▶ 条件演算子

条件演算子(三項演算子ともいう)も簡単な条件分岐に使えます。次のような書式になりま
す。「if」が値を持つので別形式というところでしょうか。

```
条件 ? 条件が真のときに評価される式 : 条件が偽のときに評価される式
```

```
4%2 == 0 ? "even" : "odd"        # => "even"
5%2 == 0 ? "even" : "odd"        # => "odd"
# 通常のif式も1行で記述できる。このとき、thenが必要
if 4%2 == 0 then "even" else "odd" end # => "even"
```

関連項目 ▶ ▶ ▶

- 論理式について ……………………………………………………………… p.79
- 「===」と「case」式について…………………………………………………… p.148

SECTION-029

ループ式について

◆ いろいろなループ式

Rubyには、いろいろなループ式が用意されています。条件を満たす間、繰り返すには、他言語と同様に「while」を使います。逆に、条件を満たさない間、繰り返すには「until」を使います。

Rubyのブロックは制御構造を抽象化できるので、「1～10の間を繰り返す」「配列の要素を1つひとつたどる」などは、専用の**ブロック付きメソッド**や**「for」式を使うのがRuby流**です。そのため、Rubyでは、「while」や「until」を使う機会はさほど多くありません。

▶ while

最も基本的なループ式は、「while」式です。条件を満たす間、ループします。ループする式が1つの場合は、「while」修飾子が使えます。

```
# while式の書式
while 条件 [do]
  ...
end
```

```
# while修飾子の書式
式 while 条件
```

次の例では、インデックスでループすることで、配列の内容を1つひとつ表示しています。あくまで「while」の例なので、実際のプログラミングでは「Integer#upto」を使用してください。

```
i = 0
while i < 3
  p i
  i += 1
end
# >> 0
# >> 1
# >> 2
```

```
i = -1
p(i+=1) while i < 2
# >> 0
# >> 1
# >> 2
```

▶ until

「while」とは逆に、条件を満たさない間、ループするのが「until」式です。ループする式が1つの場合は「until」修飾子が使えます。

```
# until式の書式
until 条件 [do]
  ...
end
```

```
# until修飾子の書式
式 until 条件
```

■ SECTION-029 ■ ループ式について

「while」を「until」に書き換える場合は、次に示すように条件を反転します。

```
i = 0
until i >= 3
  p i
  i += 1
end
# >> 0
# >> 1
# >> 2
```

```
i = -1
p(i+=1) until i >= 2
# >> 0
# >> 1
# >> 2
```

▶「for」式

　「for」式は、式の評価結果の各要素をループ変数に代入しながら繰り返します。「for」式は内部で「each」メソッドを呼び出します。「each」メソッドはよく使われるので、専用の構文になっています。

　「for」式と、それとほぼ等価な「each」メソッドの呼び出しを並べてみます。両者はほぼ等価です。唯一の違いは、**「for」式はループ変数のためのスコープを作らないこと**です。ループから抜けてもループ変数は有効です。「each」はブロック付きメソッドなので、ブロック変数はブロックから抜けると効果がなくなります。些細な違いはあるものの、「for」式は事実上、「each」メソッドの別形式です。「for」式を使うか使わないかは個人の好みによるところが多いでしょう。

```
# for式の書式
for ループ変数 ... in 式 [do]
  ...
end
```

```
# eachメソッドの書式
式.each do |ループ変数 ...|
  ...
end
```

```
for x in [1,2,3]
  p x
end
x          # => 3
# >> 1
# >> 2
# >> 3
```

```
[1,2,3].each do |x|
  p x
end
x rescue $!
# => #<NameError:
#     undefined local variable or method
`x' for main:Object>
# >> 1
# >> 2
# >> 3
```

　ネストした配列を扱う場合は、複数のループ変数を取ります。そのとき、内部の配列は多重代入のルールでループ変数に代入されます。配列の要素を複数個ずつ取得しながらループするわけではありません。そういう用途には、「Enumerable#each_slice」を使用します。

100

■ SECTION-029 ■ ループ式について

```ruby
for a,(b,c) in [[1,[2,3]], [4,[5,6]]]
  p "#{a}/#{b}/#{c}"
end
# >> "1/2/3"
# >> "4/5/6"
```

```ruby
[[1,[2,3]], [4,[5,6]]].each do |a,(b,c)|
  p "#{a}/#{b}/#{c}"
end
# >> "1/2/3"
# >> "4/5/6"
```

関連項目 ▶ ▶ ▶

● 配列の要素を1つずつ処理する ……………………………………………………… p.336
● 各要素をN個ずつ繰り返す ……………………………………………………………… p.403
● 範囲の間の繰り返しを行う ……………………………………………………………… p.422

SECTION-030

ループ制御について

💠 ループの制御

ループ中、条件によってはループの実行を打ち切ったり、処理を飛ばしたくなることがあります。ここでは、こういったループの制御について解説します。ここでの「ループ」は「while」「until」「for」「ブロック」のことです。

▶ break

最も内側のループを強制的に抜けるには「break」を使用します。ループ中、ある条件を満たしたらループ処理を終了する場合に使えます。次の例は配列の値を表示していくループで、偶数が登場した時点でループを打ち切ります。

```
for n in [1, 3, 4, 5, 6]
  break if n%2 == 0
  p n
end
# >> 1
# >> 3
```

▶ next

最も内側のループの処理を飛ばし、次のループへ進むには「next」を使用します。ループ中、ある条件を満たす場合に無視して次へ進む場合に使えます。次の例はコメント行を除いて行を表示します。

```
CODE = <<'EOC'
# comment
a = 1+2
b = "B"
EOC

CODE.each_line do |line|
  next if line =~ /^#/
  puts line
end
# >> a = 1+2
# >> b = "B"
```

■ SECTION-030 ■ ループ制御について

▶redo

現在のループのやり直すには、「redo」を使用します。ループ条件はチェックされません。ループ中、ある条件を満たす場合にループ変数を変更して処理をやり直す場合に使えます。次の例は、コメント部分を取り除いて表示します。

```
CODE = <<'EOC'
a = 1 # one
b = 2
EOC

CODE.each_line do |line|
  # あくまでサンプルなので条件はいい加減
  if line =~ /^(.+)#/
    line = $1; redo
  end
  puts line
end
# >> a = 1
# >> b = 2
```

COLUMN	深いループを抜けるには 「Kernel#catch」「Kernel#throw」を使用する

breakは最も内側のループしか抜けられません。ネストしたループから抜けるには、「Kernel#catch」と「Kernel#throw」を使用します。次の例はネストした配列の要素を1つひとつ表示していきますが、「3」が出現した時点でループを打ち切ります。

```
catch(:exit) do
  for inner in [[1,2],[3,4]]
    for n in inner
      throw :exit if n == 3
      p n
    end
  end
end
# >> 1
# >> 2
```

103

■SECTION-030■ ループ制御について

| COLUMN | 「break」「next」と返り値 |

　ブロック中で「break」を使用したら、ブロック付きメソッドの返り値がnilになります。また、ブロック中で「next」を使用したら、そのブロックの評価結果がnilになります。ブロックの評価結果の配列を返す「Enumerable#map」を例にします。

```
a = [1,2,"XX"]
a.map {|x| break unless Numeric === x; x*2 }  # => nil
a.map {|x| next  unless Numeric === x; x*2 }  # => [2, 4, nil]
```

　あまり知られていませんが、実は「break」と「next」には引数を指定することでnil以外の値を返すことができます。

```
a = [1,2,"XX"]
a.map {|x| break :invalid unless Numeric === x; x*2 }
# => :invalid
a.map {|x| next  :invalid unless Numeric === x; x*2 }
# => [2, 4, :invalid]
```

| COLUMN | ブロックの旧名はイテレータ |

　「Array#each」などのメソッドにブロックを持てるのが、Rubyの大きな特徴です。ブロックはかつて「イテレータ」と呼ばれていました。ループを抽象化する意味合いです。しかし、「File.open」などの「繰り返さないイテレータ」が増えてきたため、いつしかブロックと呼ばれるようになりました。それでも、ブロックに「break」や「next」が使える事実に「イテレータ」の片鱗を感じます。そのような「イテレータ」に魅かれて、筆者はRubyを愛するようになりました。

関連項目 ▶ ▶ ▶

● ループ式について　……………………………………………………………… p.99
● 例外処理・後片付けについて　………………………………………………… p.152
● 各要素に対してブロックの評価結果の配列を作る(写像)　………………… p.374
● 無限ループを実現する………………………………………………………… p.642

SECTION-031

インクリメント・デクリメントについて

❖ Rubyに「++」と「--」は存在しない

Rubyには、多くの言語で採用されている「++」(インクリメント。変数に1を足す)と「--」(デクリメント。変数から1を引く)の演算子は、あえて用意されていません。代わりに自己代入や「succ」メソッドを使ってください。また、ループは、極力、ブロック付きメソッドを使ってください。

▶「++」の代わりに「+=1」、「--」の代わりに「-=1」

インクリメント・デクリメント演算子が存在しなくても、Rubyには自己代入が存在します。たとえば、変数「a」の値に1足す場合「a++」ではなくて「a+=1」、1引く場合は「a--」ではなくて「a-=1」と記述します。もちろん、増減量は1に限りません。2足す場合は「a+=2」、2引く場合は「a-=2」と記述します。

▶ ループにはブロック付きメソッドを使うのがRuby流

インクリメント・デクリメントは、ループと併用されることが多くなります。そこでRubyには、範囲オブジェクトとループを行うブロック付きメソッドが用意されています。

たとえば、10回処理を繰り返すには「10.times ブロック」、aからbまで2ずつ増やしながらループするには「a.step(b,2) ブロック」、3から8まで繰り返すには「3.upto(8) ブロック」や「(3..8).each ブロック」と記述します。「while」や「until」でもループは記述することできますが、**ブロック付きメソッドを使った方がコードの意図がわかりやすくなります。**インクリメントに執着するのではなく、ブロック付きメソッドに慣れましょう。

▶「succ」メソッド

整数や文字列には、「次」を求める「succ」メソッドが存在します。インクリメントの意味に最も近いメソッドです。しかし、「前」を求めるメソッドは定義されていません。「succ」メソッドは、「Range#each」などで内部的に使われています。

```
# 整数の場合
a = 1            # => 1
# 整数のインクリメント
a += 1           # => 2
# 整数のデクリメント
a -= 1           # => 1
# 文字列の場合
s = "a"          # => "a"
#「次」の文字列
s.succ           # => "b"
```

105

■ SECTION-031 ■ インクリメント・デクリメントについて

COLUMN	なぜインクリメント演算子を用意していないか

　「a+=1」を「a++」と記述したいと、過去に何度となく、ruby-listで要望されてきました。何度も要望があるのに採用されない理由は、いくつかあります。「++」は変数を操作する演算子であるため、「変数=名札」モデルのRubyには合わないことが1つです。それと、「++」のオブジェクト指向的な意味が明確ではないことも要因です。「a=a.succ」の構文にしてはどうかという意見はありますが、succが定義されていないクラスはどうなるのかという問題と、「--」の定義の問題、「=」が含まれていないのに代入されることに違和感があるという問題があります。「a+=1」と「a++」は1文字違いなのにもかかわらず、考慮すべき点が多いことが新演算子導入に踏み切れていない理由です。

　インクリメントはループで使われることが多くなりますが、Rubyの場合はブロック付きメソッドで多くのループをカバーしてくれるため、インクリメントする機会は非常に少なくなります。おそらく、これも新演算子導入に踏み切れない理由だと筆者は考えています。コストの割にリターンが少なすぎるのです。あえてインクリメント演算子を用意しないことで、Rubyらしいプログラミングへ導く意図が隠されているのかもしれません。

関連項目 ▶ ▶ ▶

- 範囲オブジェクトを作成する ……………………………………………………… p.420
- 範囲の間の繰り返しを行う ………………………………………………………… p.422

SECTION-032

メソッド呼び出しについて

❤ メソッド呼び出し

Rubyスクリプトはメソッドの呼び出しを繰り返すことで実行されます。ここでは、メソッド呼び出しについて解説します。ブロック付きメソッド呼び出しについては、次節で解説します。

▶ レシーバ付きメソッド呼び出し

レシーバのメソッドを呼び出すには、「レシーバ.メソッド名(引数, ...)」という書式で記述します。メソッドは、まず、レシーバありきです。そのため、レシーバを最初に記述する文法になっています。引数を囲む括弧は、あいまいにならない限り省略可能です。たとえば、レシーバ"aabbcdea"の「count」メソッドに引数"a-c"と"^b"を付けて呼び出すには、次の2通りの書き方があります。

```
"aabbcdea".count("a-c","^b")
```

```
"aabbcdea".count "a-c","^b"
```

メソッド名と括弧の間にスペースを入力するとエラーになりますが、それ以外の部分では、任意個のスペースを入力することができます。

```
"aabbcdea".count("a-c", "^b")
"aabbcdea".count( "a-c", "^b" )
"aabbcdea".count( "a-c","^b" )
"aabbcdea"   . count( "a-c","^b" )
"aabbcdea".count  "a-c",   "^b"
```

▶ クラスメソッド呼び出し

Rubyはクラスもオブジェクトなので、クラスオブジェクトをレシーバにすれば、それがクラスメソッド呼び出しになります。クラスメソッド呼び出しの場合、「.」の代わりに「::」を好む人もいます。両者は等価です。

```
File.open(file)
File::open(file)
```

実はクラスオブジェクト以外がレシーバでも「::」でメソッド呼び出しが可能ですが、違和感を感じるので止めましょう。

▶ 関数的メソッド呼び出し

レシーバがself(自分自身)の場合、レシーバは省略できます。たとえば、インスタンスメソッドから同じクラス・スーパークラスのインスタンスメソッドを呼び出すときは、selfを省略できます。クラス定義中にクラスメソッドやClass・Moduleのメソッドを呼び出す場合も省略できます。レシーバを省略すると、「メソッド名(引数, ...)」という書式になります。この書式は多くの言語の関数

■ SECTION-032 ■ メソッド呼び出しについて

呼び出しの書式とそっくりなので、「関数的メソッド呼び出し」といいます。また、レシーバを省略して呼ばれるメソッドを「関数的メソッド」といいます。

「Kernel#print」などの組み込み関数は、いつでもどこでも関数的メソッド呼び出しができます。

▶ 括弧の省略

Rubyはコード中に含まれる記号文字の割合が少ない言語なので、できるだけ括弧を省略するのが美しいとされています。それでもやりすぎると警告やエラーが出ます。もちろん、Rubyに慣れないうちは括弧を省略しなくても構いません。

```ruby
p eval("1"), eval("2")      # 推奨
p(eval("1"), eval("2"))
```

▶ 配列の各要素を引数にする

配列の各要素をメソッドの引数に渡すことができます（配列展開）。「メソッド名（引数, …, *配列）」のように配列展開する配列の前に「*」を付けます。

```ruby
puts 1,2,3
puts *[1,2,3]
puts(*[1,2,3])
puts 1,*[2,3]
puts(*[1,2],3)
```

COLUMN 組み込み関数とトップレベルのself

厳密には、Rubyに関数は存在しません。組み込み関数は、selfがいかなる値であっても関数的メソッド呼び出しで呼び出せるKernelモジュールのメソッドです。それではトップレベル（クラス・モジュール・メソッド定義の外側）のselfは何なのかというと、Rubyインタプリタ起動時に作成されるmainという見えないオブジェクトです。このようにRubyスクリプトのいかなる場所にもselfが存在するので、組み込み関数はいつでもどこでも呼び出せるのです。

裏にそういう仕掛けがあるものの、実際のプログラミングではmainを意識する必要はありません。組み込み関数とトップレベルで定義したメソッドは、Rubyにおける関数だと思って構いません。

関連項目 ▶ ▶ ▶

● メソッド定義について ……………………………………………………………………… p.109
● ブロック付きメソッドについて …………………………………………………………… p.121

SECTION-033

メソッド定義について

💎 メソッド定義

ここでは、メソッド定義の方法を解説します。Rubyのメソッド定義は自然な見た目です。

▶ メソッド定義できる場所と効用

クラス定義・モジュール定義中にメソッド定義すると、インスタンスメソッドになります。selfの特異メソッドを定義すると、クラスメソッドになります。

トップレベル（クラス・モジュール・メソッド定義の外）でメソッドを定義すると、Objectクラスのプライベートメソッドになります。言い換えると、どこでも呼び出せる関数的メソッドです。

▶ メソッド定義の書式

メソッド定義の書式は、次のようになります。メソッド名と仮引数の間の括弧は省略できますが、省略しないのが普通です。

```
def メソッド名(仮引数, ... )
  処理 ...
end
```

```
def plus(x, y)
  x + y
end
```

無引数の場合は、次ような書式になります。メソッド名の後ろに「()」を付けても構いません。

```
def メソッド名
  処理 ...
end
```

```
def one
  1
end
def two()
  2
end
```

なお、メソッド定義を1行で済ませる場合は、無引数でも「()」を付ける必要があります。メソッドの処理が短い1行の場合は、1行でメソッド定義することがあります。紙面の都合上、本書ではこの記法をよく使っています。

```
def メソッド名(仮引数, ... ) 処理 end
```

109

■ SECTION-033 ■ メソッド定義について

▶ メソッド名として許される名前

　Rubyの識別子は、メソッド名にすることができます。識別子は、英文字または「_」から始まり、英数字と「_」で構成されます。日本語の識別子も付けられます。

　大文字から始まるメソッド名も定義できます。特に、クラス名と同名の関数はそのクラスのインスタンスを作成する手軽な方法として用意されている場合があります。

　識別子の後ろに「?」「!」で終わる名前もメソッド名として使えます（115ページのCOLUMN参照）。さらに、一部の演算子もメソッドです。

▶ 演算子メソッド定義

　一部のRubyの演算子の実体はメソッドなので、通常のメソッド同様に定義することができます。次のような書式で定義します（endは省略）。

演算子	定義方法
単項+	def +@
単項-	def -@
二項演算子(+ - * / % ** | ^ & <=> == === =~ > >= < <= << >> ~ ! !~ !=)	def +(other)

属性代入、インデックス参照、インデックス代入もメソッドです。

メソッドの用例	定義方法
obj.foo = 1	def foo=(val)
obj[key]	def [](key)
obj[key] = value	def []=(key, value)
obj[key, key2] = value	def []=(key, key2, value)

▶ 特異メソッド・クラスメソッド定義

　特異メソッド定義は、通常のメソッド定義のメソッド名の部分を「オブジェクト.メソッド名」に置き換えたものです。すなわち、次のような書式になります。

```
def オブジェクト.メソッド名(仮引数, ... )
  処理 ...
end
```

```
obj = Object.new
def obj.one
  1
end
```

　クラス定義中では、そのクラスの特異メソッド（クラスメソッド）を定義するにはオブジェクトの部分をselfにします。クラス名でも指定できますが、クラス名を変更した場合に特異メソッド定義の部分も変更する必要が出てきます。モジュール定義中でも同様です。

```
class Foo
  def self.one
    1
```

▼

■ SECTION-033 ■ メソッド定義について

```
  end
end
```

◈ 仮引数の種類

Rubyのメソッドは、通常の仮引数以外にも柔軟性のある引数指定ができます。

▶「optional」引数(デフォルト式)

仮引数が「名前 = デフォルト式」で与えられたとき、その引数は省略することができます。省略した場合、対応する仮引数にはデフォルト式の評価値が代入されます。デフォルト式は、メソッド呼び出し時にメソッドの文脈で評価されます。

「optional」引数は、複数個、置くことができます。

```
def f(a, b=2)
  [a, b]
end
f 1      # => [1, 2]
f 10, 20 # => [10, 20]
```

必須引数の前にも「optional」引数を置くことができます。ただし、連続した「optional」引数が1箇所に置けるだけです。

```
def g(a, b=1, c=2, d=3, e)
  [a, b, c, d, e]
end
g 4, 5          # => [4, 1, 2, 3, 5]
g 4, 5, 6       # => [4, 5, 2, 3, 6]
g 4, 5, 6, 7    # => [4, 5, 6, 3, 7]
g 4, 5, 6, 7, 8 # => [4, 5, 6, 7, 8]
```

「optional」引数の典型的な用途は、普段はデフォルト値を使うが、まれに他の値を使いたい場合や、再帰で記述されたメソッドの初期値を設定する場合です。

```
def fact(n, answer=1)          # 階乗を求める
  if n == 0
    answer
  else
    fact(n-1, answer*n)
  end
end
fact 3                         # => 6
fact 4                         # => 24
```

111

■ SECTION-033 ■ メソッド定義について

▶「rest」引数（可変長引数）

仮引数が「＊名前」で与えられたとき、その仮引数に対する実引数は任意長になります。実引数は配列で渡します。「rest」引数は1つしか置くことができません。

```
def f(a, *b)
  [a, b]
end
f 1      # => [1, []]
f 1,2    # => [1, [2]]
f 1,2,3  # => [1, [2, 3]]
```

「rest」引数の後ろに必須引数も置くことができます。「rest」引数の後ろに「optional」引数は置くことはできません。

```
def g(*a, b)
  [a, b]
end
g 1         # => [[], 1]
g 1,2       # => [[1], 2]
g 1,2,3     # => [[1, 2], 3]

def h(x=1,*a, b)
  [x,a,b]
end
h 2         # => [1, [], 2]
h 2,3       # => [2, [], 3]
h 2,3,4     # => [2, [3], 4]
h 2,3,4,5   # => [2, [3, 4], 5]
```

「rest」引数の典型的な用途は、「printf」など、「rest」引数のメソッドに引数を丸投げする場合や、「rest」引数の1つひとつについて処理する場合です。

```
def tsprintf(fmt, *args)
  sprintf "[%s]#{fmt}", Time.now, *args
end
tsprintf "i=%d s=%s", 100, "hoge"
# => "[2008-02-26 06:56:53 +0900]i=100 s=hoge"
```

```
def squares(*ints)
  ints.map{|x| x*x }
end
squares 1, 3, 9  # => [1, 9, 81]
```

112

■ SECTION-033 ■ メソッド定義について

▶「keyword」引数

仮引数が「キーワード:デフォルト式」の形式で「keyword」引数を設定できます。「keyword」引数を付けると、キーワードの名前が仮引数の名前となって使用できるようになります。「keyword」引数を指定せずに呼び出すとデフォルト式が評価されます。設定していないキーワードを渡すとエラーになります。

```
def f(a, b: 2)
  [a, b]
end
f 1          # => [1, 2]
f 10, b: 20  # => [10, 20]
f 100, b: 200, c: 300 rescue $!
# => #<ArgumentError: unknown keyword: c>
```

デフォルト式は省略できますが、省略するとその「keyword」引数は必須となります。必須キーワードが渡されない場合はエラーになります。

```
def g(a:, b:)
  [a, b]
end
g a:1 rescue $! # => #<ArgumentError: missing keyword: b>
g a: 1, b: 2    # => [1, 2]
```

デフォルト式の有無にかかわらず「keyword」引数は順不同です。「optional」引数や「rest」引数と組み合わせることもできます。

ただし、順不同になるのはあくまで「keyword」引数のみです。

```
def h(a=1, *b, c:, d: 10)
  [a, b, c, d]
end
h 1, 2, c: 3, d: 4 # => [1, [2], 3, 4]
h d: 3, c: 4       # => [1, [], 4, 3]
h c: 5             # => [1, [], 5, 10]
```

▶ ブロック引数

仮引数が「&名前」で与えられたとき、引数はProcに変換されてブロックとして渡ります。ブロック引数は仮引数の最後にしか置けません。詳しくは《ブロック付きメソッドについて》(p.121)、《ブロックを他のメソッドに丸投げする》(p.596)を参照してください。

113

■ SECTION-033 ■ メソッド定義について

メソッド内での式の評価

それでは、メソッドの中身に目を向けてみましょう。

▶ メソッドから強制脱出する

メソッドから強制的に抜けるには、多くの他言語と同様に、「return」キーワードを使用します。「return」の書式は「return 式」で、指定した式がメソッドの返り値になります。メソッド内で最後に評価した式の値がメソッドの返り値になるため、Rubyの場合、「return」を使うことはあまりありません。最後の式にわざわざ「return」を付けるのは、Ruby的に格好悪いことです。

「return」は、ループで構成されたメソッドから抜けるのに「break」の代わりに使うことができます。ネストしたループでも構いません。「break」だと内側のループからしか抜けられませんが、「return」だとメソッドそのものから抜けられます。メソッドから抜ける場合には、「catch」も「throw」も不要です。

「if」修飾子・「unless」修飾子と併用することは、比較的、多くなります。「return 返り値 if 条件」と「return 返り値 unless 条件」はイディオムとして覚えておきましょう。こうすることで特定の条件を満たす処理を省くことができ、残りの「本題」に集中することができます。特に「unless」修飾子との併用は、本題に入るための条件を表明しているので読みやすくなります。

```ruby
def print_evens(nested_array)
  nested_array.each do |inner|
    inner.each do |x|
      return unless x % 2 == 0
      p x
    end
  end
end
print_evens [[4,6],[2,1],[6,3]]
# >> 4
# >> 6
# >> 2
```

例外的に、「Kernel#lambda」で作成されたProcオブジェクト実行中にreturnを評価したら、そのProcオブジェクトから抜けるだけです。lambdaはメソッド寄りの性質を持っています。《ブロックでクロージャー(無名関数)を作る》(p.590)を参照してください。

114

■ SECTION-033 ■ メソッド定義について

▶ メソッドの評価方法

メソッドが呼び出されたときは、次のような流れで処理が進みます。

❶ 引数の設定

① メソッドの仮引数に実引数を代入する

② 「optional」引数が省略されている場合はデフォルト式の評価結果を代入する

❷ メソッドの本体を評価する

❸ 暗黙の「begin」式の評価（「rescue」節・「else」節・「ensure」節がある場合）

① メソッド内で例外が発生した場合で「rescue」節があれば評価する

② メソッド内で例外が発生しない場合で「else」節があれば評価する

③ 「ensure」節があれば必ず評価する

❹ メソッドの返り値を決定する

① 「return」を評価した場合はその引数

② 「rescue」節、「else」節を評価した場合はその節で最後に評価した式

③ メソッド本体で最後に評価した式

COLUMN　標準的なメソッドの命名法

　Rubyのメソッドには標準的な命名法があります。

　2語以上のメソッドは単語を「_」（アンダーライン）でつなげます。単語の区切りを大文字にしてつなげるJava風命名法は合法ですが、Rubyではめったに使われていません。たとえば、「eachWithIndex」ではなく、「each_with_index」という命名になります。

　インスタンス変数の参照・設定（アクセサ）は、インスタンス変数と同じ名前のメソッドを定義します。「getter（reader）」は「get_ivar」や「getIvar」ではなく、「ivar」です。「setter（writer）」は「set_ivar」や「setIvar」ではなく、「ivar=」です。Rubyでは「obj.ivar」のように無引数のメソッドの括弧を省略することができ、「obj.ivar = value」のように変数への代入のように記述できるようになっています。そのため、欲しいものを、直接、指定するのが美しいとされています。

　真偽値を返すメソッド（「述語」という）のメソッド名は、最後に「?」を付けます。特にif式と併用すると、英語風に読めるのが特徴です。

　メソッドの最後に「!」を付けたメソッドは「!」の付いていないメソッドと対になっており、「!」がないメソッドよりも危険なメソッドであることを表します。たとえば、破壊的メソッド（オブジェクトそのものを書き換えるメソッド）のメソッド名の最後に「!」を付けることで、メソッドの利用者に「要注意」であることを伝えることができます。

　組み込みクラス、標準ライブラリの多くのメソッド名が、この命名法に従っています。命名法に悩んだら、既存のライブラリの命名法を参考にしてみましょう。

■ SECTION-033 ■ メソッド定義について

COLUMN　暗黙の「begin」式

　メソッド定義には、「rescue」節・「else」節・「ensure」節が付けられます。つまり、メ
ソッド定義の本体には「begin」式が含まれていると思ってください。両者は等価です。
「begin」式については《例外処理・後片付けについて》(p.152)を参照してください。

```ruby
def foo
  begin
    # 本体
  rescue
    # 例外処理
  else
    # 処理
  ensure
    # 後片付け
  end
end
```

```ruby
def foo
  # 本体
rescue
  # 例外処理
else
  # 処理
ensure
  # 後片付け
end
```

116

■ SECTION-033 ■ メソッド定義について

COLUMN	メソッド定義のネスト

　メソッド定義中にメソッド定義ができます。ネストしたメソッド定義は、外側のメソッドが呼び出されたときにインスタンスメソッドとして定義されます。特異メソッドではないので注意してください。また、メソッド内のローカル関数ではなくて属するクラスのインスタンスメソッドとして定義されているので、JavaScriptやSchemeなど関数内関数を定義できる言語に慣れている人は特に注意してください。

```
class Foo
  def outer_method
    def inner_method
      :inner
    end
    :outer
  end
end
foo = Foo.new
# outer_methodを呼ぶことでinner_methodが定義される。
Foo.instance_methods(false)  # => [:outer_method]
foo.outer_method             # => :outer
Foo.instance_methods(false)  # => [:outer_method, :inner_method]
foo.inner_method             # => :inner
# 他のインスタンスからinner_methodを呼ぶことができる。
foo2 = Foo.new
foo2.inner_method            # => :inner
# inner_methodを再定義しているので警告が出る。
foo2.outer_method            # => :outer
```

関連項目 ▶ ▶ ▶
- メソッド呼び出しについて ……………………………………………………… p.107
- ブロック付きメソッドについて ………………………………………………… p.121
- クラス・モジュール定義について ……………………………………………… p.126
- 例外処理・後片付けについて …………………………………………………… p.152
- 動的にメソッドを定義する ……………………………………………………… p.580
- ブロックでクロージャー（無名関数）を作る ………………………………… p.590
- ブロックを他のメソッドに丸投げする ………………………………………… p.596

SECTION-034

ブロックの使用例

❖ ブロックの用途

　ここでは、Rubyの花形機能であるブロックの使用例について解説します。ブロックはRuby版無名関数で、メソッドにコードを渡すことができます。メソッドからは任意のタイミングでブロックを呼び出せます。

　ブロックの用途にはいろいろありますが、最も多いのが制御構造を作ることです。時折、ブロックの使い方がよくわからないという人がいますが、恐れる必要はありません。ブロックは問題の本質をエレガントに記述し、うっかりミスを防いでくれます。ブロックに慣れることで、より高いレベルで問題を捉えることが可能になります。それでは、用途を1つひとつ見ていきましょう。

▶ ループ抽象化（イテレータ）

　制御構造を作成する用途のうち、ループの抽象化が代表的です。現に、ブロックは繰り返し処理を抽象化するために生まれたため、イテレータと呼ばれていました。

　たとえば、処理を3回繰り返すには「while」でも記述できますが、「Integer#times」を使って「3.times do 処理 end」と記述するのがRuby流です。「while」では「条件を満たす間は繰り返す」という原始的な制御構造ですが、「3.times」を使うと「3回繰り返す」というプログラマーの意図が明確になります。さらに「three times」と英語読みできてしまいます。

　また、配列の要素を先頭から末尾まで1つひとつ走査していく処理も「while」とインデックスを使って記述できますが、「Array#each」を使って「[1,2,3].each do 処理 end」と記述します。「each」を使えば、インデックスを使ってアクセスする必要がなくなります。「while」とインデックスを使うと長くなるばかりか、不等号を間違えたり、インデックスを加えるのを忘れたりするなど、ミスを含む可能性が高くなります。

```ruby
# whileとインデックスによるループ
ary = [1,2,3]
i = 0
while i < ary.length  # 不等号を間違える可能性がある
  p ary[i]
  i += 1                # インデックスを加えるのを忘れる可能性がある
end
```

```ruby
# ブロックによるループ
[1,2,3].each do |x|
  p x
end
```

■ SECTION-034 ■ ブロックの使用例

▶ ブロックの返り値を利用する

ブロックの返り値は通常のメソッドと同様に、最後に評価した値です。たとえば、それぞれの
要素において計算処理した結果を集める処理は「each」メソッドでも記述できますが、「Enume
rable#map」という専用のメソッドが存在します。「Enumerable#map」は、「each」よりも抽象
度をワンランク上げたメソッドです。「while」とインデックスで記述し直すと、さらに面倒な処理
になります。ここではブロックの返り値が利用されているのがポイントです。

この処理は、「配列に対して写像 $f(x) = x*x$ を適用する」と読めます。もはや繰り返しす
ら意識していません。

```
# eachで記述する
squares = []
[1,2,3].each {|x| squares << x*x }
squares                    # => [1, 4, 9]

# mapで記述する
[1,2,3].map {|x| x*x }    # => [1, 4, 9]
```

▶ 条件の指定

たとえば、配列から条件を満たす要素のみを取り出す処理は「Array#each」でも記述で
きますが、ブロックに条件式を記述する「Enumerable#select」があります。この処理は、「配
列から偶数を選ぶ」と読めます。条件式がブロックの返り値になるので、本質的には上の例と
変わりません。

```
# eachで記述する
evens = []
[1,2,3].each {|x| evens << x if x%2 == 0 }
evens                        # => [2]

# selectで記述する
[1,2,3].select {|x| x%2 == 0 }  # => [2]
```

▶ 有効範囲指定

ブロックによる制御構造の作成は、ループに限りません。たとえば、「Kernel#open」でファイ
ルを開いたら、たとえ例外が発生しても必ず閉じないといけません。ブロックを使わない場合は、
「begin〜ensure〜end」制御構造を使う必要があります。しかし、ブロックを付けると「begin
〜ensure」間の本質的な処理のみ記述すればいいのです。ファイルを必ず閉じる処理はブロッ
ク付き「Kernel#open」が肩代わりしてくれます。これは、ブロックで有効範囲を指定した例といえ
るでしょう。データベースのトランザクションの抽象化もこの用例です。

■ SECTION-034 ■ ブロックの使用例

```
# begin~ensure~endを使う
begin
  f = open("rules.txt")
  puts f.gets
ensure
  f.close
end

# openにブロックを付ける
open("rules.txt") do |f|
  puts f.gets
end
```

▶条件によって評価されるコード

一般にブロックの中のコードは、すぐに評価されるわけではありません。ブロック付きメソッドがブロックを呼び出したときに評価されます。ブロックを呼び出さない場合は、ブロックは評価されません。

条件を満たしたときのみにブロックを評価するメソッドが存在します。たとえば、「OptionParser#on」は、引数に指定されたオプションが存在するときにブロックが評価されます。「Array#fetch」や「Hash#fetch」は、普段はインデックスに対応する要素を返しますが、存在しないインデックスを指定した場合にのみ、ブロックを評価し、その値を返します。これまでの例だとブロックが主役だったのに対し、「fetch」の場合は脇役に回っています。

▶文脈の変更

ブロックならではの用途として、別の文脈で特定のコードを評価するというのがあります。たとえば、スレッドを作成したり、selfを変更したりするなどです。慣れないうちは難しいので、ブロックならではの用途が存在することを、頭の片隅に置いておくだけで構いません。

関連項目 ▶ ▶ ▶

- ●ループ制御について ……………………………………………………… p.102
- ●ブロック付きメソッドについて …………………………………………… p.121
- ●配列・ハッシュの要素を取り出す ………………………………………… p.318
- ●配列の要素を1つずつ処理する ………………………………………… p.336
- ●各要素に対してブロックの評価結果の配列を作る(写像) …………… p.374
- ●条件を満たす要素をすべて求める ……………………………………… p.384
- ●コマンドラインオプションを処理する …………………………………… p.499
- ●ブロックでクロージャー(無名関数)を作る …………………………… p.590
- ●ブロックを他のメソッドに丸投げする ………………………………… p.596
- ●文脈を変えてブロックを評価する ……………………………………… p.602
- ●スレッドで並行実行する ………………………………………………… p.638

SECTION-035

ブロック付きメソッドについて

❖ ブロックの使い方

前節では、ブロックでできることを示しました。ここでは、実際の使い方を解説します。ブロックは、とても簡単に使えるのです。

▶ ブロック付きメソッド呼び出し

ブロック付きメソッド呼び出しの書式は、次の2種類が用意されています。

```
レシーバ.メソッド名(引数, ...) do |ブロックパラメータ| 処理 end
レシーバ.メソッド名(引数, ...) { |ブロックパラメータ| 処理 }
```

ブロックには引数（ブロックパラメータ）を持つことができます。どんなブロックパラメータを取るかは、メソッドごとに決まっています。

両者の文法的な違いは、ブロックの結合強度です。たとえば、「recv.meth arg1, arg2 do ～ end」での「meth」メソッドの引数は、「arg1」「arg2」そしてブロックです。一方、「recv.meth arg1, arg2 | ～ |」での「meth」メソッドの引数は、「arg1」「arg2 | ～ |」で、ブロックは「arg2」ブロック付きメソッド呼び出しと結合します。

また、前者の引数を囲む括弧は、ほとんどの場合省略できます。**「do」ブロックは制御構造のように、「{}」ブロックは式のようになる**と考えれば、結合強度の違いは納得できると思います。

```
# doブロック
[1,2,3].each do |x|
  p x
end

# {}ブロック
[1,2,3].each {|x| p x }
```

▶ ブロックパラメータの渡り方

ブロックパラメータへの代入は、多重代入と同じルールで行われます。そのため、ブロックパラメータに配列が渡った場合は、分解することができます。

```
[1,2].each {|a| puts "a = #{a}" }
[ [1,2], [3,4] ].each{|b| puts "b = #{b.inspect}" }
[ [1,2], [3,4] ].each{|x,y| puts "x = #{x}, y = #{y}" }
# >> a = 1
# >> a = 2
# >> b = [1, 2]
# >> b = [3, 4]
# >> x = 1, y = 2
# >> x = 3, y = 4
```

■ SECTION-035 ■ ブロック付きメソッドについて

また、ブロックパラメータの一部に配列がある場合は、括弧で分解できます。たとえば、「each_with_index」は、要素とインデックスをブロックパラメータに取ります。

```
[[1,2], [3,4]].each_with_index do |(x,y), i|
  puts "i = #{i} / x = #{x}, y = #{y}"
end
# >> i = 0 / x = 1, y = 2
# >> i = 1 / x = 3, y = 4
```

ブロックパラメータを取らない場合は、「|〜|」は省略できます。

```
"foo".instance_eval { length }  # => 3
```

▶ ブロックと外側のローカル変数

ブロックはRuby流無名関数と述べましたが、実はブロックの外側のローカル変数にアクセスできます。ブロックはメソッドの中から呼び出されますが、ブロック評価中はブロックのある文脈が復元されて評価されます。そして、ブロック評価後は、元のメソッドに制御が戻ります。Rubyのブロックはクロージャーであり、ブロックは文脈の情報を保持しているのです。

Rubyのブロック付きメソッド呼び出し構文の優れた記法のおかげで、ユーザはクロージャーであることを意識する必要がありません。普通に外側のローカル変数が見えます。

```
squares = []
[1,2,3].each {|x| squares << x*x } # squaresは見える!
```

▶ ブロックのスコープ

「if」などの制御構造は変数スコープを作成しませんが、ブロックは変数スコープを作成します。ブロックで宣言されたローカル変数は、外側からは見えません(ブロックローカル)。

```
if true
  a = 1
end
# aは見える
a  # => 1
[2].each do |x|
  b = x
end
# bは見えない
b rescue $!
# => #<NameError:
#       undefined local variable or method `b' for main:Object>
```

▶ ブロック付きメソッド定義

メソッドからブロックを呼び出すには、メソッド定義中に「yield」キーワードを使用します。書式は関数的メソッド呼び出しと同様で、「yield 引数, ...」となります。引数に括弧を付けることもできます。

「yield」に渡された引数は、ブロックパラメータへ代入されます。そして、ブロックで最後に評価された値がブロックの返り値、すなわち、「yield」の返り値になります。Rubyのメソッドは1つの無名関数を持つことができ、「yield」でその無名関数を呼び出していると考えてください。

ブロックが渡されたかどうかは、「Kernel#block_given?」で判別できます。ブロックが渡されていないときに「yield」を評価すると、「LocalJumpError」例外が発生します。

```
def block_test
  if block_given?
    yield 1,2
  else
    :no_block
  end
end

block_test {|x,y| "x=#{x} / y=#{y}" }   # => "x=1 / y=2"
block_test                              # => :no_block
```

ブロックは無名であり、いちいち名前を考える必要がないので気楽に使えます。たとえば、一部分のコードのみが異なるメソッドが複数個ある場合、相異点をブロックにすることを考えてみましょう。

▶ ブロックとProcオブジェクト

ブロックをオブジェクトとして扱うことができます。そのためには、メソッド定義の最後の引数に「&」を前置します(ブロック引数)。「&」で渡ったブロックはProcオブジェクトになります。Procオブジェクトを実行するには、「Proc#call」を使用します。

```
def block_arg_test(&block)
  block.call 1    # block[1] でもよい
  yield 2         # 当然yieldも使える
end
block_arg_test {|x| p x }
# >> 1
# >> 2
```

■ SECTION-035 ■ ブロック付きメソッドについて

このようにして渡ったブロックは、メソッド内で呼ばれるブロック付きメソッドへ丸投げすること
ができます。なぜなら、ブロックもオブジェクトだからです。

```
def array_each(ary, &block)
  ary.each(&block)
end
array_each([1,2]){|x| p x }
# >> 1
# >> 2
```

COLUMN　　**ブロックローカル変数**

ブロックローカル変数はブロックパラメータを「;」で区切り、その左側でブロックローカル
変数を指定できます。ブロック内で宣言されたローカル変数は、通常通り、ブロックローカ
ルになります。

```
# aはブロックローカル
a = 1
[9].each {|x;a| a = 2}
a  # => 1
```

124

■ SECTION-035 ■ ブロック付きメソッドについて

| COLUMN | ブロックと高階関数 |

Rubyのブロックは、高階関数の1つの形です。高階関数とは、関数を引数に取る関数や関数を返す関数のことで、エレガントなプログラムを書くためには不可欠な道具です。

C言語の経験がある人は、関数ポインタに似ていると思ったかもしれません。実際ブロックは関数ポインタの進化形で、次のような大きな強味があります。

- 関数の名前を指定しなくて済む(無名)
- ブロックの外側のローカル変数にアクセスできる(クロージャー)

Lispの経験がある人は、λ式を思い浮かべたのではないでしょうか。ブロックは、Lispのλ式と機能的には互角です。実際、Rubyにも「Kernel#lambda」が存在します。ただし、Rubyのブロックは、1つしか取れません。この制限は決して弱点ではありません。Lispの高階関数のうち、関数引数の個数が1つのものが圧倒的多数なのです。そこでRubyは、1つの関数引数を扱いやすいように最適化しました。それがブロック構文です。「do〜end」によるブロックは「end」で終わるため、制御構造にも見えます。「楽しく」プログラミングするために、Rubyはコードの見た目に大変なこだわりを持って設計されています。

当然のことながら、ブロックはネストできます。複数の関数引数を渡したい場合は中間オブジェクトを媒介して、ブロックをネストします。詳しくは《**コマンドラインオプションを処理する**》(p.499)の例を見てください。

関連項目 ▶ ▶ ▶

- 多重代入について ……………………………………………………………… p.84
- ループ制御について ……………………………………………………………… p.102
- ブロックの使用例 ……………………………………………………………… p.118
- コマンドラインオプションを処理する ……………………………………………… p.499
- ブロックでクロージャー(無名関数)を作る ……………………………………… p.590
- ブロックを他のメソッドに丸投げする ……………………………………………… p.596
- ブロックを簡潔に表現する ……………………………………………………… p.598

SECTION-036

クラス・モジュール定義について

❖ クラス・モジュール定義

Rubyが用意しているクラスは豊富なので、小規模なプログラムならクラスを定義しなくても記述できます。それでもオブジェクト指向プログラミングをするならば、クラス定義の方法は知っておく必要があります。

クラスに似たようなものに「モジュール」があります。モジュール定義については、インスタンスを作成できないこととスーパークラスを指定できないこと以外クラス定義と同じです。

▶ クラス定義

クラス定義の書式は、次のようになります。

```
class クラス名 [ < スーパークラス ]
    メソッド定義、クラス定義、モジュール定義などあらゆるRubyの式
  end
```

Rubyのクラス名は、大文字から始まります。実際、クラス定義によって作成されたクラスは、クラス名で指定した定数に代入されます。

スーパークラスから継承したクラスを定義するには、クラス名の後ろに「< スーパークラス」を付けます。スーパークラスを指定しない場合は、すべてのオブジェクトの祖先であるObjectクラスのサブクラスになります。

```
class Foo          # 定義は空
end
# Fooクラスは定数Fooに代入されている
Foo                # => Foo
defined? Foo       # => "constant"
# Fooはクラスオブジェクト
Foo.class          # => Class
# スーパークラスはObject
Foo.superclass     # => Object

class Bar < Foo # Fooを継承する
end
Bar.superclass     # => Foo
```

クラス定義の中身は、多くの場合、メソッド定義ですが、実は任意のRubyの式を入れることができます。クラス定義中のselfは定義中のクラスオブジェクトなので、ClassクラスとModuleクラスのメソッドを呼び出すことができます。また、クラス定義中に定義したクラスメソッドは、定義した直後に使えます。**クラス定義は単にメソッドを定義する文ではなく、「begin」式のようなものと考えてください。**

126

■ SECTION-036 ■ クラス・モジュール定義について

```ruby
class Baz
  # attr_accessorはModuleクラスのメソッドなので呼び出せる
  attr_accessor :attrib
  # 任意の式が記述できる
  1+2                        # => 3
  def self.a_class_method() :class_method end
  # クラスメソッド定義直後に呼び出せる
  a_class_method             # => :class_method
end
```

　メソッド定義中にクラス定義を記述するとエラーになります。また、クラス定義の外側のローカル変数は見えません。それらの制限を克服するには、動的クラス定義を使用してください。

```ruby
def f
  class X
  end
end
# ~> -:2: class definition in method body
```

```ruby
lvar = 1
class Example
  lvar rescue $!
end
# => #<NameError:
#        undefined local variable or method `lvar' for Example:Class>
```

▶ モジュール定義

　モジュールは、インスタンスを作成できないクラスのようなものです。主にMix-inや名前空間分離のために使用されます。定義時においてはスーパークラスが指定できない以外、クラス定義との違いはありません。書式は、次のようになります。

```ruby
module モジュール名
   メソッド定義、クラス定義、モジュール定義などあらゆるRubyの式
end
```

▶ インスタンス作成までの流れ

　クラスを定義してもインスタンスが作成できないと意味がありません。インスタンスは「クラス名.new［引数, ...］」で作成します。そうすると、オブジェクトの領域確保がされて「initialize」インスタンスメソッドが呼び出されます。「initialize」はオブジェクトの初期化が目的です。なお、「new」は予約語ではなく、「Class#new」というれっきとしたメソッドです。

　「initialize」では、主に引数をインスタンス変数に代入します。インスタンス変数はプライベートなので外部からは隠蔽されています。Rubyは、オブジェクト指向のカプセル化の原則に言語レベルで従っています。

■ SECTION-036 ■ クラス・モジュール定義について

「initialize」で時間のかかる処理をするべきではありません。引数を解析する場合は、別個にクラスメソッドを作成すべきです。

```
class Example
  def initialize(arg) @ivar = arg end
end
e = Example.new 2 # => #<Example:0xb7aeea04 @ivar=2>
e.ivar rescue $!
# => #<NoMethodError:
#        undefined method `ivar' for #<Example:0xb7aeea04 @ivar=2>>
```

▶ クラスとメソッドの関係

クラス定義中に通常のメソッドを定義すると、インスタンスメソッドになります。インスタンスメソッドの中のselfはそのクラスのインスタンスなので、他のインスタンスメソッドを関数形式で呼び出すことができます。

```
class InstanceMethodExample
  def double(x)     x*2 end
  def quadruple(x) double(double(x)) end
  def show_self()  self end
end
obj = InstanceMethodExample.new
# => #<InstanceMethodExample:0xb7b832e4>
obj.double(2)                # => 4
obj.quadruple(2)             # => 8
obj.show_self
# => #<InstanceMethodExample:0xb7b832e4>
```

クラス定義中にそのクラスの特異メソッドを定義すると、クラスメソッドになります。クラスメソッドの中のselfはそのクラス自身なので、他のクラスメソッドを関数形式で呼ぶことができます。また、インスタンスを生成しなくても呼び出すことができます。モジュールについても成り立ちます。

```
class ClassMethodExample
  def self.double(x)     x*2 end
  def self.quadruple(x) double(double(x)) end
  def self.show_self()  self end
end
ClassMethodExample.double(2)        # => 4
ClassMethodExample.quadruple(2)     # => 8
ClassMethodExample.show_self        # => ClassMethodExample
```

インスタンスメソッドからクラスメソッドを呼び出す場合は、「self.class.クラスメソッド名」と指定します。クラスメソッドを呼び出すには、まず、「Object#class」でクラスを求めます。ただし、「class」は予約語であるため、「self.class」とselfを付ける必要があります。もちろん、クラス名をそのまま指定できますが、クラス名を変更した場合はクラスメソッド呼び出し部分も変更する必要が出てくるため、お勧めできません。

■ SECTION-036 ■ クラス・モジュール定義について

```
class ClassMethodFromInstance
  def self.class_method() :class_method end
  def call_class_method() self.class.class_method end
end
obj = ClassMethodFromInstance.new
obj.call_class_method # => :class_method
obj.class            # => ClassMethodFromInstance
```

❖ Rubyのクラスの特徴

Rubyのクラスは柔軟にできています。次にRubyのクラスの特徴を紹介します。モジュール
についても同様です。

▶ オープンクラス

すでに定義されたクラスについて再びクラス定義を記述すると、クラス定義の追加になり
ます。すでに定義されたメソッドを再定義することもできます。これは、「オープンクラス」という
Rubyの大きな特徴です。オープンクラスではない言語の場合は面倒なことをしなければいけ
ないだけに、ありがたい性質です。さらに嬉しいことに組み込みクラスにさえもメソッドを追加で
きます。必要であればどんどんクラスを拡張していくのがRuby流です。

ただし、再定義も自由にできるため、知らず知らずのうちに意図しない再定義をしてしまう危
険性があることは留意してください。名前が同じにならないように注意すれば、オープンクラス
は利点が勝るでしょう。

Rubyのクラスは動的に変化するものです。Rubyプログラミングをするときは、「クラスは固定
されたもの」という考えは捨ててください。

配列クラス(Array)に「randomize」メソッド(「Array#shuffle」と等価)を追加する例を次
に示します。

```
class Array
  def randomize() sort_by { rand } end
end
[1,2,3,4,5].randomize            # => [3, 1, 2, 5, 4]
```

▶ ネストした定義

クラスの中にクラスを定義することで、名前空間を分離することができます。名前空間の分
離の目的は、主に2つあります。

1つは内部的に使うクラスを定義する場合です。内部で使うクラスをグローバルな名前空間
に出すのは気持ち悪いので、クラスの内側に隠してしまおうというわけです。

もう1つはカテゴリ分けです。標準ライブラリではNetモジュールの中にHTTPクラスやFTP
クラスを入れています。HTTPやFTPはNet関係なので、Netの中に入れることで整理できま
す。ちょうど、ファイル管理でディレクトリ(フォルダ)を作成して整理するようなイメージです。この
目的では基本的にモジュールで囲みます。

129

■ SECTION-036 ■ クラス・モジュール定義について

```
module Net
  class HTTP
  end
  class FTP
  end
end
Net::HTTP.new # => #<Net::HTTP:0xb7b1797c>
Net::FTP.new  # => #<Net::FTP:0xb7b17760>
```

COLUMN　　**標準的なクラス・モジュールの命名法**

　Rubyのクラス名は文法上は定数名と同じですが、capitalize（先頭を大文字）した単語を連結した名前を付けるのが普通です。たとえば、「META_DATA」や「Meta_Data」ではなくて「MetaData」と名付けます。1語の場合は「PERSON」ではなく、「Person」とします。HTTPなどの略語は例外的にすべて大文字にします。モジュールについても同様です。組み込みクラスを見てみると命名の傾向がわかると思います。

　このように命名することで、定数名を見て、それがクラス・モジュールなのかそうでないのかの見当が付きます。

COLUMN　　**動的なクラス・モジュール定義**

　通常のクラス・モジュール定義ではメソッドの中では定義できませんし、外側のローカル変数は見えません。その制限を取り払うには、「Class.new」や「Module.new」で動的に定義します。通常のメソッド定義も外側のローカル変数が見えないので、「Module#define_method」を使用します。Rubyでは、クラスもメソッドも実行時に定義することができます。

```
def define_a_class
  lvar = 7
  Class.new do
    define_method(:initialize) { @ivar = lvar }
  end
end

DynamicClass = define_a_class  # => DynamicClass
DynamicClass.new               # => #<DynamicClass:0xb7b9b63c @ivar=7>
```

130

■ SECTION-036 ■ クラス・モジュール定義について

COLUMN	暗黙のbegin式

　めったに使われないですが、実はクラス・モジュール定義には、「rescue」節・「else」節・「ensure」節を付けることができます。つまり、定義の本体には「begin」式が含まれていると思ってください。「begin」式については、《例外処理・後片付について》(p.152)を参照してください。

関連項目 ▶▶▶

- メソッド定義について ………………………………………………… p.109
- 特異メソッド・クラスメソッドについて ………………………………… p.138
- クラスの継承について ………………………………………………… p.132
- 例外処理・後片付けについて ………………………………………… p.152
- アクセサを使ってインスタンス変数をパブリックにする ……………… p.548
- メソッドの可視性を設定する ………………………………………… p.555
- 複数のコンストラクタを定義する …………………………………… p.562
- モジュール関数を定義する …………………………………………… p.566
- 動的にクラス・モジュールを定義する ………………………………… p.587

SECTION-037

クラスの継承について

🔶 継承とは

クラスを継承すると、親(スーパークラス)の振る舞いがそのまま子(サブクラス)にも伝わります。継承するとスーパークラスのメソッドがサブクラスにも定義されていることになります。スーパークラスの定数とクラス変数にもアクセスできます。継承を使うと同じ振る舞いの再実装を避けられます。そのため、サブクラスでは機能を追加して、より特化したクラスを定義することができます。このように、スーパークラスの機能を再利用しながら新しい機能を追加していくプログラミングスタイルを「差分プログラミング」と呼ぶことがあります。

🔶 単一継承で継承関係をすっきりさせる

Rubyでは、スーパークラスは1つしか持つことができません。すなわち、多重継承はできないようになっています。多重継承は複雑すぎるため、Rubyでは意図的にサポートしていません。そのため、クラス階層は一直線になります。たとえば、Fileクラスは「Object > IO > File」です。ObjectはRubyのオブジェクトの一般的な振る舞いを定義しています。そしてIOは入出力一般、Fileはファイル入出力の振る舞いというように用途が特化していきます。

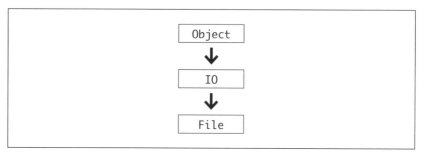

しかし、単一継承のみだと複数のクラスの性質を兼ね備えることができません。そこでMix-inという技術が導入されました。Mix-inについては、《Mix-inについて》(p.135)を参照してください。

🔶 継承の方法

サブクラスを作成するときは、クラス定義でクラス名に続けて「< スーパークラス」を指定します。組み込みクラスのサブクラスを定義することも可能です。

次の例のように、サブクラスでもスーパークラスのメソッドを呼ぶことができます。Subオブジェクトが呼び出すことができるメソッドは、SuperクラスのスーパークラスであるObjectクラスで定義しているメソッドと、Superクラスから継承したfooおよび新しく定義したbarです。

■ SECTION-037 ■ クラスの継承について

```ruby
class Super
  def foo() :foo end
end
class Sub < Super
  def bar() :bar end
end
sub = Sub.new
sub.foo  # => :foo
sub.bar  # => :bar
```

❖ スーパークラスのメソッドを呼び出す

継承すると、サブクラスでスーパークラスのメソッドを再定義することができます。そのとき、スーパークラスの同名のメソッドを呼び出したいことがあります。その場合には、「super」キーワードを使用します。

「super」の書式は、関数的メソッド呼び出しと同様です。サブクラスのメソッドの引数のままで呼び出すには、「super」と指定します。無引数で呼び出すには、「super()」と指定します。それ以外は指定した引数で呼び出します。

```ruby
class Super
  def foo(arg=0) "<#{arg}>" end
end
class Sub < Super
  def foo(arg)
    arg       # => 3
    super     # => "<3>"
    super(1)  # => "<1>"
    super 1   # => "<1>"
    super()   # => "<0>"
    arg=10
    super     # => "<10>"
  end
end
Sub.new.foo(3)
```

❖ クラス定義を追加する

サブクラスに定義を追加する場合は、「< スーパークラス」を指定する必要がありません。

```ruby
class X < Array
  self.superclass  # => Array
end
class X                      # 「< Array」は省略可能
  self.superclass  # => Array
end
```

133

■ SECTION-037 ■ クラスの継承について

すでに定義しているサブクラスに別のスーパークラスを指定すると、「TypeError」が発生します。

```
class X < Array;  end
class X < String; end rescue $!
# => #<TypeError: superclass mismatch for class X>
```

❖ クラスメソッドの継承

クラスメソッド（クラスの特異メソッド）も継承します。つまり、スーパークラスの特異メソッドは、サブクラスの特異メソッドとして呼び出すことができます。特異メソッドはそもそも特定のオブジェクト専用のメソッドですが、クラスオブジェクトの特異メソッドは特別扱いされています。

```
class Super
  def self.a_class_method() :class_method end
end
class Sub < Super; end

Super.a_class_method  # => :class_method
Sub.a_class_method    # => :class_method
```

関連項目 ▶ ▶ ▶

- クラス・モジュール定義について ……………………………………………… p.126
- Mix-inについて ……………………………………………………………… p.135
- メソッドを委譲する ………………………………………………………… p.571

SECTION-038

Mix-inについて

❖ Mix-inでわかりやすい多重継承

多重継承は複雑過ぎで、かといって単一継承のみでは力不足です。このジレンマを解決するのが、「Mix-in」です。Mix-inは文法ではありませんが、継承と密接な関係があるため、ここで解説します。

▶ モジュールはインスタンスを作れないクラス

Mix-inとは、本来、多重継承できる言語において複雑にならない多重継承の技法です。Rubyは言語レベルでMix-inをサポートしています。モジュールは共通の実装を集めたクラスのようなもので、次のような性質があります。

- モジュールはインスタンスを作れない(抽象クラスに相当する)。
- モジュールはモジュールからしか継承されない。

また、Mix-inを使うときのクラスの性質は、次のようになります。

- 1つのクラスからのみ継承する(単一継承)。
- 複数のモジュールから継承できる。

このようにクラスからは単一継承ですが、モジュールからは多重継承を許しています。これが多重継承問題に対するRubyの出した結論です。

なお、モジュールから継承することを「モジュールをインクルードする」といいます。

▶ Mix-inも含めたクラス階層

多重継承を制限することでクラス階層がわかりやすくなります。このことをFileクラスで示してみましょう。一直線のクラス階層にモジュールを継ぎ木したように見えます。

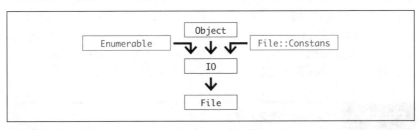

▶ Mix-inの方法

RubyでMix-inするには、クラス・モジュール定義中に「include Mix-inするモジュール」と記述します。次に示すのは、ExampleクラスにMixInChildモジュールをインクルードする例です。MixInChildモジュールはMixInParentモジュールをインクルードしているので、MixInChildをインクルードしたクラスはMixInChildのメソッドだけでなく、MixInParentのメソッドも呼び出すことができます。

■ SECTION-038 ■ Mix-inについて

```
module MixInParent
  def parent() :parent end
end
module MixInChild
  include MixInParent
  def child() :child end
end
class Example
  include MixInChild
end

obj = Example.new
obj.child   # => :child
obj.parent  # => :parent
```

この場合のクラス階層を図示してみましょう。

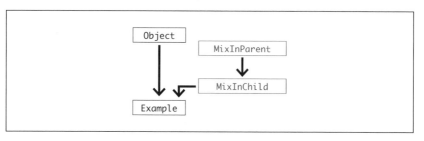

▶ 条件付きMix-in

　Mix-inはクラスやモジュールに機能を追加するための技法ですが、インクルードするための条件が定められていることがあります。たとえば、組み込みモジュールEnumerableを使うための条件は、インクルード先で「each」というブロック付きメソッドが使えることです。なぜなら、Enumerableのメソッドは、すべて「each」メソッドを用いて定義されているからです。逆にいうと、「each」メソッドさえ定義しておけば、そのクラス・モジュールは簡単にパワーアップできるのです。「each」メソッドの定義はインクルード先に任せておいて、そこから派生するメソッド群を追加するのが、Enumerableモジュールの役割です。まさしくTemplateMethodパターンです。

　このようにクラス階層を横断して機能を追加するのが、Mix-inの役割です。

COLUMN　インクルードをフックする

　モジュールをインクルードする際、単にメソッドを追加するだけではなく、初期化処理が必要なことがあります。「Module#include」はメソッドを追加した後で「Module#included」を呼び出します。引数はインクルード先のモジュール（クラス）オブジェクトです。典型的な使用例は、インクルードと同時に「Object#extend」でクラスメソッドを追加することです。しばしば、「Module#module_eval」とも併用されます。

■SECTION-038 ■ Mix-inについて

```ruby
module M
  def a_module_method() :module_method end
  def self.included(mod)          # includeされたときに評価される
    mod                 # => C
    mod.extend ClassMethod        # include時にクラスメソッドを追加する
  end
  module ClassMethod
    def a_class_method() :class_method end
  end
end
class C
  include M
end
C.new.a_module_method  # => :module_method
C.a_class_method          # => :class_method
```

　また、「Module#include」は処理を「Module#append_features」に丸投げしています。モジュールが「append_features」特異メソッドを定義すると、インクルードにまったく別の意味を持たせることすらできます。しかし、実際には「super」で本来のインクルード処理（メソッド追加）をすることになります。「Module#included」と似ていますが、「Module#append_features」は、よりきめ細やかな制御ができます。

```ruby
module M
  def self.append_features(mod)
    puts "pre-include"
    super
    puts "post-include1"
  end
  def self.included(mod)
    puts "post-include2"
  end
  def a_module_method() :module_method end
end
include M
a_module_method  # => :module_method
# >> pre-include
# >> post-include1
# >> post-include2
```

関連項目 ▶ ▶ ▶

- クラスの継承について ………………………………………………………………………… p.132
- オブジェクトに動的に特異メソッドを追加する ……………………………………… p.577
- 文脈を変えてブロックを評価する ……………………………………………………… p.602

SECTION-039

特異メソッド・クラスメソッドについて

💎 特異クラスはそのオブジェクト専用のクラス

Rubyのオブジェクトは特定のクラスに属していますが、各々のオブジェクトで独自にメソッドを定義(再定義含む)できます。オブジェクト固有のメソッドを「特異メソッド」といいます。では、特異メソッドはどのクラスに属するのかというと、これから紹介する「特異クラス」です。

特異クラスとは、対象のオブジェクト専用のクラスです。自クラスの無名なサブクラスを割り込ませると考えてください。特異クラス定義を評価したり、特異メソッドを定義したり、「Object#extend」を使ったりしたときに動的に作成されます。クラスを定義した瞬間からも作成されます。特異クラスで定義されたメソッドは、特異メソッドとなります。

▶ 特異クラス定義の文法

特異クラス定義は、次のような文法になります。特異クラス定義の中にはあらゆるRubyの式を記述できますが、ほとんどの場合、メソッド定義を並べます。

```
class << 対象オブジェクト
    メソッド定義、クラス定義、モジュール定義などあらゆるRubyの式
end
```

特異クラス定義もクラス定義の一種なので、外側とはスコープを共有しません。つまり、特異クラス定義の外側のローカル変数は見えません。

▶ 特異クラスの例

次の例では、「singleton」という文字列の特異クラスを定義します。この中に2つの特異メソッドを定義しています。

```
str = "singleton"
str.upcase              # => "SINGLETON"
class << str
  # 特異メソッドを新たに定義する
  def smeth()  "Other strings don't have this method." end
  # 特異メソッドでオリジナルのメソッドを再定義する
  def upcase() super + "!!"                           end
end
# 特異メソッドのリストを得る
str.singleton_methods  # => [:smeth, :upcase]
# strだけのメソッド
str.smeth              # => "Other strings don't have this method."
# 挙動が変わった!
str.upcase             # => "SINGLETON!!"
# たとえ同じ内容の文字列でも、別のオブジェクトなので特異メソッドは使えない
str2 = "singleton"
```

138

■SECTION-039 ■ 特異メソッド・クラスメソッドについて

```
str2.equal? str          # => false
str2.upcase              # => "SINGLETON"
str2.smeth rescue $!
# => #<NoMethodError: undefined method `smeth' for "singleton":String>
# 破壊的メソッドで内容を書き換えても特異メソッドは有効
str.replace "altered"
str.upcase               # => "ALTERED!!"
```

　「String#upcase」を特異メソッドで上書きしている点に注目してください。特異クラスを定義した時点で、そのオブジェクトは、内部的に自クラスのサブクラスである特異クラスの唯一のインスタンスとして扱われます。そのため、定義済みのメソッドを特異クラスで定義すると再定義になります。オリジナルのメソッド（「String#upcase」）は、「super」で呼び出します。

　特異メソッドはオブジェクトが存在する間ずっと、そのオブジェクトのみ有効です。そのため、破壊的メソッドでオブジェクトの内容を書き換えても特異メソッドは有効です。ただし、同値（「==」が成り立つ）のオブジェクトを作成したときは別のオブジェクトなので、そのオブジェクトには特異メソッドは使えません。

　このように、**Rubyでは特異メソッドによってオブジェクトを柔軟にカスタマイズすることができます**。たとえば、商品IDを表す文字列があるとして、商品名を得る特異メソッドを定義するということもできます。また、特定のオブジェクトのメソッド呼び出しをログに記録する場合も、特異メソッドで「super」を使えば実現することができます。

▶ **特異メソッドのみを定義する**

　1つの特異メソッドのみを定義する場合は、わざわざ特異クラスを開く必要はありません。次に示すように、特異メソッド定義という専用の文法があります。

```
def 対象オブジェクト.メソッド名(引数)
  メソッドの内容
end
```

　たとえば、次の両者は等価です。

```
obj = "object"
class << obj
  def smeth(a)
  end
end
```

```
obj = "object"
def obj.smeth(a)
end
```

■ SECTION-039 ■ 特異メソッド・クラスメソッドについて

▶ メソッド内で特異メソッドを定義する

　特異クラス定義、特異メソッド定義は、メソッドの中で使うことができます。そのため、特異メソッドを定義するメソッドを作成できます。

　通常のクラス定義はメソッドの中では記述できませんが、特異クラス定義は記述できる点に注目してください。たとえメソッドの中であっても、特異クラス定義は外側とのスコープを共有しません。メソッド中のローカル変数は見えません。ローカル変数を参照しつつ特異メソッドを定義する方法は、《**動的に特異メソッドを定義する**》(p.584)を参照してください。

```
def customize(str)    # 特異メソッドを定義するメソッド
  a = 1
  class << str
    # 特異メソッド定義の外のローカル変数は見えない
    a rescue $!
    # => #<NameError: undefined local variable or method `a'
    #       for #<Class:#<String:0x007f8f870473d8>>>
    def category1() self[0,1] end   # 最初の文字
  end
  def str.category2() self[1,1] end # 次の文字
end
item = "EXfoo"
customize(item)
item.category1  # => "E"
item.category2  # => "X"
```

❖ クラスメソッド

　Rubyで実際に使われている特異メソッドの多くが、クラスオブジェクトの特異メソッドです。クラスオブジェクトに特異メソッドを定義することで、クラスメソッドを実現しています。

　クラスメソッドは、インスタンスはからまないがクラスと関係のあるメソッドを定義する場合によく使われます。たとえば、「IO.read」というファイルの内容を文字列で得るメソッドはIOオブジェクトが直接からまないメソッドであるものの、入出力のメソッドなのでIOのクラスメソッドになっています。また、複数のコンストラクタを定義する場合にもクラスメソッドは使われます。

▶ いろいろなクラスメソッド定義法

　クラスメソッドはあくまで特異メソッドなので、トップレベルから特異メソッド定義で定義することができます。対象クラスが定義済みのときにしか使えないので、単独でクラスメソッドを追加する場合くらいしか使われていません。

　ほとんどの場合、クラスメソッドは、クラス定義時にインスタンスメソッドとともに定義されます。クラス定義中のselfはクラスオブジェクトなので、「def self.メソッド名」で特異メソッドを定義します。

```
class HTMLParser
  def self.parse(str) 処理 end
  ...
end
```

selfの部分をクラス名にして定義することもできます。上記の例では「def HTMLParser. parse」とも記述することができます。しかし、クラス名を変更したり、リファクタリングによりクラスメソッドを移動したりした場合は、クラス名を変更する必要も出てきます。そのため、クラス定義中にクラス名を付けてクラスメソッドを定義するのは、お勧めできません。

もちろん、クラス定義中に特異クラスを開くことでもクラスメソッドを定義できます。「class << HTMLParser」とも記述できますが、同様の理由でお勧めできません。

```
class HTMLParser
  class << self
    def parse(str) 処理 end
  end
  ...
end
```

▶ クラスメソッドの継承

クラスメソッドは継承されます。特異メソッドであることを考えたら意外ですが、実は特異メソッドの対象がクラスオブジェクト場合のみ特別扱いしています。クラスを継承したとき、同時に特異クラスも継承するようになっています。たとえば、IOのサブクラスであるFileクラスにおいて、「File.read」を呼び出したら、「File.read」が定義されていないので「IO.read」が呼び出されます。

スーパークラスのクラスメソッドを呼び出す場合は、インスタンスメソッドと同様に、「super」を使用します。

```
def IO.cmeth() "Input and Output" end
def File.cmeth() "File #{super}"    end
File.cmeth                # => "File Input and Output"
```

ただし、インクルード元のモジュールの特異メソッドは継承されませんので注意してください。特異クラスの継承は、クラスの場合しか起こりません。

```
Array.ancestors # => [Array, Enumerable, Object, Kernel, BasicObject]
def Enumerable.cmeth() "Collection" end
def Array.cmeth() "!!#{super}!!"    end
Array.cmeth rescue $!
# => #<NoMethodError:
#      super: no superclass method `cmeth' for Array:Class>
```

■ SECTION-039 ■ 特異メソッド・クラスメソッドについて

| COLUMN | 「Object#extend」はモジュールを特異クラスにインクルードする |

　「Object#extend」は、モジュールのメソッドを特異メソッドとして使えるようにします。厳密には特異クラスにメソッドを直接追加するのではなくて、特異クラスにモジュールをインクルードします。そのため、特異メソッドから「super」でextend元のモジュールを呼び出すことができます。

| COLUMN | モジュール関数はプライベートメソッドと特異メソッド |

　モジュールにおいて、モジュール関数を定義することができます。モジュール関数宣言されたメソッドは、モジュールのプライベートメソッドと特異メソッドが定義されます。インクルードしてもレシーバ(モジュール名)を付けても呼び出せます。名前からわかるように、レシーバが直接からまない関数的なメソッドをモジュールにまとめる場合に向いています。数学関数を集めたMathモジュールがモジュール関数の代表例です。

関連項目 ▶ ▶ ▶
- Mix-inについて ……………………………………………………………… p.135
- 複数のコンストラクタを定義する ………………………………………… p.562
- モジュール関数を定義する ………………………………………………… p.566
- オブジェクトに動的に特異メソッドを追加する ………………………… p.577
- 動的に特異メソッドを定義する …………………………………………… p.584

SECTION-040

呼び出されるメソッドの決定方法

💎 呼び出されるインスタンスメソッドの決定方法

オブジェクトが呼び出すメソッドの決定方法は、そのオブジェクトの特異クラスから「BasicObject」クラスまでの継承ツリーをたどり、最初に見つかったメソッドを呼び出します。特異メソッドを定義すると、オブジェクトと自クラスの間に特異クラスを動的に割り込ませます。モジュールを「extend」すると、特異クラスと自クラスの間に動的にモジュールを割り込ませます。モジュールを「include」すると、自クラスとスーパークラスの間に動的にモジュールを割り込ませます。まとめると、次の順番でインスタンスメソッドを探索します。

❶ 特異メソッド

❷ extend元のモジュールのメソッド

❸ 自クラスのメソッド

❹ include元のモジュールのメソッド

❺ スーパークラスのメソッド(スーパークラスをたどっていく)

❻ BasicObjectクラスのメソッド、トップレベルで定義されたメソッド

なお、トップレベルで定義されたメソッドは、Objectクラスのプライベートメソッドとして扱われます。プライベートメソッドとは、関数的メソッド呼び出ししか許さないメソッドです。そのため、しばしば単に「関数」とも呼ばれます。

▶ クラスのみの継承ツリーの場合

継承ツリーがクラスのみで構成されている場合は、いたって単純です。クラスの継承ツリーは「Class#ancestors」で調べられます。返り値の配列の左の方がサブクラスです。「Object」の右に「Kernel」がありますが、「Kernel」は組み込み関数を保持しているモジュールで、「Object」クラスに「include」されています。

```
class Object;     def foo() "Object#foo" end end
class Super;      def bar() "Super#bar"  end end
class Sub < Super; def baz() "Sub#baz"    end end
Sub.ancestors  # => [Sub, Super, Object, Kernel, BasicObject]
```

「Sub」のインスタンスにおいて、「baz」メソッドを探索すると「Sub」で定義されているので、「Sub#baz」が呼び出されます。「bar」メソッドは「Sub#baz」が定義されていなくて、スーパークラスの「Super」で定義されているので「Sub#bar」が呼ばれます。「foo」メソッドは「Super」にも定義されていないので「Object」クラスまで探す必要があります。

```
Sub.new.baz    # => "Sub#baz"
Sub.new.bar    # => "Super#bar"
Sub.new.foo    # => "Object#foo"
```

■ SECTION-040 ■ 呼び出されるメソッドの決定方法

▶ モジュールをインクルードしている場合

モジュールの「include」についても見てみましょう。

身近な例として、「Array」は「Enumerable」を「include」しています。「Array」は「Object」のサブクラスですが、継承ツリーに「Enumerable」が割り込んでいることがわかります。そのため、「Array」は「Enumerable#partition」を呼び出すことができます。「Array#partition」は定義されていないので、「Enumerable#partition」が呼び出されます。

```
Array.ancestors # => [Array, Enumerable, Object, Kernel, BasicObject]
[1,"one", 2, "two"].partition {|x| x.kind_of?(Numeric) }
# => [[1, 2], ["one", "two"]]
```

「include」元のモジュールとスーパークラスの双方に同じメソッドが定義されていると、混乱する人もいると思います。それでも、継承ツリーをたどるという基本がわかっていれば、慌てることはありません。モジュールが優先されます。

```
class Super;        def which() "Super#which"  end end
module Mod;         def which() "Mod#which"    end end
class Sub < Super; include Mod;                end
Sub.ancestors # => [Sub, Mod, Super, Object, Kernel, BasicObject]
Sub.new.which # => "Mod#which"
```

さらに、「include」元のモジュールのメソッドを自クラスで再定義することもできます。言い換えると、自クラスと「include」元のモジュールのメソッドでは、自クラスが優先されます。再定義後に再び「include」しても、結果は同じです。

```
class Super;        def which() "Super#which"  end end
class Sub < Super; def which() "Sub#which"     end end
Sub.new.which        # => "Sub#which"
```

▶ 関数的メソッド呼び出しの場合

関数的メソッド呼び出しの場合は、現在のselfの値に基づいてメソッドを探索します。「func（arg）」は「self.func（arg）」と等価です。

「Sub#run」内の「func1」メソッド呼び出しは、「Sub#func1」を探しますが、定義されていないのでスーパークラスの「Super#func1」を呼び出します。「func2」メソッド呼び出しは「Sub#func2」が定義されているので、それを呼び出します。

```
class Super;  def func1() "Super#func1" end  end
class Sub < Super
  def func2() "Sub#func2" end
  def run
    self   # => #<Sub:0x82d479c>
    func1  # => "Super#func1"
    func2  # => "Sub#func2"
    "Sub#run"
```

```
    end
  end
Sub.new.run  # => "Sub#run"
```

呼び出されるクラスメソッドの決定方法

クラスメソッドとは、クラスオブジェクトの特異メソッドです。特異メソッドはオブジェクト固有の
メソッドですが、クラスオブジェクトの場合はスーパークラスの特異メソッドも呼び出せます。こ
の事実はよく「クラスメソッドは継承される」といわれます。

また、クラスオブジェクトというように、クラス自身も「Class」クラスのインスタンスです。そのため、
「Class」クラスのメソッドも呼び出すことができます。さらに「Class」は「Module」を継承している
ので、「Module」クラスのメソッドも呼び出すことができます。まとめると、次の順番でクラスメソッド
を探索します。

❶ 自クラスのクラスメソッド

❷ extend元のモジュールのメソッド

❸ スーパークラスのクラスメソッド(スーパークラスをたどっていく)

❹ Classクラスのインスタンスメソッド

❺ Moduleクラスのインスタンスメソッド

❻ BasicObjectクラスのインスタンスメソッド、トップレベルで定義されたメソッド

▶ クラスメソッドの継承の例

ファイルの中身をすべて読み込むメソッドは、本当は「IO.read」ですが、多くの場合、「File.
read」で呼び出しています。「File.read」と覚えている人も多いでしょう。これは、スーパークラ
スの特異メソッドも呼び出すことができる性質を利用しています。

```
File.ancestors
# => [File, IO, File::Constants, Enumerable,
#                   Object, Kernel, BasicObject]
IO.read "rules.txt"
File.read "rules.txt"
```

▶ クラス定義中、クラスメソッド定義中の例

クラス定義、クラスメソッド定義の中では、「self」が定義中のクラスオブジェクトになるので、
クラスメソッドを関数的メソッド呼び出しすることができます。もちろん、スーパークラスのクラスメ
ソッドも呼び出せます。それに加えて、「Class」クラスと「Module」クラスのメソッドを呼び出すこ
ともできます。

```
class Super;  def self.meth1() "Super.meth1" end  end
class Sub < Super
  def self.meth2()
    meth1       # => "Super.meth1"
    # Class#superclassを呼び出す
```

■ SECTION-040 ■ 呼び出されるメソッドの決定方法

```
  superclass  # => Super
  # Module#attr_accessorを呼び出す
  attr_accessor :a
  "Sub.meth2"
 end
 meth1        # => "Super.meth1"
 meth2        # => "Sub.meth2"
 superclass   # => Super
 attr_accessor :b
end
```

▶ モジュール定義中、モジュールの特異メソッド定義中の例

　モジュール定義中では、モジュールの特異メソッドと「Module」クラスのメソッドを関数的メソッド呼び出しできます。

```
module Mod
  def self.meth
    attr_accessor :a
    "Mod.meth"
  end
  meth  # => "Mod.meth"
  attr_accessor :b
end
```

COLUMN　関数の落とし穴

　関数（トップレベルのメソッド定義）は、「Object」のプライベートメソッドになります。すなわち、「class Object; private; 関数定義 end」のようなクラス定義と同じ効果です。この事実を頭に入れておかないと、思わぬ落とし穴にはまりかねません。

　ここで、「bar」メソッドを呼び出す「hello」関数を呼び出す例を見てみます。「hello」関数が呼び出す「bar」は「bar」関数の方だと思った人がいると思います。しかし、関数は「Object」のメソッドであることを思い返すと、その予想は間違っていることに気付きます。

　「Foo#imeth」を呼び出したときの「self」は「Foo」のインスタンスです。「hello」は関数的メソッド呼び出しなので「self」は変更されず、「Foo」のインスタンスのままです。そこで「bar」を関数的メソッド呼び出しすると、「Foo#bar」が定義されているので、それを呼び出します。「Foo.cmeth」の場合も同様に、「Foo.bar」が定義されているので、それを呼び出します。

　このように、「Object」以外のインスタンスメソッドから関数を呼び出したとき、その関数内で使われている関数と同名のメソッドが定義されていると、望み通りの結果が出てこなくなります。

146

■ SECTION-040 ■ 呼び出されるメソッドの決定方法

```ruby
class Foo
  # インスタンスメソッドの場合
  def bar() "Foo#bar" end
  def imeth
    self        # => #<Foo:0xa2b5f20>
    hello       # => [#<Foo:0xa2b5f20>, "Foo#bar"]
  end
  # クラスメソッドの場合
  def self.bar() "Foo.bar" end
  def self.cmeth
    self        # => Foo
    hello       # => [Foo, "Foo.bar"]
  end
end
def bar() "Object#bar" end
def hello
  # どのbarメソッドが呼ばれるだろうか?
  [self, bar]   # => [#<Foo:0xa2b5f20>, "Foo#bar"], [Foo, "Foo.bar"]
end
Foo.new.imeth   # => [#<Foo:0xa2b5f20>, "Foo#bar"]
Foo.cmeth       # => [Foo, "Foo.bar"]
```

　不幸なことに、この現象は組み込み関数を使った「普通の」関数でも起きてしまいます。くれぐれも、関数を呼び出すクラスでは、関数として定義しているメソッドと同名のメソッドを定義しないようにしてください。

```ruby
class PrintHack
  def print(*args)  puts(args, "AAARRGH!") end
  def run()         func "output"          end
end
# PrintHack#printが呼ばれてしまう!
def func(str)       print str               end
PrintHack.new.run
# >> output
# >> AAARRGH!
```

関連項目 ▶ ▶ ▶

● メソッド呼び出しについて ………………………………………………………… p.107
● メソッド定義について ……………………………………………………………… p.109
● 特異メソッド・クラスメソッドについて …………………………………………… p.138
● オブジェクトに動的に特異メソッドを追加する ………………………………… p.577

147

SECTION-041

「===」と「case」式について

❖ 「case」式は魔法の多岐分岐構文

「case」式はパターンマッチによる多岐分岐の構文です。「case」式の威力は特筆すべきものです。「case」の後ろに指定する式について、パターンオブジェクトにマッチするか調べます。パターンは1つ以上の「when」節で指定し、パターンは1つ以上、記述します。複数のパターンは「,」(カンマ)で区切り、どれかにマッチすれば、その「when」の式が評価されます。どれにもマッチしない場合は、「else」の式が評価されます。パターンの後ろに改行せずに式を続ける場合には、「;」(セミコロン)またはキーワード「then」が必要です。改行する場合にはこれらは省略可能です。

「if」式と同様に、最後に評価した式が「case」式の値となります。評価する式が存在しなければ「nil」になります。

書式は、次のようになります。

```
case 式
when パターン1 [then]
    パターン1にマッチするときに評価される式(複数可)
when パターン2, パターン3 [then]
    パターン1にマッチせずパターン2かパターン3にマッチするときに評価される式(複数可)
else
    どれにもマッチしないときに評価される式(複数可)
end
```

「case」式は、パターンオブジェクトによって、多種多様な働きをします。たとえば、正規表現をパターンにした場合、式がその正規表現と同じ正規表現であるかを判定するのではなくて、文字列が正規表現にマッチするかどうかを判定します。クラスを指定した場合は、式がそのクラスかサブクラスのインスタンスであるかどうかを判定します。このようにプログラマーの意図をうまく汲み取ってくれるおかげで、通常のif式で表現するとかなり複雑な処理でも、「case」式だと簡潔に記述できます。

また、パターンに「*」が付いていると、パターンは配列展開されます。

パターンに指定するもの	パターンにマッチするとき
クラス	クラスかサブクラスのインスタンスであるとき
モジュール	モジュールをインクルードしているとき
範囲オブジェクト	数値等が範囲の中に入っているとき
正規表現	正規表現にマッチするとき
その他のオブジェクト	オブジェクトと「==」なとき(同値性判定)

■ SECTION-041 ■ 「===」と「case」式について

```ruby
# 次の例ではすべて"OK"と表示する
# 同値性判定
case 1
when 0
  p "NG"
when 1, 2
  p "OK"
else
  p "NG"
end
# クラス判定(直接のインスタンスである場合)
case 1
when Integer
  p "OK"
end
# クラス判定(サブクラスの場合)。最初にマッチしたwhen節を評価するので
# when Integerの部分は評価されない
case 1
when Numeric
  p "OK"
when Integer
  p "NG"
end
# モジュールのインクルード判定
case [1]
when Enumerable
  p "OK"
end
# 範囲に入っているか判定
case 5
when 1..10
  p "OK"
end
# 正規表現マッチ判定
case "abracadabra"
when /cad/
  p "OK"
end
# *aryは1,2,3に展開される(配列展開)
ary = [1,2,3]
case 1
when *ary
  p "OK"
end
```

149

■ SECTION-041 ■ 「===」と「case」式について

💠 「case」式のバックには「===」演算子

「case」式のバックには「===」という演算子メソッドが存在します。上の書式例を「if」式と「===」で書き換えてみると、次のようになります。「case」式がプログラマーの意図を汲み取ってくれるのは、「===」の定義によるものだとわかります。

```
_tmp = 式
if パターン1 === _tmp
  パターン1にマッチするときに評価される式(複数可)
elsif パターン2 === _tmp or パターン3 === _tmp
  パターン1にマッチせずパターン2かパターン3にマッチするときに評価される式(複数可)
else
  どれにもマッチしないときに評価される式(複数可)
end
```

「Object#===」は「Object#==」を呼び出すように定義されていますが、サブクラスでは148ページの表のように再定義されています。組み込みクラスでは、「Module」「Range」「Regexp」で再定義されています。「Class」は「Module」のサブクラスなので、クラスによる比較もできます。ユーザ定義クラスでも適宜「===」を再定義することで、そのクラスのインスタンスを「case」式のパターンに指定することができます。

「===」は「==」との連想から可換であると思いがちですが、実は非可換です。たとえば、「/a/ === "a"」は「Regexp#===」が定義されているため、マッチ判定が行われて「true」になりますが、「"a" === /a/」は「String#===」が定義されていないため、「Object#===」による同値判定が行われて「false」になります。

「===」は、「Enumerable#grep」と否定にマッチする「Enumerable#grep_v」でのマッチ判定にも使用します。テキストファイルから正規表現に一致する行を出力するUnixコマンドのgrepがテキストのパターンマッチであるように、「case」式はRubyオブジェクトのパターンマッチなのです。

サンプルで紹介した「case」式の内部で使われている「===」の値を示します。

```
# 同値性判定
0 === 1                  # => false
1 === 1 or 2 === 1       # => true
# クラス判定(直接のインスタンスである場合)
Integer === 1            # => true
# クラス判定(サブクラスの場合)
Numeric === 1            # => true
# モジュールのインクルード判定
Enumerable === [1]       # => true
# 範囲に入っているか判定
(1..10) === 5            # => true
# 正規表現マッチ判定
/cad/ === "abracadabra"  # => true
```

■ SECTION-041 ■ 「===」と「case」式について

COLUMN | **「case」に式を指定しないと「if～elsif～else」の代わりになる**

「case」に式を指定しない場合は、「if～elsif～else」と等価になります。Lispでいうcondです。

```
if 3 < 1
  p "NG"
elsif 1 < 2
  p "OK"
else
  p "NG"
end
```

```
case
when 3 < 1
  p "NG"
when 1 < 2
  p "OK"
else
  p "NG"
end
```

関連項目 ▶ ▶ ▶

● 条件分岐式について ⋯⋯⋯⋯⋯⋯⋯⋯⋯⋯⋯⋯⋯⋯⋯⋯⋯⋯⋯⋯⋯⋯⋯⋯⋯⋯ p.96
● パターンにマッチする要素を求める ⋯⋯⋯⋯⋯⋯⋯⋯⋯⋯⋯⋯⋯⋯⋯⋯⋯⋯p.380

SECTION-042

例外処理・後片付けについて

◆ 例外処理と後片付け

ここでは、例外処理と後片付けについて解説します。例外とは乱暴にいえばエラーのことですが、例外処理を使うことでエラーから復帰することができます。例外と後片付けは密接に関係しているため、ともに「begin」式を使用します。

▶ 例外とは

例外とは、たとえば、ロードしようとしたスクリプトに文法エラーがあった場合や、ファイルを開こうとしたときファイルが存在しないなどの場合です。前者は明らかに実行に関わる大きなエラーですが、後者は必ずしもエラーとは限りません。ファイルが存在しない場合は、新規作成するなどで例外的状況から復帰可能な場合があります。このように例外の種類と深刻度はさまざまです。

例外が起きたときに評価するコードを例外処理といい、例外処理へ制御を移すことを「例外を捕捉する」といいます。例外処理で例外から復帰します。その後もスクリプトの実行は続きます。

Rubyでは、例外はExceptionクラスとそのサブクラスで実装されています。例外が発生すると、その例外クラスのインスタンスが作られ、捕捉されない限り、スクリプトの実行が終了します。新しい例外クラスを作成するには、既存の例外クラスのサブクラスを新たに作ります。

Rubyでは深刻度により、「重い例外」と「軽い例外」（両者は造語です）に分けています。軽い例外とはStandardErrorとそのサブクラスです。それ以外が重い例外です。軽い例外は、多くの場合、復帰可能なので捕捉しやすく、重い例外は捕捉しにくくなっています。

▶ 例外の種類

例外クラスの一覧表です。階層構造は継承関係を表しています。

例外クラス	説明
Exception	すべての例外クラスの祖先
SystemExit	Rubyを終了させる
fatal	致命的エラー（Rubyからは見えない）
SignalException	trapされていないシグナルを受け取った
Interrupt	SIGINT シグナルを捕捉していないときに SIGINT シグナルを受け取った
StandardError	「軽い」例外
FiberError	ファイバー関連の例外
TypeError	不正な型を使用した
ArgumentError	引数の数や値が正しくない
UncaughtThrowError	Kernel.#throw に指定した tag に対して一致する Kernel.#catch が存在しない
IndexError	添字が範囲外
StopIteration	ループの中断
KeyError	ハッシュのキーに対応する値が存在しない

152

■ SECTION-042 ■ 例外処理・後片付けについて

例外クラス	説明
RangeError	範囲に関する例外
FloatDomainError	∞やNaNに関するエラー
NameError	未定義のローカル変数や定数を使用した
NoMethodError	定義されていないメソッド呼び出し
RuntimeError	例外を指定しないraiseによる例外
EncodingError	エンコーディング関係のエラー
Encoding::CompatibilityError	異なるエンコーディングの文字列処理
Encoding::UndefinedConversionError	変換先に対応する文字がない
Encoding::InvalidByteSequenceError	不正なバイト列
Encoding::ConverterNotFoundError	存在しないエンコーディングを指定した
SystemCallError	システムコールの失敗
Errno::EXXX	errnoに対応する例外クラス
IOError	入出力のエラー
EOFError	end of fileに達した
ZeroDivisionError	0で除算した
LocalJumpError	大域ジャンプ失敗
RegexpError	正規表現のコンパイル失敗
ThreadError	スレッド関連の例外
ScriptError	スクリプトのエラー
SyntaxError	文法エラー
LoadError	ロードの失敗
NotImplementedError	実装されていない機能が呼び出された
SecurityError	セキュリティ上の問題
NoMemoryError	メモリの確保に失敗した
SystemStackError	スタックレベルが深くなりすぎた

▶「begin」式

　「begin」式は対応する「end」まで順次評価する式ですが、例外処理と後片付けを加えることができます。書式は、次のようになります。それぞれの節には0個以上の式を記述することができます。「rescue」節は、0個以上、持つことができます。「else」節と「ensure」節は省略可能です。

```
begin
  本体 ...
rescue [例外クラス] [=> 変数]
  例外処理 ...
else
  処理 ...
ensure
  後片付け ...
end
```

153

▶ 例外を捕捉する

例外処理を記述するには、「rescue」節を使用します。「rescue」節の後ろに例外クラスを指定しなければ、軽い例外のみを捕捉します。漠然と「何かまずいことが起きたら修復してくれ」という感じです。カジュアルなプログラミングには向いています。ただし、タイプミスなどの捕捉するつもりのない（軽い）例外も捕捉してしまうので、使用には注意が必要です。そのため、使用するならば捕捉するつもりの例外のみ起き得る場合に限定しましょう。

「rescue」節に例外クラスを指定すると、そのクラスとサブクラスの例外のみを捕捉します。「rescue」節は、複数個、持つことができるので、それぞれの例外的状況に合わせた修復処理ができます。重い例外は例外クラスを指定しないと捕捉できません。安定性を高めるためには、軽い例外であっても例外クラスを指定することをお勧めします。なお、例外クラスを指定しない「rescue」節は「rescue StandardError」と等価です。

複数の「rescue」節は上から順に例外クラスをチェックし、該当する「rescue」節がのみ評価されます。以後の「rescue」節は、たとえ該当する例外クラスがあっても評価されません。

「else」節は「rescue」節と併用して例外が起こらなかった場合に評価されますが、ほとんど使われません。

例外処理では例外オブジェクトを特殊変数「$!」で参照することができます。「rescue」節で「=> 変数」を指定した場合は、例外オブジェクトはその変数に代入されます。

▶ 例外を起こす

「Kernel#raise」で明示的に例外を発生させることができます。無引数の場合は、同じスレッドの同じブロックで最後に捕捉された例外（「$!」）を再発生させます。捕捉された例外がない場合、「unhandled exception」というエラーメッセージで「RuntimeError」が発生します。

引数に文字列のみを指定した場合は、それをエラーメッセージにした「RuntimeError」が発生します。

```
begin
  raise "raise a RuntimeError"
rescue                          # 例外を捕捉する
  $!  # => #<RuntimeError: raise a RuntimeError>
end
```

引数に例外クラスと文字列を指定することもできます。

```
raise ArgumentError, "invalid argument" rescue $!
# => #<ArgumentError: invalid argument>
```

▶ 再試行する

例外処理で修復した後に再試行するには、「retry」キーワードを使用します。「begin」式
で「retry」が呼び出された場合、「begin」式の本体を再評価します。

```
i = 0
begin
  raise if i == 0
  p i
rescue
  # i == 0のときに飛ばされる
  i = 1
  retry
end
# >> 1
```

▶ 後片付けをする

たとえ例外が起きようと、必ず評価する式を記述するには、「ensure」節を使用します。後
片付けが主な用途です。「rescue」節・「else」節と併用した場合は、その後で評価されます。
たとえば、ファイルを開いたら閉じる、一時的に使用する作業ファイルを作成したら削除するな
どの用途です。

```
begin
  content = file.read
ensure
  file.close
end
```

▶ 定義との併用

クラス定義・モジュール定義・メソッド定義・特異メソッド定義・特異クラス定義には、暗黙
の「begin」式が含まれています。そのため、「rescue」節・「else」節・「ensure」節を入れる
ことができます。

```
def f
  raise
rescue
  puts "rescued"
end
f
# >> rescued
```

■ SECTION-042 ■ 例外処理・後片付けについて

▶ rescue修飾子

軽い例外が起きたときに特定の値を返すならば、「rescue」修飾子も使用できます。例外クラスを指定しない「rescue」節と同じ問題があるので、気を付けて使ってください。この例はネストした配列の要素を得ますが、範囲外の場合はnilを返します。

```ruby
ary2 = [[1,2], [3,4]]
ary2[0]                    # => [1, 2]
ary2[0][0]                 # => 1
ary2[0][9]                 # => nil
ary2[9]                    # => nil
# nil[0]で例外が起きるため、捕捉してnilを返す。
ary2[9][0] rescue nil      # => nil
```

▶ 「begin」式のまとめ

「begin」式の制御の流れと返り値をまとめてみます。

● まず「begin」式本体を評価する。
● 例外が発生したとき、該当する「rescue」節を上から探して評価する。
● 軽い例外は例外クラスを指定しない「rescue」節で捕捉できる。
● 重い例外は例外クラスを指定しないと捕捉できない。
● 「rescue」節に「=> 変数」を指定すると例外オブジェクトを代入でき、「rescue」節と「ensure」節で利用できる。
● 該当する「rescue」節がない場合は例外が発生する。
● 例外が発生しない場合は「else」節を評価する。
● 最後に「ensure」節を必ず評価する。
● 返り値は「ensure」節以外で「begin」式内で最後に評価した値になる。

```ruby
def begin_test(sym)
  flow = []                      # 制御の流れを表す配列。「<<」で値を追加する
  value = begin
            case sym             # 入力値に応じて場合分け
            when :normal         then flow << "OK"
            when :argument_err   then raise ArgumentError
            when :not_implemented then raise NotImplementedError
            when :runtime_err    then raise RuntimeError
            end
            :begin
          rescue => e            # 軽い例外
            flow << "normal rescue"
            :rescue
          rescue NotImplementedError => e # NotImplementedErrorのみ
            flow << "NotImplementedError"
            :rescue_NotImplementedError
          rescue Exception       # すべての例外を捕捉するが、
            flow << "Exception"  # 上のrescue節を評価した場合は通らない
```

■SECTION-042■ 例外処理・後片付けについて

```ruby
      :exception
    else                    # 例外が起きなかった場合
      flow << "no error"
      :else
    ensure                  # 必ず到達する
      flow << "ensure"
      :ensure
    end
  flow << "outer"
  # :flowは制御の流れを、:valueはbegin式の返り値を表す
  {flow: flow, value: value}
end

# :flowの値が制御の流れを、:valueの値がbegin式の返り値を表す
begin_test :normal
# => {:flow=>["OK", "no error", "ensure", "outer"], :value=>:else}
begin_test :argument_err
# => {:flow=>["normal rescue", "ensure", "outer"], :value=>:rescue}
begin_test :not_implemented
# => {:flow=>["NotImplementedError", "ensure", "outer"],
#      :value=>:rescue_NotImplementedError}
begin_test :runtime_err
# => {:flow=>["normal rescue", "ensure", "outer"], :value=>:rescue}
```

COLUMN   **例外は濫用するな**

　例外処理は非常に強力です。「begin」式で評価中の式が例外を起こしたら、その時点で制御がどこにあったとしても「rescue」節へ制御が移り、「ensure」節が評価されて「begin」式を抜けます。すなわち、大域ジャンプが行われています。大域ジャンプが多用されると、制御の流れが追いにくくなり、非常に読みにくいコードになってしまいます。そういうコードをスパゲッティコード（悪名高いgoto文の再来）といいます。

　ネストしたループを抜けるためには例外ではなく、「Kernel#catch」「Kernel#throw」を使用してください（《ループ制御について》(p.102)参照）。**例外はあくまで例外的状況にのみ使用してください。**

関連項目 ▶ ▶ ▶

● ループ制御について ‥‥‥‥‥‥‥‥‥‥‥‥‥‥‥‥‥‥‥‥‥‥‥‥‥‥‥‥‥‥‥ p.102

SECTION-043

定義の別名・取り消しについて

💎 「alias」と「undef」はキーワード

メソッドをコピーしたり、グローバル変数の別名を付けたりするには「alias」を使用し、メソッドを未定義にするには「undef」を使用します。両者は共通点が多いのでまとめて取り上げます。

▶ 共通点

一番大切なのは「alias」も「undef」もメソッドではなく、キーワードである点です。そのため、独自の解釈がなされます。メソッドとの大きな違いは、**引数の評価がされない**ことです。引数に取るメソッド名は、メソッド名そのものかシンボルです。あくまで文法の一種なので、メソッド名がローカル変数とみなされるわけではないです。

どちらのキーワードもメソッド定義内では使用することができません。その代わり、対応する「Module」クラスのメソッドが存在します。メソッドを使用した場合は、当然、引数が評価されます。もちろん、メソッド定義内で使用可能です。

▶ メソッド定義をコピーする

「alias」キーワードでメソッド定義を**コピー**することができます。「alias」は独自の文法なので、「,」は付けないことに注意してください。

```
alias コピー先 メソッド名
```

```
class Example
  def foo() :original end
  alias bar foo
end
obj = Example.new
obj.foo                    # => :original
obj.bar                    # => :original
```

あくまでコピーなので、alias元のメソッドを再定義した場合は、再びaliasする必要があります。

```
class Example
  # 再定義
  def foo() :redefined end
  alias bar foo # !> discarding old bar
end
obj.foo                    # => :redefined
obj.bar                    # => :redefined
```

▶ グローバル変数の別名を付ける

「alias」キーワードのもう1つの用法は、グローバル変数の別名を作成することです。グローバル変数の別名は、一方が再代入されると他方も影響を受けます。この機能はグローバル変数限定です。

■ SECTION-043 ■ 定義の別名・取り消しについて

```
alias 別名 変数名
```

```
$a = 1
alias $b $a
[$a, $b]  # => [1, 1]
$a = 6
[$a, $b]  # => [6, 6]
$b = 7
[$a, $b]  # => [7, 7]
```

▶ メソッドを未定義にする

すでに定義されたメソッドを未定義にするには、「undef」キーワードを使用します。メソッド名は、複数、指定することができます。複数のメソッド名を指定する場合は、「alias」と異なり、「,」が必要です。

```
undef メソッド名 [, メソッド名 ...]
```

「undef」と似たものに「Module#remove_method」があります。「remove_method」はクラスからメソッドを「取り除き」ます。「undef」は「呼ばれると「NoMethodError」例外を発生するメソッド」を定義しています。そのため、スーパークラスに同名のメソッドがある場合の挙動が異なります。「remove_method」は自クラスで定義しているメソッドを単に取り除いただけなので、スーパークラスのメソッドは普通に呼び出すことができます。言い換えると、自クラスで定義されなかったことになるだけです。

```
class Super
  def undefined() :undefined_super end
  def removed() :remove_super end
end
class Sub < Super
  def undefined() :undefined_sub end
  def removed() :remove_sub end
  undef undefined                 # :undefinedと指定してもよい
  remove_method :removed
end

sub = Sub.new
sub.undefined rescue $!
# => #<NoMethodError:
#          undefined method `undefined' for #<Sub:0x9ff95ac>>
sub.removed  # => :remove_super
```

「undef」キーワードと同じ働きをするメソッド「Module#undef_method」が存在します。

■ SECTION-043 ■ 定義の別名・取り消しについて

COLUMN　　元のメソッド定義を利用してメソッドを再定義する

　aliasされたメソッドの内容は、その時点の元のメソッドのものになります。その後で元の
メソッドが再定義された場合、aliasされたメソッドは影響を受けず、元のメソッド定義のま
まです。「別名」ではなく、「コピー」と表現したのはそのためです。ファイルのコピーを残
しておくと、元のファイルが変更されてもコピーは影響されないのと同じです。この性質を
利用して、元のメソッド定義を利用してメソッドを再定義することができます。詳しくは、《メ
ソッドを再定義する》(p.588)を参照してください。

```
def original() "orig" end
alias copy original
original  # => "orig"
copy      # => "orig"
def original() "REDEFINED: #{copy}" end
original  # => "REDEFINED: orig"
copy      # => "orig"
alias copy2 original
original  # => "REDEFINED: orig"
copy      # => "orig"
copy2     # => "REDEFINED: orig"
```

COLUMN　　クラス・モジュールの別名を付ける

　クラス・モジュールの別名を付けるには、「alias」キーワードではなく、定数に代入しま
す。名前の付いているクラス(「Class.new」により動的に作成されたクラスではない、つ
まり普通のクラス)は、クラスオブジェクトが定数に代入されているからです。新しい名前
でも元の名前と同じように扱えますが、オブジェクト自身は元の名前を保持しています。

```
MyString = String
MyString                # => String
s = MyString.new "foo"  # => "foo"

class X; end
Y = X
Y       # => X
Y.new   # => #<X:0x83a1440>

module M; end
N = M   # => M
```

　この場合、あくまで別名であり、コピーではないので、一方のクラス定義を変更したら
他方にも影響します。

■SECTION-043■ 定義の別名・取り消しについて

```ruby
class X
  def foo() :foo end
end
Y = X
class Y
  def bar() :bar end
end
Y.new.foo   # => :foo
X.new.bar   # => :bar
```

COLUMN　メソッド内でaliasする

　「alias」キーワードと同じ働きをするメソッドは、「Module#alias_method」です。この
例はクラスメソッド内で「Array#length_org」を定義しています。

```ruby
class Array
  def self.make_aliases
    method = :length
    alias_method "#{method}_org", method
  end
  make_aliases
end
[1,2].length                     # => 2
[1,2].length_org                 # => 2
```

161

■SECTION-043 ■ 定義の別名・取り消しについて

COLUMN | **クラスメソッドをaliasする**

「alias」キーワードと「Module#alias_method」は、インスタンスメソッドに対して作用します。クラスメソッドのコピーを作成するには特異クラスを開きます。

```
class X
  def X.foo() :foo end
  class << self
    alias bar foo
  end
end
X.bar  # => :foo
```

しかし、毎回、特異クラスを開くのは面倒なので、「Module#alias_class_method」を定義した方が可読性は上がります。

```
class Module
  def alias_class_method(ali, orig)
    (class << self; self; end).instance_eval{ alias_method ali, orig }
  end
end

class X
  def X.foo() :foo end
  alias_class_method :bar, :foo
end
X.bar  # => :foo
```

関連項目 ▶ ▶ ▶

● 特異メソッド・クラスメソッドについて ……………………………………………… p.138
● メソッドを再定義する ……………………………………………………………………… p.588
● 文脈を変えてブロックを評価する ……………………………………………………… p.602

SECTION-044

式の検査について

◆「defined?」キーワードで式の検査をする

Rubyの式が「妥当」かどうか検査するには、「defined?」キーワードを使用します。メソッドのように見えますが、実はキーワードです。

▶ 変数の調査

宣言・初期化されている変数については変数の種類を表す文字列が返り、初期化されていない変数はnilが返ります。他にも、「Module#class_variable_defined?」でクラス変数が、「Object#instance_variable_defined?」でインスタンス変数が定義されているかを確かめることができます。ただし、「Module#class_variable_defined?」と「Object#instance_variable_defined?」は「defined?」と違って変数リテラルそのものではなく、リテラルを表すシンボルまたは文字列を取ります。

```
lvar  = 1
$gvar = 1
@ivar = 2
@@cvar = 3
defined? lvar    # => "local-variable"
defined? $gvar   # => "global-variable"
defined? @ivar   # => "instance-variable"
defined? @@cvar  # => "class variable"
defined? $gvar2  # => nil
Object.class_variable_defined? :@@cvar  # => true
instance_variable_defined? :@ivar       # => true
```

▶ 定数の調査

定数が定義されているときは"constant"が返り、未定義の場合はnilが返ります。

他には「Module#const_defined?」でも定数が定義されているかを確かめることができます。ただし、「Module#const_defined?」は「defined?」と違って変数リテラルそのものではなく、リテラルを表すシンボルまたは文字列を取ります。

```
defined? Array               # => "constant"
defined? ::Array             # => "constant"
defined? File::Constants     # => "constant"
defined? File                # => "constant"
defined? File::Stat          # => "constant"
defined? ::File              # => "constant"
defined? Undefined           # => nil
Object.const_defined? :Array        # => true
Object.const_defined? :Undefined # => false
```

163

■ SECTION-044 ■ 式の検査について

▶ 代入式

代入式を渡したときは、"assignment"が返ります。多重代入を渡すときは文法の制約上、二重括弧を付ける必要があります。実際に代入は行われませんが、ローカル変数は宣言されます。

```ruby
defined? c=3            # => "assignment"
defined? $gvar2=4       # => "assignment"
defined?((x,y=[1,2]))   # => "assignment"
[c,x,y]                 # => [nil, nil, nil]
defined? c              # => "local-variable"
```

▶ メソッド呼び出し

メソッド呼び出しを渡したときは、"method"が返ります。定義されていないメソッド呼び出しを渡したときは、nilが返ります。ブロック付きメソッド呼び出しは、"expression"が返ります。「Object#respond_to?」でもメソッドが定義されているかどうかを調べられます。「Object#respond_to?」は任意で第2引数を取り、第2引数にtrueを指定するとprivateなメソッドも含めて調べます。

```ruby
def b(*args) end
defined? b                  # => "method"
defined? [].length          # => "method"
defined? print(1)           # => "method"
defined? Math::sin          # => "method"
defined? Math.sin           # => "method"
defined? [1][0]             # => "method"
defined? b(1,2,3)           # => "method"
defined? 1 == 2             # => "method"
defined? [1].sort.uniq      # => "method"
defined? Object.no_method   # => nil
defined? no_method          # => nil
defined? [1].map{|z| z*2 }  # => "expression"
[].respond_to? :length      # => true
```

▶ 属性代入、インデックス代入

Rubyでは、書き込みアクセサやインデックス代入は見た目は代入であるもののメソッド呼び出しになっています。「defined?」の返り値は"method"です。

```ruby
s = Struct.new(:x,:y).new
defined? s.x=1          # => "method"
defined? [1,2][0]=1     # => "method"
```

164

■SECTION-044 ■ 式の検査について

▶ 「true」「false」など

「true」「false」などの疑似変数は、そのまま名前が返ります。

```
defined? false        # => "false"
defined? nil          # => "nil"
defined? self         # => "self"
defined? true         # => "true"
```

▶ 正規表現マッチ関係の変数

正規表現マッチ関係の変数「$1」や「$&」などは、マッチの結果が設定されたときに"global-variable"を返し、そうでない場合はnilを返します。

```
"hoge" =~ /(o)/
defined? $1           # => "global-variable"
defined? $2           # => nil
defined? $&           # => "global-variable"
```

▶ 「super」と「yield」

「super」を渡したときは、スーパークラスのメソッドが定義されているときに"super"が返ります。

「yield」を渡したときは、ブロック付きメソッド実行中のときに"yield"が返ります。「defined? yield」は、「Kernel#block_given?」と同じ働きです。

```
class X
  def meth(*args)
    defined? super # => nil
  end
end
class Y < X
  def meth(*args)
    defined? super # => "super"
    super
    defined? yield # => "yield"
  end
end

defined? yield        # => nil
defined? super        # => nil
Y.new.meth {}
```

▶ その他の式

その他の式を渡した場合は、"expression"が返ります。

```
defined? 1          # => "expression"
defined? __FILE__   # => "expression"
defined? "b"        # => "expression"
defined?(/a/)       # => "expression"
```

■ SECTION-044 ■ 式の検査について

| COLUMN | クラス・モジュールからメソッドの存在を確認する |

インスタンスからメソッドの存在を確かめるには、「defined?」や「Object#respond_to?」が使えますが、クラスから確かめることもできます。「Module#method_defined?」はpublicかprotectedなインスタンスメソッドが定義されているときに真となります。

可視性に応じたメソッドの「Module#public_method_defined?」「Module#private_method_defined?」「Module#protected_method_defined?」もあります。

```ruby
String.method_defined? :length        # => true
String.public_method_defined? :length  # => true
# 継承・インクルードで得たメソッドでも真になる
Array.method_defined? :map            # => true
Enumerable.method_defined? :map        # => true
# privateメソッドにはprivate_method_defined?を使う必要がある
Kernel.method_defined? :print          # => false
Kernel.private_method_defined? :print   # => true
```

関連項目 ▶ ▶ ▶

● オブジェクトがメソッドを受け付けるかチェックする ……………………………………… p.553

SECTION-045

%記法について

❖ %記法で可読性を向上させる

　%記法は、通常の文字列リテラル、コマンド出力、正規表現リテラル、配列式、シンボルの別形式です。「% !STRING!」や「% q!STRING!」などです。これらに見られる「!」は区切り文字で、最初の区切り文字から次の区切り文字までが%記法の内容になります。区切り文字には、任意の非英数字を使うことができます。始めの区切り文字が括弧文字(「(」「[」「{」「<」)である場合は、終わりの区切り文字は対応する括弧文字(「)」「]」「}」「>」)でなければなりません。括弧の対応が取れていれば、%記法の内容に区切り文字を含めることができます。

▶「% !STRING!」と「% Q!STRING!」:ダブルクォート文字列

　ダブルクォート文字列なので、式展開とバックスラッシュ記法を使うことができます。ダブルクォート文字列に「"」を含める場合はエスケープが必要ですが、%記法を使うことでエスケープが不要になります。

```
%!ab\n!                        # => "ab\n"
%Q!1+1 = #{1+1}!               # => "1+1 = 2"
"\"abc\""                      # => "\"abc\""
%#"abc"#                       # => "\"abc\""
%((abc))                       # => "(abc)"
%Q!<a href="/">site</a>!       # => "<a href=\"/\">site</a>"
```

▶「% q!STRING!」:シングルクォート文字列

　シングルクォート文字列なので、式展開とバックスラッシュ記法を使うことはできません。「'」をエスケープする必要がなくなります。

```
'<a href=\'/\'>Top</a>'        # => "<a href='/'>Top</a>"
%q!<a href='/'>Top</a>!        # => "<a href='/'>Top</a>"
%q((let ((a 1) (b 2)) (+ a b)))  # => "(let ((a 1) (b 2)) (+ a b))"
```

▶「% x!STRING!」:コマンド出力

　コマンド出力がネストしている場合に有用です。

```
`echo backquote`               # => "backquote\n"
%x[echo backquote]             # => "backquote\n"
`echo "#{2+3}\t#{1+6}"`        # => "5\t7\n"
%x$echo "#{2+3}\t#{1+6}"$      # => "5\t7\n"
# ネストしたコマンド出力
`echo \`echo hoge\``           # => "hoge\n"
%x!echo `echo hoge`!           # => "hoge\n"
```

■ SECTION-045 ■ %記法について

▶「% r!STRING!」:正規表現

「/」が含まれる正規表現を記述するとき、%記法を使うことでエスケープを回避できます。特にHTMLやXMLを扱うときに威力を発揮します。

```
%r!foo!                            # => /foo/
/<title>(.+?)<\/title>/m           # => /<title>(.+?)<\/title>/m
%r!<title>(.+?)</title>!m          # => /<title>(.+?)<\/title>/m
```

▶「% w!STRING!」と「% W!STRING!」:要素が文字列の配列

1つ以上の空白文字を区切りとした文字列配列を作成します。要素に空白文字を含めるときは、エスケープします。「% W」では式展開とバックスラッシュ記法を使うことがきますが、「% w」は使えません。

改行も空白文字なので、1行ごとに各要素を記述することができます。

```
%w[a b c d]                        # => ["a", "b", "c", "d"]
%w[a#{'b'}\ c defg]                # => ["a\#{'b'} c", "defg"]
%W[a#{'b'}\ c defg]                # => ["ab c", "defg"]
a = %w[
  foo
  bar
  baz
]
a                                  # => ["foo", "bar", "baz"]
```

▶「% s!STRING!」:シンボル

シンボルを作成します。式展開とバックスラッシュ記法を使うことはできません。通常の記法で充分なので、ほとんど使わないと思います。

```
%s!foo!                            # => :foo
```

▶「% i!STRING!」と「% I!STRING!」:要素がシンボルの配列

1つ以上の空白文字を区切りとしたシンボル配列を作成します。要素に空白文字を含めるときは、エスケープします。「% I」では式展開とバックスラッシュ記法を使うことがきますが、「% i」は使えません。

改行も空白文字なので、1行ごとに各要素を記述することができます。

```
%i[a b c d]                        # => [:a, :b, :c, :d]
%i[a#{'b'}\ c defg]                # => [:"a\#{'b'} c", :defg]
%I[a#{'b'}\ c defg]                # => [:"ab c", :defg]
a = %i[
  foo
  bar
  baz
]
a                                  # => [:foo, :bar, :baz]
```

■SECTION-045■ %記法について

関連項目 ▶ ▶ ▶

- 文字列リテラルについて ……………………………………………… p.188
- 正規表現の基本 ……………………………………………………… p.233
- シンボルについて ……………………………………………………… p.275
- 配列・ハッシュを作成する …………………………………………… p.314
- 子プロセスの出力を文字列で得る …………………………………… p.509

SECTION-046

予約語について

❖ 予約語リスト

下表の単語は予約語(識別子としての規約は満たすものの、変数名やクラス名として使えない単語)なので、使用するとエラーになります。Rubyの予約語は特別な意味を持っているので、キーワードとも呼ばれます。

予約語	説明
__ENCODING__	現在のファイルのエンコーディング
__LINE__	現在のファイルの行番号
__FILE__	現在のファイルのファイル名
BEGIN	一番最初に評価するコードを登録する(初期化)
END	一番最後に評価するコードを登録する(後片付け)
alias	メソッド定義のコピー、グローバル変数の別名を付ける
and	論理積
begin	begin式
break	ループやブロック付きメソッドから抜ける
case	case式
class	クラス定義
def	メソッド定義
defined?	式の検査
do	ブロック付きメソッドやループで使う
else	if、unless、case、begin式で条件を満たさない場合
elsif	if式で次の条件を指定する
end	一連のコードのまとまりの終わり
ensure	begin式で必ず評価するコードを指定する
false	trueの対義語で「偽」の値
for	for式
if	if式、if修飾子
in	for式の対象オブジェクトを指定する
module	モジュール定義
next	次のループにジャンプする
nil	未定義や空を表す「偽」の値
not	否定
or	論理和
redo	現在のループをやり直す
rescue	begin式で例外発生時に評価するコードを指定する、rescue修飾子
retry	begin式の最初からやり直す
return	メソッド、Kernel#lambdaのブロックから抜ける
self	デフォルトのレシーバ
super	スーパークラスのメソッドを実行する
then	if、unless、case、begin式で使われる省略可能な予約語
true	「真」の代表値
undef	メソッドを未定義にする
unless	unless式、unless修飾子
until	until式、until修飾子

170

■SECTION-046 ■ 予約語について

予約語	説明
when	case式でパターンを指定する
while	while式、while修飾子
yield	ブロックを呼び出す

💎 予約語が使える例外的な場面

　予約語に「@」「@@」「$」が付いた変数は使用可能です。たとえば、「@alias」「@@class」「$BEGIN」などは合法な変数名です。

　予約語をメソッド名にすることはできますが、関数的メソッド呼び出しができない制限があります。コード中に予約語が登場したとき、まず予約語としての機能が優先されるためです。レシーバ付きのメソッド呼び出しの場合はメソッド名の前に「.」があるため、メソッド名であることが明らかです。メソッドに付けられる名前の制限は、ローカル変数と比べると緩くなります。

　予約語を名前に持つメソッドは現に存在していて、「Range#begin」「Range#end」などがあります。それらはレシーバ付きメソッド呼び出しされることが前提なので、事実上まったく制約がありません。一方、「Object#class」はクラスオブジェクトを得るメソッドですが、自分自身のクラスを得る場合はレシーバselfを付ける必要があります。メソッドの表す意味が明確になるならば予約語さえ許すあたり、Rubyは懐の深い言語です。

　関数的メソッド呼び出しされる可能性がほんのわずかでもあるメソッドに、予約語の名前を付けてはいけません。

CHAPTER 04

オブジェクトの基礎

SECTION-047

オブジェクトの文字列表現について

❖ 文字列表現

オブジェクトには、2種類の文字列表現があります。目的に応じて、適宜、使い分けます。また、内部で文字列化されることもあります。

▶「to_s」は文字列に変換するメソッド

オブジェクトを文字列に変換する場合は、「Object#to_s」を使用します。このメソッドは、サブクラスで、適宜、再定義されます。「print」などの表示関数や「#‖」による式展開で文字列以外のオブジェクトが渡された場合は、内部で「to_s」メソッドを呼び出して文字列にします。次の例では、「Kernel」というモジュールオブジェクトの文字列表現を示します。

```
Kernel.to_s # => "Kernel"
"The #{Kernel} module provides builtin functions."
# => "The Kernel module provides builtin functions."
print Kernel
# >> Kernel
```

▶「inspect」は人間が読める形式にするメソッド

「to_s」メソッドは、あくまでも「文字列に変換」するメソッドです。一方で、テスト・デバッグ時などでは、人間にとって、よりわかりやすい形式が望ましいことがあります。人間にとってわかりやすい文字列に変換するには、「Object#inspect」を使用します。これもサブクラスで、適宜、再定義されます。デフォルトでは、クラス名、オブジェクトのアドレス(ポインタ)、インスタンス変数名とその値を含む文字列になります。当然、「inspect」形式は、一般的に「to_s」形式よりも長くなります。

主にデバッグ用なので、「Kernel#p」やirbで表示するときには、内部的に「inspect」メソッドを呼び出しています。本書のサンプルでも「inspect」形式で注釈しています。次の例では、配列とObjectオブジェクトを人間にとってわかりやすい形式で表示しています。

```
p [1,2,3]
o = Object.new
# インスタンス変数を強引に設定する
o.instance_variable_set(:@a, "instance variable")
p o
# >> [1, 2, 3]
# >> #<Object:0x007fe35b14e5b0 @a="instance variable">
```

関連項目 ▶ ▶ ▶

- 手軽な実験環境 p.60
- オブジェクトを表示する p.175
- 式の評価結果を文字列に埋め込む(式展開) p.208
- ファイルに書き込む p.463

SECTION-048

オブジェクトを表示する

ここでは、オブジェクトを画面に表示する方法を解説します。

SAMPLE CODE

```
# 「print」で文字列を表示する。改行されないので、改行したい場合は明示的に指定する
print "This is print.\n"
# 「puts」で文字列を表示する。最後に改行される
puts "This is puts."
# 「print」も「puts」も複数個のオブジェクトが指定できる。「puts」は引数ごとに改行する
print 1,"str",/regexp/,"\n"
puts 1,"str",/regexp/
# 無引数の「puts」は空行を出力する
puts
# 「puts」に配列を指定したら要素ごとに改行される
puts [1,2],3
# >> This is print.
# >> This is puts.
# >> 1str(?-mix:regexp)
# >> 1
# >> str
# >> (?-mix:regexp)
# >>
# >> 1
# >> 2
# >> 3
```

ONEPOINT | **オブジェクトを画面に表示するには「Kernel#print」や「Kernel#puts」を使用する**

オブジェクトを画面に表示するには、「Kernel#print」や「Kernel#puts」を使用します。これらの表示関数は文字列だけでなく、任意のオブジェクトを表示することもできます。文字列以外のオブジェクトは、内部で「to_s」メソッドを呼び出して文字列化します。また、複数個のオブジェクトを指定することができます。

「print」と「puts」の違いは、改行の扱いです。「print」は引数を連結して表示しますが、「puts」はそれぞれの引数を表示した後に改行します。

「print」の別形式として、「Object#display」もあります。表示するオブジェクトをレシーバにして「display」メソッドを呼び出します。

なお、「print」と「puts」はIOクラスのメソッドでもあります。

■SECTION-048 ■ オブジェクトを表示する

COLUMN	「Kernel#p」は主にデバッグ用

　他の表示方法としては、「Kernel#p」があります。引数に指定した1個以上のオブジェクトを人間に読みやすい形式で表示して改行します。「p」は1文字のメソッドなので、デバッグ時に手軽に使えます。

　「p」と「puts」は似ていますが、「puts」は「to_s」でオブジェクトを文字列化するのに対して、「p」は「inspect」メソッドで文字列化します。なお、「inspect」は人間に読みやすい形式の文字列に変換するメソッドで、デバッグ目的に使用します。

```
$ ruby -e 'p 1,"str",Object'
1
"str"
Object
$
```

　発展形として「Kernel#pp」というライブラリがあります。「Kernel#p」の代わりに「Kernel#pp」を使うことにより、適切にインデントと改行されたわかりやすい出力を得ることができます。

```
require 'pp'

a = { development: { port: 3000 }}
b = { production: { port: 80, secrets: { id: 'xxx', password: 'yyy'}}}

pp(a.merge(b))
# >> {:development=>{:port=>3000},
#     :production=>
#       {:port=>80, :secrets=>{:id=>"xxx", :password=>"yyy"}}}
```

関連項目 ▶ ▶ ▶
- オブジェクトの文字列表現について ……………………………………………… p.174
- ファイルに書き込む ………………………………………………………………… p.463

SECTION-049

オブジェクトの同一性と同値性について

◆ 同一と同値は別物

「等しい」には2つの意味があります。同一性と同値性です。多くの言語では「等しい」ことを「==」で表しますが、同一性なのか同値性なのかは言語によって異なります。

▶「同一」とは

Rubyも含め、多くの言語において、オブジェクトにはIDが振られています。IDという概念がない言語の場合は、メモリ上のアドレスです。「同一」とは、IDあるいはアドレスが等しいオブジェクトのことです。任意のオブジェクトと同一のオブジェクトは、自分自身しかありません。**ある変数の値を別な変数に代入したとき、両者は同一となります。**変数は名札であることを思い出してください。

Rubyの場合、オブジェクトIDは、「Object#object_id」か「Object#__id__」で得られます。同一性の比較は、「Object#equal?」で行います。

▶「同値」とは

同一ではなくても、**オブジェクトの内容が等しければ「同値」となります。**もちろん、同一であれば同値でもあります。Rubyで同値を比較するには、「==」を使います。文字列だろうが配列だろうが「等しい」ことを調べるには安心して「==」が使えます。Rubyはあくまでスクリプト言語であり、使いやすさが最優先されます。等しいことを判定する場合、同値性を指すことが多いので、同値を比較するのに「==」が割り当てられています。

```
# 同値だが同一ではない例
# 文字列は評価されるたびにオブジェクトが作られる
a = "str"
b = "str"
a.object_id  # => 70295952786080
b.object_id  # => 70295952891700
# aとbは同値だが同一ではない
a == b       # => true
a.equal? b   # => false
# 同一の例
a = "str"
# 同じオブジェクトに2つの名札を貼り付けただけなのでaとbは同一
b = a
a.object_id  # => 70295952839860
b.object_id  # => 70295952839860
# 同一ならば同値でもある
a == b       # => true
a.equal? b   # => true
# FixnumとSymbolは例外的に一意的なIDが割り当てられるので同一
a, b = 7, 7
```

177

```
a.object_id  # => 15
b.object_id  # => 15
a == b       # => true
a.equal? b   # => true
x, y = :ruby, :ruby
x.object_id  # => 649308
y.object_id  # => 649308
x == y       # => true
x.equal? y   # => true
```

COLUMN　　**ユーザ定義クラスでは「==」を再定義する必要があるので注意**

　「==」は実はメソッドで、組み込みクラスでは同値性を比較するように再定義されています。しかし、「Object#==」(デフォルト)は、同一性比較(「Object#equal?」)と定義されています。Rubyの「==」は同値なときに真となることが期待されているため、ユーザ定義クラスでは、適宜、再定義します。

```
class A
  attr_reader :v
  def initialize(v) @v = v end
end
x1 = A.new 1
x2 = A.new 1
# そのままだと同一でないと「==」にならない
x1 == x1  # => true
x1 == x2  # => false
# ==を再定義する
class A
  # クラスとインスタンス変数が等しいのが同値の条件
  def ==(x) x.instance_of?(A) and @v == x.v end
end
x1 == x2  # => true
```

　すべてのインスタンス変数が等しい場合に「==」を成立させるためには、少しテクニックが必要です。「Object#instance_variables」ですべてのインスタンス変数名を得て、「Object#instance_variable_get」で強引にオブジェクトのインスタンス変数の値を比較します。そして、「Enumerable#all?」ですべてが一致するかチェックします。

■ SECTION-049 ■ オブジェクトの同一性と同値性について

```ruby
class B
  def initialize(a,b,c) @a, @b, @c = a, b, c end
  def ==(x)        # インスタンス変数がすべて等しい場合に成立させる
    instance_variables.all? do |v|
      instance_variable_get(v) == x.instance_variable_get(v)
    end
  end
end
b1 = B.new(1,2,3)  # => #<B:0x007fdcc210d7d0 @a=1, @b=2, @c=3>
b2 = B.new(1,2,3)  # => #<B:0x007fdcc2140680 @a=1, @b=2, @c=3>
b1 == b2           # => true
```

| COLUMN | 「eql?」と「hash」 |

　実は「==」と「equal?」以外にも、「Object#eql?」という比較メソッドが存在します。これは、ハッシュで2つのキーが等しいかどうかを判定するメソッドです。デフォルトでは「equal?」と同じですが、再定義することができます。たとえば、数値の場合、「==」では型が違っていても数値的に等しければ等しいと判定されますが、「eql?」では型の一致も求められます。

　なお、「Hash#[]」の引数に指定しうるオブジェクトの「eql?」を再定義する場合、「a.eql?(b)」ならば「a.hash == b.hash」を満たすよう、「hash」も再定義する必要があります。

| COLUMN | Rubyと他言語の同一性比較・同値性比較の違い |

　同一性比較・同値性比較は、Rubyと他言語で異なることがあります。他言語を知っている人は、混乱する恐れがあるので気を付けてください。

言語	同一性比較	同値性比較
Ruby	equal?	==
Scheme	eq? eqv?	equal?
Lisp	eq	equal
Java	==	equals

関連項目 ▶ ▶ ▶

● 同一要素にまつわる問題について ……………………………………………… p.316
● オブジェクトをハッシュのキーとして扱えるようにする ……………………… p.364
● すべての要素の真偽をチェックする ………………………………………… p.375
● 名前を指定してインスタンス変数を読み書きする ………………………… p.615
● 変数のリストを得る ……………………………………………………………… p.631

179

SECTION-050

破壊的メソッドについて

❖ 末尾に「!」があるメソッドは相対的に「危険な」メソッド

末尾に「!」のあるメソッドは、それに対応する「!」なしのメソッドと必ず対になるよう定義されています。また、「!」ありメソッドは「!」なしメソッドに比べ、「なんらかの意味で」危険であり、ユーザはその違いを認識する必要があります。

▶ 末尾の「!」が付いているメソッドの扱いは要注意

Rubyのメソッドの中には、レシーバを書き換えるメソッドが存在します。**同じオブジェクトを複数の変数で共有している場合に破壊的メソッドを使うと、他の変数にも影響します。**そのため、慣れないと危険なのでメソッド名の末尾に「!」が付いています。組み込みクラスでは多くの場合、破壊的メソッドが定義されているならば、同じ働きの非破壊的メソッドも定義されています。非破壊的メソッドは、レシーバのコピーを書き換えるのでレシーバは書き変わりません。慣れないうちは、非破壊的メソッドを使いましょう。たとえば、配列から重複する要素を取り除くメソッドは、「Array#uniq」と「Array#uniq!」があります。

▶ 「!」が付いていない破壊的メソッドもある

中にはメソッド名の末尾に「!」が付いていない破壊的メソッドも存在します。そういうメソッドは1つひとつ覚えなければいけませんが、破壊的な名前をしているので覚えにくくはないでしょう。代表的なメソッドを挙げてみます。クラスによって働きは微妙に異なりますが、だいたいは、次のような意味になっています。

メソッド名	内容
clear	内容を空にする
replace	内容を別なものに置き換える
concat	末尾に連結する。concatenateの略
deleteから始まるメソッド	要素を削除する
insert	要素を挿入する
update	内容を更新する
<<	末尾にデータを追加する
[]=	要素を別なものに書き換える。配列の要素の設定など
=で終わるメソッド	書き込みアクセサ

■ SECTION-050 ■ 破壊的メソッドについて

▶破壊的メソッドを作成する場合はメソッド名の末尾に「!」を付けよう

破壊的メソッドを作成する場合、上記の例外を除き、メソッド名には極力「!」を付けることを推奨します。そうすることで、そのクラスのユーザ（作成者本人含む）に、破壊的メソッドであることを示せます。

逆に、非破壊的メソッドには、絶対、「!」は付けてはいけません。文法違反ではなく、マナーの問題ですが、混乱の元になります。

```
# 非破壊的メソッドの例
# aという名札を付ける
a = [1,1,2]
# aとbの名札を付ける
b = a          # => [1, 1, 2]
# bの名札をはがし、新しく作成された配列にbという名札を付ける
b = b.uniq     # => [1, 2]
# aという名札は残っているので書き変わらない
a              # => [1, 1, 2]
# 破壊的メソッドの例
a = [1,1,2]
b = a
# b(とaの)の名札が付いている配列を書き換える
b.uniq!
# aとbの名札が付いているので両方書き変わる
b              # => [1, 2]
a              # => [1, 2]
# コピーに対して破壊的メソッドを適用した例
a = [1,1,2]
# aのコピーにbという名札を付ける。コピーなのでaとは別物
b = a.clone
# bの名札が付いている配列を書き換える
b.uniq!
# aのコピーが書き変わったのでaそのものは書き変わらない
b              # => [1, 2]
a              # => [1, 1, 2]
```

COLUMN **オブジェクトをコピーしてから破壊的メソッドを適用すれば安全**

同じオブジェクトに対して何度も非破壊的メソッドを適用すると、何度もコピーが作成されるので非効率です。そういう場合は、「Object#clone」や「Object#dup」で一度コピーしてから破壊的メソッドを利用するとよいでしょう。あくまでコピーが書き変わるので、元のオブジェクトには影響が及びません。

関連項目 ▶ ▶ ▶
● オブジェクトのコピーについて ……………………………………………… p.183

SECTION-051

オブジェクトの比較について

❖ オブジェクトの大小比較

オブジェクトの同値性は、「==」で判定できることはすでに触れました。ここでは、大小比較について説明します。

▶ 比較演算子「<=>」

Rubyには、比較演算子が用意されています。「self <=> other」でselfが大きい場合は正、等しい場合は0、小さい場合は負を返すように定義されています。比較演算子は、数値クラスや文字列クラスで定義されています。文字列の大小比較は、文字コード順です。比較演算子はその形から、宇宙船演算子とも呼ばれています。

▶ Comparableモジュール

比較演算子が定義されていれば、自動的に大小比較を定義することができます。そのため、比較演算子が定義されているクラスでは、ComparableモジュールがMix-inされています。Comparableは「==」「>」「>=」「<」「<=」「between?(min,max)」「clamp(min,max)」が定義されます。「between?」はselfがmin以上max以下であるときに真になります。「clamp」はmin,maxで指定された範囲内の値を返します。なお、Rubyは、不等号もメソッドです。

```
1 <=> 2                  # => -1
1 <=> 1                  # => 0
2 <=> 1                  # => 1
3.between?(1,3)          # => true
# 数値として比較
2 < 10                   # => true
# 文字列として比較
"2" < "10"               # => false
"abc" < "def"            # => true
"def".between?("abc","ghi") # => true
# クラス・モジュールは特化した方が「小さい」
Array <=> Object         # => -1
Array < Object           # => true
Object < Array           # => false
Array < Enumerable       # => true
# 直接関係のないクラス・モジュールを比較したらnilになる
Hash <=> Array           # => nil
Hash < Array             # => nil
if RUBY_VERSION > '2.4'
  12.clamp(0, 100)       # => 12
  523.clamp(0, 100)      # => 100
end
```

関連項目 ▶ ▶ ▶

● オブジェクトの同一性と同値性について p.177

SECTION-052

オブジェクトのコピーについて

◆ コピーには2種類ある

オリジナルを残しつつ破壊的メソッドを適用する場合は、オブジェクトをコピーしないといけません。コピーするメソッドは、「Object#dup」と「Object#clone」があります。

▶「dup」は内容のみコピー、「clone」は完全にコピー

「Object#dup」は、オブジェクトの内容、汚染状態をコピーします。「Object#clone」はそれに加えて、特異メソッドやフリーズ状態も含めた完全なコピーを生成します。速度差は微々たるものなので普段は「clone」を使うのが無難です。

▶ 浅いコピー

「dup」も「clone」も「浅いコピー」(shallow copy)であることに注意しなければなりません。たとえば、配列をコピーするとき、配列オブジェクトはコピーされますが、配列の要素まではコピーされません。

▶ 深いコピー

オブジェクトの要素もコピーするには、「深いコピー」が必要です。「深いコピー」を行うには、Marshalを使うのが定番です。しかし、それには欠点があり、IOやProcや特異メソッドが含まれていると「Marshal.dump」できずにエラーが起きてしまいます。配列の場合は「Enumerable#map」を使うと回避できますが、ネストした配列には対応していません。

```
a = ["a"]
def a.hoge() "singleton method!" end    # aの特異メソッドhogeを定義してみる
# クローン生成
b = a.clone               # => ["a"]
# クローンは同一ではない
a.equal? b                # => false
# クローンは特異メソッドもコピーされる。dupはコピーされない
b.hoge                    # => "singleton method!"
a.dup.hoge rescue $!
# => #<NoMethodError: undefined method `hoge' for ["a"]:Array>
# aの要素もbの要素も同じ"a"を指している(浅いコピー)
a[0].equal? b[0]          # => true
# 要素に破壊的メソッドを適用すると両方とも書き変わってしまうので注意
a[0].upcase!
[ a[0], b[0] ]            # => ["A", "A"]

# 深いコピーを生成するメソッドを定義する
class Object
  def deep_clone() Marshal.load(Marshal.dump(self))  end
end
a = ["a"]
```

■ SECTION-052 ■ オブジェクトのコピーについて

```ruby
# 深いコピーは要素もコピーされる
c = a.deep_clone          # => ["a"]
a[0].equal? c[0]          # => false
# 破壊的メソッドを適用しても深いコピーは影響されない
a[0].upcase!
[ a[0], c[0] ]            # => ["A", "a"]

# 配列のやや深いコピーはmapを使うといいが、多次元配列の要素まではコピーされない
class Array
  def map_clone() map{|x| x.clone }   end
end
# Marshalではコピーできなかったものがmapだとできる
a = ["a", ["b"], Proc.new{}, $stdout]
# => ["a", ["b"], #<Proc:0x895fd14@-:32>, #<IO:<STDOUT>>]
def a.hoge() "singleton method!" end
c = a.map_clone
# => ["a", ["b"], #<Proc:0x895e798@-:32>, #<IO:<STDOUT>>]
# 配列の要素はコピーされている
a[0].equal? c[0]          # => false
# "b"は同じものを指しているので破壊的メソッドを適用したら両方変更される
a[1][0].equal? c[1][0]  # => true
```

関連項目 ▶ ▶ ▶

● 破壊的メソッドについて ･･ p.180

SECTION-053

オブジェクトが空であるかどうかを調べる

ここでは、空のオブジェクトであるかどうかを判定する方法を解説します。

SAMPLE CODE

```
# 空文字列、空配列、空ハッシュでtrueになる
"".empty?   # => true
[].empty?   # => true
{}.empty?   # => true
# 空白文字のみの文字列では空とはみなされない
" ".empty?  # => false
# nilやfalseにはempty?が定義されていないのでエラーになる
nil.empty? rescue $!
# => #<NoMethodError: undefined method `empty?' for nil:NilClass>
false.empty? rescue $!
# => #<NoMethodError: undefined method `empty?' for false:FalseClass>
# 空のオブジェクトは偽ではなく真である。注意！
if "" # !> string literal in condition
  puts "空文字列は真である"
else
  puts "空文字列は偽である"
end
# => 空文字列は真である
```

ONEPOINT　空のオブジェクトであるか判定するには「empty?」メソッドを使用する

　空のオブジェクトとは、要素がない配列やハッシュ、空文字列など、何も入っていないオブジェクトです。空のオブジェクトか判定するには、「empty?」というメソッドを使います。ただし、Objectクラスで定義されていないので、いつでも使えるメソッドではありません。組み込みクラスでは、配列、ハッシュ、文字列で定義されています。他にもDBMなど、ハッシュのようなクラスにも定義されています。

　また、オブジェクト自体の存在判定には「nil?」というメソッドを使います。「nil?」は「存在しない」という状態を表しており、「empty?」は「入れ物」は存在しているが「中身がない」という状態を表しています。

CHAPTER 05

文字列と正規表現

SECTION-054

文字列リテラルについて

❦ 文字列リテラル

文字列はプログラムの基本要素なので、リテラルが用意されています。Rubyの文字列リテラルには、ダブルクォート文字列、シングルクォート文字列、%記法によるもの、ヒアドキュメント、コマンド出力があります。%記法は《%記法について》(p.167)、ヒアドキュメントは《ヒアドキュメントについて》(p.192)、コマンド出力は《子プロセスの出力を文字列で得る》(p.509)を参照してください。

▶ ダブルクォート文字列

ダブルクォート文字列はバックスラッシュ記法と式展開が使えます。式展開は《式の評価結果を文字列に埋め込む(式展開)》(p.208)を参照してください。

文字列中に改行を入れるには、バックスラッシュ記法の「\n」かそのまま改行を入れます。

```
"<pc>"            # バックスラッシュ記法も式展開もない文字列
"abc\n"           # 改行付き文字列
"品物\t売上"       # タブを狭んだ文字列
"\C-x\C-f"        # 2つのCtrl文字
"\M-x"            # Meta文字
"\M-\C-x"         # Meta + Ctrl文字
"1+1 = #{1+1}"    # 式展開を含む文字列(「1+1 = 2」となる)
"abc
def"              # 2行にわたる文字列
```

「"」を入れる、あるいはバックスラッシュ記法や式展開を抑制するには、「\」でエスケープします。

```
"\"double quote\""  # 「"double quote"」
"'single quote'"    # 「'」はそのまま入れられる
"\#@x"              # 「#@x」
"\#{none}"          # 「#{none}」
"\\\\\\"            # 3つの「\」
"not newline\\n"    # 「not newline」と「\」と「n」
```

▶ シングルクォート文字列

シングルクォート文字列はバックスラッシュ記法や式展開が無効なので、見た目通りの文字列を作成できます。ただし、例外的に「\\」は「\」を、「\'」は「'」を表します。特に後者は、シングルクォート文字列の中に「'」を入れられるようにするためです。

```
'そのまま'          # 文字通りに解釈される
'改行ではない\n'    # 最後は改行ではなくて「\」と「n」
'改行ではない\\n'   # 「\」は「\\」と記述できるため、上と等価
```

■ SECTION-054 ■ 文字列リテラルについて

```
'#{式展開ではない}'  # 式展開とはみなされない
'\\\\\\'           # 3つの「\」
'Matz\'s birthday'  # 「'」を含めるときは「\'」と記述する必要がある
'1行目
2行目'             # 2行にわたる文字列
```

❖ 文字列リテラルの使い分け

　複数の文字列リテラルが用意されている理由は、状況に応じて使い分けできるようにするためです。すべての文字列はダブルクォート文字列で表現できますが、エスケープがたくさん登場すると、読みにくくなってしまいます。

　バックスラッシュ記法と式展開を解釈する文字列リテラルは、ダブルクォート文字列、%記法(「%!!」「% Q!!」)、ヒアドキュメント(「<<EOS」「<<"EOS"」)があります。解釈しない文字列リテラルは、シングルクォート文字列、%記法(「% q!!」)、ヒアドキュメント(「<<'EOS'」)があります。

　使い分けの基本は、一番見やすい手段を用いることです。基本的に複数行にわたる長い文字列を作成するには、ヒアドキュメントを使いましょう。その他のリテラルを使う場合は、エスケープが不要になる手段を選びましょう。たとえば、バックスラッシュ記法と「"」を含む文字列を作成する場合、ダブルクォート文字列だと「"」をエスケープする必要が出てくるので、%記法がお勧めです。「'」を含み、バックスラッシュ記法を含まない文字列ならば、シングルクォート文字列ではなくて、ダブルクォート文字列がお勧めです。

　バックスラッシュ記法や式展開が登場しない文字列を作成する場合は、個人の好みで選んで構いません。シングルクォートの方が解釈しなくて済む分、速いかというと、そういうわけではありません。実際は五分五分です。

❖ バックスラッシュ記法

　ダブルクォート文字列は、バックスラッシュ記法を解釈します。バックスラッシュ記法とは、特定の文字を表現する「\」から始まる記法です。たとえば、「\n」は「\」と「n」ではなく、改行文字になります。

▶8進数表記と16進数表記

　8進数表記と16進数表記で任意の1バイト文字を表現できます。8進数表記は「\」の後ろに0〜7の数字を1〜3個、記述します。16進数表記は「\x」の後ろに0〜9、A〜F(小文字でも可)を1〜2個、記述します。たとえば、「@」(10進で64、8進で100、16進で40)は、8進数表記で「\100」、16進数表記で「\x40」となります。

```
"@ \100 \x40"            # => "@ @ @"
```

▶Unicodeコードポイント

　「\u」を使うことで、Unicodeのコードポイントを指定して表現できます。「\u」の書式は2通りあります。

189

■ SECTION-054 ■ 文字列リテラルについて

1つは、「\u」の後ろに4桁の16進数でコードポイントを記述する書式です。

もう1つは、「\u」の後ろに「‖」でコードポイントを囲む書式です。このとき、スペースで区切って複数のコードポイントを並べることができます。さらに、5桁以上（U+10000）のコードポイントを記述できます。

「\u」が含まれる文字列のエンコーディングは、UTF-8になります。

```
"\u3042\u3044"        # => "あい"
"\u{3042}\u{3044}"    # => "あい"
s = "\u{3042 3044}"   # => "あい"
s = "\u{1F496}"       # :sparkling_heart:
s.encoding           # => #<Encoding:UTF-8>
```

▶ Ctrl文字、Meta文字

Ctrl文字（Ctrlキーを押しながら入力する文字/制御文字）は「\C-x」（xはアルファベットなど）と記述し、Meta文字（Altキーを押しながら入力する文字）は「\M-x」と記述します。また、Meta+Ctrlは「\C-\M-x」あるいは「\M-\C-x」と記述します。これらは、Emacs Lisp由来の記法です。

「\C-x」は「\cx」と記述することもできます。

```
"\C-a"            \001 \x01    # Ctrl + A
"\M-x"            \370 \xF8    # Meta + x
"\C-\M-q \M-\C-q \221 \x91"   # Ctrl + Meta + q
```

▶ Ctrl文字とスペース

一部のCtrl文字は頻出するので、下表のような特定の記法が用意されています。もちろん8進数表記、16進数表記でも表現できます。

記法	文字	8進数表記	16進数表記	Ctrl表記
\0	ヌル（NUL）	\000	\x00	\C-@
\a	ベル（BEL）	\007	\x07	\C-g
\b	バックスペース（BS）	\010	\x08	\C-h
\t	タブ（TAB）	\011	\x09	\C-i
\n	改行（LF）	\012	\x0a	\C-j
\v	垂直タブ（VT）	\013	\x0b	\C-k
\f	改ページ（NP）	\014	\x0c	\C-l
\r	復帰（CR）	\015	\x0d	\C-m
\e	エスケープ（ESC）	\033	\x1b	\C-[
\s	空白（SP）	\040	\x20	—

関連項目 ▶ ▶ ▶

- ●%記法について ……………………………………………………………… p.167
- ●ヒアドキュメントについて ………………………………………………… p.192
- ●式の評価結果を文字列に埋め込む（式展開） ………………………… p.208
- ●子プロセスの出力を文字列で得る ……………………………………… p.509

SECTION-055

Rubyでの日本語の扱いについて

❖ Rubyでの日本語の扱い

Rubyは日本発の言語なので、初期のRubyから日本語が使われることを意識していました。プログラムの中のほとんどの箇所で日本語をそのまま記述することができますし、プログラムの外、たとえばファイルの読み書きなどでも日本語をそのまま扱えます。

```
# 日本語のコメントを書ける
def 日本語のメソッドを作れる()          # 作るべきかはさておき、です
  変数名も = [ "文字列も", /正規表現も/ ] # できる、と、やるべき、は別です
  return 変数名も.first                # => "文字列も"
end
puts "出力もできます" if 日本語のメソッドを作れる()
# >> 出力もできます
```

Rubyプログラムの中では、もっぱら日本語を扱うのは文字列を通してとなります。《エンコーディングについて》(p.57)にで解説した通りで、文字列にはそれぞれにエンコーディングが設定されています。これに従って、文字列は文字単位での扱いが可能です。

```
# 3文字目から抜き出す
"0あ12"[2,2]  # => "12"
# 最初から2文字抜き出す
"0あ12"[0,2]  # => "0あ"
```

複数のエンコーディングの文字列を共存させることもできます。ただし、そのまま結合・比較・正規表現マッチはできないので、エンコーディングを変換して揃える必要があります。エンコーディングの変換は、「String#encode」「String#encode!」という組み込みのメソッドを使用します。なお、ASCII文字だけからなる文字列は特別で、ASCII互換のエンコーディング(EUC-JP、Shift_JIS、Windows-31J、UTF-8など)であれば、どんなエンコーディングの文字列とも結合・比較・正規表現マッチできます。

関連項目 ▶ ▶ ▶
● エンコーディングについて ……………………………………………… p.57
● IOエンコーディングについて …………………………………………… p.453

SECTION-056

ヒアドキュメントについて

❖ ヒアドキュメント

文字列リテラルの一種にヒアドキュメントというものがあります。ヒアドキュメントは、複数行にわたる長い文字列を記述するための行指向文字列です。「＜＜識別子」を含む行の次の行から「識別子」だけの行の直前（改行含む）までの文字列を作成します。識別子というのは普通にRubyでメソッド名やローカル変数名や定数名とみなされる、英数字や漢字などの文字の連なりですが、そのなかでも「EOF」(End of File)や「EOS」(End of String)、「EOC」(End of Code)などがよく選ばれます。

式の中での「＜＜識別子」は、文字列リテラルとして扱われます。つまり、「＜＜識別子」を代入したり、レシーバやメソッドの引数にすることができます。

```
# 「<<EOF」の後から「EOF」の前までがヒアドキュメント
heredoc = <<EOF
first
second
EOF
# => "first\nsecond\n"

# 「<<EOF」にメソッド呼び出しできる
len = <<EOF.length  # => 9
Receiver
EOF

# 「<<EOF」を引数にすることも可能
p(<<EOF)
p
print
printf
EOF
# >> "p\nprint\nprintf\n"
```

「＜＜識別子」の次の「行」からヒアドキュメント文字列になります。Rubyでは複数行にわたる式を記述することが許されますが、「＜＜識別子」が現れる行で式が終わっていなければなりません。次のコードはヒアドキュメント文字列が2～3行目とみなされ、「＋」の後ろに式が続いていないのでエラーになります。「＜＜EOF」と「"bar"」を入れ替えると文法的に正しくなります。

```
# これはシンタックスエラー
<<EOF +
  "bar"
foo
EOF
```

■ SECTION-056 ■ ヒアドキュメントについて

❤ ヒアドキュメントの種類

ヒアドキュメントは、あまり使われないものも含めると3×3=9種類あります。

▶リテラルの種別による分類

まず、文字列リテラルの種別に対応する3分類があります。たとえば、すでに解説した「<<
識別子」形式のものですが、これには同じ効果をもつ別の書き方として「<<"識別子"」という
書き方があります。引用符でくくることからも明らかなように、バックスラッシュや式展開が可能
です。

また、副次的な効果として、引用符でくくった場合は識別子にスペースが入っても大丈夫と
いう利点もあります。

```
# バックスラッシュ記法と式展開が有効になる
puts(<<"EOF")
#{1+1} \"\'\n
EOF
# >> 2 "'
# >>

# スペースを含む識別子
# （日本語も含んでいるがそれは引用符なくても可能）
<<"「山月記」中島 敦 冒頭部分"
隴西の李徴は博學才穎、天寶の末年、若くして名を虎榜に
連ね、ついで江南尉に補せられたが、性、狷介、自ら恃む
所頗る厚く、賤吏に甘んずるを潔しとしなかつた。
「山月記」中島 敦 冒頭部分
```

次に、「<<'識別子'」という形式のヒアドキュメントがあります。これは通常のシングルクォート
文字列《文字列リテラルについて》(p.188)よりもさらに見た目通りに解釈され、識別子までの任
意のテキストが、書いたままで埋め込まれます。なんらかのプログラムでRubyスクリプトを自動
生成している場合など、バックスラッシュが解釈されるのを避ける場合に便利です。

```
# 「\」も解釈されない
puts(<<'EOF')
#{1+1} \"\' \n
EOF
# >> #{1+1} \"\' \n
```

他に、「<<`識別子`」という形式のヒアドキュメントがあります。この場合は文字列の内容を
コマンドと解釈してその実行結果に展開されます。普通のバッククォートと同じですが、複数
行にわたるコマンドが書きたいときなどに便利です。

```
# コマンド出力
puts(<<`EOF`)
echo #{1+2}
echo bar
```

193

■ SECTION-056 ■ ヒアドキュメントについて

```
EOF
# >> 3
# >> bar
```

▶ インデントによる分類

　上記それぞれのヒアドキュメントに、インデントの種類で3パターンがあります。これまで解説してきたものは基本のインデントで、終端識別子は必ず行の先頭にないといけません。

```
# 最後のEOFまで全部ヒアドキュメント
n = <<EOF.lines.size # => 2
    EOF
  EOF
EOF
```

　しかし、これは、上記の例だとあまり違和感を感じませんが、実際にはヒアドキュメントはメソッドの中から使ったりするので、そうなってくるとインデントが先頭行まで戻ってしまうのは見た目に違和感もあるのは事実です。

```
module Foo
  class Bar
    def self.baz
      str = <<EOF
        インデントが戻ってしまうのは不恰好だなあ
EOF
    end
  end
end
```

　そこで、「<<-識別子」のように識別子の前に「-」を置くと、ヒアドキュメントの終端識別子の直前に空白を置くことが許されます。この形式は、ヒアドキュメントの終端識別子をコードのインデントに揃える場合に役立ちます。この「<<-」は、引用符と混ぜて「<<-'識別子'」のように使っても問題ありません。

```
module Foo
  class Bar
    def self.baz
      str = <<-EOF
      vvv ここに置いて良い
      EOF
    end
  end
end

str = Foo::Bar.baz
str[0]          # => " "
str.index("v") # => 6
```

■SECTION-056 ■ ヒアドキュメントについて

ところが上記の例をよく観測してもらうと、たしかに「EOF」はインデントされているのですが、文字列の内容は先頭のスペースをそのまま含んでいます。これで良いこともありますが、実務上は文字列の内容も先頭の空白文字を含まない形にしたいことが多々あります。そのため、Ruby 2.3から新たに「<<~識別子」という形式のヒアドキュメントが追加になりました。この形式では、文字列のうちの最も浅いインデントの行まで各行の空白文字が取り除かれます。

```
str = <<~EOF
  <- ここにスペースが2つ
<- この行の行頭にはスペースは来ない
    <- ここにスペースが4つ
EOF
str.lines[0] # => "  <- ここにスペースが2つ\n"
str.lines[1] # => "<- この行の行頭にはスペースは来ない\n"
str.lines[2] # => "    <- ここにスペースが4つ\n"
```

💎 複数のヒアドキュメント

同じ行に複数のヒアドキュメントを記述することができます。前のヒアドキュメントの終端識別子の次の行から次のヒアドキュメント文字列となります。

```
first, second = <<'FIRST', <<'SECOND'
first here-document
FIRST
second here-document
SECOND
first   # => "first here-document\n"
second  # => "second here-document\n"
```

同じ識別子にすることもできます。

```
first, second = <<'EOF', <<'EOF'
first here-document
EOF
second here-document
EOF
first   # => "first here-document\n"
second  # => "second here-document\n"
```

関連項目 ▶ ▶ ▶

- ●%記法について ……………………………………………………………… p.167
- ●文字列リテラルについて ……………………………………………………… p.188
- ●子プロセスの出力を文字列で得る ………………………………………… p.509

SECTION-057

文字列の長さを求める

ここでは、文字列の長さを求める方法を解説します。

SAMPLE CODE

```
# 英数字のみの文字列は文字数=バイト数である
"abcdef".length              # => 6
# 日本語文字列でもきちんと文字数を返してくれる
ja = "日本語"
ja.encoding                  # => #<Encoding:UTF-8>
ja.length                    # => 3
ja.size                      # => 3
ja.chars.count               # => 3
# バイト数を得たい場合はString#bytesizeを使う
ja.bytesize                  # => 9
# bytesizeはエンコーディングで異なる
ja.encode("CP932").bytesize  # => 6
```

ONEPOINT　文字列の長さを求めるには「String#length」を指定使用する

文字列の長さを求めるには、「String#length」(別名「String#size」)を使用します。
ただし、「文字列の長さ」には、「バイト数」と「文字数」の2通りの意味があることに気を付けてください。バイト数はエンコーディングによってまちまちなので、文字数とは一致しません。

「String#length」は文字数を返します。また、バイト数を得るには、「String#bytesize」を使用します。「String#chars」で文字ごとの配列を作成し、「Array#length」で長さを求めることでも文字数を得られます。

関連項目 ▶ ▶ ▶

- Rubyでの日本語の扱いについて ………………………………………………… p.191
- 文字列を1行・1バイト・1文字ごとに処理する ………………………………… p.212
- 正規表現にマッチする部分を全部抜き出す ……………………………………… p.261
- 文字列を分割する ………………………………………………………………… p.270

SECTION-058

部分文字列を抜き出す

ここでは、部分文字列を抜き出す方法を解説します。

SAMPLE CODE

```
sj = "インタプリタ"
# 最初(インデックス0)の文字を得る
sj[0]     # => "イ"
# 最初から3文字抜き出す
sj[0,3]   # => "インタ"
# インデックス5から3文字抜き出そうとするが、1文字しか残っていなかった
sj[5,3]   # => "タ"
# 最後から3番目から3文字抜き出す
sj[-3,3]  # => "プリタ"
# インデックス1~3の部分文字列を抜き出す
sj[1..3]  # => "ンタプ"
# インデックス1~2(インデックス2は含まないので)の部分文字列を抜き出す
sj[1...3] # => "ンタ"
```

ONEPOINT 部分文字列を抜き出すには「String#[]」を使用する

文字列の一部分を抜き出すには、「String#[]」を使用します。このメソッドはいろいろな引数を取る万能メソッドです。部分文字列を抜き出すには、とりあえず「[]」を使うと覚えてください。正規表現を指定する例は、《正規表現にマッチする部分を1つ抜き出す》(p.260)を参照してください。

インデックスは0から始まります。また、負のインデックスを指定した場合は末尾から数えます。先頭のインデックスは0で、末尾が-1です。

関連項目 ▶ ▶ ▶

- ●Rubyでの日本語の扱いについて ……………………………………………… p.191
- ●文字列の一部を書き換える…………………………………………………… p.200
- ●正規表現にマッチする部分を1つ抜き出す ………………………………… p.260
- ●配列・ハッシュの要素を取り出す …………………………………………… p.318
- ●部分配列を作成する …………………………………………………………… p.325

SECTION-059

文字列を連結する

ここでは、文字列を連結する方法を解説します。

SAMPLE CODE

```
str1 = "るびぃ"
str2 = "はっかー"

# 「はっかー」を結合した新しい文字列を返す
str1 + str2  # => "るびぃはっかー"
str1         # => "るびぃ"

# 「はっかー」を破壊的に結合する
str1 << str2 # => "るびぃはっかー"
str1         # => "るびぃはっかー"

# str2をShift_JISに変換する
str3 = str2.encode("CP932")

# エンコーディングが異なる場合は結合できない
(str1 + str3) rescue $!
# => #<Encoding::CompatibilityError: incompatible character encodings:
# =>     UTF-8 and Windows-31J>

# ASCII文字からなる文字列はエンコーディングが異なっていても結合できる
str4 = "!!".encode("CP932")
str4.encoding  # => #<Encoding:Windows-31J>
str1 + str4    # => "るびぃはっかー!!"
```

ONEPOINT **文字列を結合するには「String#+」や「String#<<」を指定する**

文字列を結合した新しい文字列を作成するには、「+」演算子を使用します。破壊的に結合するには、「String#<<」メソッド(別名「String#concat」)を使用します。「<<」の方が時間的にも空間的にも効率がよくなります。なお、これらの演算子は左辺の文字列の後に右辺の文字列を結合します。逆に文字列の前に結合するには、「String#prepend」を使います。

エンコーディングが異なる文字列を指定した場合は、「Encoding::CompatibilityError」になります。文字列を結合するためにはエンコーディングを揃えましょう。なお、ASCII文字だけからなる文字列は特別で、ASCII互換のエンコーディング(EUC-JP、Shift_JIS、Windows-31J、UTF-8など)であれば、どのようなエンコーディングの文字列とも結合することができます。

■ SECTION-059 ■ 文字列を連結する

| COLUMN | 「<<」メソッドはStringとArrayとIOで共用できる |

　破壊的メソッドの「<<」はString以外にもArrayやIOにも存在し、どれも自分自身に追記するメソッドです。たとえば、「obj << "hoge"」はobjのクラスによって次の挙動をします。
- objがStringのときは"hoge"と結合する。
- objがArrayのときは"hoge"という要素を加える。
- objがIOのときは"hoge"を書き込む。

　そのため、文字列を「<<」で延々と追記する場合は、これらのどのクラスでも動作します。Rubyでは、メソッドに反応するかどうかが、すべてです。それが「duck typing」(「If it walks like a duck and quacks like a duck, it must be a duck.」(もしもそれがアヒルのように歩き、アヒルのように鳴くのなら、それはアヒルである)に由来)です。

```ruby
def add(obj)
  obj << "hoge"
end

str = "xx:"; add(str)   # => "xx:hoge"
str                     # => "xx:hoge"
ary = ["xx:"]; add(ary) # => ["xx:", "hoge"]
ary                     # => ["xx:", "hoge"]
io = $stdout; add(io)   # => #<IO:<STDOUT>>
# >> hoge
```

関連項目 ▶ ▶ ▶
- Rubyでの日本語の扱いについて ……………………………………………………… p.191
- 配列を結合する ………………………………………………………………………… p.322
- ファイルに書き込む …………………………………………………………………… p.463

SECTION-060

文字列の一部を書き換える

ここでは、文字列の一部を書き換える方法を解説します。

SAMPLE CODE

```ruby
str = "東京都中央区"
# インデックス0~3を「大阪市」に書き換える
str2 = str.dup; str2[0,3] = "大阪市"; str2          # => "大阪市中央区"
# インデックス3~6を「三鷹市」に書き換える。Object#tapを使うと簡潔に記述できる
str.dup.tap {|str3| str3[3..6] = "三鷹市"}          # => "東京都三鷹市"
# 最初にマッチした「東京都」を「千葉市」に書き換える
str.dup.tap {|str4| str4["東京都"] = "千葉市"}        # => "千葉市中央区"
# 最初にマッチした正規表現 /東京都/ を「福岡市」に置き換える
str.dup.tap {|str5| str5[/東京都/] = "福岡市"}        # => "福岡市中央区"
# 最初にマッチした正規表現 /東京都(中央区)/ の最初の()を「庁」に置き換える
str.dup.tap {|str6| str6[/東京都(中央区)/, 1] = "庁"} # => "東京都庁"


# Shift_JIS文字列を作る
str7 = "ですよ。".encode("CP932")
# Shift_JIS文字列に置き換えようとするとエンコーディングが違うのでエラーになる
str.dup.tap {|str8| str8[3..6] = str7} rescue $!
# => #<Encoding::CompatibilityError: incompatible character encodings:
# =>      UTF-8 and Windows-31J>
```

H I N T

破壊的メソッドなので「Object#dup」でコピーしてから処理しています。

ONEPOINT　**文字列の一部を書き換えるには「String#[]=」を使用する**

文字列の一部を破壊的に書き換えるには、「String#[]=」を使用します。「String#[]」によって抜き出された部分文字列を置き換えると思ってください。エンコーディングが異なる文字列を指定した場合は、「Encoding::CompatibilityError」になります。

関連項目 ▶ ▶ ▶

- Rubyでの日本語の扱いについて ……………………………………………… p.191
- 部分文字列を抜き出す ………………………………………………………… p.197
- 文字列の一部を書き換える…………………………………………………… p.200
- 正規表現にマッチする部分を1つ抜き出す ………………………………… p.260

SECTION-061

文字列を取り除く

ここでは、文字列の一部を取り除く方法を解説します。

SAMPLE CODE

```
str = "わかめごはん"
# インデックス0から3文字を取り除き、取り除いた文字列を返す
str2 = str.dup; str2.slice!(0,3)                    # => "わかめ"
# インデックス0から3文字が取り除かれる
str2                                                # => "ごはん"
# インデックス3~5を取り除く
str3 = str.dup; str3.slice!(3..5)                   # => "ごはん"
str3                                                # => "わかめ"
# 正規表現/わかめ/に最初にマッチする部分を取り除く
str4 = str.dup; str4.slice!(/わかめ/)                # => "わかめ"
str4                                                # => "ごはん"
# 最初にマッチした"ごはん"を取り除く
str5 = str.dup; str5.slice!("ごはん")                # => "ごはん"
str5                                                # => "わかめ"
# 正規表現/わかめ(ごはん)/の1番目の()にマッチする部分を取り除く
str6 = str.dup; str6.slice!(/わかめ(ごはん)/, 1) # => "ごはん"
str6                                                # => "わかめ"
# Shift_JIS文字列を作る
str7 = "わかめ".encode("CP932")
# エンコーディングが異なるのでエラーになる
str8 = str.dup; str8.slice(str7) rescue $!
# => #<Encoding::CompatibilityError: incompatible character encodings:
# =>    UTF-8 and Windows-31J>
```

> **HINT**
> 破壊的メソッドなので「Object#dup」でコピーしてから処理しています。

ONEPOINT 文字列の一部を取り除くには「String#slice!」を使用する

文字列の一部を破壊的に取り除くには、「String#slice!」を使用します。引数で指定できるのは「String#[]」と同じです。メソッドの返り値は取り除いた文字列です。エンコーディングが異なる文字列を指定した場合は、「Encoding::CompatibilityError」になります。

201

■ SECTION-061 ■ 文字列を取り除く

| COLUMN | 「String#[]=」でも文字列の一部を取り除くことができる |

　「String#[]=」で空文字列を指定することでも、文字列の一部を取り除くことができます。ただし、返り値が異なります。

```
str = "わかめごはん"
str2 = str.dup; str2[0,3] = ""             # => ""
str2                                       # => "ごはん"
str3 = str.dup; str3[3..5] = ""            # => ""
str3                                       # => "わかめ"
str4 = str.dup; str4[/わかめ/] = ""          # => ""
str4                                       # => "ごはん"
str5 = str.dup; str5["ごはん"] = ""           # => ""
str5                                       # => "わかめ"
str6 = str.dup; str6[/わかめ(ごはん)/, 1] = "" # => ""
str6                                       # => "わかめ"
```

関連項目 ▶ ▶ ▶

- ●オブジェクトのコピーについて ………………………………………… p.183
- ●Rubyでの日本語の扱いについて ……………………………………… p.191
- ●部分文字列を抜き出す ……………………………………………………… p.197
- ●正規表現にマッチする部分を1つ抜き出す ………………………… p.260

SECTION-062

文字列を挿入する

ここでは、文字列を挿入する方法を解説します。

SAMPLE CODE

```
str = "Cコンパイラ"
# インデックス1の直前に「++」を挿入する
str1 = str.dup; str1.insert(1, "++") # => "C++コンパイラ"
str1                                  # => "C++コンパイラ"
# 別解
str2 = str.dup; str2[1,0] = "++"      # => "++"
str2                                  # => "C++コンパイラ"
# エンコーディングが異なるのでエラーになる
str3 = str.dup
str4 = "言語".encode("CP932")
str3.insert 1, str4 rescue $!
# => #<Encoding::CompatibilityError: incompatible character encodings:
# =>     UTF-8 and Windows-31J>
```

HINT

破壊的メソッドなので「Object#dup」でコピーしてから処理しています。

ONEPOINT **文字列を挿入するには「String#insert」を使用する**

文字列を破壊的に挿入するには、「String#insert」を使用します。返り値はselfです。「String#[]=」による方法でも可能ですが、可読性を考えると「insert」メソッドを使うべきです。エンコーディングが異なる文字列を指定した場合は、「Encoding::Compatibility Error」になります。

関連項目 ▶ ▶ ▶

- オブジェクトのコピーについて ………………………………………………… p.183
- Rubyでの日本語の扱いについて ……………………………………………… p.191
- 文字列の一部を書き換える………………………………………………………… p.200

SECTION-063

文字列を繰り返す

ここでは、文字列を繰り返す方法を解説します。

SAMPLE CODE

```
str1 = "Summary"
# 「Summary」を3回繰り返す
str2 = str1 * 3; str2              # => "SummarySummarySummary"
# 10個の「=」を作成する
str3 = "=" * 10; str3             # => "=========="
# 「Summary」の周りに3個の「=」を付ける
str4 = "="*3 + str1 + "="*3; str4 # => "===Summary==="
# 幅がわかっている場合はString#centerでpaddingを設定するとよい
str5 = str1.center(9, "=")        # => "=Summary="
```

ONEPOINT 文字列を繰り返すには「String#*」を使用する

文字列を指定した回数だけ繰り返した新しい文字列を作成するには、「＊」演算子を使用します。なお、余白を埋めるには「String#center」「String#ljust」「String#rjust」を使用します。

関連項目 ▶ ▶ ▶
● 文字列を中央寄せ・左詰め・右詰めする ……………………………………………… p.214

SECTION-064

文字列を反転する

ここでは、文字列を反転する方法を解説します。

SAMPLE CODE

```
str = "マルチバイト"
# 文字単位で反転する
str.reverse              # => "トイバチルマ"
str                      # => "マルチバイト"


# 破壊的に反転する
str.reverse!             # => "トイバチルマ"
str                      # => "トイバチルマ"
```

ONEPOINT 文字列を反転するには
「String#reverse」「String#reverse!」を使用する

文字列を反転するには、「String#reverse」を使用します。破壊的バージョンは「String#reverse!」です。

関連項目 ▶ ▶ ▶

- Rubyでの日本語の扱いについて ……………………………………………… p.191
- 文字列を1行・1バイト・1文字ごとに処理する ……………………………… p.212
- 文字列を分割する ……………………………………………………………… p.270
- 配列を文字列化する …………………………………………………………… p.343
- 配列を反転する ………………………………………………………………… p.344

205

SECTION-065

文字列を比較する

　ここでは、文字列を比較する方法を解説します。

SAMPLE CODE

```
str = "るびぃすと"
# 同一オブジェクトならば、当然、同値になる
str == str                              # => true
# 同じバイト列かつ同じエンコーディングである場合に同値になる
str == "るびぃすと"                      # => true
str == str.encode("CP932")              # => false
# 同じバイト列でも異なるエンコーディングだと同値にはならない
# 以下の場合はUTF-8文字列をShift_JISとみなしている
str == str.dup.force_encoding("CP932")  # => false
# 異なるエンコーディングの文字列比較は許されている
str <=> str.dup.force_encoding("CP932") # => -1
str <=> str.encode("CP932")             # => 1
# ASCII文字だけからなる文字列はエンコーディングが異なっても同値になる
"a".encode("CP932") == "a".encode("UTF-8")  # => true


# HTTP < IMAP < SMTP < http < imap < smtp
# 文字列比較は文字コード順
"HTTP" < "IMAP" && "IMAP" < "SMTP" && "SMTP" < "http" # => true
# ==は大文字小文字を区別する
"SMTP" == "smtp"                        # => false
# 「<=>」演算子は等しい場合に0、左が小さい場合は-1、左が大きい場合は1を返す
"SMTP" <=> "SMTP"                       # => 0
"HTTP" <=> "IMAP"                       # => -1
"SMTP" <=> "IMAP"                       # => 1
# 「String#casecmp」はASCIIの範囲内で、大文字小文字を区別しない
[ "SMTP" <=> "smtp", "SMTP".casecmp("smtp") ]     # => [-1, 0]
[ "HTTP" <=> "imap", "HTTP".casecmp("imap") ]     # => [-1, -1]
[ "SMTP" <=> "imap", "SMTP".casecmp("imap") ]     # => [-1, 1]


# 「String#casecmp?」はUnicode文字に対応している
# String#casecmpとは戻り値が違う
"Érdekességek".casecmp("érdekességek")  # => -1
if RUBY_VERSION >= "2.4" then
  "Érdekességek".casecmp?("érdekességek") # => true
end
```

■SECTION-065■ 文字列を比較する

ONEPOINT 文字列比較は文字コード順に行われる

　文字列同士が同じであるという場合、そのエンコーディングが同じで、かつ内容が同じであることが必要です。ここでいう内容とは、文字列の具体的なエンコードされたバイナリ列のことです。バイナリとエンコーディングが一致してはじめて文字列としても同値というわけです。ただし例外的に、ASCII文字だけからなる文字列はエンコーディングが違ったとしても、文字コードが一致していれば同値となります。利便性を考慮してのことです。

　文字列の比較は、文字コード順に行われます。「String#<=>」は、文字列を文字コードで比較して大小関係を表す値を返します。文字列はComparableをインクルードしているので、比較演算子で比較することができます。「String#casecmp」は、「<=>」演算子の大文字小文字を区別しないバージョンです。ただし「String#casecmp」はUnicodeに対応していません。Unicodeには大文字小文字が複雑な関係を持つ文字も収録されているため、大文字小文字を区別しない大小関係というのは原理的に困難です。Ruby 2.4では「String#casecmp?」が追加されたので、大文字小文字を無視した同値関係については判定可能になりました。しかし、大文字小文字を無視した大小関係というものはいまだに定義されていません。

　なお、ハッシュのキーなどで固定された文字列の同値性を比較する場合は、Symbolを使う方が効率がよくなります。

関連項目 ▶ ▶ ▶

- ●オブジェクトの比較について ………………………………………………………… p.182
- ●Rubyでの日本語の扱いについて ………………………………………………… p.191
- ●シンボルについて ………………………………………………………………………… p.275
- ●Rubyのバージョンを知る ………………………………………………………………… p.505

SECTION-066

式の評価結果を文字列に埋め込む（式展開）

ここでは、式の評価結果を文字列に埋め込む方法を解説します。

SAMPLE CODE

```
lv  = "HTTP"
@iv = 1
@@cv = :symbol
$gv = Time.utc(2008,11,02,06,24,11)
# to_s特異メソッドを定義しているオブジェクト
CONST = Object.new
def CONST.to_s
  "CONSTANT!!"
end


# lvの値を埋め込む
"lv's value is #{lv}"    # => "lv's value is HTTP"
# 一応、文字列結合でも表現できるが、式展開の方が圧倒的にわかりやすい
@iv.to_s + " + " + @iv.to_s + " = " + (@iv+@iv).to_s  # => "1 + 1 = 2"
# インスタンス変数、クラス変数、グローバル変数は「{}」を省略できる。
# 文字列以外は「to_s」メソッドで文字列化して埋め込む
"#@iv + #@iv = #{@iv + @iv}" # => "1 + 1 = 2"
"#@@cv is like string"  # => "symbol is like string"
%<Current time: #$gv>   # => "Current time: 2008-11-02 06:24:11 UTC"
# to_sメソッドは特異メソッドでも構わない
%Q!Object is stringified: #{CONST}!
# => "Object is stringified: CONSTANT!!"
# 「#{}」の中身は任意のRubyの式が埋め込めるので、クォートが含まれていても構わない
"nesting quote: #{"hoge"}" # => "nesting quote: hoge"
# ダブルクォート文字列の中で式展開を無効にするには「\#{}」のようにエスケープする
puts "disable interpolation: \#{1+1}"
# >> disable interpolation: #{1+1}
sjis = "エンコーディング".encode "CP932"
# エンコーディングが異なるのでエラーになる
"#{sjis}エラー" rescue $!
# => #<Encoding::CompatibilityError: incompatible character encodings:
# =>    Windows-31J and UTF-8>
```

■ SECTION-066 ■ 式の評価結果を文字列に埋め込む(式展開)

ONEPOINT 式展開はダブルクォート文字列に「#{式}」を含める

　式展開(interpolation)は、任意のRubyの式を文字列に埋め込む最も重要な機能です。積極的に使っていきましょう。特に埋め込む式が短い場合は、可読性が高くなります。

　式展開は、ダブルクォート文字列、ヒアドキュメント、%記法の「%‼」と「%Q‼」、コマンド出力、正規表現で使用できます。その中に「#{式}」を記述すると、式の評価結果が埋め込まれます。このとき、「Object#to_s」で文字列化されます。埋め込む式はどれだけ長くても構いませんし、クォート文字や改行さえ含まれていても構いません。

　書式を指定して埋め込む方法は、《文字列をフォーマットする(sprintf)》(p.210)を参照してください。

COLUMN 式展開のタイミングをずらす方法

　式展開を含む文字列をテンプレートとして使用するには、Procを作成するかメソッドを定義してください。そして、使用するタイミングでProcかメソッドを呼び出します。これは、埋め込む変数の値が後からわかる場合に使える「遅延評価」というテクニックです。これをさらに発展させたものがERB(293ページ参照)です。

```
delayed = lambda{|value| "delayed interpolation: value=#{value}" }
delayed[9999]                # => "delayed interpolation: value=9999"
```

関連項目 ▶ ▶ ▶

- ●%記法について ………………………………………………………………… p.167
- ●オブジェクトの文字列表現について ………………………………………… p.174
- ●Rubyでの日本語の扱いについて …………………………………………… p.191
- ●文字列をフォーマットする(sprintf) ………………………………………… p.210
- ●文字列から正規表現を作成する……………………………………………… p.249
- ●テキストにRubyの式を埋め込む(ERB) …………………………………… p.293
- ●配列を文字列化する ………………………………………………………… p.343
- ●ブロックでクロージャー(無名関数)を作る ………………………………… p.590

SECTION-067

文字列をフォーマットする（sprintf）

ここでは、文字列をフォーマットする方法を解説します。

SAMPLE CODE

```ruby
# 整数は%d、浮動小数点数は%gを使うのが基本
sprintf "%d/%d = %g", 1, 10, 1.0/10 # => "1/10 = 0.1"
s = "foo"
# %sはto_sで文字列化した結果が、%pはinspectの結果が埋め込まれる。「%%」で「%」そのものになる
sprintf "%%s:%s, %%p:%p", s, s      # => "%s:foo, %p:\"foo\""
# 「%#b」で2進数、「%#o」で8進数、「%#x」と「%#X」で16進数表記になる
"%#b" % 0b1010                      # => "0b1010"
"%#o" % 013                         # => "013"
"%#x / %#X" % [0x1b, 0x1b]          # => "0x1b / 0X1B"
# 「%+d」で正数の場合に「+」が付く
"%+d, %+d" % [-10, 10]              # => "-10, +10"
# 「% d」で正数の場合にスペースが付く
"% d" % 10                          # => " 10"
# 「%05d」で5桁になるように先頭に0が付く
"%05d" % 256                        # => "00256"
# 「%.3f」で小数部を3桁に、「%.3g」で有効桁数3桁になる
"%.3f, %.3g" % [10.44, 10.44]       # => "10.440, 10.4"
# 「%5s」で幅5で右揃えにする
"%5s" % "-"                         # => "    -"
# 「%-5s」で幅5で左揃えにする
"%-5s" % "-"                        # => "-    "
# 「%*s」は引数で幅を得て右揃えにする。ここでは幅10になる
sprintf("%*s", 10, "-")             # => "         -"
```

■ SECTION-067 ■ 文字列をフォーマットする(sprintf)

ONEPOINT	文字列をフォーマットするには 「Kernel#sprintf」「String#%」を使用する

　式展開では単に式の評価結果を文字列化して埋め込むだけですが、「Kernel#sprintf」
（別名「Kernel#format」）を使うと細かな書式付けができます。C言語のsprintfと同じよう
に使え、さらにRuby独自の拡張も施してあります。同じ働きをする「%」演算子もあります。

　sprintfは文字列を作成しますが、表示や書き込みを行う「Kernel#printf」「IO#printf」
もあります。ここではよく使うもののみ紹介しています。

●主な書式文字列

書式	説明
% d	整数
% g % f	浮動小数点数
% b	2進数表記
% o	8進数表記
% x % X	16進数表記
% c	文字
% s	Object#to_sにより文字列化した結果
% p	Object#inspectにより文字列化した結果

関連項目 ▶ ▶ ▶

● 式の評価結果を文字列に埋め込む(式展開) ……………………………………… p.208
● 数字を3桁ずつカンマで区切る ……………………………………………………… p.426

SECTIUN-068

文字列を1行・1バイト・1文字ごとに処理する

ここでは、文字列を1行・1バイト・1文字ごとに処理する方法を解説します。

SAMPLE CODE

```
# 2行にわたる文字列
multstr = "From: root@example.com\nTo: rubikitch@ruby-lang.org\n"
# 行ごとの配列を返す
multstr.lines
# => ["From: root@example.com\n", "To: rubikitch@ruby-lang.org\n"]
# 配列なので「each」「map」「to_a」などのEnumerableのメソッドが使える
multstr.lines.each {|line| puts "lines.each: #{line}" }
# 配列を媒介しなくてもString#each_lineで繰り返すことができる
multstr.each_line {|line| puts "each_line: #{line}" }
# バイトごと取り出すにはString#bytesを使う
"abc".bytes # => [97, 98, 99]
# 文字ごとに取り出すにはString#charsを使う
"アプリケーション".chars # => ["ア", "プ", "リ", "ケ", "ー", "シ", "ョ", "ン"]
# >> lines.each: From: root@example.com
# >> lines.each: To: rubikitch@ruby-lang.org
# >> each_line: From: root@example.com
# >> each_line: To: rubikitch@ruby-lang.org
```

ONEPOINT 文字列を行、バイト、文字ごとに処理するには 「String#lines」「String#bytes」「String#chars」を使用する

文字列を行ごとに処理するには「String#each_line」を、バイトごとに処理するには「String#each_byte」を、文字ごとに処理するには「String#each_char」を使用します。これらはブロック付きメソッドです。

「String#lines」「String#bytes」「String#chars」は配列を返すので、Enumerableのメソッドと組み合わせることができます。

SECTION-069

文字列を大文字・小文字変換する

ここでは、アルファベットの大文字小文字変換をする方法を解説します。

SAMPLE CODE

```
s = "tiTLE"
# 大文字にする
s.upcase        # => "TITLE"
# 小文字にする
s.downcase      # => "title"
# 先頭の文字を大文字に、残りを小文字にする
s.capitalize    # => "Title"
# 大文字と小文字を入れ替える
s.swapcase      # => "TItLe"
# それらの破壊的バージョン。文字列が変更されなければnilを返す
s.upcase!       # => "TITLE"
s.upcase!       # => nil
s.downcase!     # => "title"
s.capitalize!   # => "Title"
s.swapcase!     # => "tITLE"
s               # => "tITLE"
```

ONEPOINT　すべてのASCIIアルファベットを大文字にするには「String#upcase」を使用する

Rubyには、アルファベット文字列の大文字・小文字を変換するメソッドが揃っています。大文字にするには「String#upcase」を、小文字にするには「String#downcase」を使用します。また、先頭の文字を大文字に、残りを小文字にするには「String#capitalize」を使用します。さらに、大文字と小文字を入れ替えるには、「String#swapcase」を使用します。

「大文字」とは何か、「小文字」とは何かというのは、Unicodeの範囲では大変複雑な事情があり、ある文字がとある見方をすれば大文字で、また別の見方をすれば小文字だったりという現象があります。これは難しいので、最近になるまでRubyではサポートできていませんでした。以前のRubyでは大文字小文字の変換はASCIIの範囲のみで働き、それ以外は無視するようになっていました。ようやくRuby 2.4から適用範囲が広がり、全般的に利用可能になっています。

```
if RUBY_VERSION >= '2.4'
  # トルコ語として正しい大文字化ができている
  'Türkiye'.upcase :turkic # => "TÜRKIYE"
else
  # ASCIIの範囲で動くのでトルコ語としては変な変換である
  'Türkiye'.upcase         # => "TÜRKIYE"
end
```

CHAPTER 05 文字列と正規表現

SECTION-070

文字列を中央寄せ・左詰め・右詰めする

ここでは、文字列を中央寄せ、左詰め、右詰めする方法を解説します。

SAMPLE CODE

```ruby
str = "書店名"
# 幅12文字の空白の中に中央寄せする
str.center(12)       # => "    書店名     "
# 幅12文字の空白の中に左詰めする
str.ljust(12)        # => "書店名         "
# 幅12文字の空白の中に右詰めする
str.rjust(12)        # => "         書店名"
"%-12s" % str        # => "書店名         "
sprintf("%12s",str)  # => "         書店名"
str.center(12, '=')  # => "====書店名====="
str.ljust(12, '=')   # => "書店名========="
str.rjust(12, '=')   # => "=========書店名"
```

ONEPOINT 文字列を中央寄せするには「String#center」を使用する

表を作成するときには、短い文字列を中央寄せしたり左右に詰めたりすると見栄えがよくなります。

文字列を中央寄せして、周りを空白で埋めるには「String#center」を使用します。第1引数には幅を指定し、省略可能な第2引数には埋める文字を指定することができます。

同様の使い方で左詰めするには「String#ljust」、右詰めするには「String#rjust」を使用します。

関連項目 ▶ ▶ ▶

- Rubyでの日本語の扱いについて ………………………………………………… p.191
- 文字列を繰り返す ……………………………………………………………… p.204
- 文字列をフォーマットする(sprintf) ……………………………………… p.210

SECTION-071

文字列の最後の文字・改行を取り除く

ここでは、文字列の末尾の文字・改行を取り除く方法を解説します。

SAMPLE CODE

```ruby
"System\n".chop                        # => "System"
# 末尾の2バイトを取り除いた文字列を作成する
"System\n".chop.chop                   # => "Syste"
# 末尾が「\r\n」ならばどちらも取り除く。この場合は破壊的に
"System\r\n".chop!                     # => "System"
# 末尾の改行を取り除く
"System\n".chomp                       # => "System"
# 取り除くのは改行のみなので、改行で終わらない場合は何もしない
"System\n".chomp.chomp                 # => "System"
# 末尾が「\r\n」ならばどちらも取り除く
"System\r\n".chomp!                    # => "System"
# 末尾の「\001\001」を取り除く
"XYZP/1.1\001\001".chomp! "\001\001"   # => "XYZP/1.1"
# 引数に空文字列を指定したら、末尾の連続する改行を取り除く
"cgi.rb\nerb.rb\n\n\n".chomp! ""       # => "cgi.rb\nerb.rb"
# 複数行の文字列を行単位に処理する
multi_lines = <<EOS
first
second
EOS
multi_lines.each_line do |line|
  puts "WRONG: <#{line}>" # 改行を取り除いていないので意図しない出力
end
multi_lines.each_line do |line|
  puts "<#{line.chomp}>"   # 非破壊的メソッドを埋め込む
end
multi_lines.each_line do |line|
  line.chomp!              # 破壊的メソッドで処理前に改行を取り除く
  puts "(#{line})"
end
# >> WRONG: <first
# >> >
# >> WRONG: <second
# >> >
# >> <first>
# >> <second>
# >> (first)
# >> (second)
```

■ SECTION-071 ■ 文字列の最後の文字・改行を取り除く

ONEPOINT	文字列の末尾の改行を取り除くには「String#chomp」を使用する

文字列の末尾の文字を取り除くには、「String#chop」を使用します。

末尾の改行(\r\nも)を取り除く場合は、「String#chop」よりも「String#chomp」を使用しましょう。「String#chomp」は末尾の改行のみを取り除きます。また、引数を指定することで、末尾の任意の文字列を取り除くことができます。

StringやIOで行単位の繰り返しを行う場合は改行が付いてくるので、「String#chomp」で取り除くことはよく行います。また、コマンド出力で外部コマンドの出力を得たときにも使われます。

関連項目 ▶ ▶ ▶

- Rubyでの日本語の扱いについて ……………………………………………… p.191
- 文字列を1行・1バイト・1文字ごとに処理する ……………………………… p.212
- 文字列の先頭と末尾の空白文字を取り除く ………………………………… p.217
- パターンにマッチする要素を求める …………………………………………… p.380
- 子プロセスの出力を文字列で得る …………………………………………… p.509

SECTION-072

文字列の先頭と末尾の空白文字を取り除く

ここでは、文字列の先頭と末尾の空白文字を取り除く方法を解説します。

SAMPLE CODE

```
# 先頭と末尾の空白文字を取り除いた文字列を作成する
" Hello ".strip              # => "Hello"
# 先頭の空白文字のみ取り除いた文字列を作成する
" Hello ".lstrip             # => "Hello "
# 末尾の空白文字のみ取り除いた文字列を作成する
" Hello ".rstrip             # => " Hello"
# 破壊的に取り除く
" Hello ".strip!             # => "Hello"
# スペース以外にもタブ(\t)、キャリッジリターン(\r)、改行(\n)、
# ^L(\f)、^K(\v)、末尾のヌル文字(\0)も取り除く
"\0 Hello \t\r\n\f\v\0".strip  # => "\u0000 Hello"
# ただし、いわゆる全角空白は取り除かない
"全角空白→  ".strip          # => "全角空白→  "
```

ONEPOINT **文字列の先頭と末尾の空白文字を取り除くには「String#strip」を使用する**

文字列の先頭と末尾の空白文字(スペースおよび「\t」「\r」「\n」「\f」「\v」)を取り除くには、「String#strip」を使用します。末尾の「\0」も取り除きます。なお、先頭の空白文字のみを取り除く「String#lstrip」と末尾の空白文字のみを取り除く「String#rstrip」もあります。

ただし、これらは、いわゆる全角空白は取り除きません。

関連項目 ▶ ▶ ▶

- 文字列を1行・1バイト・1文字ごとに処理する ………………………………… p.212
- 文字列の最後の文字・改行を取り除く …………………………………………… p.215
- パターンにマッチする要素を求める ……………………………………………… p.380
- 子プロセスの出力を文字列で得る ………………………………………………… p.509

SECTION-073
文字の集合に含まれる同一の文字の並びを1つにまとめる

ここでは、同一文字の並びを1文字にまとめる方法を解説します。

SAMPLE CODE

```ruby
# 連続する文字の並びを1文字にまとめる
"aaabbccdefgg".squeeze                      # => "abcdefg"
"aaabaaa".squeeze                           # => "aba"
"abc".squeeze                               # => "abc"
# 対象文字は1~3
"1122334455".squeeze("1-3")                 # => "1234455"
# 対象文字は1~3以外、すなわち4と5
"1122334455".squeeze("^1-3")                # => "11223345"
# 対象文字は1と3以外、すなわち2と4と5
"1122334455".squeeze("^13")                 # => "1123345"
# 対象文字は1と4~5
"1122334455".squeeze("14-5")                # => "1223345"
# 対象文字は1~4かつ4~5、すなわち4のみ
"1122334455".squeeze("1-4", "4-5")          # => "112233455"
# 対象文字は-とc
"a--bcc".squeeze("-c")                       # => "a-bc"
"a--bcc".squeeze("c-")                       # => "a-bc"
# 対象文字はcと-とb。-そのものにマッチさせるにはエスケープが必要
"a--bcc".squeeze('c\-b')                     # => "a-bc"
# 複数のスペースを1つにする
"This    is a   pen.".squeeze(" ")           # => "This is a pen."
# 複数の改行を1つにする。すなわち空行を取り除く
"Paragraph1\n\nParagraph2".squeeze("\n")
# => "Paragraph1\nParagraph2"
# 破壊的バージョン
a = "112233"
a.squeeze!("1")                             # => "12233"
a.squeeze!("2")                             # => "1233"
a.squeeze!("2")                             # => nil
a                                           # => "1233"
```

■ SECTION-073 ■ 文字の集合に含まれる同一の文字の並びを1つにまとめる

| ONEPOINT | 連続する文字の並びをまとめるには「String#squeeze」を使用する |

同じ文字が並んでいるときに1文字にまとめるには、「String#squeeze」を使用します。無引数の場合は、すべての連続した文字を1文字にまとめます。

「String#tr」と同様の形式で、対象文字の集合を引数に渡すことができます。「-」は、文字の範囲を意味します(両端は除く)。「^」は、集合の否定を意味します(先頭のみ)。

複数の引数を渡した場合は、すべての引数にマッチする文字が対象になります。すなわち、対象文字の集合は、それぞれの引数で表現される文字の集合の論理積になります。

クラスは違うものの「Array#uniq」と挙動が似ていますが、「Array#uniq」は連続していなくても重複要素があればまとめるのに対して、「String#squeeze」は連続した重複文字しかまとめません。むしろ、Unix系OSのuniqコマンドの文字列版と考えるべきです。

なお、破壊的バージョンの「String#squeeze!」もあります。

| COLUMN | 余計な空白文字を取り除く |

「String#squeeze」の実例として多いのは、パーサを作成していて空白文字を1つにまとめることです。「String#tr」で改行、タブをスペースに変換し、「String#squeeze」でスペースをまとめます。その結果、余計な空白文字が取り除かれます。もちろん、「String#gsub」を使うこともできます。

```
s = "This    is a  pen.\n\nThat  is\t\t a pencil."
s.tr("\n\t", " ").squeeze(" ") # => "This is a pen. That is a pencil."
s.gsub(/[ \n\t]+/, ' ')        # => "This is a pen. That is a pencil."
```

関連項目 ▶ ▶ ▶
● 文字列中の文字を数える……………………………………………………p.222
● 文字列中の文字を置き換える…………………………………………………p.224
● 文字列を置き換える……………………………………………………………p.264
● 配列から重複要素を取り除く…………………………………………………p.346

219

SECTION-074

文字列を数値に変換する

ここでは、文字列を数値に変換する方法を解説します。

SAMPLE CODE

```ruby
# 整数文字列の変換例
[ "10".to_i,   "10".to_f ]        # => [10, 10.0]
[ Integer("10"), Float("10") ]    # => [10, 10.0]
# 小数文字列の変換例
[ "1.11".to_i, "1.11".to_f ]      # => [1, 1.11]
[ "-1.11".to_i, "-1.11".to_f ]    # => [-1, -1.11]
[ "+1.11".to_i, "+1.11".to_f ]    # => [1, 1.11]
# _を数字の区切りに使うことができる
[ "+1_1_2".to_i, "+1_1_2".to_f ]  # => [112, 112.0]
# 先頭の0が付いた例。前者は10進数、後者は8進数とみなす
[ "0010".to_i, Integer("0010") ]  # => [10, 8]
# 科学的記数法の例
[ "2.0e3".to_f, Float("2.0e3") ]  # => [2000.0, 2000.0]
# 基数プレフィクスの誤例
[ "0b11".to_i, "0o11".to_i, "011".to_i, "0x32".to_i ]
# => [0, 0, 11, 0]
# 2進文字列の変換例
[ "0b11".to_i(0), "0b11".to_i(2), "11".to_i(2), Integer("0b11") ]
# => [3, 3, 3, 3]
# 8進文字列の変換例
[ "0o11".to_i(0), "0o11".to_i(8), "11".to_i(8) ]
# => [9, 9, 9]
[ "011".to_i(0), "011".to_i(8), Integer("0o11"), Integer("011") ]
# => [9, 9, 9, 9]
[ "011".oct, "11".oct, "0o11".oct ]
# => [9, 9, 9]
# 16進文字列の変換例
[ "0x32".to_i(0), "0x32".to_i(16), "32".to_i(16) ]
# => [50, 50, 50]
[ "0x32".hex, "32".hex, Integer("0x32") ] # => [50, 50, 50]
# 36進文字列の変換例。基数は2~36が指定できる
"yzz".to_i(36)    # => 45359
# ゴミが含まれた例
"32xxhe1".to_i    # => 32
Integer("32xxhe1") rescue $!
# => #<ArgumentError: invalid value for Integer(): "32xxhe1">
```

■ SECTION-074 ■ 文字列を数値に変換する

| ONEPOINT | 文字列を整数に変換するには「String#to_i」を、小数に変換するには「String#to_f」を使用する |

　Rubyの文字列は文字列そのものであり、それ自身では数値として振る舞いません。文字列で記述された数字を数値とみなすには、明示的に変換する必要があります。「String#to_i」で整数に、「String#to_f」で浮動小数点数に変換します。これらは数字以外が含まれていても、とりあえず変換してくれます。「to_i」と「to_f」は、他のクラスにも定義されている一般的な変換メソッドです。

　「Kernel#Integer」「Kernel#Float」はより厳格な変換メソッドで、正しくない引数が渡された場合は、「ArgumentError」例外が発生します。これらは、型変換メソッドと考えてください。

　「String#to_i」の引数に0を与えると基数プレフィクスを解釈しますが、8進数と16進数は頻繁に使われるために独立したメソッドになっています。8進文字列を整数に変換するには「String#oct」を、16進文字列を整数に変換するには「String#hex」を使用します。

　なお、数値を文字列に変換するには、「String#%」か「Kernel#sprintf」を使用します。《文字列をフォーマットする(sprintf)》(p.210)を参照してください。

| COLUMN | 頭に0が付いて数の落とし穴 |

　頭に0が付いた数の解釈には2通りあり、8進数とも10進数とも解釈できます。解釈の違いによって、使うメソッドが異なります。たとえば、設定ファイルの読み取りでは8進数が必要な場合があります。この場合は、「Kernel#Integer」か「Integer#oct」を使用します。

　一方、年数や連番は10進数として解釈してほしいケースです。この場合は、無引数の「String#to_i」を使用します。次は、集計処理における年数の解釈の例です。

```
title = "08年の数学の成績"
if title =~ /(\d+)年の(.+?)の成績/
  subject = $2                         # => "数学"
  year = 2000 + $1.to_i                # => 2008
  year = 2000 + Integer($1) rescue $!
  # => #<ArgumentError: invalid value for Integer(): "08">
end
```

関連項目 ▶ ▶ ▶

● 文字列をフォーマットする(sprintf) ……………………………………………… p.210

SECTION-075

文字列中の文字を数える

ここでは、特定の文字を数える方法を解説します。

SAMPLE CODE

```
# 「l」の出現数を数える
"hello".count("l")              # => 2
"ルール".chars.count("ル")       # => 2
# 対象文字は1~3
"12345".count("1-3")            # => 3
# 対象文字は1と4~5
"12345".count("14-5")           # => 3
# 対象文字は1~4かつ4~5、すなわち4のみ
"12345".count("1-4", "4-5")     # => 1
```

ONEPOINT　特定の文字を数えるには「String#count」を使用する

特定の文字の出現数を数えるには、「String#count」を使用します。「String#count」は、「String#tr」と同様の形式で対象文字の集合を引数に渡すことができます。「-」は、文字の範囲を意味します(両端は除く)。「^」は、集合の否定を意味します(先頭のみ)。

複数の引数を渡した場合は、すべての引数にマッチする文字が対象になります。すなわち、対象文字の集合は、それぞれの引数で表現される文字の集合の共通部分になります。

COLUMN　括弧の対応が取れているかチェックする

括弧の対応が取れているか簡易にチェックするには、「(」と「)」の出現数が等しいことをチェックします。少なくとも数が違えば対応は取れていません。

```
class String
  def paren_match?
    count('(') == count(')')
  end
end

"(a b (c))".paren_match?    # => true
"(a b (c)))".paren_match?   # => false
```

■ SECTION-075 ■ 文字列中の文字を数える

COLUMN	行数を数える

改行の個数を数えれば、行数を数えることができます。ただし、改行で終わってない
場合は、1少ない数になります。

```
"abc\ndef\n".count "\n"        # => 2
"abc\ndef".count "\n"          # => 1
# linesとの違いに注意
"abc\ndef\n".lines.count       # => 2
"abc\ndef".lines.count         # => 2
```

関連項目 ▶ ▶ ▶

● Rubyでの日本語の扱いについて …………………………………………… p.191
● 文字列を1行・1バイト・1文字ごとに処理する …………………………… p.212
● 文字の集合に含まれる同一の文字の並びを1つにまとめる ……………… p.218
● 文字列中の文字を置き換える …………………………………………… p.224
● 条件を満たす要素をすべて求める ……………………………………… p.384
● 条件を満たす要素を数える ……………………………………………… p.392

SECTION-076

文字列中の文字を置き換える

ここでは、文字列中の文字を置き換える方法を解説します。

SAMPLE CODE

```ruby
# a→Aの置換を行う
"abcde".tr("a", "A")      # => "Abcde"
# a→A、b→B、c→Cの置換を行う
"abcde".tr("a-c", "A-C")  # => "ABCde"
# a→A、b→A、c→Aの置換を行う
"abcde".tr("a-c", "A")    # => "AAAde"
# a→A、b→B、c→Bの置換を行う
"abcde".tr("a-c", "AB")   # => "ABBde"
# bとcを削除する
"abcde".tr("bc","")       # => "ade"
"abcde".delete("bc")      # => "ade"
# a以外を@に置換する
"abcde".tr("^a", "@")     # => "a@@@@"
# 数字の(いわゆる)半角全角変換の例
"１２３４".tr("０-９", "0-9")    # => "1234"
"1234".tr("0-9", "０-９")  # => "１２３４"
```

ONEPOINT 文字を別の文字に置き換えるには「String#tr」を使用する

文字列中の文字パターンを対応する置換文字に置き換えるには、「String#tr」を使用します。文字パターンは正規表現の文字クラスと同じような記述をします。すなわち、「-」(両端以外)で範囲を指定し、先頭の「^」で否定パターン(パターン以外のものが置換対象)を指定します。置換文字の指定にも「-」で範囲を指定することができます。置換文字がない場合(文字パターンの方が長い場合)は、最後の文字が使われます。

「String#tr」で置換文字を空文字列にした場合は、文字パターンで指定した文字を削除します。「String#delete」と同じですが、「String#delete」は文字パターンの絞り込みができます。

なお、「String#tr」形式の文字パターン指定方法は、「String#squeeze」「String#count」でも使われています。文字パターンの絞り込みができます。

関連項目 ▶ ▶ ▶

- Rubyでの日本語の扱いについて p.191
- 文字列を大文字・小文字変換する p.213
- 文字の集合に含まれる同一の文字の並びを1つにまとめる p.218
- 文字列中の文字を数える.. p.222
- 文字コードを変換する p.230
- 文字列を置き換える.. p.264

SECTION-077

文字列をevalできる形式に変換する

ここでは、文字列をevalできる形式に変換する方法を解説します。

SAMPLE CODE

```
# String#dumpとString#inspectの結果を表示する関数
def test(str)
  printf("dump=%s inspect=%s\n", str.dump, str.inspect)
end

# 「eval(string.dump) == string」が成立する
eval("code\n".dump) == "code\n"              # => true
eval("こんにちは".dump) == "こんにちは"        # => true
# dumpしてもエンコーディングは保存される
"こんにちは".dump.encoding                    # => #<Encoding:UTF-8>
# ASCII互換ではないエンコーディングの場合でもRubyの式として展開される
"ab".encode("UTF-16LE").dump
# => "\"a\\x00b\\x00\".force_encoding(\"UTF-16LE\")"


# 非表示文字がない場合は文字列の両端に「"」が付くだけ
test "dumped"
# ベル文字とタブ文字がバックスラッシュ表記になる
test "bell and tab " << 7 << 9
# 非ASCII文字はバックスラッシュ表記になる
test "おは"
# >> dump="dumped" inspect="dumped"
# >> dump="bell and tab \a\t" inspect="bell and tab \a\t"
# >> dump="\u{304a}\u{306f}" inspect="おは"
```

225

■ SECTION-077 ■ 文字列をevalできる形式に変換する

| ONEPOINT | 「String#dump」において「eval(string.dump) == string」が成立する |

　文字列中の非表示文字をバックスラッシュ記法に置き換えるには、「String#dump」を使用します。さらに、文字列の前後に「"」が付きます。日本語文字列は1バイトごとにバックスラッシュ記法に置き換わります。

　「String#dump」において重要なのは、「eval(string.dump) == string」が成立することが保証されていることです。これは、Rubyコードを生成するコード(コードジェネレータ)を作成するときに重要な機能です。

　「String#dump」と似ているメソッドに、「String#inspect」があります。「String#dump」との相異点は、日本語文字列はバックスラッシュ記法に置き換わらない点です。

　文字列を「"」で囲むためだけに、これらのメソッドが使われることもあります。すなわち、「"#{string}"」を「string.inspect」と記述できます。

関連項目 ▶ ▶ ▶

- Rubyでの日本語の扱いについて ……………………………………………… p.191
- 文字列をRubyの式として評価する ……………………………………………… p.609

SECTION-078

連番付きの文字列を生成する

ここでは、連番付きの文字列を生成する方法を解説します。

SAMPLE CODE

```ruby
"1".succ           # => "2"
"01".succ          # => "02"
"file001".succ     # => "file002"
# 末尾がアルファベットのときは最後の文字が次のアルファベットになる
"elf".succ         # => "elg"
"AA".succ          # => "AB"
# 非英数字のみからなる文字列の場合は
# 最後の文字が次の文字コードの文字になる
"\x01\x02".b.succ  # => "\x01\x03"
"第9代".succ        # => "第9令"
# 最後の文字が「9」「z」の場合は「繰り上がり」が起こる
"9".succ           # => "10"
"z".succ           # => "aa"
"ABZ".succ         # => "ACA"
"1Z".succ          # => "2A"
# 数字の後ろにアルファベットが続いている場合、
# 次のアルファベットになるので注意!
"7th".succ         # => "7ti"
# 末尾の記号は無視され、右端の非記号を探す
"<<a>>".succ       # => "<<b>>"
"<1-10>".succ      # => "<1-11>"
# String#succ!は破壊的メソッド
s = "100"
s.succ!            # => "101"
s.succ!            # => "102"
s                  # => "102"
# 文字列の範囲オブジェクトを作成する
"1998" .. "2002"   # => "1998".."2002"
# 08~12の連番を得るには文字列の範囲オブジェクトを作成するのが簡単
(8..12).map {|i| "%02d" % i }  # => ["08", "09", "10", "11", "12"]
("08".."12").to_a              # => ["08", "09", "10", "11", "12"]
```

■ SECTION-078 ■ 連番付きの文字列を生成する

| ONEPOINT | 連番付きの文字列を生成するには範囲オブジェクトを作成する |

　日常生活において、連番はよく用いられます。たとえば、長い項目を分割する場合や、続き物で次回作を作成する場合です。連番は数字に限らず、アルファベットが用いられることもあります。Rubyには連番を扱う機能が組み込まれています。

　「次」の文字列を得るには、「String#succ」を使用します。末尾にある英数字を連番とみなして、次の連番付きの文字列を得ます。末尾が非英数字や日本語文字の場合は、右端の英数字を連番とみなします。破壊的バージョンの「String#succ!」もあります。

　さらに、文字列を要素とする範囲オブジェクトを作成することで、「ここからここまで」という指定を行うことができます。範囲オブジェクトでループするときには、内部的に始点から順次「succ」メソッドを呼び出して次のオブジェクトを得るような仕組みになっているため、このようなことができます。

| COLUMN | 連番を適切に認識してくれない場合の対処法 |

　「String#succ」は便利なメソッドですが、いつも望み通りの結果を返してくれるわけではありません。あくまで右端の非記号に作用します。そのため、たとえば、「memo01.txt ～memo03.txtのうち、ファイルサイズが20バイト以上のファイルを得る」というコードをそのまま記述してもエラーになります。

```
begin
  ("memo01.txt" .. "memo03.txt").select {|fn| File.size(fn) >= 20 }
rescue
  $!  # => #<Errno::ENOENT: No such file or directory
      # =>      @ rb_file_s_size - memo01.txu>
end

"memo01.txt".succ   # => "memo01.txu"
```

　そこで、右端の英数字ではなく、右端の数字に作用するオリジナル「succ」メソッドを定義します。変更を局所化するため、大域的にメソッドを上書きするのではなく、Refinementsを使ってみました。

```
module NumericSucc
  refine String do
    alias orig_succ succ

    def succ
      sub(/(\d+)(\D*)\z/) { "#{$1.orig_succ}#$2" }
    end
  end
end
```

▼

■ SECTION-078 ■ 連番付きの文字列を生成する

▼

```
using NumericSucc

a = [
  "memo01.txt",            # => "memo01.txt"
  "memo01.txt".succ,       # => "memo02.txt"
  "memo01.txt".succ.succ, # => "memo03.txt"
]
File.size "memo02.txt"      # => 24
a.select {|fn| File.size(fn) >= 20 } # => ["memo02.txt"]
```

関連項目 ▶ ▶ ▶

- 文字列を置き換える……………………………………………………………………… p.264
- 条件を満たす要素をすべて求める ……………………………………………………… p.384
- 範囲オブジェクトを作成する ………………………………………………………… p.420
- オブジェクトに動的に特異メソッドを追加する …………………………………… p.577

SECTION-079

文字コードを変換する

ここでは、文字コードを変換する方法を解説します。

SAMPLE CODE

```
utf8 = "関東"
# 変換先エンコーディング名を指定してエンコード
sjis = utf8.encode('CP932')          # => "\x{8AD6}\x{938C}"
sjis.encoding                        # => #<Encoding:Windows-31J>
# エンコーディングは名前の他に定数でもよい
sjis == utf8.encode(Encoding::CP932) # => true


# (変換先，変換元)のペアを指定することも可能
bin = "\x8A\xD6\x93\x8C"
bin.encode('UTF-8', 'CP932')         # => "関東"
# しかし変換元のエンコーディングとして壊れている場合は例外になる
bin = "\x8A\xD6\xC3\x8C"             # 1bit化けている
bin.encode('UTF-8', 'CP932') rescue $!
# => #<Encoding::InvalidByteSequenceError:
# =>    incomplete "\x8C" on Windows-31J>
# 壊れている場合、例外にするのではなく、置換文字にすることもできる
bin.encode('UTF-8', 'CP932', invalid: :replace, replace: '?')
# => "関テ?"


# 壊れていなくても、変換先に対応する文字がないと、変換できない
utf8 = "关东"
utf8.encode('CP932') rescue $!
# => #<Encoding::UndefinedConversionError:
# =>    U+5173 from UTF-8 to Windows-31J>
# 対応する文字が収録されていれば変換できる
utf8.encode('GB2312')                # => "\x{B9D8}\x{B6AB}"
# 対応する文字がない場合も、例外ではなく置換文字にすることができる
utf8.encode('CP932', undefined: :replace, replace: '?')
# => "??"
tbl = { # 対応する文字がない場合、変換表を与えることも可能
  "关" => "関".encode('CP932'),
  "东" => "東".encode('CP932'),
}
utf8.encode('CP932', fallback: tbl)  # => "\x{8AD6}\x{938C}"
# XML文字参照にエスケープすることもできる(但両端の引用符に注意)
utf8.encode('CP932', xml: :attr)     # => "\"&#x5173;&#x4E1C;\""
```

■ SECTION-079 ■ 文字コードを変換する

ONEPOINT 　文字コードを変換するには「String#encode」を使用する

　エンコーディングとは何かといった概念的な話は《エンコーディングについて》(p.57)に記載しましたのでそちらもご参照ください。

　さまざまな泥臭い現実を捨象して理想論だけで考えると、文字列のエンコーディングを「解いて」、文字の列にしたあと、別のエンコーディングを適用することによって、あるエンコーディングから他のエンコーディングに変換することができそうな気がしてきます。もちろん現実は厳しくて、これは常に可能とは限りません。ただし、可能な場合があるのも事実で、そのような変換が可能なら提供するという機能がRubyにもあります。これが「String#encode」です。

　RubyのStringは、すでに符号化された状態で扱われています。符号化を解いた抽象的な文字の列、というものを得ることはできません(文字のクラスなどというものはRubyにはありません)。なので、「String#encode」においては、すでにエンコードされている文字列を別のエンコーディングへと直截的に変換することになります。

　何らかの理由で変換ができないときは、例外が発生します。変換が可能かはどういった文字が使われているかに依存する話ですから、エンコーディング同士を比較してどうにかなる話ではなく、実際に文字列を変換してみないとなんとも言えません。本来、変換できない場合は、この例外をrescueすることが推奨されます。「invalid: :replace」や「undefined: :replace」という引数を指定すると、例外を起こさずに、変換不能箇所を何らかのマーカー文字列に置換することも可能です。しかしこの場合は、意図的に壊れた文字列を与えられる攻撃に耐えるように、慎重に設計してください。特に、変換不能部分を単に削除してしまうのは危険です。

COLUMN 　改行コード変換にも「String#encode」を使用する

　「String#encode」はたくさんの引数とたくさんの機能があります。その中の1つとして改行の変換があります。

```
crlf = "foo\r\n"
enc  = crlf.encoding
crlf.encode(enc, universal_newline: true) # => "foo\n"
crlf.encode(enc, crlf_newline: true)      # => "foo\r\r\n"
crlf.encode(enc, cr_newline: true)        # => "foo\r\r"
```

　第1引数は省略できないため、やや面倒ですが自身のエンコーディングを指定し直す必要があります。

■ SECTION-079 ■ 文字コードを変換する

COLUMN　　Unicode正規化形式KC

　前ページのONEPOINTで「泥臭い現実」と言っていたいくつかの現実のうちの1つとして、日本語情報処理で「半角・全角」と呼ばれる文字種とその変換があります。UTF-8などのUnicode系エンコーディングの文字列であれば、「String#unicode_normalize」を利用して半角カナや全角英数を撲滅することが可能です。

```
nfc  = "ﾜﾀｼﾊRｕｂｙﾁｮｯﾄﾃﾞｷﾙ"
nfkd = nfc.unicode_normalize(:nfkc) # => "ワタシハRubyチョットデキル"
```

　なお、逆方向(あえて半角カナにする、など)の変換はRuby本体では提供されていません。需要もないと思いますが、どうしてもの場合は拡張ライブラリのnkfを使うことで実現可能ではあります。

```
require 'nkf'
full = "カタカナ"
half = NKF.nkf('-W8w8m0Z4', full) # => "ｶﾀｶﾅ"
```

SECTION-080

正規表現の基本

💎 正規表現とは何か

ここからは正規表現とその使い方に関して解説していきます。

正規表現というのはいくつかの文字列を集合にしたときに、その文字列たちが共通で持つ性質を抽出して、これを何らかの形式で表現したものと考えることができます。このように言うと難しく聞こえてとっつきにくそうかもしれませんが、実例で言うと、たとえば「先頭が空白で始まる」とか「最後が改行で終わる」とかいったものが代表的な性質です。このような性質を持つ文字列は無限にたくさんありえるので、すべてを列挙するのは不可能です。そこで、文字列ではなくその性質に着目して取り扱うことで、無限にたくさんの文字列を全部考えなくてもよくて便利になります。これが基本的な発想です。

「ある文字列がある性質を満たしているかを判定する」というのが、正規表現の最も基礎的な用法であり、これを「ある文字列がある正規表現にマッチするか調べる」という言い方をします。つまり性質が「正規表現」であり、判定が「マッチ」です。

Rubyにおいては正規表現はRegexpオブジェクトとして取り扱います。

▶ 正規表現リテラルのこと

Rubyの正規表現(Regexpオブジェクト)は言語組み込みで、「/正規表現/」のように「/」で囲むと正規表現になります。また、別形式として%記法の「% r!!」もあります。%記法では、HTMLのタグやファイル名などで「/」を含む正規表現を作成するときにエスケープを回避できて読みやすくなります。

他のプログラミング言語と違ってRubyではコメントは「//」では始まらないので、「//」には空の正規表現の意味しかありません。コメントと正規表現の間に解釈の混乱はありません。

▶ 「=~」でマッチするか検査できる

正規表現にマッチするかを検査するのは、「=~」です。返り値はマッチ開始位置です。マッチしない場合はnilを返します。「String#match」「Regexp#match」も正規表現にマッチするかを検査しますが、MatchDataを返します。MatchDataは、マッチした文字列や後方参照など、マッチに関する情報を格納しているオブジェクトです。

▶ 「!~」はマッチしないか検査できる

「!~」は「=~」の反対です。マッチしない場合はtrueを、マッチした場合はfalseを返します。

■ SECTION-080 ■ 正規表現の基本

❖ 正規表現の解釈について

　前述の通り正規表現は文字列の性質に着目した考え方なので、文字列の性質というものをどのようにプログラムに記述するかということが問題になってきます。何も特別な意味のある記号（後述します）を含まない正規表現の場合、次のようになります。

```
/bar/.match("bar")        # => #<MatchData "bar">
/bar/.match("foobar")     # => #<MatchData "bar">
/bar/.match("foobarbaz")  # => #<MatchData "bar">
/bar/.match("foo")        # => nil
```

　このように、「/bar/」という正規表現は、「文字列のどこかにbarを含んでいる」という性質を表しています。上の3つの例はこの性質を満たしているので、マッチが成功して、MatchDataが返ってきています。最後の例は、この性質を満たしていないので、マッチが失敗してnilを返しています。上記はシンプルな例ですが、もう少し複雑な性質を表現することもできます。この後の節で詳しく見ていきます。

　正規表現中は、式展開もできます。

```
s = "foo"
/#{s}b/.match("foobar")      # => #<MatchData "foob">
```

関連項目 ▶ ▶ ▶

- 正規表現のオプションについて ……………………………………………… p.239
- 正規表現の部分マッチを取得する（後方参照） ………………………………… p.241
- 正規表現の欲張りマッチ・非欲張りマッチについて …………………………… p.243
- 正規表現の先読みについて ………………………………………………… p.246
- 文字列から正規表現を作成する ……………………………………………… p.249
- 正規表現で場合分けする ……………………………………………………… p.252
- 文字列そのものにマッチする正規表現を生成する ……………………………… p.254
- 正規表現マッチに付随する情報（マッチデータ）を参照する …………………… p.255
- 複雑な正規表現をわかりやすく記述する ……………………………………… p.258
- 正規表現にマッチする部分を1つ抜き出す ……………………………………… p.260
- 正規表現にマッチする部分を全部抜き出す …………………………………… p.261
- 文字列を分割する ……………………………………………………………… p.270

SECTION-081

正規表現の文法について

❖ エスケープ

　正規表現は文字列の集合の性質を表現したもので、たとえば「/bar/」は「文字列のどこかにbarが含まれている」、という意味であることを前節で解説しました。正規表現ではこの他にもさまざまな性質を表現することができます。

　Rubyでは、英数字以外の記号については、一般にバックスラッシュを前置することで「その文字自身」という意味になります。たとえばこのすぐ下に「|」が出てきます。「|」は正規表現の中では特別な意味のある文字です。しかし、「|」という文字そのものが文字列に含まれているという性質を表したいこともあります。こういうときは、「\|」とします。もちろん、バックスラッシュ自身も同様にエスケープできます。

```
/\|b\|/.match("|a|b|c|") # => #<MatchData "|b|">
/\\\n/.match("\\\\\\\\\n") # => #<MatchData "\\\n">
```

　上記の例にもあるように「\n」のような普通の文字列で使えるエスケープシーケンスは正規表現中でも使えます。《文字列リテラルについて》(p.188)を参照してください。

❖ 選言と各種の文字クラス

　「|」を使うことでいくつかの性質のどれかを満たすという性質が表現できます。

```
# 文字列の中にfooまたはbarを含む
/foo|bar/.match("capybara")   # => #<MatchData "bar">
# 3つ以上を指定することも可能
/q|w|e|r|t|y/.match("dvorak") # => #<MatchData "r">
```

　最後の例のように、文字列中にとある文字の集合のうちどれかを含む、という性質は頻出します。「文字クラス」という名前も付いています。頻出するので、「[]」という省略記法があります。文字コードが連続している場合は「-」を使うことでさらに省略できます。

```
# 上記と同じ
/[qwerty]/.match("dvorak")                # => #<MatchData "r">
# 0123456789と同じ
/[0-9]/.match("Alexandre 3e de Macédoine") # => #<MatchData "3">
# 他と混ぜて使うことが多い
/[3-5]e/.match("5e République")           # => #<MatchData "5e">
# 「1から9または10から19」にマッチ
/1[0-9]|[1-9]/.match("Louis 14e")         # => #<MatchData "14">
```

■ SECTION-081 ■ 正規表現の文法について

逆に「この文字を含まない」という表現も可能で、「[^]」を使います。

```
# qwertyを含まない場合にマッチするので、qwerなどはマッチしない
/[^qwerty]/.match("qwer")          # => nil
# しかしdvorakは(rは含まれているが)dの部分でマッチする
/[^qwerty]/.match("dvorak")        # => #<MatchData "d">
# 英数字以外にマッチ(この場合は空白)
/[^A-Za-z0-9_]/.match("Lorem Ipsum") # => #<MatchData " ">
# 改行以外にマッチ
/[^\n]/.match("\n\nfoo\n\n")       # => #<MatchData "f">
```

最後の改行以外という例は頻出するので「.」という省略記法があります。他にもいくつかの文字クラスにあらかじめ省略記法が提供されています。

```
# 上記と同じ
/./.match("\n\nfoo\n\n")           # => #<MatchData "f">
# \dは数字のみ、\Dは数字以外にマッチ
/\d\D/.match("RS232C")             # => #<MatchData "2C">
# \hは16進数に使われる文字のみにマッチ、\Hはその逆
/\h\H/.match("Caffeine")           # => #<MatchData "ei">
# \wは英数字のみ、\Wはその逆
/\w\W/.match("Alas, poor Yorick!") # => #<MatchData "s,">
# \sは空白のみ、\Sはその逆
/\s\S/.match("Alas, poor Yorick!") # => #<MatchData " p">
```

Unicode系の複雑なクラスもあります。

```
# Unicode character property
/\p{Katakana}/.match("万事公論ニ帰スヘシ") # => #<MatchData "ニ">
# Unicode line break
/\R/.match("foo\u2028bar")              # => #<MatchData "\u2028">
# Unicode extended grapheme cluster
/\X/.match("über")                      # => #<MatchData "ü">
```

❖ 量化とグループ

これまでの性質はどれも長さが一定でしたが、長さにある程度のバリエーションを許容したいことはあります。そういうときに便利なのが「{m,n}」で、直前のパターンがm回以上n回以下出現するという性質を表します。このm,nはともに省略可能で、mを省略した場合は0回以上、nを省略した場合は上限なしの意味になります。カンマを含めず「{n}」とだけすると、これはちょうどn回出現するという意味です。

```
# /..市/と同じ
/.{2}市/.match("島根県松江市南田町") # => #<MatchData "松江市">
# 1から6文字まで
/.{1,6}市/.match("米子市")          # => #<MatchData "米子市">
```

■ SECTION-081 ■ 正規表現の文法について

```
# 6文字以上上限なし
/.{6,}市/.match("つくばみらい市")      # => #<MatchData "つくばみらい市">
# 1文字以下
/.{,1}市/.match("津市")               # => #<MatchData "津市">
```

　最後の1回以下というのは頻出するので「?」という省略記法があります。他にも1回以上は頻出なので「+」、また「0回以上」というのも案外使うため、「*」という省略記法があります。

```
# /behavior|behaviour/ と同じ
/behaviou?r/.match("behavior") # => #<MatchData "behavior">
# 1以上
/.+\n/.match("\n\nline\n\n")   # => #<MatchData "line\n">
# 0以上
/.*\n/.match("\n\nline\n\n")   # => #<MatchData "\n">
```

　実際にはこれらの記号はグループに対して適用されることが多いです。「()」でくくった部分は、それ全体が1つの塊であるように振舞います。

```
# /famous|infamous/ と同じ
/(in)?famous/.match("famous") # => #<MatchData "famous" 1:nil>
# TTAGGGの繰り返し
/(TTAGGG)+/.match("TTAGGGTTAGGGTTAGGG")
# /*から始まり、*/を含まない文字列が続いた後、*/で終わる
/\/\*[^\*]*\*+([^\*\/][^\*]*\*\+)*\*\//.match("c; /* comment */")
```

　グループの基本は「(……)」ですが、グループにはさまざまなバリエーションがあります。これらは節を移して詳しく説明しています。

▶アンカー

　ここまで、文字列の性質としては文字を含むかどうかというものばかりを考えてきました。しかし、中にはそれ以外の情報も加味する場合があるでしょう。文字と文字の間や文字列の両端にマッチするパターンをアンカーと呼びます。

　まず行頭（「^」）、行末（「$」）へのマッチがあります。

```
# 行頭がHost:で始まる
# 行頭、というのは、文字列の途中である可能性もある
/^Host: /.match(<<EOS) # => #<MatchData "Host: ">
HEAD / HTTP/1.1
Host: www.ruby-lang.org
Connection: close
EOS

# 行末がピリオドで終わらない
# 行末も文字列の途中にありえる
/[^.]$/.match(<<EOS) # => #<MatchData ",">
Unus pro omnibus,
```

237

■ SECTION-081 ■ 正規表現の文法について

```
omnes pro uno.
EOS
```

似ているが違うものとして、文字列端(\A、\z)へのマッチがあります。

```
# \Aは文字列の先頭で\zは末尾
/\Abar\z/.match("foobarbaz") # => nil
/\Afoo/.match("foobarbaz")   # => #<MatchData "foo">
/baz\z/.match("foobarbaz")   # => #<MatchData "baz">
/bar/.match("foobarbaz")     # => #<MatchData "bar">
```

他に、英単語の区切りというものもあります。

```
# \bは単語境界、\Bはその逆
# MatchDataに空白を含んでいないことに注目
/\b.\b/.match("This is a pen") # => #<MatchData "a">
/\B.\B/.match("This is a pen") # => #<MatchData "h">
```

関連項目 ▶ ▶ ▶

- ●正規表現のオプションについて ……………………………………………… p.239
- ●正規表現の部分マッチを取得する(後方参照) …………………………… p.241
- ●正規表現の欲張りマッチ・非欲張りマッチについて …………………… p.243
- ●正規表現の先読みについて ………………………………………………… p.246
- ●先頭・末尾がマッチするか調べる ………………………………………… p.251
- ●文字列そのものにマッチする正規表現を生成する ……………………… p.254
- ●正規表現マッチに付随する情報(マッチデータ)を参照する …………… p.255
- ●複雑な正規表現をわかりやすく記述する ………………………………… p.258
- ●正規表現にマッチする部分を1つ抜き出す ……………………………… p.260
- ●正規表現にマッチする部分を全部抜き出す ……………………………… p.261
- ●文字列を分割する …………………………………………………………… p.270

SECTION-082

正規表現のオプションについて

◆ 正規表現の挙動を変更するオプション

正規表現の後ろにオプション（複数可）を付けると、挙動を変更できます。

▶「i」オプション

「i」オプションを付けると、大文字と小文字を区別しなくなります。たとえば、「/[a-z]ab/i」は、実質、「/[A-Za-z][Aa][Bb]/」となります。「i」は「Ignore case」の略です。

▶「m」オプション

正規表現「.」は、通常は改行以外の任意の文字にマッチします。「m」オプションを付けると、改行にもマッチするようになります。つまり、「すべての文字」にマッチするのです。**複数行の文字列の正規表現マッチを試みるときは、忘れないようにしましょう。**「m」は「Multi-line」の略です。

▶「o」オプション

式展開を含む正規表現は、評価のたびにコンパイルされて新しい正規表現オブジェクトが作られます。ところが「o」オプションを付けると式展開は1度だけ行われ、以後、同じ正規表現オブジェクトを返すようになります。展開される式の結果が一定で何度も評価される正規表現の場合、高速化が望めます。一方、式の結果が一定であると保証されない場合は見つけにくいバグになるので、細心の注意が必要です。「o」は「Optimize」か「Once」の略です。

▶「x」オプション

「x」オプションはコメントと空白を無視し、複雑な正規表現を複数行に分けて記述するオプションです。これにより複雑な正規表現をわかりやすく記述できます。**《複雑な正規表現をわかりやすく記述する》**(p.258)を参照してください。

▶「n」オプション

正規表現にもエンコーディングがあります。文字列リテラルと同様です。しかし、「n」オプションを指定することで、エンコーディングを「binary」に指定することができます。バイナリに対して正規表現マッチをする場合は指定する必要があります。

```
# 大文字小文字を無視する
/^alice/  =~ "Alice"                 # => nil
/^alicE/i =~ "Alice"                 # => 0
# 複数行文字列にはmを忘れないように
/a.c.def/  =~ "abc\ndef\nghi\n"      # => nil
/a.c.def/m =~ "abc\ndef\nghi\n"      # => 0
# oオプションの誤用例
["foo","bar"].map{|s| /#{s}/ }       # => [/foo/, /bar/]
["foo","bar"].map{|s| /#{s}/o }      # => [/foo/, /foo/]
["foo","bar"].map{|s| /#{s}/o =~ s } # => [0, nil]
```

239

■ SECTION・082 ■ 正規表現のオプションについて

```
# バイナリに正規表現マッチしたいときにnオプションを使う
/\A\x89PNG/n =~ <<PNG.b           # => 0
\x89PNG\r\n\x1A\n\0\0\0\rIHDR\0\0\0\1\0\0\0\1\b\6\0\0\0\x1F\x15\xC4
\x89\0\0\0\nIDATx\x9Cc\0\1\0\0\5\0\1\r\n-\xB4\0\0\0\0IEND\xAEB`\x82
PNG
```

関連項目 ▶ ▶ ▶

- Rubyでの日本語の扱いについて ……………………………………… p.191
- 複雑な正規表現をわかりやすく記述する ……………………………… p.258

SECTION-083

正規表現の部分マッチを取得する（後方参照）

ここでは、正規表現中の()にマッチする部分を取得する方法を解説します。

SAMPLE CODE

```
result = "55 tests, 77 assertions, 3 failures\n"
# キャプチャ付き正規表現マッチからMatchDataを得る
re = /\A(\d+) tests, (\d+) assertions, (\d+) failures\Z/
md = re.match(result)
# => #<MatchData "55 tests, 77 assertions, 3 failures"
# =>     1:"55" 2:"77" 3:"3">
# MatchDataを変数に代入しなくてもRegexp.last_matchや$~で得ることもできる
Regexp.last_match
# => #<MatchData "55 tests, 77 assertions, 3 failures"
# =>     1:"55" 2:"77" 3:"3">
$~
# => #<MatchData "55 tests, 77 assertions, 3 failures"
# =>     1:"55" 2:"77" 3:"3">
md == $~ # => true
# 「$数字」かMatchData#[]で後方参照
$1 # => "55"
$2 # => "77"
$3 # => "3"
md[1] # => "55"
md[2] # => "77"
md[3] # => "3"
# 後方参照の配列を得る。よく多重代入と併用される
tests, assertions, failures = md.captures # => ["55", "77", "3"]
# md[0]はマッチ全体を得る。別名$&
md[0]     # => "55 tests, 77 assertions, 3 failures"
$&        # => "55 tests, 77 assertions, 3 failures"
# MatchData#to_aはマッチ全体と後方参照の配列
md.to_a  # => ["55 tests, 77 assertions, 3 failures",
         # =>  "55", "77", "3"]
# String#=~やRegexp#=~でマッチしてもMatchDataはセットされる
result =~ re
$~ # => #<MatchData "55 tests, 77 assertions, 3 failures"
   # =>     1:"55" 2:"77" 3:"3">
# (?:)は後方参照から取得できない
re = /(.) (?:Success|Failure)/
re.match("o Success") # => #<MatchData "o Success" 1:"o">
re.match("F Failure") # => #<MatchData "F Failure" 1:"F">
# 正規表現中の後方参照は「\数字」と記述する
/\A(.+)かわいいよ\1\z/.match("RubyかわいいよRuby")
# => #<MatchData "RubyかわいいよRuby" 1:"Ruby">
```

241

■ SECTION-083 ■ 正規表現の部分マッチを取得する（後方参照）

```
# 名前付きキャプチャ(?<>)を使う
/(?<foo>\w+)$/ =~ "named captures"
# ローカル変数に直接代入されている
foo        # => "captures"
# $~経由でも名前でとれる
$~[:foo] # => "captures"
```

ONEPOINT	後方参照するには「()」付き正規表現にマッチさせてから 「$1」やMatchDataを使用する

　正規表現を「()」で囲むことにより、2文字以上の文字列の繰り返しなどを記述することができます。もう1つの役割として、正規表現の中でもマッチ後でも()内の正規表現にマッチした文字列を参照することが可能になります。このとき、参照する側を「後方参照」、参照される側を「キャプチャ」といいます。長い文字列から複数の情報を取り出す場合、後方参照を使うことで1回の正規表現マッチですべての情報を取り出すことができるようになります。正規表現の外では「$数字」、正規表現の中では「\数字」で後方参照します。

　キャプチャには「(?<名前>正規表現)」とすることで名前を付けることができます。この名前の付いた正規表現を「=~」の左辺にリテラルで置いた場合、すなわち「/……/ =~ "……"」の場合に限り、マッチした文字列が同じ名前のローカル変数に自動的に代入されます。

　後方参照が不要の場合には、「()」の代わりに「(?:正規表現)」と記述します。

　「String#scan」や「String#split」はキャプチャ付き正規表現を指定すると、挙動が変わります。

関連項目 ▶ ▶ ▶

- 正規表現マッチに付随する情報（マッチデータ）を参照する ………………………… p.255
- 複雑な正規表現をわかりやすく記述する ……………………………………………… p.258
- 正規表現にマッチする部分を全部抜き出す …………………………………………… p.261
- 文字列を分割する ……………………………………………………………………… p.270

SECTION-084

正規表現の欲張りマッチ・非欲張りマッチについて

正規表現の基本は欲張りマッチ

正規表現は基本的に欲張りマッチですが、非欲張りマッチにすることもできます。

▶ 欲張りマッチ（最長一致）

正規表現のメタ文字「?」(1個以下)、「*」(0個以上)、「+」(1個以上)、「{m}」(m個)、「{m,}」(m個以上)、「{,n}」(n個以下)、「{m,n}」(m個以上n個以下)は、**なるべく多くの文字とマッチしようとします**。これを「欲張り(greedy)マッチ」といいます。次のコード例で、その様子を見てみましょう。「String#[]」に正規表現を指定すると、マッチした文字列を返します。

次の例では、正規表現はaの開始タグを得るために、「<a href=」の後ろに1文字以上の文字を狭んで「>」が出現することを表現するパターンを記述しました。しかし、期待する結果が出てきませんでした。

うまくいかなかった原因は、「+」が欲張りマッチであることを意識していなかったからです。「>」は4箇所ありますが、「+」は欲張りなので最後の「>」にマッチします。そのため、文字列全体がマッチすることになります。

```
html = '<a href="foo.html"><u>next page</u></a>'
html[ /<a href=.+/ ]
# => "<a href=\"foo.html\"><u>next page</u></a>"
```

それでは、次の正規表現です。「>」の後ろに「<u>」が続くパターンです。「/<a href=.+/」の段階で文字列全体のマッチを試みます(1)。しかし、「/><u>/」の部分にマッチしません。こういう場合は、マッチを試みる文字数を徐々に減らしていきます。道を引き返すことから、これをバックトラックといいます。1つ前の「>」(「</u>」の後ろ)を試します。それでもマッチしません(2)。再びバックトラックが起こり、「<u>」の後ろ(3)、「<u>」の前(4)を試します。ここでやっと次に続く「/><u>/」にマッチします。説明では端折りましたが、実際は1文字ずつバックトラックしていきます。

```
# 番号については本文参照のこと
#                    4 3            2 1
#                    v v            v v
html = '<a href="foo.html"><u>next page</u></a>'
html[ /(<a href=.+>)<u>/, 1 ]      # => "<a href=\"foo.html\">"
```

このように、正規表現の基本が欲張りマッチであることを忘れると、思いもよらぬ結果になります。次のように記述すると、「/[^>]+/」の部分でバックトラックを起こさずに期待する結果が得られます。

```
html = '<a href="foo.html"><u>next page</u></a>'
html[ /(<a href=[^>]+>)<u>/, 1 ]  # => "<a href=\"foo.html\">"
```

243

■ SECTION-084 ■ 正規表現の欲張りマッチ・非欲張りマッチについて

▶非欲張りマッチ（最短一致）

　今度は、欲張りマッチとは逆の非欲張り（reluctant）マッチを見てみましょう。**非欲張りマッチは、マッチする文字数をなるべく少なくしようとします。**非欲張りマッチのメタ文字は、欲張りマッチのメタ文字の後ろに「?」を付けたもの、すなわち「??」（1個以下）、「*?」（0個以上）、「+?」（1個以上）、「{m}?」（m個）、「{,n}?」（n個以下）、「{m,}?」（m個以上）、「{m,n}?」（m個以上n個以下）です。

　非欲張りマッチを使うことで遠くの文字列に一致しなくなります。そのため、aの開始タグを得るのに、次のような「いい加減」な正規表現でも正しく動作します。

```
html = '<a href="foo.html"><u>next page</u></a>'
html[ /<a href=.+?>/ ]            # => "<a href=\"foo.html\">"
```

　非欲張りマッチでもバックトラックが発生することがあります。欲張りマッチとは逆にマッチを試みる文字数を徐々に増やしていきます。前方なのにバックトラックというのは変な感じがしますが、こう呼びます。1でマッチしなかったから2を、2でマッチしなかったら3を試し、4まで試してやっと「/<\/a>/」にマッチします。

```
# 番号については本文参照のこと
#                 1 2              3  4
#                 v v              v  v
html = '<a href="foo.html"><u>next page</u></a>'
html[ /<a href=.+?><\/a>/ ]
# => "<a href=\"foo.html\"><u>next page</u></a>"
```

　n個以下の非欲張りマッチ「{,n}?」は非欲張りなのでだいたい常に0個にマッチしそうな気がしますが、実際には次のような例で「{,n}」と異なる振る舞いをします。

```
"abbbc".match /a(b{,2}?)b{,2}c/ #=> #<MatchData "abbbc" 1:"b">
"abbbc".match /a(b{,2})b{,2}c/  #=> #<MatchData "abbbc" 1:"bb">
```

▶強欲マッチ（バックトラック抑制）

　欲張りマッチと非欲張りマッチはバックトラックを引き起こしますが、**強欲（possessive）マッチはバックトラックを抑制します。**一度つかんだものは離さないという意味です。強欲マッチのメタ文字は、欲張りマッチのメタ文字の後ろに「+」を付けたもの、すなわち「?+」（1個以下）、「*+」（0個以上）、「++」（1個以上）、です。「{m,n}」には付きませんが、任意の部分を強欲マッチにするための「アトミックグループ」というキャプチャを作ることができて、「(?>)」で囲みます（「(?>正規表現)」という記述にする）。

　次の正規表現では、「/<a href.+>/」を強欲にマッチさせます。そうすると最後まで到達してしまうので、「/<u>/」にはマッチしません。強欲でなければ、バックトラックが発生してマッチします。

```
html = '<a href="foo.html"><u>next page</u></a>'
html[ /(?><a href.+>)<u>/ ]     # => nil
```

■SECTION-084■ 正規表現の欲張りマッチ・非欲張りマッチについて

　次の正規表現では、「/<a href.+?>/」を強欲にマッチさせます。「<u>」が続くのでマッチします。

```
html = '<a href="foo.html"><u>next page</u></a>'
html[ /(?><a href.+?>)<u>/ ]    # => "<a href=\"foo.html\"><u>"
```

　次の正規表現では「</a>」が続くためマッチしません。強欲でなければマッチします。

```
html = '<a href="foo.html"><u>next page</u></a>'
html[ /(?><a href.+?>)<\/a>/ ]  # => nil
```

関連項目 ▶ ▶ ▶

- ●正規表現の部分マッチを取得する(後方参照) ………………………………… p.241
- ●正規表現にマッチする部分を1つ抜き出す ………………………………… p.260

SECTION-085

正規表現の先読みについて

❖ 先読み正規表現

正規表現の高度な機能に「先読み(lookahead)」があります。先読み正規表現を使うことで、正規表現マッチに条件を付けることができます。また、否定先読みもあります。これらをマスターすることで、正規表現で記述できるパターンが広がります。

▶ 先読み

「/(?=re)/」は、正規表現/re/を先読みします。先読みした後はマッチ位置を戻し、残りの正規表現をマッチさせます。端的にいうと「パターンによる位置指定」や「幅を持たない」ですが、慣れるまで難しいのでHTMLのimg要素を解析する例を交じえて解説していきます。まずは先読みを含まない正規表現から考えます。ここまでは問題ないでしょう。

```
tag = "<img src='1.jpg' alt='1'>"
/<img .*src='(.+?)'/.match(tag)
# => #<MatchData "<img src='1.jpg'" 1:"1.jpg">
/<img .*alt='(.+?)'/.match(tag)
# => #<MatchData "<img src='1.jpg' alt='1'" 1:"1">
```

先読みを使うと、両方の属性の値を一度に得られます。

```
# 番号については本文参照のこと
#           1
#         |------------------|        (?=.*alt='(.+?)')
#         |---------|                  .*src='(.+?)'
tag = "<img src='1.jpg' alt='1'>"
/<img (?=.*alt='(.+?)').*src='(.+?)'/.match(tag)
# => #<MatchData "<img src='1.jpg'" 1:"1" 2:"1.jpg">
```

まず、「/<img /」がマッチします。マッチ位置は1に進みます。ここで先読み「/(?=.*alt='(.+?)')/」がマッチして、「()」内は"1"となります。**先読み正規表現のポイントは、マッチさせたらマッチ開始位置(1)に戻ることです**。次に先読みを飛ばした残りの「/.*src='(.+?)'/」がマッチします。「()」内は"1.jpg"となります。これが「パターンによる位置指定」といわれるゆえんです。

もう1つの重要なことは、**先読みが含まれる正規表現にマッチする文字列は、先読みにマッチする部分を含まない**ことです。言い換えると、先読みを取り除いた正規表現にマッチする文字列と等しくなります。これが「幅を持たない」の意味です。

おまけに、src属性とalt属性を入れ替えてもマッチします。

```
tag = "<img alt='1' src='1.jpg'>"
/<img (?=.*alt='(.+?)').*src='(.+?)'/.match(tag)
# => #<MatchData "<img alt='1' src='1.jpg'" 1:"1" 2:"1.jpg">
```

先読みによって、正規表現にマッチする条件を付加していると言えます。先読み正規表現にマッチしない文字列は、マッチしなくなります。先読み正規表現を取り除いたものと比較してみてください。

```
tag = "<img src='1.jpg'>"
tag.match(/<img (?=.*alt='(.+?)').*src='(.+?)'/) # => nil
tag.match(/<img .*src='(.+?)'/)
# => #<MatchData "<img src='1.jpg'" 1:"1.jpg">
```

「先読みはマッチ位置を戻す」ことが理解できれば、複数個の先読みが出てきても読み解くことができるでしょう。次の例は、title属性も加えた3つの属性の値を得る正規表現です。先読みを使わなければ3回必要だった正規表現マッチを、先読みによって1回に減らすことができます。

```
re = /<img (?=.*alt='(.+?)')(?=.*title='(.+?)')(?=.*src='(.+?)')/
re.match("<img title='one' alt='1' src='1.jpg'>")
# => #<MatchData "<img " 1:"1" 2:"one" 3:"1.jpg">
re.match("<img alt='1' src='1.jpg' title='one'>")
# => #<MatchData "<img " 1:"1" 2:"one" 3:"1.jpg">
```

▶ 否定先読み

「/(?!re)/」は、正規表現「/re/」の否定先読みです。「/re/」にマッチしない場合に、残りの正規表現をマッチさせます。

次の例は、インスタンス変数名にマッチします。まず、「/@/」にマッチさせ、2文字目以降は「/\w+/」(「/[0-9A-Za-z_]+/」)となります。ただし、2文字目が数字になることは許されません。このように、例外パターンを指定する場合に否定先読みを使います。否定先読みを使わないと「@1」にもマッチしてしまいます。

```
"@aA_" =~ /\A@(?!\d)\w+\z/  # => 0
"@1"   =~ /\A@(?!\d)\w+\z/  # => nil
"@1"   =~ /\A@\w+\z/        # => 0
```

▶ 戻り読み

「戻り読み(lookbehind)」もあります。これは否定先読みとは別の機能です。

先読みはマッチ位置の直後にマッチする正規表現を指定しますが、戻り読みはマッチ位置の直前にマッチする正規表現を指定します。先読みと同様に、幅を持ちません。「/(?<=re)/」が戻り読み、「/(?<!re)/」が否定戻り読みです。

次の例は、直前が「-」の「cat」にマッチします。

```
"Tom-cat".match(/(?<=-)cat/)  # => #<MatchData "cat">
"concat".match(/(?<=-)cat/)   # => nil
"cat".match(/(?<=-)cat/)      # => nil
```

■ SECTION-085 ■ 正規表現の先読みについて

　戻り読みでは固定文字長である必要があるので、「/(?<=x+)a/」のように「+」や「*」など
の長さが不確定なメタ文字は使うことができません。例外として、戻り読みの( )内で「|」を使う
ことはできます。

```
"!foo".match(/(?<=%%!!!&&&)foo/)  # => #<MatchData "foo">
```

　次の例は、直前が「#」でも「!」でもない「include」にマッチします。もちろん、「/(?<![#!])
include/」とも記述できますが、次のように「|」を使うこともできます。

```
"#include".match(/(?<!#!!)include/)  # => nil
"%include".match(/(?<!#!!)include/)  # => #<MatchData "include">
```

関連項目 ▶ ▶ ▶

● 数字を3桁ずつカンマで区切る ………………………………………………… p.426

SECTION-086

文字列から正規表現を作成する

ここでは、正規表現を表す文字列から正規表現を作成する方法を解説します。

SAMPLE CODE

```
restr = "名前:.+商品名:.+"
# 正規表現文字列をRegexpに変換する。両者は等価
Regexp.new(restr)    # => /名前:.+商品名:.+/
/#{restr}/           # => /名前:.+商品名:.+/
# 大文字小文字を区別せず、かつ複数行モードのRegexpを作成する。両者は等価
re_im = Regexp.new(restr, Regexp::IGNORECASE | Regexp::MULTILINE)
                     # => /名前:.+商品名:.+/mi
/#{restr}/mi         # => /名前:.+商品名:.+/mi
# Regexp.newにRegexpを与えたときは複製する。オプションや文字コードはそのまま
Regexp.new(re_im)    # => /名前:.+商品名:.+/mi
```

ONEPOINT 文字列から正規表現を作成するには正規表現中の式展開を使用する

正規表現を表す文字列から正規表現を作成するには、正規表現リテラルの中で式展開を使うのが手軽です。

冗長な形式として「Regexp.new」(別名「Regexp#compile」)があります。引数は、正規表現文字列、オプション、文字コードの順で指定します。オプションは、「Regexp::IGNORECASE」「Regexp::MULTILINE」「Regexp::EXTENDED」のうちで適用したいものの論理和を指定します。それぞれ、正規表現リテラルでいう「i」「m」「x」オプションに相当します。

文字列そのものにマッチする正規表現については、《**文字列そのものにマッチする正規表現を生成する**》(p.254)を参照してください。

■ SECTION-086 ■ 文字列から正規表現を作成する

| COLUMN | grepコマンドをRubyで実装する |

　正規表現文字列からそのまま正規表現オブジェクトに変換するケースの典型例は、外部からの正規表現文字列入力です。

　例として、正規表現にマッチする行のみを表示するgrepコマンドを実装します。最初のコマンドライン引数を正規表現オブジェクトに変換し、「ARGF」から「Enumerable#grep」でマッチする行を取り出すだけです。

```
re = Regexp.new(ARGV.shift)
puts ARGF.grep(re)
```

　使い方は「ruby grep.rb 正規表現 ファイル名」です。

関連項目 ▶ ▶ ▶

- Rubyでの日本語の扱いについて ……………………………………………… p.191
- 文字列そのものにマッチする正規表現を生成する ……………………………… p.254

SECTION-087

先頭・末尾がマッチするか調べる

ここでは、文字列の先頭・末尾が文字列にマッチするか調べる方法を解説します。

SAMPLE CODE

```ruby
errmsg = "Error: out of memory"
# 先頭文字列のチェック
errmsg.start_with? "Warning"  # => false
errmsg.start_with? "Error"    # => true
# 末尾文字列のチェック
errmsg.end_with? "memory"     # => true

# 「\A」は文字列の先頭を意味するメタ文字
/\AWarning/ =~ errmsg         # => nil
/\AError/ =~ errmsg           # => 0
# 「\z」は文字列の終端を意味するメタ文字
/memory\z/ =~ errmsg          # => 14
/found\z/ =~ errmsg           # => nil
```

ONEPOINT 文字列の先頭・末尾が文字列にマッチするか調べるには「String#start_with?」「String#end_with?」を使用する

文字列の先頭・末尾が特定の文字列になっているか調べるには、正規表現を使う他に、「String#start_with?」「String#end_with?」という専用のメソッドが用意されています。これらのメソッドは文字列を引数に取ります。

関連項目 ▶ ▶ ▶

- 正規表現の基本 ……………………………………………………………… p.233
- 文字列そのものにマッチする正規表現を生成する ……………………………… p.254

SECTION-088

正規表現で場合分けする

ここでは、正規表現で場合分けする方法を解説します。

SAMPLE CODE

```ruby
def message_type__case(msg)
  case msg
  # 「Error」で始まるメッセージは:errorを返す
  when /\AError/   then :error
  # 「Warning」で始まるメッセージは:warningを返す
  when /\AWarning/ then :warning
  # その他のメッセージは:infoを返す
  else                  :info
  end
end

message_type__case "Error: file not found"  # => :error
message_type__case "Warning: use fallback"  # => :warning
message_type__case "set verbose mode"       # => :info


# 正規表現とシンボルの連想リストから、メッセージが
# 正規表現にマッチする最初のペアを取り出す
MESSAGE_TYPE = {
  /\AError/ => :error,
  /\AWarning/ => :warning,
  // => :info,
}
def message_type__find(msg)
  MESSAGE_TYPE.find {|re,sym| msg =~ re }.last
end

message_type__find "Error: file not found"  # => :error
message_type__find "Warning: use fallback"  # => :warning
message_type__find "set verbose mode"       # => :info
```

ONEPOINT　**正規表現で場合分けするには「case」式を使用する**

　文字列を複数の正規表現で場合分けするとき、正規表現マッチとif式で分岐することもできますが、「case」式を使う方がすっきりします。「Regexp#===」は正規表現マッチ(「Regexp#=~」)に再定義されているので、case式を使うことができます。

　また、正規表現と対応する値のハッシュから「Enumerable#find」で正規表現にマッチするペアを取り出す方法もあります。ロジックではなくて事前にハッシュが作れる場合にはこちらを好む人もいます。

■ SECTION-088 ■ 正規表現で場合分けする

関連項目 ▶ ▶ ▶

- 「===」と「case」式について ……………………………………………… p.148
- 条件を満たす最初の要素を求める ………………………………………… p.383
- 配列をLisp的連想リストとして使う ……………………………………… p.333

SECTION-089

文字列そのものにマッチする正規表現を生成する

ここでは、文字列そのものにマッチする正規表現を生成する方法を解説します。

SAMPLE CODE

```
url = "http://www.ruby-lang.org/"
# urlにマッチする正規表現を作成するが、Regexp.escapeは文字列を返すため、
Regexp.escape(url)            # => "http://www\\.ruby\\-lang\\.org/"
# 正規表現に変換するには正規表現リテラルやRegexp.newと併用する必要がある
/#{Regexp.escape(url)}/       # => /http:\/\/www\.ruby\-lang\.org\//
Regexp.new(Regexp.escape(url)) # => /http:\/\/www\.ruby\-lang\.org\//
# Regexp.unionを使えば一発で記述できる
Regexp.union(url)             # => /http:\/\/www\.ruby\-lang\.org\//
# 引数に正規表現を与えるとエスケープされない
re = Regexp.union(/a+/, "b+")  # => /(?-mix:a+)|b\+/
"aaa".match(re)               # => #<MatchData "aaa">
"b+".match(re)                # => #<MatchData "b+">
# 四則演算の演算子にマッチする正規表現
op_re = Regexp.union("+","-","*","/")  # => /\+|\-|\*|\//
# 四則演算式にマッチする正規表現
ex_re = /(\d+)(#{op_re})(\d+)/ # => /(\d+)((?-mix:\+|\-|\*|\/))(\d+)/
"13*7".match ex_re  # => #<MatchData "13*7" 1:"13" 2:"*" 3:"7">
"18+1".match ex_re  # => #<MatchData "18+1" 1:"18" 2:"+" 3:"1">
```

ONEPOINT | **文字列そのものにマッチする正規表現を作成するには「Regexp.escape」や「Regexp.union」を使用する**

文字列そのものに正規表現マッチさせるには、メタ文字の前に「\」を置いてエスケープする必要があります。文字列から正規表現を作成する場合など、エスケープを自動で行ってくれると便利です。

文字列に含まれるメタ文字をエスケープするには、「Regexp.escape」(別名「Regexp.quote」)を使用します。ただし、文字列を返すので正規表現リテラルの式展開と組み合わせる必要があります。

1個以上の文字列そのものに一致する正規表現を作成するには、「Regexp.union」を使用します。こちらは正規表現を返すので、そのまま正規表現マッチできます。特に1つの文字列そのものに一致する正規表現は、「Regexp.union(string)」と記述するのが簡潔です。

関連項目 ▶ ▶ ▶

● 文字列から正規表現を作成する·· p.249

SECTION-090

正規表現マッチに付随する情報（マッチデータ）を参照する

ここでは、正規表現マッチの後に情報を得る方法を解説します。

SAMPLE CODE

```
# 以下の数字とoffsetの戻り値を比較してみよう
#                           0         1         2
#                           012345678901234567890123 4
md = /Item: (\w+), (\w+)/.match("<<<Item: Apple, Orange>>>")
# 正規表現マッチの情報を格納しているMatchDataを得る
md # => #<MatchData "Item: Apple, Orange" 1:"Apple" 2:"Orange">
Regexp.last_match        # mdと同じ
$~                       # mdと同じ
# 正規表現にマッチした文字列のオフセット(始点と終点のインデックス)を得る
md.offset(0)             # => [3, 22]
# 正規表現にマッチした文字列のオフセットを別々に得る
md.begin(0)              # => 3
md.end(0)                # => 22
# n番目の()にマッチした文字列のオフセットを得る
md.offset(1)             # => [9, 14]
md.offset(2)             # => [16, 22]
# n番目の()にマッチした文字列のオフセットを別々に得る
md.begin(1)              # => 9
md.end(1)                # => 14
# 正規表現にマッチした文字列を得る
md[0]                    # => "Item: Apple, Orange"
$&                       # => "Item: Apple, Orange"
# n番目の()にマッチした文字列を得る
md[1]                    # => "Apple"
md[2]                    # => "Orange"
$1                       # => "Apple"
$2                       # => "Orange"
Regexp.last_match(1)     # => "Apple"
# 最後の()にマッチした文字列を得る
md[-1]                   # => "Orange"
$+                       # => "Orange"
# 正規表現にマッチした部分より前の文字列を得る
md.pre_match             # => "<<<"
$`                       # => "<<<"
# 正規表現にマッチした部分より後ろの文字列を得る
md.post_match            # => ">>>"
$'                       # => ">>>"
# ()にマッチした文字列(キャプチャ)の配列を得る
md.captures              # => ["Apple", "Orange"]
```

▼

■ SECTION-090 ■ 正規表現マッチに付随する情報(マッチデータ)を参照する

```
# 「()の数+1」を返す
md.size                  # => 3
# 新たな正規表現マッチに伴い、特殊変数の値が変更される
md.captures.grep(/A/)
$1                       # => nil

# キャプチャの文字列を得るだけなら、(?<>)でローカル変数に代入も可能
/Item: (?<first>\w+), (?<second>\w+)/ =~ "<<<Item: Apple, Orange>>>"
first  # => "Apple"
second # => "Orange"
```

ONEPOINT **正規表現マッチに関する情報はMatchDataオブジェクトを参照する**

　正規表現マッチ操作には、マッチに関する情報を設定する副作用があります。「$~」を参照するとMatchData形式でアクセスできるようになります。その他いろいろな特殊変数が使用可能です。

特殊変数	式	説明
$~	Regexp.last_match	正規表現マッチに関するMatchData
$1～($N)	Regexp.last_match[N]	N番目の()にマッチする文字列（後方参照）
$&	Regexp.last_match[0]	正規表現にマッチした文字列
$`	Regexp.last_match.pre_match	正規表現でマッチした部分より も前の文字列
$'	Regexp.last_match.post_match	正規表現でマッチした部分より も後ろの文字列
$+	Regexp.last_match[-1]	最後の()にマッチした文字列

　また、「Regexp#match」「String#match」はMatchDataを返します。

COLUMN **予約語のメソッド名を作成することは可能**

　「MatchData#begin」と「MatchData#end」を見てびっくりした人もいるでしょう。実は予約語であってもメソッド名にすることができます。ただし、レシーバ付きでないと予約語とみなされます。つまり、関数的メソッド呼び出しを行うと「SyntaxError」になります。

　他にも「$begin」「@begin」などの変数を作成することもできます。

■ SECTION-090 ■ 正規表現マッチに付随する情報(マッチデータ)を参照する

| COLUMN | マッチ関連の特殊変数のスコープはローカルかつスレッドローカル |

　「Regexp.last_match」の返り値とマッチ関連の特殊変数は、ローカルスコープです。つまり、他のメソッドの正規表現マッチを挟んでも、現在のスコープでの値は上書きされません。

```
def other_match() /(\w+)/ =~ "sub"; $1  end
/(\w+)/ =~ "main"
[ other_match, $1 ]  # => ["sub", "main"]
```

　これらはスレッドローカルでもあります。これは少しわかりにくいので、時系列で追って実証してみましょう。latterが先に正規表現マッチを行い、formerがother_matchを抜けた後で「$1」を参照します。図で示すと、次のようになります。

```
          former  |      match--- $1
          latter  | match-----------------$1
                  └────────────────────────────▶ 時間の流れ(秒)
                       0.01    0.02    0.03
```

```
def other_match(str, pre_wait, post_wait)
  sleep pre_wait
  /(\w+)/.match str
  sleep post_wait
  return $1
end
latter = Thread.start { other_match "latter",    0, 0.03 }
former = Thread.start { other_match "former", 0.01, 0.01 }
former.value  # => "former"
latter.value  # => "latter"
```

　もし、スレッドローカルでなければ、$1はformerによって書き換えられているはずです。

　この仕様のおかげで、他のメソッドやスレッドによって、いつの間にか変更される恐れはありません。ただし、サンプルにあるように、ブロック付きメソッド内で正規表現マッチを行った場合は変更されてしまいます。

関連項目 ▶ ▶ ▶

● 正規表現の部分マッチを取得する(後方参照) ……………………………………… p.241

SECTION-091

複雑な正規表現をわかりやすく記述する

ここでは、複雑な正規表現をわかりやすく記述する方法を解説します。

SAMPLE CODE

```ruby
scheme = /(https?|ftp)/
host   = /([^\/:]+)/
port   = /(?::(\d+))?/
path   = /([^?]+)?/
query  = /(?:\?(.+))?/
# 部分正規表現を式展開で埋め込む
url_re = %r!#{scheme}://#{host}#{port}/#{path}#{query}!
# => /(?-mix:(https?|ftp))://(?-mix:([^\/:]+))...
url_re.match("https://example.com:7654/foo.cgi?v=1").captures
# => ["https", "example.com", "7654", "foo.cgi", "v=1"]

# xオプションを付けると、正規表現にスペースやコメントを入れることができる
%r!
  # 名前つきキャプチャの0回の繰り返し、即ち名前を定義だけする
  (?<scheme>  http s? | ftp  ){0}
  (?<host>    [^\/:]+        ){0}
  (?<port>    \d+            ){0}
  (?<path>    [^?]+          ){0}
  (?<query>   .+             ){0}

  # 最後の行で \g<> で名前を「呼び出す」
  \g<scheme>://\g<host>(?::\g<port>)?/\g<path>(?:\?\g<query>)?
!x \
=~ "https://example.com:7654/foo.cgi?v=1"
scheme # => "https"
host   # => "example.com"
port   # => "7654"
path   # => "foo.cgi"
query  # => "v=1"

# 空白文字、「#」は「\」でエスケープする
" #" =~ /\A  \ \#  \z/x   # => 0
# あるいは、「\s」で代用する方法もある。ただし、タブや改行にもマッチする
" " =~ /\A\s\z/x          # => 0
```

HINT

サンプルではあくまで例としてURL（URI）を解析していますが、本来ならばURIライブラリを使用すべきです。実際URIライブラリ内には非常に巨大な正規表現が実装されています。

■ SECTION-091 ■ 複雑な正規表現をわかりやすく記述する

| ONEPOINT | 複雑な正規表現を記述するには「x」オプションを指定する |

　長く複雑な正規表現を記述していると、どうしても暗号のようになってしまい、読みにくくなります。それを解決する方法は、2つあります。

　1つは、部分的な正規表現を変数に格納して、式展開で埋め込む方法です。しかし、キャプチャを含む正規表現の場合、何番に何が入っているのかがわかりにくくなる欠点があります。

　もう1つは、正規表現に「x」オプションを付け、複数行に分けて記述する方法です。この記法は改行含む空白文字を無視し、「#」でコメントを付けることができます。空白や「#」を含めるには、「\」でエスケープします。また、「Regexp.new」の第2引数に「Regexp::EXTENDED」を指定しても実現することができます。

　正規表現に「x」オプションを付ける場合、名前付きキャプチャを使うことでさらに見通しが良くなります。通常のキャプチャは正規表現中から「\1」などとして番号で参照することができますが、名前付きキャプチャは例のように「\g」を使うことで名前を使って呼び出すことができるため、いわばサブ正規表現のような使い方ができて利便性が高まります。

| COLUMN | 複雑すぎる正規表現を書かないようにする |

　長い正規表現は、本当にバグなくきれいに動くと大変に強力なツールであることは疑いようもない事実ですが、一方でデバッグが圧倒的に困難であるという問題も抱えています。

　上記の例では可能な限りわかりやすい記述を心がけましたが、それにしても一瞥して何が起こっているか見極めるのは難しいのではないでしょうか。

　URIの分解だとかJSONの分解などを巨大な正規表現で行うのは、一般にお勧めできません。きちんと既存のライブラリを使いましょう。正規表現に関するJamie Zawinskiの次の警句はよく知られているところです。『何かの問題に直面したとき、「正規表現を使えばいいんだ」と考える人がいるが、それではむしろ問題が二つに増えただけだ』

関連項目 ▶ ▶ ▶
● 文字列から正規表現を作成する ………………………………………………… p.249
● URLからホスト名、パスなどを抜き出す ……………………………………… p.528

259

SECTION-092

正規表現にマッチする部分を1つ抜き出す

ここでは、正規表現にマッチする部分を1つだけ抜き出す方法を解説します。

SAMPLE CODE

```
deletes = "<<delete delete_if add delete_at>>"
# deleteから始まる単語をすべて抜き出す
deletes.scan(/\bdelete\w*/) # => ["delete", "delete_if", "delete_at"]
# deleteから始まる単語を1つだけ抜き出す
deletes[ /\bdelete\w*/ ]      # => "delete"
deletes[ /\bdelete\w*/, 0 ] # => "delete"
# 正規表現マッチなので「$~」とともにMatchDataがセットされる。その他の特殊変数も
Regexp.last_match             # => #<MatchData "delete">
# マッチしない正規表現を指定するとnilが返る
deletes[ /remove\w*/ ]        # => nil

header = <<EOH
From: rubikitch@ruby-lang.org
To: test@example.com
EOH
# 最初のキャプチャを抜き出す
header[ /^From: (.+)$/, 1 ]      # => "rubikitch@ruby-lang.org"
Regexp.last_match
# => #<MatchData "From: rubikitch@ruby-lang.org"
# =>      1:"rubikitch@ruby-lang.org">
$1                              # => "rubikitch@ruby-lang.org"
header[ /^Subject: (.+)$/, 1 ] # => nil
```

ONEPOINT **文字列から最初に正規表現にマッチする部分を抜き出すには「String#[]」に正規表現を指定する**

文字列から最初に正規表現にマッチする部分を抜き出すにはインデックスに正規表現を指定します。キャプチャ番号も指定すると、そのキャプチャにマッチする文字列を得ます。

もちろん、「String#scan」の結果の配列から最初の要素を取り出すこともできますが、文字列全体を走査するので非効率的です。

関連項目 ▶ ▶ ▶

- 正規表現にマッチする部分を全部抜き出す ･････････････････････････････p.261
- 正規表現マッチに付随する情報（マッチデータ）を参照する ･････････････p.255

SECTION-093

正規表現にマッチする部分を全部抜き出す

ここでは、正規表現にマッチする部分をすべて抜き出す方法を解説します。

SAMPLE CODE

```ruby
# 「scan(/./)」「split(//)」「chars.to_a」は1文字ずつに分割するイディオム
"<こんにちは>".scan(/./)    # => ["<", "こ", "ん", "に", "ち", "は", ">"]
"<こんにちは>".split(//)    # => ["<", "こ", "ん", "に", "ち", "は", ">"]
"<こんにちは>".chars.to_a   # => ["<", "こ", "ん", "に", "ち", "は", ">"]


header = <<EOH
From: rubikitch@ruby-lang.org
To: ruby-list@ruby-lang.org
Reply-To: ruby-list@ruby-lang.org
Subject: I love Ruby!
EOH
# マッチしない正規表現の場合は空配列が返る
header.scan(/no match/)            # => []
# 正規表現にマッチした部分の配列を得る
header.scan(/^.+ruby-list.+$/)
# => ["To: ruby-list@ruby-lang.org",
#     "Reply-To: ruby-list@ruby-lang.org"]
# ()付き正規表現の場合はキャプチャの配列の配列が返る
header.scan(/^(\S+): (.+)$/)
# => [["From", "rubikitch@ruby-lang.org"],
#     ["To", "ruby-list@ruby-lang.org"],
#     ["Reply-To", "ruby-list@ruby-lang.org"],
#     ["Subject", "I love Ruby!"]]
# キャプチャだけでなく、正規表現にマッチした部分も欲しければ、正規表現全体を()で囲む
header.scan(/(^(\S+): (.+)$)/)
# => [["From: rubikitch@ruby-lang.org",
#      "From", "rubikitch@ruby-lang.org"],
#     ["To: ruby-list@ruby-lang.org",
#      "To", "ruby-list@ruby-lang.org"],
#     ["Reply-To: ruby-list@ruby-lang.org",
#      "Reply-To", "ruby-list@ruby-lang.org"],
#     ["Subject: I love Ruby!",
#      "Subject", "I love Ruby!"]]
# ()が1つのみの場合、かなりの頻度でArray#flattenと併用される
header.scan(/^(.+):/)
# => [["From"], ["To"], ["Reply-To"], ["Subject"]]
header.scan(/^(.+):/).flatten
# => ["From", "To", "Reply-To", "Subject"]
# ブロックを付ければマッチごとにブロックを評価する
header.scan(/^(\S+): (.+)$/) do |name, value|
```

261

■ SECTION-093 ■ 正規表現にマッチする部分を全部抜き出す

```
  puts "送信アドレスは#{value}です。" if name == "From"
end
# >> 送信アドレスはrubikitch@ruby-lang.orgです。
```

H I N T

正規表現のメタ文字「^」は、行頭にマッチします。

ONEPOINT 　**正規表現にマッチする部分をすべて抜き出すには**
「String#scan」を使用する

　文字列全体を走査して、正規表現にマッチする部分の配列を得るには、「String#
scan」を使用します。「()」付きの正規表現を指定した場合は、キャプチャの配列を要
素とする配列を返します。ブロックを付けると、マッチする部分ごとにブロックを評価します
（each効果）。
　文字列から情報を抜き出す際によく使われるので、しっかりと身に付けておきましょう。

COLUMN 　**正規表現にマッチした回数を数える**

　「String#scan」の結果に「Array#length」を組み合わせて、正規表現にマッチした
回数を数えることができます。なお、「String#count」は「文字の集合」の出現回数を数
えるものなので、この目的には使用できません。

```
header = <<EOH
From: rubikitch@ruby-lang.org
To: ruby-list@ruby-lang.org
Reply-To: ruby-list@ruby-lang.org
Subject: I love Ruby!
EOH

header.scan(/^(\S+): (.+)$/).length   # => 4
header.scan(/:/).length               # => 4
```

■ SECTION-093 ■ 正規表現にマッチする部分を全部抜き出す

COLUMN	文字列の出現回数を数える

　「String#scan」の引数に文字列を与えることができます。そのとき、パターン文字列が
出現回数だけ繰り返された配列が返ります。ただし、それぞれの文字列は同値ですが、
同一ではありません。正規表現の出現回数を数える場合と同様に、「Array#length」を
使用します。

```
"1+2+3+4".scan("+")                  # => ["+", "+", "+"]
"1+2+3+4".scan("+").length           # => 3
"1+2+3+4".scan("+").each_index {|i| puts "#{i+1}回目" }
# >> 1回目
# >> 2回目
# >> 3回目
```

関連項目 ▶ ▶ ▶

- 文字列を1行・1バイト・1文字ごとに処理する ………………………………… p.212
- 正規表現にマッチする部分を1つ抜き出す ……………………………………… p.260
- 文字列を置き換える……………………………………………………………… p.264
- 配列・ハッシュの要素数を求める ………………………………………………… p.321
- ネストした配列を平坦化する ……………………………………………………… p.340

SECTION-094

文字列を置き換える

ここでは、文字列を置換する方法を解説します。

SAMPLE CODE

```
# 最初の「small」のみを「big」に置換する
"small cat, small dog".sub(/small/, 'big')  # => "big cat, small dog"
# すべての「small」を「big」に置換する
"small cat, small dog".gsub(/small/, 'big') # => "big cat, big dog"
# 「\&」「$&」はマッチする部分
'small big'.gsub(/[a-z]+/, '{\&}')          # => "{small} {big}"
'small big'.gsub(/[a-z]+/) {$&.capitalize}  # => "Small Big"
# 文字列'+'をパターンにすると、'+'が置き換え対象になる
'3+2'.sub(/\+/, '-')                        # => "3-2"
'3+2'.sub('+', '-')                         # => "3-2"
# HTMLのb要素をem要素に置換する例
html = '<b>Big</b>, <b>Huge</b>'
# 置換文字列内では、最初の括弧にマッチする部分を「\1」で指定する
html.gsub(%r!<b>(.+?)</b>!, '<em>\1</em>')
# => "<em>Big</em>, <em>Huge</em>"
html.gsub(%r!<b>([^>]+)</b>!, '<em>\1</em>')
# => "<em>Big</em>, <em>Huge</em>"
# マッチした部分をブロック評価結果で置き換える
html.gsub(%r!<b>(.+?)</b>!) {"<em>#$1</em>"}
# => "<em>Big</em>, <em>Huge</em>"
```

ONEPOINT　**文字列を置換するには「String#sub」「String#gsub」などを使用する**

　文字列置換は文字列処理の花形機能で頻出です。「String#sub」は最初にマッチした部分を置換し、「String#gsub」はマッチした部分すべてを置換します。破壊的バージョンの「String#sub!」「String#gsub!」もよく使われます。使い方はどれも同じです。

　使い方は2つあり、パターンと置換文字列を指定する場合と、パターンとブロックを指定する場合があります。パターンは正規表現か文字列を指定し、マッチした部分を置換文字列で置換します。ブロックを指定した場合は、ブロック評価結果で置換します。

　置換文字列内の下表の文字列は、対応する文字列に置換されます。それぞれ「$」に置き換えた特殊変数に対応しています。本書では「特殊変数置換」と呼ぶことにします。そのため、「\」を含む置換文字列を記述するときは注意が必要です。パターンに文字列を指定した場合も文字列そのものにマッチする正規表現に変換されるので、特殊変数置換が使えます。

264

■SECTION-094 ■ 文字列を置き換える

文字列	特殊変数	置き換えられる文字列
\0	$&	マッチした文字列
\&		
\1～\9	$1～$9	N番目の括弧の内容
\`	$\`	マッチした部分より前
\'	$'	マッチした部分より後
\+	$+	最後の括弧の内容

　多くの文字列操作は正規表現置換で表現できますが、専用のメソッドがある場合は
そちらを使うべきです。

COLUMN　　**特殊変数置換はシングルクォート文字列で**

　不幸なことに、文字列リテラルのバックスラッシュ記法も特殊変数置換も「\」が使われ
ています。そのため、「\」がどの目的で使われているかを認識するのは慣れるまで難し
いでしょう。

　特殊変数置換はシングルクォート文字列を使えば、問題ありません。「'\1'」は字面通り
「\」と「1」と解釈されるからです。なお、シングルクォート文字列内での「\\」は「\」と解
釈され、「'\\1'」は「'\1'」と等価になりますが、混乱するだけなのでお勧めできません。

　しかし、ダブルクォート文字列の「\1」は「\x01」(ASCIIコード1、Ctrl+A)となるため、
望み通りの動作をしてくれません。「\1」と解釈してほしいので「\」を前置する必要があ
ります。

```
str = "foo bar"
str.gsub(/(\w+)/, '<\1>')    # => "<foo> <bar>"
['\1', '\\1']                # => ["\\1", "\\1"]
str.gsub(/(\w+)/, '<\\1>')   # => "<foo> <bar>"
str.gsub(/(\w+)/, "<\1>")    # => "<\u0001> <\u0001>"
str.gsub(/(\w+)/, "<\\1>")   # => "<foo> <bar>"
```

　不安な人は、とりあえずブロックを指定するのが一番の安全策です。ブロック内では
特殊変数置換が無効なので、特殊変数置換の落とし穴にはまることはありません。代わ
りに式展開で特殊変数を指定します。

```
str = "foo bar"
str.gsub(/(\w+)/) { "<#{$1}>" }   # => "<foo> <bar>"
```

265

■ SECTION-094 ■ 文字列を置き換える

COLUMN 改行コードを統一する

テキストファイルの改行コードはOSによってまちまちなので、揃えたいことがあります。
encodeで変換するのが明快です。

```
crlf = "newline\r\n"
crlf.encode(crlf.encoding, universal_newline: true) # => "newline\n"
```

gsubで行うこともできるでしょう。

```
crlf = "newline\r\n"
crlf.gsub(/\r\n/, "\n") # => "newline\n"
```

なお、「String#chomp」と「String#chop」は共に、末尾が「\r\n」である場合でも改
行を取り除いてくれます。

```
"Unix\n".chomp  # => "Unix"
"Win\r\n".chomp # => "Win"
"Mac\r".chomp   # => "Mac"
```

COLUMN 欲張りマッチの落とし穴に注意

正規表現のデフォルトは欲張りマッチなので、「*」や「+」はなるべく多くの文字にマッ
チします。正規表現置換がうまくいかない場合は、欲張りマッチを疑ってみましょう。

```
str = '<foo>, <bar>'
# 「+」は欲張りマッチであるため、文字列全体にマッチしてしまうので間違い
str.gsub(/<(.+)>/, '(\1)') # => "(foo>, <bar)"
# 非欲張りマッチにするのが正しい
str.gsub(/<(.+?)>/, '(\1)') # => "(foo), (bar)"
```

■ SECTION-094 ■ 文字列を置き換える

COLUMN 「\」を倍増させるには（ダブルエスケープ問題）

　文字列中の「\」を「\\」に置き換える場合、「\」のみの置換文字列にするには文字列リテラル内に「\」が何文字必要でしょうか？　この問題は文字列リテラルと特殊変数置換がからんだ複合問題で、おそらく正答率は低いでしょう。正解は「8つ」または「6つ」です。びっくりした人もいるでしょうが、落ち着いて考えれば大丈夫です。

　まず、文字列リテラル（シングルクォート、ダブルクォート）で「\」を表すには「\\」と記述するので、「'\\\\\\\\'」は「\」4文字です。ここまでは文法レイヤーの話で、ここからは「String#gsub」の解釈レイヤーの話になります。特殊変数置換を解釈するのに、「\」を1つ使います。そして、特殊変数置換で「\\」は、「\」の1文字に置き換えられます。逆にいうと、置換文字列で「\」を表現するには、特殊変数置換の前に「\\」を渡しておく必要があります。「\\」を文字列リテラルで表現すると、「'\\\\'」となります。よって、「\」を置換文字列で表現するためには、文字列リテラルで8文字も必要なのです。

　なお、「\」で終わる置換文字列の場合は特殊変数置換は行われず、例外的に「\」と解釈されます。そのため、文字列リテラルで6文字も正解になります。

```
'\#'                               # => "\\\#"
'\#'.sub(/\\/, '\\')               # => "\\\#"
'\#'.sub(/\\/, '\\\\')             # => "\\\#"
'\#'.sub(/\\/, '\\\\\\')           # => "\\\\\#"
'\#'.sub(/\\/, '\\\\\\\\')         # => "\\\\\#"
'\#'.sub(/\\/, '\\\\\\\\\\')       # => "\\\\\\\#"
'\#'.sub(/\\/, '\\\\\\\\\\\\')     # => "\\\\\\\#"
```

　ただ、実際のプログラミングでは難しく考える必要はありません。「\&」やブロックを使えば済む話です。

```
'\#'.sub(/\\/, '\&\&')      # => "\\\\\#"
'\#'.sub(/\\/) {$&*2}       # => "\\\\\#"
'\#'.sub(/\\/) {'\\\\'}     # => "\\\\\#"
```

267

■ SECTION-094 ■ 文字列を置き換える

| COLUMN | 「String#gsub」をまとめると効率が上がることも |

　正規表現置換は非常に強力な手段ですが、文字列全体を走査するために何度も繰り返すとパフォーマンスに影響が出てきます。文字列処理が大半を占めるWebアプリケーションなどでは顕著です。できる限り「String#gsub」の使用回数を減らすと、高速化が期待できます。

　HTMLのエスケープ処理で、2つの実装を比較してみます。esc1は素朴に、4回、「String#gsub」を使っています。esc2は、正規表現を文字クラスにまとめてブロックで置換しています。

```ruby
# 4回、gsubを使っている
def esc1(txt)
  txt.
    gsub(/&/, "&amp;").
    gsub(/\"/, "&quot;").
    gsub(/>/, "&gt;").
    gsub(/</, "&lt;")
end

# ハッシュテーブルを使って1回のgsubにまとめる
ESCAPE_TABLE = {
  '&'=>'&amp;',
  '<'=>'&lt;',
  '>'=>'&gt;',
  '"'=>'&quot;'
}
def esc2(txt)
  txt.gsub(Regexp.union(ESCAPE_TABLE.keys), ESCAPE_TABLE)
end
```

　それでは、60KBのファイル（10回連続・置換なし）と75KBのファイル（10回連続）、2.8MBのファイルでベンチマークを測定してみます。テキストの内容にもよりますが、次のように数倍の高速化を期待することができます。現に「CGI.escapeHTML」の実装は、過去には「esc1」の方法で書かれていた時期もあったのですが、速度向上を期して「esc2」の方式に変更されました。

```ruby
require 'benchmark'
Benchmark.bm(10) do |b|
  txt_60kb = File.read "noreplace.txt"
  txt_75kb = File.read "/usr/local/lib/ruby/1.9.0/cgi.rb"
  txt_2_8mb = File.read "/r/memo/diary.rd"
  b.report("esc1 60KB") { 10.times { esc1(txt_60kb) }}
  b.report("esc2 60KB") { 10.times { esc2(txt_60kb) }}
  b.report("esc1 75KB") { 10.times { esc1(txt_75kb) }}
```

■SECTION-094 ■ 文字列を置き換える

```
    b.report("esc2 75KB") { 10.times { esc2(txt_75kb) }}
    b.report("esc1 2.8MB") { esc1(txt_2_8mb) }
    b.report("esc2 2.8MB") { esc2(txt_2_8mb) }
end
# >> Benchmark in Ruby 1.9.0
# >>                 user       system      total        real
# >> esc1 60KB    0.050000    0.000000    0.050000 (   0.044363)
# >> esc2 60KB    0.010000    0.000000    0.010000 (   0.011789)
# >> esc1 75KB    0.100000    0.000000    0.100000 (   0.103492)
# >> esc2 75KB    0.060000    0.000000    0.060000 (   0.060934)
# >> esc1 2.8MB   0.320000    0.020000    0.340000 (   0.341931)
# >> esc2 2.8MB   0.130000    0.000000    0.130000 (   0.126310)
```

COLUMN　　　**ブロックパラメータはお勧めできない**

　　サンプルではあえて触れませんでしたが、ブロックを取った場合のブロックパラメータ
には、マッチした部分全体が入ります。しかし、わざわざブロックパラメータを使わなくても
「$&」を参照すれば済むので、あまり意味がありません。このブロックパラメータは使い
勝手が悪いので、たとえばMatchDataを代わりに渡すように仕様変更しようという提案も
なされています。ただ、既存のプログラムでブロックパラメータを受け取っているコードも
膨大に存在するため、移行パスがうまく設計できずに時間がかかっています。

```
str = "<A3>"
str.gsub!(/([A-Z])(\d+)/) {|s|
  [ s, $& ]  # => ["A3", "A3"]
  "#$1-#$2"
}
str          # => "<A-3>"
```

関連項目 ▶ ▶ ▶

● 文字列中の文字を置き換える ·· p.224
● 文字コードを変換する ··· p.230
● 正規表現の基本 ·· p.233
● 正規表現の欲張りマッチ・非欲張りマッチについて ······························ p.243
● 正規表現の先読みについて ·· p.246
● 正規表現にマッチする部分を全部抜き出す ······································ p.261
● 文字列を分割する ·· p.270
● 数字を3桁ずつカンマで区切る ··· p.426

SECTION-095

文字列を分割する

ここでは、文字列を分割する方法を解説します。

SAMPLE CODE

```ruby
# 空白文字で分割する
" a b  c\t\r\nd ".split            # => ["a", "b", "c", "d"]
" a b  c\t\r\nd ".split(/\s+/)     # => ["", "a", "b", "c", "d"]
# 特定の文字で分割する
"TL;DR".split(/;/)                 # => ["TL", "DR"]
# 文字列も指定できる
"a+b+c".split("+")                 # => ["a", "b", "c"]
# パス名を各要素に分割する
"/usr/bin/ruby".split("/")         # => ["", "usr", "bin", "ruby"]
"/usr/bin/ruby".split("/")[1..-1]  # => ["usr", "bin", "ruby"]
"/usr/bin/ruby".split("/").drop(1) # => ["usr", "bin", "ruby"]
# 文字列を1文字ずつ分割するイディオム
"[名前]".split(//)                 # => ["[", "名", "前", "]"]
",a,b,,c,".split(",")              # => ["", "a", "b", "", "c"]
# 分割数の限度を指示する
",a,b,,c,".split(",",3)            # => ["", "a", "b,,c,"]
# 末尾の空文字列も含む
",a,b,,c,".split(",",-1)           # => ["", "a", "b", "", "c", ""]
# ()付き正規表現を指定した場合は()の中も分割結果に含める
"a+b-c".split(/([\+\-\*\/])/)      # => ["a", "+", "b", "-", "c"]
"a++b--".split(/([\+\-]){2}/)      # => ["a", "+", "b", "-"]
```

ONEPOINT　文字列を分割するには「String#split」を使用する

文字列をセパレータで分割するには、「String#split」を使用します。引数を指定しないと、先頭と末尾の空白を取り除いた文字列を空白文字で分割します。正規表現を指定すると、正規表現にマッチする部分で分割します。文字列を指定すると、文字列をセパレータにして分割します。なお、正規表現に「()」が付いている場合は、「()」の中身も分割結果に含めます。

省略可能な第2引数は分割数の限界を数字で指定します。それより多く分割できる場合でも、限界まで達したら、そこで処理を打ち切ります。負の数を指定すると、末尾の空文字列も含まれるようになります。末尾の空文字列というのは、たとえば次のようにセパレータが文字列の末尾にマッチするときにその後ろを空文字列とカウントするかどうかの違いです。

```ruby
",a,b,c,".split(",")      # => ["", "a", "b", "c"]
",a,b,c,".split(",",-1)   # => ["", "a", "b", "c", ""]
```

■ SECTION-095 ■ 文字列を分割する

COLUMN　**分割結果を構造体にまとめる**

　「String#split」と構造体は相性がいいため、分割結果を構造体にまとめることで、すっきりと記述できます。次の例は、Unix系OSの「/etc/passwd」のエントリを構造体に変換します。実際は各行がこのようなエントリになっているので、構造体の配列を求めることになるでしょう。

```
PasswdEntry = Struct.new(*%i[user pass uid gid group home shell])
entry = "root:x:0:0:root:/root:/bin/sh"
root = PasswdEntry.new(*entry.split(":"))
root       # => #<struct PasswdEntry user="root", pass="x", uid="0",
           # =>    gid="0", group="root", home="/root",
           # =>    shell="/bin/sh">
root.home  # => "/root"
root.shell # => "/bin/sh"
```

　なお、分割結果にゴミ（不要なフィールド）が含まれる場合は、「Array#values_at」で必要なフィールドのインデックスを指定します。

```
GroupEntry = Struct.new(:name, :gid, :users)
entry = "wheel:x:0:root"
# インデックス1以外の要素が必要
audio = GroupEntry.new(*entry.split(":").values_at(0,2,3))
# => #<struct GroupEntry name="wheel", gid="0", users="root">
```

COLUMN　**「String#partition」「String#rpartition」について**

　「String#partition」は、セパレータが最初に登場する部分で3分割し、先頭、セパレータ、末尾を返します。「String#rpartition」は、セパレータが最後に登場する部分で分割します。マッチしない場合には、partitionでは先頭、rpartitionでは末尾にもとの文字列がすべて含まれて、残りは空文字列になります。

　特に「String#partition」に改行を指定すると、最初の行を読み飛ばすことができます。

```
s = "one\ntwo\nthree"
s.partition("\n")              # => ["one", "\n", "two\nthree"]
s.rpartition("\n")             # => ["one\ntwo", "\n", "three"]
"no-separator".partition("\n") # => ["no-separator", "", ""]
"first\n=======\nsecond".partition(/\n=+\n/)
# => ["first", "\n=======\n", "second"]
```

CHAPTER 05　文字列と正規表現

271

■ SECTION-095 ■ 文字列を分割する

COLUMN	先読み・戻り読み正規表現を指定する

　「String#split」に先読み正規表現を指定すると、文字の種類で分割することができます。先読み正規表現は幅を持たないため、特定の位置で文字列を分割することができます。

```ruby
# CamelCaseな変数名を単語に分ける
v = "CamelCaseVariable"
v.split(/(?=[A-Z])/)         # => ["Camel", "Case", "Variable"]
v.scan(/(?:\A|[A-Z])[a-z]+/)  # => ["Camel", "Case", "Variable"]
# 最後の5文字を境に区切る
"abcdefghi".split(/(?=.{5}\z)/) # => ["abcd", "efghi"]
# 最初の5文字を境に区切る
"abcdefghi".split(/(?<=\A.{5})/) # => ["abcde", "fghi"]
```

関連項目 ▶ ▶ ▶

- 正規表現の先読みについて ……………………………………………………… p.246
- 情報を集積するタイプのオブジェクトには構造体を使う ……………………… p.568

SECTION-096

文字列を検索する

ここでは、文字列を検索する方法を解説します。

SAMPLE CODE

```
#index 0 1 2 3 4 5 6
str = "☆☆テスト☆☆"
/テスト/ =~ str          # => 2
str.index "テスト"        # => 2
str.index "☆"            # => 0
str.index "☆", 4         # => 5
# 末尾から4番目、すなわちインデックス3から右の☆を探す
str.index "☆", -4        # => 5
str.rindex "☆"           # => 6
str.rindex "☆", 3        # => 1
# 末尾から2番目、すなわちインデックス5から左の☆を探す
# 探索開始位置がちょうど☆になっている
str.rindex "☆", -2       # => 5
str.include? "テスト"     # => true
/test/ =~ str            # => nil
str.index "test"         # => nil
str.include? "test"      # => false

if RUBY_VERSION >= '2.4' then
  # 2.4以降ではmatch?が追加に
  /テスト/.match? str      # => true
  /test/.match? str       # => false
end
```

ONEPOINT 文字列を検索するには 「正規表現」「String#index」「String#rindex」を使用する

文字列検索の万能な手段は正規表現です。「文字列 =~ 正規表現」(「String#=~」)あるいは「正規表現 =~ 文字列」(「Regexp#=~」)は、文字列に正規表現にマッチさせて、成功したときにはマッチ開始位置を返します。

しかし、特定の文字列が含まれているかどうかを調べる程度では、正規表現は必要ありません。「String#index」は引数で指定した文字列を右方向に検索し、最初に見つかった位置(部分文字列の左端のインデックス)を返します。省略可能な第2引数には、検索開始位置を指定します。「String#rindex」は、左方向から探索します。

インデックスを求めるまでもなく、単に正規表現がマッチするかどうかだけを知りたいこともあります。こういうときには「Regexp#match?」を使います。文字列が含まれているかどうかを知りたいときは、「String#include?」を使います。

273

■ SECTION-096 ■ 文字列を検索する

| COLUMN | indexやmatchの（知られざる）第2引数について |

　「String#index」「String#rindex」「String#match」「String#match?」といったメソッドは正規表現とともに使われることが多いですが、実はどれも第2引数に整数を指定することができて、開始位置を指定することができます。これを利用してたとえば、「rindex」の第2引数に0を指定するといったことが可能になります。これは正規表現が文字列の先頭でマッチするかを試すイディオムとして「\A」の代わりに利用可能です。一方、特定の開始位置からの検索でマッチしなければ、正規表現は文字列上を右か左に向かってマッチするまでスキャンしていきますが、これを抑止する方法として「\G」があります。

```ruby
str = "foobarbaz"

# インデックス0から検索しはじめてインデックス3でマッチ
str.match?(/bar/, 0)   # => true
# インデックス3から検索しはじめてインデックス3でマッチ
str.match?(/bar/, 3)   # => true
str.match?(/\Gbar/, 3) # => true
# インデックス0から検索しはじめるが、マッチしない
str.match?(/\Gbar/, 0) # => false
str.rindex(/bar/, 0)   # => nil
```

関連項目 ▶ ▶ ▶

- Rubyでの日本語の扱いについて ……………………………………………… p.191
- 正規表現の基本 …………………………………………………………………… p.233

SECTION-097

シンボルについて

なぜ文字列の他にシンボルがあるのか

シンボル(「Symbol」クラス)は、文字列に類似のクラスですが、性質や用途が異なります。ここではシンボルについて見ていきます。

過去、文字列とシンボルは別物とみなせた時期もあるのですが、徐々に「Symbol」クラスのメソッドが拡充されたり、GCが改善されるなどした結果、現在ではだいたい同じような機能セットを有するに至っています。シンボルで一番大きな特徴はimmutable、つまり文字列と異なって破壊的に内容を変更することができない点ですが、文字列とて「freeze」することで同様のことは実現可能で、今だと一体なぜ文字列の他にシンボルがあるのかというのは、一見すると理解しにくい状況になっているかと思います。

そこで、シンボルと文字列の違いについて一言で解説すると、シンボルは「比較に特化したデータ構造になっている」というところが一番の違いで、文字列よりも高速に比較ができる、というのがシンボルの現代的な意味になると思います。実装の面では、シンボルの内部では一意的な整数が割り当てられています。

これで何が嬉しいかというと、シンボルの特徴は名前の管理に適しているのです。Rubyには、クラス名、メソッド名、変数名など、たくさんの「名前」が登場します。もし、名前を文字列で管理していたら、名前を探すときに毎回すべての名前から文字列を比較する必要が出てきて、とてつもなく遅くなってしまいます。そのため、名前に整数を割り当てて管理しています。

しかし、人間が内部の整数を指定するのは、現実的ではありません。そこで、シンボルが内部の整数と名前の橋渡しをしてくれます。シンボルは人間にとってわかりやすい名前でありながら、内部では一瞬で整数に変換されます。Rubyで「名前」を表す場合には、シンボルを使います。

シンボルを作成する

Rubyは、シンボルリテラルで簡単にシンボルを作成することができます。基本的には名前の前に「:」を付けるだけです。「:」の後ろには、変数名(グローバル変数、クラス変数、インスタンス変数含む)、クラス名、メソッド名として許される名前なら何でも付けられます。「:a」はもちろんのこと、「:@ivar」「:@@cvar」「:$gvar」「:key?」「:slice!」「:<<」も作成することができます。一方、「:slice:!」「:sllce」「:@@@invalid」は識別子として許されないため、不可です。

先ほどは「基本的には」と述べましたが、変則的なシンボルを作成することもできます。文字列リテラルの左に「:」を置くことで、任意の名前のシンボルを作成できます。式展開やバックスラッシュ記法も使えるので、改行を含むシンボルも作成できます。

%記法では、「%s」と「%i」、「%I」を使用します。ちなみに、日本語のシンボルを作成することもできます(ただし、そこまでやる人はいないでしょうが)。

■ SECTION-097 ■ シンボルについて

```
:symbol              # => :symbol
:"foo"               # => :foo
:'bar'               # => :bar
:"33"                # => :"33"
:"#{1+3}!hoge?"      # => :"4!hoge?"
:'with space'        # => :"with space"
:'xml:lang'          # => :"xml:lang"
:"newline\n"         # => :"newline\n"
%s!:symbol:!         # => :":symbol:"
%i[foo bar]          # => [:foo, :bar]
%I[#{1} #{2}]        # => [:"1", :"2"]
```

💎 同じ名前のシンボルは同一

シンボルと文字列が決定的に異なる点は、同じ名前のシンボルは同一になることです。文字列では同じ内容の文字列を、複数個、作成することができます。

```
str1 = "str"; str2 = "str" # 別個
str1 == str2               # => true
str1.equal? str2           # => false
sym1 = :sym; sym2 = :sym   # 同一
sym1 == sym2               # => true
sym1.equal? sym2           # => true
```

💎 シンボルを使うべき場面

基本的に、**プログラム内部でしか使わない文字列には、シンボルを使いましょう。**シンボルの利点は、次のようにたくさんあります。

- 生成と比較が高速
- 用途がはっきりしているため、可読性が上がる
- 破壊的メソッドがないため、書き換えられる心配がない
- 文字列よりもタイプ数が少ない

ハッシュのキーにシンボルを使えば、構造体のように使うことができます。

```
{ left: 1, right: 2 }        # => {:left=>1, :right=>2}
```

C言語などの「enum」(列挙型)の代わりに、シンボルを使うことができます。Rubyで列挙型をまねると、次のようになります。

```
LEFT    = 0
RIGHT   = 1
UP      = 2
DOWN    = 3
```

▼

276

■ SECTION-097 ■ シンボルについて

```
INVALID = 4

op = LEFT
case op
when LEFT  then puts "OK"
when RIGHT then puts "NG"
end
op < INVALID  # => true
# >> OK
```

　シンボルを使うと、いちいち値を宣言する必要がありません。ただし、「op < INVALID」の
ように値を比較する必要がある場合には、取り得るシンボルの配列に「Array#include?」を
適用するという代案があります。

```
op = :left
case op
when :left  then puts "OK"
when :right then puts "NG"
end
# >> OK
```

```
op = :left
OPS = %i[left right up down]
OPS.include? op  # => true
```

　「Module#attr_reader」や「Object#__send__」などのメソッドは、シンボルを引数に取り
ます。シンボルを引数に取るメソッドは、大抵、文字列も受け付けます。

関連項目 ▶ ▶ ▶

● 変数と定数について ……………………………………………………………… p.86
● メソッド定義について ……………………………………………………………… p.109
● 文字列とシンボルを変換する …………………………………………………… p.278

SECTION-098

文字列とシンボルを変換する

ここでは、文字列をシンボルに、シンボルを文字列に変換する方法を解説します。

SAMPLE CODE

```
# シンボルを文字列に変換する
:identity.to_s                # => "identity"
:identity.id2name             # => "identity"
# 式展開ではシンボル名が埋め込まれる
"symbol name: #{:identity}"   # => "symbol name: identity"
# Symbol#inspectは「:」が前置される
:identity.inspect             # => ":identity"
# 文字列をシンボルに変換する
"new_symbol".to_sym           # => :new_symbol
"new_symbol".intern           # => :new_symbol
```

ONEPOINT 文字列とシンボルの変換には「Symbol#to_s」「String#intern」を使用する

シンボルと文字列は、相互に変換できます。シンボルを文字列に変換するには、「Symbol#to_s」(「String#id2name」)を使用します。文字列リテラルの式展開でシンボルを指定すると、シンボル名が埋め込まれます。

文字列をシンボルに変換するには、「String#intern」(「String#to_sym」)を使用します。「intern」という名前は、Lispが由来です。

実際のプログラミングでは、シンボルと文字列の変換は、多くの場合、不要です。シンボルを引数に取るメソッドの多くは、文字列も取れるからです。

関連項目 ▶ ▶ ▶

● シンボルについて ………………………………………………………………………… p.275

SECTION-099

バイナリデータの扱い

ここでは、バイナリ文字列を扱う方法を解説します。

SAMPLE CODE

```
# バイナリ文字列の生成はString#bで行う
binary = "\uFEFF".b # => "\xEF\xBB\xBF"

# MySQLに接続すると送られてくる最初のパケットを読む
raw_packet = %W'
\x4a\x00\x00\x00 \x0a\x35\x2e\x37 \x2e\x31\x39\x00 \x08\x00\x00\x00
\x6e\x5e\x11\x1d \x40\x6a\x3d\x39 \x00\xff\xff\x21 \x02\x00\xff\xc1
\x15\x00\x00\x00 \x00\x00\x00\x00 \x00\x00\x00\x44 \x39\x23\x43\x2d
\x1e\x1e\x56\x16 \x15\x40\x23\x00 \x6d\x79\x73\x71 \x6c\x5f\x6e\x61
\x74\x69\x76\x65 \x5f\x70\x61\x73 \x73\x77\x6f\x72 \x64\x00
'.join.b

mysql = raw_packet.unpack('V C Z* V a8 C v C v v C a10 Z* Z*')

packet_length,    \
protocol_version, \
server_version,   \
thread_id,        \
salt,             \
_,                \
capability,       \
locale,           \
server_status,    \
capability2,      \
auth_length,      \
_,                \
auth_salt,        \
auth_plugin,      \
= *mysql

server_version # => "5.7.19"

# 逆に配列からパケットを生成することもできる
generated = mysql.pack('V C Z* V a8 C v C v v C a10 Z* Z*')

generated == raw_packet # => true
```

279

■ SECTION-099 ■ バイナリデータの扱い

| ONEPOINT | バイナリ文字列から情報を取り出すには「String#unpack」を使用する |

　Rubyはテキスト処理に強い言語ですが、バイナリデータも扱えます。文字列リテラルなどからバイナリ文字列を作成するときは「String#b」を利用すると便利です。上記の例でもこれを利用しています。とはいえ、実際にはバイナリを扱う必要があるのはたいていの場合、画像、音声、動画ファイルといったものや、ネットワークプロトコルであることが多いでしょう。こういったものは、えてしてソケットやファイルすなわちIO経由でやり取りするものだと思います。

　バイナリのファイルやパケットは所定のプロトコルに従って解釈され、たとえば先頭から4バイトはこういう意味、次の1バイトは……といった感じで変換していくことができることが多いです。このようなプロトコルを解釈するときに使用するのが「String#unpack」です。バイナリ文字列から引数のpackテンプレート文字列に従って情報を取り出すことができます。返り値は配列で、要素のクラスと配列の長さはテンプレート文字列に依存します。

　逆に配列をpackテンプレート文字列に従ってバイナリ文字列に変換するには、「Array#pack」を使用します。

　packテンプレート文字列は、たくさん用意されています。詳しい使い方は、リファレンスマニュアルを参照してください。

SECTION-100

文字列を一定の桁で折り畳む（日本語対応）

ここでは、文字列を一定の桁で折り返す方法を解説します。

SAMPLE CODE

```ruby
require 'nkf'
text = <<'EOF'
こんにちは。
お元気
ですか?

この前はありがとうございました。
EOF
puts "==== 禁則処理あり"
# 禁則処理ありで半角10文字(全角5文字)で折り返す。改行は保存しない
puts NKF.nkf("-wWm0f10", text)
puts "==== 禁則処理なし / 改行を保存"
# 禁則処理なしで半角10文字(全角5文字)で折り返す。改行は保存する
puts NKF.nkf("-wWm0F10-0", text)
# >> ==== 禁則処理あり
# >> こんにちは。
# >> お元気です
# >> か?
# >>
# >> この前はあ
# >> りがとうご
# >> ざいました。
# >> ==== 禁則処理なし / 改行を保存
# >> こんにちは
# >> 。
# >> お元気
# >> ですか?
# >>
# >> この前はあ
# >> りがとうご
# >> ざいました
# >> 。
```

■ SECTION-100 ■ 文字列を一定の桁で折り畳む（日本語対応）

ONEPOINT	文字列を一定の桁で折り返すには 「NKF.nkf」の第1引数に「-f」「-F」オプションを指定する

　NKFという、とても古くからあるコマンドが、Rubyのライブラリの中に含まれています。このライブラリはコマンドを丸ごと抱えているので、関数引数がコマンドオプションそのものであったり、NKFの癖を引きずっている面もあって、必ずしも使いやすくはないのですが、とはいえ便利な利用法もいくらか存在していて、その1つが日本語禁則処理です。禁則処理とは、行頭に句読点などを置かないように折り返すことです。また、複数の空行は、段落の区切りとみなされます。

　折り返し処理をするには、NKF.nkfの第1引数に「-f」オプションを指定します。「-f」の後ろに折り返す桁数を半角文字数で指定します。桁数の後ろに「-」と整数を指定すると、強制改行の余地（fold-margin）をデフォルトの10から変更することができます。特に「-0」を指定すると、禁則処理を行いません。

　似たようなオプションに「-F」もあります。「-f」は改行がスペースに置き換えられますが、「-F」は改行が保存されます。

　なお、上記の例では「-f」の他にもいろいろなオプションが付いていますが、「-wWm0」は入力がUTF-8で出力もUTF-8、MIMEエンコーディングを抑止するという意味です。余計なお節介をやめさせているだけなので、おまじないと思ってもらって構いません。

関連項目 ▶ ▶ ▶

● ヒアドキュメントについて ……………………………………………………… p.192
● 文字コードを変換する ……………………………………………………… p.230

SECTION-101
文字列から書式指定で情報を取り出す
（scanf）

ここでは、文字列から書式指定で情報を取り出す方法を解説します。

SAMPLE CODE

```ruby
# scanfライブラリにString#scanfが定義されているので読み込む
require 'scanf'
# 10進整数(%d)、16進整数(%x)、8進整数(%o)、
# 接頭辞付き整数(%i)、小数(%f)を取り出す
"1 1b 10 0x1b 3.1".scanf '%d %x %o %i %f' # => [1, 27, 8, 27, 3.1]
# マッチした部分のみを返す
"1".scanf '%d %x %i %i %f'   # => [1]
# マッチしない場合は空配列が返る
"".scanf '%d %x %i %i %f'    # => []
# 最初の3文字と残りを分ける
"subsection".scanf '%3s%s'   # => ["sub", "section"]
# 整数を桁ごとに区切る
"12345".scanf '%1d%2d%d'     # => [1, 23, 45]


# 名前、年齢、誕生日、職業が順に記述されているテキストデータを処理する例
text = <<'EOF'
高橋 24 10/3 Ruby プログラマー
工藤 22 11/23 デザイナー
EOF
# scanf書式文字列の設定。
#「%*c」はスペースを読み飛ばすため。「%[^\n]」は改行以外の文字列
format = '%s %d %s%*c%[^\n]'
# ブロックを付けないと最初のマッチのみ返す
text.scanf(format)  # => ["高橋", 24, "10/3", "Ruby プログラマー"]
# ブロックを付けるとすべてのマッチを処理する
text.scanf(format) {|ary| ary }
# => [["高橋", 24, "10/3", "Ruby プログラマー"],
# =>  ["工藤", 22, "11/23", "デザイナー"]]
# 構造体Profileを定義する
Profile = Struct.new :name, :age, :birthday, :job
# テキストデータを構造体Profileの配列に変換する
text.scanf(format) {|ary| Profile.new(*ary) }
# => [#<struct Profile name="高橋", age=24,
# =>    birthday="10/3", job="Ruby プログラマー">,
# =>  #<struct Profile name="工藤", age=22,
# =>    birthday="11/23", job="デザイナー">]
```

■ SECTION-101 ■ 文字列から書式指定で情報を取り出す（scanf）

| ONEPOINT | 文字列から書式指定で情報を取り出すには「String#scanf」を使用する |

　C言語には、書式を指定して文字列から情報を取り出す「sscanf」関数があります。Rubyでも同様のことができます。しかも、はるかに使いやすくなっています。

　文字列から「sprintf」似の書式文字列に従って情報を取り出すには、「String#scanf」を使用します。ブロックを付けないと、最初にマッチしたオブジェクトの配列を返します。ブロックを付けると、「scanf」の実行を継続して、マッチするたびにオブジェクトの配列を引数にしてブロックを実行します。そして、ブロックの評価結果を要素とする配列を返します（map効果）。

　正規表現で文字列を抜き出す「String#scan」に似ていますが、「String#scanf」はマッチした文字列を書式文字列に従って変換します。ブロック付き「scan」はeach効果（ブロックの評価結果を保存しない）ですが、ブロック付き「scanf」はmap効果です。

　「String#unpack」はバイナリ文字列を扱いますが、「String#scanf」はテキスト文字列を扱います。

　使える書式文字列は、次の通りです。「%」の直後に最大幅を指定することができます。

書式文字列	解釈
%s	空白文字を含まない文字列
%d、%u	10進整数
%o	8進整数
%x、%X	16進整数
%i	「0x」、「0X」から始まる場合は16進整数、「0」から始まる場合は8進整数、その他は10進整数
%f、%g、%e、%E	浮動小数点数
%c	1文字（空白文字を含む）、幅を指定するとN文字
%［～］	正規表現の文字クラス
%%	「%」そのもの

　「%」の代わりに「%*」を指定すると、マッチした部分を結果の配列に含めません。言い換えると、マッチした部分を読み飛ばします。

■ SECTION-101 ■ 文字列から書式指定で情報を取り出す(scanf)

COLUMN　　**書式文字列における文字クラスの落とし穴**

　書式文字列「%［ \S］」は、空白か非空白文字のみからなる文字列にマッチします。
文字クラスを指定する場合は、内部で正規表現を生成するので、「\」をそのまま渡す必
要があります。そのため、書式文字列はシングルクォート文字列で記述することを推奨し
ます。

```
require 'scanf'
"a problem".scanf '%[ \S]'    # => ["a problem"]
"a problem".scanf "%[ \\S]"   # => ["a problem"]
# 失敗例
"a problem".scanf "%[ \S]"    # => []
```

関連項目 ▶ ▶ ▶

- 正規表現にマッチする部分を全部抜き出す ……………………………………… p.261
- バイナリデータの扱い………………………………………………………………… p.279
- 各要素に対してブロックの評価結果の配列を作る(写像) …………………………… p.374
- 情報を集積するタイプのオブジェクトには構造体を使う ………………………… p.568

SECTION-102

パスワード文字列を照合する

ここでは、パスワードを照合する方法を解説します。

SAMPLE CODE

```ruby
require 'openssl'
def digest(str, salt=OpenSSL::Random.random_bytes(8))
  target = str + '$' + salt
  OpenSSL::Digest::SHA256.hexdigest(target) + '$' + salt
end
# すでに保存してあるダイジェストで認証する関数
def valid_password?(actual, expected)
  hash, salt = expected.split('$', 2)
  target = actual + '$' + salt
  OpenSSL::Digest::SHA256.hexdigest(target) == hash
end

SAVED_PASSWORD = digest('password')        # これは毎回違った文字列
valid_password? 'password', SAVED_PASSWORD # => true
valid_password? 'wrong', SAVED_PASSWORD    # => false
```

ONEPOINT パスワードを照合するにはOpenSSLの提供するハッシュ関数を利用する

　パスワードを認証するプログラムは、パスワードをそのまま(平文)保存してはいけません。漏洩してしまうと悪用されるからです。過去さまざまな情報漏洩事件があり、結果として日本では不正アクセス禁止法に「管理者は(中略)必要な措置を講ずるよう努めるものとする」と明記されました。法律の要請だけでなく、実際に情報漏洩した場合、利用者からの信頼は失墜して回復は容易なことではありません。パスワードの平文を保存するのはやめましょう。

　現代では、パスワードを保存する用途では暗号学的ハッシュ関数とよばれる関数を利用して求めた「ダイジェスト」を保存する場合がほとんどです。このダイジェストというものは、復号することはできません(と信じられています)。しかしながら同じ文字列から求めたダイジェストは同じになります。なので、この性質を使って事前に保存したダイジェストと入力値のダイジェストを比較することでパスワードの照合になるというわけです。

　ダイジェストの生成に利用する暗号学的ハッシュ関数は1つではなく、名前空間「OpenSSL::Digest」以下に各種用意されています。**時間が経つにつれて関数のアルゴリズムに攻撃方法が発見されるなどして、推奨される方式は変化していくので、きちんと調査して使いましょう。**本書執筆時点では、上記の例に使っているSHA256にそのような問題は見つかっていないとされています。

■ SECTION-102 ■ パスワード文字列を照合する

| COLUMN | そもそも自前でパスワードを照合する必要はあるのか |

　上記の通り、パスワードが情報漏洩した場合の影響は甚大で、しばしば会社が傾く事態ともなりかねない大問題に発展します。このリスクは社会の情報化の進展にともない上昇していますから、私たちがコントロールできる問題ではないと言えるでしょう。

　そこで、対策としてそもそも「パスワードを照合しない」、というものが考えられます。GoogleやFacebookといった他のサービスにログインさせて、そちらのアカウントの存在確認で済ますというのが典型的な手法です。この手法はOpenID Connectとして規格化が進んでおり、Rubyの側からうまく利用するためのライブラリも各種作られているようです。

　もちろんこの対策が常に使えるとは限りませんし、唯一の解決策でもないと思います。けれど、基本的な考え方として情報が漏洩するのは、情報が取得されているからです。取得していない情報は漏洩しません。パスワードも含め、できるだけ取得しないようにするというのは1つの見識ではあるでしょう。

| COLUMN | 「String#crypt」について |

　ところで、UNIXでは「crypt」というライブラリ関数や、同名のコマンドが古くから存在しています。このライブラリ関数を呼び出すだけのシンプルなメソッドとして用意されているのが「String#crypt」です。

　本書の過去の版ではこの項目はOpenSSLではなく「String#crypt」の解説を記載していました。ただし、今ではもうこの関数を使うのは危険です。得られる文字列が短すぎて、現代のコンピューターだと総当たりで解くことができてしまうからです。

　過去のプログラムへの互換性のために「String#crypt」は今でも残っていますが、使用はまったく推奨できません。OpenSSLを使用してください。

関連項目 ▶ ▶ ▶
● 文字列を暗号化・復号化する ……………………………………………………… p.288

287

SECTION-103

文字列を暗号化・復号化する

ここでは、文字列を暗号化・復号化する方法を解説します。

SAMPLE CODE

```ruby
require 'openssl'

# 暗号化対象文字列
source   = '** text to encrypt **'
# パスワード(実際はユーザ入力などが想定される)
password = 'passwd'

# ソルトとアルゴリズム
salt     = OpenSSL::Random.random_bytes(8)
algorithm = 'aes-256-cbc'

# 暗号化するためのCipherを作成
encrypter = OpenSSL::Cipher.new(algorithm).encrypt
# Password-Based Key Derivation
len      = encrypter.key_len + encrypter.iv_len
iter     = 1024 # 1,000 以上が推奨される
k_i      = OpenSSL::PKCS5.pbkdf2_hmac_sha1(password, salt, iter, len)
key, iv  = k_i.unpack("a#{encrypter.key_len}a#{encrypter.iv_len}")
# KeyとIVを設定
encrypter.key = key
encrypter.iv  = iv
# 暗号化
encrypted = encrypter.update(source) + encrypter.final

# 復号化するためのCipherを作成
decrypter = OpenSSL::Cipher.new(algorithm).decrypt
# 同様にKeyとIVを設定
decrypter.key = key
decrypter.iv  = iv
# 復号化
decrypted = decrypter.update(encrypted) + decrypter.final

decrypted == source # => true
```

HINT

上記のサンプルでは紙面の都合で重複を省くため、1つのスクリプト中で暗号化と復号化を両方
行っていますが、実際にはそういう使い方をするのはあまり現実的ではありません。暗号化すると
きと復号化するときは別々であることが多いでしょう。

■ SECTION-103 ■ 文字列を暗号化・復号化する

ONEPOINT 文字列を暗号化・復号化するには「OpenSSL::Cipher」を使用する

　暗号化といっても各種あるわけですが、ここでは「openssl」ライブラリを利用して
PKCS #5（RFC 8018）に従う共通鍵暗号を行う方法を示しました。PKCS #5は、パス
ワードとソルトという2つの情報から、共通鍵とIVとよばれる別の2つの情報を作成してこ
れを使うのが特徴です。共通鍵とIVは暗号化した暗号文とは別の何らかのセキュアな
手段で保存しておき、復号するときに代入して使うことになります。

COLUMN コマンドラインの「openssl enc」で暗号化したファイルを復号するには

　コマンドラインから「openssl enc」を利用して、同様に共通鍵暗号でファイルを暗号
化することができますが、このときに生成される暗号文は上記とやや異なった構造を持っ
ており、次のようなスクリプトを用いて解読する必要があります。たとえば「openssl enc
-aes-256-cbc -out file.enc」として生成した暗号文は、OpenSSLが1.1.0未満なら「ruby
スクリプト aes-256-cbc file.enc」として復号できますし、OpenSSLが1.1.0以降なら「ruby
スクリプト aes-256-cbc file.enc sha256」として復号できます。

```ruby
# 使い方: ruby このファイル アルゴリズム名 入力ファイル名 （Digest名）

require 'openssl'
require 'io/console'

alg    = ARGV[0]
file   = ARGV[1]
md     = ARGV[2]
fp     = open(file, 'rb:binary')
STDERR.print "Password: "
passwd = STDIN.noecho { STDIN.gets.chomp }
STDERR.puts

cipher = OpenSSL::Cipher.new(alg)
cipher.decrypt
salted, salt, encrypted = fp.read.unpack("a8a8a*")
cipher.pkcs5_keyivgen(passwd, salt, 1, md)
decrypted = cipher.update(encrypted) + cipher.final

puts decrypted
```

関連項目 ▶ ▶ ▶
- Rubyでの日本語の扱いについて ………………………………………………… p.191
- パスワード文字列を照合する ……………………………………………………… p.286

SECTION-104

Unixシェル風に単語へ分割する

ここでは、Unixシェルの規則で単語分割・エスケープする方法を解説します。

SAMPLE CODE

```ruby
require 'shellwords'
# スペースはシェルのメタ文字をエスケープする
Shellwords.escape("argument with (space)")
# => "argument\\ with\\ \\(space\\)"

cmd = %q!ruby -e 'puts "foo"'!
# 単語分割する
args = Shellwords.split(cmd) # => ["ruby", "-e", "puts \"foo\""]
# シェルが解釈できるように単語をつなげる。
# スペースはエスケープされる。シェルの解釈ではcmdと等価
Shellwords.join(args)       # => "ruby -e puts\\ \\\"foo\\\""
```

ONEPOINT Unixシェルの規則で単語分割・エスケープするには Shellwordsを使用する

Unixシェル（Bourne Shell）において、コマンドライン引数はスペースで区切られます。ただし、引用符で囲んだり、スペースを「\」でエスケープした場合は引数にスペースを含めることができます。このような規則で単語分割していますが、それなりに複雑なのでライブラリとして提供しています。提供している機能はあくまで単語分割・エスケープのみなので、「~」をホームディレクトリに展開したり、「$FOO」を環境変数に展開したりはしません。

文字列をシェルの規則で単語に分割するのが「Shellwords.split」で、その逆に文字列を連結するのが「Shellwords.join」です。また文字列を分割されないようにエスケープするのが「Shellwords.escape」です。

なお、それぞれ「String#shellsplit」「String#shellescape」「Array#shelljoin」というインターフェイスも用意されています。

関連項目 ▶ ▶ ▶

- ファイル操作を始めるには ………………………………………………………… p.450
- 外部コマンドを実行する …………………………………………………………… p.507
- 子プロセスとのパイプラインを確立する ……………………………………… p.511

SECTION-105

HTMLエスケープ・アンエスケープする

ここでは、HTMLエスケープ・アンエスケープする方法を解説します。

SAMPLE CODE

```ruby
require 'cgi'
# 投稿者名を表示するHTML片の例
# 名前をボールド体で表示するHTML片を返す関数
def name_html(name) "<b>Name: #{CGI.escapeHTML(name)}</b>" end
# HTMLにとって特別な文字はエスケープされる
name_html "るびきち"      # => "<b>Name: るびきち</b>"
name_html "Tom & Mary"  # => "<b>Name: Tom &amp; Mary</b>"

# 掲示板の書き込み内容の例
body = '<u>line</u> <b>bold</b> <img src="foo.jpg" alt="image">'
# HTMLタグを一切許さない場合
CGI.escapeHTML(body)
# => "&lt;u&gt;line&lt;/u&gt; &lt;b&gt;bold&lt;/b&gt; &lt;img src..."
# u要素とb要素を許さない場合
CGI.escapeElement(body, "u", "b")
# => "&lt;u&gt;line&lt;/u&gt; &lt;b&gt;bold&lt;/b&gt; <img src=\"..."
# HTMLアンエスケープする
CGI.unescapeHTML("Tom &amp; Mary")  # => "Tom & Mary"
```

ONEPOINT **HTMLエスケープするには「CGI.escapeHTML」を使用する**

当たり前のことですが、HTMLにとって「&」や「<」という文字は特別な意味を持っています。HTMLでそれらの文字を表現するには、独自の記法に書き換える必要があります。この処理を「HTMLエスケープ」といいます。文字列をHTMLエスケープをするには、「CGI.escapeHTML」を使用します。

「CGI.escapeElement」は特定のHTMLタグのみをエスケープし、その他のタグをエスケープしません。エスケープしないのは、装飾用などの無害なタグに限定すべきです。

エスケープの逆操作（アンエスケープ）は、「CGI.unescapeHTML」「CGI.unescape Element」を使用します。とはいえ、こちらは用途はあまりないかもしれません。

■ SECTION-105 ■ HTMLエスケープ・アンエスケープする

| COLUMN | クロスサイトスクリプティング脆弱性 |

　本書の読者の多くは実のところWebアプリケーションを作成する目的で本書を読んで
いると思いますが、Webアプリケーションでよく問題になる攻撃としてクロスサイトスクリプ
ティング（XSS）攻撃というものがあります。ユーザからの入力を表示するときに、たとえば
script要素で悪意あるJavaScriptを実行させるといったものです。

　執筆時点ではXSS攻撃への対策はプログラマーが手動で行うと漏れがあるため、もっ
とハイレベルのWebアプリケーションフレームワークに任せるべきというコンセンサスがあり
ます。したがって、皆さんが意識的に脆弱性対策を行うよりも、たとえばRuby on Rails
に任せてしまう方が安心です。「CGI.escapeHTML」は、Ruby on Railsなどのアプリ
ケーションフレームワーク側での利用が意図された低レイヤーのメソッドと言えるでしょう。
将来変わるかもしれませんが、執筆時点ではRuby on Railsの中では実のところXSS
対策には「CGI.escapeHTML」を使っています。

関連項目 ▶ ▶ ▶
- ERBでHTMLエスケープする ……………………………………………… p.304

SECTION-106

テキストにRubyの式を埋め込む（ERB）

❖ ERBはRubyの式を埋め込んだテキスト

埋め込みRuby（Embedded Ruby）とは、Rubyの式を埋め込んだテキストのことです。

▶ ERBによるテンプレート処理

ERBを導入する前に、テンプレートに値を埋め込んで表示するプログラムを考えましょう。紙面の関係上、名前と日付を表示するだけのプログラムを示しますが、テンプレートは数十行以上あることを想定してください。最も原始的なのは、「puts」をたくさん並べるプログラムです。

```
def print_txt(name, month, day)
  puts "#{name}さん。"
  puts "今日は#{month}月#{day}日です。"
end
print_txt "るびきち", 7, 22
# >> るびきちさん。
# >> 今日は7月22日です。
```

しかし、「puts」をたくさん並べる方法は美しくない上、テンプレートがわかりにくくなってしまいます。そこで、次はヒアドキュメントを使ってみましょう。

```
def print_txt(name, month, day)
  puts <<-EOT
#{name}さん。
今日は#{month}月#{day}日です。
  EOT
end
```

「puts」が1つになり、引用符もなくなったため、テンプレートが格段とわかりやすくなりました。それでも、プログラムの中にテンプレートが入っているため、テンプレートを外から自由に書き換えることはできません。プログラムがテンプレートを埋め込んだ形になっています。

ここで逆転の発想をしてみます。テンプレートがプログラムを埋め込んだ形にしてしまえば、テンプレートの管理が楽になるのではないかという考え方です。それを実現するのが、「ERB」です。テンプレートをERBで記述すると、次のようになります。

```
<%= name %>さん。
今日は<%= month %>月<%= day %>日です。
```

テンプレートは変数埋め込みの部分以外は、ごく普通のテキストファイルです。後は、ERBの実行環境（変数の値など）を与えてあげればいいだけです。

■ SECTION-106 ■ テキストにRubyの式を埋め込む(ERB)

▶ERBとWebプログラミング

ERBの応用はさまざまですが、なかでもHTMLを生成する用途で使われることは多いのではないでしょうか。HTMLのレンダリングをロジックだけで書くのはとても煩瑣で、見通しが悪くなりがちです。テンプレートを用いるのはごく自然なことといえるでしょう。

💎 ERBの基礎知識

ERBを使うには、ERBタグを含んだテンプレート(以後「ERBスクリプト」)を記述し、Rubyスクリプトにコンパイルし、実行環境を与えて実行します。

▶ERBの文法

ERBスクリプトの展開規則は、いたって単純です。もちろん、「式」と書いてある部分は変数に限らず、任意のRubyの式を入れることができます。式に改行を含むこともできます。

- 「<% = 式 % >」(展開タグ)は式を評価し、その結果を埋め込む
- 「<% 式 % >」(無展開タグ)は式を評価するが、結果を埋め込まない
- 「<% # コメント % >」(コメントタグ)はコメント
- 地の文(Rubyの式ではない部分)に「<%」を記述するときや、ERBタグの中で「% >」を記述するときは「%」を二重にする(エスケープ)
- 「%」で始まる行の後にRubyの式を記述することもできる(拡張文法)
- それ以外はそのまま(地の文)

展開タグと無展開タグとコメントタグを合わせて、ERBタグと呼びます。

展開タグは式の値に意味があるため、主に変数やメソッド呼び出しを記述します。無展開タグや拡張文法は式の値を無視するため、主に代入や制御構造(ブロック付きメソッド呼び出しも含む)を記述します。もちろん、ERBスクリプト内でクラスやメソッドを定義することもできますが、可読性の観点からできるだけERBスクリプトの外に追い出すべきです。

ERBの解説やERBスクリプトを生成するERBスクリプトを記述する場合は、エスケープする必要があります。地の文に「<%」を記述するには「<%%」と記述してください。エスケープしないとERBタグとみなされます。また、ERBタグの中(コード)で「% >」を記述するには、「%% >」と記述してください。エスケープしないと、ERBタグの終了とみなされます。

拡張文法は、デフォルトではサポートされていないのでオプションで有効にしてください。拡張文法が有効になっているときに「%」で始まる行を記述するには、「%%」と記述してください。

▶ERBのコンパイル

ERBのコンパイルとは、ERBスクリプトをRubyスクリプトに変換する処理です。コンパイル後のRubyスクリプトが行っていることは単純そのもので、空文字列に初期化された結果文字列に「String#<<」で追記していきます。

- 地の文はそのまま結果文字列に追記する
- 展開タグは式の結果にto_sメソッドを適用した結果を結果文字列に追記する
- 無展開タグ・拡張文法は式をそのままRubyスクリプトに書き出す

先程のERBスクリプトのコンパイル結果は、次のようになります。コードは処理系によって異なりますが、行っていることは同じです。

```
_buf = ''; _buf << (name).to_s; _buf << 'さん。
今日は'; _buf << (month).to_s; _buf << '月'; _buf << (day).to_s
_buf << '日です。
';
_buf.to_s
```

無展開タグ・拡張文法は式をそのままRubyスクリプトに書き出す仕様のおかげで、制御構造やブロック付きメソッドをERBスクリプトに記述することができます。たとえば、1〜9の数を出力するERBスクリプトとコンパイル結果は、次のようになります。

```
<% 1.upto(9) do |i| %><%=i %>
<% end %>
```

```
_buf = ''; 1.upto(9) do |i| ; _buf << (i).to_s; _buf << '
'; end ;
_buf.to_s
```

コンパイルは非常に重い処理なので、ERBスクリプトが不変ならば、同じERBオブジェクト（コンパイル結果を保持するオブジェクト）やコンパイル後のRubyスクリプトを使い回すべきです。

▶ 実行環境を与える

ERBスクリプトを実行することは、コンパイル結果のRubyスクリプトを評価することに他なりません。値を埋め込むERBスクリプトのコンパイル結果を見てわかるように、変数が設定されていないと実行できません。これが、ERBの実行環境が必要な理由です。

実行環境を与える代表的な方法は、「Binding」オブジェクトです。「Binding」とは、selfやローカル変数という現在の文脈を保持するオブジェクトで、「Kernel#binding」で得ることができます。「Kernel#eval」と併用することで、「binding」と記述した時点でのselfやローカル変数を参照することができます。このように、スコープの外側の文脈でRubyの式を評価することができます。なお、ERBスクリプトの実行部分には、「Kernel#eval」が使われています。

```
def get_a(bind)
  eval("a", bind)
end
a = 8
get_a binding  # => 8
```

ERBでは「Binding」経由でしか実行環境を与えられませんが、他の方法が用意されている処理系も存在します。

■ SECTION-106 ■ テキストにRubyの式を埋め込む（ERB）

❖ ERBを使う

　ERBにはいくつかの実装がありますが、ここではRubyに標準添付されているものを解説します。ERBスクリプトをコンパイルしてERBオブジェクトを作成するには、「ERB.new」を使用します。この段階では、まだ、ERBスクリプトは実行（展開）されていません。あくまで実行の準備が整っただけです。

　ERBスクリプトを実行するには、「ERB#result」を使用します。引数には「Binding」を指定します。

```
require 'erb'
# テンプレートファイルを読み込んでERBオブジェクトを作成
path = File.expand_path("greetings.erb", __dir__)
template = ERB.new File.read(path)
# ローカル変数をセットする
name = "るびきち"
today = Time.new(2008, 7, 22)
month = today.month
day = today.day
# テンプレート実行
puts template.result binding
# >> るびきちさん。
# >> 今日は7月22日です。
```

　特に、ERBスクリプトをその場で実行するには「ERB.new（ERB文字列）.result binding」というイディオムが使われます。

関連項目 ▶ ▶ ▶

- ●ERBで無駄な改行を取り除く……………………………………………………p.297
- ●ERBで行頭の%を有効にする ……………………………………………………p.299
- ●ERBに渡す変数を明示する ………………………………………………………p.300
- ●ERBでHTMLエスケープする ……………………………………………………p.304

SECTION-107

ERBで無駄な改行を取り除く

ここでは、ERBで余計な改行を出力しない設定について解説します。

SAMPLE CODE

```
# ERBテンプレート
TEMPLATE = <<EOT
     品物          価格
<% items.each do |name,price| %>
<%= name.ljust 16 %> <%= price %>円
<% end %>
EOT
items = [[ "チョコレート", 100 ], ["ジュース", 120 ]]

require 'erb'
puts "==== ERB default"
# ERBのデフォルトの設定
puts ERB.new(TEMPLATE).result(binding)
puts "==== ERB trim_mode = <>"
# ERBで行頭と行端がそれぞれ「<%」「%>」である場合は改行を出力しない設定
puts ERB.new(TEMPLATE, nil, "<>").result(binding)
# >> ==== ERB default
# >>      品物          価格
# >>
# >> チョコレート       100円
# >>
# >> ジュース          120円
# >>
# >> ==== ERB trim_mode = <>
# >>      品物          価格
# >> チョコレート       100円
# >> ジュース          120円
```

■ SECTION-107 ■ ERBで無駄な改行を取り除く

ONEPOINT	ERBで余計な改行の出力を抑制するには 「ERB.new」の「trim_mode」に「<>」を指定する

　ERBでは任意のRubyの式を記述できるので、当然制御構造や複数行にわたる式を記述することができます。条件分岐や繰り返しを記述するとき、無展開タグ（<% 式 %>）のみの行が登場します。無展開タグの後ろは改行になっているので、素直にERBスクリプトを実行すると繰り返しのたびにその改行が出力されます。そして、その改行は多くの場合、余計な改行です。

　ERBのデフォルトは素直にERBスクリプトを実行しますが、「ERB.new」の省略可能な第3引数（「trim_mode」）を「<>」に設定することで、行頭が「<%」かつ行末が「%>」となっている行（行の両端がERBタグの場合も含む）の改行を出力しなくなります。なお、省略可能な第2引数はERBスクリプトを実行するときの「$SAFE」の値なので、通常は「nil」で構いません。

COLUMN	明示的に改行を抑制するERBタグについて

　余計な改行を抑制するもう1つの方法は、ERBタグで明示的に改行を抑制する方法です。ERBタグは通常「%>」で終わりますが、「-%>」に置き換えることでそのERBタグの直後の改行を出力しません。「trim_mode」に「-」を指定すれば有効になります。

```
TEMPLATE = <<EOT
品物              価格
<% items.each do |name,price| -%>
<%= name.ljust 16 %> <%= price %>円
<% end -%>
EOT
items = [[ "チョコレート", 100 ], ["ジュース", 120 ]]

require 'erb'
puts ERB.new(TEMPLATE, nil, "-").result(binding)
# >> 品物              価格
# >> チョコレート      100円
# >> ジュース         120円
```

関連項目 ▶ ▶ ▶
●テキストにRubyの式を埋め込む（ERB） ·· p.293
●ERBで行頭の%を有効にする ··· p.299

SECTION-108

ERBで行頭の%を有効にする

ここでは、ERBの拡張文法を有効にする方法を解説します。

SAMPLE CODE

```
# 無展開タグの代わりに行頭の「%」が使える。%から始まる行は「%%」と記述する
TEMPLATE = <<EOT
%% 品物          価格
% items.each do |name,price|
<%=name.ljust 16 %> <%=price %>円
% end
EOT
items = [[ "チョコレート", 100 ], ["ジュース", 120 ]]

require 'erb'
puts "==== ERB trim_mode = %"
# ERBで拡張文法を有効にする設定
puts ERB.new(TEMPLATE, nil, "%").result(binding)
# >> ==== ERB trim_mode = %
# >> %  品物          価格
# >> チョコレート     100円
# >> ジュース        120円
```

ONEPOINT　ERBで「%」から始まる行をRubyの式として評価するには「trim_mode」に「%」を指定する

ERBの拡張文法には、「%から始まる行はRubyの式として評価する」というものがあります。これは、行末の改行を出力しない無展開タグ（<% 式 % >）と考えてください。この拡張文法は「%」をコメントとして扱う言語（TeX、Erlangなど）と相性が悪いためか、デフォルトでは無効になっています。

拡張文法が有効で、行頭が「%」で始まる地の文を記述するときは、行頭に「%%」と記述します。

ERBで拡張文法を有効にするには、「ERB.new」の省略可能な第3引数に「%」を指定します。「% <>」「% -」のように、他の設定と併用することもできます（《ERBで無駄な改行を取り除く》(p.297)参照）。

関連項目 ▶ ▶ ▶

- テキストにRubyの式を埋め込む(ERB) ………………………………………… p.293
- ERBで無駄な改行を取り除く……………………………………………………… p.297

299

SECTION-109

ERBに渡す変数を明示する

❖ ERBスクリプト中で外側のローカル変数を参照するのはいい方法ではない

ここまでは「ERB.new」でERBオブジェクトを作成し、「result（binding）」で現在のスコープのローカル変数がERBスクリプトで見えるようにしていました。しかし、その方法には問題点があります。

まず、外側から与えられているローカル変数にアクセスするのが気持ち悪いことです。ローカル変数は「近く」に宣言されて然るべきです。次のプログラムと本質的に変わりません。「result」メソッドの定義位置と呼び出し位置が遠いと、「えっ、nameってどこで宣言されてるの?」と思うことでしょう。

```
def result(bind)
  eval %q!"こんにちは、#{name}さん"!, bind
end
name = "るびきち"
result(binding)  # => "こんにちは、るびきちさん"
```

さらに悪いことに、ローカル変数に別の値を代入してしまった場合は、呼び出し元にも影響が及びます。明示的に代入しなくても、「for」式のループ変数に宣言済みの変数を使ってしまったら、泥沼にはまってしまうでしょう。「宣言済み」ということ自体がなかなかわからないからです。

おまけに、ERBスクリプトで参照されたくない「プライベート」な変数を参照してしまう危険もあります。「binding」ですべてのローカル変数が見えてしまうため、「どの変数を参照していいか」という情報がプログラム中に記述されていません。

このような理由で、ERBスクリプトでローカル変数を参照するのは、問題点が多いのです。

❖ そこでインスタンス変数を使う

これらの問題を解決するには、**ローカル変数の代わりにインスタンス変数を使う**ことです。ERBスクリプトを実行するためのオブジェクトを作成し、インスタンス変数に値を設定して、そのオブジェクトの文脈でERBスクリプト実行するのです。実行したら、そのオブジェクトは捨てられるので呼び出し元への影響はありません。

```
require 'erb'
template = ERB.new <<EOT
<%= @name %>さん。
今日は<%= @month %>月<%= @day %>日です。
EOT
# ERBスクリプト実行用オブジェクトを作成し、その文脈で評価する
Object.new.instance_eval do
  today = Time.new(2008, 7, 22)
  @name = "るびきち"
```

■ SECTION-109 ■ ERBに渡す変数を明示する

```
 @month = today.month
 @day = today.day
 puts template.result binding
end
# >> るびきちさん。
# >> 今日は7月22日です。
```

❖ Ruby 2.5からはERBスクリプトに渡す変数を明示的に宣言できる

Ruby 2.5からは「result」メソッドの他に、「result_with_hash」が使えます。このメソッドは、ERBスクリプトに渡す変数をハッシュで宣言します。「result」メソッドの危険性を考えたら、画期的な方法です。

```
require 'erb'
template = ERB.new <<EOT
<%= name %>さん。
今日は<%= month %>月<%= day %>日です。
EOT
# 変数を明示的に宣言する
today = Time.new(2008, 7, 22)
puts template.result_with_hash \
  name: "るびきち", \
  month: today.month, \
  day: today.day
# >> るびきちさん。
# >> 今日は7月22日です。
```

関連項目 ▶ ▶ ▶
● テキストにRubyの式を埋め込む(ERB) ……………………………………… p.293

301

SECTION-110

ERBでメソッドを定義する

ここでは、ERBでメソッドを定義する方法を解説します。

SAMPLE CODE

```
require 'erb'
class ERBMethodTest
  template = 'Hello <%= name %>!'
  erb = ERB.new template
  # ERBでコンパイルされたERBスクリプトでERBMethodTest#erb_methodを定義する
  erb.def_method self, 'erb_method(name)'
end
obj = ERBMethodTest.new
# 通常のインスタンスメソッドとして呼び出すことができる
obj.erb_method "rubikitch"      # => "Hello rubikitch!"
```

ONEPOINT　ERBでメソッドを定義するには「def_method」メソッドを使用する

　ERBをコンパイルすると、Rubyのコード片になります。ERBオブジェクトは、ERBのコンパイル結果を保持しています。そこで、ERBのコンパイル結果を内容としたメソッドを定義できると、すっきりします。

　ERBをメソッド化することで、「binding」にまつわる問題を回避できます。メソッド定義中は、新たなローカル変数のスコープを導入するため、呼び出し元のローカル変数が勝手に変更されなくなります。おまけに、メソッド定義によってERB内で使うローカル変数(引数)を明示することができます。

　もう1つ嬉しいことは、コンパイル結果をメソッドにするため、メソッド呼び出しのたびにERBスクリプトをコンパイルする必要がなくなります。メソッド定義時に一度だけコンパイルされます。

　ERBでインスタンスメソッドを定義するには、「ERB#def_method」を使用します。引数は定義するクラス、メソッドのシグネチャ(メソッド名と引数)、ERBスクリプトのファイル名(省略可能)を指定します。ERBスクリプトが別のファイルで用意されている場合は、ファイル名を指定することでエラー時にERBスクリプトのファイル名が出力されます。

■ SECTION-110 ■ ERBでメソッドを定義する

| COLUMN | ERBのコンパイル結果を得る |

ERBのコンパイル結果は「src」メソッドで文字列として得られます。

```
require 'erb'
template = '1+1=<%= 1+1 %>'
ERB.new(template).src
# => "_erbout = ''; _erbout.concat \"1+1=\"; _erbout.concat(( 1+1..."
```

わざわざRubyスクリプトを記述しなくても、コマンドラインから確認できます。「erb -x
ERBファイル名」を実行します。

関連項目 ▶ ▶ ▶

- テキストにRubyの式を埋め込む(ERB) ……………………………………………… p.293
- ERBに渡す変数を明示する ……………………………………………………………… p.300

SECTION-111

ERBでHTMLエスケープする

ここでは、ERBでHTMLエスケープを行う方法について解説します。

SAMPLE CODE

```
require 'erb'
include ERB::Util
erb = ERB.new <<EOF
<p>
Name: <%=h name %><br>
Comment: <%=h comment %>
</p>
EOF
name    = "Tom & Mary"
comment = "「<=>」は宇宙船演算子と呼ばれている。"
puts erb.result(binding)
# >> <p>
# >> Name: Tom &amp; Mary<br>
# >> Comment:「&lt;=&gt;」は宇宙船演算子と呼ばれている。
# >> </p>
```

ONEPOINT　ERBでHTMLエスケープするには「ERB::Util#h」モジュール関数を使う

ERBでは、「ERB::Util#h」というHTMLエスケープを行うモジュール関数が用意されています。1文字のメソッド名になっている理由は、展開タグの見た目を意識したものです。「<% =h name % >」のように記述することができます。

モジュール関数なので、ERBスクリプト実行前に「ERB::Util」をインクルードしてください。

なお、URLにあるような%を使ったエンコードに変換する「ERB::Util#u」も用意されています。

関連項目 ▶ ▶ ▶

- HTMLエスケープ・アンエスケープする ………………………………………… p.291
- テキストにRubyの式を埋め込む(ERB) ………………………………………… p.293
- ERBに渡す変数を明示する ………………………………………………………… p.300

SECTION-112

CSVデータを処理する

ここでは、「,」(カンマ)で区切られたデータであるCSVデータを扱う方法を解説します。

SAMPLE CODE

```ruby
# 内容がシンプルであればString#splitで解析できる
"1,2\r\n3,4\r\n".split("\r\n").map {|l| l.split(",") }
# => [["1", "2"], ["3", "4"]]

# エスケープなどを正しく解析するにはCSV.parseを使用する
require 'csv'
CSV.parse(%Q!1,2,3\r\n4,5,"6,7"\r\n!)
# => [["1", "2", "3"], ["4", "5", "6,7"]]

# 逆に配列をCSV文字列に変換するにはCSV.generate_lineを使用する
CSV.generate_line [0, "a\nb", "c,d"]
# => "0,\"a\nb\",\"c,d\"\n"

# CSVファイルの扱い
# CSVファイルを作成する
CSV.open("sample.csv", "w") do |csv|
  # データは「<<」で1行分のデータを書き込む
  csv << [1, "line1\nline2"]
  csv << [2, "with,comma"]
  csv << [3, '/"dquote"/']
end

# CSVファイルから1行ずつ読み込む
CSV.open("sample.csv","r") do |csv|
  csv.readline # => ["1", "line1\nline2"]
  csv.readline # => ["2", "with,comma"]
  csv.readline # => ["3", "/\"dquote\"/"]
end

# CSVファイルを一気に読み込む
CSV.read("sample.csv")
# => [["1", "line1\nline2"],
#     ["2", "with,comma"],
#     ["3", "/\"dquote\"/"]]

# 書き込まれたCSVファイルはこのようになっている
print File.read("sample.csv")
# >> 1,"line1
# >> line2"
# >> 2,"with,comma"
# >> 3,"/""dquote""/"
```

305

■ SECTION-112 ■ CSVデータを処理する

ONEPOINT **CSVファイルを扱うにはCSV.readなどを使用する**

CSVファイルとは、文字列を「,」(カンマ)で区切って並べた形式のテキストファイルです。主に表計算ソフトやデータベースソフトがデータを保存するときに使われています。汎用的な形式なので、異なるアプリケーション間でデータを交換することができます。

CSVは「,」や改行が含まれる文字列も扱える必要があるため、形式は意外と複雑です。CSVの厳密な形式はRFC4180で定義されています。

CSVファイルの読み書きの方法は、Fileのクラスメソッドと類似しています。CSVファイルを一度に読み込むには「CSV.read」を、1行ずつ読み込むには「CSV.foreach」を使用します。なお、読み込んだデータは、文字列配列になります。

CSVファイルにデータを書き込むにはブロック付き「CSV.open」を使用し、第2引数に「w」を指定します。そして、ブロックパラメータに「<<」メソッドを適用して、行単位にデータ配列を書き込みます。文字列以外のデータは、文字列化されて書き込まれます。

COLUMN **CSVファイルのエンコーディング**

最近でこそUnicode系のエンコーディングで書かれたCSVファイルもそれなりにメジャーになってきた感がありますが、昔から日本ではCSVといえばShift_JISでという時代も長くありました。Rubyの場合はこういったファイルの入出力にも対応しています。「CSV.open」の引数に渡す「r」なり「w」といったモード指定にIOの時と同じようにエンコーディング変換指定を追加すればよいだけです。

```
# "w:CP932" とすることで生成されるファイルはCP932に
CSV.open("sample.csv", "w:CP932") do |csv|
  csv << [1, "日本語"]
  ...
end
```

関連項目 ▶ ▶ ▶

● 文字列を分割する ……………………………………………………………… p.270

SECTION-113

HTMLを解析する

ここでは、HTMLを解析する方法を解説します。

SAMPLE CODE

```ruby
gem 'nokogiri'
require 'nokogiri'

# 処理対象のHTML
html = <<'EOF'
<!DOCTYPE html><html><head><title>Sample</title></head><body><div
id="content">&lt;Nokogiri&gt;</div><div class="b"
id="footer"><b>footer</b></div></body></html>
EOF

# HTMLを解析して、Nokogiri::HTML::Documentオブジェクトを作成する
doc = Nokogiri::HTML(html)
# DIV要素のツリーをすべて抜き出す
divs = doc.xpath('//div')
divs.size                     # => 2
# 最初のDIV要素のツリーを得る
div1, = doc.xpath('(//div)[1]')
# DIV要素のID属性の値を得る
div1["id"]                    # => "content"
# DIV要素の内容のHTML片をそのまま得る
div1.inner_html               # => "&lt;Nokogiri&gt;"
# DIV要素の内容をテキストで得る。HTMLアンエスケープされ、HTMLタグは除
# 去された文字列が返る
div1.inner_text               # => "<Nokogiri>"
# DIV要素も含めてHTML片を得る
div1.to_html                  # => "<div id=\"content\">&lt;No..."
# すべてのDIV要素のID属性の値を得る
divs.map {|div| div['id'] }   # => ["content", "footer"]
# id=contentな最初のDIV要素のツリーを得る
doc.xpath('//div[@id="content"]') # => [#<Nokogiri::XML::Element:0x...
# XPathの他、CSSセレクタで指定することも可能
doc.css('div#content')        # => [#<Nokogiri::XML::Element:0x...

# 代入形式でHTMLの変更ができる
div2, = doc.css("div#footer")
div2['class'] = "c"
div2.inner_html = "test"
# 確かに書き変わっている
puts doc
# >> <!DOCTYPE html>
```

▼

■ SECTION-110 ■ HTMLを解析する

```
# >> <html>
# >> <head>
# >> <meta http-equiv="Content-Type" content="text/html; charset=UT...
# >> <title>Sample</title>
# >> </head>
# >> <body>
# >> <div id="content">&lt;Nokogiri&gt;</div>
# >> <div class="c" id="footer">test</div>
# >> </body>
# >> </html>
```

ONEPOINT　**HTMLを解析するには「Nokogiri」を使用する**

　Webに存在するさまざまな情報を分析・加工するスレイピングという分野の処理があり
ますが、この際に欠かせないのがHTMLの解析です。解析するHTMLが単純な場合
は正規表現で充分なこともままありますが、複雑なことをしだすとHTMLの構造を理解し
ながら解析することが必要になります。

　HTMLを解析するには、Nokogiriというライブラリが手軽です。解析部分はC言語で
記述されているため、高速です。まず最初に、「Nokogiri.HTML」でHTML文字列か
IOを指定して「Nokogiri::HTML::Document」オブジェクトを作成します。

　それから、CSSセレクタかXPathを指定して、該当するHTMLの部分ツリーをすべて
取り出します。結果は配列を継承したオブジェクトで、これをさらに絞り込み検索すること
なども可能です。

SECTION-114

REXMLでXMLを解析する

💎 標準添付のXMLパーサ「REXML」

前節で紹介したNokogiriはXMLも解析することができます。しかし、XMLの解析の用途だけであれば、Rubyには標準添付のXMLパーサであるREXMLがあります。標準添付ですので導入の容易さは間違いなくこちらが勝っています。

REXMLのパーサには、さまざまな種類があります。ここでは次のXML（ファイル名sample.xml）を題材にして、DOMに似たツリーAPIと、SAXに似たストリーミングAPIを紹介します。

● sample.xml

```xml
<?xml version="1.0"?>
<document>
  <abstract>How to learn Ruby</abstract>
  <chapter>
    <title>Ruby Programming</title>
    <section difficulty="very low">
      <title>Introduction</title>
    </section>
    <section difficulty="low">
      <title>Syntax</title>
      <subsection>
        <title>Literal</title>
      </subsection>
      <subsection>
        <title>Operator &amp; Precedence</title>
      </subsection>
    </section>
    <section difficulty="high">
      <title>Metaprogramming</title>
    </section>
  </chapter>
</document>
```

💎 ツリーAPIによる解析

ツリーAPIは、XMLツリーに対してXPathクエリで質問する形式のAPIです。ツリーAPIを使用するには、まず「REXML::Document.new」でXMLのドキュメントツリーを作成します。XMLソースは、IOかStringを指定します。後は、「elements[XPATH文字列]」で好きなノードを取得することができます。たくさんのクラスがからんでくるので、注釈にはクラス名も付記しました。

309

■ SECTION-114 ■ REXMLでXMLを解析する

```ruby
require 'rexml/document'
def c(obj) [obj.class, obj] end # 解説用メソッド

# XMLファイルを読み込んで解析する
path = File.expand_path "sample.xml", __dir__
c(doc = open(File.expand_path("sample.xml", __dir__)) {|xml|
    REXML::Document.new xml
}) # => [REXML::Document, <UNDEFINED> ... </>]
# abstract要素の内容を得る
c(dom = doc.elements)
# => [REXML::Elements, #<REXML::Elements:0xb7c69f64 ...
c dom["//abstract"]          # => [REXML::Element, <abstract> ... </>]
c dom["//abstract"].text  # => [String, "How to learn Ruby"]
# ルートからdocument→chapter→sectionの1番目と要素をたどる
c dom["/document/chapter/section"]
# => [REXML::Element, <section difficulty='very low'> ... </>]
# ルートからdocument→chapter→sectionの2番目と要素をたどる
c sect2 = dom["/document/chapter/section[2]"]
# => [REXML::Element, <section difficulty='low'> ... </>]
# 属性をハッシュのサブクラスで得る
c sect2.attributes
# => [REXML::Attributes, {"difficulty"=>difficulty='low'}]
# difficulty属性の値を得る
c sect2.attributes["difficulty"] # => [String, "low"]
c sect2.attribute("difficulty")
# => [REXML::Attribute, difficulty='low']
c sect2.attribute("difficulty").to_s
# => [String, "low"]
# sect2のノードからsubsection→titleの2番目と要素をたどり、内容を得る
sect2.elements["subsection/title[2]"].text
# => "Operator & Precedence"
# difficulty属性がhighなsection→titleと要素をたどり、内容を得る
doc.elements["//section[@difficulty='high']/title"].text
# => "Metaprogramming"
# ドキュメントルート
c doc.root # => [REXML::Element, <document> ... </>]
chap = doc.elements["//chapter"] # => <chapter> ... </>
# chapter要素の子の各々のsection要素のタイトルを得る。
# ただしmapメソッドは使えない
chap.elements.collect("section") {|elm| elm.elements["title"].text }
# => ["Introduction", "Syntax", "Metaprogramming"]
# chapter要素の子の各々のsection要素において処理する
chap.elements.each("section") do |elm|
  p elm
  # >> <section difficulty='very low'> ... </>
  # >> <section difficulty='low'> ... </>
  # >> <section difficulty='high'> ... </>
end
```

310

■ SECTION-114 ■ REXMLでXMLを解析する

❖ ストリーミングAPIによる解析

ストリーミングAPIは、イベント駆動型のAPIです。開始タグが来た、終了タグが来た、テキストが来たなどのイベントに遭遇すると、特定のメソッドが呼ばれます。文書の先頭から末尾まで一気に駆け抜けるので高速に動作します。しかもツリーを作成しないので、メモリ消費も抑えられます。反面、タグによる分岐処理は自分で行わないといけません。

ストリーミングAPIの中でも、ストリームパーサは単純です。ストリームパーサを使うには、まずリスナ（イベントに反応するメソッドを持つオブジェクト）を登録します。リスナのクラスには、「REXML::StreamListener」をインクルードします。このモジュールには、イベントに対応するメソッドを定義しています。メソッドの中身は空なので、リスナで再定義します。

リスナを作成したら、「REXML::Parsers::StreamParser.new」にXMLとリスナを渡し、「parse」メソッドで解析します。解析と同時にリスナのメソッドが実行されます。次のサンプルでは、目次を作成します。

```
require 'rexml/document'
# rexml/streamlistenerライブラリにREXML::Parsers::StreamParserが
# 定義されているので読み込む
require 'rexml/streamlistener'
class TitleListener
  # リスナに必要なメソッドを定義させる
  include REXML::StreamListener
  def initialize() @stack = [] end
  TAGS = %w[chapter section subsection title]
  # 開始タグが来たときに起動されるメソッド。興味のあるタグの場合スタックに入れる
  def tag_start(name, attrs)
    @stack.push name if TAGS.include? name
  end
  # 終了タグが来たときに起動されるメソッド。興味のあるタグの場合スタックから出す
  def tag_end(name)
    @stack.pop if TAGS.include? name
  end
  # テキストが来たときに起動されるメソッド。title要素の中身の場合のみ処理する
  def text(content)
    title_handler(content) if @stack.last == 'title'
  end
  def title_handler(content)
    # スタックの長さに応じてインデントを決める
    indent = " " * (@stack.length - 2) * 2
    puts "#{indent}#{content}"
  end
end
# リスナを作成し、FileとともにREXML::Parsers::StreamParserに渡し、解析する
listener = TitleListener.new
open(File.expand_path("sample.xml", __dir__)) {|xml|
  REXML::Parsers::StreamParser.new(xml, listener).parse
```

▼

311

■ SECTION-114 ■ REXMLでXMLを解析する

```
}
# >> Ruby Programming
# >>    Introduction
# >>    Syntax
# >>       Literal
# >>       Operator & Precedence
# >>    Metaprogramming
```

CHAPTER 06

配列とハッシュ

SECTION-115

配列・ハッシュを作成する

配列の作成

配列（Arrayオブジェクト）は、0から始まる整数のインデックスを使って連続的な要素を表現します。通常は配列式を使って作成します。

▶配列式

配列式は要素を「,」で区切り、「[]」で囲みます。「]」の直前に「,」があっても、文法エラーにはなりません。空配列は「[]」です。Rubyの配列は、どんなオブジェクトでも要素にすることができます。

```
[3, 7]                              # => [3, 7]
["foo", "bar"]                      # => ["foo", "bar"]
[1, 1.1, "string", Object, [], ]    # => [1, 1.1, "string", Object, []]
```

文字列とシンボルの配列は、「%w」「%W」「%i」「%I」という%記法を使うと楽です。要素は空白文字で区切りますが、「\」でエスケープするとスペースを要素に含めることができます。「%W」と「%I」は、式展開とバックスラッシュ記法が使用可能です。

```
%w[one two three\ four]             # => ["one", "two", "three four"]
%W[#{'hello'.upcase} world\n]       # => ["HELLO", "world\n"]
%i[one two three\ four]             # => [:one, :two, :"three four"]
%I[one two three #{'four'.upcase}]  # => [:one, :two, :three, :FOUR]
```

▶「Array.new(size)」での配列の作成

あらかじめ固定要素数の配列を作成するには、「Array.new」で引数に要素数を指定します。ブロックなしの場合は、全要素がnilで初期化されます。

```
Array.new(3)                        # => [nil, nil, nil]
```

ブロックを付けた場合は要素ごとにブロックを評価し、評価結果が配列の要素になります。次の例では要素がすべて"foo"の3要素の配列を作成しますが、3要素とも別のオブジェクトです。

```
Array.new(3) { "foo" }              # => ["foo", "foo", "foo"]
```

ブロックパラメータは、インデックスを取ります。0からlength-1までです。

```
Array.new(11){|i| i}    # => [0, 1, 2, 3, 4, 5, 6, 7, 8, 9, 10]
Array.new(11){|i| i*i } # => [0, 1, 4, 9, 16, 25, 36, 49, 64, 81, 100]
```

■ SECTION-115 ■ 配列・ハッシュを作成する

▶「Array.new(size, value)」での配列の作成

「Array.new」はブロックではなくて引数で初期値を取ることができますが、**全要素が同一オ
ブジェクトになります**（同一要素問題。316ページ参照）。

```
Array.new(3, "bar".freeze) # => ["bar", "bar", "bar"]
Array.new(3, 0)            # => [0, 0, 0]
```

▶「Array(arg)」での配列の作成

「Kernel#Array」は、配列への変換を行うメソッドです。まず、「to_ary」メソッドによる暗黙
の型変換を試み、次に「to_a」メソッドを呼び出します。どちらも定義されていない場合は、1
要素の配列を作成します。

```
Array([1,2])   # => [1, 2]
Array([[1],2]) # => [[1], 2]
Array(0..3)    # => [0, 1, 2, 3]
Array(3)       # => [3]
```

💎 ハッシュの作成

ハッシュ（Hashオブジェクト）は任意のオブジェクトのインデックス（キーという）を使い、キーと
値との対応を表現します。たまに連想配列と呼ぶこともあります。

ハッシュの特徴は、キーから値の取り出しが高速なところです。キーにシンボルを指定する
ことで、ハッシュを構造体のように使うことができます。

▶ ハッシュリテラル

ハッシュリテラルは「キー => 値」の組を「,」で区切り、「{}」で囲みます。組の順番は宣言順
に保存されます。空ハッシュは「{}」です。

シンボルをキーにしたハッシュは、キーと値を「:」で区切るリテラルを使うことができます。文
字列よりもシンボルの方がアクセス効率が良いため、この記法は非常によく使われています。

```
{ one: 1, two: 2, three: 3 }
# => {:one=>1, :two=>2, :three=>3}

{ host: "127.0.0.1", port: 9999 }
# => {:host=>"127.0.0.1", :port=>9999}
```

関連項目 ▶ ▶ ▶

- ●%記法について ………………………………………………………………… p.167
- ●同一要素にまつわる問題について ……………………………………………… p.316
- ●配列をLisp的連想リストとして使う ………………………………………… p.333
- ●オブジェクトを変更不可にする ………………………………………………… p.573

315

SECTION-116

同一要素にまつわる問題について

💠 同一要素問題

配列やハッシュという要素を格納するクラス（コンテナ）を扱うと、複数の要素が同一のオブジェクトを共有することがあります。共有しているオブジェクトに破壊的メソッドを適用すると、一度に複数の要素が変更されたように見えます。

同一要素問題を回避するには「Object#freeze」で変更不可にしたり、別の方法を採ります。数値やシンボルなど、破壊的メソッドを持たないクラスならば問題ありません。

◉ 配列が要素を共有している様子

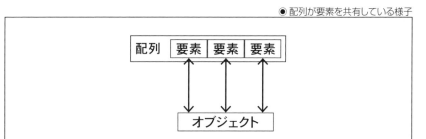

▶ 同じ変数を要素にするとオブジェクトは共有される

Rubyの変数は名札モデルなので、同じ変数を要素にすると、そのオブジェクトは共有されます。

```
s = "hoge"
a = [s, s]        # => ["hoge", "hoge"]
h = {x: s, y: s}  # => {:x=>"hoge", :y=>"hoge"}
a[0].upcase!
s                 # => "HOGE"
a                 # => ["HOGE", "HOGE"]
h                 # => {:x=>"HOGE", :y=>"HOGE"}
```

▶ 「Array.new(size, value)」はvalueが共有される

「Array.new」に「size」と「value」を指定すると、全要素が同一の「value」を共有した、長さ「size」の配列を作成します。要素を同値な別のオブジェクトにするには、ブロックを使用します。

```
a1 = Array.new(2, "hoge")    # => ["hoge", "hoge"]
a1[0].equal? a1[1]           # => true
a1[0].upcase!; a1            # => ["HOGE", "HOGE"]
# 破壊的メソッドが使われる危険があるならばブロックを使う
a2 = Array.new(2) { "hoge" } # => ["hoge", "hoge"]
a2[0].upcase!; a2            # => ["HOGE", "hoge"]
```

■ SECTION-116 ■ 同一要素にまつわる問題について

▶ ハッシュのデフォルト値は共有される

ハッシュのデフォルト値は、同じオブジェクトが返ります。デフォルト値を参照するたびに同値
な別のオブジェクトを返すには、ブロックを使用します。

```
h1 = Hash.new("bar")
h1[:x] = "foo"; h1       # => {:x=>"foo"}
# 要素がないのでデフォルト値が参照される、それに破壊的メソッドを適用すると...
h1[:y].upcase!; h1[:z]   # => "BAR"
# デフォルト値を破壊的メソッドから守る
h2 = Hash.new{|hash,k| hash[k] = "bar" }
h2[:x] = "foo"; h2       # => {:x=>"foo"}
h2[:y].upcase!; h2[:z]   # => "bar"
```

▶ 「Array#fill(value, range)」は「value」が共有される

「Array#fill」も「value」が共有されます。要素を同値な別のオブジェクトにするには、ルー
プでそれぞれ代入していきます。

```
a1 = []; a1.fill("hoge", 0..1); a1         # => ["hoge", "hoge"]
a1[0].upcase!; a1                          # => ["HOGE", "HOGE"]
a2 = []; (0..1).each {|i| a2[i] = "hoge" }; a2  # => ["hoge", "hoge"]
a2[0].upcase!; a2                          # => ["HOGE", "hoge"]
```

関連項目 ▶ ▶ ▶

- オブジェクトの同一性と同値性について ……………………………………… p.177
- 配列・ハッシュを作成する …………………………………………………… p.314
- 配列の指定された範囲を同じ値で埋める …………………………………… p.339
- ハッシュのデフォルト値を求める・設定する ………………………………… p.354
- オブジェクトを変更不可にする ……………………………………………… p.573

SECTION-117

配列・ハッシュの要素を取り出す

ここでは、配列・ハッシュから要素を取り出す方法を解説します。

SAMPLE CODE

```
ary = ["zero", "one", "two"]
# 配列の最初の要素を取り出す。firstも使える
ary[0]          # => "zero"
ary.fetch(0) # => "zero"
ary.first    # => "zero"

# 配列の最後の要素を取り出す。負の数を指定すると最後の要素から数える。lastも使える
ary[-1]         # => "two"
ary.fetch(-1) # => "two"
ary.last      # => "two"

# インデックスが1の要素を得る
ary[1]          # => "one"
ary.fetch(1) # => "one"

# []で存在しないインデックスを指定するとnilを返す
ary[3] # => nil

# fetchは要素がなければIndexErrorとなる
ary.fetch(3) rescue $!
# => #<IndexError: index 3 outside of array bounds: -3...3>

# fetchに第2引数を与えると存在しなかった場合の値を設定できる
ary.fetch(3, "three") # => "three"

# fetchにブロックを付けると要素がない場合に評価される
ary.fetch(3) {|i| "ary[#{i}] is not found" }
# => "ary[3] is not found"

hash1 = { zero: 0, one: 1, two: 2 }
hash2 = { 0 => "zero", 1 => "one", 2 => "two" }

# ハッシュの値の取り出し
hash1[:zero]      # => 0
hash1.fetch(:zero) # => 0

# 配列同様[]で存在しないキーを指定するとnilを返す
hash2[:three] # => nil
```

▼

■ SECTION-117 ■ 配列・ハッシュの要素を取り出す

```
# 見た目は配列と変わらないが、実はハッシュの値の取り出し
hash2[0] # => "zero"

# fetchは配列と同様。キーに対応する値がなく、ブロックも指定されていない場合KeyErrorとなる
hash1.fetch(:three) rescue $! # => #<KeyError: key not found: :three>
hash1.fetch(:three, 3)       # => 3
hash1.fetch(:three){|key| "hash1[#{key.inspect}] is not found" }
# => "hash1[:three] is not found"
```

ONEPOINT 配列・ハッシュから要素を取り出すには
「Array#[]」「Hash#[]」「Array#fetch」「Hash#fetch」を使用する

　　配列もハッシュも、「[]」演算子でインデックスを指定して取り出すことができます。配列の最初のインデックスは、0からです。配列のインデックスに負の数を指定すると、後ろから数えます。存在しない要素を取り出すと、nilを返します。

　　要素の取り出しには「fetch」メソッドも使えますが、要素がない場合の挙動が異なります。「fetch」の方が厳密なメソッドで、要素がない場合は例外が発生します。ブロックを付けると、要素がない場合にインデックスを引数としてブロックの評価結果を返します。

関連項目 ▶ ▶ ▶

● 部分配列を作成する …………………………………………………………… p.325
● 「Enumerable」は配列を一般化したもの………………………………………… p.372

319

SECTION-118

配列・ハッシュの要素を変更する

ここでは、配列・ハッシュの要素を変更する方法を解説します。

SAMPLE CODE

```
ary = ["zero", "one", "two"]
hash = { zero: 0, one: 1, two: 2 }
# 最初の要素を変更する。オブジェクトそのものが書き変わる
ary[0] = "ZERO"; ary      # => ["ZERO", "one", "two"]
# 新たに:three, 3のペアを追加する
hash[:three] = 3; hash # => {:zero=>0, :one=>1, :two=>2, :three=>3}
# 要素数を超えたインデックスを指定したら配列はnilで伸長される
ary[4] = "four"; ary      # => ["ZERO", "one", "two", nil, "four"]
# メソッド呼び出しではあるものの、文法上では代入文扱いされるため多重代入も可能
ary[3], hash[:three] = ["three", "three"]
ary     # => ["ZERO", "one", "two", "three", "four"]
hash  # => {:zero=>0, :one=>1, :two=>2, :three=>"three"}
# 自己代入も可能
hash[:zero] += 3; hash
# => {:zero=>3, :one=>1, :two=>2, :three=>"three"}
```

ONEPOINT 　配列・ハッシュの要素を変更するには「[]=」を使用する

　　配列・ハッシュの要素を変更するには、要素を「[]」演算子で取り出して代入します。
代入文に見えますが、実はオブジェクトの内容を変更する破壊的メソッド「[]=」です。
よって文法上は代入文とみなされるため、自己代入や多重代入ができます。

　　配列の要素数を超えたインデックスを指定した場合は、配列が伸長されます。エラー
にならないので意図しない伸長には、注意してください。

　　なお、要素を最後尾に追加する処理は頻繁に起こるため、「Array#<<」という専用
の演算子メソッドが用意されています。

関連項目 ▶ ▶ ▶

- 代入について ……………………………………………………………………… p.82
- 多重代入について ………………………………………………………………… p.84
- 配列・ハッシュの要素を取り出す ……………………………………………… p.318
- 配列に要素を追加する…………………………………………………………… p.331

SECTION-119

配列・ハッシュの要素数を求める

ここでは、配列・ハッシュのサイズを求める方法を解説します。

SAMPLE CODE

```
ary = [1, 2, 3]
hash = { one: 1, two: 2 }
# 配列・ハッシュともに「length」「size」メソッドでサイズが求まる
ary.length              # => 3
ary.size                # => 3
hash.length             # => 2
hash.size               # => 2
# ネストされた配列は外側のサイズとなる
nested = [[1,2], [3,4,5]]
nested.length           # => 2
# ちなみにネストされたものも含め全要素を求めるには、平坦化した配列のサイズを求める
nested.flatten          # => [1, 2, 3, 4, 5]
nested.flatten.length   # => 5

# 内側の配列のサイズをすべて得るにはEnumerable#mapと併用する
nested.map(&:length)  # => [2, 3]
```

ONEPOINT 配列・ハッシュのサイズを求めるには「Array#length」「Hash#length」を使用する

配列の要素数・ハッシュのペア数を求めるには、「Array#length」および「Hash#length」メソッドを使用します。「Array#size」、「Hash#size」はそれぞれ「length」の別名です。配列、ハッシュともにオブジェクト自身がサイズを記憶しているため、サイズを求めるためにループを回す必要はありません。

SECTION-120

配列を結合する

ここでは、配列と配列を結合する方法を解説します。

SAMPLE CODE

```
ary1 = [1,2,3]
ary2 = [4,5,6]
# 結合するには加算を使う
ary1 + ary2        # => [1, 2, 3, 4, 5, 6]
ary1               # => [1, 2, 3]
# Array#concatは破壊的に結合する
ary1.concat ary2   # => [1, 2, 3, 4, 5, 6]
ary1               # => [1, 2, 3, 4, 5, 6]
```

ONEPOINT 配列と配列を結合した結果を得るには「Array#+」か「Array#concat」を使用する

配列と配列を結合した結果を得るには、「+」を使用します。破壊的バージョンは、concatenateの略で「concat」です。自分自身と結合すると覚えてください。

COLUMN ループ中では「concat」を使用する

自己代入よりも破壊的変更の方がメモリ効率が良いので、配列を結合するループでは「+=」ではなく「concat」を使用する方がメモリ効率がよくなります。次の例では、3つの配列をループを使って結合します。

```
ary1 = [1,2,3]
ary2 = [4,5,6]
ary3 = [7,8,9]
all = []
# [ary1, ary2, ary3].each {|a| all += a } こちらはメモリ効率が悪い
[ary1, ary2, ary3].each {|a| all.concat a }
all  # => [1, 2, 3, 4, 5, 6, 7, 8, 9]
```

「Enumerable#inject」を使用すれば、一時変数が不要になります。

```
ary1 = [1,2,3]
ary2 = [4,5,6]
ary3 = [7,8,9]
[ary1, ary2, ary3].inject([]) {|al,a| al.concat a} # => [1, 2, 3, 4, 5, 6, 7, 8, 9]
```

関連項目 ▶ ▶ ▶

- 配列の要素を1つずつ処理する ………………………………………………………… p.336
- 合計を計算する ………………………………………………………………………… p.381

SECTION-121

同じ配列を繰り返す

　ここでは、同じ配列を整数回繰り返す方法を解説します。

SAMPLE CODE

```
ary = %w[a b]
# 整数と乗算すると繰り返しになる
repeated = ary * 3          # => ["a", "b", "a", "b", "a", "b"]
# Array#cycleを使った場合
ary.cycle(3).to_a           # => ["a", "b", "a", "b", "a", "b"]
# 文字列と乗算すると要素の間に文字列を挟んだ文字列が返る。Array#joinと同じ
ary * ":"                   # => "a:b"
# 繰り返した要素は1つの同じオブジェクトを参照する
ary[0].object_id            # => 70311853553040
repeated[0].object_id       # => 70311853553040
repeated[2].object_id       # => 70311853553040
# だから破壊的メソッドを適用すると大変なことになる
repeated[0].upcase!
repeated                    # => ["A", "b", "A", "b", "A", "b"]
ary                         # => ["A", "b"]
```

ONEPOINT　同じ配列を整数回繰り返すには「*」演算子を使用する

　同じ配列を整数回繰り返すには、乗算を使用します。数学の文字式とは異なり、「**」
ではありません。ちなみに文字列と乗算すると、「Array#join」と同じ結果になります。
　ただし、作られた配列の要素は同じオブジェクトを参照するので、要素に破壊的メソッ
ドを適用すると他の要素も影響を受けてしまいます。

■ SECTION-131 ■ 同じ配列を繰り返す

COLUMN	コピーして繰り返す

オブジェクトの内容をコピーして繰り返すには、「Array.new」とブロックおよび「Object#clone」を使います。

```ruby
ary = ["a", ["b"]]
repeated = Array.new(ary.length*3){|i| ary[i%ary.length].clone}
# => ["a", ["b"], "a", ["b"], "a", ["b"]]
# 違うオブジェクトを参照している
ary[0].object_id               # => 70311852736460
repeated[0].object_id          # => 70311853876260
repeated[2].object_id          # => 70311853875900

# ただし、ネストした要素まではコピーされない
ary[1][0].object_id            # => 70311852736440
repeated[1][0].object_id       # => 70311852736440
repeated[3][0].object_id       # => 70311852736440
```

関連項目 ▶ ▶ ▶

- ●オブジェクトのコピーについて ………………………………………………… p.183
- ●同一要素にまつわる問題について ……………………………………………… p.316
- ●配列を文字列化する ………………………………………………………………… p.343
- ●各要素をローテーションする …………………………………………………… p.405

SECTION-122

部分配列を作成する

ここでは、配列の一部分を抜き出す方法を解説します。

SAMPLE CODE

```
#index:0 1 2 3 4
ary = [1,2,3,4,5]   # => [1, 2, 3, 4, 5]
# 最初以外すべての要素を得る
ary[1..-1]          # => [2, 3, 4, 5]
# インデックス2~3の要素(4は含まない)を得る
ary[2...4]          # => [3, 4]
# インデックス2~4の要素を得る
ary[2..4]           # => [3, 4, 5]
# インデックス2から連続した3つの要素を得る
ary[2,3]            # => [3, 4, 5]
# Array#sliceでも同じ
ary.slice(1..-1)    # => [2, 3, 4, 5]
ary.slice(2,3)      # => [3, 4, 5]

# インデックス2から連続した3つの要素を破壊的に6に置き換える
ary[2,3] = 6; ary   # => [1, 2, 6]
```

ONEPOINT　配列の連続した部分配列を作成するには「Array#[]」を使用する

　　配列の連続した部分を抜き出した配列(以後「部分配列」)を作成するには、要素の取り出しと同様に「[]」を使います。「[m..n]」(Range)を指定した場合は、インデックスm~nの要素を抜き出します。「[m,n]」と指定した場合は、インデックスmからn個の要素を抜き出します。

　　部分配列に代入(「Array#[]=」が呼び出される)した場合は、その部分配列を破壊的に新しい配列に置き換えます。

COLUMN　最初のn個を取り出すには「Enumerable#take」が使用可能

　　最初のn個を取り出すのに「Enumerable#take」も使用可能です。

```
[1,2,3,4].take(2)            # => [1, 2]
[1,2,3,4].take(0)            # => []
[1,2,3,4].take(9)            # => [1, 2, 3, 4]
[1,2,3,4].take(-1) rescue $!
# => #<ArgumentError: attempt to take negative size>
(10..20).take(2)            # => [10, 11]
```

■ SECTION-122 ■ 部分配列を作成する

COLUMN	最初のn個を取り除いた配列の作成には 「Enumerable#drop」が使用可能

最初のn個を取り除いた配列の作成には「Enumerable#drop」も使用可能です。

```
[1,2,3,4].drop(1)          # => [2, 3, 4]
[1,2,3,4].drop(2)          # => [3, 4]
[1,2,3,4].drop(9)          # => []
[1,2,3,4].drop(-1) rescue $!
# => #<ArgumentError: attempt to drop negative size>
(10..20).drop(3)           # => [13, 14, 15, 16, 17, 18, 19, 20]
```

COLUMN	複数インデックスの要素からなる部分配列を作成するには

連続していない複数のインデックスの要素からなる部分配列を作成するには、「Array#values_at」を使用します。「values_at」の引数には、複数のインデックスを指定することができます。Rangeを指定することもできます。

```
#index:0 1 2 3 4 5
ary = [1,2,3,4,5,6]
ary.values_at(1, 3, 2)     # => [2, 4, 3]
ary.values_at(1..2, 4..5)  # => [2, 3, 5, 6]
ary.values_at(1, 3, 4..5)  # => [2, 4, 5, 6]
```

関連項目 ▶ ▶ ▶

- 配列・ハッシュの要素を取り出す ……………………………………………… p.318
- 配列・ハッシュの要素を変更する ……………………………………………… p.320
- 範囲オブジェクトを作成する ……………………………………………… p.420

SECTION-123

配列で集合演算する

ここでは、配列を使って集合演算する方法を解説します。

SAMPLE CODE

```
# 積集合を得る
[1,1,2,3,4] & [1,5]        # => [1]
# 和集合を得る
[1,1,2,3,4] | [1,5]        # => [1, 2, 3, 4, 5]
# 差集合を得る
[1,1,2,3,4] - [1,5]        # => [2, 3, 4]
# 差集合の場合、自分自身のみに含まれる重複要素は取り除かれない
[1,1,2,3,4] - [2,5]        # => [1, 1, 3, 4]
# 相手に含まれる重複要素は取り除かれる
[1,1,2,3,4] - [1,1,1,5]  # => [2, 3, 4]
```

ONEPOINT 配列で集合演算するには「&」「|」「-」演算子を使用する

2つの配列を集合に見立てて積集合、和集合、差集合を取るには、それぞれ、「&」「|」「-」演算子を使用します。積集合は両方に含まれている要素の集合、和集合は少なくとも一方に含まれている要素の集合、差集合は一方に含まれていて他方に含まれていない要素の集合です。

重複する要素は、取り除かれます。ただし、差集合を取るときに自分自身のみの要素が重複している場合は、例外的に重複が保持されます。重複の判定には、「Object#eql?」を使います。

■ SECTION-123 ■ 配列で集合演算する

COLUMN 配列Aのすべての要素が配列Bに含まれているかチェックする

　配列Aのすべての要素が配列Bに含まれているかどうかをチェックすることがあります。たとえば、キーワードの集合が与えられていて、その中からいくつかを指定する場合です。

　Aのすべての要素に「Array#include?」を使用する方法もありますが、差集合が空集合であることをチェックする方がコンパクトかつ効率的です。

```ruby
KEYWORDS = [:name, :age, :job, :tel]
# キーワードの中から選ばれたことをチェックする
selected = [:name, :job]
selected.all? {|w| KEYWORDS.include? w }   # => true
(selected - KEYWORDS).empty?               # => true
# 不正なキーワードがある場合
invalid = [:name, :invalid]
invalid - KEYWORDS                         # => [:invalid]
(invalid - KEYWORDS).empty?                # => false
```

COLUMN 集合クラス

　本格的に集合演算をする場合は、標準ライブラリのset.rbを使用します。

```ruby
require 'set'
a = Set[1,1,2,3,4]     # => #<Set: {1, 2, 3, 4}>
b = Set.new([1,5])     # => #<Set: {5, 1}>
c = a-b                # => #<Set: {2, 3, 4}>
c.subset? a            # => true
a.superset? c          # => true
a.classify{|n| n % 2}  # => {1=>#<Set: {1, 3}>, 0=>#<Set: {2, 4}>}
```

関連項目 ▶ ▶ ▶

- ●オブジェクトの同一性と同値性について ……………………………………………… p.177
- ●順列・組み合わせ・直積を求める ………………………………………………………… p.329
- ●すべての要素の真偽をチェックする ……………………………………………………… p.375
- ●指定した要素が含まれるかを調べる ……………………………………………………… p.378
- ●キーワード引数を使う ………………………………………………………………………… p.564

SECTION-124

順列・組み合わせ・直積を求める

ここでは、順列・組み合わせ・直積を求める方法を解説します。

SAMPLE CODE

```
a = [1,2,3]
# Array#permutationはEnumeratorを返すので、列挙するには「to_a」を付ける
a.permutation              # => #<Enumerator: [1, 2, 3]:permutation>
# aの要素を並べ変えるすべての方法を列挙する。引数を省略した場合は要素数を指定したのと同じ
a.permutation.to_a
# => [[1, 2, 3], [1, 3, 2], [2, 1, 3],
#     [2, 3, 1], [3, 1, 2], [3, 2, 1]]
# 2個の要素を選ぶ順列を列挙する
a.permutation(2).to_a
# => [[1, 2], [1, 3], [2, 1], [2, 3], [3, 1], [3, 2]]
# 0個の要素を選ぶ順列は空集合だけなので空配列のみの配列を返す
a.permutation(0).to_a  # => [[]]
a.permutation(1).to_a  # => [[1], [2], [3]]
a.permutation(8).to_a  # => []
# Array#combinationはEnumeratorを返すので、列挙するには「to_a」を付ける
a.combination(2)           # => #<Enumerator: [1, 2, 3]:combination(2)>
# 2個の要素を選ぶ組み合わせを列挙する
a.combination(2).to_a  # => [[1, 2], [1, 3], [2, 3]]
a.combination(0).to_a  # => [[]]
a.combination(1).to_a  # => [[1], [2], [3]]
a.combination(8).to_a  # => []
# 組み合わせ各々においてブロックを評価する
a.combination(2) {|x,y| puts "<#{x}, #{y}>" }
# 直積集合を求める
[1,2].product([3,4])    # => [[1, 3], [1, 4], [2, 3], [2, 4]]
[1,2].product([3,4], [5,6])
# => [[1, 3, 5], [1, 3, 6], [1, 4, 5], [1, 4, 6], [2, 3, 5],
#     [2, 3, 6], [2, 4, 5], [2, 4, 6]]
[1,2].product([3])      # => [[1, 3], [2, 3]]
[1,2].product()         # => [[1], [2]]
[1,2].product()         # => [[1], [2]]
# >> <1, 2>
# >> <1, 3>
# >> <2, 3>
```

329

■ SECTION-124 ■ 順列・組み合わせ・直積を求める

ONEPOINT	順列・組み合わせを求めるには 「Array#permutation」「Array#combination」を使用する

　順列を求めるには、「Array#permutation」を使用します。順列とは、N個の要素から M個を選んで並べる方法のことです。

　組み合わせを求めるには、「Array#combination」を使用します。組み合わせとは、N個の要素の集まりからM個の選び方のことです。順列と異なり、要素の並べる順番を区別しません。

　順列・組み合わせのメソッドは、ブロックを付けないとEnumeratorを返します。ブロックを付けた場合は、1つひとつの場合においてブロックを評価します（each効果）。なお、繰り返される順番は不定です。

　直積を求めるには、「Array#product」を使用します。直積とは集合の各要素から1つずつ取り出して組にしたものの集合です。Enumeratorではなく、常に配列を返します。

関連項目 ▶ ▶ ▶

● 配列で集合演算する ……………………………………………………………… p.327

SECTION-125

配列に要素を追加する

ここでは、配列に要素を破壊的に追加する方法を解説します。

SAMPLE CODE

```
ary = [1]
# 2を破壊的に追加する
ary.push 2              # => [1, 2]
# 破壊的メソッドなので自分自身が変更される
ary                     # => [1, 2]
# 「push」は複数個の要素を一度に追加できる
ary.push 3, 4           # => [1, 2, 3, 4]
ary                     # => [1, 2, 3, 4]
# 「<<」は「push」の別名。返り値が自分自身なので連続的に追加できる
ary << 5 << 6           # => [1, 2, 3, 4, 5, 6]
ary                     # => [1, 2, 3, 4, 5, 6]
# 「unshift」は前に追加する
ary.unshift 0           # => [0, 1, 2, 3, 4, 5, 6]
ary                     # => [0, 1, 2, 3, 4, 5, 6]
# 「unshift」も複数個の要素を一度に追加できる
ary.unshift(-2, -1)     # => [-2, -1, 0, 1, 2, 3, 4, 5, 6]
ary                     # => [-2, -1, 0, 1, 2, 3, 4, 5, 6]
```

> **HINT**
>
> 配列に限らず、「<<」には追加の意味があります。

ONEPOINT | 配列に要素を破壊的に追加するには
「Array#push」「<<」「Array#unshift」を使用する

配列の後ろに要素を追加するには、「Array#push」か「<<」演算子を使用します。
自分自身を返すので、連続的に要素を追加できます。

前に要素を追加するには、「Array#unshift」を使用します。

「!」は付いていませんが、いずれも破壊的メソッドです。

SECTION-126

配列の末尾・先頭の要素を取り除く

ここでは、配列の末尾・先頭の要素を破壊的に取り除く方法を解説します。

SAMPLE CODE

```ruby
ary = []
# 「push」と「pop」が対応している。配列の末尾に作用する
ary.push(1,2,3)                    # => [1, 2, 3]
ary.pop                            # => 3
ary                                # => [1, 2]
# 取り出す数を指定できる
ary.pop 2                          # => [1, 2]
ary                                # => []
# 取り除く要素がなくなった場合はnilを返す
ary.pop                            # => nil

ary = []
# 「unshift」と「shift」が対応している。配列の先頭に作用する
ary.unshift(1).unshift(2).unshift(3) # => [3, 2, 1]
ary.shift                          # => 3
ary                                # => [2, 1]
# 取り出す数を指定できる
ary.shift 2                        # => [2, 1]
ary                                # => []
# 取り除く要素がなくなった場合はnilを返す
ary.shift                          # => nil
```

ONEPOINT	配列の末尾・先頭の要素を取り除くには 「Array#pop」「Array#shift」を使用する

配列の末尾の要素を取り除くには「Array#pop」を、先頭の要素を取り除くには「Array#shift」を使用します。破壊的メソッドなので、自分自身を書き換えます。また、引数に取り除く数を指定することができます。両者に効率差はありません。

「Array#push」や「<<」演算子の逆操作が「Array#pop」で、「Array#unshift」の逆操作が「Array#shift」です。これらのメソッドを使ってスタックやキューを実現できます。

関連項目 ▶ ▶ ▶

- ●配列をスタックとして使う ………………………………………………… p.348
- ●配列をキューとして使う …………………………………………………… p.350

SECTION-127

配列をLisp的連想リストとして使う

ここでは、ネストした配列（いわゆる連想リスト）の要素を検索する方法を解説します。

SAMPLE CODE

```
alist = [["one",1,"extra element"], ["two",2], ["three",3]]
# キーに対応するペアを得る
alist.assoc("one")      # => ["one", 1, "extra element"]
# キーに対応する値を得る
alist.assoc("one")[1]   # => 1
# 値に対応するペアを得る
alist.rassoc(2)         # => ["two", 2]
# 値に対応するキーを得る
alist.rassoc(2)[0]      # => "two"
```

HINT

「連想リスト」「assoc」「rassoc」は、Lispが由来です。

ONEPOINT　連想リストからキーに対応する要素を得るには「Array#assoc」を使用する

　連想リストとは、ハッシュの代わりに使われるネストした配列のことです。内側の配列のインデックス0の要素を「キー」、インデックス1の要素を「値」と呼びます。そして、キーと値の組を「ペア」と呼びます。この呼び方は、ハッシュにならっています。

　連想リストからキーに対応するペアを得るには「Array#assoc」を使用します。ただし、検索速度は、ハッシュに大きく劣ります。

　値に対応するペアを得る「Array#rassoc」もあります。

COLUMN　少数要素でもハッシュの方が速い

　「assoc」は配列を頭から走査するので、キーが深ければ深いほど時間がかかります。それどころか次に示すように、最初の要素であってもハッシュよりも遅くなります。

```
require 'benchmark'
hash = {"one"=>1, "two"=>2, "three"=>3}
alist = [["one",1], ["two",2], ["three",3]]
Benchmark.realtime { 300000.times { hash["three"] }}        # => 0.228954792022705
Benchmark.realtime { 300000.times { alist.assoc("one")[1] }}   # => 0.300943851470947
Benchmark.realtime { 300000.times { alist.assoc("two")[1] }}   # => 0.354169845581055
Benchmark.realtime { 300000.times { alist.assoc("three")[1] }} # => 0.378952026367188
```

333

SECTION-128

配列・ハッシュを空にする

ここでは、配列・ハッシュの内容を（破壊的に）空にする方法を解説します。

SAMPLE CODE

```
ary = [1,2,3]
hash = { a: 2, b: 4 }
# 配列を空にする
ary.clear   # => []
ary         # => []
# ハッシュを空にする
hash.clear  # => {}
hash        # => {}
```

ONEPOINT　配列・ハッシュの内容を空にするには「clear」メソッドを使用する

配列・ハッシュの内容を空にするには、「clear」メソッドを使用します。「!」は付いていませんが、破壊的メソッドです。

COLUMN　別の配列・ハッシュに置き換えるには「replace」メソッドを使用する

配列・ハッシュの内容を別のものに置き換えるには「replace」メソッドを使用します。これも破壊的メソッドです。「clear」メソッドは「replace」メソッドの特別な例なので、サンプルは次のように書き換えることができます。

```
ary = [1,2,3]
ary.replace([])   # => []
ary               # => []

hash = { a: 2, b: 4 }
hash.replace({})  # => {}
hash              # => {}
```

SECTION-129

配列から要素を取り除く

ここでは、配列から要素を削除する方法を解説します。

SAMPLE CODE

```
ary = [1,2,3,4,5,6,7,8,8]        # => [1, 2, 3, 4, 5, 6, 7, 8, 8]
# 引数と「==」な要素をすべて削除し、削除した要素を返す
ary.delete(8)                    # => 8
ary                              # => [1, 2, 3, 4, 5, 6, 7]
# 削除する要素がない場合はnilが返る
ary.delete(9)                    # => nil
# 削除する要素がない場合はブロックを評価する
ary.delete(9){|n| "#{n} not found" }  # => "9 not found"
# インデックスが0の要素を削除する
ary.delete_at(0)                 # => 1
ary                              # => [2, 3, 4, 5, 6, 7]
# 偶数(「n % 2 == 0」を満たすn)を削除し、selfを返す
ary.delete_if{|n| n % 2 == 0}    # => [3, 5, 7]
ary                              # => [3, 5, 7]
```

> **HINT**
>
> 一般的にdeleteと名付けられたメソッドは、破壊的メソッドです。

ONEPOINT 配列から要素を削除するには 「Array#delete」「Array#delete_at」「Array#delete_if」を使用する

配列から要素を破壊的に削除するには、delete系のメソッドを使います。「Array#delete」は引数に等しい要素を削除します。「Array#delete_at」は、インデックスに対応する値を削除します。「Array#delete_if」は、ブロックで指定された条件を満たす要素を削除します。「Array#delete_if」は常にselfを返すので、メソッドチェーンする(「.」でメソッドをつなげることで直前のメソッドの返り値に対してメソッドを適用する)ことができます。

COLUMN 要素を削除する他のメソッド

「Array#reject」は、「delete_if」の非破壊的メソッドです。「Array#reject!」は「delete_if」と働きはほぼ同じですが、条件を満たす要素が1つもない場合はnilを返します。「Array#compact」と破壊的バージョンの「Array#compact!」は、nilのみを削除します。

部分配列「array[n,m]」「array[n..m]」に「[]」またはnilを代入すると、部分配列の要素を削除します。

SECTION-130

配列の要素を1つずつ処理する

ここでは、配列の要素を1つずつ処理する方法を解説します。

SAMPLE CODE

```ruby
ary = ["one", "two", "three"]
# 各要素についてブロックを評価する
ary.each do |s|
  puts "{#{s}}"
end
# >> {one}
# >> {two}
# >> {three}

# 逆順に繰り返すには「Array#reverse_each」を使う
ary.reverse_each do |s|
  puts "(#{s})"
end
# >> (three)
# >> (two)
# >> (one)

# ネストした配列は複数のブロックパラメータで受ける
nested1 = [[1, "one"], [2, "two"], [3, "three"]]
nested1.each do |int, english|
  puts "#{int} = #{english}"
end
# >> 1 = one
# >> 2 = two
# >> 3 = three

# ブロックパラメータは多重代入に似たルールで受けるので、複雑にネストした配列も簡単に扱える
nested2 = [[1, [1.0, "one"]], [2, [2.0, "two"]], [3, [3.0, "three"]]]
nested2.each do |int, (float, english)|
  puts "#{int}/#{float}/#{english}"
end
# >> 1/1.0/one
# >> 2/2.0/two
# >> 3/3.0/three
```

■ SECTION-130 ■ 配列の要素を1つずつ処理する

ONEPOINT 配列の要素を1つずつ処理するには「Array#each」を使用する

　配列の要素で繰り返すには、「Array#each」ブロック付きメソッドを使用します。各要素を引数にして、ブロックを評価します。「each」から派生するさまざまな繰り返しメソッドについては、Enumerableの章を参照してください。

　逆順で繰り返すには、「Array#reverse_each」を使用します。「reverse.each」と同じ効果ですが、「reverse_each」の方がやや高速です。

関連項目 ▶ ▶ ▶

● 多重代入について ………………………………………………………… p.84
● 多次元配列を扱う………………………………………………………… p.352
● 「Enumerable」は配列を一般化したもの………………………………… p.372
● 各要素に対してブロックの評価結果の配列を作る（写像） ……………… p.374
● 要素とインデックスを使って繰り返す…………………………………… p.377

SECTION-131

配列のインデックスに対して繰り返す

ここでは、配列のインデックスを1つずつ処理する方法を解説します。

SAMPLE CODE

```ruby
ary = ["zero", "one", "two"]
# インデックスにおいて繰り返す
ary.each_index do |i|
  p i
end
# >> 0
# >> 1
# >> 2
```

ONEPOINT 配列のインデックスに対して繰り返すには
「Array#each_index」を使用する

配列のインデックスのみで繰り返したい場合は、「each_index」というブロック付きメソッドを使用します。各インデックスをブロックパラメータにして、ブロックの内容を評価します。

COLUMN 他の方法を模索する

配列のインデックス「のみ」が必要なケースは、めったにないでしょう。

配列の要素とインデックスのペアで繰り返すには、「Array#each_with_index」を使用します。

複数の配列の同じインデックスに同時にアクセスしながら繰り返すには、「Array#zip」や「Array#transpose」を使用します。

関連項目 ▶ ▶ ▶

- 二次元配列を転置する ……………………………………………………………… p.345
- 要素とインデックスを使って繰り返す ……………………………………………… p.377
- 畳み込み処理による縦横計算をする ……………………………………………… p.401

SECTION-132

配列の指定された範囲を同じ値で埋める

ここでは、配列を同じ値で埋める方法を解説します。

SAMPLE CODE

```
ary = ["initial", "value"]        # => ["initial", "value"]
# 配列の長さが足りなくても自動で拡張される
ary.fill(0,5){|i| i}              # => [0, 1, 2, 3, 4]
# 全要素を埋める
ary.fill {"A"}                    # => ["A", "A", "A", "A", "A"]
# インデックス0~1を埋める
ary.fill(0..1){"B"}               # => ["B", "B", "A", "A", "A"]
# インデックス3以降すべてを埋める
ary.fill(3) {"C"}                 # => ["B", "B", "A", "C", "C"]
# 破壊的メソッドなのでオブジェクトが書き変わる
ary                               # => ["B", "B", "A", "C", "C"]
```

ONEPOINT　**配列を同じ値で埋めるには「Array#fill」を使用する**

「Array#fill」はブロックの評価結果の値で(破壊的に)配列を埋め、selfを返します。
ブロックパラメータには、インデックスを取ります。引数と範囲は、下表のようになります。イ
ンデックスが配列の長さを超えた場合は、自動的に拡張されます。

引数	範囲
なし	配列全体
m	インデックスmの要素以降すべて
m,n	インデックスmの要素からn個
m..n	インデックスm〜n

COLUMN　**「fill(value, 範囲指定引数)は同一要素問題に注意**

「Array#fill」は「Array.new」と同様に、ブロックではなく、最初の引数で初期値を
取ることができますが、全要素が同一オブジェクトになります(同一要素問題。316ペー
ジ参照)。

関連項目 ▶ ▶ ▶

- 同一要素にまつわる問題について ……………………………………………………… p.316
- オブジェクトを変更不可にする ………………………………………………………… p.573

SECTION-133

ネストした配列を平坦化する

ここでは、ネストした配列を平坦化する方法を解説します。

SAMPLE CODE

```
a = ["0", ["1"], [["2"]], [[["3"]]]]
# ネストをすべて取り除く
a.flatten                  # => ["0", "1", "2", "3"]
# 引数で平坦化の再帰の深さを指定できる
a.flatten(1)               # => ["0", "1", ["2"], [["3"]]]
a.flatten(2)               # => ["0", "1", "2", ["3"]]
a.flatten(3)               # => ["0", "1", "2", "3"]
```

ONEPOINT ネストした配列を平坦化するには 「Array#flatten」「Array#flatten!」を使用する

配列のネストを取り除くには、「Array#flatten」を使用します。どれだけ深くネストされた配列であっても平坦化されます。「Array#flatten!」は、破壊的メソッドです。

関連項目 ▶ ▶ ▶

● 配列・ハッシュを作成する ………………………………………………………… p.314

SECTION-134

配列内で等しい要素の位置を求める

ここでは、引数で指定されたオブジェクトと同値な要素のインデックスを求める方法を解説します。

SAMPLE CODE

```
# index 0 1 2 3 4 5
nums = [7,5,9,8,9,1]
# 最大値と最小値を求める
max = nums.max   # => 9
min = nums.min   # => 1
# 最大値9は2箇所あるが、Array#indexは最初のインデックスを、
# Array#rindexは最後のインデックスを求める
nums.index(max)  # => 2
nums.rindex(max) # => 4
# 最小値1は1箇所しかないので、両者は同じ値になる
nums.index(min)  # => 5
nums.rindex(min) # => 5
# Array#find_indexはArray#indexの別名
nums.find_index(max) # => 2
# 引数の代わりにブロックを渡すこともできる
# ブロックの評価がtrueになった要素のインデックスを返す
nums.index {|n| n.odd? }  # => 0
nums.index(&:odd?)        # => 0
nums.rindex(&:odd?)       # => 5

# numsに存在しないオブジェクトを指定した場合はnilになる
nums.index(9999) # => nil
```

ONEPOINT　　等しいオブジェクトを見つけてそのインデックスを得るには「Array#index」「Array#rindex」を使用する

「Enumerable#include?」「Array#include?」は、引数で指定されたオブジェクトと同値な要素の有無を判定するだけです。それに加えて、そのインデックスを求めたいことがあります。最初の（0から始まる）インデックスを求めるには「Array#index」を、最後のインデックスを求めるには「Array#rindex」を使用します。指定された要素が存在しない場合は、nilが返ります。

関連項目 ▶ ▶ ▶

- 指定した要素が含まれるかを調べる ……………………………………………… p.378
- 条件を満たす最初の要素を求める……………………………………………… p.383
- ブロックを簡潔に表現する ……………………………………………… p.598

341

SECTION-135

配列に要素を挿入する

ここでは、配列に要素を破壊的に挿入する方法を解説します。

SAMPLE CODE

```
ary = [1, 2, 3, 4]
# インデックスが2の要素の直前に"inserted"と"contents"を挿入する
ary.insert(2, "inserted", "contents")
# => [1, 2, "inserted", "contents", 3, 4]
# 破壊的に変更される
ary # => [1, 2, "inserted", "contents", 3, 4]
# 部分配列への代入でも破壊的に挿入できるがinsertとは返り値が異なる
ary[5,0] = ["XXX"]  # => ["XXX"]
ary                 # => [1, 2, "inserted", "contents", 3, "XXX", 4]
# これは「Array#<<」と同じ効果
ary.insert(ary.length,"a")
# => [1, 2, "inserted", "contents", 3, "XXX", 4, "a"]
# これは「Array#unshift」と同じ効果
ary.insert(0,0)
# => [0, 1, 2, "inserted", "contents", 3, "XXX", 4, "a"]
```

ONEPOINT 配列に要素を挿入するには「Array#insert」を使用する

配列に要素を挿入するには、「insert(nth, val1, [val2...])」メソッドを使用します。これは破壊的メソッドで、インデックスnthの要素の直前にval1以降を挿入して、selfを返します。

なお、「self[nth,0]=[val1, val2...]」でも挿入できますが、挿入した値が返されます。

先頭に挿入するには「Array#unshift」、末尾に挿入するには「Array#<<」(「Array#push」)を使用します。

関連項目 ▶ ▶ ▶

● 配列・ハッシュの要素を変更する ……………………………………………… p.320
● 部分配列を作成する …………………………………………………………… p.325
● 配列に要素を追加する………………………………………………………… p.331

SECTION-136

配列を文字列化する

ここでは、配列を文字列化する方法を解説します。

SAMPLE CODE

```
ary = [1, "a", Array, ["inner", ["array"]]]
# 人間が読みやすい形式にする
ary.inspect    # => "[1, \"a\", Array, [\"inner\", [\"array\"]]]"
# to_sはinspectの別名
ary.to_s       # => "[1, \"a\", Array, [\"inner\", [\"array\"]]]"
# 文字列を挟み込む。省略時は要素を連結する
ary.join       # => "1aArrayinnerarray"
ary.join ""    # => "1aArrayinnerarray"
ary.join ","   # => "1,a,Array,inner,array"
# 「*」演算子メソッドに文字列を指定した場合は「Array#join」と同じになる
ary * " "      # => "1 a Array inner array"
```

ONEPOINT	配列を文字列化するには 「Array#inspect」や「Array#join」を使用する

　配列を文字列に変換するには、さまざまな方法があります。「これは配列である」と人間にわかりやすく表示するには、「Array#inspect」または「Array#to_s」を使用します。各々の要素の「Object#inspect」が呼ばれ、「,」(カンマ)で区切り、「[]」で囲みます。

　配列の要素の間に文字列を狭みたい場合は、「Array#join」を使用します。引数には狭み込む文字列を指定します。省略したときは空文字列を指定したことになり、その結果、要素を文字列化したものを連結します。ネストした配列は、あらかじめ、平坦化します。

　「*」演算子に文字列を指定した場合も同じ動作をします。

関連項目 ▶ ▶ ▶

- 手軽な実験環境 ……………………………………………………………… p.60
- オブジェクトの文字列表現について ……………………………………… p.174
- オブジェクトを表示する …………………………………………………… p.175
- 式の評価結果を文字列に埋め込む(式展開) …………………………… p.208
- ネストした配列を平坦化する ……………………………………………… p.340
- ファイルに書き込む ………………………………………………………… p.463

343

SECTION-137

配列を反転する

ここでは、配列の要素を逆順に並べる方法を解説します。

SAMPLE CODE

```
# 配列を逆順にするには「reverse」を使用する
[1,3,5].reverse          # => [5, 3, 1]
# 破壊的バージョン「reverse!」もある
ary = [2,4,6]
ary.reverse!             # => [6, 4, 2]
ary                      # => [6, 4, 2]
# 降順にソートするには昇順にソートしてから反転する
[22,99,88,77].sort.reverse  # => [99, 88, 77, 22]
```

ONEPOINT　配列の要素を逆順にするには「Array#reverse」を使用する

配列の要素を逆順にした新しい配列を得るには、「Array#reverse」を使用します。破壊的バージョンは「Array#reverse!」で、selfを返します。ソートのデフォルトが昇順なので、降順にソートする場合は昇順にしてから逆順にする方法が最速です。

なお、「Array#reverse_each」は、「reverse.each」と同じ効果で、かつ「reverse.each」より高速です。

関連項目 ▶ ▶ ▶

- 配列の要素を1つずつ処理する ·· p.336
- ソートする ·· p.394

SECTION-138

二次元配列を転置する

ここでは、疑似二次元配列の行と列を入れ替える方法を解説します。

SAMPLE CODE

```
a1 = [1,2,3]; a2 = [4,5,6]; a3 = [7,8,9]
a = [a1,a2,a3]              # => [[1, 2, 3], [4, 5, 6], [7, 8, 9]]
# 「Array#transpose」で転置行列を求める
a.transpose                 # => [[1, 4, 7], [2, 5, 8], [3, 6, 9]]
# 「Array#zip」で内部配列を指定することでも転置行列は求められる
a1.zip(a2,a3)               # => [[1, 4, 7], [2, 5, 8], [3, 6, 9]]
# サイズが不一致の疑似二次元配列を作成する
a4 = [7,8]; a = [a1,a2,a4]  # => [[1, 2, 3], [4, 5, 6], [7, 8]]
# サイズが不一致だと行列とはみなせないので転置行列は求められない。
# そのため例外が発生する。Array#zipはnilで埋められる
a.transpose rescue $!
# => #<IndexError: element size differs (2 should be 3)>
a1.zip(a2,a4)               # => [[1, 4, 7], [2, 5, 8], [3, 6, nil]]
```

ONEPOINT | **疑似二次元配列の行と列を入れ替えるには「Array#transpose」を使用する**

レシーバを行列とみなして転置行列を求めるには、「Array#transpose」を使用します。転置行列とは、行と列を入れ替えた行列のことです。空配列以外のネストしない配列や、内部配列のサイズが不一致の配列の場合は、「IndexError」例外が発生します。

「Enumerable#zip」と働きは似ていますが、「zip」の方は引数やレシーバにEnumerableを指定できます。「transpose」は、ブロックを持てません。

関連項目 ▶ ▶ ▶
- 畳み込み処理による縦横計算をする ‥‥‥‥‥‥‥‥‥‥‥‥‥‥‥‥‥‥‥‥‥‥‥‥‥p.401

345

SECTION-139

配列から重複要素を取り除く

ここでは、配列から重複要素を取り除く方法を解説します。

SAMPLE CODE

```ruby
# 重複した要素を1つにまとめる
[1,1,1,1].uniq     # => [1]
[1,1,2,2,3,4].uniq # => [1, 2, 3, 4]
# 連続した重複でなくても、あらゆる重複要素を1つにまとめる
[1,2,1,2,3,4].uniq # => [1, 2, 3, 4]
ary = [1,2,1,1]
# 破壊的バージョンは自分自身を書き換える。書き換えた場合はselfを返し、
# 書き換えない(重複要素がない)場合はnilを返す
ary.uniq!          # => [1, 2]
ary                # => [1, 2]
ary.uniq!          # => nil
```

ONEPOINT 配列から重複要素を取り除くには「Array#uniq」を使用する

配列から重複要素を削除して1つにまとめた配列を作成するには、「Array#uniq」を使用します。「Object#eql?」で要素の重複を判定します。

レシーバの配列から破壊的に重複要素を削除する「Array#uniq!」もあります。削除が行われた場合はselfを返し、行われなかった場合はnilを返します。

名前の由来は、同名のUnixコマンドです。uniqコマンドの方は連続した重複しか取り除きませんが、「Array#uniq」の方はすべての重複を取り除きます。

SECTION-140

配列をシャッフルする

ここでは、配列をシャッフルする方法を解説します。

SAMPLE CODE

```ruby
a = (1..6).to_a                  # => [1, 2, 3, 4, 5, 6]
# シャッフルはこんなに簡単に書ける
a.shuffle                        # => [3, 2, 5, 1, 6, 4]
a.shuffle                        # => [6, 2, 3, 4, 1, 5]
a.shuffle                        # => [1, 5, 6, 4, 2, 3]
# Array#shuffle!は破壊的バージョン
a.shuffle!                       # => [2, 1, 5, 6, 3, 4]
a                                # => [2, 1, 5, 6, 3, 4]
# ランダムな要素を3つ取り出す
a.sample(3)                      # => [2, 3, 1]
```

ONEPOINT　配列をシャッフルするには「Array#shuffle」を使用する

配列をシャッフルするには、「Array#shuffle」を使います。

また、「Array#sample」で、要素をランダムに得ることができます。引数を付けた場合は引数の数だけ、無引数の場合は1つだけ得ます。

SECTION-141

配列をスタックとして使う

ここでは、配列をスタックとして使う方法を解説します。

SAMPLE CODE

```ruby
# 括弧の対応が取れているかどうかを判定する関数
def paren_match?(expr)
  stack = []
  # 閉括弧に対応する開括弧を表すハッシュ
  open_parens = {')'=>'(', '}'=>'{'}
  # 式を走査し、括弧が登場するたびに括弧文字を「paren」ブロックパラメータに代入する
  expr.scan(/[\(\{\)\}]/) do |paren|
    case paren
    when '(','{'
      # 開括弧だった場合はスタックに詰める
      stack.push paren
    when ')','}'
      # 閉括弧だった場合にスタックが空だったり括弧の種類が合わなかった場合はfalseを返す
      if stack.empty? || stack.last != open_parens[paren]
        return false
      else
        # それ以外の場合は括弧が正しく閉じているのでスタックから取り出す
        stack.pop
      end
    end
  end
  # 開括弧と閉括弧が正しくあっている場合はスタックは空になるので、
  # 括弧の対応が取れているかどうかはスタックが空かどうかで判別できる
  stack.empty?
end
paren_match? "1+(2*3)"      # => true
paren_match? "(1+(2*3)"     # => false
paren_match? "1+(2*3))"     # => false
paren_match? "1+{2*(3+3)}"  # => true
paren_match? "1+{2*(3+3})"  # => false
```

■ SECTION-141 ■ 配列をスタックとして使う

ONEPOINT	配列をスタックとして使うには 「Array#push」と「Array#pop」と「Array#last」を使用する

スタックとは「Last In First Out」(LIFO)と呼ばれ、あとからスタックに積まれたオブジェクトが先にスタックから取り出されます。

机の上に本を積み上げることを想像してください。新しい本を積み上げることも最上段の本を取り除くことも簡単にできますが、真ん中の本を取り出すのは大変です。括弧の対応を調べる問題は典型的なスタックの例です。

Rubyの組み込みクラスは多目的に使うことができ（大クラス主義）、スタックも用途の1つです。わざわざスタックのクラスを作成しなくても、次のように配列で間に合います。

スタックの操作	配列のメソッド
スタックに加える	Array#push
スタックから取り出す	Array#pop
スタックのトップを見る	Array#last
スタックが空であるかどうか	Array#empty?

関連項目 ▶ ▶ ▶

- オブジェクトが空であるかどうかを調べる ……………………………………… p.185
- 配列・ハッシュの要素を取り出す ……………………………………………… p.318
- 配列に要素を追加する …………………………………………………………… p.331
- 配列をキューとして使う ………………………………………………………… p.350

349

SECTION-142

配列をキューとして使う

ここでは、配列をキューとして使う方法を解説します。

SAMPLE CODE

```ruby
class CheckoutStand
  def initialize
    # レジの待ち行列を表現する配列
    @clients_in_checkout_stand = []
  end

  # 並んでいる人の状態を表す関数
  def current_queue_str
    # キューが空であるかを調べる
    if @clients_in_checkout_stand.empty?
      "並んでいる人はいません。"
    else
      "並んでいる人は#{@clients_in_checkout_stand.join 'と'}です。"
    end
  end

  # 待ち行列に人が来たことを宣言する関数
  def new_client(client)
    # キューに加えるには「Array#push」を使用する
    @clients_in_checkout_stand.push client
    puts "#{client}が並びました。#{current_queue_str}"
  end

  # 支払いを終えたことを宣言する関数
  def pay
    # キューから出るには「Array#shift」を使用する
    client = @clients_in_checkout_stand.shift
    puts "#{client}が支払いを終えました。#{current_queue_str}"
  end
end

# レジの状況をシミュレーションする
check_stand = CheckoutStand.new
check_stand.new_client :A
check_stand.new_client :B
check_stand.pay
check_stand.new_client :C
check_stand.pay
check_stand.pay
# >> Aが並びました。並んでいる人はAです。
```

■ SECTION-142 ■ 配列をキューとして使う

```
# >> Bが並びました。並んでいる人はAとBです。
# >> Aが支払いを終えました。並んでいる人はBです。
# >> Cが並びました。並んでいる人はBとCです。
# >> Bが支払いを終えました。並んでいる人はCです。
# >> Cが支払いを終えました。並んでいる人はいません。
```

ONEPOINT 配列をキューとして使うには
「Array#push」と「Array#shift」を使用する

キューとは待ち行列のことで、「First In First Out」（FIFO）と呼ばれています。レジ
への行列と同様に、横入りは許されません。

Rubyの組み込みクラスは多目的に使うことができ（大クラス主義）、キューも用途の1つ
です。わざわざキューのクラスを作成しなくても、次のようにRubyの配列で間に合います。

なお、スレッド間通信で使うキューについては、Queueクラスを使用します。

キューの操作	配列のメソッド
キューに加える	Array#push
キューから取り出す	Array#shift
キューの先頭を見る	Array#first
キューが空であるかどうか	Array#empty?
キューの長さを知る	Array#length

関連項目 ▶▶▶

● キューで順番に処理していく ……………………………………………… p.648

351

SECTION-143

多次元配列を扱う

ここでは、疑似的に多次元配列を扱う方法を解説します。

SAMPLE CODE

```ruby
# 0で初期化された2x2の疑似二次元配列
Array.new(2){ Array.new(2,0) }
# => [[0, 0], [0, 0]]

# 文字列"str"で初期化された2x2の疑似二次元配列
# 初期値をブロックで設定することで、
# 破壊的メソッドよってすべての要素が変更されることを防いでいる
Array.new(2){ Array.new(2){"str"} }
# => [["str", "str"], ["str", "str"]]

# 4x3の疑似二次元配列を配列式で作成する。疑似多次元配列はネストした配列に過ぎない
table = [[ 1, 2, 3],
         [ 4, 5, 6],
         [ 7, 8, 9],
         [10,11,12]]

# 0行0列(左上)の要素
table[0][0]               # => 1
# 1行1列の要素
table[1][1]               # => 5
# 3行2列(右下)の要素
table[3][2]               # => 12
# 0行999列の要素も999行0列の要素も存在しないが、後者は例外
table[0][999]             # => nil
table[999][0] rescue $!
# => #<NoMethodError: undefined method `[]' for nil:NilClass>

if RUBY_VERSION >= "2.3"
  # Ruby 2.3 以降ではArray#digがある。
  # 多次元配列のアクセスで例外にならない。
  table.dig(0,999) # => nil
  table.dig(999,0) # => nil
end

# ネストを取り除く(平坦化)
table.flatten             # => [1, 2, 3, 4, 5, 6, 7, 8, 9, 10, 11, 12]

# 要素を1つずつ処理するには二重ループを使用する
# 「each_with_index」ならばi行j列とインデックスにアクセスできる
table.each_with_index do |line, i|
```

■ SECTION-143 ■ 多次元配列を扱う

```
  line.each_with_index do |element, j|
    puts "table[#{i}][#{j}] = #{element}"
  end
end

# >> table[0][0] = 1
# >> table[0][1] = 2
# >> table[0][2] = 3
# >> table[1][0] = 4
# >> table[1][1] = 5
# >> table[1][2] = 6
# >> table[2][0] = 7
# >> table[2][1] = 8
# >> table[2][2] = 9
# >> table[3][0] = 10
# >> table[3][1] = 11
# >> table[3][2] = 12
```

ONEPOINT | **多次元配列はネストした配列やハッシュで代用する**

　Rubyの標準ライブラリに多次元配列はありませんが、配列をネストすることで代用できます。特定の値で初期化するには、ブロック付きで「Array#new」を使用します。

　ただし、ネストした配列は代用品に過ぎず、範囲を超えたインデックスに代入したときに問題があります。本書では「疑似多次元配列」と呼ぶことにします。

　数値計算が目的ならばNArrayクラスを、行列計算が目的ならばMatrixクラスやVectorクラスを使用しましょう。

関連項目 ▶▶▶

● 配列の要素を1つずつ処理する ……………………………………………………………… p.336
● ネストした配列を平坦化する ………………………………………………………………… p.340
● 二次元配列を転置する ………………………………………………………………………… p.345
● 合計を計算する ………………………………………………………………………………… p.381
● 行列・ベクトルの計算をする ………………………………………………………………… p.428
● 数値計算用多次元配列で高速な数値計算をする………………………………………… p.436

353

SECTION-144

ハッシュのデフォルト値を求める・設定する

ここでは、ハッシュのデフォルト値を設定・取得する方法を解説します。

SAMPLE CODE

```ruby
# 「Hash.new」の引数でデフォルト値を設定する
h1 = Hash.new(0)

# デフォルト値は値が設定されていない場合に使われる
h1[:not_exist]  # => 0

# Hash#default、Hash#default=でデフォルト値を参照・更新できる
h1.default      # => 0
h1.default = 1  # => 1
h1[:not_exist]  # => 1

# デフォルト値をfreezeすることで破壊的メソッドから守る
h2 = Hash.new("default".freeze)
h2[:not_exist]  # => "default"
h2[:not_exist].upcase! rescue $!
# => #<RuntimeError: can't modify frozen String>

# デフォルト値をブロックで指定することができる
h3 = Hash.new {|h,k| h[k] = "default" }

# 値が設定されていないのでブロックが評価される
h3[:first]  # => "default"
h3  # => {:first=>"default"}

# ブロックを使えば破壊的メソッドにも対応できる
h3[:second].upcase!
h3  # => {:first=>"default", :second=>"DEFAULT"}
h3[:third]  # => "default"
h3  # => {:first=>"default", :second=>"DEFAULT", :third=>"default"}

# ブロック自体はdefault_procで設定できる
h4 = Hash.new
h4[:first] # => nil
h4.default_proc = proc {|h, k| h[k] = "DEFAULT" }
h4[:first] # => "DEFAULT"
```

■ SECTION-144 ■ ハッシュのデフォルト値を求める・設定する

ONEPOINT　**ハッシュの値が設定されていない場合はデフォルト値を使用する**

ハッシュに値が設定されていない場合、参照するデフォルト値を設定できます。「Hash.new」の引数で作成時に設定するか、ハッシュ作成後に「Hash#default=」で設定します。デフォルト値は同じオブジェクトなので、同一要素問題が起きます（316ページ参照）。

「Hash.new」でデフォルト値をブロックで指定すると、値が設定されていない場合にその都度、ブロックが評価されます。ブロックには自分自身のハッシュとキーが渡されるので、ブロック内で値を設定することができます。文字列のデフォルト値を与えたり、時間がかかる計算の結果をキャッシュしたりする（memoize）のに最適です。あまり使い道がないかもしれませんが、ハッシュ作成後に「Hash#default_proc=」で設定する方法もあります。

関連項目 ▶ ▶ ▶

● 同一要素にまつわる問題について ……………………………………………… p.316
● オブジェクトを変更不可にする ………………………………………………… p.573
● キャッシュ付きのメソッドを定義する ………………………………………… p.574

SECTION-145

ハッシュの要素を1つずつ処理する

ここでは、ハッシュの要素を1つずつ処理する方法を解説します。

SAMPLE CODE

```
hash = { one: 1, two: 2 }
# キーと値でループする
hash.each{|key,value| puts "#{key}とは#{value}という意味です。" }
# キーのみでループする
hash.each_key{|key| puts "key:#{key}" }
# 値のみでループする
hash.each_value{|value| puts "value:#{value}" }
# >> oneとは1という意味です。
# >> twoとは2という意味です。
# >> key:one
# >> key:two
# >> value:1
# >> value:2
```

ONEPOINT　ハッシュの要素を1つずつ処理するには「Hash#each」を使用する

ハッシュの要素を1つずつ処理するには、「Hash#each」を使用します。キーと値を引数に取り、全要素についてブロックを評価します。「Hash#each_pair」も同じ動作をします。「Hash#each」から派生するいろいろな繰り返しメソッドについては、Enumerableの章を参照してください。

なお、キーのみをブロックパラメータに取る「Hash#each_key」、値のみをブロックパラメータに取る「Hash#each_value」もあります。

関連項目 ▶ ▶ ▶

- 「Enumerable」は配列を一般化したもの………………………………………… p.372
- each以外のメソッドにEnumerableモジュールを使用する ……………………… p.411

SECTION-146

ハッシュがキー・値を持つかどうかをチェックする

ここでは、ハッシュがキー・値を持つかどうかをチェックする方法を解説します。

SAMPLE CODE

```
hash = { one: 1, two: 2 }
# キーを持つかチェックするには「Hash#key?」を使用する
hash.key? :one    # => true
hash.key? :three  # => false
# 「Hash#key?」の典型的な用途は、unlessと併用して値を設定する
hash[:three]=3 unless hash.key? :three
hash              # => {:one=>1, :two=>2, :three=>3}
# Hash#key?の逆で値を持つかチェックするには「Hash#value?」を使用する
hash.value? 1     # => true
hash.value? 4     # => false
```

ONEPOINT　ハッシュがキーを持つかチェックするには「Hash#key?」を使用する

ハッシュがキーを持つかチェックするには、「Hash#key?」(別名「include?」「has_key?」「member?」)を使用します。値をチェックする方法では、値がnilやfalseの場合に対応することができません。

大きな集合から特定の要素の存在をチェックする場合、集合の要素をキーにしたハッシュを作成して「Hash#key?」を使うと、配列から探索するより圧倒的に効率がよくなります。

逆に値を持つかチェックする「Hash#value?」(別名「has_value?」)もあります。この場合、比較は「==」で行われます。

関連項目 ▶ ▶ ▶

● 配列・ハッシュの要素を取り出す …………………………………………… p.318
● ハッシュの値に対応するキーを求める …………………………………… p.360

SECTION-147

ハッシュから要素を取り除く

ここでは、ハッシュから要素を取り除く方法を解説します。

SAMPLE CODE

```
hash = { 1=>"one", 2=>"two", 3=>"three", 4=>"four", 5=>"five" }
# 5=>"five"を取り除く。取り除いた値が返る
hash.delete(5)  # => "five"
hash              # => {1=>"one", 2=>"two", 3=>"three", 4=>"four"}


# 取り除くキーが存在しない場合はnilが返る
hash.delete(5)  # => nil


# 取り除くキーが存在しない場合はブロックの評価結果が返る
hash.delete(5) {|key| "key(#{key}) is not found" }
# => "key(5) is not found"


# ブロックが付いていても、取り除くキーが存在すればその値が返る
hash.delete(4) {|key| "key(#{key}) is not found" } # => "four"
hash  # => {1=>"one", 2=>"two", 3=>"three"}


# ブロックで指定した条件を満たす要素が取り除かれ、常にselfが返る
hash.delete_if {|key,value| key == 3 and value == "three" }
# => {1=>"one", 2=>"two"}


hash  # => {1=>"one", 2=>"two"}


# 「Hash#reject!」は「Hash#delete_if」と同じく条件を満たす要素が取り除かれるが、
# 取り除く要素が存在しない場合はnilが返る。そうでなければselfが返る
hash.reject! {|key,value| key == 3 and value == "three" }
# => nil


hash # => {1=>"one", 2=>"two"}


# 「Hash#reject」は非破壊的メソッド
hash.reject {|key,value| key == 2 }  # => {1=>"one"}
hash                                  # => {1=>"one", 2=>"two"}
```

ONEPOINT ハッシュから要素を取り除くには
「Hash#delete」や「Hash#delete_if」を使用する

　ハッシュからキーに対応する要素を破壊的に取り除くには、「Hash#delete」を使用します。取り除いた値を返します。ブロックを付けた場合、キーが存在しない場合にブロックの評価結果が返ります。

　ブロックで指定した条件を満たす要素を破壊的に取り除くには、「Hash#delete_if」を使用します。取り除く要素が存在しない場合はnilを返す「Hash#reject!」、取り除いたハッシュを作成する非破壊的変種「Hash#reject」もあります。

COLUMN nilの落とし穴

　「Hash#delete」で取り除くキーが存在しない場合はnilを返しますが、nilに対応するキーを削除する場合と区別が付かないので注意してください。また、ハッシュの値にnilを代入しても要素は削除されません。

SECTION-148

ハッシュの値に対応するキーを求める

ここでは、ハッシュの値に対応するキーを求める方法を解説します。

SAMPLE CODE

```
hash = {1=>"one"}
# "one"に対応するキーを得る
hash.key "one"      # => 1
```

ONEPOINT　ハッシュの値に対応するキーを求めるには「Hash#key」を使用する

ハッシュは通常キーから値を対応させるものですが、その逆の操作を行うこともできます。その場合は、「Hash#key」を使用します。

COLUMN　　ハッシュの逆検索は非常に遅い

当然のことながらハッシュの逆検索は非常に遅くなります。逆検索を何度も行う場合は、「Hash#invert」でキーと値を反転したハッシュを作成しましょう。次の例では、乱数をキーにした1000要素のハッシュの検索速度を比較しています。

```
require 'benchmark'
hash = (1..1000).inject({}){|h,i| h[rand]=i; h}
inv = hash.invert
Benchmark.realtime{ 10000.times{ hash.invert }}
# => 0.577565964020323
Benchmark.realtime{ 10000.times{ hash.key 777 }}
# => 0.28489109000656754
Benchmark.realtime{ 10000.times{ inv[777] }}
# => 0.0008766300161369145
```

関連項目 ▶ ▶ ▶

- ●ハッシュがキー・値を持つかどうかをチェックする ……………………………… p.357
- ●ハッシュのキーと値を反転する(逆写像) …………………………………………… p.361

SECTION-149

ハッシュのキーと値を反転する（逆写像）

ここでは、ハッシュのキーと値を反転する方法を解説します。

SAMPLE CODE

```
hash = {1=>"one", 2=>"two", 3=>"three"}
# 値からキーへのハッシュを作成する
hash.invert                    # => {"one"=>1, "two"=>2, "three"=>3}
class Hash
  # 値がかぶってしまっている場合に備えるには、自分で
  # 「Hash#safe_invert」を定義する。「||=」は左辺が偽のときに初期値
  # を設定する自己代入イディオム
  def safe_invert()
    inject({}) {|h,(k,v)| (h[v]||=[]) << k; h}
  end
end
# 「safe_invert」は重複に備えるため、値は配列になる
{"a"=>false, "b"=>false, "c"=>nil}.safe_invert
# => {false=>["a", "b"], nil=>["c"]}
hash.safe_invert
# => {"one"=>[1], "two"=>[2], "three"=>[3]}
```

ONEPOINT　ハッシュのキーと値を反転するには「Hash#invert」を使用する

ハッシュのキーと値を反転するには、「Hash#invert」を使用します。ただし、値が重複している場合は最後に定義されている値が使用されます。ハッシュを写像と見立てれば、「Hash#invert」で得られるハッシュは逆写像です。

値が重複している可能性のあるハッシュを反転するには、自分でメソッドを作成する必要があります。

関連項目 ▶ ▶ ▶

- ハッシュの値に対応するキーを求める ……………………………………………… p.360
- 合計を計算する ……………………………………………………………………… p.381

SECTION-150

ハッシュのキー・値のみを集める

ここでは、ハッシュのすべてのキー・値を得る方法を解説します。

SAMPLE CODE

```
power2 = {0=>1, 1=>2, 2=>4, 3=>8}
# キーのみの配列を得る
power2.keys    # => [0, 1, 2, 3]
# 値のみの配列を得る
power2.values  # => [1, 2, 4, 8]
# キー・値のペアの配列を得る
power2.to_a    # => [[0, 1], [1, 2], [2, 4], [3, 8]]
# Enumerableのメソッドを使用すると、to_aされたものが処理される
power4 = power2.map{|k,v| [k, v*v]}
# => [[0, 1], [1, 4], [2, 16], [3, 64]]

# すべての値を処理した結果のハッシュを得る方法はいくつかある
Hash[*power4.flatten]
# => {0=>1, 1=>4, 2=>16, 3=>64}

p4={}; power2.each{|k,v| p4[k]=v*v }; p4
# => {0=>1, 1=>4, 2=>16, 3=>64}

power2.inject({}){|h,(k,v)| h[k]=v*v; h }
# => {0=>1, 1=>4, 2=>16, 3=>64}

{}.tap{|h| power2.each{|k,v| h[k]=v*v }}
# => {0=>1, 1=>4, 2=>16, 3=>64}
```

ONEPOINT | **ハッシュのすべてのキー・値を得るには**
「Hash#keys」「Hash#values」を使用する

ハッシュのすべてのキーを得るには、「Hash#keys」を使用します。すべての値を得るには、「Hash#values」を使用します。キーや値でループするには、「Hash#each_key」「Hash#each_value」が使えます。

キー・値のペアの配列を得るには、「Hash#to_a」を使用します。ただ、ハッシュのままでも「Hash#each」などで繰り返しができ、「Enumerable」のメソッドも使えるので、直接、使うことはないでしょう。

関連項目 ▶ ▶ ▶

● ハッシュの要素を1つずつ処理する ･･･ p.356

SECTION-151

ハッシュを混合する

ここでは、2つのハッシュを混ぜる方法を解説します。

SAMPLE CODE

```
# キー「:c」がダブっている一組のハッシュ
hash1 = { a: 1, b: 2, c: 3 }
hash2 = { c: 4, d: 5 }
# そのまま混ぜるとhash2の値をキー「:c」の値に採用する
hash1.merge hash2  # => {:a=>1, :b=>2, :c=>4, :d=>5}
# ブロックは「:c」「3」「4」を引数に取り、評価結果をキー「:c」の値に採用する
hash1.merge(hash2) {|k,v1,v2| "#{k}:#{v1}:#{v2}" }
# => {:a=>1, :b=>2, :c=>"c:3:4", :d=>5}
# 2つのキーがダブっているハッシュ
hash3 = { b: 6, c: 7 }
# hash1を破壊的に混ぜる。ダブったキーはキーに対応する値を足す
hash1.update(hash3) {|k,v1,v2| v1+v2 } # => {:a=>1, :b=>8, :c=>10}
hash1                                  # => {:a=>1, :b=>8, :c=>10}


# 設定の例
CONFIG_DEFAULTS = { verbose_level: :verbose, format: :HTML }
# デフォルトの設定をユーザ設定で上書きする
def config(user_config)  CONFIG_DEFAULTS.merge(user_config)  end
conf = config(format: :XML)
# => {:verbose_level=>:verbose, :format=>:XML}
```

ONEPOINT ハッシュを混ぜ合わせるには 「Hash#merge」か「Hash#update」を使用する

2つのハッシュを混合したハッシュを作成するには、「Hash#merge」を使用します。「h1.merge(h2)」のように使います。h1、h2に共通のキーがあった場合、ブロックが付いていなければh2のキーに対応する値を採用します。ブロックは共通のキーがあった場合に使われ、「キー」「h1の対応する値」「h2の対応する値」の3引数を取り、ブロックの評価結果を新しいハッシュに対応する値として採用します。

「Hash#update」「Hash#merge!」は、「Hash#merge」の破壊的バージョンでselfを書き換えます。

SECTION 152

オブジェクトをハッシュのキーとして
扱えるようにする

ここでは、ユーザ定義オブジェクトをハッシュのキーとして使えるようにする方法を解説します。

SAMPLE CODE

```
# Integer、String、Hash、Array、Structなどの組み込みクラスにおいて
# キーと同値なオブジェクトを指定すると、対応する値を取り出すことができる
{1 => :ok}[1]                       # => :ok
{"a_string" => :ok}["a_string"]     # => :ok
{{a: 1} => :ok}[a: 1]               # => :ok
{[1] => :ok}[[1]]                   # => :ok
S = Struct.new :a
{S.new(1) => :ok}[S.new(1)]         # => :ok


class A
  def initialize(a, b) @a, @b = a, b end
  attr_reader :a, :b
end
# 同値なユーザ定義オブジェクトを2つ作成する
a1 = A.new 1, 2
a2 = A.new 1, 2
# ユーザ定義オブジェクトの場合は、同一でないと対応する値を取り出せない
{a1 => :ok}[a1]                     # => :ok
{a1 => :ok}[a2]                     # => nil


# この問題に対応するには、A#eql?とA#hashを定義する
class A
  # xがAクラスで、インスタンス変数がeql?である場合ならば真と定義する
  def eql?(x)
    x.instance_of?(A) && @a.eql?(x.a) && @b.eql?(x.b)
  end
  # インスタンス変数@aと@bのハッシュ値の排他的論理和と定義する
  def hash()
    @a.hash ^ @b.hash
  end
end
# 無事に取り出すことができた
{a1 => :ok}[a2]                     # => :ok


# @bの値を無視する場合は、このようにする
class A
  def eql?(x) x.instance_of?(A) and @a.eql?(x.a) end
  def hash() @a.hash                          end
end
{A.new(1,2) => :ok}[A.new(1, 10)]  # => :ok
```

■ SECTION-152 ■ オブジェクトをハッシュのキーとして扱えるようにする

ONEPOINT	ハッシュのキーとして使えるようにするには 「Object#eql?」と「Object#hash」を再定義する

　ハッシュのキーの一致判定は「#eql?」を、ハッシュ値の計算には「#hash」を使用します。組み込みクラスの「#eql?」は同じ内容の場合に真となるように再定義されているため、同じ内容のオブジェクトをキーとして与えると、キーに関連付けられた値を取り出すことができます。

　しかし、「Object#eql?」（デフォルト）は「Object#equal?」（同一性判定）と定義されているため、同じ内容のユーザ定義オブジェクトをキーに指定しても、そのままでは関連付けられた値を取り出すことはできません。取り出せるようにするには、「#eql?」と「#hash」を再定義する必要があります。

　「#eql?」は、基本的に、「自分と同じクラス」でかつ「インスタンス変数がeql?である」と定義します。

　「#hash」は、「a.eql?(b) ならば a.hash == b.hash」が成立するように定義します。基本的に「インスタンス変数のハッシュ値の排他的論理和」を取ります。

06
CHAPTER

配列とハッシュ

365

■ SECTION-152 ■ オブジェクトをハッシュのキーとして扱えるようにする

COLUMN　キーに破壊的メソッドを適用すると値を取り出せなくなる

　ハッシュのキーを破壊的メソッドで書き換えてしまうと、対応する値を取り出せなくなります。なぜなら、書き換えによってハッシュ値が変化するからです。

```
ary = [1]
hash = {ary => :ok}
hash[[1]]                   # => :ok
# キーはコピーされない。
hash.keys.first.equal? ary  # => true
# キーを書き換えるとハッシュ値が狂うので値を取り出せなくなる!
ary[0] = 2; ary             # => [2]
hash                        # => {[2]=>:ok}
hash[ary]                   # => nil
hash[[2]]                   # => nil
```

　ただし、文字列は特別でfreezeしたコピーをキーにするため、元のキーを書き換えても大丈夫です。

```
str = "string"
hash = {str => :ok}
hash["string"]                    # => :ok
# コピーをfreezeしてキーにしていることがわかる
hash.keys.first.frozen?           # => true
hash.keys.first.equal? str        # => false
# 元のキーを書き換えても大丈夫!
str.upcase!; str                  # => "STRING"
hash                              # => {"string"=>:ok}
hash["string"]                    # => :ok
# キーそのものを書き換えようとするとエラーになってくれる
hash.keys.first.upcase! rescue $!
# => #<RuntimeError: can't modify frozen String>
```

関連項目 ▶ ▶ ▶
● オブジェクトの同一性と同値性について ……………………………………………… p.177

SECTION-153
ネストした配列・ハッシュから指定した要素を取り出す

ここでは、ネストした配列・ハッシュから指定した要素を取り出す方法を解説します。

SAMPLE CODE

```ruby
if RUBY_VERSION >= "2.3"
  a = [1, [2, 3, [4, 5]]]
  # インデックスを指定するとその値を取り出す
  a.dig(0)       # => 1

  # ネストした先のインデックスを引数で続けて渡すと、ネストを辿って値を取り出す
  a.dig(1, 1)    # => 3
  a.dig(1, 2, 0) # => 4

  # 存在しないインデックスを指定するとnilを返す
  a.dig(3)      # => nil
  a.dig(1, 3)   # => nil
  # 存在しないインデックスに続けて引数を指定した場合もnilを返す
  a.dig(3, 2)   # => nil

  # ネスト先が配列ではない要素に続けて引数を指定するとTypeErrorとなる
  a.dig(0, 2) rescue $!
  # => #<TypeError: Integer does not have #dig method>

  h = { a: 1, b: { c: 2, d: 3, e: { f: 4, g: 5 } } }
  # キーを指定するとその値を取り出す
  h.dig(:a)      # => 1

  # Arrayと同様、ネストしたキーを引数で並べるとネストを辿って値を取り出す
  h.dig(:b, :d)      # => 3
  h.dig(:b, :e, :f) # => 4

  # 存在しないキーを指定するとnilを返す
  h.dig(:x)      # => nil
  h.dig(:b, :y) # => nil
  # 存在しないキーに続けて引数を指定した場合もnilを返す
  h.dig(:x, :y) # => nil

  # キーとしては存在していてもネストの構造と引数の指定があっていないとnilを返す
  h.dig(:c) # => nil

  # ネスト先がハッシュではない要素に続けて引数を指定するとTypeErrorとなる
  h.dig(:b, :c, :x) rescue $!
  # => #<TypeError: Integer does not have #dig method>
end
```

■ SECTION-153 ■ ネストした配列・ハッシュから指定した要素を取り出す

ONEPOINT ネストした配列・ハッシュから指定した要素を取り出すには
「Array#dig」「Hash#dig」を使用する

ネストした配列・ハッシュから指定した要素を取り出すには「Array#dig」「Hash#dig」
を使います。「dig」は引数で指定した先の要素が「nil」であった場合でも例外を出さずに
「nil」を返すため、要素の「nil」チェックをする手間を省くことができます。

```ruby
if RUBY_VERSION >= "2.3"
  a = [1, [2]]
  # a[2]はnilとなるため、nil[0]を実行してしまい、エラーとなる
  a[2][0] rescue $!
  # => #<NoMethodError: undefined method `[]' for nil:NilClass>

  # これを防ぐにはnilのチェックが必要
  a[2][0] unless a[2].nil?
  # => nil

  # しかしネストが深くなればなるほどコードが煩雑になる
  a[1][2] unless a[1].nil? && a[1][2].nil?
  # => nil

  # Array#digであればエラーを出さずにnilが返るのでnilチェックは不要
  a.dig(2, 0) # => nil

  # ハッシュでも同様
  h = { a: 1, b: { c: 2 } }
  h[:d][:e] rescue $!
  # => #<NoMethodError: undefined method `[]' for nil:NilClass>

  h.dig(:d, :e) # => nil
end
```

関連項目 ▶ ▶ ▶

● 配列・ハッシュの要素を取り出す ……………………………………………… p.318

SECTION-154

ハッシュの要素の中で条件にマッチしたものを取り出す

ここでは、ハッシュの要素の中で条件にマッチしたものを取り出す方法を解説します。

SAMPLE CODE

```
h = { a: 1, b: 2, c: 3, d: 4 }
# 「Hash#select」にブロックを渡すと、ブロックがtrueになったハッシュを返す
h.select { |k, v| v.even? } # => {:b=>2, :d=>4}

# 「Hash#select!」は破壊的メソッド
h.select! { |k, v| v.even? } # => {:b=>2, :d=>4}
h # => {:b=>2, :d=>4}

# 「Hash#keep_if」は「Hash#select!」の別名
h2 = { a: 1, b: 2, c: 3, d: 4 }
h2.keep_if { |k, v| v.even? } # => {:b=>2, :d=>4}
h2 # => {:b=>2, :d=>4}
```

ONEPOINT　**ハッシュの要素の中で条件にマッチしたものを取り出すには「Hash#select」を使う**

ハッシュの要素の中で条件にマッチしたものを取り出すには「Hash#select」を使います。「Hash#select!」と「Hash#keep_if」はレシーバを条件にマッチした要素のみのハッシュに破壊的に変更します。この操作は「Hash#delete_if」と条件が逆になったものと同等といえます。

COLUMN　**「Hash#select」と「Enumerable#select」の違い**

「Hash」は「Enumerable」をインクルードしているので、「Enumerable#select」が使えそうですが、「Hash#select」は「Hash」に実装されています。

これは「Enumerable#select」は配列を返すのに対し、「Hash#select」ではハッシュを返すのが期待されるためです。

関連項目 ▶ ▶ ▶

● ハッシュから要素を取り除く ……………………………………………………… p.358

CHAPTER 07

コレクション一般
を扱うモジュール
Enumerable

SECTION-155

「Enumerable」は配列を一般化したもの

💎 「Enumerable」は「each」メソッドが定義されているクラスを強化するモジュール

「Enumerable」は、繰り返しが定義されているクラス（コレクション）にMix-inしてメソッドを追加します。繰り返しとは、「each」という名前のブロック付きメソッドが定義されていることです。

「Enumerable」は、「each」メソッドを使ってコレクションを走査する便利なメソッドの集まりです。最大値・最小値を求めたり、ソートしたり、条件を満たす要素を取り出したり、配列化したりすることができます。

これらは繰り返しの応用例ですが、内部で行っている繰り返しを意識することなく使うことができます。つまり、より抽象度の高いレベルで問題を考えられます。

▶ 配列を一般化したもの

コレクションの代表格といえば配列ですが、そればかりではありません。たとえば、「1..1000」という範囲オブジェクトは「each」で1から1000までの繰り返しを行うことができます。しかし、実際の範囲オブジェクトには、両端の値しか格納されていません。繰り返しの観点では、1から1000までの要素を順番に格納した配列と同じように見えるでしょう。ハッシュは、キーと値のペアに対して繰り返しを行います。IOやFileは、1行ずつ繰り返します。コレクションとは繰り返しができるクラスという意味であって、繰り返しに必要なオブジェクトがすべて格納されている必要はありません。

▶ 「Enumerable#to_a」で配列に変換する

「Enumerable」は、「Enumerable#to_a」で配列に変換することができます。「Enumerable#to_a」は「each」メソッドを使って、各々の値を追加した配列を作成します。実際のプログラムでは特別な事情がない限り「Enumerable」のまま扱うべきですが、本書のサンプルでは説明のために多用しています。

```
(1..3).to_a              # => [1, 2, 3]
("01".."03").to_a        # => ["01", "02", "03"]
{one: 1, two: 2}.to_a    # => [[:one, 1], [:two, 2]]
```

■ SECTION-155 ■ 「Enumerable」は配列を一般化したもの

▶ 自作クラスをコレクションにするには「each」メソッドを定義するだけ

　自分でコレクションクラスを作る場合、繰り返しの基本となる「each」メソッドを定義します。他に
もソートや最大値・最小値のメソッドが欲しいと思っても自分でコードを記述しないでください。繰
り返しに関する他のメソッドは、「Enumerable」に任せるのです。「Enumerable」は、「each」さ
えあれば使える汎用的なモジュールです。利用しない手はありません。「each」メソッドを定義し
たら、「include Enumerable」の1行を加えてください。この1行で「Enumerable」がMix-inされ、
MyCollectionクラスで「Enumerable」のメソッドが使えるようになります。これがMix-inの素晴し
い点です。

　なお、自作メソッドの方が効率が良い場合は、その限りではありません。モジュールのインク
ルードなので、自クラスのメソッドが優先されます。

```
class MyCollection
  include Enumerable
  def each
    繰り返しの定義
  end
end
```

関連項目 ▶ ▶ ▶

- Mix-inについて ……………………………………………………………… p.135
- 範囲オブジェクトを作成する …………………………………………………… p.420

SECTION-156

各要素に対してブロックの評価結果の配列を作る（写像）

ここでは、コレクション各要素にブロックを評価した配列を作成する方法を解説します。

SAMPLE CODE

```
# 各要素の2倍を求める
[1,3,9,10].map{|x| x*2 } # => [2, 6, 18, 20]
(1..10).map{|x| x*2 } # => [2, 4, 6, 8, 10, 12, 14, 16, 18, 20]
# 各要素について二乗、三乗を求める
(1..3).map{|x| [x, x**2, x**3] }
# => [[1, 1, 1], [2, 4, 8], [3, 9, 27]]

ary2 = [[:one, 1], [:two, 2], [:three, 3]]
# ネストした配列の最初の要素を集める。
ary2.map{|x| x.first }  # => [:one, :two, :three]
# Symbol#to_procで次のようにも書くことが出来る
ary2.map(&:first)       # => [:one, :two, :three]
# ネストした配列のインデックス1の要素を集める。
# ブロックパラメータは多重代入に似たルールで分割できるため、
# ネストした配列が扱いやすくなる
ary2.map{|x| x[1] }     # => [1, 2, 3]
ary2.map{|x,y| y }      # => [1, 2, 3]
# 各要素を全部小文字にする
%w[One Two Three].map(&:downcase) # => ["one", "two", "three"]
```

> **HINT**
>
> 「Enumerable#map」は、集合論でいう写像を意味します。メソッドの別名として「Enumerable#collect」があります。

ONEPOINT 各要素にブロックを適用した配列を作成するには「Enumerable#map」を使用する

「Enumerable#map」（別名「Enumerable#collect」）は各要素に対してブロックを評価し、評価結果を集めて配列を作成します。各要素に対して何らかの変換をするときに使います。「each」は各要素について繰り返すだけですが、「Enumerable#map」は評価結果を覚えていることに注意してください。このメソッドは、「Enumerable」の中でも最重要なのでしっかりと覚えておきましょう。

なお、配列については破壊的バージョンの「Array#map!」「Array#collect!」があります。

関連項目 ▶ ▶ ▶

- 文字列を1行・1バイト・1文字ごとに処理する ……………………………… p.212
- 配列の要素を1つずつ処理する ……………………………………………… p.336
- パターンにマッチする要素を求める ………………………………………… p.380

SECTION-157

すべての要素の真偽をチェックする

ここでは、コレクションの要素が条件を満たすか否かを調査する方法を解説します。

SAMPLE CODE

```ruby
# すべてが2以上であるかどうか
[1,2,3].all?{|x| x >= 2}     # => false
[2,3,4].all?{|x| x >= 2}     # => true
# どれかが4以上であるかどうか
[1,2,3].any?{|x| x >= 4}     # => false
[2,3,4].any?{|x| x >= 4}     # => true
# ブロックなし「Enumerable#all?」は「&&」の一般化
[true, true, true].all?      # => true
[true, false, true].all?     # => false
# ブロックなし「Enumerable#any?」は「||」の一般化
[false, true, true].any?     # => true
[false, false, false].any?   # => false
# ブロック評価回数を数えると、
# 結果が確定した時点で結果を返していることがわかる
eval_count = 0               # ブロック評価回数
[10,1,2].any?{|x| eval_count +=1; x >= 4}  # => true
eval_count                                 # => 1
```

ONEPOINT | **全要素・1つ以上の要素が条件を満たすか調査するには「Enumerable#all?」と「Enumerable#any?」を使用する**

コレクションの全要素が条件を満たすかを調べるには、「Enumerable#all?」を使用します。条件はブロックで指定します。各要素についてブロックを評価し、ブロックの評価結果がすべて真であるときのみtrueを返します。

コレクションの要素どれか1つが条件を満たすか調べるには、「Enumerable#any?」を使用します。「Enumerable#all?」と同様にブロックで条件を指定し、ブロックの評価結果がすべて偽であるときのみfalseを返します。

これらをブロックなしで呼び出すと、論理式の一般化となります。「all?」や全要素の論理積を、「any?」は全要素の論理和を取ります。両方とも、真偽が確定した時点で真偽値を返します(ショートサーキット評価。79ページ参照)。

■ SECTION-157 ■ すべての要素の真偽をチェックする

| COLUMN | 「Enumerable#all?」の真逆は「Enumerable#none?」 |

全要素が条件を満たさないことを調べるには「Enumerable#none?」を使用します。

```
[1,2,3].none?{|x| x >= 2}    # => false
[2,3,4].none?{|x| x >= 5}    # => true
[false, false, false].none?  # => true
[false, false, nil].none?    # => true
[true, false, nil].none?     # => false
```

| COLUMN | 1つの要素のみが条件を満たすか調査するには 「Enumerable#one?」を使用する |

1つの要素のみが条件を満たすか調べるには「Enumerable#one?」を使用します。

```
[1,2,3].one?{|x| x >= 4}    # => false
[2,3,4].one?{|x| x >= 4}    # => true
[2,3,4,5].one?{|x| x >= 4}  # => false
[false, true, true].one?    # => false
[false, false, false].one?  # => false
[false, true, nil].one?     # => true
```

関連項目 ▶ ▶ ▶

- 論理式について ……………………………………………………………… p.79
- 条件を満たす最初の要素を求める……………………………………………… p.383
- 条件を満たす要素をすべて求める……………………………………………… p.384

SECTION-158

要素とインデックスを使って繰り返す

ここでは、要素にインデックスを付けて繰り返す方法を解説します。

```
$ ruby each-with-index.rb each-with-index.rb
  1:#!/usr/local/bin/ruby
  2:ARGF.each_with_index(1) do |line, i|
  3:  printf "%4d:%s", i, line
  4:end
```

> 入力に行番号を付けて表示する

SAMPLE CODE

```ruby
#!/usr/local/bin/ruby
# ARGFはコマンドラインで指定されたファイルや
# 標準入力からの入力を扱うIOオブジェクト(もどき)
ARGF.each_with_index(1) do |line, i|
  printf "%4d:%s", i, line
end
```

HINT

「ARGF」にも「Enumerable」がextendされているので「each_with_index」が使えます。

ONEPOINT
要素にインデックスを付けて繰り返すには「Enumerable#each_with_index」を使用する

「each」は要素に対して繰り返しますが、「Enumerable#each_with_index」は要素に加えて0から始まるインデックスを付けて繰り返します。インデックスも必要となる場合に便利です。ブロックパラメータは、「要素」「インデックス」の順になります。メソッドの引数でインデックスの初期値を設定できます。

COLUMN
他の配列との並行処理を行うには「Enumerable#zip」を使用する

「Enumerable#each_with_index」は他の配列の同じインデックスの要素にアクセスする場合にも使えますが、その用途には「#Enumerable#zip」がふさわしいといえます。《畳み込み処理による縦横計算をする》(p.401)を参照してください。

関連項目 ▶ ▶ ▶

- 配列のインデックスに対して繰り返す ……………………………………… p.338
- 畳み込み処理による縦横計算をする ……………………………………… p.401
- each以外のメソッドにEnumerableモジュールを使用する ……………… p.411
- 入力ファイルまたは標準入力を読む ……………………………………… p.497

377

SECTION-159

指定した要素が含まれるかを調べる

ここでは、指定した要素がコレクションに含まれるかどうかをチェックする方法を解説します。

SAMPLE CODE

```
class User
  # 管理権限があるのはstaff(従業員)とadmin(管理者)のみ
  ROLES = [:staff, :admin]
  # Userクラスの初期化部分
  def initialize(role)  @role = role  end
  # 管理権限があるか判定するメソッド
  # 「@role == :staff || @role == :admin」と記述しなくて済む
  def can_manage?()  ROLES.include? @role  end
end
User.new(:customer).can_manage?  # => false
User.new(:admin).can_manage?     # => true
```

HINT

このプログラムはアプリケーションのユーザを作成する処理で、管理権限があるかを判別します。

ONEPOINT 指定した要素が含まれるか調べるには 「Enumerable#include?」を使用する

コレクションに指定した要素が含まれるかどうかをチェックするには、「Enumerable#include?」（別名「Enumerable#member?」）を使用します。複数の候補に一致する条件文を記述するときにこのメソッドを使えば、「==」と「||」を使うよりも簡潔で保守性がよくなります。たとえば、管理画面アクセスできるユーザに「manager（責任者）」を追加する場合、「==」と「or」を使う条件文の場合は「User#can_manage?」の内部を変更しなければいけませんが、「include?」を使えば定数を変更するだけで済みます。

■ SECTION-159 ■ 指定した要素が含まれるかを調べる

| COLUMN | 「case」式で配列展開を使うこともできる |

　複数の候補に一致する条件を記述するには「Enumerable#include?」以外に、「case」式で配列展開を使うこともできます。次のプログラムでは、「p "OK" if 2 === 2 || 3 === 2」と等価となります。

```
candidates = [2,3]
case 2
when *candidates
  p "OK"
end
# >> "OK"
```

関連項目 ▶ ▶ ▶

● 論理式について ………………………………………………………………… p.79
● 「===」と「case」式について ……………………………………………… p.148
● シンボルについて ……………………………………………………………… p.275

SECTION-160

パターンにマッチする要素を求める

ここでは、パターンにマッチする要素を取り出す方法を解説します。

SAMPLE CODE

```ruby
# 正規表現マッチ
# lyを含む文字列を取り出す
%w[only clearly fast].grep(/ly/) # => ["only", "clearly"]
# ブロックを付けると評価結果を集めた配列が返る。下の式と等価になる
%w[only clearly fast].grep(/ly/) {|s| s.upcase }       # => ["ONLY", "CLEARLY"]
%w[only clearly fast].grep(/ly/).map {|s| s.upcase } # => ["ONLY", "CLEARLY"]
# マッチする要素が存在しない場合は空配列が返る
%w[only clearly fast].grep(/hoge/)                       # => []
%w[only clearly fast].grep(/hoge/) {|s| s.upcase }     # => []
# クラス名・モジュール名でマッチ
# 数値のみを抜き出す
["1.1", 3.14, 2, 99999999999999].grep(Numeric) # => [3.14, 2, 99999999999999]
# 文字列のみを抜き出す
["1.1", 3.14, 2, 99999999999999].grep(String) # => ["1.1"]
# 範囲オブジェクトでマッチ
# 範囲内の数のみを抜き出す
[0, 1, 1.1, 2, 3].grep(1..2)     # => [1, 1.1, 2]
```

> **HINT**
>
> 「grep」の由来は、かの有名なテキストファイルを正規表現検索するUnixコマンドです。「grep」コマンドがテキストファイルのパターンマッチなのに対し、「Enumerable#grep」はRubyオブジェクトのパターンマッチです。

ONEPOINT　要素のパターンマッチを行うには「Enumerable#grep」を使用する

　「Enumerable#grep」は全要素にパターンマッチを行い、マッチした要素をすべて含んだ配列を返します。パターンマッチは、「パターンオブジェクト === 要素」で行います。マッチする要素がない場合は「nil」ではなく、空配列を返します。

　「grep」は、マッチした要素を引数としたブロックを取ることができます。この場合、ブロックの評価結果を集めた配列を返します（map効果）。つまり、「elements.grep(pattern) {|item| expr}」は、「elements.grep(pattern).map {|item| expr}」と等価になります。

関連項目 ▶ ▶ ▶

- 「===」と「case」式について……………………………………………………………p.148
- 文字列を1行・1バイト・1文字ごとに処理する ……………………………………p.212
- 各要素に対してブロックの評価結果の配列を作る（写像） ………………………p.374
- each以外のメソッドにEnumerableモジュールを使用する ……………………p.411

SECTION-161

合計を計算する

ここでは、要素の合計を計算する方法について解説します。

SAMPLE CODE

```
# inject を使う場合
[1,2,3,4,5].inject(:+)      # => 15
# 2.4以降で sum を使う場合
if RUBY_VERSION >= "2.4"
  [1,2,3,4,5].sum           # => 15
end
```

ONEPOINT 要素の合計を計算するには「Enumerable#sum」を使用する

要素の合計を計算するには、「Enumerable#sum」を使用します。その他にも畳み込みを行う「Enumerable#inject」を使用できます。慣れるまで理解しにくいですが、合計を求める「inject(:+)」はイディオムとして覚えておいてください。

浮動小数点数同士の加算を行う場合に、「Enumerable#sum」と「Enumerable#inject」とでは誤差の有無において違いがあります。

```
# inject を使う場合
[0.1,0.1,0.1,0.1,0.1,0.1,0.1,0.1].inject(:+) # => 0.7999999999999999
# 2.4以降で sum を使う場合
if RUBY_VERSION >= "2.4"
  [0.1,0.1,0.1,0.1,0.1,0.1,0.1,0.1].sum # => 0.8
end
```

関連項目 ▶ ▶ ▶

● コレクションを畳み込み処理する ………………………………………………… p.397
● 畳み込み処理による縦横計算をする ………………………………………………… p.401

SECTION-162

最小値・最大値を求める

ここでは、最小値・最大値を求める方法を解説します。

SAMPLE CODE

```
numbers = [12,24,83,61]
# 「Enumerable#min」で最小値を求める
numbers.min                    # => 12
# 「Enumerable#max」で最大値を求める
numbers.max                    # => 83
# 最小値・最大値を同時に求める
numbers.minmax                 # => [12, 83]
# 1の位の最小になる数を求める
numbers.min_by{|n| n%10 }      # => 61
# 「Enumerable#min」で比較のためのブロックを持つことができます。
numbers.min{|a,b| a%10 <=> b%10 }  # => 61
# 1の位の最大になる数を求める
numbers.max_by{|n| n%10 }      # => 24
# 1の位の最小値・最大値を求める
numbers.minmax_by{|n| n%10 }   # => [61, 24]
```

ONEPOINT | 要素の最小値・最大値を求めるには
「Enumerable#min」「Enumerable#max」を使用する

　要素の最小値を求めるには「Enumerable#min」、最大値を求めるには「Enumerable#max」を使用します。比較は、「<=>」演算子で行われます。「Enumerable#minmax」で最小値と最大値を同時に求めることができます。

　「Enumerable#min」「Enumerable#max」ともに、比較のためのブロックを持つことができます。ブロックの指定方法は、「Enumerable#sort」と同じです。

　「Enumerable#min_by」「Enumerable#max_by」「Enumerable#minmax_by」で比較基準をブロックで指定することができます。ブロックの指定方法は、「Enumerable#sort_by」と同じです。

関連項目 ▶ ▶ ▶

- ●オブジェクトの比較について ……………………………………………………… p.182
- ●ソートする ……………………………………………………………………………… p.394

CHAPTER 07 コレクション一般を扱うモジュールEnumerable

SECTION-163

条件を満たす最初の要素を求める

ここでは、条件を満たす最初の要素を求める方法を解説します。

SAMPLE CODE

```
# 1~10で最初の偶数(n%2 == 0)を求める
(1..10).find{|n| n%2 == 0 }                    # => 2
# Symbol#to_procとInteger#even?を併用して次のようにも記述できる
(1..10).find(&:even?)                          # => 2
a = %w[fire thunder Ice Water]
# 大文字から始まる最初の要素を求める。
# 「Enumerable#detect」は「Enumerable#find」の別名
a.detect{|s| s =~ /^[A-Z]/ }                   # => "Ice"
# 要素とインデックスを同時に求めるには「.each_with_index」を加える。
a.each_with_index.detect{|s,i| s =~ /^[A-Z]/ } # => ["Ice", 2]
# 大文字から始まる最初の要素のインデックスを求める
a.index{|s| s =~ /^[A-Z]/ }                    # => 2
# 大文字から始まる最後の要素のインデックスを求める
a.rindex{|s| s =~ /^[A-Z]/ }                   # => 3
pairs = [[7,"fire"], [10,"thunder"], [11, "ice"], [18, "water"]]
# α>10を満たす最初のペアを求める
pairs.find{|x,y| x>10 }                        # => [11, "ice"]
```

ONEPOINT 　条件を満たす最初の要素を求めるには「Enumerable#find」を使用する

　ブロックで指定された条件を満たす最初の要素を取り出すには、「Enumerable#find」を使用します。「Enumerable#detect」は別名です。条件を満たすすべての要素を取り出すには、「Enumerable#select」を使用します。

　なお、「Array#index」「Array#rindex」にブロックを付けることで、条件を満たす要素の代わりにインデックスを求めることができます。

関連項目 ▶ ▶ ▶

- 配列内で等しい要素の位置を求める ……………………………………………… p.341
- 条件を満たす要素をすべて求める ………………………………………………… p.384
- ブロックを簡潔に表現する ………………………………………………………… p.598

SECTION-164

条件を満たす要素をすべて求める

ここでは、条件を満たす要素をすべて求める方法を解説します。

SAMPLE CODE

```ruby
# 1~10から偶数を取り出す。
(1..10).select{|x| x%2 == 0 }  # => [2, 4, 6, 8, 10]
(1..10).select(&:even?)        # => [2, 4, 6, 8, 10]
# Numericのサブクラスを取り出す
[Integer, Float, String].select{|c| c.ancestors.include? Numeric }
# => [Integer, Float]


# 会社の社員データベースの例
# 名前、年齢、職種を格納する構造体クラスMemberを定義する
Member = Struct.new :name, :age, :job
members = [
  Member.new("西村", 35, :sales),
  Member.new("本田", 23, :developer),
  Member.new("金村", 40, :director),
  Member.new("大山", 31, :director),
  Member.new("吉本", 39, :developer),
]
# 全社員一覧を得る
members
# => [#<struct Member name="西村", age=35, job=:sales>,
#     #<struct Member name="本田", age=23, job=:developer>,
#     #<struct Member name="金村", age=40, job=:director>,
#     #<struct Member name="大山", age=31, job=:director>,
#     #<struct Member name="吉本", age=39, job=:developer>]
# 職種がdeveloperの社員を得る
members.select{|m| m.job == :developer }
# => [#<struct Member name="本田", age=23, job=:developer>,
#     #<struct Member name="吉本", age=39, job=:developer>]
# 職種がdirectorの30代の社員を得る
members.select{|m| m.job == :director && m.age >= 30 && m.age < 40 }
# => [#<struct Member name="大山", age=31, job=:director>]
```

HINT

SQLに精通している人にとってはselectという名前がしっくりくるでしょう。

■ SECTION-164 ■ 条件を満たす要素をすべて求める

ONEPOINT	条件を満たす要素をすべて求めるには 「Enumerable#select」を使用する

　ブロックで指定された条件を満たすすべての要素を取り出すには、「Enumerable#select」（別名「Enumerable#find_all」）を使用します。ブロックでRubyの式によるクエリを指定すると考えてください。

　サンプルでは、構造体配列をデータベース的に扱っています。

```
[1, 7, 3, 2].select {|x| x < 7 }          # => [1, 3, 2]
[1, 7, 3, 2].take_while {|x| x < 7 }       # => [1]
[1, 7, 3, 2].sort.take_while {|x| x < 7 } # => [1, 2, 3]
# 最初の要素が条件を満たさないと空配列が返る
[7, 3, 2].take_while {|x| x < 7 }          # => []
```

関連項目 ▶ ▶ ▶

● 条件を満たさない要素をすべて求める ……………………………………………… p.386
● 条件を満たす要素と満たさない要素に分ける ……………………………………… p.388
● 情報を集積するタイプのオブジェクトには構造体を使う ………………………… p.568

07 CHAPTER　コレクション一般を扱うモジュールEnumerable

385

SECTION-165

条件を満たさない要素をすべて求める

ここでは、条件を満たさない要素を求める方法を解説します。

SAMPLE CODE

```ruby
# 成績表を配列の配列で表現
STATS = [["Ted", 77], ["Bob", 55], ["Meg", 61], ["Andy", 99]]
# 65点以下の不合格者の名前を配列で得る。
# 「reject」メソッドのブロックには合格条件を記述することがポイント。
# 条件を逆にして「select」を使用してもよい。
not_passed = STATS.reject{|name, score| score >= 65 }
# 「reject」の結果は名前と得点の配列になるので、
# 名前だけを得るためにEnumerable#mapを使用する
not_passed_names = not_passed.map{|name, | name}
# 成績表を整形して結果発表。
# puts関数で配列を指定すると各要素ごとに改行される
# Array#joinで名前と名前の間に「、」を挿入する
puts "今回のテストの結果は"
puts STATS.map{|name, score| "#{score}点 #{name}"}
puts "です。不合格者は#{not_passed_names.join '、'}です。"
# >> 今回のテストの結果は
# >> 77点 Ted
# >> 55点 Bob
# >> 61点 Meg
# >> 99点 Andy
# >> です。不合格者はBob、Megです。
```

ONEPOINT　条件を満たさない要素を求めるには「Enumerable#reject」を使用する

「Enumerable#select」の逆で、条件を満たさない要素をすべて求めるには、「Enumerable#reject」を使用します。条件を満たす要素と同時に求めるには「Enumerable#partition」を、配列中で条件を満たさない要素を取り除くには「Array#delete_if」を使用します。

■ SECTION-165 ■ 条件を満たさない要素をすべて求める

| COLUMN | 条件を満たさないところで打ち切るには
「Enumerable#drop_while」を使用する |

　「Enumerable#drop_while」という類似メソッドがあります。「Enumerable#reject」
は全要素を走査して、条件を満たす要素を取り除いた配列を作成します。それに対し、
「Enumerable#drop_while」は先頭から走査して、条件を満たさない要素が出現し
た段階で走査を打ち切ります。そして、残りの配列を返します。

```
[2, 1, 7, 3, 2].reject {|x| x < 6 }      # => [7]
[2, 1, 7, 3, 2].drop_while {|x| x < 6 }  # => [7, 3, 2]
[7, 3, 2].drop_while {|x| x < 6 }        # => [7, 3, 2]
```

関連項目 ▶ ▶ ▶

● 配列から要素を取り除く ……………………………………………………………… p.335
● 条件を満たす要素をすべて求める ………………………………………………… p.384
● 条件を満たす要素と満たさない要素に分ける …………………………………… p.388

SECTION-166

条件を満たす要素と満たさない要素に分ける

ここでは、条件を満たす要素と満たさない要素を分割する方法を解説します。

SAMPLE CODE

```ruby
# 1~5の偶数と奇数を個別に求める
(1..5).select(&:even?)      # => [2, 4]
(1..5).reject(&:even?)      # => [1, 3, 5]
# 同時に求めるには「partition」メソッドを使う
(1..5).partition(&:even?)          # => [[2, 4], [1, 3, 5]]
```

ONEPOINT 「Enumerable#partition」=「Enumerable#select」+「Enumerable#reject」

ブロックで指定された条件を満たす要素を求めるには「Enumerable#select」(「Enumerable#find_all」)、満たさない要素を求めるには「Enumerable#reject」がありますが、同時に求めるには「Enumerable#partition」を使用します。条件を満たす要素の配列と満たさない要素の配列のペアが返ります。

COLUMN ブロックの値によって分けるには「Set#classify」や「Enumerable#group_by」を使用する

「Enumerable#partition」は真偽値で分けますが、これを一般化してブロックの値で分けたい場合もあります。「Enumerable#group_by」というメソッドも用意されています。次の例では、1~6を3で割った余りで分けています。

```ruby
(1..6).group_by{|n| n%3 }  # => {1=>[1, 4], 2=>[2, 5], 0=>[3, 6]}
```

添付ライブラリset.rbの「Set#classify」を使う方法もあります。なお、「Set.new」の引数には、任意のEnumerableが渡せます。

```ruby
require 'set'
Set.new(1..6).classify{|n| n%3 }
# => {1=>#<Set: {1, 4}>, 2=>#<Set: {2, 5}>, 0=>#<Set: {3, 6}>}
```

関連項目 ▶ ▶ ▶

- 条件を満たす要素をすべて求める ………………………………………………… p.384
- 条件を満たさない要素をすべて求める ………………………………………… p.386
- ブロックを簡潔に表現する …………………………………………………………… p.598

SECTION-167

指定した条件でコレクションの要素を
グループ分けする

ここでは指定した条件でコレクションを区切り、要素をグループ分けする方法を解説します。

SAMPLE CODE

```
# マークダウンテキストの例
text = <<MARKDOWN
# 1章
第1章は概要です。
# 2章
2章の説明です。
## 詳細
2章の詳細です。
# 3章
- 項目 1
- 項目 2
- 項目 3
# 4章
第4章の説明です。
## セクション 2
### 補足
セクション2の補足説明です。
MARKDOWN


# テキストを行ごとに分割
text = text.split("\n")
# マークダウンのテキストを、大見出しごとにまとめる
chapters = text.slice_before{|l| l.start_with?('# ') }
# 要素を区切る条件は正規表現でも指定可能。(上記と同じ挙動)
chapters = text.slice_before(/\A# /)
chapters.first # => ["# 1章", "第1章は概要です。"]
# 「slice_before」はEnumeratorを返すため配列にする必要がある
chapters.to_a[2] # => ["# 3章", "- 項目 1", "- 項目 2", "- 項目 3"]
```

SAMPLE CODE

```
# 商品ごとの売上の例
amounts = <<SALES
商品A 10000
商品A 5000
商品A 合計 15000
商品B 3000
商品B 合計 3000
商品C 28000
商品C 2500
```

▼

389

■ SECTION-167 ■ 指定した条件でコレクションの要素をグループ分けする

```
商品C 合計 30500
```
SALES

```ruby
amounts = amounts.split("\n")
# 商品ごとに合計が記載された行までをひとまとめにする
amounts = amounts.slice_after{|l| l.include?('合計') }
# 商品Aの売上
amounts.first # => ["商品A 10000", "商品A 5000", "商品A 合計 15000"]
# 各商品の合計金額
amounts.map(&:last)
# => ["商品A 合計 15000", "商品B 合計 3000", "商品C 合計 30500"]
```

SAMPLE CODE

```ruby
# 各行の先頭に日付が記入されたログの例
logs = <<LOG
20171025 起動処理
20171025 ページAアクセス
20171026 ページBアクセス
20171026 ログイン
20171026 ログアウト
20171027 ページFアクセス
20171029 ページMアクセス
20171029 処理Y
20171101 処理R
20171101 処理B
LOG

logs = logs.split("\n")
# 日付ごとにログをまとめる
logs.slice_when{|f, l| f.split.first != l.split.first }.to_a.last
# => ["20171101 処理R", "20171101 処理B"]
if RUBY_VERSION.to_f >= 2.3
  # 「chunk_while」は指定した条件に一致する要素を同じ配列にまとめる
  logs.chunk_while{|f, l| f.split.first == l.split.first }.to_a.last
  # => ["20171101 処理R", "20171101 処理B"]
end
```

■ SECTION-167 ■ 指定した条件でコレクションの要素をグループ分けする

| ONEPOINT | 指定した条件でコレクションを区切るには「Enumerable#slice_before」や「Enumerable#slice_before」、「Enumerable#slice_when」を使用する |

「Enumerable#slice_before」はブロックで指定した条件に一致した要素から、次に条件に一致する1つ前の要素までを1つの配列にまとめます。

「Enumerable#slice_after」はブロックで指定した条件に一致した要素を含むそれより前の要素を1つの配列にまとめます。

「Enumerable#slice_when」は隣り合った2つの要素をパラメータとしたブロックで条件を指定し、条件に一致したタイミングでそれまでの要素を同じ配列にまとめます。「Enumerable#slice_when」は条件に一致したタイミングで区切りを入れるようなメソッドですが、その反対で条件に一致した要素を同じグループにまとめる「Enumerable#chunk_while」というメソッドもあります。

「Enumerable#slice_before」と「Enumerable#slice_after」はブロックで指定した条件に一致した要素を基準に、条件に一致した次の要素までを1つの配列にまとめます。メソッド名の「before」と「after」は区切りを入れる位置を表していて、「slice_before」は条件に一致した要素の前に区切りを入れ、「slice_after」は後ろに区切りを入れます。そして区切られた複数の要素を1つの配列にまとめます。各メソッドは返り値として配列ではなく「Enumerator」を返すので、「Enumerator#first」で最初の要素は取得できますが、「Enumerator#last」は定義されていません。よって、最後の要素を取り出す場合は「Enumerator#to_a」で配列を取得してから「Array#last」を呼び出す必要があります。

「Enumerable#slice_when」と「Enumerable#chunk_while」は、コレクションで隣り合う2つの要素をパラメータに持つブロックで条件を指定できます。「Enumerable#slice_when」は条件に一致した箇所でコレクションを区切り、区切られた要素を1つの配列にまとめます。それに対し「Enumerable#chunk_while」は条件に一致した要素を1つの配列にまとめます。この2つのメソッドも「Enumerator」を返します。

関連項目 ▶ ▶ ▶

● ヒアドキュメントについて ……………………………………………………………… p.192
● 条件を満たす要素と満たさない要素に分ける …………………………………………… p.388
● 各要素をN個ずつ繰り返す ……………………………………………………………… p.403
● クラスにeachを定義せずにEnumerableのメソッドを利用する …………………………… p.408

SECTION-168

条件を満たす要素を数える

ここでは、条件を満たす要素を数える方法を解説します。

SAMPLE CODE

```
a = [3, 1, 2, 1, 4, 1]
# 要素数を数える
a.count                        # => 6
# 3以上の要素数を数える。両者は等価
a.count {|x| x >= 3 }          # => 2
a.select {|x| x >= 3 }.length  # => 2
a.count {|x| x > 9 }           # => 0
# 奇数の要素数を数える
a.count(&:odd?)                # => 4
# 1が何個あるか数える。両者は等価
a.count(1)                     # => 3
a.grep(1).length               # => 3
a.count(9)                     # => 0
```

ONEPOINT   条件を満たす要素を数えるには「Enumerable#count」を使用する

ブロックで指定した条件を満たす要素を数えるには、「Enumerable#count」を使用します。引数と一致する要素を数えることもできます。

引数もブロックも指定しない場合は、要素数を数えます。働きとしては「Array#length」と同じですが、「Enumerable#count」はコレクション全般に適用できるのが強味です。

COLUMN   Enumeratorの要素数（行数・文字数）を求める

「Enumerable#count」は、コレクションの全要素数を求める場合にも使えます。

たとえば、「String#chars」「String#lines」は、それぞれ、文字ごと、行ごとのEnumeratorを返すので、「Enumerable#count」で文字数、行数を数えることができます。

```
s = "おはよう\nこんにちは\n"
s.lines.count  # => 2
s.chars.count  # => 11
```

■ SECTION-168 ■ 条件を満たす要素を数える

関連項目 ▶ ▶ ▶

- 文字列の長さを求める……………………………………………………………… p.196
- 文字列を1行・1バイト・1文字ごとに処理する …………………………………… p.212
- 配列・ハッシュの要素数を求める ………………………………………………… p.321
- 指定した要素が含まれるかを調べる ……………………………………………… p.378
- パターンにマッチする要素を求める ……………………………………………… p.380
- 条件を満たす要素をすべて求める………………………………………………… p.384
- each以外のメソッドにEnumerableモジュールを使用する ……………………… p.411
- ブロックを簡潔に表現する ………………………………………………………… p.598

07 CHAPTER コレクション一般を扱うモジュールEnumerable

SECTION-169

ソートする

ここでは、さまざまなソートの方法を解説します。

SAMPLE CODE

```
# 整数の配列をソートする
ary = [1,6,7,10,5,8,4]
# sortにブロックなしならば昇順ソート
ary.sort                # => [1, 4, 5, 6, 7, 8, 10]
# sortにブロックを付けて、2つの要素の比較方法を指定する。
# この場合は昇順
ary.sort{|a,b| a<=>b}   # => [1, 4, 5, 6, 7, 8, 10]
# sortにブロックを付けて降順ソート
ary.sort{|a,b| b<=>a}   # => [10, 8, 7, 6, 5, 4, 1]
# 昇順ソートしてから反転して降順ソート。降順ソートはこれが最速
ary.sort.reverse        # => [10, 8, 7, 6, 5, 4, 1]
# sort_byはブロックの評価結果でソートする。
# 符号を反転させているので降順ソートになる
ary.sort_by{|a| -a}     # => [10, 8, 7, 6, 5, 4, 1]


# タイトル、閲覧数、コメント数のデータをソートする
posts = [
  { title: 'prologue', page_view: 200, comments: 5 },
  { title: 'funny_story', page_view: 430, comments: 3 },
  { title: 'nice_story', page_view: 50, comments: 25 }
]


# タイトル順でソート。
# sort_byのブロックパラメータpには配列内の各ハッシュが渡される
posts.sort_by{|p| p[:title]}.map{|p| p[:title]}
# => ["funny_story", "nice_story", "prologue"]
# 閲覧数順でソート。
posts.sort_by{|p| p[:page_view]}.map{|p| [p[:title], p[:page_view]]}
# => [["nice_story", 50], ["prologue", 200], ["funny_story", 430]]
# コメント数順でソート。
posts.sort_by{|p| p[:comments]}.map{|p| [p[:title], p[:comments]]}
# => [["funny_story", 3], ["prologue", 5], ["nice_story", 25]]
```

HINT

「sort」も「sort_by」も、安定なソートではありません。つまり、比較結果が同じ場合は元の順序を保存しません。

■ SECTION-169 ■ ソートする

ONEPOINT 要素のソートには
「Enumerable#sort」や「Enumerable#sort_by」を使用する

　配列などの要素を昇順にソートするには、「Enumerable#sort」を使用します。「Enume rable#sort」は、2つの要素を引数とするブロックを取ります。ブロックでは比較演算子を使って、ソートする条件を指定できます。

　ソートする要素を指定してソートするには、「Enumerable#sort_by」を使用します。「Enu merable#sort_by」は、ブロックの評価結果を比較することでソートします。要素をブロックパラメータに取ります。

COLUMN 降順のソートは「sort.reverse」を使用する

　要素を降順にソートするときには、一度、昇順にソートしてから「Array#reverse」で要素を反転するのが一番高速です。「sort.reverse」の場合はブロック呼び出し「sort」とは異なり、何度もRubyに制御が移らないため、とても高速になります。

　一般に、ブロック付き「sort」の使用は、非常に遅いのでお勧めできません。ブロック付き「sort」を使用するくらいならば、「sort_by」を使用してください。「sort_by」の方がブロックが呼ばれる回数がずっと少ないため、高速に動作します。

　次のコードは、ランダムな100000個の要素をソートする時間を比較するものです。

```
require 'benchmark'
# 最後の1はirbの表示抑制
randary = Array.new(100000){rand}; 1
# 通常のソート
Benchmark.realtime{ randary.sort }
# => 0.07669999985955656
# Arrayの反転は一瞬でできる
Benchmark.realtime{ randary.reverse }
# => 0.0002630001399666071
# だから降順ソートはsort.reverseが最速
Benchmark.realtime{ randary.sort.reverse }
# => 0.07781500020064414
Benchmark.realtime{ randary.sort{|a,b| b<=>a} }
# => 0.13838299992494285
Benchmark.realtime{ randary.sort_by{|a| -a} }
# => 0.09712699986994267
```

■ SECTION-169 ■ ソートする

| COLUMN | 「sort_by」のカラクリ |

「sort_by」をRubyで記述すると、次のようになります。「［ブロック評価結果, データ］の配列」を内部で作り、ソートして、オリジナルデータのみを取り出す処理で、シュウォーツ変換と呼ばれています。シュウォーツ変換は、比較計算の繰り返しを減らし、ソートを高速化する有名な技法です。

```
module Enumerable
  def sort_by
    map {|i| [yield(i), i]}.sort.map! {|i| i[1]}
  end
end
```

関連項目 ▶ ▶ ▶

- 配列を反転する ……………………………………………………………… p.344
- 最小値・最大値を求める ……………………………………………………… p.382

SECTION-170

コレクションを畳み込み処理する

❖ コレクションの畳み込み処理について

「Enumerable#inject」(別名「Enumerable#reduce」)を使うと畳み込みという処理を行うことができます。「inject」は慣れるまで難解なメソッドなので、ここではなぜ畳み込みという抽象概念があるのかも併せて解説します。

まずは、合計計算をもっと簡単に「Array#each」を使って記述してみます。畳み込みによる抽象化を明確にするため、自己代入や「Enumerable#sum」は使っていません。

```
sum = 0
[1,3,2,5,4].each {|x| sum = sum + x }
sum       # => 15
```

次に「Enumerable#max」が存在するものの、あえて「Array#each」で最大値を求めてみます。

```
ary = [1,3,2,5,4]
max = ary.first
ary.each {|x| max = x > max ? x : max }
max       # => 5
```

最後に、それぞれの要素の積を求めてみます。

```
product = 1
[1,3,2,5,4].each {|x| product = product * x }
product  # => 120
```

いずれも似たようなコードになっています。まず、変数に初期値を設定します。そして、ループで次々と要素を渡し、変数を順次更新していきます。最後に、ループ終了時の変数の値が求める値となります。この部分を抽象化したものが畳み込みです。畳み込みに必要な情報は、初期値とループ内で行う演算だけです。畳み込み関数の名前は言語によってまちまちで、「inject」の他には「accumulate」や「reduce」、「fold」があります。「accumulate」という名前が表すように、累計を求めることをイメージしてください。

畳み込みで指定する初期値は加算の場合は0で、乗算の場合は1です。代数的な表現をすると、「単位元」です。どんなオブジェクトでも、単位元と演算した結果は、自分自身と等しくなります。Rubyの例では、「文字列の結合」演算の単位元は空文字列、「配列の結合」演算の単位元は空配列、「ハッシュのマージ」演算の単位元は空ハッシュです。

畳み込みの基礎概念を解説したところで、やっと「inject」の説明に移ることができます。書式は、次のようになります。ブロックが「累計 演算子 要素」、つまり「累計.__send__(メソッド名, 要素)」と記述できる場合は、「inject」の引数にメソッド名のシンボルを指定するだけで済みます。

■ SECTION-170 ■ コレクションを畳み込み処理する

```
inject(初期値) {|累計, 要素| 演算 }
inject {|累計, 要素| 演算 }
inject(初期値, シンボル)
inject(シンボル)
```

　最初に初期値と最初の要素をブロックパラメータに取って、指定された演算を評価します。次に、最初の演算結果と次の要素をブロックパラメータに取って、演算を評価します。以後、直前の演算結果とその次の要素でループします。最後の要素まで到達したときの演算結果が返り値になります。

　初期値を省略した場合は初期値に最初の要素を指定し、次の要素からループします。最大値の例のようなケースです。

　先程の例を、「Enumerable#inject」を使って書き換えてみます。加算・乗算の場合は、単位元を指定しても構いません。

```
ary = [1,3,2,5,4]
# 合計計算 (下記の様に三通りの書き方が可能)
ary.inject(0) {|sum,x| sum + x }          # => 15
ary.inject {|sum,x| sum + x }             # => 15
ary.inject(:+)                            # => 15
# 最大値の計算
ary.inject {|max,x| x > max ? x : max }   # => 5
# それぞれの要素の積 (下記の様に三通りの書き方が可能)
ary.inject(1) {|product,x| product * x }  # => 120
ary.inject {|product,x| product * x }     # => 120
ary.inject(:*)                            # => 120
```

　どのような値がブロックに渡っているのかを、合計の例で示してみます。この例では初期値を省略しているので、最初のループで先頭2つの要素が渡されています。以後、「sum」には直前の合計が、「x」には配列の要素が渡されているのがわかります。

```
[1,3,2,5,4].inject {|sum,x| p [sum,x]; sum + x }  # => 15
# >> [1, 3]
# >> [4, 2]
# >> [6, 5]
# >> [11, 4]
```

　このように、「inject」による抽象化はコードを簡潔にしてくれます。慣れが必要ですが、何回か使っていくうちに感覚がつかめてきます。

■ SECTION-170 ■ コレクションを畳み込み処理する

COLUMN	「inject」応用編

　「inject」は、非常に応用範囲の広いメソッドです。日常のプログラミングで、いかに畳み込み処理が多いかを表しています。

　2の累乗の数表を表す配列を求めます。「Enumerable#map」で記述することができますが、ここでは「inject」を使用してみます。「inject」の最初の例では、空配列を初期値に指定します。そして、ペアを配列に追加します。最後の例では、初期値に「2**1」を表す要素を指定します。そして、累乗を計算する代わりに、直前の累乗の要素に対して2を掛けることで求めています。

```
(1..3).map{|i| [i,2**i]}
# => [[1, 2], [2, 4], [3, 8]]
(1..3).inject([]){|a,i| a << [i,2**i]}
# => [[1, 2], [2, 4], [3, 8]]
(2..3).inject([[1,2]]){|a,i| a << [i,2*a[-1][1]]}
# => [[1, 2], [2, 4], [3, 8]]
```

　同様の手法で、ハッシュにしてみます。「Hash#[]=」は代入した値を返すので、「h」自身を演算結果にする必要があります。

```
(1..3).inject({}){|h,i| h[i]=2**i; h}
# => {1=>2, 2=>4, 3=>8}
(2..3).inject({1=>2}){|h,i| h[i]=2*h[i-1]; h}
# => {1=>2, 2=>4, 3=>8}
```

　「Object#tap」を使って、次のようにも記述することができます。「Object#tap」は、ブロック評価後に自分自身を返します。そのため、演算結果に「h」を指定する必要がありません。「Object#tap」は、破壊的メソッドとともに使われます。

```
(1..3).inject({}){|h,i| h.tap{h[i]=2**i}}
# => {1=>2, 2=>4, 3=>8}
{}.tap{|h| (1..3).each {|i| h[i]=2**i}}
# => {1=>2, 2=>4, 3=>8}
```

　さらに「Enumerable#each_with_object」を使っても、「Object#tap」と同様にブロック内で演算結果の「h」を明示的に返す必要がなくなります。「Enumerable#each_with_object」は引数で別のオブジェクトを渡しつつ、コレクションの要素数だけブロックを評価します。ブロックパラメータとしてコレクションの各要素と引数で渡したオブジェクトを取り、メソッドの返り値は引数で指定したオブジェクトそのものです。

```
(1..3).each_with_object({}){|i,h| h[i]=2**i}
# => {1=>2, 2=>4, 3=>8}
```

399

■ SECTION-170 ■ コレクションを畳み込み処理する

次の例は、文字列の長さの合計を求めます。単位元の0は省略すると内部の配列が
「sum」に渡ってしまうため、省略することはできません。

```ruby
pairs = [[1,"a"], [2,"bc"], [3,"def"]]
pairs.inject(0){|sum,(n,str)| sum + str.length}  # => 6
```

COLUMN　　**クラス名を表す文字列から実際のクラスオブジェクトを取り出す**

次の例は、クラス名(定数名)を表す文字列から、そのオブジェクトを取り出すイディオム
です。まず、「::」で区切りネストごとの定数名を得ます。それから、ネストの外側は「Object」
の定数なので、「inject」の初期値に「Object」を指定します。「Module#const_get」で、
定数の値を得ます。

```ruby
"File::Stat".split("::").inject(Object){|s,x| s.const_get(x)}
# => File::Stat
"File::Stat".split("::").inject(Object, :const_get)
# => File::Stat
"File::Stat".split("::")
# => ["File", "Stat"]
Object.const_get("File")
# => File
File.const_get("Stat")
# => File::Stat
```

関連項目 ▶ ▶ ▶

- 配列の要素を1つずつ処理する …………………………………………………… p.336
- 合計を計算する …………………………………………………………………… p.381
- 畳み込み処理による縦横計算をする …………………………………………… p.401

SECTION-171

畳み込み処理による縦横計算をする

ここでは「Enumerable#zip」を使って、畳み込み処理を利用した縦横計算を解説します。

SAMPLE CODE

```ruby
# 英語、数学、国語のテストの点数を出席番号順に採点している。
# この部分はデータなので本来は別ファイルにするのが望ましい
NAME = %w[Yamada Tanaka Sato Fujita]
ENGLISH  = [60,75,45,90]
MATH     = [90,60,80,95]
JAPANESE = [70,95,55,49]
# 表のレイアウトを整えるために、printfのフォーマットとセパレータを
# 定数に格納しておく
FORMAT = "|%8s|%10s|%4d|%4d|%4d|%4d|\n"
SEPARATOR = "=" * 41
puts SEPARATOR
puts "|出席番号|      名前|英語|数学|国語|合計|"
puts SEPARATOR
# ここが本題で「zip」のレシーバはEnumerableになっている。
# ブロックにそれぞれ「出席番号」「名前」「英語の点数」
#「数学の点数」「国語の点数」が渡される
(1..(NAME.length)).zip(NAME,ENGLISH,MATH,JAPANESE) do |n,name,e,m,j|
  printf FORMAT, n, name, e, m, j, e+m+j
end
puts SEPARATOR
# >> =========================================
# >> |出席番号|      名前|英語|数学|国語|合計|
# >> =========================================
# >> |       1|    Yamada|  60|  90|  70| 220|
# >> |       2|    Tanaka|  75|  60|  95| 230|
# >> |       3|      Sato|  45|  80|  55| 180|
# >> |       4|    Fujita|  90|  95|  49| 234|
# >> =========================================
```

> **HINT**
>
> サンプルは、それぞれの科目ごとに集計されたテストの点数を合計するプログラムです。各教科の先生から採点結果を担任に渡された場合を想定します。

■ SECTION-171 ■ 畳み込み処理による縦横計算をする

ONEPOINT 「Enumerable」で縦横計算するには「Enumerable#zip」を使用する

複数のコレクションに対して「Enumerable#zip」を使うと、畳み込み処理を利用した縦横計算が可能です。「Enumerable#zip」の返り値は、同じインデックスの要素を集めた配列です。足りない要素は、「nil」を詰め込んで処理します。

```
[1,2].zip(%w[one two], %w[一]).to_a
# => [[1, "one", "一"], [2, "two", nil]]
```

「zip」にブロックを付けると、各要素を順番にブロックに渡します(each効果)。返り値が「nil」になることを除き、「Array#each」を呼び出すのと同じ効果です。

関連項目 ▶ ▶ ▶

- 二次元配列を転置する ……………………………………………………… p.345
- コレクションを畳み込み処理する ……………………………………………… p.397

402

SECTION-172

各要素をN個ずつ繰り返す

ここでは、各要素をN個ずつブロックに渡して繰り返す方法を解説します。

SAMPLE CODE

```ruby
# 目次データは章タイトルとページ数の組を並べる
contents = [
  "はじめに", 1,
  "Rubyの基礎知識", 2,
  "基本的なツール", 20,        # 配列の最後の要素を「,」で終えられる
]
# 2要素ずつループする
contents.each_slice(2) do |chapter, page|
  puts "#{chapter} p#{page}"
end
# >> はじめに p1
# >> Rubyの基礎知識 p2
# >> 基本的なツール p20
```

ONEPOINT 各要素をN個ずつ繰り返すには 「Enumerable#each_slice」を使用する

各要素をN個一組にして繰り返すには、「Enumerable#each_slice」を使用します。通常の「each」ではネストした配列を作らないといけない局面でも、このメソッドを使うと、ネストしない配列で済みます。おかげで括弧が少なくなって見やすくなります。要素数がNで割切れないときは、最後のループだけ要素数が減ります。

```ruby
[1,2,3].each_slice(2){|a| p a}
# >> [1, 2]
# >> [3]
```

■ SECTION-172 ■ 各要素をN個ずつ繰り返す

COLUMN	重複ありでN個一組にして繰り返すには 「Enumerable#each_cons」を使う

「Enumerable#each_slice」は重複なしですが、重複ありで繰り返すには「Enumerable #each_cons」を使用します。

```
[1,2,3,4,5].each_cons(3){|a| p a}
# >> [1, 2, 3]
# >> [2, 3, 4]
# >> [3, 4, 5]
```

「Enumerable#each_cons」は、ブロックに渡る配列の最後の要素が元のEnumerable の最後の要素に到達した時点でループをやめてしまいます。そのため、次の要素を見なが ら繰り返す場合は、余分な要素を追加する必要があります。

```
ary = [1,2,3]
(ary+[nil]).each_cons(2) do |x,nxt|
  print "現在の要素は",x
  print "、次の要素は#{nxt}" if nxt
  print "です。\n"
end
# >> 現在の要素は1、次の要素は2です。
# >> 現在の要素は2、次の要素は3です。
# >> 現在の要素は3です。
```

SECTION-173

各要素をローテーションする

ここでは、要素をローテーションする方法を解説します。

SAMPLE CODE

```ruby
# 単純な例
# ブロックを付けないと無限ループを表すEnumeratorになる
(1..3).cycle            # => #<Enumerator:0x8695f84>
# 3周繰り返す
(1..3).cycle(3).to_a   # => [1, 2, 3, 1, 2, 3, 1, 2, 3]
# 無限ループなのでEnumerable#takeと組み合わせて10個だけ抜き出す
(1..3).cycle.take(10)  # => [1, 2, 3, 1, 2, 3, 1, 2, 3, 1]


# 当番制の例
# dateライブラリにDateが定義されているので読み込む
require 'date'
# 2008/1/10からの7日間のうち、土日を除いた日付を得る。
# Date#wdayは曜日を整数で得る。日曜日が0
start = Date.new 2008, 1, 10
ndays = 7
dates = (start...start+ndays).reject{|d| [0,6].include? d.wday }
# 3人交代の当番を決定する
turns = dates.zip(%w[佐野 東 阿部].cycle.take(ndays))
turns.map{|d,n| d.strftime("%y/%m/%d(%a) #{n}")}
# => ["08/01/10(Thu) 佐野",
#     "08/01/11(Fri) 東",
#     "08/01/14(Mon) 阿部",
#     "08/01/15(Tue) 佐野",
#     "08/01/16(Wed) 東"]


# スレッドと無限ループの例
# 0.1秒ごとにdog, cat, dog, ...を表示していくスレッド。
# スレッドなので無限ループでも構わない
Thread.start do
  %w[dog cat].cycle {|animal| puts animal; sleep 0.1 }
end
# 0.21秒待つ間に表示される。
# メインスレッドが終了すると無限ループスレッドも強制終了する
sleep 0.21
# >> dog
# >> cat
# >> dog
```

■ SECTION-173 ■ 各要素をローテーションする

ONEPOINT 要素をローテーションするには「Enumerable#cycle」を使用する

　各要素を何度も繰り返すには、「Enumerable#cycle」を使用します。何周させるかは「optional」引数で指定します。無引数の場合は、無限ループになります。要素をブロックパラメータとするブロックを付けると、要素ごとにブロックを評価します（each効果）。

　無限ループの場合は、「Enumerable#take」で特定個数の要素を取ったり、「break」や「return」でブロックから抜けるのが普通です。また、スレッドの中では、無限ループを記述することができます。

関連項目 ▶ ▶ ▶

- 同じ配列を繰り返す ……………………………………………………… p.323
- 部分配列を作成する ……………………………………………………… p.325
- 配列の要素を1つずつ処理する ………………………………………… p.336
- each以外のメソッドにEnumerableモジュールを使用する ………… p.411
- 現在時刻・日付を求める ………………………………………………… p.440
- 時刻・日付から情報を抜き出す ………………………………………… p.442
- 時刻・日付を加減算する ………………………………………………… p.446
- スレッドで並行実行する ………………………………………………… p.638
- 無限ループを実現する …………………………………………………… p.642

SECTION-174

長さが不確かなコレクションを
繰り返し処理する

　ここでは、要素の数が無限や非常に大きくなり得る場合など長さが不確かなコレクションを
繰り返し処理する方法を解説します。

SAMPLE CODE

```
endless_nums = (1..Float::INFINITY)
# 1から無限大の数値に対し最初の5つの偶数を取得する例
# 無限大の要素に対し偶数かどうか判定するため処理が終わらない
endless_nums.select{|n| n.even?}.first(5)
# Enumerable#lazy を使うとfirstが呼び出されるまで
# selectが評価されないため処理が完了する
endless_nums.lazy.select{|n| n.even?}.first(5) # => [2, 4, 6, 8, 10]
# Enumerator::Lazyクラスのインスタンスを返す
endless_nums.lazy # => #<Enumerator::Lazy: 1..Infinity>
```

----HINT----
「Float::INFINITY」は、浮動小数点数における正の無限大を表す定数です。

ONEPOINT　**無限の長さを持つ要素を扱うときは「Enumerable#lazy」を使用する**

　「Enumerable#lazy」は「Enumerator::Lazy」クラスのインスタンスを返します。このク
ラスは通常の「Enumerator」と同じように動作しますが、「select」や「map」、「reject」な
どの一部のメソッドで遅延評価を行います。これらの遅延評価されるメソッドは「to_a」や
「first」、「take」などが呼び出されるまで評価されないため、扱う要素の長さを気にする
必要がなくなり、無限の長さを持つ要素も扱うことができます。

関連項目 ▶ ▶ ▶
- 条件を満たす要素をすべて求める ……………………………………………… p.384
- クラスにeachを定義せずにEnumerableのメソッドを利用する ………………… p.408

SECTION-175

クラスにeachを定義せずに
Enumerableのメソッドを利用する

❖ 「Enumerator」について

ここでは、「Enumerable」のメソッドを簡単に利用するためのラッパークラスである「Enumerator」について解説します。

「Enumerable」モジュールで定義されているメソッドはそれぞれの処理で「each」メソッドを利用しているために、includeするクラスに「each」メソッドが定義されている必要があります。よって「each」が未定義である「String」クラスなどは「each」を独自に定義する必要があります。しかし、「Enumerator」を介することで、たとえば「String」クラスなどでも「each」を定義することなしに「Enumrable」の機能を利用することができます。

```
text = <<TEXT
string
array
hash
range
TEXT

# each_lineにブロックを渡さないとEnumeratorを返す
enum = text.each_line
# => #<Enumerator: "string\narray\nhash\nrange\n":each_line>
# each_lineでEnumeratorを生成したので行単位で処理できる
enum.map(&:capitalize)
# => ["String\n", "Array\n", "Hash\n", "Range\n"]
# Enumerator#with_index でインデックスとともに繰り返すこともできる
enum.with_index.map{|l, i| "#{i}:#{l.capitalize}"}
# => ["0:String\n", "1:Array\n", "2:Hash\n", "3:Range\n"]
```

❖ Enumeratorオブジェクトを作る方法

「Enumerator」を作るには繰り返し処理を行う一部のメソッドでブロックを渡さないという方法の他に、「to_enum」（または「enum_for」）を使うという方法もあります。

```
text = <<TEXT
string
array
hash
range
TEXT

# each_lineにブロックを渡さないとEnumeratorを返す
text.each_line
```

■ SECTION-175 ■ クラスにeachを定義せずにEnumerableのメソッドを利用する

```
# => #<Enumerator: "string\narray\nhash\nrange\n":each_line>
# to_enumやenum_forも上記と同じくEnumeratorを返す
text.to_enum(:each_line)
# => #<Enumerator: "string\narray\nhash\nrange\n":each_line>
text.enum_for(:each_line)
# => #<Enumerator: "string\narray\nhash\nrange\n":each_line>
```

外部イテレータとしてのEnumerator

「Enumerator」にはもう1つ、外部イテレータとしての機能があります。Rubyで広く行われる「Array#each」などを利用した繰り返し処理の方式は内部イテレータと呼ばれます。内部イテレータは繰り返してほしい処理の内容をブロックで指定するだけで良いため簡単に利用できますが、繰り返しを任意のタイミングで進めるなどの制御はできません。外部イテレータを利用することで繰り返しの進行を制御することができます。制御できることの利点として、繰り返しの途中で他の処理を行うなどが可能になります。

「Enumerator#next」で繰り返しを次に進めて、「Enumerator#rewind」で途中まで進んだ繰り返しでも最初に戻せます。「Enumerator#rewind」の注意点として、パイプなどを通じてやり取りした値など一方通行のデータは戻すことができません。

```
enum = 'abcd'.each_char
# nextでコレクションの次の要素を返し、イテレータの繰り返しを次に進める
enum.next # => "a"
enum.next # => "b"
enum.next # => "c"
# rewindでイテレータの繰り返しを最初に戻す
enum.rewind # => #<Enumerator: "abcd":each_char>
enum.next # => "a"
enum.next # => "b"
enum.next # => "c"
enum.next # => "d"
# イテレータの最後まで到達して、さらにnextを呼び出すと例外が発生する
enum.next rescue StopIteration

# writerがデータの書込み側、readerが読み込み側となり、
# writer -> readerの一方通行でしか値をやり取りできないパイプを作る
reader, writer = IO.pipe
writer.write "first data\n"
writer.write "second data\n"
writer.write "third data\n"
writer.close

enum = reader.each_line
enum.next # => "first data\n"
enum.next # => "second data\n"
```

■ SECTION-175 ■ クラスにeachを定義せずにEnumerableのメソッドを利用する

```
# パイプを通じてreaderに渡した値は一方通行なので
# 繰り返しを戻そうとすると例外が発生する
enum.rewind rescue $! # => #<Errno::ESPIPE: Illegal seek>
```

関連項目 ▶ ▶ ▶
- ループ制御について ……………………………………………………………… p.102
- 配列の要素を1つずつ処理する ………………………………………………… p.336
- each以外のメソッドにEnumerableモジュールを使用する ……………… p.411

SECTION-176
each以外のメソッドで
Enumerableモジュールを使用する

ここでは、「each」以外のメソッドで「Enumerable」モジュールを使用する方法を解説します。

SAMPLE CODE

```
commands = %w[cat echo grep ls]
# 繰り返しメソッドにブロックを付けないとEnumeratorになる
enumerator = commands.each_with_index # => #<Enumerator:0xb7d6f990>
# Enumerable#each_with_indexはインデックス付きで繰り返すメソッド。
# どんな値で繰り返されるかは「to_a」メソッドでわかる
enumerator.to_a # => [["cat", 0], ["echo", 1], ["grep", 2], ["ls", 3]]
# each_with_indexでEnumerable#selectを使用する例
enumerator.select{|c, i| i >= 2 && c.length >= 3 }.map(&:first) # => ["grep"]

# Enumerable#each_sliceはN個ずつ組にして繰り返すメソッド
commands.each_slice(2).to_a    # => [["cat", "echo"], ["grep", "ls"]]
# each_sliceでEnumerable#mapを使用する例
commands.each_slice(2).map{|a,b| [a,b.upcase] } # => [["cat", "ECHO"], ["grep", "LS"]]

# 文字列をバイト列に変換する例
"cat".each_byte.to_a                    # => [99, 97, 116]
```

ONEPOINT | 繰り返しメソッドでブロックを省くと
「each」メソッド以外で「Enumerable」モジュールが使用できる

　「Enumerable#map」「Enumerable#select」などが定義されている「Enumerable」モジュールは、インクルードするクラス・モジュールに「each」メソッドが定義されていないと使えません。しかし、「Enumerator」を介せば「String」クラスなどの「each」が未定義のクラスでも「Enumerable」モジュールのメソッドを利用できます。

　「each_with_index」や「each_byte」などの繰り返しメソッドにブロックを付けないと、「Enumerator」オブジェクトを作成します。この「Enumerator」は繰り返しメソッドを「each」で呼び出せるように変換したもので、そのメソッドにおいて、「Enumerable」モジュールのメソッドが使えるようになります。配列に変換するには、「Enumerable#to_a」を使用します。配列化することで、どんな値が「yield」されるかが確かめられます。

COLUMN | 繰り返しメソッドを「with_index」化する

　「Enumerator#with_index」は、繰り返しメソッドに「_with_index」を付けたかのように振る舞います。たとえば、「select.with_index」は「each_with_index.select」と等価です。ただし、「Enumerator#with_index」は引数でインデックスの初期値を指定できるという違いがあります。

CHAPTER 07 コレクション一般を扱うモジュールEnumerable

411

■ SECTION-176 ■ each以外のメソッドでEnumerableモジュールを使用する

```
commands = %w[cat echo ls]
# each_with_indexと等価。
commands.each.with_index.to_a
# => [["cat", 0], ["echo", 1], ["ls", 2]]
# ただしwith_indexはインデックスの初期値を指定できる
commands.each.with_index(1).to_a
# => [["cat", 1], ["echo", 2], ["ls", 3]]
# インデックスが2以上の要素を取り出す。
commands.select.with_index{|command,i| i>=2}      # => ["ls"]
commands.each_with_index.select{|command,i| i>=2} # => [["ls", 2]]
```

COLUMN　　繰り返しメソッドをEnumerator化するおまじない

　繰り返しメソッドを自作する場合においても、ブロックが与えられていないときには「Enumerator」を返すことが求められます。

　そのためには、メソッド定義の先頭に「return to_enum（メソッド名） unless block_given?」を記述します。

```
def two_times
  # __method__ でメソッド名を取得可能 (ここだと :two_times)
  return to_enum(__method__) unless block_given?
  yield "one"; yield "two" # ブロックを2回呼び出す
end
two_times { puts "ok" }
two_times                     # => #<Enumerator:0x97a6094>
two_times.with_index{|i,j| p [i,j]}
# >> ok
# >> ok
# >> ["one", 0]
# >> ["two", 1]
```

　現状でも繰り返しメソッドであるかどうかの基準があいまいなため、ブロックが与えられないときに「Enumerator」を返すかどうかは、そのメソッドの作者に委ねられています。現に、ブロックなし「Enumerable#zip」が「Enumerator」を返していた時期がありました。

関連項目 ▶ ▶ ▶

- ●文字列を1行・1バイト・1文字ごとに処理する ……………………………………… p.212
- ●各要素に対してブロックの評価結果の配列を作る（写像）………………………… p.374
- ●要素とインデックスを使って繰り返す………………………………………………… p.377
- ●条件を満たす要素をすべて求める…………………………………………………… p.384
- ●各要素をN個ずつ繰り返す…………………………………………………………… p.403

CHAPTER 08

数値と範囲

SECTION-177

数値リテラルについて

❖ 数値リテラルについて

Rubyの数値は、通常通りの表記が可能です。他にも16進、8進、2進表記もあります。ここでは、さまざまな数値リテラルで「65535」を表してみます。

▶ 10進整数

整数は、そのまま、もしくは「0d」から始めて記述することもできます。大きい整数を桁で区切る場合、数字の間に「_」を入れることができます。「_」は任意の数値リテラルに適用することができます。

```
65535    # => 65535
+65535   # => 65535
0d65535  # => 65535
65_535   # => 65535
```

▶ 浮動小数点数

小数も、そのまま記述することができます。「e」が付いたものは、科学的記数法でeの前の小数に10のべき乗を乗算する意味です。「6.5535e4」は「6.5535×10^4」の意味です。

```
65535.0    # => 65535.0
65_535.0   # => 65535.0
6.5535e4   # => 65535.0
6.5535e+4  # => 65535.0
```

▶ 16進整数

「0x」から始めると、16進数表記となります。A〜Fは、大文字でも小文字でも構いません。

```
0xffff # => 65535
0xFFFF # => 65535
```

▶ 8進整数

「0」か「0o」から始めると、8進数表記になります。0から始まる数字は、8進数表記とみなされます。

```
0177777  # => 65535
0o177777 # => 65535
```

▶ 2進整数

「0b」から始めると2進数表記となります。

```
0b1111111111111111     # => 65535
0b1111_1111_1111_1111  # => 65535
```

■ SECTION-177 ■ 数値リテラルについて

COLUMN　偶数・奇数判定は「Integer#even?」「Integer#odd?」を使用する

　「Integer#even?」は偶数のときにtrue、奇数のときにfalseを返します。「Integer#odd?」は奇数のときにtrue、偶数のときにfalseを返します。

```
1.odd?  # => true
1.even? # => false
2.odd?  # => false
2.even? # => true
```

COLUMN　整数の16進、8進、2進表記を得るには

　整数の16進、8進、2進表記を得るには、「String#%」か「sprintf」関数を使用します。

```
"%#x" % 65535          # => "0xffff"
"%#o" % 65535          # => "0177777"
"%#b" % 65535          # => "0b1111111111111111"
sprintf "%#x", 65535 # => "0xffff"
```

　prefixなしの表記を得るときは、「Integer#to_s」を使用することができます。

```
65535.to_s(16)        # => "ffff"
65535.to_s(8)         # => "177777"
65535.to_s(2)         # => "1111111111111111"
```

関連項目 ▶ ▶ ▶

● 文字列をフォーマットする（sprintf） ·· p.210

415

SECTION-178

数学関数の値を求める

ここでは、数学関数を使う方法を解説します。

SAMPLE CODE

```ruby
# sin 0を求める
Math.sin(0)                    # => 0.0
# Mathモジュールをインクルードすることで関数として使えるようになる。三角関数の角度の単位はラ
ジアンである
include Math
cos(PI)                        # => -1.0


# 度←→ラジアン変換
# 「度→ラジアン」変換を行う「Numeric#deg」を定義する
class Numeric
  def deg
    self * Math::PI / 180.0
  end
end

# 「ラジアン→度」変換を行う関数「Kernel#deg」を定義する
def deg(rad)
  rad * 180.0 / Math::PI
end

# 60度をラジアンに変換する
60.deg                         # => 1.047197551196...
# 度指定で三角関数を使う
cos(60.deg)                    # => 0.499999999999...
sin(30.deg)                    # => 0.499999999999...
cos(180.deg)                   # => -1.0
# asin(0.5)を度で求める
deg(asin(0.5))                 # => 29.99999999999...
```

■ SECTION-178 ■ 数学関数の値を求める

ONEPOINT **数学関数を使うにはMathモジュールを使用する**

数学関数を使うには、Mathモジュールを使用します。数学関数はモジュール関数として定義されているので、「Math.」とプレフィクスを付けても、インクルードすることで関数としても使えます。Mathモジュールで定義されている数学関数は、下表の通りです。三角関数・逆三角関数の角度の単位は、ラジアンです。

数学関数・定数	意味
E	自然対数の底(2.71828182845905)
PI	円周率(3.14159265358979)
exp(x)	指数関数
cbrt(x)	立方根
sqrt(x)	平方根
log(x)	xの自然対数
log(x, b)	bを底とするxの対数
log10(x)	xの常用対数
log2(x)	2を底とするxの対数
sin(x)	正弦関数
cos(x)	余弦関数
tan(x)	正接関数
asin(x)	逆正弦関数
acos(x)	逆余弦関数
atan(x)	逆正接関数
sinh(x)	双曲線正弦関数
cosh(x)	双曲線余弦関数
tanh(x)	双曲線正接関数
asinh(x)	逆双曲線正弦関数
acosh(x)	逆双曲線余弦関数
atanh(x)	逆双曲線正接関数
atan2(y, x)	y/x の逆正接関数。(x, y) 座標のシータ角を表す
hypot(x, y)	直角三角形の斜辺(hypotenuse)の長さ。sqrt(x*x + y*y)
erf(x)	誤差関数
erfc(x)	相補誤差関数
gamma(x)	ガンマ関数
lgamma(x)	log(gamma(x)) と、gamma(x) の符号(+1, -1)
ldexp(x, exp)	実数xに2のexp上をかけた数
frexp(x)	実数xの仮数部と指数部の配列

関連項目 ▶ ▶ ▶

● 複素数を計算する p.431

417

SECTION-179

乱数を得る

ここでは、疑似乱数を得る方法を解説します。

SAMPLE CODE

```
# Kernel#randを利用して0以上1未満の疑似乱数を得る
rand                        # => 0.10891217731558
rand                        # => 0.0095903069166311

# 引数に最大値を指定できる。0~9の疑似乱数を5個作成する
Array.new(5) { rand 10 }    # => [3, 5, 8, 8, 7]
# 引数にRangeを指定できる。1~6の疑似乱数を5個作成する。
Array.new(5) { rand(1..6) } # => [6, 1, 4, 6, 1]
```

SAMPLE CODE

```
# Random.rand を利用して乱数を得る
Random.rand                        # => 0.7799187922401146
Array.new(5) { Random.rand 10 }    # => [8, 1, 6, 5, 6]
Array.new(5) { Random.rand(1..6) } # => [1, 5, 3, 1, 4]
```

ONEPOINT **疑似乱数を得るには「Kernel#rand」を使用する**

0.0以上1.0未満のランダムな数（疑似乱数）を得るには、無引数で「Kernel#rand」もしくは「Random.rand」、「Random#rand」を使用します。正の整数を引数に指定した場合は、0以上整数未満のランダムな数を得ます。正の整数以外を引数に指定した場合は、「to_i.abs」で整数表現の絶対値に変換されます。

■ SECTION-179 ■ 乱数を得る

| COLUMN | 乱数の種を設定する |

　乱数の種は、「Kernel#rand」をはじめて呼ぶときに現在時刻などの情報で自動的に
設定するので、普段は意識する必要がありません。「Kernel#srand」で乱数の種を明
示的に指定することで、「Kernel#rand」の返す値をいつでも再現することができます。
テストのときに便利です。

　「Random.rand」は「Kernel#rand」と共通の疑似乱数生成器を利用しているため、
「Kernel#srand」の影響を受けます。そのため、異なる種を利用する場合は「Random」
クラスを初期化し、「Random#rand」を使用します。

```
srand(7)
Array.new(5) { rand(100) }        # => [47, 68, 25, 67, 83]
srand(7)
Array.new(5) { rand(100) }        # => [47, 68, 25, 67, 83]

# 種を指定して初期化する
prng = Random.new(7)
Array.new(5) { prng.rand(100) }  # => [47, 68, 25, 67, 83]
# 種を指定しない場合は、`Random.new_seed` により生成された適切な種がセットされる
prng2 = Random.new
Array.new(5) { prng2.rand(100) } # => [20, 82, 86, 74, 74]
```

関連項目 ▶ ▶ ▶

- 配列・ハッシュを作成する ……………………………………………………… p.314
- 配列をシャッフルする ……………………………………………………………… p.347

SECTION-180

範囲オブジェクトを作成する

ここでは、範囲オブジェクトを作成する方法を解説します。

SAMPLE CODE

```
# 1以上4以下の範囲を作成する
r1 = 1..4                # => 1..4
# 最初の要素は1と最後の要素は4。終点を含む
[r1.first, r1.last, r1.exclude_end?]  # => [1, 4, false]
[r1.begin, r1.end]       # => [1, 4]
# 配列化する
r1.to_a                  # => [1, 2, 3, 4]
# 合計を求める
if RUBY_VERSION >= "2.4"
  r1.sum                 # => 10
else
  r1.inject(:+)          # => 10
end
# 1以上4未満の範囲を作成する
r2 = 1...4               # => 1...4
# 最初の要素は1と最後の要素は4。終点を含まない
[r2.first, r2.last, r2.exclude_end?]  # => [1, 4, true]
# 終点を含まないので、要素が1つ減る
r2.to_a                  # => [1, 2, 3]
# 最初の要素の方が大きい範囲を作成することはできるが、
# 空の範囲になるので注意。[4,3,2,1]にはならない
r3 = 4..1                # => 4..1
r3.to_a                  # => []
# [4,3,2,1]を得るには1..4を配列化してから反転する
r1.to_a.reverse          # => [4, 3, 2, 1]
# 始点・終点に文字列も指定できる
r4 = "a" .. "d"          # => "a".."d"
r4.to_a                  # => ["a", "b", "c", "d"]
r5 = "01" .. "05"        # => "01".."05"
r5.to_a                  # => ["01", "02", "03", "04", "05"]
# 始点・終点にTimeも指定できる
now = Time.now
r6 = now .. now+1
# => 2017-04-28 17:53:30 +0900..2017-04-28 17:53:31 +0900
# 始点・終点にDateも指定できる
require 'date'
r7 = Date.new(2017,12,24) .. Date.new(2017,12,25)
# => #<Date: 2017-12-24 (...)>..<Date: 2017-12-25 (...)>
r7.map {|x| x.to_s }  # => ["2017-12-24", "2017-12-25"]
```

■ SECTION-180 ■ 範囲オブジェクトを作成する

ONEPOINT 範囲オブジェクトを作成するには「..」「...」リテラルを使用する

　範囲オブジェクト（Rangeオブジェクト）は、専用リテラルを使用します。「a .. b」はa以上b以下（終点を含む）、「a ... b」はa以上b未満（終点を含まない）の範囲を生成します。RangeはEnumerableをインクルードしているので、Enumerableのメソッドが使えます。

　範囲オブジェクトの始点と終点には数値以外にも、String、Time、Dateなども指定することができます。

COLUMN 「<=>」メソッドを持っていれば始点・終点になれる

　実際、始点と終点には、「<=>」メソッドを持ったオブジェクトが指定できます。ただし、「Range#each」やEnumerableのメソッドを使うには、「succ」メソッドを持っている必要があります。

```
class A
  include Comparable
  attr_reader :v
  def initialize(v)
    @v = v
  end
  def succ
    A.new(v + 2)
  end
  def <=>(o)
    @v <=> o.v
  end
end
r = A.new(1)..A.new(5)
# => #<A:0x007fa01703e238 @v=1>..#<A:0x007fa01703dcc0 @v=5>
r.to_a
# => [
#      #<A:0x007ff2c983e6b8 @v=1>,
#      #<A:0x007ff2c983d010 @v=3>,
#      #<A:0x007ff2c983cf48 @v=5>
#    ]
```

関連項目 ▶ ▶ ▶

● 部分文字列を抜き出す ……………………………………………………… p.197
● 連番付きの文字列を生成する……………………………………………… p.227
● 部分配列を作成する ………………………………………………………… p.325
● 「Enumerable」は配列を一般化したもの…………………………………… p.372
● 合計を計算する ……………………………………………………………… p.381
● 範囲の間の繰り返しを行う ………………………………………………… p.422

SECTION-181

範囲の間の繰り返しを行う

ここでは、指定された範囲の間の繰り返しをする方法を解説します。

SAMPLE CODE

```
# 1から3まで繰り返す
a=[]; 1.upto(3) {|i| a << i }; a          # => [1, 2, 3]
a=[]; (1..3).each {|i| a << i }; a         # => [1, 2, 3]
# 範囲オブジェクトはEnumerableのメソッドが直接使える
(1..3).map{|i| i*i }                       # => [1, 4, 9]
# 3から1まで1ずつ減らしながら繰り返す
a=[]; 3.downto(1) {|i| a << i }; a         # => [3, 2, 1]
# 1から10まで3ずつ増やしながら繰り返す
a=[]; 1.step(10,3) {|i| a << i }; a        # => [1, 4, 7, 10]
a=[]; (1..10).step(3) {|i| a << i }; a     # => [1, 4, 7, 10]
# 1.0から9.9まで4.4ずつ減らしながら繰り返す
a=[]; 9.9.step(1.0, -4.4) {|i| a << i };
a                    # => [9.9, 5.5, 1.0999999999999996]
# 3回繰り返す
a=[]; 3.times {|i| a << i }; a             # => [0, 1, 2]
# upto, downto, stepはEnumeratorを返す
1.upto(3)                # => #<Enumerator: 1:upto(3)>
1.upto(3).to_a           # => [1, 2, 3]
3.downto(1)              # => #<Enumerator: 3:downto(1)>
3.downto(1).to_a         # => [3, 2, 1]
1.step(10,3)             # => #<Enumerator: 1:step(10, 3)>
1.step(10,3).to_a        # => [1, 4, 7, 10]
3.times                  # => #<Enumerator: 3:times>
3.times.to_a             # => [0, 1, 2]
(1..10).step(3)          # =>  #<Enumerator: 1..10:step(3)>
(1..10).step(3).to_a     # => [1, 4, 7, 10]
# ブロックなしtimesの結果はEnumeratorなのでEnumerableのメソッドが使える。
3.times.map{|x| x*x}  # => [0, 1, 4]
# ブロック付き Array.new はインデックスをブロックパラメータに持ち、
# ブロック評価結果を配列の要素にする
Array.new(3) {|i| i }  # => [0, 1, 2]
```

> **HINT**
>
> ブロック付き「Integer#upto」などは値を返すことが目的ではなく、制御構造の定義です。「Array#
> <<」で配列に値を追加し、その結果を示しました。

ONEPOINT	MからNまでの繰り返すには 「Integer#upto」や「Range#each」を使用する

MからN（M<=N）まで1ずつ増やしながら繰り返すには、「Integer#upto」を使って「M.upto(N) ブロック」と記述します。あるいは、「Range#each」を使って「（M..N).each ブロック」と記述します。どちらを選ぶかは、好みの問題です。

NからMまで1ずつ減らしながら繰り返すには、「Integer#downto」を使って「N.downto (M) ブロック」と記述します。**「（N..M).each」と記述すると繰り返しが行われません。**

MからNまでSずつ足しながら繰り返すには、「Numeric#step」を使って「M.step (N,S) ブロック」と記述します。M、N、Sは、負の数や浮動小数点数を指定することもできます。「Range#step」を使って「（M..N).step(S) ブロック」と記述することもできます。「Range#step」ではSに負の数を指定することができません。

処理をN回繰り返すには、「Integer#times」を使って「N.times ブロック」と記述します。「0.upto(N-1) ブロック」と等価です。

これらのどのメソッドもブロックパラメータは、現在の値を取ります。ブロックは省くことができ、その場合はEnumeratorを返します。そのため、これらのメソッドとEnumerableのメソッドを組み合わせることができます。

関連項目 ▶ ▶ ▶

- 配列・ハッシュを作成する ……………………………………………………… p.314
- 配列に要素を追加する………………………………………………………… p.331
- each以外のメソッドにEnumerableモジュールを使用する ……………… p.411
- 範囲オブジェクトを作成する ………………………………………………… p.420

SECTION-182

範囲に含まれているかどうかをチェックする

ここでは、数が範囲に含まれているかチェックする方法を解説します。

SAMPLE CODE

```
# 範囲に含まれているかチェックする
2.between?(1,10)                    # => true
2.between?(4,10)                    # => false
(1..10).include? 2                  # => true
# 「Range#member?」は「Range#include?」のエイリアス
(1..10).member? 2                   # => true
(4..10).include? 2                  # => false
# 「Comparable#between?」は「..」による範囲オブジェクト同様終端を含むのでtrueになる
10.between?(2,10)                   # => true
(2..10).include? 10                 # => true
# 「...」による範囲オブジェクトは終端を含まないのでfalseになる
(2...10).include? 10                # => false
# 必ず小さい方を左に指定しないといけない
2.between?(10,1)                    # => false
(10..1).include? 2                  # => false
# 文字列にも適用できる。
"elf".between?("air","fairy")       # => true
"elf".between?("end","fairy")       # => false
("air".."fairy").include? "elf"     # => true
("end".."fairy").include? "elf"     # => false
# 「Range#===」は「Range#include?」と定義されているのでcase式で使える
case 2
when 1..10 then puts "OK"
end
# >> OK
```

ONEPOINT 範囲に含まれているかチェックするには
「Comparable#between?」や「Range#include?」を使用する

aがb～cの範囲に含まれているかチェックするには、「a.between?(b,c)」か「(b..c)
.include? a」と記述します。もちろん、不等号を使って「b <= a and a <= c」とも記述
することができます。数値はもちろん、a、b、cは、文字列など、「<=>」演算子が定義さ
れているオブジェクトであれば、何でも受け付けます。

「Range#===」は「include?」と定義されているので、「case」式の「when」節に範
囲オブジェクトを指定すると範囲に含まれているときにマッチします。

■ SECTION-182 ■ 範囲に含まれているかどうかをチェックする

| COLUMN | 文字列に対する「Range#include?」 |

　「Range#include?」は数値、時間、1文字の文字列以外は「Enumerable#include?」が呼び出されてコレクションに含まれているかどうかを判別します。そのため、2文字以上の文字列による範囲オブジェクトに対して「Range#include?」を呼び出すと、非常に遅くなります。大小比較で判別するならば、「Comparable#between?」か「Range#cover?」を使用します。さらに、「Range#===」は「Range#include?」と定義されているため、「case」式でも遅くなってしまいます。

　「("air".."fairy").include? "elf"」は2765082個もの要素から探索するため、とてつもなく遅くなります。

```
("air".."fairy").count    # => 2765082
require 'benchmark'
Benchmark.bm(20) do |b|
  b.report("between?") { 100.times{ "elf".between?("air","fairy") }}
  b.report("include?") { 100.times{ ("air".."fairy").include? "elf" }}
  b.report("case") do
    100.times { case "elf" when "air".."fairy" then 1 end }
  end
  b.report("cover?")   { 100.times { ("air".."fairy").cover? "elf"}}
end
# >>                      user     system      total        real
# >> between?         0.000000   0.000000   0.000000 (  0.000123)
# >> include?         0.320000   0.000000   0.320000 (  0.317882)
# >> case             0.320000   0.000000   0.320000 (  0.320717)
# >> cover?           0.000000   0.000000   0.000000 (  0.000192)
```

関連項目 ▶ ▶ ▶

● 「===」と「case」式について ……………………………………………………… p.148
● 指定した要素が含まれるかを調べる ……………………………………………… p.378

SECTION-183

数字を3桁ずつカンマで区切る

ここでは、数字を3桁ずつカンマで区切る方法を解説します。

SAMPLE CODE

```
# 正規表現による方法
"賞金1234567円".gsub(/(\d)(?=(?:\d{3})+(?!\d))/, '\1,')
# => "賞金1,234,567円"
1234567.to_s.gsub(/(\d)(?=(?:\d{3})+(?!\d))/, '\1,')
# => "1,234,567"
# 先読みと戻り読み正規表現を使っている
"賞金1234567円".gsub(/(?<=\d)(?=(?:\d{3})+(?!\d))/, ',')
# => "賞金1,234,567円"

# 1~3個の数字の取り出しにString#scanを使っている
1234567.to_s.reverse.scan(/\d{1,3}/).join(",").reverse
# => "1,234,567"
# Enumeratorを交えた例
1234567.to_s.reverse.chars.each_slice(3).map(&:join).join(",").reverse
# => "1,234,567"
# 2.4 以降では、正の整数の場合にInteger#digitsを利用できる
if RUBY_VERSION > "2.4"
  1234567.digits(1000).reverse.join(',') # => "1,234,567"
end
```

ONEPOINT **数字を3桁ずつカンマで区切るには文字列化してから「String#gsub」を使用する**

お金などの大きな整数を表示するときには、しばしば数字をカンマで区切ります。よく使われるにもかかわらず、「String#sprintf」では、そのための書式がありません。仕方がないので「Integer#to_s」で文字列化してから、「String#gsub」で先読み正規表現を指定します。

別解として、数字をひっくり返して、3文字ずつにして、その間にカンマを埋め込んで、さらにひっくり返す方法もあります。先読み正規表現に慣れていない人にとっては、こちらの方が理解しやすいかもしれません。

■ SECTION-183 ■ 数字を3桁ずつカンマで区切る

COLUMN	登場する正規表現の解説

　正規表現「/(\d)(?=(?:\d{3})+(?!\d))/」は、先読み「(?=)」の中に否定先読み
「(?!)」が含まれ、少し複雑になっています。「\d」は数字、「?:」は後方参照抑制、「{3}」
は直前の表現を3回繰り返す意味です。「(?:\d{3})+」は3つの数字の1回以上の繰り
返しを意味し、「(?!\d)」でその直後に数字が来ないことを表現しています。すなわち、
先読み部分は、数字がちょうど3の倍数個あると読めます。よって、この正規表現は、「直
後に3の倍数個の数字が続く1つの数字」にマッチします。こういう数字の直後にカンマ
を入れれば、目的は達成されます。

　正規表現「/(?<=\d)(?=(?:\d{3})+(?!\d))/」は、先程の「1つの数字」を戻り読み
に置き換えたもので、「直後に3の倍数個の数字が続き、直前に1つの数字がある『場
所』」にマッチします。戻り読みと先読みで構成されているため、文字ではなくて場所に
マッチします。そのため、置換文字列が「,」となっています。

　先読み・戻り読み正規表現を敬遠している人は、この身近な例題で慣れていくとよい
でしょう。

関連項目 ▶ ▶ ▶

- オブジェクトの文字列表現について ……………………………………………… p.174
- 文字列を反転する …………………………………………………………………… p.205
- 文字列を1行・1バイト・1文字ごとに処理する ………………………………… p.212
- 正規表現の先読みについて ……………………………………………………… p.246
- 正規表現にマッチする部分を全部抜き出す …………………………………… p.261
- 文字列を置き換える ………………………………………………………………… p.264
- 配列を文字列化する ……………………………………………………………… p.343
- 各要素に対してブロックの評価結果の配列を作る（写像） ……………………… p.374
- 各要素をN個ずつ繰り返す ……………………………………………………… p.403
- each以外のメソッドにEnumerableモジュールを使用する ………………… p.411

SECTION-184

行列・ベクトルの計算をする

ここでは、行列やベクトルの計算をする方法を解説します。

SAMPLE CODE

```ruby
require 'matrix'
# 2x2の行列
m1 = Matrix[[1, 2], [3, 4]]
m2 = Matrix[[5.0, 6.6], [7.2, 8.9]]
# 3次元単位行列
Matrix.unit(3)              # => Matrix[[1, 0, 0], [0, 1, 0], [0, 0, 1]]
# 4次元対角行列
Matrix.diagonal(1,2,3,4)
# => Matrix[[1, 0, 0, 0], [0, 2, 0, 0], [0, 0, 3, 0], [0, 0, 0, 4]]
# 2次元縦ベクトル
v1 = Vector[3, 4]
# 行列の加算
m1+m2                       # => Matrix[[6.0, 8.6], [10.2, 12.9]]
# 行列の乗算
m1*m2                       # => Matrix[[19.4, 24.4], [43.8, 55.4]]
# 行列のスカラー倍
m1*3                        # => Matrix[[3, 6], [9, 12]]
3*m1                        # => Matrix[[3, 6], [9, 12]]
# 逆行列
m1.inv                      # => Matrix[[(-2/1), (1/1)], [(3/2), (-1/2)]]
m1.inv*m1                   # => Matrix[[(1/1), (0/1)], [(0/1), (1/1)]]
# 行列と縦ベクトルの乗算
m1*v1                       # => Vector[11, 25]
# ベクトルのスカラー倍
v1*4                        # => Vector[12, 16]
# ベクトルの加算
v1+v1                       # => Vector[6, 8]
```

ONEPOINT 　行列を作るには「Matrix.[]」を、
　　　　　　　ベクトルを作るには「Vector.[]」を使用する

行列・ベクトル計算をするには、Matrix・Vectorクラスを使用します。行列は、「Matrix [[a11, a12, …], [a21, a22, …], …] 」で作成します。ベクトルは縦ベクトルで、「Vector [a1, a2, …] 」で作成します。加算、乗算、スカラー積は、通常の「+」「*」演算子が使えます。

$$\begin{pmatrix} a11 & a12 & \ldots \\ a21 & a22 & \ldots \\ \ldots \end{pmatrix}$$

←「Matrix[[a11, a12, …], [a21, a22, …], …] 」
　で作成した行列

■ SECTION-184 ■ 行列・ベクトルの計算をする

行列の演算に関する主なメソッドは、下表のようになります。Nが整数、a、sがスカラー、m1、m2が行列、v1、v2がベクトルを表します。

Matrixのメソッド	意味
Matrix.I(N)	NxNの単位行列
Matrix.identify(N)	NxNの単位行列
Matrix.unit(N)	NxNの単位行列
Matrix.scalar(N,s)	Matrix.I(N) * s
Matrix.diagonal(a1, a2, ...)	対角行列
Matrix.zero(N)	NxNの零行列
Matrix.build(row_size, column_size = row_size) {|row, col| ... }	blockの返り値をもとに生成したrow_size×column_size行列
Matrix.scalar(N,s)	Matrix.I(N) * s
Matrix.column_vector([a1,a2, ...])	Nx1行列(縦ベクトル)
Matrix.columns([a1,a2, ...])	a1, a2を列ベクトルとみなした配列
Matrix.row_vector([a1,a2, ...])	1xN行列(横ベクトル)
Matrix.rows([a1,a2, ...], copy=true)	a1, a2を行ベクトルとみなした行列
Matrix.empty(row_size, column_size)	行数もしくは列数が0の行列
Matrix.hstack(m1,m2...)	m1, m2を横に並べた行列
Matrix.vstack(m1,m2...)	m1, m2を縦に並べた行列
m[i,j]	i行j列の要素
m1 * m2	行列の乗算
m * s	行列のスカラー倍
m ** N	行列のN乗
m1 + m2	行列の加算
m1 - m2	行列の減算
m1 / m2	行列の除算 (m1 * m2.inverse)
m.collect {|a| ... }	ブロックを評価した結果の行列を作成
m.map {|a| ... }	ブロックを評価した結果の行列を作成
m.determinant	行列式
m.det	行列式
m.inverse	逆行列
m.inv	逆行列
m.rank	階数(ランク)
m.unitary?	正方行列か?
m.regular?	正則行列か?
m.singular?	特異行列(非正則行列)か?
m.square?	正方行列か?
m.transpose	転置行列
m.t	転置行列
m.trace	トレース
m.tr	トレース

■ SECTION-184 ■ 行列・ベクトルの計算をする

ベクトルの演算に関するメソッドは、下表のようになります。

Vectorのメソッド	意味
v[i]	インデックスiの要素
v * m	vを縦ベクトルと見てmと乗算
v * s	ベクトルのスカラー倍
v1 + v2	ベクトルの加算
v1 - v2	ベクトルの減算
v.collect {|a| ... }	ブロックの評価した結果のベクトルを作成
v.map {|a| ... }	ブロックの評価した結果のベクトルを作成
v.covector	横ベクトル(1xN行列)を作成
v.r	ベクトルの絶対値 |v|
v1.inner_product v2	内積

COLUMN **数値の高速な行列計算をするには**

数値計算用多次元配列のnarrayパッケージには、NMatrix、NVectorという数値専用行列・ベクトルクラスが存在します。ただし、matrix.rbとの完全な互換性はありません。

```
gem 'narray'
require 'narray'
m1 = NMatrix[[1,2],[3,4]]
m2 = NMatrix[[5.0,6.6], [7.2,8.9]]
v1 = NVector[3,4]
m1+m2 # => NMatrix.float(2,2): [[6.0, 8.6], [10.2, 12.9]]
m1*m2 # => NMatrix.float(2,2): [[19.4, 24.4], [43.8, 55.4]]
3*m1  # => NMatrix.int(2,2): [[3, 6], [9, 12]]
4*v1  # => NVector.int(2): [12, 16]
m1*v1 # => NVector.int(2): [11, 25]
```

関連項目 ▶ ▶ ▶

● 数値計算用多次元配列で高速な数値計算をする………………………………………p.436

SECTION-185

複素数を計算する

ここでは、複素数を計算する方法を解説します。

SAMPLE CODE

```
include Math
# 複素数の宣言には、複素数リテラル、Numeric#i, Kernel#Complex, Compelex::I などを利用する
1+2i                        # => (1+2i)
1+2.i                       # => (1+2i)
c1 = Complex(1, 2)          # => (1+2i)
1+2*Complex::I              # => (1+2i)
# 極座標表示。絶対値1、偏角60度
theta = PI/3
[cos(theta), sin(theta)]
# => [0.5000000000000001, 0.8660254037844386]
c2 = Complex.polar(1, theta)
# => (0.5000000000000001+0.8660254037844386i)

# 四則演算
c1+c2                       # => (1.5+2.8660254037844384i)
c1-c2                       # => (0.4999999999999999+1.1339745962155614i)
c1*c2                       # => (-1.2320508075688772+1.8660254037844388i)
c1/c2                       # => (2.232050807568877+0.13397459621556174i)
# CMathライブラリを利用すると、複素数計算を行うことができる
require 'cmath'
CMath.sqrt(-1)             # => (0+1.0i)
# オイラーの公式「cos θ + i sin θ = e^iθ」
cos(theta)+sin(theta).i # => (0.5000000000000001+0.8660254037844386i)
CMath.exp(theta.i)        # => (0.5000000000000001+0.8660254037844386i)
```

ONEPOINT | **複素数計算をするには**
ComplexクラスやCMathライブラリを利用する

複素数計算をするには、CMathライブラリを使用します。CMathライブラリは、Math
ライブラリと同名のメソッドを複素数対応します。複素数は、「Complex（実部、虚部）」か
「Complex.polar（絶対値, 偏角）」などで作成します。

関連項目 ▶ ▶ ▶

● 数値計算用多次元配列で高速な数値計算をする ··· p.436

SECTION-186

有理数を計算する

ここでは、有理数(分数)を計算する方法を解説します。

SAMPLE CODE

```
# Kernel#RationalもしくはRationalリテラルを利用して有理数を作成する
r1 = Rational(3,4)    # => (3/4)
3/4r                  # => (3/4)
# 作成時に約分される
r2 = 4/24r            # => (1/6)
r2.to_s               # => "1/6"
# 分子と分母を得る
[r2.numerator, r2.denominator]  # => [1, 6]
# 四則演算、累乗、剰余
r1 + r2       # => (11/12)
r1 - r2       # => (7/12)
r1 * r2       # => (1/8)
r1 / r2       # => (9/2)
r1.quo r2     # => (9/2)
r1 ** r2      # => 0.9531842929969365
r1 % r2       # => (1/12)
r1.divmod r2  # => [4, (1/12)]
# 浮動小数点数の0.1は2進数だと割切れずに誤差を含むため、数学的に正しいはずの等式がコンピュー
タでは正しくなくなってしまう
6*0.1/0.1==6  # => false
# 有理数を使うことで、コンピュータでも正しくなる
6*Rational(1,10)/Rational(1,10) == 6  # => true
```

ONEPOINT　　**有理数を作成するには「Kernel#Rational」を使用する**

　　浮動小数点数リテラルは内部で2進数に変換されるため、小数点以下の表現に誤差が出ます。また、1/3などの循環小数を扱いたい場合もあります。そこで、有理数(分数)で表現すると数学的に正しい結果が出ます。

　　有理数を計算するには、Rationalクラスを使用します。有理数は、「Rational(分子, 分母)」で作成します。

SECTION-187

任意精度浮動小数点数で
浮動小数点数の誤差をなくす

ここでは、10進小数を使用するする方法を解説します。

SAMPLE CODE

```
# bigdecimalライブラリにBigDecimalが定義されているので読み込む
require 'bigdecimal'
# 1.1-1.0は誤差により内部表現が異なるため「== 0.1」ではない
1.1-1.0 == 0.1          # => false
1.1-1.0                 # => 0.10000000000000009
# そこでBigDecimalによる10進小数を作成する。
a = BigDecimal("1.1")  # => 0.11e1
b = BigDecimal("1.0")  # => 0.1e1
c = BigDecimal("0.1")  # => 0.1e0
# 2.4以降BigDecimal.inspectが変更された関係で、
# 2.3以前のバージョンでは #<BigDecimal:23bad38,'0.11E1',18(18)> と表示されます

# 10進小数なので誤差はなく「==」になる
a-b == c               # => true
# 四則演算、剰余
a + c        # => 0.12e1
a - c        # => 0.1e1
a * c        # => 0.11e0
a / c        # => 0.11e2
a % c        # => 0.0
a.divmod c   # => [0.11e2, 0.0]
# 累乗
a ** 5       # => 0.161051e1
# "to_s"で文字列化するとき、無引数の場合は科学的記数法に、"F"を付けると通常の記数法になる
a.to_s       # => "0.11e1"
a.to_s("F")  # => "1.1"
```

> **HINT**
>
> 我々人間は10進数を使い、プログラミングでも多くの場合、10進数を記述します。それに対して、コンピュータでは小数も含め2進数で計算します。そのため、10進数から2進数へ変換され、変換時に誤差が生じます。たとえば、10進数の1/3が「0.3333...」と循環小数になるように2進数の0.1は「0.00011001100...」と循環小数になるからです。

ONEPOINT **10進小数を使用するには「Kernel#BigDecimal」を使用する**

　浮動小数点数に誤差はつきもので、浮動小数点数を「==」で比較すると思いもよらない結果になることがあります。そこで、10進小数ライブラリが必要になってきます。10進数で計算するため、速度は遅くなりますが、2進数変換による誤差はなくなります。精度も自由に指定することができます。

　10進小数の計算には、bigdecimalライブラリを使用します。10進小数は、「BigDecimal（小数を表した文字列）」で作成します。Rubyでは浮動小数点数リテラルを記述した瞬間に2進数変換されるため、文字列を使って指定する必要があります。

　10進の循環小数を扱う場合は、Rationalクラスを使用します。

COLUMN **浮動小数点数の誤差の累積について**

　誤差の蓄積とは、もともと誤差が含まれている値を使い続けることで誤差が広がることをいいます。次の例では、0.1を1000回加えた場合です。そういう場合もBigDecimalを使えば、数学的に正しい結果を導いてくれます。

```ruby
require 'bigdecimal'
sf = (1..1000).inject(0){|s,| s + 0.1 }    # => 99.9999999999986
sf == 100                                  # => false
a = BigDecimal("0.1")                      # => 0.1e0
sd = (1..1000).inject(0){|s,| s + a }      # => 0.1e3
sd == 100                                  # => true
```

■ SECTION-187 ■ 任意精度浮動小数点数で浮動小数点数の誤差をなくす

| COLUMN | 10進小数の2進数表記 |

　10進小数が2進数だと、どのような循環小数になるのか計算してみましょう。ここで定義する「Kernel#to_bin」は、0以上1未満の10進小数をn桁の精度で2進小数に変換します。0.1が循環小数になり、2の累乗の和で表される数には誤差がないことがわかります。

```
require 'bigdecimal'
def to_bin(float, n)
  one = BigDecimal("1.0")
  (1..n).map{|i| 2**i }.inject([BigDecimal(float),"0."]){|(x,s),y|
    z = one/y
    if x>=z
      [x-z, s << "1"]
    else
      [x, s << "0"]
    end
  }[1]
end
to_bin "0.1", 40    # => "0.0001100110011001100110011001100110011001"
to_bin "0.3", 40    # => "0.0100110011001100110011001100110011001100"
to_bin "0.5", 10    # => "0.1000000000"
to_bin "0.625", 10  # => "0.1010000000"
```

関連項目 ▶ ▶ ▶

● 有理数を計算する p.432

SECTION-188
数値計算用多次元配列で
高速な数値計算をする

　ここでは、数値計算向けの多次元配列NArrayで高速な数値計算をする方法を解説します。NArrayでできることは多岐にわたるので、ここでは、ほんのさわりだけ解説します。

SAMPLE CODE

```
# narrayライブラリにNarrayが定義されているので読み込む
require 'narray'
# Rubyの配列式のような形式でNArrayを作成する。要素次第で型が決まる
na1 = NArray[[1.1, 2, 3], [3, 4.4, 6+3i]]
# => NArray.complex(3,2):
#   [ [ 1.1+0.0i, 2.0+0.0i, 3.0+0.0i ],
#     [ 3.0+0.0i, 4.4+0.0i, 6.0+3.0i ] ]
# 3x2の二次元配列を作成し、全要素を5で埋める
na2 = NArray.int(3,2).fill!(5)
# => NArray.int(3,2):
#   [ [ 5, 5, 5 ],
#     [ 5, 5, 5 ] ]
# Rubyの配列をNArrayに変換する
na3 = NArray.to_na [[1,1,1],[2,2,2]]
# => NArray.int(3,2):
#   [ [ 1, 1, 1 ],
#     [ 2, 2, 2 ] ]
# NArray同士の演算は要素ごとに行われる
na1 + na2 + na3
# => NArray.complex(3,2):
#   [ [ 7.1+0.0i, 8.0+0.0i, 9.0+0.0i ],
#     [ 10.0+0.0i, 11.4+0.0i, 13.0+3.0i ] ]
# NArrayと数値の演算は、それぞれの要素と数値の演算結果のNArrayになる
na2 * 3
# => NArray.int(3,2):
#   [ [ 15, 15, 15 ],
#     [ 15, 15, 15 ] ]
```

HINT

素のRubyは、大規模な数値計算には向いていません。Rubyの四則演算メソッドは、実際の計算以外にもたくさんの処理を行っているため、遅くなります。そこで、数値計算の部分をC言語による拡張ライブラリに任せることで高速化することができます。

■ SECTION-188 ■ 数値計算用多次元配列で高速な数値計算をする

ONEPOINT 数値計算専用の配列を作成するには「NArray.[]」を使用する

数値計算に特化した多次元配列を使うには、「NArray」クラスを使用します。必要なライブラリ「narray」はRubyGemsパッケージが用意されているので、「gem install narray」でインストールしてください。

「NArray[数値の組]」で、NArrayオブジェクトを作成します。数値の組の部分は、配列と同じ記法でネストすることができます。

NArray同士の演算は、それぞれの要素ごとに同じ演算をします。NArrayと数値の演算は、それぞれの要素と数値を演算します。配列で同じ処理をすると、「Enumerable#map」で何重にもネストしたループをしないといけませんが、NArrayの場合は1つの演算子メソッドの呼び出しで済みます。ループ処理と計算処理をC言語の数値配列で一度に計算するため、動作は非常に高速です。大量の数値データをNArrayに格納して、NArray単位で演算するのがポイントです。

NArrayの動作速度は、数値計算専用言語のOctaveなどにも匹敵するほどです。Rubyは、数値計算用途にも使えるのです。

COLUMN NArrayの要素の取り出し方は配列とは逆

NArrayのインデックスの指定方法は、ネストした配列とは逆になります。次の例で見比べてください。ちなみに、「Narray#indgen!」は、NArrayの各要素に連続した数値を埋めるメソッドです。

```
require 'narray'
na = NArray.int(2,3).indgen!
# => NArray.int(2,3):
#   [ [ 0, 1 ],
#     [ 2, 3 ],
#     [ 4, 5 ] ]
a  = na.to_a                    # => [[0, 1], [2, 3], [4, 5]]
[ na[0,1], a[1][0] ]           # => [2, 2]
[ na[1,2], a[2][1] ]           # => [5, 5]
na = NArray.int(5,6,6).indgen!
a  = na.to_a
[ na[4,2,3], a[3][2][4] ]      # => [104, 104]
[ na[1,0,0], a[0][0][1] ]      # => [1, 1]
[ na[2,5,5], a[5][5][2] ]      # => [177, 177]
```

関連項目 ▶▶▶

● 複素数を計算する p.431

CHAPTER 09

時刻と日付

SECTION-189

現在時刻・日付を求める

ここでは、現在の時刻・日付を求める方法を解説します。

SAMPLE CODE

```
# 現在時刻を得る
Time.now            # => 2018-01-11 19:09:42 +0900
# dateライブラリにDateとDateTimeが定義されているので読み込む
require 'date'
# 今日の日付を得る
d = Date.today
# => #<Date: 2018-01-11 ((2458130j,0s,0n),+0s,2299161j)>
# しかし、出力の表現がわかりにくいので「to_s」で文字列化するとフォーマットされた日付が得られる
d.to_s              # => "2018-01-11"
# 「DateTime」は日付に加えて時刻も扱える「Date」のサブクラスである
dt = DateTime.now
# => #<DateTime: 2018-01-11T19:10:20+09:00
#      ((2458130j,36620s,412578000n),+32400s,2299161j)>
dt.to_s             # => "2018-01-11T19:10:20+09:00"
```

ONEPOINT 　現在時刻・日付を得るには「Time.now」や「Date.today」を使用する

　Rubyでは時刻を扱うには、「Time」クラスを使用します。日付を扱うには、「Date」クラスを使用します。用途は似ていますが、細かい時刻計算には「Time」、日数計算には「Date」が向いています。「Date」の機能に加え、時刻も扱えるようになった「DateTime」クラスもあります。

　時刻・日付計算で最も基本になるのが、現在時刻と今日の日付を求めることです。それぞれ、「Time.now」「Date.today」「DateTime.now」で求めることができます。

■ SECTION-189 ■ 現在時刻・日付を求める

| COLUMN | 特定の時刻・日付を得るには「Time.local」や「Date.new」を使用する |

　現在だけでなく、特定の時刻や日付を得るには、「Time.local」や「Date.new」の引数に、年月日（時分秒）の順に指定します。省略した場合は、月日は1を、時分秒は0を指定したものとみなされます。

```
require 'date'
Time.local(1993, 2, 24)
# => 1993-02-24 00:00:00 +0900
Time.local(1993, 2, 24, 12, 34, 56)
# => 1993-02-24 12:34:56 +0900
Time.gm(1993, 2, 24, 12, 34, 56)
# => 1993-02-24 12:34:56 UTC
Date.new(1993, 2, 24).to_s
# => "1993-02-24"
DateTime.new(1993, 2, 24, 12, 34, 56, "JST").to_s
# => "1993-02-24T12:34:56+09:00"
```

SECTION-190

時刻・日付から情報を抜き出す

ここでは、「Time」「Date」「DateTime」から情報を抜き出す方法を解説します。

SAMPLE CODE

```ruby
# Timeオブジェクトの場合
t = Time.now                    # => 2018-01-16 18:55:40 +0900
[t.year, t.month, t.day]        # => [2018, 1, 16]
[t.hour, t.min, t.sec]          # => [18, 55, 40]
# dateライブラリにDateとDateTimeが定義されているので読み込む
require 'date'
# Dateオブジェクトの場合
d = Date.today
[d.year, d.month, d.day]        # => [2018, 1, 16]
# DateTimeオブジェクトの場合
dt = DateTime.now
[dt.year, dt.month, dt.day]     # => [2018, 1, 16]
[dt.hour, dt.min, dt.sec]       # => [18, 56, 17]
```

ONEPOINT 「Time」「Date」「DateTime」から情報を抜き出すには時間の単位名のメソッドを使用する

「Time」「Date」「DateTime」から情報を抜き出すには、時間の単位の名前をしたメソッドを呼び出します。大きい方から「year」(年)、「month」(月)、「day」(日)、「hour」(時)、「min」(分)、「sec」(秒)です。「minute」や「second」ではないので気を付けてください。

なお、「Date」クラスはDateのみを扱うため、「hour」以下のメソッドはありません。

COLUMN 他の情報を抜き出すには

「Time」「Date」「DateTime」が表す情報は、年～秒だけではありません。曜日(0(日曜日)～6(土曜日))を取り出すには「wday」メソッドを、1月1日からの通算日数を取り出すには「yday」メソッドを、タイムゾーンを取り出すには「zone」メソッドを使用します。次の例は1993年2月24日12時33分について適用しています。

```ruby
require 'date'
t = Time.local(1993,2,24,12,33,0)
# => 1993-02-24 12:33:00 +0900
[t.yday, t.zone, t.wday]           # => [55, "JST", 3]
d = DateTime.new(1993,2,24,12,33,0,"JST")
[d.yday, d.zone, d.wday]           # => [55, "+09:00", 3]
```

442

SECTION-191

時刻・日付をフォーマットする

ここでは、「Time」「Date」をフォーマットする方法を解説します。

SAMPLE CODE

```
t = Time.local(1993,2,24,18,33,55)
# 西暦/月/日 時:分:秒 タイムゾーン
t.strftime("%Y/%m/%d %H:%M:%S %Z")   # => "1993/02/24 18:33:55 JST"
# 西暦2桁/月/日(曜日の省略名) 午前午後 時:分
t.strftime("%y/%m/%d(%a) %p %I:%M")   # => "93/02/24(Wed) PM 06:33"
# 曜日の名称と省略名
t.strftime("%A(%a)")                  # => "Wednesday(Wed)"
# 月の名称と省略名
t.strftime("%B(%b)")                  # => "February(Feb)"
# 年始から通算日、週
t.strftime("今日は年始から%j日目、%U週目")   # => "今日は年始から055日目、08週目"
```

ONEPOINT 「Time」「Date」をフォーマットするには「strftime」メソッドを使用する

「Time」「Date」を書式文字列に従って整形するには、「strftime」メソッドを使用します。「Date#strftime」と「Time#strftime」は、タイムゾーンの表記が異なることを除いて互換性があります。ここでは、よく使うもののみ紹介しています。

SECTION-192

文字列から時刻・日付に変換する

ここでは、文字列を「Time」「Date」「DateTime」に変換する方法を解説します。

SAMPLE CODE

```ruby
# dateライブラリにDate.parseとDateTime.parseが定義されているので読み込む
require 'date'
# timeライブラリにTime.parseが定義されているので読み込む
require 'time'
s = "1993/2/24 10:30"
# 文字列を解析してTime、Date、DateTimeを作成する
Time.parse(s)              # => 1993-02-24 10:30:00 +0900
Date.parse(s).to_s         # => "1993-02-24"
DateTime.parse(s).to_s     # => "1993-02-24T10:30:00+00:00"
# いろいろな形式に対応している
Time.parse("Mon, 28 Jan 2008 01:23:31 +0900")
# => 2008-01-28 01:23:31 +0900
Time.parse("Mon, 28 Jan 2008 01:23:31 -00")
# => 2008-01-28 01:23:31 UTC
Time.parse("Sun, 27 Jan 2008 17:41:20 GMT")
# => 2008-01-27 17:41:20 +0000
Time.parse("Tuesday, July 6th, 2007, 18:35:20 GMT")
# => 2007-07-06 18:35:20 +0000
Time.parse("Tuesday, July 6th, 2007, 18:35:20 UTC")
# => 2007-07-06 18:35:20 UTC
Time.parse("07-01-07 09:16:24+09")
# => 2007-01-07 09:16:24 +0900
Time.parse("Mon Dec 25 00 06:53:24 UTC")
# => 2000-12-25 06:53:24 UTC
Time.parse("2008-01-24T23:55:42Z")
# => 2008-01-24 23:55:42 UTC
# 特定の形式のみを受け付けるクラスメソッドもある
Time.rfc2822("Mon, 28 Jan 2008 01:23:31 +0900")
# => 2008-01-28 01:23:31 +0900
Time.xmlschema("2008-01-24T23:55:42Z")
# => 2008-01-24 23:55:42 UTC
tms = "Sun, 27 Jan 2008 17:41:20 GMT"
Time.httpdate(tms)
# => 2008-01-27 17:41:20 UTC
# 形式と異なる場合はArgumentErrorになる
Time.xmlschema(tms) rescue $!
# => #<ArgumentError: invalid date: "Sun, 27 Jan 2008 17:41:20 GMT">
# エラーに備えて最終手段としてTime.parseを使用する
Time.xmlschema(tms) rescue Time.parse(tms)
# => 2008-01-27 17:41:20 +0000
```

■ SECTION-192 ■ 文字列から時刻・日付に変換する

```
# 存在しない日付を指定した場合もArgumentErrorになる
Time.parse("2008-13-14") rescue $!
# => #<ArgumentError: mon out of range>
```

ONEPOINT	文字列を解析して「Time」「Date」「DateTime」に変換するには「parse」クラスメソッドを使用する

　日付を表している文字列を解析して「Time」「Date」「DateTime」に変換するには、「parse」クラスメソッドを使用します。サンプルで示しているように、さまざまな形式に対応しています。「Time.parse」も「Date.parse」も内部的には「Date._parse」の解析ルーチンを使用しているため、解析能力は同じです。

　タイムゾーンが「UTC」「Z」「UT」「-00」「-0000」「-00:00」の場合は協定世界時になり、その他の場合は地方時に変換されます。

SECTION-193

時刻・日付を加減算する

　ここでは、時刻・日付の計算をする方法を解説します。

SAMPLE CODE

```ruby
require 'date'
# Time、Date、DateTimeで1993/2/24を表す
time = Time.local(1993, 2, 24)    # => 1993-02-24 00:00:00 +0900
date = Date.new(1993, 2, 24)
date.to_s                          # => "1993-02-24"
datm = DateTime.new(1993, 2, 24)
datm.to_s                          # => "1993-02-24T00:00:00+00:00"
# Timeの加減算は秒単位
ten_secs_later = time + 10         # => 1993-02-24 00:00:10 +0900
# Date/DateTimeの加減算は日単位
ten_days_later = date + 10
ten_days_later.to_s                # => "1993-03-06"
(datm + 10).to_s                   # => "1993-03-06T00:00:00+00:00"
# Date/DateTimeの<<と>>で月単位の加減算をする
one_month_ago = date << 1
one_month_ago.to_s                 # => "1993-01-24"
two_month_later = date >> 2
two_month_later.to_s               # => "1993-04-24"
# 年単位の加減算は年数を12倍して月単位で計算する
ten_years_later = datm >> 10*12
ten_years_later.to_s               # => "2003-02-24T00:00:00+00:00"
# DateTimeの加減算にRationalを指定して時刻も設定できる
one_hour_later = datm + Rational(1, 24)
one_hour_later.to_s                # => "1993-02-24T01:00:00+00:00"
# 1993/2/24から今日までの日数を数える
days_since = Date.today - date     # => (9099/1)
days_since.to_s                    # => "9099/1"
# 1993/2/24から現在までの秒数を数える
secs_since = Time.now - time       # => 786213333.8474311
```

■ SECTION-193 ■ 時刻・日付を加減算する

ONEPOINT	時刻・日付の計算をするには加減算を使用する

　これまで同列に扱ってきた「Time」「Date」「DateTime」クラスですが、ここで性質の差が出てきます。これらは数値と加減算をすることができますが、粒度が異なります。「Time」は秒単位、「Date」と「DateTime」は日単位です。さらに、「Date」と「DateTime」には月単位の計算を行うこともできます。

　秒数差・日数差を計算するには、「Time」「Date」「DateTime」同士で減算をしてください。

　ひと月の日数が異なったり、閏年もあったりするので、日付の計算をする場合は「Date」か「DateTime」を使いましょう。

関連項目 ▶ ▶ ▶

● 有理数を計算する ･･･ p.432

CHAPTER 10

入出力とファイルの扱い

SECTION-194

ファイル操作を始めるには

♦ ファイルを開く・閉じる

ファイル操作を始めるには、まずファイルを開いてFileオブジェクトを作成します。FileクラスはIOクラスのサブクラスなので、IOクラスのメソッドも使えます。

▶ 原始的な例

Rubyでのファイル操作は、多くの言語と同様に「開く→処理→閉じる」の流れです。

ファイルを開くには、「Kernel#open」を使用します。「File.open」でも開けますが、「Kernel#open」の方が応用範囲が広くなります。引数には、ファイル名とオープンモード（後述）を指定します。返り値はFileオブジェクトで、それを使って読み書きします。読み書きが終了したら、「IO#close」でFileを閉じます。

```
f = open("abc.txt", "r") # => #<File:abc.txt>
f.gets                    # => "abc\n"
f.close
```

▶「open」はブロックを使うのがRuby流

ファイルを開いたら、必ず閉じないといけません。しかし、人間にうっかりミスはつきもので、閉じるのを忘れてしまうことがあります。そこでRubyでは、そのうっかりミスを防ぐように工夫されています。「open」にブロックを付けるのです。上の例は、ブロック付き「open」で次のように書き換えられます。これで閉じ忘れを回避することができます。

```
open("abc.txt", "r") do |f|
    f.gets          # => "abc\n"
end
```

「これでは行数が変わらないじゃないか」と思う人がいるかもしれません。ブロック付き「open」の利点は、ブロックを抜けたらファイルを閉じることを「保証」している点です。ブロック付き「open」をbegin〜ensureを使って書き換えると、次のようになります。

```
begin
    f = open("abc.txt", "r") # => #<File:abc.txt>
    f.gets                   # => "abc\n"
ensure
    f.close
end
```

■ SECTION-194 ■ ファイル操作を始めるには

　閉じることが保証されていないと、ファイルが開いている状態で例外を捕捉されたらファイル
が閉じられなくなってしまいます。

```
begin
  f = open("abc.txt", "r")
  raise    # 例外が起きる
  f.close
rescue    # 捕捉される
end
# この時点でファイルは開かれたまま
f.closed?  # => false
```

　一般にリソースの獲得と破棄は、同じメソッドで行うと見通しのよいプログラムになります。ファ
イルのopenとcloseも、その例に漏れません。ブロック付き「open」はリソース管理の意味でも、
良い作法になっています。Rubyでファイルを開く場合は、常にブロック付き「open」を使うこと
を推奨します。

💎 オープンモードの設定
　ファイル操作の目的はさまざまです。「Kernel#open」の省略可能な第2引数に指定する
オープンモードで目的を指定します。

▶「r」:読み込みモード
　オープンモード「r」は、読み込み専用モードです。書き込み処理を行おうとすると、例外
「IOError」が発生します。なお、これは、オープンモードを省略した場合のデフォルトです。

▶「w」:書き込みモード
　オープンモード「w」は、書き込み専用モードです。読み込み処理を行おうとすると、例外
「IOError」が発生します。存在するファイルをこのモードで開いたとき、そのファイルの内容
は空になります。存在しないファイルの場合は、新規作成されます。

▶「a」:追記モード
　オープンモード「a」は書き込み専用モードですが、存在するファイルの場合は末尾に書き込
まれます。言い換えると、ファイルポインタをファイルの末尾にセットします。それ以外は、「w」と
同じです。

▶「r+」「w+」「a+」:読み書きモード
　オープンモード「r」「w」「a」に「+」を付けるとオープンモードの性質を受け継ぎつつ、読み
書き両方を許可します。「r+」と「w+」は、ファイルポインタを先頭にセットします。ただし、「w+」
で存在するファイルを開いた場合、そのファイルの内容は空になります。「a+」は、ファイルポイ
ンタをファイルの末尾にセットします。

451

■ SECTION-194 ■ ファイル操作を始めるには

▶「b」:バイナリモード

「r」「w」「a」「r+」「w+」「a+」の末尾に「b」を付けると、バイナリモードでファイルを開きます。ファイルをオープンしてからバイナリモードにするには、「IO#binmode」を使用します。引数は取りません。テキストモードに戻す方法は、再オープンしかありません。また、外部エンコーディングをASCII-8BITにします。UTF-16LE、UTF-16BE、ISO-2022-JPというASCII互換エンコーディングではないファイルを開く場合は、バイナリモードにする必要があります。

```
open("utf16le.txt", "r:UTF-16LE") rescue $!
# => #<ArgumentError: ASCII incompatible encoding needs binmode>
open("utf16le.txt", "rb:UTF-16LE") do |io|
  io.external_encoding    # => #<Encoding:UTF-16LE>
  io.read.encode("UTF-8") # => "バイナリモードです。\n"
  io.binmode
  io.external_encoding    # => #<Encoding:ASCII-8BIT>
end
```

▶ エンコーディング指定

オープンモードの後ろにエンコーディング文字列を付けることができます。

たとえば、「"r:UTF-8"」と指定した場合、ファイルを読み込んだ結果をUTF-8として認識します。「"r:EUC-JP:UTF-8"」と指定した場合は、EUC-JPで記述されたファイルはUTF-8に変換して読み込まれます。《IOエンコーディングについて》(p.453)を参照してください。

COLUMN　　**ファイルのパーミッションを指定する**

「Kernel#open」の省略可能な第3引数に、ファイルのパーミッションを整数(多くは8進数)で指定することができます。このパーミッションは、誰に読み書き実行を許可するかを表すフラグです。デフォルトは0666で、誰でも読み書きできるモードです。しかし、実際はopenシステムコールによって、「mode & ~umask」に修正されます。多くのシステムのumaskは0200なので、0466となります。

関連項目 ▶ ▶ ▶
- IOエンコーディングについて ……………………………………………………… p.453
- 子プロセスとのパイプラインを確立する ………………………………………… p.511

SECTION-195

IOエンコーディングについて

❖ IOエンコーディング

Rubyは、StringやIOにエンコーディング情報を持ちます。IOエンコーディングには、外部エンコーディングと内部エンコーディングがあります。それらを適切に設定することで、自動でエンコーディング変換をしてくれるようになります。

▶ ロケールエンコーディング

ロケールエンコーディングは、コンピュータに設定されているロケール情報のエンコーディングです。Unix系OSでは「nl_langinfo(3)」から、Windowsでは「GetACP()」から作成しています。「Encoding.find("locale")」で得ることができます。

▶ default_external

「default_external」とは、文字通り、デフォルトの外部エンコーディングです。default_externalは、基本的にロケールエンコーディングです。「-E」コマンドラインオプションで設定することができ、「Encoding.default_external」で得ることができます。

▶ default_internal

「default_internal」は、内部エンコーディングを指定しない場合に使われる内部エンコーディングです。暗黙のエンコーディング変換を引き起こすので、デフォルトではnilになっています。コマンドラインオプションで設定でき、「Encoding.default_internal」で得ることができます。

▶ 外部エンコーディング

外部エンコーディングとは、ファイルや標準入出力などの外側の世界のエンコーディングです。読み込み時に外部エンコーディングを指定していない場合は、default_externalが使われます。書き込み時に外部エンコーディングを指定していない場合は、エンコーディング変換されずにそのまま出力します。「IO#external_encoding」で得ることができます。

▶ 内部エンコーディング

内部エンコーディングとは、Rubyで処理するためのエンコーディングです。指定した場合は入出力時に、自動でエンコーディングが変換されます。「IO#internal_encoding」で得ることができます。指定しない場合はエンコーディング変換は行われず、「IO#internal_encoding」はnilを返します。

▶ エンコーディングの指定方法

エンコーディングの指定方法は、大きく分けて2つあります。1つは、「IO#set_encoding」を呼び出すことです。引数は外部エンコーディング、内部エンコーディング（省略可能）を取ります。たとえば、「$stdout.set_encoding("EUC-JP", "UTF-8")」は標準出力の外部エンコーディングをEUC-JPに、内部エンコーディングをUTF-8に設定します。

■ SECTION-195 ■ IOエンコーディングについて

もう1つは、「エンコーディング文字列」を「Kernel#open」で使用することです。エンコーディング文字列は、「"外部エンコーディング"」か「"外部エンコーディング:内部エンコーディング"」の形式です。「open」関数の場合、第2引数でオープンモードとともに指定します。たとえば、「open(file, "r:EUC-JP:UTF-8")」は外部エンコーディングをEUC-JPに、内部エンコーディングをUTF-8に設定し、読み込みモードで開きます。他にもエンコーディング文字列を指定できるメソッドがあります。

▶ 読み込みとエンコーディング

外部エンコーディングと内部エンコーディングを明示した状態でファイルを読み込むと、エンコーディング変換を試みます。外部エンコーディングは、ファイルの内容と一致する必要があります。

```ruby
# Shift_JISで記述されたファイルを読み込み、実際の文字コードを返す関数
def read_test(external, internal=nil)
  open("sjis.txt") do |f|
    # IOエンコーディングを設定する
    f.set_encoding external, internal
    # 外部エンコーディングと内部エンコーディングが設定されていれば
    # この時点でエンコーディング変換される
    s = f.read
    s.encoding
  end
end


# ロケールエンコーディング=default_externalはUTF-8
Encoding.default_external  # => #<Encoding:UTF-8>
Encoding.find("locale")    # => #<Encoding:UTF-8>
# エンコーディングを指定しない場合はdefault_externalで読み込まれるため、誤認する
read_test nil, nil         # => #<Encoding:UTF-8>
# default_externalとは異なるエンコーディングのファイルを読み込むときは
# 外部エンコーディングを明示的に指定する必要がある
read_test "Shift_JIS"      # => #<Encoding:Shift_JIS>
# 内部エンコーディングをEUC-JPに指定しているため、EUC-JPに変換される。
read_test "Shift_JIS", "EUC-JP"      # => #<Encoding:EUC-JP>
read_test "Shift_JIS", __ENCODING__  # => #<Encoding:UTF-8>
# 虚偽の外部エンコーディングを設定すると、当然誤認してしまう。
read_test "EUC-JP"         # => #<Encoding:EUC-JP>
# EUC-JP→Shift_JISの変換を指示しているが、虚偽の外部エンコーディングのためエラー
read_test "EUC-JP", "Shift_JIS" rescue $!
# => #<Encoding::InvalidByteSequenceError: "\x93" on EUC-JP>
# 内部エンコーディングのみを指定することはできない
read_test nil, "UTF-8" rescue $!
# => #<TypeError: no implicit conversion of nil into String>
```

■ SECTION-195 ■ IOエンコーディングについて

▶書き込みとエンコーディング

外部エンコーディングを明示した状態でファイルに書き込むと、エンコーディング変換を試みます。

```ruby
require 'tempfile'

# UTF-8の文字列をファイルに書き込み、実際の書き込まれた内容を返す関数
def write_test(mode)
  Tempfile.create('test', mode) do |file|
    file.write("日本語です")
    file.rewind
    file.read
  end
end

# ロケールエンコーディング=default_externalはUTF-8。
Encoding.default_external  # => #<Encoding:UTF-8>
Encoding.find("locale")    # => #<Encoding:UTF-8>
# 外部エンコーディングを指定しないと、変換されずに書き込まれる
write_test  external_encoding: nil  # => "日本語です"
# 外部エンコーディングを明示するとエンコーディング変換される
write_test external_encoding: 'CP932'
# => "\x{93FA}\x{967B}\x{8CEA}\x{82C5}\x{82B7}"
write_test external_encoding: 'EUC-JP'
# => "\x{C6FC}\x{CBDC}\x{B8EC}\x{A4C7}\x{A4B9}"
```

■ SECTION-195 ■ IOエンコーディングについて

COLUMN	default_externalとdefault_internalを設定する コマンドラインオプション

　コマンドラインオプション「-E」は、default_externalとdefault_internalを設定します。「-E」の引数は、「Kernel#open」と同様に、「default_external:default_internal」の形式で指定します。どちらか一方を空にすることもできます。コマンドラインオプション「-U」は、default_internalをUTF-8に設定します。次の例は、ロケールエンコーディングがUTF-8の場合の結果です。

```
$ ruby -e 'p [Encoding.default_external, Encoding.default_internal]'
[#<Encoding:UTF-8>, nil]
$ ruby -E SJIS -e 'p [Encoding.default_external, Encoding.default_internal]'
[#<Encoding:Windows-31J>, nil]
$ ruby -E SJIS: -e 'p [Encoding.default_external, Encoding.default_internal]'
[#<Encoding:Windows-31J>, nil]
$ ruby -E SJIS:UTF-8 -e 'p [Encoding.default_external, Encoding.default_internal]'
[#<Encoding:Windows-31J>, #<Encoding:UTF-8>]
$ ruby -E :UTF-8 -e 'p [Encoding.default_external, Encoding.default_internal]'
[#<Encoding:UTF-8>, #<Encoding:UTF-8>]
$ ruby -U -e 'p [Encoding.default_external, Encoding.default_internal]'
[#<Encoding:UTF-8>, #<Encoding:UTF-8>]
```

COLUMN	default_externalとdefault_internalをスクリプト内で設定する

　実は、default_externalとdefault_internalは、スクリプト内で設定することができます。ただし、特に「default_internal=」は危険なので、特殊な事情がない限り使うべきではありません。

```
Encoding.default_external  # => #<Encoding:UTF-8>
Encoding.default_external = "SJIS"
# setting Encoding.default_external
Encoding.default_external  # => #<Encoding:Windows-31J>
Encoding.default_internal  # => nil
Encoding.default_internal = "EUC-JP"
# setting Encoding.default_internal
Encoding.default_internal  # => #<Encoding:EUC-JP>
```

関連項目 ▶ ▶ ▶
● エンコーディングについて ……………………………………………………………… p.57
● Rubyでの日本語の扱いについて …………………………………………………… p.191
● 文字コードを変換する ………………………………………………………………… p.230

SECTION-196

ファイル全体を読み込む

ここでは、ファイル全体を一度に読み込む方法を解説します。

SAMPLE CODE

```
# ファイルから全体を読み込む
open("utf8.txt") {|f| f.read }        # => "日本語\nにほんご\n"
# ファイルから全体を読み込み、行ごとに分割する
open("utf8.txt") {|f| f.readlines }   # => ["日本語\n", "にほんご\n"]
# それらの短縮形
File.read("utf8.txt")                 # => "日本語\nにほんご\n"
File.readlines("utf8.txt")            # => ["日本語\n", "にほんご\n"]
```

ONEPOINT　　ファイル全体を読み込むには「IO#read」や「IO.read」を使用する

IOから全部(EOFまで)読み込んでその内容の文字列を得るには、無引数で「IO#read」を使用します。EOFに達している場合は、nilを返します。

ファイルの内容を文字列で得る専用のメソッド「IO.read」もあります。第2引数でエンコーディングを指定することができます。「File.read」と書くこともできます。

行ごとに分割した配列を得る「IO#readlines」や「IO.readlines」もあります。

COLUMN　　「IO#read」「IO.read」のoptional引数

「IO#read」「IO.read」では「optional」引数で、読み込むバイト数を指定することができます。

読み込むバイト数を指定した場合のエンコーディングは、強制的にASCII-8BITになります。

```
File.read "utf8.txt"                  # => "日本語\nにほんご\n"
File.read("utf8.txt").encoding        # => #<Encoding:UTF-8>
File.read("utf8.txt", 4).encoding     # => #<Encoding:ASCII-8BIT>
open("utf8.txt", "r:utf-8") {|f| f.read 4 } # => "\xE6\x97\xA5\xE6"
open("utf8.txt", "r:utf-8") {|f| f.read(4).encoding }
# => #<Encoding:ASCII-8BIT>
```

CHAPTER 10　入出力とファイルの扱い

457

SECTION-197

ファイルを1行ずつ読み込む

ここでは、ファイルから1行ずつ読み込む方法を解説します。

SAMPLE CODE

```ruby
open("read_each_line.txt") do |f|
  # IO#each_lineで1行ごとにループするEnumeratorを作成する
  enumerator = f.each_line
  # => #<Enumerator: #<File:read_each_line.txt>:each_line>
  # そしてeachでループする
  enumerator.each {|line| puts "lines: #{line}" }
end
# >> lines: 日本語
# >> lines: にほんご
```

SAMPLE CODE

```ruby
# ファイルを開き、全体を読み込み改行で区切る
open("read_each_line.txt") {|f| f.readlines } # => ["日本語\n", "にほんご\n"]
open("read_each_line.txt") do |f|
  # getsの挙動の例。繰り返し使うと次の行を順次読んでいく
  f.gets                        # => "日本語\n"
  f.gets                        # => "にほんご\n"
  # そして、EOFに達するとnilを返す
  f.gets                        # => nil
end
open("read_each_line.txt") do |f|
  # getsとwhileを併用して1行ずつ読み込むことができる。
  # ちなみにputsは末尾に改行を含んでいても含んでいなくても改行をしてくれる
  while line = f.gets do puts "gets: #{line}" end
end
open("read_each_line.txt") do |f|
  f.each_line do |line|
    # この時点でlineは改行を含んでいるのでchomp!で改行を取り除く
    line.chomp!; puts "each_line: <#{line}>"
  end
end
# ファイルを開き、ひらがなを含む行(正規表現/[ぁ-ん]/)を取り出す
open("read_each_line.txt") {|f| f.grep(/[ぁ-ん]/) } # => ["にほんご\n"]
# openとIO#each_lineを併合したもの
File.foreach("read_each_line.txt") {|line| puts "foreach: #{line}" }
# openとIO#readlinesを併合したもの
File.readlines("read_each_line.txt")  # => ["日本語\n", "にほんご\n"]
# >> gets: 日本語
# >> gets: にほんご
```

■ SECTION-197 ■ ファイルを1行ずつ読み込む

```
# >> each_line: <日本語>
# >> each_line: <にほんご>
# >> foreach: 日本語
# >> foreach: にほんご
```

ONEPOINT	ファイルから1行ずつ読み込むには 「IO#gets」や「IO#each_line」を使用する

　IOから1行ずつ読み込む方法はさまざまで、次のメソッドとループを組み合わせる方法があります。

- 全体を読み込んでそれぞれの行を要素とする配列を得る「IO#readlines」
- 1行だけ読み込んでその行を返す「IO#gets」

　1行ごとにループするブロック付きメソッドは、「IO#each」と「IO#each_line」です。IOはEnumerableなので、「Enumerable#map」や「Enumerable#grep」などの便利なメソッドがそのまま使えます。特にIOに「Enumerable#grep」を適用すると、まさしくUnixコマンドのgrepそのものです。

　ファイルから1行ずつ読み込む処理は定番なので、ファイル名を指定して1行ごとにループする「IO.foreach」が用意されています。

　これらのどの方法を採ったにせよ、行の末尾に改行が付いてきます。改行を取り除く場合は、「String#chomp!」を使用します。行の内容の後ろに文字列を付加する場合は、改行を取り除かないと改行の後ろに付加した文字列が出力されてしまいます。

CHAPTER 10　入出力とファイルの扱い

■ SECTION-197 ■ ファイルを1行ずつ読み込む

COLUMN　「IO#gets」や「IO#readlines」で改行以外の区切りを指定する

　「IO#gets」や「IO#readlines」は、通常は改行を行の区切りとしますが、改行以外を区切りにしたいこともあります。たとえば、2つの改行を区切りにして段落ごとに読み込んだり、パイプやソケットを読むときに特定の文字列を終了マークにしたりという場合です。

```
require 'stringio'
text = StringIO.new <<EOT
StringIOは
IOをまねした文字列クラス。

だからこの場合は
IOそのものと思ってくれ。

これは2つの改行を区切りにした例だ。
EOT
text.gets("\n\n")                      # => "StringIOは\nIOをまねした文字列クラス。\n\n"
text.gets("\n\n").chomp("\n\n")        # => "だからこの場合は\nIOそのものと思ってくれ。"
text.gets("\n\n")                      # => "これは2つの改行を区切りにした例だ。\n"
text.rewind                            # ファイルポインタを最初に戻す
text.readlines("\n\n")
# => ["StringIOは\nIOをまねした文字列クラス。\n\n",
#      "だからこの場合は\nIOそのものと思ってくれ。\n\n",
#      "これは2つの改行を区切りにした例だ。\n"]
```

関連項目 ▶ ▶ ▶

- 文字列の最後の文字・改行を取り除く ……………………………………………… p.215
- 文字列の先頭と末尾の空白文字を取り除く ……………………………………… p.217
- ファイル全体を読み込む ………………………………………………………… p.457

SECTION-198

ファイルを１バイトずつ読み込む

ここでは、ファイルから1バイトずつ読み込む方法を解説します。

SAMPLE CODE

```
File.read("read_one_byte.txt")  # => "abc日本語\n\n"
open("read_one_byte.txt") do |f|
  # バイトを表す整数を表示する
  f.each_byte {|b| print b, " " }
  puts
  # ファイルポインタを先頭に戻す
  f.rewind
  f.each_byte do |b|
    case b
    # 文字で場合分けし、「b」が来たときに評価する
    when ?b.ord then puts "bです。"
    end
  end
end
# >> 97 98 99 230 151 165 230 156 172 232 170 158 10 10
# >> bです。
```

ONEPOINT　　**ファイルから1バイトずつ読み込むには「IO#each_byte」を使用する**

　　IOから1バイトごとに読み込みループするには、「IO#each_byte」を使用します。文字
ではなくてバイト列とみなすため、ブロックパラメータには整数が渡ります。
　　1バイト文字の範囲では、文字リテラル（「?B」など）を使って、文字の出現で場合分
けができます。ただし、マルチバイト文字が含まれてしまうと、2バイト目以降の部分を1バ
イト文字と誤認識してしまうことがあります。たとえば、Shift_JISで「ｨ」は0x8342ですが、
0x42は「B」です。

関連項目 ▶ ▶ ▶

● 数値リテラルについて ………………………………………………………… p.414

461

SECTION-199

ファイル全体を書き込む

ここでは、ファイル全体を一度に書き込む方法を解説します。

SAMPLE CODE

```
# ファイル全体を書き込む
File.write('output.txt', "日本語\nにほんご")
# 標準出力にoutput.txtの内容を表示する。
$stdout.print File.read("output.txt")
# >> 日本語
# >> にほんご
```

ONEPOINT　ファイル全体を書き込むには「File.write」を使用する

ファイル全体を書き込むには、「File.write」を使用します。第1引数でファイル名、第2引数でファイルの内容、第3引数でオフセットを指定することができます。ファイルの内容は、文字列ではない場合、「to_s」による文字列化を試みます。

関連項目 ▶ ▶ ▶
- ファイル全体を読み込む ……………………………………………………… p.457
- ファイルに書き込む ……………………………………………………………… p.463

SECTION-200

ファイルに書き込む

ここでは、ファイルに書き込む方法を解説します。

SAMPLE CODE

```
# 出力メソッドを使うには書き込み用にファイルを開く必要がある
open("output.txt", "w") do |f|
  # writeは1つしか引数を持てない
  f.write "write: "
  f.write 123
  f.write "\n"
  # printは複数個の引数を持てて、そのまま連結して出力する
  f.print "print: ", 456, "\n"
  # putsはそれぞれの引数を表示した後に改行を入れる
  f.puts "<puts>", 789, "</puts>"
  # putsに引数を付けないと空行を入れる
  f.puts
  # <<はselfを返すため、連結できる
  f << "<<: " << 0 << "\n"
  # printfは書式付き出力
  f.printf "printf: %d\n", 999
end
# 標準出力にoutput.txtの内容を表示する。当然、Kernel#printでも構わない
$stdout.print File.read("output.txt")
# >> write: 123
# >> print: 456
# >> <puts>
# >> 789
# >> </puts>
# >>
# >> <<: 0
# >> printf: 999
```

463

■ SECTION-200 ■ ファイルに書き込む

ONEPOINT ファイルに書き込むには「IO#<<」などを使用する

オブジェクトをIOに書き込む方法はさまざまですが、すべての出力メソッドは「IO#write」を経由します。

メソッド	特徴
write	書き込みメソッドの祖先
print	引数を、複数個、持てる
puts	引数ごとに改行が付く
<<	文字列、配列との互換性を持てる。数珠つなぎにできる
printf	sprintf書式文字列でフォーマットする

当然、書き込み先はファイルとは限りません。「STDOUT」と「$stdout」は標準出力で、「STDERR」と「$stderr」は標準エラー出力です。「$>」は、「$stdout」の別名です。これらは最初から定義されています。「Kernel#print」などの標準出力に出力するメソッドは、「$stdout」に出力します。「$stdout」を別のオブジェクトにすり替えることで、出力先を変更(リダイレクト)することができます。定数の「STDOUT」は、「本当の」標準出力です。標準エラー出力についても同様です。

COLUMN 「IO#<<」とポリモーフィズム

基本的に出力メソッドは好みに応じて使っていけばよいのですが、「<<」にポリモーフィズムが適用できる点は重要です。「<<」はIO以外にも文字列と配列にも定義してあり、どれも追記してselfを返します。そのため、出力メソッドを「<<」に統一することで、出力先をIOのみならず、文字列と配列にも拡張することができます。たとえば、URLの内容を得るメソッドを「<<」を用いて記述すれば、出力先を変えるだけでファイルに保存したり文字列で得たりできます。メソッドは修正する必要がありません。

```
def add(output)   output << "1" << "2"    end
add $stdout
add ""  # => "12"
add []  # => ["1", "2"]
# >> 12
```

■ SECTION-200 ■ ファイルに書き込む

| COLUMN | 「$stdout」と「$stderr」にIO以外を指定することも可能 |

　「$stdout」と「$stderr」に別のIOを指定することで、「print」などの表示関数の出力
先をリダイレクトすることができます。たとえば、エラーのログを取る場合は、「$stderr」に
Fileを指定するだけです。

　これらに別のIOを指定するだけだと単なるリダイレクトですが、面白いのはこれからで
す。何と、IO以外のオブジェクトを指定することもできるのです。ただし、そのオブジェクト
には、「write」という単一引数のメソッドが定義されている必要があります。出力メソッドは
「write」を用いて定義されているので、「print」や「puts」など、他の出力メソッドも使え
ます。「IO以外を標準出力にするなんて……」と最初は気持ち悪く感じるかもしれませ
ん。それでも「write」メソッドさえ定義されていれば、IO以外のオブジェクトに標準出力
をまねさせられるのです。これが動的型付とポリモーフィズムの真骨頂なのです。

　たとえば、標準出力に時刻付きで表示するMinimalLoggerを作成してみましょう。

```ruby
class MinimalLogger
  def initialize
    @bolp = true                  # 行頭の場合に真
  end
  def write(obj)
    # 本物の標準出力を指定する必要がある
    STDOUT.write Time.now.strftime("%Y/%m/%d %H:%M:%S:") if @bolp
    STDOUT.write obj
    @bolp = (obj.to_s =~ /\n\z/)
  end
end
$stdout = MinimalLogger.new

print "one!", "two!!", "three!!!", "\n"
sleep 1
puts 1,2,3
sleep 1
p $stdout
# >> 2017/06/06 18:48:58:one!two!!three!!!
# >> 2017/06/06 18:48:59:1
# >> 2017/06/06 18:48:59:2
# >> 2017/06/06 18:48:59:3
# >> 2017/06/06 18:49:00:#<MinimalLogger:0x007fcc778868f0 @bolp=0>
```

関連項目 ▶ ▶ ▶

● オブジェクトを表示する ……………………………………………………………… p.175
● 文字列をフォーマットする(sprintf) ………………………………………………… p.210

SECTION-201

ファイルの情報を得る

ここでは、ファイルの情報を得る方法を解説します。

SAMPLE CODE

```
File.read "abc.txt"        # => "abc\n"
# ファイルの情報を質問するためにFile::Statオブジェクトを得る
s = File.stat "abc.txt"
# => #<File::Stat dev=0x302, ino=22746764, mode=0100644, nlink=1,
# uid=1001, gid=100, rdev=0x0, size=4, blksize=4096, blocks=8,
# atime=2008-03-15 19:33:00 +0900, mtime=2008-03-15 14:41:04 +0900,
# ctime=2008-03-15 14:41:04 +0900>
# Fileのクラスメソッドとして使える
# 最終アクセス時刻
s.atime                    # => 2008-03-15 19:33:00 +0900
# 最終状態変更時刻(Unix系OSではchmodなどi-nodeの変更)
s.ctime                    # => 2008-03-15 14:41:04 +0900
# 最終更新時刻
s.mtime                    # => 2008-03-15 14:41:04 +0900
# ファイルのタイプ。「"file"、"directory"、"characterSpecial"、"blockSpecial"、
# "fifo"、"link"、"socket"、"unknown"」のどれかを返す
s.ftype                    # => "file"
# 以下はFileのクラスメソッドとしてもFileTestのメソッドとしても使える
# ディレクトリのときtrue
s.directory?               # => false
# 通常のファイルのときtrue
s.file?                    # => true
# パイプのときtrue
s.pipe?                    # => false
# シンボリックリンクのときtrue
s.symlink?                 # => false
# ソケットのときtrue
s.socket?                  # => false
# ブロックスペシャルファイルのときtrue
s.blockdev?                # => false
# キャラクタスペシャルファイルのときtrue
s.chardev?                 # => false
# 読み込み可能のときtrue
s.readable?                # => true
# 実ユーザ・実グループで読み込み可能のときtrue
s.readable_real?           # => true
# 書き込み可能のときtrue
s.writable?                # => true
# 実ユーザ・実グループで書き込み可能のときtrue
s.writable_real?           # => true
```

▼

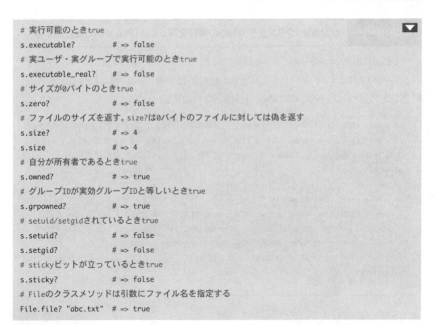

```
# 実行可能のときtrue
s.executable?           # => false
# 実ユーザ・実グループで実行可能のときtrue
s.executable_real?      # => false
# サイズが0バイトのときtrue
s.zero?                 # => false
# ファイルのサイズを返す。size?は0バイトのファイルに対しては偽を返す
s.size?                 # => 4
s.size                  # => 4
# 自分が所有者であるときtrue
s.owned?                # => true
# グループIDが実効グループIDと等しいときtrue
s.grpowned?             # => true
# setuid/setgidされているときtrue
s.setuid?               # => false
s.setgid?               # => false
# stickyビットが立っているときtrue
s.sticky?               # => false
# Fileのクラスメソッドは引数にファイル名を指定する
File.file? "abc.txt"    # => true
```

ONEPOINT ファイルの情報を得るには「File.stat」を使用する

　ファイルにはさまざまな情報が含まれています。「通常のファイルか?」「ディレクトリか?」「書き込み可能か?」「最終更新日はいつか?」などの質問に答えるためには、「File.stat」を使用します。引数にファイル名を取り、File::Statオブジェクトを返します。そして、File::Statに質問します。File::Statのメソッドは、どれも無引数です。

　多くのFile::Statのメソッドは、FileのクラスメソッドでもFileのクラスメソッドでも使えます。それらはファイル名を引数に取ります。ただし、内部でstatシステムコールを実行して質問に答えるため、質問が1つの場合は手軽ですが、2つ以上になると効率が悪くなります。複数個の質問をするときは、File::Statを媒介すべきです。扱うファイルの数が増えると、statシステムコールのオーバーヘッドが馬鹿になりません。

■ SECTI0N-201 ■ ファイルの情報を得る

COLUMN	シンボリックリンクそのものの情報を得るには「File.lstat」を使用する

　「File.stat」にシンボリックリンクを指定すると、シンボリックリンクの指し示す先のファイルの情報を得ます。シンボリックリンクそのものの情報が欲しい場合は、「File.lstat」を使用します。次のコードで、s2はabc.txtの情報なので気を付けてください。

```
s1 = File.stat "abc.txt"          # abc.txtは通常のファイル
s2 = File.stat "link.to.abc.txt"  # link.to.abc.txtはシンボリックリンク
# s2 は link.to.abc.txt ではなくて abc.txt の情報
s2 == s1                          # => true
s2.symlink?                       # => false
s3 = File.lstat "link.to.abc.txt"
# => #<File::Stat dev=0x302, ino=22746761, mode=0120777, nlink=1,
# uid=1001, gid=100, rdev=0x0, size=7, blksize=4096, blocks=0,
# atime=2008-03-15 19:34:14 +0900, mtime=2008-03-15 19:30:47 +0900,
# ctime=2008-03-15 19:30:47 +0900>
s3.symlink?                       # => true
```

468

SECTION-202

ファイルのコピー・移動・削除などを行う

ここでは、ファイルのコピーなど、コマンドレベルでファイルを操作する方法を解説します。

SAMPLE CODE

```
# fileutilsライブラリにFileUtilsが定義されているので読み込む
require 'fileutils'
abcd = File.read "abcd.txt"
efgh = File.read "efgh.txt"
# ディレクトリd1/d2を一気に作成する
FileUtils.mkdir_p "d1/d2"
# abcd.txtとefgh.txtをd1/d2へコピーする
FileUtils.cp %w[abcd.txt efgh.txt], "d1/d2"
# 内容が同じなので確かにコピーされた
abcd == File.read("d1/d2/abcd.txt") # => true
efgh == File.read("d1/d2/efgh.txt") # => true
# ディレクトリd1を丸ごと削除する
FileUtils.rm_rf "d1"
# d1は存在しないので確かに削除された
File.exist? "d1"                    # => false
```

ONEPOINT　ファイルをコピー・移動・削除するにはFileUtilsモジュールを使用する

　　ファイルのコピーなどのOSのコマンドレベルのファイル操作をするには、FileUtilsモジュールを使用します。定義されているメソッドはモジュール関数なので、特異メソッドとしてもインクルードしても使えます。メソッド名は、Unixコマンドを元にしています。

　　どのメソッドも最後の引数に、ハッシュのオプションを付けることができます。「:noop => true」を指定すれば、実際のファイル操作はしません。「:verbose => true」を指定すれば、操作に対応するUnixコマンドを標準エラー出力に出力します。その他のオプションの作用は、メソッドによって異なります。

オプション	説明
:noop => true	実際のファイル操作をしない
:verbose => true	操作に対応するUnixコマンドを標準エラー出力に出力する
:mode => パーミッション	パーミッションを設定する
:force => true	ln、ln_s、mvで上書き。rm、rm_r、chmod_R、chown_Rでエラーを無視する
:preserve => true	所有者、グループ、パーミッション、最終更新時刻を保存する
:dereference_root => true	srcについてだけシンボリックリンクの指すファイルをコピーする
:secure => true	潜在的なローカルの脆弱性をなくす。root向け
:nocreate => true	ファイルを作成しない

469

■ SECTION-202 ■ ファイルのコピー・移動・削除などを行う

オプション	説明
:remove_destination => true	コピーを実行する前にコピー先を削除する
:mtime => true	時刻をTimeか、起算時からの経過秒数を数値で指定する

　FileUtilsには、デフォルトのオプションを設定した変種が存在します。それらは、FileUtilsを置き換えて使えます。

モジュール	デフォルトオプション
FileUtils::Verbose	:verbose => true
FileUtils::NoWrite	:noop => true
FileUtils::DryRun	:noop => true, :verbose => true

　FileUtilsが提供しているメソッドは、下表の通りです。オプションに何も記載していないメソッドは、「:verbose」と「:noop」のみを受け付けます。

メソッド	動作	オプション
cd(dir, options = {}) cd(dir, options = {}) {Idirl .... } chdir(dir, options = {}) chdir(dir, options = {}) {Idirl .... }	カレントディレクトリの変更	:verbose のみ
pwd() getwd()	Dir.pwdと同じ	なし
mkdir(dir, options = {}) mkdir(list, options = {})	ディレクトリ作成	:mode
mkdir_p(dir, options = {}) mkdir_p(list, options = {}) mkpath(list, options = {}) makedirs(list, options = {})	サブディレクトリを一度に作成	:mode
rmdir(dir, options = {}) rmdir(list, options = {})	ディレクトリを削除	
ln(old, new, options = {}) link(old, new, options = {}) ln(list, destdir, options = {})	ハードリンク作成	:force
ln_s(old, new, options = {}) symlink(old, new, options = {}) ln_s(list, destdir, options = {})	シンボリックリンク作成	:force
ln_sf(src, dest, options = {})	ln_s(src, dest, :force => true)と同じ	
cp(src, dest, options = {}) copy(src, dest, options = {}) cp(list, dir, options = {})	コピー	:preserve
cp_r(src, dest, options = {}) cp_r(list, dir, options = {})	サブディレクトリもコピー	:preserve
copy_entry(src, dest, preserve = false, dereference_root = false)	ファイル「src」を「dest」にコピー。「src」が普通のファイルでない場合はその種別まで含めて完全にコピーし、「src」がディレクトリの場合はその中身を再帰的にコピーする	

470

■ SECTION-202 ■ ファイルのコピー・移動・削除などを行う

メソッド	動作	オプション
copy_file(src, dest, preserve = false, dereference_root = true)	ファイル「src」を「dest」にコピー	
copy_stream(src, dest)	「src」を「dest」にコピー。「src」には「read」メソッド、「dest」には「write」メソッドが必要	
install(src, dest, options = {})	「src」と「dest」の内容が違うときだけ「src」を「dest」にコピー	
mv(src, dest, options = {})	移動	:force
mv(list, dir, options = {})		
move(src, dest, options = {})		
rm(list, options = {})	削除	:force
remove(list, options = {})	削除	:force
remove_dir(path, force = false)	ディレクトリ「path」を削除	
remove_entry(path, force = false)	ディレクトリを丸ごと削除	
remove_entry_secure(path, force = false)	FileUtils.#rm_rおよびFileUtils.#remove_entryに存在する脆弱性を防ぐためのメソッド	
remove_file(path, force = false)	ファイル「path」を削除	
rm_f(list, options = {})	rm(list, :force => true)と同じ	
safe_unlink(list, options = {})		
rm_r(list, options = {})	ディレクトリを丸ごと削除	:force、:secure
rm_rf(list, options = {})	rm_r(list, :force => true)と同じ	:secure
rmtree(list, options = {})		
install(src, dest, options = {})	「src」と「dest」が同じファイルでなければコピーする	:mode、:preserve
chmod(mode, list, options = {})	パーミッションを設定する	
chmod_R(mode, list, options = {})	サブディレクトリも含めてchmodする	:force
chown(user, group, list, options = {})	所有者とグループを設定する	
chown_R(user, group, list, options = {})	サブディレクトリも含めてchownする	:force
touch(list, options = {})	ファイルの最終更新時刻と最終アクセス時刻を更新する	
uptodate?(newer, older_list, options = nil)	「newer」が、「older_list」に含まれるすべてのファイルより新しいとき真を返す。存在しないファイルは無限に古いとみなされる	
cmp(file_a, file_b)	ファイルの内容が同じなら真を返す	
compare_file(file_a, file_b)		
identical?(file_a, file_b)		
compare_stream(io_a, io_b)	IOオブジェクトの内容が同じなら真を返す	

CHAPTER 10 入出力とファイルの扱い

471

SECTION-203

ポジションを移動する

ここでは、ポジションを移動する方法を解説します。

SAMPLE CODE

```
# ファイルを読み書きモードで開く
open("file_pointer_sample.txt", "w+") do |f|
  f.print "0123456789"
  # ポジションを末尾から1つ前(9)に移動する
  f.seek(-1, IO::SEEK_END)
  f.pos        # => 9
  # ポジションを先頭から5つ先(5)に移動する
  f.pos = 5
  # 1文字読んだのでポジションが1つ進む
  f.read(1)    # => "5"
  f.pos        # => 6
  # ポジションを現在位置(6)から3つ前に移動する
  f.pos -= 3
  # 先頭から4バイト目の文字をXに書き換える
  f.print "X"
  # ポジションを先頭(0)まで巻戻す
  f.rewind
  f.pos        # => 0
  # 確かに書き変わっている
  f.read       # => "012X456789"
end
```

ONEPOINT ポジションを移動するには「IO#pos=」などを使用する

ポジションを任意の位置に移動するには、「IO#pos=」を使用します。これは属性代入メソッドなので、先頭からの位置および現在位置からの移動は、自己代入で指定できます。現在のポジションの位置は、直感的に、「IO#pos」(別名「IO#tell」)で得られます。

ポジションを末尾から数えた位置に移動するには、第2引数に「IO::SEEK_END」を指定して「IO#seek」を使う必要があります。「IO::SEEK_SET」で先頭からの位置、「IO::SEEK_CUR」で現在位置からの移動を指定できますが、「pos=」メソッドを使う方がわかりやすくなります。

ポジションを先頭に戻すには、「IO#rewind」を使用します。ポジションを移動後に改めてファイル全体を読み込むには、ポジションを先頭に戻す必要があります。

関連項目 ▶ ▶ ▶

- ファイル全体を読み込む ………………………………………………………… p.457
- ファイルに書き込む ……………………………………………………………… p.463

SECTION-204

一時ファイルを作成する

ここでは、一時ファイルを作成する方法を解説します。

SAMPLE CODE

```ruby
require 'tempfile'
path = ""
Tempfile.create("foo") do |f|
  # ファイル名は一時ファイル用ディレクトリに作られる
  path = f.path    # => "/tmp/foo20170630-38956-2qgcmo"
  # 一時ファイルに書き込む
  f.puts "abcdef"
  File.exist? path   # => true
  # 先程書き出した内容を読むことができる
  f.rewind
  f.read            # => "abcdef\n"
end
File.exist? path    # => false

# 引数に配列を指定することで拡張子を指定できる
Tempfile.create(["hoge", ".rb"]) do |f|
  f.path            # => "/tmp/hoge20170630-38956-1gxdv1p.rb"
end
```

ONEPOINT **一時ファイルを作成するには「Tempfile.create」を使用する**

一時ファイルとは、スクリプトの中で作成され、スクリプト実行終了時に自動で削除されるファイルです。スクリプトから外部コマンドを呼び出す際に、よく用いられます。

一時ファイルを作成するには「Tempfile.create」を使用します。テンポラリファイルを作成し、それを表す「File」オブジェクトを生成して返します(「Tempfile」オブジェクトではありません)。

「create」は「open」に似ていますが、「finalizer」にファイルの削除を任せないため、「Tempfile.create」のほうが推奨されます。

■ SECTION-204 ■ 一時ファイルを作成する

COLUMN	一時ディレクトリを得るには「Dir.tmpdir」を使用する

　一時ファイルではなくて一時ディレクトリを得るには「Dir.tmpdir」を使用します。「tmpdir」
はプラットフォームに依存しません。

```
require 'tmpdir'
Dir.tmpdir                        # => "/tmp"
File.join(Dir.tmpdir, "foo.rb")   # => "/tmp/foo.rb"
```

関連項目 ▶ ▶ ▶

- 外部コマンドを実行する ……………………………………………………… p.507
- 終了直前に実行する処理を記述する ……………………………………… p.617

SECTION-205

gzip圧縮のファイルを読み書きする

ここでは、gzip圧縮のファイルを読み書きする方法を解説します。

SAMPLE CODE

```ruby
# zlibライブラリにZlibが定義されているので読み込む
require 'zlib'
# 無圧縮・圧縮ファイルの読み書きの比較
open("uncompressed.txt", "w") {|f| f.puts "uncompressed" }
# 書き込み後にgzip圧縮する
Zlib::GzipWriter.open("compressed.txt.gz") {|gz| gz.puts "compressed"}

open("uncompressed.txt") {|f|
  f.read # => "uncompressed\n"
}
# gzip圧縮のファイルを読み込む
Zlib::GzipReader.open("compressed.txt.gz") {|gz|
  gz.read # => "compressed\n"
}

# gzip透過のファイル読み込みメソッドFile.zreadを定義する
Zlib::GZIP_MAGIC = "\x1F\x8B".b   # gzipファイルの先頭2バイト
def File.zread(file)
  Kernel.open(file) do |f|
    # ファイルの先頭2バイトを読み込み、ファイルポインタを先頭に戻す
    magic = f.read(2)
    f.rewind
    if magic == Zlib::GZIP_MAGIC # gzipファイルであることの判定
      # fをZlib::GzipReaderでくるみ、解凍された内容を読み込む
      Zlib::GzipReader.wrap(f) {|gz| gz.read }
    else
      # gzipファイルではない場合はそのままファイルを読み込む
      f.read
    end
  end
end

# このように圧縮ファイルも無圧縮ファイルも同じように扱える
File.zread("uncompressed.txt")  # => "uncompressed\n"
File.zread("compressed.txt.gz") # => "compressed\n"
# 内部でopen関数を使っているのでopen-uriを使うとURLを読み込むこともできる
require 'open-uri'
File.zread("http://www.ruby-lang.org/en/")[0,20]
# => "<!DOCTYPE html>\n<htm"
```

■ SECTION-205 ■ gzip圧縮のファイルを読み書きする

ONEPOINT	gzip圧縮のファイルを読み書きするには 「Zlib::GzipReader」と「Zlib::GzipWriter」を使用する

　Rubyはgzip圧縮されたファイルを、あたかも通常のファイルのように手軽に扱えます。GzipReaderもGzipWriterもブロックを取って、IOのように読み書きできます。「Kernel#open」と同様に、ブロックを使うことでブロックから抜けた時点で必ず閉じてくれます。

　gzip圧縮されたファイルを読み込むには「Zlib::GzipReader.open」を、ファイルに書き込み後にgzip圧縮するには「Zlib::GzipWriter.open」を使用します。

　FileやIOをgzip圧縮されたものとして読み込むには「Zlib::GzipReader.wrap」を、書き込み後にgzip圧縮するには「Zlib::GzipWriter.wrap」を使用します。IOにgzip圧縮の層を挟むような感じです。

COLUMN	Ruby 2.4以降ではgzip圧縮のファイルを読み書きするには 「Zlib.gzip」と「Zlib.gunzip」を使用する

　Ruby 2.4以降では、gzip圧縮するには「Zlib.gzip」、gzip圧縮されたファイルを読み込むには、「Zlib.gunzip」を使用します。

```
if defined? Zlib.gunzip then

  # 上記と同じものをZlib.gunzipを使って書くと、こう
  def File.zread(file)
    Kernel.open(file) do |f|
      str = f.read
      if str[0,2] == "\x1F\x8B".b
        Zlib.gunzip(str)
      else
        str
      end
    end
  end
end
```

関連項目 ▶ ▶ ▶

- ●ファイル全体を読み込む ……………………………………………………………… p.457
- ●ファイルに書き込む …………………………………………………………………… p.463
- ●ポジションを移動する ………………………………………………………………… p.472
- ●文脈を変えてブロックを評価する …………………………………………………… p.602

SECTION-206

ファイル名を操作する

ここでは、パス名を操作する方法を解説します。

SAMPLE CODE

```
# ディレクトリ名を得る
File.dirname "/tmp/arbitrary.txt"        # => "/tmp"
# 「/」を含まない場合はカレントディレクトリを返す
File.dirname "arbitrary.txt"             # => "."
# 末尾の「/」は無視される
File.dirname "/tmp/dir/"                 # => "/tmp"
File.dirname "/tmp//dir/"                # => "/tmp"
# ディレクトリを除いたファイル名を得る
# ファイル名を得る
File.basename "/tmp/arbitrary.txt"       # => "arbitrary.txt"
# 末尾の「/」は無視される
File.basename "/tmp/dir/"                # => "dir"
File.basename "/tmp//dir/"               # => "dir"
# 拡張子が一致している場合は拡張子を取り除いたファイル名を得る
File.basename "/tmp/arbitrary.txt", ".txt" # => "arbitrary"
# 拡張子を取り除いたファイル名を得る
File.basename "/tmp/arbitrary.txt", ".*"  # => "arbitrary"
# 拡張子が一致しない場合は拡張子を取り除かない
File.basename "/tmp/arbitrary.txt", ".rb" # => "arbitrary.txt"
# 拡張子を得る
File.extname "/tmp/arbitrary.txt"        # => ".txt"
# これらは拡張子とはみなさない
File.extname ".emacs"                    # => ""
File.extname ".."                        # => ""
# ディレクトリ名、ファイル名のペアを得る
File.split "/tmp/arbitrary.txt"
# => ["/tmp", "arbitrary.txt"]
# 絶対パス(フルパス)を得る
# ~ をホームディレクトリに置き換える
File.expand_path "~/.emacs"
# => "/m/home/rubikitch/.emacs"
# ~USER を USER のホームディレクトリに置き換える
File.expand_path "~root/.bashrc"         # => "/root/.bashrc"
# 省略可能な第2引数を付けた場合はそこを基準にして絶対パスを得る
File.expand_path "vmlinuz", "/"          # => "/vmlinuz"
# すでに絶対パスであればそのまま
File.expand_path "/bin/sh", "/boot"      # => "/bin/sh"
# 引数をパス区切り文字(/)でつなげる
File.join "/path", "to", "ruby"          # => "/path/to/ruby"
```

■ SECTION-206 ■ ファイル名を操作する

ONEPOINT パス名を操作するにはFileの各種クラスメソッドを使用する

パス名には、ディレクトリ名、ファイル名、拡張子などの要素があります。それらの情報を取り出すには、Fileのクラスメソッドを使用します。これらのクラスメソッドは文字列操作によるものなので、パスは実在しなくても構いません。

「File.dirname」は、ディレクトリ名を文字列で返します。最後の「/」よりも前をディレクトリ名とみなします。

「File.basename」は、ディレクトリを除いたファイル名を文字列で返します。最後の「/」よりも後ろをファイル名とみなします。第2引数に拡張子を指定すると、その拡張子と一致する場合は拡張子が取り除かれたファイル名を返します。

「File.extname」は、拡張子を文字列で返します。最後の「.」よりも後ろを拡張子とみなします。ファイル名の先頭の「.」(.emacsなど)は、拡張子とはみなされません。拡張子がないファイル名の場合は、空文字列を返します。

「File.split」は、ディレクトリ名とファイル名の配列を返します。

「File.expand_path」は、パス名を絶対パスに変換します。パス名先頭の「~」をホームディレクトリに置き換えるので、ホームディレクトリ展開によく使われます。**パス名を受け付けるRubyのメソッドはシェルと異なり、基本的にホームディレクトリ展開はされません。**

関連項目 ▶ ▶ ▶
- ファイルの情報を得る ………………………………………………………………… p.466
- ファイル名をオブジェクト指向で扱う ……………………………………………… p.484

SECTION-207
ワイルドカードでファイル名を
パターンマッチする

💎 ワイルドカード

シェルでおなじみのワイルドカードの知識は、Rubyでも使えます。ワイルドカード（グロブ）とは、ファイルに対するパターンマッチです。「File.fnmatch」はファイル名のマッチ検査をし、「Dir.[]」「Dir.glob」はマッチするファイルをすべて得ます。

▶ ワイルドカードの基本

ワイルドカードとは、ファイルの集合をパターンで表現します。メタ文字を使ってファイル名に対してパターンマッチを行うのですが、正規表現とは意味が異なります。同じ記号を使うだけに混同しないでください。幸いなことに、正規表現ほど、複雑ではありません。

メタ文字「*」は、空文字列を含む任意の文字列と一致します。そのため、ワイルドカード「*」は、すべてのファイルにマッチします。また、ワイルドカード「*.rb」は拡張子「.rb」のファイルにマッチします。

メタ文字「?」は、任意の1文字と一致します。たとえば、ワイルドカード「file?.rb」は「file1.rb」や「filea.rb」にマッチしますが、「file.rb」にはマッチしません。

ここまではコマンドプロンプトやUnixシェルを使ったことのある人ならば、なじみが深いと思います。

▶ ワイルドカードにマッチするファイルを得るには「Dir.[]」を使用する

ワイルドカードでファイルの集合を表現できることがわかったら、まずはマッチする集合を取り出してみましょう。ファイルシステムにアクセスしてワイルドカードにマッチするファイル名をすべて得るには、「Dir.[]」を使用します。

先頭が「.」で始まるファイル（隠しファイル）以外のすべてのファイルを得るには、「Dir["*"]」と指定します。短いため、よく使われるイディオムです。

```ruby
# 隠しファイル以外のすべてのファイルを得る
Dir["*"]
# => ["test.txt", "file1.rb", "bar.txt", "foo.txt", "file2.rb",
# "file.rb", "noext", "file3.rb"]
# 隠しファイルを得る
Dir[".*"]
# => ["..", ".emacs", ".bashrc", "."]
# 拡張子付きのファイルを得る
Dir["*.*"]
# => ["test.txt", "file1.rb", "bar.txt", "foo.txt", "file2.rb",
# "file.rb", "file3.rb"]
# 拡張子が.rbのファイルを得る
Dir["*.rb"]
# => ["file1.rb", "file2.rb", "file.rb", "file3.rb"]
```

▼

■ SECTION-207 ■ ワイルドカードでファイル名をパターンマッチする

```ruby
# 先頭がfileで拡張子が.rbのファイルを得る
Dir["file*.rb"]
# => ["file1.rb", "file2.rb", "file.rb", "file3.rb"]
Dir["file?.rb"]
# => ["file1.rb", "file2.rb", "file3.rb"]
# 複数のワイルドカードを指定するには「\0」で区切る
Dir["*.rb\0*.txt"]
# => ["file1.rb", "file2.rb", "file.rb", "file3.rb", "test.txt",
# "bar.txt", "foo.txt"]
# 隠しファイルも含めたすべてのファイルを得る
Dir["*\0.*"]
# => ["test.txt", "file1.rb", "bar.txt", "foo.txt", "file2.rb",
# "file.rb", "noext", "file3.rb", "..", ".emacs", ".bashrc", "."]
```

▶ 文字クラスを指定する

メタ文字「「[]」」で、文字クラスを表現できます。「「[]」」内で列挙した、いずれかの文字に一致します。また、連続した文字は「-」で表現できます。さらに、「「[^]」」で列挙した文字以外の1文字に一致します。一部のUnixシェルのように、「「[^]」」は「「[!]」」とも指定できます。

```ruby
# 「?」はどれか1文字にマッチする
Dir["file?.rb"]      # => ["file1.rb", "file2.rb", "file3.rb"]
# 1と3にマッチする
Dir["file[13].rb"]   # => ["file1.rb", "file3.rb"]
# 2-9にマッチする
Dir["file[2-9].rb"]  # => ["file2.rb", "file3.rb"]
# 3-9以外にマッチする
Dir["file[^3-9].rb"] # => ["file1.rb", "file2.rb"]
Dir["file[!3-9].rb"] # => ["file1.rb", "file2.rb"]
```

▶ ワイルドカードにマッチするか検査するには「File.fnmatch」を使用する

「Dir.[]」とは逆に、ファイル名がワイルドカードにマッチするか検査するには、「File.fnmatch」を使用します。第1引数にワイルドカード、第2引数にファイル名を指定します。

```ruby
File.fnmatch '*.rb', 'test.rb'  # => true
File.fnmatch '*', '.emacs'      # => false
File.fnmatch '*', 'ruby'        # => true
File.fnmatch '*', 'hello.c'     # => true
```

▶ 「Dir.[]」で使える拡張ワイルドカード

「File.fnmatch」(別名「File.fnmatch?」)では「*」「?」「[]」のメタ文字が使えますが、「Dir.[]」はそれらに加えて「||」と「**/」が使えます。Unixシェルを使っている人には、なじみがあると思います。

■ SECTION-207 ■ ワイルドカードでファイル名をパターンマッチする

メタ文字「**/」は「*/」の0回以上の繰り返しです。すなわち、サブディレクトリを再帰的にたどっていきます。たとえば、「**/*.rb」は、「foo.rb」にも、「foo/bar.rb」にも、「foo/bar/baz.rb」にもマッチします。特に、「**/*」は、サブディレクトリ含むすべてのファイル（隠しファイル除く）にマッチします。このメタ文字は非常に便利ですが、カレントディレクトリが「/」のときにマッチさせるとファイルシステム全体のファイルにマッチしてしまい、処理に何分もかかってしまうので注意してください。

メタ文字「｜｜」は、文字クラスを文字列に拡張したものです。「,」で区切られたいずれかの文字列に一致します。

```
Dir['*.txt']        # => ["test.txt", "bar.txt", "foo.txt"]
Dir['{foo,bar}.txt'] # => ["foo.txt", "bar.txt"]
```

メタ文字「｜｜」はネストすることができます。

```
Dir['{{foo,bar}.txt,test.txt}']
# => ["foo.txt", "bar.txt", "test.txt"]
```

COLUMN 隠しファイルについて

ワイルドカード「*」では、「.emacs」など、先頭が「.」で始まるファイルはマッチしません。Unix系OSでは、慣習上、このようなファイルは隠しファイルとして扱われています。たとえば、ホームディレクトリ上で「ls」を実行してもこのようなファイルは表示されず、「ls -a」を実行して初めて表示されます。Rubyでも、この慣習に従っています。

隠しファイルは「.*」で得られます。

```
Dir[".*"] # => ["..", ".emacs", ".bashrc", "."]
```

隠しファイルも含め、すべてのファイルを得るには、「.*」と「*」を指定します。あるいは、「Dir.glob」に、「File::FNM_DOTMATCH」フラグを付けます。ただし、カレントディレクトリの「.」と親ディレクトリの「..」が含まれてしまいます。不要な場合は、明示的に取り除く必要があります。もしくは、「Dir.each_child(dir_name).to_a」を使うこともできます。

```
Dir[".*\0*"]
# => ["..", ".emacs", ".bashrc", ".", "test.txt", "file1.rb",
# "bar.txt", "foo.txt", "file2.rb", "file.rb", "noext", "file3.rb"]
Dir.glob("*", File::FNM_DOTMATCH)
# => ["..", ".emacs", ".bashrc", ".", "test.txt", "file1.rb",
# "bar.txt", "foo.txt", "file2.rb", "file.rb", "noext", "file3.rb"]
Dir[".*\0*"] - [".", ".."]
# => [".emacs", ".bashrc", "test.txt", "file1.rb", "bar.txt",
# "foo.txt", "file2.rb", "file.rb", "noext", "file3.rb"]
```

481

■ SECTION-207 ■ ワイルドカードでファイル名をパターンマッチする

| COLUMN | 「File.fnmatch」のフラグについて |

「File.fnmatch」の省略可能な第3引数には、マッチを制御するフラグを付けることができます。

「File::FNM_NOESCAPE」を指定すると、「\」をエスケープしません。通常の場合は「*」はメタ文字がエスケープされて「*」というファイル名にマッチしますが、「File::FNM_NOESCAPE」を指定すると「\」から始まるファイル名にマッチします。

```
File.fnmatch '\*', '*'                          # => true
File.fnmatch '\*', '*', File::FNM_NOESCAPE       # => false
File.fnmatch '\*', '\hoge', File::FNM_NOESCAPE  # => true
```

「File::FNM_PATHNAME」を指定すると、メタ文字「*」「?」「[]」が「/」にマッチしません。シェルのワイルドカードは、このフラグが有効になっています。

```
File.fnmatch '*', '/'                           # => true
File.fnmatch '*', '/', File::FNM_PATHNAME  # => false
```

「File::FNM_CASEFOLD」を指定すると、大文字と小文字を区別しません。

```
File.fnmatch '*.txt', 'FOO.TXT'                  # => false
File.fnmatch '*.txt', 'FOO.TXT', File::FNM_CASEFOLD # => true
```

「File::FNM_DOTMATCH」を指定すると、メタ文字「*」「?」「[]」が先頭の「.」(隠しファイル)にマッチします。

```
File.fnmatch '*', '.emacs'                       # => false
File.fnmatch '*', '.emacs', File::FNM_DOTMATCH  # => true
```

フラグの値は整数なので、複数個、指定する場合は論理和にします。次の例では大文字と小文字を区別せず、かつ隠しファイルにもマッチするようにします。

```
File.fnmatch('*.el',
             '.emacs.EL',
             File::FNM_DOTMATCH | File::FNM_CASEFOLD) # => true
```

■ SECTION-207 ■ ワイルドカードでファイル名をパターンマッチする

| COLUMN | 「Dir.[]」と「Dir.glob」について |

　「Dir.[]」と「Dir.glob」は、受け付ける引数が異なります。「Dir.glob」は、省略可能な第2引数に「File.fnmatch」のフラグを付けることができます。また、ブロックを取ることができます。ブロックパラメータは、マッチしたファイル名です。一方、「Dir.[]」は、複数個のワイルドカードを受け付けます。

```
Dir.glob('*.RB', File::FNM_CASEFOLD)
# => ["file1.rb", "file2.rb", "file.rb", "file3.rb"]
Dir["*1*","*2*"]  # => ["file1.rb", "file2.rb"]
Dir.glob('*.txt') {|fn| puts fn }
# >> test.txt
# >> bar.txt
# >> foo.txt
```

関連項目 ▶ ▶ ▶

- 配列の要素を1つずつ処理する ……………………………………………… p.336
- ファイル名をオブジェクト指向で扱う ……………………………………… p.484

SECTION-208

ファイル名をオブジェクト指向で扱う

❖ 「Pathname」クラス

「Pathname」クラスは、パス名(ファイル名)を表すクラスです。Pathnameを使うことで、Fileのクラスメソッドよりもオブジェクト指向的にパス名を扱うことができます。

▶ Pathnameオブジェクトの作成

ファイル名を表す文字列からPathnameを作成するには、「Kernel#Pathname」を使用します。クラス名と同名の関数名です。また、カレントディレクトリを表すPathnameを作成するには、「Pathname.pwd」を使用します。「Dir.pwd」のPathname版です。

Pathnameには破壊的メソッドが存在しないため、不変です。Pathnameにメソッドを適用すると、新たなPathnameが作成されます(ValueObjectパターン)。

▶ パス名を処理する

Pathnameの特徴は、パス名をオブジェクト指向で扱えることです。通常通り、Fileのクラスメソッドを使った場合と比較してみると明瞭です。

```ruby
require 'pathname'
Dir.chdir("/tmp")
# Fileのクラスメソッドを使った場合
p = "foo.txt"                             # => "foo.txt"
File.expand_path(p)                       # => "/tmp/foo.txt"
d = File.dirname(File.expand_path(p))     # => "/tmp"
pr = File.join(d, "bar.txt")              # => "/tmp/bar.txt"
File.split(pr)                            # => ["/tmp", "bar.txt"]
# Pathnameを使った場合
p = Pathname("foo.txt")                   # => #<Pathname:foo.txt>
p.expand_path                             # => #<Pathname:/tmp/foo.txt>
d = p.expand_path.dirname                 # => #<Pathname:/tmp>
pr = d.join("bar.txt")                    # => #<Pathname:/tmp/bar.txt>
pr.split # => [#<Pathname:/tmp>, #<Pathname:bar.txt>]
```

▶ ファイルそのものを処理する

Pathnameでできることは、パス名の処理に限りません。Pathnameの示すファイルそのものを、オブジェクト指向で扱うこともできます。たとえば、「ファイルかディレクトリか?」「ファイルの内容は?」という質問に答えられます。ファイル名を引数に取るFileのクラスメソッド(IO/FileTest含む)は、Pathnameでもそのまま呼び出せると思って構いません。

```ruby
require 'pathname'
# Fileのクラスメソッドを使った場合
p = "/tmp/test.txt"
File.open(p, "w") {|f| f.print "123\n456\n" }
```

▼

■ SECTION-208 ■ ファイル名をオブジェクト指向で扱う

```
File.directory?(p)  # => false
File.read(p)        # => "123\n456\n"
File.readlines(p)   # => ["123\n", "456\n"]
File.writable?(p)   # => true
File.chmod(0400,p)  # => 1
File.writable?(p)   # => false
File.delete(p)      # => 1
File.exist?(p)      # => false
# Pathnameを使った場合
p = Pathname("/tmp/test.txt")
p.open("w") {|f| f.print "123\n456\n" }
p.directory?        # => false
p.read              # => "123\n456\n"
p.readlines         # => ["123\n", "456\n"]
p.writable?         # => true
p.chmod(0400)       # => 1
p.writable?         # => false
p.delete            # => 1
p.exist?            # => false
```

▶ ディレクトリ内のファイルを得る

　ディレクトリ内のファイルは、Pathnameで得ることができます。「.」と「..」も含むカレントディレクトリ内のファイルを得るには、「Pathname#each_entry」を使用します。これらを含まないファイルが欲しければ、「Pathname#children」を使用します。ただし、「children」はブロックを取らず、配列で返します。デフォルトだとフルパスを返しますが、「optional」引数にfalseを指定した場合はファイル名のみを返します。

　サブディレクトリ内のファイルも走査するには、「Pathname#find」を使用します。内部で「Find.find」を使用しています。

　ワイルドカード展開の結果のファイルを得るには、「Pathname#glob」を使用します。ただし、元となっている「Dir.glob」にはお手軽版の「Dir.[]」がありますが、「Pathname.[]」は定義されていません。

```
require 'pathname'
pwd = Pathname.pwd                      # => #<Pathname:/tmp>
# Dir.foreach(pwd) 相当
pwd.each_entry {|path| break path }     # => #<Pathname:.>
# Find.find(pwd) 相当
pwd.find {|path| break path }           # => #<Pathname:/tmp>
# Dir.glob("*.rd") 相当
Pathname.glob("*.rb") {|path| break path } # => #<Pathname:a.rb>
# カレントディレクトリ内の最後のファイルを得る
Pathname.pwd.children.last              # => #<Pathname:/tmp/.X11-unix>
Pathname.pwd.children(false).last       # => #<Pathname:.X11-unix>
```

485

■ SECTION-208 ■ ファイル名をオブジェクト指向で扱う

▶その他の処理

Pathnameでは、標準のFileのクラスメソッドでは定義されていない操作も用意しています。

```ruby
require 'pathname'
# 相対パスを得る
usr = Pathname("/usr")
ubin = Pathname("/usr/bin")
ubin.relative_path_from usr
# => #<Pathname:bin>
# パスをきれいにする
Pathname("/path//to/foo/../bar").cleanpath
# => #<Pathname:/path/to/bar>
```

関連項目 ▶ ▶ ▶

- ●ファイル全体を読み込む ………………………………………………………… p.457
- ●ファイルの情報を得る …………………………………………………………… p.466
- ●ファイル名を操作する …………………………………………………………… p.477
- ●ワイルドカードでファイル名をパターンマッチする ……………………… p.479

SECTION-209

文字列をIOオブジェクトのように扱う

　ここでは、文字列をIOのように扱う方法を解説します。

SAMPLE CODE

```ruby
require 'stringio'
# ioに2行の文字列を書き込むメソッド
def write_2lines(io)  io.puts "abc"; io.puts "def"  end
str = "**********\n"
# StringIOオブジェクトを作成する
io = StringIO.new str
# IOの代わりにStringIOを引数に渡す
write_2lines io
# IOと同じメソッドが使える
io.pos      # => 8
io.rewind   # => 0
io.read     # => "abc\ndef\n**\n"
# StringIO#stringは文字列の内容を返す
io.string   # => "abc\ndef\n**\n"
# StringIO経由で元の文字列は書き変わった
str         # => "abc\ndef\n**\n"
```

■ SECTION-209 ■ 文字列をIOオブジェクトのように扱う

ONEPOINT 文字列をIOオブジェクトのように扱うにはStringIOクラスを使用する

　IOがらみのテストをするとき、いちいちファイルを作成するのは面倒です。そういう場合は、「StringIO」クラスで、文字列にIOの振る舞いをまねさせます。StringIOは、メモリ上に存在する名もない仮想ファイルだと考えればよいでしょう。

　一般に、ファイルにアクセスするメソッドを作成する場合、引数にファイル名を取るよりもIOを取る方がテストがしやすくなります。たとえば、次の記述があるとします。

```
def process_file(filename)
  open(filename, "w+") do |io|
    io.puts ...
    ...
  end
end
```

上記よりも次のように記述します。

```
def process_io(io)
  io.puts ...
  ...
end
def process_file(filename)
  open(filename, "w+") {|io| process_io(io) }
end
```

　このようにすることで、process_ioのテストにStringIOを活用することができます。

COLUMN オブジェクトがIOであるかを判定してはいけない

　StringIOはIOのサブクラスではないため、「if obj.kind_of? IO」や「if IO === obj」と記述してしまうと、objがStringIOである場合は条件が偽になってしまいます。このような条件式を記述してはいけません。Rubyはメソッドに反応するかどうかで「型」が決まるため、テスト時には振る舞いをまねしたオブジェクトを使うことがあります。そのため、多くの場合、オブジェクトをクラスで分岐すると柔軟性を殺してしまいます。

関連項目 ▶▶▶

● 動的型付について ……………………………………………………………………… p.54
● ファイルを1行ずつ読み込む ………………………………………………………… p.458
● ファイルに書き込む ………………………………………………………………… p.463

SECTION-210

ログファイルに書き込む

ここでは、ログファイルに書き込む方法を解説します。

SAMPLE CODE

```ruby
# loggerライブラリに`Logger`が定義されているので読み込む
require 'logger'
# fileutilsライブラリにFileUtils.rm_fが定義されているので読み込む
require 'fileutils'
LOG_FILE = "logtest.log"
# ログファイルが存在するならば削除する
FileUtils.rm_f LOG_FILE

# logtest.logにログを書き出す`Logger`オブジェクト
log = Logger.new LOG_FILE
# 重要度がinfo以上のみログに記録する(省略可能)
log.level = Logger::INFO
# ログに記載されるプログラム名を設定する(省略可能)
log.progname = "logtest"
# ログを書き出す
log.debug "debug info"                  # 最低優先度 debug
log.info { "normal message" }           # 重要度 info
log.warn "warning!"                     # 重要度 warn
log.error "ERROR!"                      # 重要度 error
log.fatal("log.rb") { "!!!FATAL!!!" } # 最高優先度 fatal
begin
  raise "err"
rescue
  # Exceptionもそのままログに書き出せる
  log.error($!)
end
Time.now                                # => 2008-05-22 19:27:20 +0900
Process.pid                             # => 20007
# ログエントリは、
# 重要度の頭文字・現在時刻・プロセスID・重要度・プログラム名・メッセージの順
puts File.read LOG_FILE
# >> # Logfile created on 2008-05-22 19:27:20 +0900 by /
# >> I, [2008-05-22T19:27:20.229504 #20007]
#  INFO -- logtest: normal message
# >> W, [2008-05-22T19:27:20.229627 #20007]
#  WARN -- logtest: warning!
# >> E, [2008-05-22T19:27:20.229677 #20007]
# ERROR -- logtest: ERROR!
# >> F, [2008-05-22T19:27:20.229724 #20007]
# FATAL -- log.rb: !!!FATAL!!!
```

▼

489

```
# >> E, [2008-05-22T19:27:20.229798 #20007]
# ERROR -- logtest: err (RuntimeError)
# >> -:25:in `<main>'
```

> **ONEPOINT** ログファイルに書き込むには「Logger」を使用する

プログラム実行中の状態を人間に読める形で記録したものをログといいます。ログにはメッセージの他に、時刻とプロセスID、重要度が記録されます。プログラムに問題が発生したときは、ログファイルを見ることで、いつどのような状態になったかを調べることができます。デーモンやWebアプリケーションの場合は、ログを書き出すのが普通です。

　Rubyでログファイルに書き込むのは、いたって簡単です。まず、「Logger.new」で「Logger」オブジェクトを作成します。引数にはログファイル名か、「write」と「close」が定義されたオブジェクト(「IO」など)を指定します。たとえば、標準エラー出力にログを書き出すには、「Logger.new STDERR」となります。ログファイルがすでに存在する場合は、追記されます。

　「Logger」オブジェクトを作成したら、「Logger#debug」などで重要度に応じてログに書き出すことができます。重要度は、低い順から、「debug」(デバッグ情報)、「info」(通常のメッセージ)、「warn」(警告)、「error」(修復可能なエラー)、「fatal」(修復不可能なエラー)で、そのままメソッド名になっています。ログメッセージは、引数かブロックで指定します。引数とブロックの双方を指定した場合、引数はプログラム名に、ブロックはメッセージになります。

　「Logger#level=」で、指定した重要度以上のログのみを書き出すことができます。省略すると、すべてのログを書き出します。これで不要なログを記録しないようになります。

■ SECTION-210 ■ ログファイルに書き込む

COLUMN	ログファイルを取り換える

「Logger」は、デフォルトでは延々とログを書き出します。しかし、時間が経つにつれ、ログファイルはどんどん肥大化していきます。たかがテキストと侮ってはいけません。特にWebサーバのログはあっという間にメガバイト・ギガバイト単位になります。実用上、一定の条件でログファイルを取り換える（rotate）必要があります。

「Logger.new」の省略可能な第2引数・第3引数で、ログを取り換える設定を行います。ログの取り換えの方式は、2種類あります。

1つは、ログのサイズの上限を定める方式です。この場合、ログの保存個数（現在のログも含める）を第2引数に、サイズの上限を第3引数の指定します。保存個数を超えたログは、自動的に削除されます。ディスクの空き容量が少ない場合は、この方式がお勧めです。

次の例では、上限20バイトのログを5個保存する方式で、aaaa〜zzzzと立て続けに上限ギリギリの長さのログを書き出したときの動作の様子です。過去ログは、「.0」〜「.3」のように、数字の拡張子が付きます。数字が大きいほど、古いログになります。

```
require 'logger'
require 'fileutils'
FileUtils.rm_f Dir["rotate.log*"]
log = Logger.new "rotate.log", 5, 20
("a".."z").each {|c| log.info c*19 }
Dir["rotate.log*"].sort
# => ["rotate.log", "rotate.log.0", "rotate.log.1", "rotate.log.2",
#     "rotate.log.3"]
File.readlines "rotate.log"
# => ["# Logfile created on 2008-05-22 19:50:37 +0900 by /\n",
#     "I, [2008-05-22T19:50:37.430819 #20420]
#      INFO -- : zzzzzzzzzzzzzzzzzzz\n"]
File.readlines "rotate.log.3"
# => ["# Logfile created on 2008-05-22 19:50:37 +0900 by /\n",
#     "I, [2008-05-22T19:50:37.429723 #20420]
#      INFO -- : vvvvvvvvvvvvvvvvvvv\n"]
```

もう1つは、一定期間（日・週・月）ごとに名前を変更する方式です。第2引数に、「'daily'」「'weekly'」「'monthly'」のうち、いずれかを指定します。過去ログには日付文字列の拡張子「.yyyymmdd」が付けられます。たとえば、2004/2/24のログならば「.20040224」という拡張子が付けられます。この方式は古いログを削除しないので、ディスクの空き容量には気を付けてください。

次の例では、1週間ごとに名前を変更する方式で、7日ぶりにログを書き出したときの動作の様子です。最後の書き込み日時はログファイルの最終更新時刻で判定しているため、「File.utime」で「わざと」タイムスタンプを1週間前に設定しています。

■ SECTION-210 ■ ログファイルに書き込む

```ruby
require 'logger'
require 'fileutils'

def write_log(msg)
  log = Logger.new "weekly.log", "weekly"
  log.info msg
  log.close
end
FileUtils.rm_f Dir["weekly.log*"]
write_log "first"
File.utime Time.now, Time.now-7*24*60*60, "weekly.log" # 1週間前にする
write_log "second"
Dir["weekly.log*"].sort
# => ["weekly.log", "weekly.log.20080517"]
File.readlines "weekly.log"
# => ["# Logfile created on 2008-05-22 23:20:13 +0900 by /\n",
#     "I, [2008-05-22T23:20:13.844568 #22721]  INFO -- : second\n"]
```

COLUMN ── 特定の重要度のログのみを取り出す

　「Logger」のログエントリは、重要度の頭文字から始まります。そのため、特定の重要
度のログのみを取り出すことが極めて容易です。「grep」シェルコマンドが使えるならば、
「grep '^E' logtest.log」を実行します。Rubyならばワンライナーで、「ruby -pe 'next
unless /^E/' logtest.log」を実行します。あるいは、「IO.readlines」と「Enumerable#
grep」を併用します。

```ruby
puts File.readlines("logtest.log").grep(/^E/)
# >> E, [2008-05-22T19:27:20.229677 #20007]
# ERROR -- logtest: ERROR!
# >> E, [2008-05-22T19:27:20.229798 #20007]
# ERROR -- logtest: err (RuntimeError)
```

関連項目 ▶ ▶ ▶

- パターンにマッチする要素を求める ……………………………………… p.380
- ファイル全体を読み込む …………………………………………………… p.457
- デーモンを作成する………………………………………………………… p.516
- ワンライナーを極める ……………………………………………………… p.518

CHAPTER 11

システムとの
インターフェイス

SECTION-211

コマンドとしてもライブラリとしても
使えるようにするイディオムについて

❖ 「if __FILE__ == $0」

Rubyスクリプトファイルは、シェルから実行すること(コマンド)を想定して記述されている場合と、他のスクリプトから「require」で呼び出すこと(ライブラリ)を想定して記述されている場合があります。ここで紹介するイディオムを使えば、スクリプトをコマンドとしてもライブラリとしても使うことができます。

▶ 書式

書式は、次のようになります。スクリプトをシェルから実行したときのみに評価されるコード(メインルーチン)を、「if」で囲みます。C言語などでいうmainです。当然、「__FILE__」と「$0」は、逆でも構いません。

```
# クラス・モジュール・関数定義など
if __FILE__ == $0
  # メインルーチン
  # ...
end
```

▶ 解説

「$0」は、実行中のRubyスクリプトの名前です。Rubyインタプリタに指定したスクリプトのファイル名です。

「__FILE__」は、現在評価中のRubyスクリプトの名前です。「require」や「load」で別のスクリプトを読み込んでいるときは、そのファイル名になります。

それらが一致するときは、シェルから実行したスクリプトを評価しているときのみです。そのため、スクリプト末尾にメインルーチンを記述するのに、このイディオムが使われるのです。

たとえば、次の内容のa.rbとb.rbがあるとき、それぞれのスクリプトを実行してみます。

```
# a.rb
def in_a() puts "A" end
if __FILE__ == $0
  puts "=== a.rb ==="; in_a
end
```

```
# b.rb
require './a'
puts "=== b.rb ==="; in_a
```

```
$ ruby a.rb
=== a.rb ===
A
```

■ SECTION-211 ■ コマンドとしてもライブラリとしても使えるようにするイディオムについて

```
$ ruby b.rb
=== b.rb ===
A
```

a.rbを実行した場合、「if __FILE__ == $0」の内部も評価されます。b.rbを実行した場合はa.rbが読み込まれますが、「if __FILE__ == $0」の内部は無視されています。

また、メソッドの中じゃないところから、「return」することもできます。

```
return unless __FILE__ == $0
```

「return」が実行されたらそのファイルのことはそこでおしまいです。これは、ライブラリとしても実行ファイルとしても使えるような小さいプロジェクトではしばしば便利です。

▶ コマンドには必ず適用しよう

このイディオムは、クラス・モジュール・関数定義が含まれるコマンドに必ず使用すべきです。理由は、次の通りです。

- コマンドに含まれているコードをメソッド単位でテストするには、ライブラリとして読み込む必要がある。
- ライブラリとして読み込めれば、他のプログラムにコードを再利用できる。
- メインルーチンが明確になる。

また、ライブラリにこのイディオムを使用した場合は、メインルーチンに、そのライブラリのデモンストレーションを行うコードを記述することができます。

```
#!/usr/local/bin/ruby
# ARGVの内容を表示する
p ARGV
# ARGVのインデックスと内容を表示する
ARGV.each_with_index do |x, i|
  puts "ARGV[#{i}] = #{x.inspect}"    ◀── コマンドライン引数を読む
end
```

コマンドライン引数を得るには定数「ARGV」にアクセスします。「ARGV」は、Rubyスクリプトに与えられた引数を表す配列です。Rubyインタプリタそのものの引数（rubyとスクリプト名の間に指定された引数）は、「ARGV」には指定されません。「ARGV[0]」は最初のコマンドライン引数であって、実行中のRubyスクリプトのファイル名ではありません。コマンドライン引数を1つも指定しなかった場合は、空配列になります。

コマンドライン引数なので、変更不能だと考えるかもしれません。しかし、実は、「ARGV」に破壊的メソッドを適用して内容を変更することができます。たとえば、「OptionParser」クラスを使用すれば、オプションを処理して「ARGV」からオプションを取り除くことができます。なお、「ARGV」の要素は「freeze」されているため、変更不能です。

495

COLUMN	オプション変数

　Rubyインタプリタに指定されたオプションは、オプション変数で得ることができます。オプション変数は特殊変数の一種で、「$」の後ろにオプションが続く名前になっています。

```
$ ruby -ve 'p $-v'
ruby 2.4.1p111 (2017-03-22 revision 58053) [x86_64-darwin16]
true
```

関連項目 ▶ ▶ ▶

- 入力ファイルまたは標準入力を読む ……………………………………………… p.497
- コマンドラインオプションを処理する …………………………………………… p.499

SECTION-212

入力ファイルまたは標準入力を読む

ここでは、入力ファイルまたは標準入力を読み込む方法を解説します。

```
$ cat ab.txt
a
b
$ cat cd.txt
c
d
$ ruby argf.rb ab.txt cd.txt
ab.txt:1:a
ab.txt:2:b          行番号を付けて
cd.txt:1:c          表示する
cd.txt:2:d
$ ruby argf.rb < ab.txt
-:1:a
-:2:b
```

SAMPLE CODE

```ruby
#!/usr/local/bin/ruby
# 行単位で処理する
ARGF.each_line do |line|
  # 処理中のファイル名
  filename = ARGF.filename
# 処理中のファイルの行番号
  lineno = ARGF.file.lineno
  puts "#{filename}:#{lineno}:#{line}"
end
```

> ■ SECTION・312 ■ 入力ファイルまたは標準入力を読む

ONEPOINT　フィルタの入力を扱うには「ARGF」を使用する

　Unix系OSでは、古くからフィルタという種類のコマンドが使われています。フィルタとは、入力を加工して出力するコマンドのことです。入力はコマンドライン引数で指定されたファイルか標準入力で、出力は標準出力です。「cat」(入力を連結して出力する)、「head」(入力の先頭N行を出力する)、「tail」(入力の末尾N行を出力する)などが代表的です。単純なフィルタを組み合わせて複雑な処理をするのが、Unix系OSの文化です。Rubyは、フィルタを簡単に作成できる仕組みを用意しています。

　入力ファイルまたは標準入力を読み込むには、「ARGF」を使用します。「ARGF」は、フィルタの入力を抽象化した疑似「File」オブジェクトです。「ARGV」(コマンドライン引数)が指定されている場合は「ARGV」をファイル名の配列とみなし、それらのファイルを連結した1つの仮想的なファイルを表します。「ARGF」が空の場合は、標準入力を表します。

　「ARGF」は、「ARGV」の値を自動的に書き換えている点に注意してください。「ARGV」で指定されたファイルを読むときに、「ARGV」からそのファイル名が取り除かれます。そして、「ARGF」を読み切ったら、「ARGV」は空になります。

```
ARGV.replace %w[ab.txt cd.txt] # ARGVを強引に ["ab.txt", "cd.txt"] に 書き換える
ARGF.gets                      # ab.txtを読む
[ARGF.filename, ARGV]          # => ["ab.txt", ["cd.txt"]]
ARGF.skip                      # ((:ARGF.skip:))は現在のファイルを閉じ、次のファイルを開く
ARGF.gets                      # cd.txtを読む
[ARGF.filename, ARGV]          # => ["cd.txt", []]
```

COLUMN　「ARGF」は実は「File」オブジェクトではない

　「ARGF」は「File」オブジェクトに見えますが、実は「Object」オブジェクト(ジェネリックなオブジェクト)に特異メソッドを付けたものです。それでも「File」オブジェクトと同じインターフェイスを持っているため、あたかも「File」オブジェクトのように扱えます。

　実際のプログラミングではそういう内部事情など関係なく、「ARGF」を「File」オブジェクトの変種だと考えて構いません。面白いことにインターフェイスをまねすれば、たとえクラスが異なっていてもオリジナルのクラスのインスタンスと同様に扱えるのです。

関連項目 ▶ ▶ ▶

- ファイルを1行ずつ読み込む ………………………………………………………… p.458
- コマンドとしてもライブラリとしても使えるようにするイディオムについて ……………… p.494

SECTION-213

コマンドラインオプションを処理する

❖ 「OptionParser」でコマンドラインオプションの解析

ここでは、コマンドラインオプションを処理する方法を解説します。今はGUIの時代とはいえ、コマンドラインにはコマンドラインの良さがあります。その1つがオプションで、プログラムの動作をきめ細やかに制御することができます。

▶「ARGV.options」と「OptionParser#on」でオプションを定義する

コマンドラインオプションを解析するには、「ARGV.options」を使用します。ブロックパラメータに「OptionParser」オブジェクトが渡されます。ブロック内で「OptionParser#on」によってオプションを定義し、最後に「OptionParser#parse!」で「ARGV」からオプション引数を取り除きます。まとめると、次のようなひな形になります。

```
require 'optparse'
ARGV.options do |o|
  o.on(オプション1の定義) {|x| オプション1の処理 }
  o.on(オプション2の定義) {|x| オプション2の処理 }
  o.parse!
end
```

実行用スクリプトではほぼ毎回使われるので、ひな形をテンプレートとして挿入するようにエディタを設定することをお勧めします。そうすることで「o.parse!」を記述し忘れるなどのうっかりミスを防ぐことができます。

```
# optparseライブラリにARGV.optionsが定義されているので読み込む
require 'optparse'
# コマンドライン引数をURIに変換するためにoptparse/uriライブラリが必要
require 'optparse/uri'
# コマンドライン引数をTimeに変換するためにoptparse/timeライブラリが必要
require 'optparse/time'
opts = {}
ARGV.options do |o|
  # コマンドの書式を記述する。$0は実行スクリプトのファイル名
  o.banner = "ruby #$0 [options] [args]"

  # オプションの種類を説明する
  o.separator "Ruby-like options:"
  # Rubyインタプリタのオプションをまねする
  # 無引数オプション「-w」、「--warning」
  o.on("-w", "--warning", "turn warnings on for your script") {|x|
  opts[:warning] = x }
  # 引数が必須のオプション「-r」(複数可)
  o.on("-r library", "require the library"){|x|
```

CHAPTER 11 システムとのインターフェイス

499

■ SECTION-217 ■ コマンドラインオプションを処理する

```ruby
   (opts[:libs] ||= []) << x }
  # 引数が省略可能なオプション「-T」。正規表現にマッチするもののみ受け付ける
  o.on("-T [level]", /^[0-4]$/, "turn on tainting checks") {|x|
   opts[:taint] = (x||0).to_i }


  o.separator "Misc options:"
  # 特定の種類の必須引数を取るオプションを定義する。
  # 型変換されてブロックパラメータに渡る
  # 配列の要素のどれかを引数に取るオプション「--candidate」
  o.on("--candidate X", %w[a b c]) {|x| opts[:candidate] = x }
  # 浮動小数点数の引数を取るオプション「--float」
  o.on("--float X", Float) {|x| opts[:float] = x }
  # 数値の引数を取るオプション「--numeric」
  o.on("--numeric X", Numeric) {|x| opts[:numeric] = x }
  # 整数の引数を取るオプション「--integer」
  o.on("--integer X", Integer) {|x| opts[:integer] = x }
  # URIの引数を取るオプション「--uri」
  o.on("--uri X", URI) {|x| opts[:uri] = x }
  # 時刻文字列を引数に取るオプション「--time」
  o.on("--time X", Time) {|x| opts[:time] = x }
  # カンマで区切られた文字列を引数に取るオプション「--array」
  o.on("--array X,Y,...", Array){|x| opts[:array] = x }
  # 正規表現を引数に取るオプション「--regexp」
  o.on("--regexp RE", Regexp){|x| opts[:regexp] = x }
  # 実際にオプションを処理する。`ARGV`が書き換えられる
  o.parse!
end
# 処理されたオプションと残ったコマンドライン引数を表示する
puts "opts=#{opts.inspect},  ARGV=#{ARGV.inspect}"
```

▶ オプションの種類と指定方法

オプションは、「GNU getopt_long()」形式です。「短いオプション」とは、「-」の後ろに1文字を取るオプションです。「長いオプション」とは、「--」の後ろに任意長の文字列が続くオプションです。また、オプションは引数を取る場合があります。

短いオプションの特徴は、複数のオプションを連結できることです。たとえば、「-a」「-b」というオプションが定義されている場合、「-ab」は両方を指定したことになります（「-a -b」と等価）。「-a」のみが定義されてる場合、「-ab」は「-a」オプションに引数「b」を指定したことになります（「-a b」と等価）。

```
$ ruby optparse-sample.rb -wrcgi -r uri hoge.rb
opts={:libs=>["cgi", "uri"], :warning=>true},  ARGV=["hoge.rb"]
```

長いオプションの特徴は、長くなる分、オプションの意味がわかりやすいことです。長いオプションは短いオプションと異なり、オプションや引数を連結することができません。たとえば、「--long」オプションに「xxx」という引数を指定する場合は、「--long=xxx」か「--long xxx」と指定します。

コマンドライン引数に「--」が含まれている場合、その時点でオプションの解析を打ち切ります。「--」の後ろにオプションと一致するコマンドライン引数があった場合でも、それはオプションとはみなされません。「--」の典型的な用途は、スクリプト内で外部コマンドを実行する場合です。外部コマンドのオプションは、処理されずにそのまま「ARGV」に残ってほしいからです。

理解を助けるために、サンプルでは、Rubyインタプリタのオプションの一部をまねしています。

▶ きれいなヘルプ表示ができる

「OptionParser」は冗長な記述に見えるかもしれませんが、それには理由があります。「OptionParser」を使って記述されたスクリプトを「--help」オプションを付けて起動すると、短いオプション、長いオプション、オプションの説明を整形した形で表示してくれます。

「OptionParser」には、ヘルプ表示をわかりやすくする機能があります。

「OptionParser#banner=」でコマンドの書式を記述することができます。デフォルトは「Usage: スクリプト名 [options]」と、かなりいい加減なものになっています。

「OptionParser#separator」でオプションを区切ることができます。区切りには、オプションの種類に応じた説明文字列を入れます。多くのオプションを持つスクリプトには、入れておくべきです。

```
$ ruby optparse-sample.rb --help
ruby optparse-sample.rb [options] [args]
Ruby-like options:
    -w, --warning                    turn warnings on for your script
    -r library                       require the library
    -T [level]                       turn on tainting checks
Misc options:
        --candidate X
        --float X
        --numeric X
        --integer X
        --uri X
        --time X
        --array X,Y,...
        --regexp RE
$
```

▶「OptionParser#on」の使い方

オプション処理の中核を担うのが、「OptionParser#on」です。引数に指定されたコマンドラインオプションが出現した場合、そのオプションの引数が「OptionParser#on」のブロックに渡り、ブロックが評価されます。「OptionParser#on」の引数は、次のものを、複数個、指定することができます。

- 文字列（「-」から始まる文字列は短いオプションと解釈される）
- 文字列（「--」から始まる文字列は長いオプションと解釈される）
- 文字列（「-」から始まらない文字列はオプションの説明と解釈される）
- Classオブジェクト・配列・正規表現・ハッシュなど（後述）

COLUMN　受け付けるオプション引数を制限する

受け付けるオプション引数の範囲を制限することができます。

「OptionParser#on」の引数に正規表現を指定した場合、それにマッチするオプション引数のみがブロックパラメータに渡ります。マッチしない場合は、「nil」が渡ります。

```
$ ruby optparse-sample.rb -T 1 hoge.rb
opts={:taint=>1},  ARGV=["hoge.rb"]
$ ruby optparse-sample.rb -T9 hoge.rb
opts={:taint=>0},  ARGV=["hoge.rb"]
$ ruby optparse-sample.rb -T hoge.rb
opts={:taint=>0},  ARGV=["hoge.rb"]
```

配列を指定した場合、等しい要素に場合のみブロックパラメータに渡ります。

```
$ ruby optparse-sample.rb --candidate a
opts={:candidate=>"a"},  ARGV=[]
$ ruby optparse-sample.rb --candidate X
optparse-sample: invalid argument: --candidate X
opts={},  ARGV=[]
```

■ SECTION-213 ■ コマンドラインオプションを処理する

| COLUMN | オプション引数の変換 |

通常はオプション引数がそのままの形でブロックパラメータに渡りますが、一定の変換をすることができます。

「OptionParser#on」の引数にClassオブジェクトを指定した場合、オプション引数をそのクラスに変換します。本書では代表的なクラスについて示しましたが、残りはリファレンスマニュアルを参照してください。

```
$ ruby optparse-sample.rb --float 1 --numeric 10.1 --integer 1
opts={:numeric=>10.1, :integer=>1, :float=>1.0},  ARGV=[]
$ ruby optparse-sample.rb --uri http://www.ruby-lang.org/
opts={:uri=>#<URI::HTTP:0xfdbe9c39c URL:http://www.ruby-lang.org/>},
  ARGV=[]
$ ruby optparse-sample.rb \
  --time '1993-2-24' \
  --array=foo,bar,baz \
  --regexp=/foo/
opts={:time=>1993-02-24 00:00:00 +0900,
:array=>["foo", "bar", "baz"], :regexp=>/foo/},  ARGV=[]
$ ruby optparse-sample.rb --regexp=a.b
opts={:regexp=>/a.b/},  ARGV=[]
```

| COLUMN | カジュアルなオプション解析をするには
「OptionParser.getopts」を使用する |

オプションの説明が不要の場合は、「getopts」クラスメソッドを使用します。オプションの解析結果のハッシュが返ります。最初の引数に短いオプション、それ以外の引数に長いオプションを記述します。引数付きオプションは、最後に「:」を記述します。

```
require 'optparse'
ARGV.replace %w[-a -bhoge --without-arg --with-arg=1 2]
params = OptionParser.getopts("ab:", "without-arg", "with-arg:")
params
# => {"a"=>true, "b"=>"hoge", "without-arg"=>true, "with-arg"=>"1"}
ARGV # => ["2"]
```

SECTION-214

環境変数を読み書きする

ここでは、環境変数を読み書きする方法を解説します。

SAMPLE CODE

```
# 環境変数LANGの値を求める
ENV["LANG"]              # => "ja_JP.eucJP"
# 環境変数は汚染されている
ENV["LANG"].tainted?  # => true
# 環境変数LANGを設定しない
ENV.delete "LANG"       # => "ja_JP.eucJP"
ENV["LANG"]             # => nil
# 環境変数LANGのに新しい値を設定する
ENV["LANG"]="C"
# 環境変数は子プロセスにも伝播する
system %!ruby -e 'puts ENV["LANG"]'!
# >> C
```

ONEPOINT　環境変数を読み書きするにはENVにアクセスする

環境変数にアクセスするには、ENVオブジェクトを操作します。ENVは環境変数オブ
ジェクトで、ハッシュと同様の操作を行うことができます。つまり、「ENV［環境変数名］」
で環境変数を読み取り、「ENV［環境変数名］= 値」で環境変数を設定します。他にも
ハッシュのメソッド、Enumerableのメソッドを使用することができます。ただし、環境変数
名、値ともに、文字列でないといけません。

COLUMN　環境変数は基本的に汚染されている

環境変数の値は、基本的に汚染されています。なぜなら、外部から任意の値に設定
できるからです。ただし、例外的に環境変数PATHは、誰でも書き込めるディレクトリを
含むときのみ汚染されます。

関連項目 ▶ ▶ ▶

- 配列・ハッシュの要素を取り出す ……………………………………………… p.318
- 配列・ハッシュの要素を変更する ……………………………………………… p.320
- ハッシュから要素を取り除く …………………………………………………… p.358
- セキュリティチェックについて …………………………………………………… p.622

SECTION-215

Rubyのバージョンを知る

ここでは、Rubyのバージョンを得る方法を解説します。

SAMPLE CODE

```ruby
# Rubyのバージョン
RUBY_VERSION        # => "2.4.1"
# Rubyのパッチレベル
RUBY_PATCHLEVEL     # => 111
# リリースした日付、あるいは最終更新時刻
RUBY_RELEASE_DATE   # => "2017-03-22"
#「ruby -v」で表示される文字列
RUBY_DESCRIPTION
# => "ruby 2.4.1p111 (2017-03-22 revision 58053) [x86_64-darwin16]"
```

ONEPOINT Rubyのバージョンを得るには「RUBY_VERSION」にアクセスする

Rubyのバージョンは、「X.Y.Z pP」という形式になっています。Xがメジャーバージョン、Yがマイナーバージョン、ZがTEENYバージョン、Pがパッチレベルと呼ばれています。

Rubyのメジャーバージョン、マイナーバージョン、TEENYバージョンは、定数「RUBY_VERSION」に文字列で格納されています。セキュリティフィックスなどの小さな変更のみが行われた場合は、パッチレベルが上がります。パッチレベルは、「RUBY_PATCHLEVEL」に格納されています。

なお、コマンドラインからRubyのバージョンを知るには、「ruby -v」を実行してください。出力される文字列は、「RUBY_DESCRIPTION」で参照することができます。

関連項目 ▶ ▶ ▶

● 文字列を比較する p.206

SECTION-216

OSの種類を判別する

ここでは、動作しているOSの種類を判別する方法を解説します。

SAMPLE CODE

```
# 筆者のマシン の場合
RUBY_PLATFORM          # => "x86_64-darwin15"
```

ONEPOINT 動作しているOSの種類を知るには「RUBY_PLATFORM」にアクセスする

定数「RUBY_PLATFORM」でOSの種類を参照できます。

Rubyはある程度、OS（プラットフォーム）の違いを吸収してくれますが、それでもOSごとに異なる処理を記述することがあります。そういう場合は、「RUBY_PLATFORM」の値に応じて場合分けします。

COLUMN より細かい判別にはPlatformモジュールを使用する

Platformモジュールを使うと、より細かい判別ができます。必要なライブラリ「platform」はRubyGemsパッケージが用意されているので、「sudo gem install platform」でインストールしてください。次の3つの定数にアクセスできます。

定数	返す値の集合
Platform::OS	:unix、:win32、:vms、:os2、:hybrid、:unknown
Platform::IMPL	:macosx、:linux、:freebsd、:netbsd、:mswin、:cygwin、:mingw、:bccwin、:wince、:vms、:os2、:solaris、:irix、:unknown
Platform::ARCH	:x86、:ia64、:powerpc、:alpha、:sparc、:mips、:unknown

たとえば、筆者の環境では、次のようになります。

```
require 'rubygems'
require 'platform'
Platform::OS    # => :unix
Platform::IMPL  # => :linux
Platform::ARCH  # => :x86
```

SECTION-217

外部コマンドを実行する

ここでは、外部コマンドを実行する方法を解説します。

SAMPLE CODE 正常終了の場合

```ruby
# 「ruby -v」コマンドを実行する。シェルは経由しない
system "ruby -v"  # => true
# 「$?」は最後に終了した子プロセスの終了ステータスを表す
# Process::Status:オブジェクト
$?                 # => #<Process::Status: pid 55164 exit 0>
# プロセスID
$?.pid             # => 55164
# 終了ステータスの整数。正常終了したため0になる
$?.exitstatus      # => 0
# >> ruby 2.4.1p111 (2017-03-22 revision 58053) [x86_64-darwin16]
```

SAMPLE CODE 異常終了の場合

```ruby
# 終了ステータス2を発生させる。シェルは経由しない
system "ruby", "-e", "exit 2"  # => false
$? # => #<Process::Status: pid 56859 exit 2>
$?.exitstatus                  # => 2
# 存在しないコマンドを実行しようとする。シェルは経由しない。
system "command-not-found"     # => nil
$? # => #<Process::Status: pid 56860 exit 127>
$?.exitstatus                  # => 127
# 終了ステータスが0でない場合、system関数が偽を返すのでこういう分岐ができる。
# シェルを経由する
unless system "ruby -e 'exit 23'"
  puts "Child process exited abnormally with code #{$?.exitstatus}"
end
# >> Child process exited abnormally with code 23
```

■ SECTION-217 ■ 外部コマンドを実行する

ONEPOINT 外部コマンドを実行するには「Kernel#system」を使用する

　外部コマンドを子プロセスとして実行するには、「Kernel#system」を使用します。正常終了（終了ステータスが0）の場合は、真を返します。標準出力、標準エラー出力は、そのまま表示されます。

　引数の個数が1つ、かつシェルのメタ文字（「*」「?」「‖」「[]」「<>」「()」「~」「&」「|」「\」「$」「;」「'」「"」「\n」）を含む場合のみ、シェル経由で実行されます。そうでない場合は、Rubyインタプリタから、直接、実行されます。

　引数の個数が複数個の場合、最初の引数がプログラム名、残りがプログラムへの引数となります。この場合はシェルを経由しないので、メタ文字もそのままプログラムへ渡ります。

　同種のものに「Kernel#exec」があります。これは子プロセスを起動するのではなくて、現在のRubyプロセスを新しいコマンドに置き換えるものです。そのため、起動に成功した場合は、制御はRubyに戻りません。

　プログラムは、環境変数「PATH」から探索されます。

　子プロセスの終了ステータスを表す整数は、「$?.exitstatus」でわかります。組み込み変数「$?」は、最後に終了した子プロセスの終了ステータスを表す「Process::Status」オブジェクトです。

COLUMN 「Process::Status」オブジェクトについて

　「$?」が「exitstatus」を表す整数を保持していないのには、訳があります。終了ステータスには、さまざまなフラグも含まれています。たとえば、正常終了したか（「Process::Status#exited?」）、コアダンプしたか（「Process::Status#coredump?」）などです。古いバージョンのRubyは、「$?」に「wait()」システムコールで得られる整数を保持していました。その値は現在の「Process::Status」と同じ情報量ですが、「exitstatus」を得るためにはその値を1/256する必要があって、使いにくいものでした。そのため、専用のオブジェクトで抽象化しています。

関連項目 ▶ ▶ ▶

- Unixシェル風に単語へ分割する……………………………………………………… p.290
- 子プロセスの出力を文字列で得る……………………………………………………… p.509
- 文字列を標準入力として子プロセスの出力を文字列で得る ……………………… p.510
- 子プロセスとのパイプラインを確立する ……………………………………………… p.511

SECTION-218

子プロセスの出力を文字列で得る

ここでは、子プロセスの標準出力を得る方法を解説します。

SAMPLE CODE

```
# 「ruby -v」コマンドの出力結果を得る。改行付き
`ruby -v`
# => "ruby 2.4.1p111 (2017-03-22 revision 58053) [x86_64-darwin16]\n"
# %記法「%x」も使える
%x!ruby -v!
# => "ruby 2.4.1p111 (2017-03-22 revision 58053) [x86_64-darwin16]\n"
# 「ruby -v」コマンドの出力結果を得る。改行なし
`ruby -v`.chomp
# => "ruby 2.4.1p111 (2017-03-22 revision 58053) [x86_64-darwin16]"
# 標準出力と標準エラー出力に出力される場合は、標準出力のみ取り出される
`ruby -e 'puts "STDOUT"; $stderr.puts "STDERR"'`
# => "STDOUT\n"
# sh系のシェルで標準出力と標準エラー出力を混在した出力を得る
`ruby -e 'puts "STDOUT"; $stderr.puts "STDERR"' 2>&1`
# => "STDERR\nSTDOUT\n"
# sh系のシェルで標準エラー出力のみを得る
`ruby -e 'puts "STDOUT"; $stderr.puts "STDERR"' 2>&1 1> /dev/null`
# => "STDERR\n"
# 直前の子プロセスの終了ステータスを得る
$?.exitstatus  # => 0
```

ONEPOINT 子プロセスの出力を得るには「`コマンド`」を使用する

Rubyでは、子プロセスの標準出力を文字列で得るのは非常に簡単で、「`」(バッククォート)でコマンドを囲みます。バッククォートの内部はダブルクォート文字列と同様に、バックスラッシュ記法と式展開が使えます。その後、シェル経由でコマンドを実行し、標準出力を文字列で得ます。%記法の「% x」もあります。いわば文字列リテラルの変種です。

シェルスクリプトとは異なり、コマンド出力は最後の改行も付いていることに気を付けてください。改行抜きで出力を得るには、「String#chomp」と併用してください。

標準エラー出力は、そのまま標準エラー出力に表示されます。シェル依存ですが、標準エラー出力を標準出力にリダイレクトする方法もあります。

関連項目 ▶ ▶ ▶

- ●%記法について ………………………………………………………… p.167
- ●文字列の最後の文字・改行を取り除く ……………………………… p.215
- ●外部コマンドを実行する ……………………………………………… p.507
- ●文字列を標準入力として子プロセスの出力を文字列で得る ……… p.510
- ●子プロセスとのパイプラインを確立する …………………………… p.511

509

SECTION-219

文字列を標準入力として
子プロセスの出力を文字列で得る

ここでは、文字列をフィルタコマンドにかけた結果を得る方法を解説します。

SAMPLE CODE

```
class String
  # String#external_filterを定義する。progは実行するコマンド
  def external_filter(prog)
    # 読み書き両用モードでパイプを作成する
    IO.popen(prog, "wb+") do |pipe|
      # progの標準入力に書き込む
      pipe.write self
      # 入力が終了したらすぐに閉じる。これは書き込み終了を知らせるために必須
      pipe.close_write
      # progの標準出力を読む
      pipe.read
    end
  end
end
# 文字列をフィルタで加工する。両者は等価
"hoge".external_filter("ruby -e 'puts ARGF.read.upcase'")
# => "HOGE\n"
`echo hoge | ruby -e 'puts ARGF.read.upcase'`
# => "HOGE\n"
```

ONEPOINT | **文字列をフィルタコマンドにかけた結果を得るには「String#external_filter」を定義して使う**

　標準入力を加工して標準出力に出力するフィルタという種類のコマンドが、Unix系OSには数多く存在します。単純なフィルタをパイプで組み合わせると、複雑な処理を行うことができます。Rubyはフル装備の言語なのであまり使いませんが、文字列をフィルタにかけた結果を得ることは可能です。たとえば、HTMLを整形テキストに変換するフィルタコマンド(w3mなど)が手元にある場合、HTML文字列を整形テキストに変換した文字列を得るときに使うと、非常に便利です。

関連項目 ▶ ▶ ▶

- 子プロセスの出力を文字列で得る ·· p.509
- 子プロセスとのパイプラインを確立する ··· p.511

SECTION-220

子プロセスとのパイプラインを確立する

ここでは、子プロセスとパイプで通信する方法を解説します。

SAMPLE CODE

```ruby
# パイプで実行するRubyスクリプト。標準入力から1行を読み、単語を2語出力する。出力の終わりは「^D」
script = %q{
  STDOUT.sync = true
  ARGF.each_line {|l|
    l.chomp!
    print "#{l.upcase}\n#{l.capitalize}\C-d"
  }
}
# 子プロセスとしてRubyインタプリタを起動し、読み書き両用のパイプを作成する
IO.popen(%[ruby -e '#{script}'], "w+") do |pipe|
  DELIMITER = "\C-d"
  # パイプに単語を投入する
  pipe.puts "word"
  # DELIMITERまでパイプを読む
  answer = pipe.gets(DELIMITER)  # => "WORD\nWord\x04"
  # 末尾のDELIMITERを削る
  answer.chomp!(DELIMITER)  # => "WORD\nWord"
  # 区切りの改行を分割する
  answer.split(/\n/)  # => ["WORD", "Word"]
  # 以下同様
  pipe.puts "ruby"
  pipe.gets(DELIMITER).chomp(DELIMITER).split(/\n/)
  # => ["RUBY", "Ruby"]
  pipe.puts "rails"
  pipe.gets(DELIMITER).chomp(DELIMITER).split(/\n/)
  # => ["RAILS", "Rails"]
  # パイプにデータが残っていないため、この時点でpipe.getsすると永遠に待ち続ける
end
```

HINT

「IO#gets」は通常、改行まで読みますが、引数を付けるとそれが出現するまで読み込みます。

■ SECTION-220 ■ 子プロセスとのパイプラインを確立する

ONEPOINT 子プロセスとのパイプを作成するには「IO.popen」を使用する

　パイプを使って子プロセスと通信することができます。パイプを作成するには、「IO.popen」を使用します。引数は実行するコマンドと読み書きモードです。読み書きモードとブロックを取る点は、「Kernel#open」と同じです。

　パイプは通常のファイルのように読み書きできますが、パイプにデータが流れていないときに読み込もうとすると、プログラムが止まってしまいます。また、実行するコマンドの入出力バッファリングには注意してください。

　次のような用途が典型的です。

- 他言語で記述されたプログラムとの通信
- 他人が記述したRubyスクリプトとの通信
- 起動時間のかかるプログラムの起動オーバーヘッドをなくす

　「Kernel#open」の第1引数の先頭の文字を「|」にすることでも、パイプを作成することができます。サンプルでは、「open(% [| ruby -e '#|script|'], "w+")」に置き換えても構いません。

COLUMN 入出力バッファリングについて

　入出力は非常に時間のかかる処理です。そのため、出力の要求があってもすぐには出力せずに、バッファへと一時的に溜められます。そして、あるタイミングでバッファを一度に排出(フラッシュ)します。

　入出力バッファのおかげで入出力がスムーズになるのですが、パイプを扱うときにそれが仇となります。出力の要求と実際の出力ではタイミングのずれが生じるため、プログラム側では出力しているはずなのにパイプにデータが来ないという事態が起きます。パイプに読まれる直前に、バッファをフラッシュする必要があります。

　Rubyスクリプトでは、「STDOUT.sync = true」で標準出力を同期モードにしてください。同期モードにすると、出力メソッドの呼び出しごとにバッファがフラッシュされます。

関連項目 ▶ ▶ ▶

- 文字列の最後の文字・改行を取り除く ……………………………………………… p.215
- 文字列を分割する ………………………………………………………………………… p.270
- ファイル操作を始めるには ……………………………………………………………… p.450
- ファイルを1行ずつ読み込む …………………………………………………………… p.458

SECTION-221

シグナルを捕捉する

ここでは、シグナルを捕捉する方法を解説します。

```
$ ruby signal.rb
08:48:17 0
08:48:18 1                    Ctrl+Cを押す
^Cシグナルハンドラへ入りました。
08:48:19 本当に終了しますか?2秒以内にCtrl + Cを押してください。    何もしないと本処理
シグナルハンドラから本処理へ復帰します。                          に復帰する
08:48:21 2
08:48:22 3                    Ctrl+Cを押す
^Cシグナルハンドラへ入りました。
08:48:23 本当に終了しますか?2秒以内にCtrl + Cを押してください。    2秒以内にCtrl+Cを
^Cシグナルハンドラへ入りました。                                  押す
シグナルハンドラ実行中にシグナルハンドラが呼ばれました。
08:48:24 終了します。                                            処理が終了する
```

SAMPLE CODE

```ruby
#!/usr/local/bin/ruby
def current_time() Time.now.strftime '%H:%M:%S' end
$interrupted = false
# SIGINTのシグナルハンドラを定義する
Signal.trap(:INT) do
  puts "シグナルハンドラへ入りました。"
  # 初めてシグナルハンドラに入ったとき
  unless $interrupted
    puts "#{current_time} 本当に終了しますか?2秒以内にCtrl + Cを押してください。"
    # フラグを立て、再度Ctrl + Cが押されるのを待つ
    $interrupted = true
    sleep 2
    # 時間内にCtrl + Cが押されなかったのでフラグを降ろし、復帰する
    $interrupted = false
    puts "シグナルハンドラから本処理へ復帰します。"
  # フラグが立っているとき
  else
    puts "シグナルハンドラ実行中にシグナルハンドラが呼ばれました。"
    puts "#{current_time} 終了します。"
    exit
  end
end
# 0~9999の間、1秒間ごとにカウントアップしていく
10000.times {|i|  puts "#{current_time} #{i}"; sleep 1 }
```

513

■ SECTION-221 ■ シグナルを捕捉する

ONEPOINT	シグナルを捕捉するには「Signal.trap」を使用する

　Unix系OSでは、古くからシグナルで割り込み処理をすることができます。シグナルが送られてきたときの処理を、「シグナルハンドラ」といいます。シグナルハンドラの実行後は、割り込まれた場所に制御が戻ります。シグナルハンドラを登録するには、「Signal.trap」を使用します。

　「Signal.trap」の第1引数は、シグナル名をシンボルか文字列で指定します。シグナル名は「SIG」を接頭辞に持ちますが、省略することもできます。たとえば、Ctrl+Cが押されたときは「SIGINT」シグナルが送られますが、「:INT」とも「"SIGINT"」とも指定することができます。

　Unix系OSでは、たくさんのシグナルが定義されています。シェルから「man 7 signal」を実行すると、シグナルについて詳しい説明が表示されます。Windowsでもシグナルは使用可能ですが、下表のシグナルに限定されます。

　デフォルトのシグナルハンドラは、システムで定められています。たとえば、Ctrl+Cでプログラムが終了するのは、「SIGINT」のデフォルトがプロセス終了と定義されているからです。ここでオリジナルのシグナルハンドラを定義することで、Ctrl+Cが押されたときの挙動を指定することができます。

シグナル	説明
SIGINT	キーボードからの割り込み（Ctrl＋Cキーが押されたとき）
SIGILL	不正な命令
SIGFPE	浮動小数点例外
SIGSEGV	不正なメモリ参照
SIGTERM	終了シグナル（killコマンドのデフォルト）
SIGKILL	Killシグナル（強制終了）
SIGABRT	中断シグナル

　シグナルハンドラは通常ブロックで指定しますが、「Kernel#eval」と同様に、文字列でRubyの式を指定することもできます。他にも特別な文字列を指定することができます。

第2引数	説明
nil、""、"SIG_IGN"、"IGNORE"	可能ならばシグナルを無視する
"SIG_DFL"、"DEFAULT"	シグナルハンドラをデフォルトに戻す
"EXIT"	exit(0)で終了する
他の文字列	Rubyの式として評価する

　スクリプト終了直前に疑似シグナル「SIGEXIT」が発生するので、それに対するシグナルハンドラを記述すれば終了時処理ができます。

　サンプルのように、シグナルハンドラの中でシグナルハンドラが割り込まれることもあります。そのとき、再度、同じシグナルハンドラが呼び出されますが、フラグによる分岐になっているため、正しく終了します。もし、「exit」の行をコメントアウトしたら、元のシグナルハンドラから本処理へと制御が移ります。

■ SECTION-221 ■ シグナルを捕捉する

COLUMN **シグナルによる割り込みから守る**

　シグナルハンドラは、突然、割り込んでくるため、いつ呼ばれるか予測することができません。シグナルハンドラによって本処理で使うデータをむやみに書き換えると、タイミングによってはデータに不整合が出る恐れがあります。サンプルではフラグを立てて待っているだけなので、問題ありません。

　「シグナルが送られてきたらデータを書き換えたい、かといってこのタイミングでは割り込まれたくない」という場合は、シグナルから保護します。次のコードでは、シグナルハンドラと例外処理の合わせ技で、シグナルに対応する処理を遅らせます。

　シグナルハンドラはグローバルなものなので、他のスレッドに変更されないように「Mutex」で排他制御します。これで、スレッドセーフになります。

```
#!/usr/local/bin/ruby
require 'thread'
$protect_from_signals_mutex = Mutex.new
def protect_from_signals
  $protect_from_signals_mutex.synchronize do
    interrupted = false
    # Signal.trapの返り値は直前のシグナルハンドラ
    previous_handler = Signal.trap(:INT) { interrupted = true }
    yield          # ブロック評価中にシグナルが送られたらフラグが立つ
    Signal.trap(:INT, previous_handler)
    raise Interrupt if interrupted # フラグが立っていれば例外を発生させる
  end
end

def current_time() Time.now.strftime '%H:%M:%S' end
begin
  protect_from_signals do
    puts "#{current_time} シグナルに邪魔されない!"
    Process.kill :INT, Process.pid # 自分自身にシグナルを送る
    sleep 2               # この間にシグナルが送られてきてもブロックは評価される
  end
rescue Interrupt
  puts "#{current_time} ここが事実上のシグナルハンドラ"
end
# >> 09:26:06 シグナルに邪魔されない!
# >> 09:26:08 ここが事実上のシグナルハンドラ
```

関連項目 ▶ ▶ ▶

- 時刻・日付をフォーマットする……………………………………………………p.443
- 終了直前に実行する処理を記述する………………………………………………p.617
- スレッドを排他制御する ……………………………………………………………p.650

SECTION-222

デーモンを作成する

ここでは、デーモンを作成する方法を解説します。

```
$ ruby daemon.rb
$ tail -f daemontest.log
# Logfile created on 2017-09-07 00:41:25 +0900 by logger.rb/56815
I, [2017-09-07T0... #71878]  INFO -- : pwd = /
I, [2017-09-07T0... #71878]  INFO -- : pid = 71878
I, [2017-09-07T0... #71878]  INFO -- : message by daemontest (0).
I, [2017-09-07T0... #71878]  INFO -- : message by daemontest (1).
I, [2017-09-07T0... #71878]  INFO -- : message by daemontest (2).
$ ruby daemon.rb -k  ◀
```

> デーモンなのですぐに
> プロンプトに戻る

SAMPLE CODE

```ruby
#!/usr/local/bin/ruby
# loggerライブラリにLoggerが定義されているので読み込む
require 'logger'
# ~/.daemontest.pidはデーモンのプロセスIDを保存するファイル
PID_FILE = File.expand_path "~/.daemontest.pid"
# デーモンを起動したディレクトリのdaemontest.logはログファイル
LOG_FILE = File.expand_path "daemontest.log"
# コマンドラインオプションに「-k」が指定してあるならば、
if ARGV.first == "-k"
  # プロセスIDを読み取ってデーモンプロセスを殺す
  Process.kill :SIGTERM, File.read(PID_FILE).to_i
  File.unlink PID_FILE, LOG_FILE
else
  Process.daemon
  logger = Logger.new(LOG_FILE)
  # プロセスIDをファイルに記録する
  open(PID_FILE, "w") {|f| f.print Process.pid }
  # ログファイルに書き込む
  logger.info "pwd = #{Dir.pwd}"
  logger.info "pid = #{Process.pid}"
  1000.times do |i|
    logger.info "message by daemontest (#{i})."
    sleep 3
  end
end
```

516

■SECTION-222■ デーモンを作成する

| ONEPOINT | 「Process.daemon」を使用して簡単にデーモンを作成する |

Unix系OSでは、端末を持たない「デーモン」と呼ばれる常駐プログラムがあります。デーモンには、たとえば、Webサーバ(「httpd」)や「cron」があります。

Rubyでは、「Process.daemon」を使用して、簡単にデーモンを作成することができます。

デーモンは2回「fork」し、制御端末を切り離して、ルートディレクトリ(「/」)に移動します。そして標準入力、標準出力、標準エラー出力を閉じます。そのため、デーモンになると、端末に出力することができません。メッセージを出力したい場合は、「Logger」などでログファイルに出力します。

デーモンはシステムが動作している間、ずっと動き続けるので、終了させるには「kill」シェルコマンドや「Process.kill」でプロセスを殺すしかありません。プロセスIDを探すのは面倒なので、プロセスIDをファイルに保存して、デーモンを終了させるオプションを用意するべきです。

関連項目 ▶ ▶ ▶

- ファイルのコピー・移動・削除などを行う ……………………………………… p.469
- ファイル名を操作する ……………………………………………………………… p.477
- ログファイルに書き込む …………………………………………………………… p.489

SECTION-223

ワンライナーを極める

❖ コマンドラインでRubyスクリプト文字列を与える

通常、Rubyはファイルに記述されているRubyスクリプトを実行しますが、短いスクリプトはコマンドラインで、直接、指定することもできます。コマンドラインで指定するRubyスクリプトは通常1行なので、「ワンライナー」や「一行野郎」などと呼ばれています。改行を含む文字列を作成することができるシェルならば、複数行のワンライナーを記述することもできます。代表的な機能は、Perlと共通しています。

ワンライナーを駆使することで、シェルでできることの幅が広がります。システム管理の場面にもRubyの知識を生かすことができます。この項目では、bashなどのUnixシェルを前提に解説します。

▶「-e」オプションでRubyスクリプトを指定する

ワンライナーを実行するには、コマンドラインオプション「-e」の後ろにRubyスクリプト文字列を指定します。Rubyスクリプト文字列は1つのコマンドライン引数として指定する必要があるので、適宜、クォートしてください。Unixシェルの場合は、「'」で囲むと余計なエスケープが発生しません。たとえば、ワンライナーと「Kernel#p」で、簡単な計算を行うことができます。ちょっとした計算を行うだけならば、わざわざirbを立ち上げるまでもありません。

```
$ ruby -e 'p 1+4'
5
$ ruby -e 'p Math.sin(0)'
0.0
```

さらにRuby寄りの例として、Rubyのロードパスを調べるワンライナーがあります。

```
$ ruby -e 'puts $:'
/usr/local/lib/ruby/site_ruby/2.4.1
/usr/local/lib/ruby/site_ruby/2.4.1/x86_64-linux
/usr/local/lib/ruby/site_ruby
/usr/local/lib/ruby/vendor_ruby/2.4.1
/usr/local/lib/ruby/vendor_ruby/2.4.1/x86_64-linux
/usr/local/lib/ruby/vendor_ruby
/usr/local/lib/ruby/2.4.1
/usr/local/lib/ruby/2.4.1/x86_64-linux
.
```

▶「-r」オプションでRubyスクリプト実行前にライブラリをrequireする

コマンドラインオプション「-r」は、Rubyスクリプト実行前にライブラリを読み込みます。デバッガやトレーサーなど、スクリプト全体に影響を及ぼすライブラリを読み込む場合に有用ですが、ワンライナーでも威力を発揮します。

■ SECTION-223 ■ ワンライナーを極める

たとえば、URLエンコードされた文字列をデコードするには、次のようになります。

```
$ ruby -rcgi -e 'puts CGI.unescape("%E3%81%93%E3%82%93%E3%81%AB%E3%81%A1%E3%81%AF")'
こんにちは
```

▶「$*」でコマンドライン引数を取る

コマンドライン引数は「ARGV」で取れますが、ワンライナーの場合は特殊変数「$*」の方が短くて手軽です。

たとえば、コマンドラインで指定されたファイル名のフルパスを得るワンライナーは、次のようになります。

```
$ ruby -e 'puts File.expand_path $*[0]' oneliner.rd
/m/home/rubikitch/book/rubytech/system/oneliner/oneliner.rd
```

▶ Unixシェルとクォートの問題は%記法で解決

Unixシェルでは、ワンライナーのスクリプト文字列を「'」でクォートするのが一般的です。Rubyスクリプト文字列の中でシングルクォート文字列を使うのは、大変です。「puts 'a'」という内容のワンライナーを記述するには、次のように記述する必要があり、実用的ではありません。

```
$ ruby -e 'puts '"'"'a'"'"'
a
```

シェルのシングルクォート文字列は、「\'」でエスケープすることはできません。引用符から引用符までが1つの文字列として解釈される原始的なものです。シェルが「'puts '」「"'"」「'a'」「"'"」の4つの文字列を解釈すると、「puts 」「'」「a」「'」となり、それらを連結して「puts 'a'」となります。

しかし、Rubyには%記法があるので、クォートの嵐とはおさらばできます。「puts 'a'」の代わりに「puts %q!a!」と記述すればいいのです。

```
$ ruby -e 'puts %q!a!'
a
```

◈ ワンライナーでライブラリを使用する

RubyGemsによってインストールされたライブラリが使用可能です。

```
$ ruby -ropen-uri -rhpricot -e 'puts Hpricot(URI("http://www.rubyist.net/~rubikitch/").read).
at"html/head/title"'
ruby: no such file to load -- hpricot (LoadError)
```

関連項目 ▶▶▶

- Rubyの実行について ……………………………………………… p.37
- %記法について ………………………………………………………… p.167
- ワンライナーでフィルタを記述する ………………………………… p.520
- ワンライナーでレコードセパレータを変更する…………………… p.525

519

SECTION-224

ワンライナーでフィルタを記述する

♦ フィルタとしてRubyを使う

ワンライナーは、標準入力を受け取り標準出力へ書き出すフィルタとして使うと便利です。Unix系OSでは前のコマンドの出力をパイプで受け取り、次のコマンドの入力にすることが日常的に行われています。入力を加工するプログラムとして一昔前までは「sed」や「awk」を使う必要がありましたが、今ならば慣れ親しんでいるRubyを使っても構いません。

▶「-n」「-p」オプションで「ARGF」を1行ずつ読み込む

フィルタでは行単位に処理することが非常に多いので、Rubyでは専用のコマンドラインオプションを用意しています。

コマンドラインオプション「-n」は「ARGF」から1行読み込んで「$_」に代入し、ファイルの終わりまで繰り返します。すなわち、「while $_ = ARGF.gets; -eの内容; end」を実行します。「sed -n」や「awk」の挙動をエミュレートしています。

コマンドラインオプション「-p」は「-n」の挙動に加え、ループごとに「$_」の内容を表示します。すなわち、「while $_ = ARGF.gets; -eの内容; print $_; end」を実行します。

たとえば、ファイルの内容を大文字にする処理は「-n」と「print」を併用してもできますが、「-p」と破壊的メソッドを使う方が短くなります。また、「ARGF」はコマンドライン引数で指定されたファイル、標準入力ともに処理することができます。

```
$ cat test.txt
The quick brown fox jumps
over the lazy dog.
$ ruby -ne 'print $_.upcase' test.txt
THE QUICK BROWN FOX JUMPS
OVER THE LAZY DOG.
$ ruby -pe '$_.upcase!' test.txt
THE QUICK BROWN FOX JUMPS
OVER THE LAZY DOG.
```

▶「BEGIN」、「END」ブロックで初期化と後始末をする

Rubyには、「BEGIN」ブロックという、初期化を記述するための文法があります。同様に「END」ブロックは後始末を記述します。ループの中で記述されていても、1度だけ実行されることが保証されています。そのため、特に「-p」「-n」オプションを付けたワンライナーで有用です。

たとえば、ファイルの行数を数えるUnixコマンドの「wc -l」を、Rubyのワンライナーで記述すると次のようになります。BEGIN、ENDブロックはブロックスコープなのでローカル変数ではなく、グローバル変数かインスタンス変数を使う必要があります。

```
$ ruby -ne 'BEGIN{$wc=0}; $wc+=1; END{puts $wc}' test.txt
2
```

これを通常のRubyスクリプトで記述すると、次のようになります。

```
$wc = 0
while $_ = ARGF.gets
  $wc += 1
end
puts $wc
```

▶「-l」オプションで行末処理を行う

フィルタでは、行単位にひとかたまりのデータを出力するものが多くなります。たとえば、Unixコマンドの「ls」や「find」は、ファイル名を行区切りで出力します。ここでは、「ls」の出力をフルパスに変換するワンライナーを考えます。

```
$ ls
test.rb
test.txt
```

「-p」「-n」によって$_に渡る文字列には、改行が付いています。改行なしの文字列を得たい場合は、「String#chop」や「String#chomp」で明示的に改行を取り除く必要があります。さらに、「-p」による出力では改行を付加する必要もあります。通常のRubyスクリプトでは定番の処理ですが、ワンライナーでは面倒です。

```
$ ls | ruby -pe '$_ = File.expand_path($_.chop) << "\n"'
/m/home/rubikitch/book/rubytech/system/oneliner/test/test.rb
/m/home/rubikitch/book/rubytech/system/oneliner/test/test.txt
```

この問題に対処するには、行末処理を行うコマンドラインオプション「-l」を使用します。このオプションを付けると、「$_」には「String#chop!」で処理された結果が入ってきます。なお、「String#chop!」は、改行が「CRLF」である場合には最後の2文字を削除します。そのため、「$_」には改行の含まれないファイル名そのものが代入されています。さらに、「Kernel#print」が改行を出力するようにもなります。行末処理を考えなくて済むため、上のワンライナーは、次のように非常に簡単に記述できるようになります。

```
$ ls | ruby -lpe '$_ = File.expand_path($_)'
/m/home/rubikitch/book/rubytech/system/oneliner/test/test.rb
/m/home/rubikitch/book/rubytech/system/oneliner/test/test.txt
```

次に、正規表現にマッチするファイルをサブディレクトリ以下も再帰的に削除する方法を紹介します。サブディレクトリ以下も再帰的に削除するので、「find」コマンド（Windowsの「find」コマンドではない）の結果を処理します。そして、標準入力で指定されたファイルを正規表現にマッチさせて、マッチした場合は「File.unlink」で削除するワンライナーを記述します。たとえば、拡張子が「.jpg」のファイルを削除するには、次のように記述します。「$_」の行末の改行はいらないので「-l」を付けます。「if」の条件に正規表現が来ていますが、「if $~ =~ /\.jpg$/」の省略形でワンライナーではしばしば使われるテクニックです。

■ SECTION-224 ■ ワンライナーでフィルタを記述する

```
$ find | ruby -lne 'File.unlink $_ if /\.jpg$/'
```

▶「-a」「-F」オプションで行を区切る

ワンライナー支援機能は、これだけではありません。Unix系OSでは、1行に空白文字やコロンで区切られたレコードを記述することがよくあります。たとえば、Unixコマンドの「ls -l」はスペース区切りで、ファイル名、サイズ、日付などを出力します。「/etc/passwd」は、コロン区切りでユーザの情報を記述します。

こういう状況を考慮して、あらかじめ、「$_」を「String#split」で分割するオートスプリットモードがあります。オートスプリットモードは、コマンドラインオプション「-a」で有効になります。区切るパターンは、コマンドラインオプション「-F」で指定します。指定しない場合は、空白文字で区切ります。オートスプリットで区切られた結果は、「$F」に代入されます。

まずは、「BEGIN」、「END」と組み合わせて、テキストファイルの合計サイズを求めてみましょう。「$F」の要素は文字列なので、加算のときは整数に変換する必要があります。

```
$ ls -l *.txt
-rw-r--r-- 1 rubikitch users    4 2008-08-26 06:17 abc.txt
-rw-r--r-- 1 rubikitch users 3691 2008-08-24 11:42 oneliner.txt
-rw-r--r-- 1 rubikitch users   43 2008-08-24 03:56 sjis.txt
-rw-r--r-- 1 rubikitch users   45 2008-08-24 09:32 test.txt
$ ls -l *.txt | ruby -ane 'BEGIN{$s=0}; $s+=$F[4].to_i; END{puts $s}'
3783
```

これを通常のRubyスクリプトで記述すると、次のようになります。

```
$s = 0
while $_ = ARGF.gets
  $F = $_.split
  $s += $F[4].to_i
end
puts $s
```

次は、Unix系OSでユーザ情報を格納している「/etc/passwd」からホームディレクトリを抜き出してみましょう。「/etc/passwd」はコロンで区切られていて、最初のカラムにユーザ名、最後から2番目のカラムにホームディレクトリが記述してあります。コロン区切りなので、「-F:」を指定します。表示時には末尾の改行を付加してほしいので、「-l」も指定します。

```
$ cat /etc/passwd
root:x:0:0:root:/root:/bin/sh
rubikitch:x:1001:100::/m/home/rubikitch:/usr/bin/zsh
$ ruby -F: -lape '$_ = "#{$F[0]} #{$F[-2]}"' /etc/passwd
root /root
rubikitch /m/home/rubikitch
```

522

■ SECTION-224 ■ ワンライナーでフィルタを記述する

COLUMN 「-i」でファイルを書き換える

コマンドラインオプション「-i」を指定すると、引数で指定したファイル自身を書き換えます。ファイルの書き換えの定番は、「String#sub」「String#gsub」による文字列置換です。これらはレシーバを省略すると「$_」がレシーバになり、置換後の文字列に置き換わるので、ワンライナーにおいては、しばしば省略されます。「String#chop」「String#chomp」にも、この効果があります。「-p」「-n」指定時のみに有効です。

たとえば、C言語のヘッダファイルでマクロ定数の値を書き換える場合は、次のようなワンライナーを使います。「-i」は、他のオプションとつなげることはできません。

```
$ cat config.h
#define MAXWIN 128
$ ruby -i -pe 'sub(/(MAXWIN) \d+/, %q!\1 256!)' config.h
$ cat config.h
#define MAXWIN 256
```

「-i」の代わりに「-i.bak」と拡張子を指定すると、書き換え前のファイル名に「.bak」を付けたファイルに書き換え前の内容がバックアップされます。上の例ではconfig.h.bakです。

「-i」のすごいところは、複数のファイルをも処理することです。「config.h」の代わりに「*.h」を指定すると、ワイルドカードがシェルで展開されて、カレントディレクトリのすべてのヘッダファイルを書き換えます。そして、対象ファイルのバックアップも作成します。

```
$ ruby -i.bak -pe 'sub(/(MAXWIN) \d+/, %q!\1 256!)' *.h
```

「-i」と正規表現置換はマスターすると非常に強力な武器になりますが、誤った正規表現を指定すると戻すのが大変になります。このテクニックを使うときは、バックアップを取っておくことをお勧めします。

上の置換処理を取り消すには、バックアップファイルから書き戻します。「FileUtils::Verbose.cp」で、ファイルをコピーします。「Verbose」を付けることで、どのファイルを書き戻したのかがわかります。出力が不要ならば、「FileUtils.cp」を使います。

```
$ ls *.h.bak | ruby -rfileutils -lne 'FileUtils::Verbose.cp $_, $_[0..-5]'
cp config.1.h.bak config.1.h
cp config.2.h.bak config.2.h
```

■ SECTION-224 ■ ワンライナーでフィルタを記述する

| COLUMN | Perlには負けてしまう |

RubyのワンライナーのオプションはPerlから輸入してきたものですが、ワンライナーの簡潔性においては圧倒的にPerlの方に分があります。

たとえば、ファイルサイズの合計を求めるワンライナーの場合は、次のように長さに差が出てしまいました。敗因は暗黙の型変換にあります。Perlにおいて未定義の変数は、0や空文字列として扱われます。また、数字からなる文字列を足すと、暗黙の型変換で数値に変換されて加算されます。演算子によって文字列として振る舞ったり、数値として振る舞ったりします。そのため、非常に簡潔に記述できます。

それに対し、Rubyでは未定義のグローバル変数はnilになるので、明示的に0に初期化する必要がある上、数字からなる文字列を加算するときは明示的に数値に変換する必要があります。この仕様がどうしても足を引っ張ってしまいます。

```
$ ls *.txt | ruby -ane 'BEGIN{$s=0}; $s+=$F[4].to_i; END{puts $s}'
3783
$ ls *.txt | ruby -ane '$s=($s||0)+$F[4].to_i; END{puts $s}'
3783
$ ls *.txt | perl -lane '$s+=$F[4]; END{print $s}'
3783
```

また、Perlは、いたるところで「$_」を使っています。Perlの「unlink」関数で引数を省略すると、「$_」を削除するのでより短くなります。

```
$ find | ruby -lne 'File.unlink $_ if /\.jpg$/'
$ find | perl -lne 'unlink if /\.jpg$/'
```

標準入力で指定されたファイルをすべて削除する場合では、クォートすら不要になってしまいます。

```
$ ls *.jpg | ruby -lne 'File.unlink $_'
$ ls *.jpg | perl -lne unlink
```

関連項目 ▶ ▶ ▶

- ワンライナーを極める ··· p.518
- ワンライナーでレコードセパレータを変更する ····························· p.525
- ファイルを1行ずつ読み込む ·· p.458
- ファイルのコピー・移動・削除などを行う ···································· p.469
- 文字列を置き換える ··· p.264
- 文字列を分割する ··· p.270

SECTION-225

ワンライナーでレコードセパレータを変更する

◆「-0」でレコードセパレータを変更する

ワンライナーにおいて、コマンドラインオプション「-p」「-n」オプションは、デフォルトでは改行を区切りにして「$_」に渡します。改行は区切り文字なので、「レコードセパレータ」と呼ばれています。コマンドラインオプション「-0」に8進数で文字を指定すると、レコードセパレータをその文字に変更します。

▶「-0」のみ指定するとヌル文字で区切る

「-0」のみ指定すると、レコードセパレータは改行ではなく、ヌル文字(「\0」)になります。通常のテキストファイルでヌル文字が含まれていることは、ほとんどありません。そのため、テキストファイル全体を処理する場合にも適しています。実際に、「$_」に渡す文字列を調べてみましょう。

```
$ ruby -ne 'p $_' test.txt
"The quick brown fox jumps\n"
"over the lazy dog.\n"
$ ruby -n0e 'p $_' test.txt
"The quick brown fox jumps\nover the lazy dog.\n"
```

たとえば、文字コードを推測してファイルの文字コードを変更する場合は、テキストファイル全体を変換した方が誤認識がなくなります。nkfがインストールされていないシステムでは、Rubyを使って文字コードを変換することができます。

```
$ ruby -rkconv -p0e '$_=$_.toeuc' sjis.txt > euc.txt
$ nkf --guess sjis.txt euc.txt
sjis.txt:Shift_JIS
euc.txt:EUC-JP
```

もし、ヌル文字が含まれているかもしれないテキストを処理するには、「-0777」を指定します。0777に相当する文字は存在しないので、ファイル全体を読み込みます。

▶「find」コマンドと併用する

本当にヌル文字セパレータが役立つのは、Unixコマンド「find」と併用したときです。「find」に「-print0」オプションを指定すると、出力ファイル名のセパレータを改行ではなく、ヌル文字にします。それをRubyのワンライナーに読み込ませることで、改行を含んだファイル名をも処理することができます。検証してみましょう。まず、改行を含むファイル名を作成してみます。

```
$ ruby -e '["normal.log", "with\nnewline.log"].each{|f| open(f,"w"){}}'
$ ls -l *.log
-rw-r--r-- 1 rubikitch users 0 2008-08-27 04:09 normal.log
-rw-r--r-- 1 rubikitch users 0 2008-08-27 04:09 with
newline.log
```

525

■ SECTION-225 ■ ワンライナーでレコードセパレータを変更する

そして、「find」の出力を確かめます。やはり、3つのファイルだと誤認してしまいます。

```
$ find -name '*.log'
./with
newline.log
./normal.log
$ find -name '*.log' | ruby -lne 'p $_'
"./with"
"newline.log"
"./normal.log"
```

レコードセパレータをヌル文字にすると、正しく認識してくれます。「^@」と表示されているのがヌル文字です。

```
$ find -name '*.log' -print0
./with
newline.log^@./normal.log^@
$ find -name '*.log' -print0 | ruby -l0ne 'p $_'
"./with\nnewline.log"
"./normal.log"
```

▶「-00」でパラグラフモード

「-00」を指定すると、2つ続く改行で区切ります。これを「パラグラフモード」といいます。

```
$ cat paragraph.txt
first
paragraph

second
paragraph
$ ruby -00 -ne 'p $_' paragraph.txt
"first\nparagraph\n\n"
"second\nparagraph\n"
$ ruby -00 -lne 'p $_' paragraph.txt
"first\nparagraph\n"
"second\nparagraph"
```

関連項目 ▶ ▶ ▶

● ワンライナーを極める ………………………………………………………………… p.518
● ワンライナーでフィルタを記述する ………………………………………………… p.520

CHAPTER 12

ネットワーク

SECTION-226

URLからホスト名、パスなどを抜き出す

ここでは、URLからホスト名などを抜き出す方法を解説します。

SAMPLE CODE

```
# uriライブラリにURIが定義されているので読み込む
require 'uri'
# 架空のURLを解析してURIオブジェクトにする
site = URI("http://example.org/test.cgi?a=b&c=d")
# => #<URI::HTTP http://example.org/test.cgi?a=b&c=d>

# スキーム、ホスト名、ポート番号、パスを抜き出す。HTTPのデフォルトのポート番号は80
[ site.scheme, site.host, site.port, site.path ]
# => ["http", "example.org", 80, "/test.cgi"]

# クエリ、パスとクエリを抜き出す
[ site.query, site.request_uri ]
# => ["a=b&c=d", "/test.cgi?a=b&c=d"]

# siteを基準として、相対URI「index.html」を絶対URIに変換する
site.merge("index.html")
# => #<URI::HTTP http://example.org/index.html>

# 文字列からURIを抜き出す。文字列の配列になるので注意
URI.extract("Ruby Home Page <http://www.ruby-lang.org>")
# => ["http://www.ruby-lang.org"]

# mailtoスキームのURI
URI("mailto:rubikitch@ruby-lang.org")
# => #<URI::MailTo mailto:rubikitch@ruby-lang.org>

# ftpスキームのURI
URI("ftp://ftp.ruby-lang.org/")
# => #<URI::FTP ftp://ftp.ruby-lang.org/>
```

ONEPOINT　URLからホスト名などを抜き出すにはURIクラスを使用する

URI（URLを含む）を解析するには、URIクラスを使用します。「Kernel#URI」は、文字列を解析してURIオブジェクトを作成します。「URI.parse」でも同様です。

また、テキスト中のURI文字列を抜き出すには、「URI.extract」を使用します。抜き出したURIはまだ文字列のままなので、解析するにはURIオブジェクトを作成してください。URIの文法は複雑なので、自力で解析するくらいならば、URIクラスを活用しましょう。

■ SECTION-226 ■ URLからホスト名、パスなどを抜き出す

| COLUMN | URI=URL+URN |

URIという言葉は、もしかしたら聞き慣れないかもしれません。URIはURLよりも広い概念で、Web上でリソースを一意的に識別するものです。URIは、URL（Uniform Resource Locator）とURN（Uniform Resource Name）に大きく分けられます。URLは場所、URNは名前を一意的に定めます。URNも聞き慣れないと思いますが、使用例としてSOAPやISBN（国際標準図書番号）があります。また、永続性が保証されているURLはURNでもあります。

```
isbn=URI("URN:ISBN:0-123456-78-9")
# => #<URI::Generic urn:ISBN:0-123456-78-9>
[ isbn.scheme, isbn.opaque ]  # => ["URN", "ISBN:0-123456-78-9"]
```

SECTION-227

Webサーバを立ち上げる

❖ WEBrickはRuby標準添付のWebサーバ

Rubyには、Rubyで記述されたWEBrickというWebサーバが標準で付いてきます。つまり、Rubyさえインストールしていれば、すぐにWebサーバを立ち上げることができます。そのおかげで、Webアプリケーションを開発するときに、リモートサーバにアップロードすることなく、動作確認を行うことができます。ApacheなどのWebサーバを立ち上げる必要もありません。

▶ カレントディレクトリをルートにしてローカルWebサーバを立ち上げる

WEBrickでWebサーバを立ち上げるのは、非常に簡単です。次にように記述するだけです。

```ruby
require 'webrick'
opts = { BindAddress: "127.0.0.1", Port: 10080, DocumentRoot: "." }
srv = WEBrick::HTTPServer.new(opts)
Signal.trap(:INT) { srv.shutdown }
srv.start
```

「WEBrick::HTTPServer.new」で、Webサーバオブジェクトを作成します。引数には、オプションを指定します。オプションはたくさんありますが、この目的ならば、たった3つで充分です。「:BindAddress」はバインドするIPアドレスで、「127.0.0.1」を指定すればインターネットからは見えないローカルなWebサーバになります。「:Port」はポート番号です。1024以上のすでに使われているポート番号以外の適当な数値を指定します。ここでは10080にします。

ここまでで、「http://127.0.0.1:10080/」から続くURLでアクセスできる設定になります。「:DocumentRoot」は、「http://127.0.0.1:10080/」が見るディレクトリ(ドキュメントルートディレクトリ)を指定します。カレントディレクトリなので、「.」を指定します。

デフォルトではCtrl+Cで終了できないため、「SIGINT」シグナルをトラップします。「SIGINT」が送られたときに、サーバをシャットダウンします。これを記述しないとシェルから「kill -KILL」コマンドで強制終了する羽目になります。

最後に「start」メソッドでサーバを起動します。

▶ ワンライナーでローカルWebサーバを立ち上げる

先ほどのスクリプトに相当するライブラリ関数がRuby標準に用意されており、以下のようにして呼び出すことができます。

```
$ ruby -run -e httpd --port 10080 .
```

最後に指定している「.」がドキュメントルートディレクトリです。

■ SECTION-227 ■ Webサーバを立ち上げる

▶公開Webサーバを立ち上げる

Webサーバを公開するには、「:BindAddress」に「0.0.0.0」を指定します。「:DocumentRoot」
には、「File.expand_path "~/public_html/"」を指定しておくのが一般的です。これでホームディ
レクトリ以下の「public_html」ディレクトリ以下が公開されます。

ただし、WEBrickは非常に遅いので、アクセス数の多いサイトの運営には向いていません。

関連項目 ▶▶▶
●シグナルを捕捉する ………………………………………………………………… p.513
●ワンライナーを極める ……………………………………………………………… p.518
●スレッドで並行実行する …………………………………………………………… p.638

531

SECTION-228

URLにある内容を読み込む

ここでは、URLの内容を読み込む方法を解説します。

SAMPLE CODE

```ruby
# open-uriライブラリにURI#readが定義されているので読み込む
require 'open-uri'
uri = URI("http://www.ruby-lang.org/")
# URLの内容を文字列で得る
ruby_site = uri.read
# 文字列だが、OpenURI::Metaがextendされている
ruby_site.class              # => String
ruby_site.is_a? OpenURI::Meta  # => true
ruby_site.bytesize           # => 1002

# OpenURI::Metaで拡張されたメソッド
ruby_site.charset # => "iso-8859-1"
ruby_site.content_type # => "text/html"
ruby_site.last_modified # => nil
ruby_site.status # => ["200", "OK"]
```

ONEPOINT　**URLの内容を読み込むには「open-uri」ライブラリを使用する**

Web上の文書を取り出すには、かつては「net/http」ライブラリを使うしかありませんでした。それだけでは使いにくいので、率直に「どこどこのURLにある内容を取ってくる」と記述できるライブラリが求められました。

そのうちの1つが、標準添付の「open-uri」ライブラリです。「open-uri」ライブラリは、「URI」クラスと「Kernel#open」を拡張します。

とりあえずURLの内容を文字列で得るには、「URI#read」を使用します。また、「Kernel#open」にURLを与えて、「File」オブジェクトのように扱うこともできます。「open(サイトのURL)||f| f.read |」と「URI(サイトのURL).read」は、等価です。

関連項目 ▶ ▶ ▶

- ファイル操作を始めるには ………………………………………………………… p.450
- URLからホスト名、パスなどを抜き出す ………………………………………… p.528

SECTION-229

ソケットを読み書きする

ここでは、ソケットを読み書きする方法を解説します。

SAMPLE CODE

```
# socketライブラリにTCPSocketが定義されているので読み込む
require 'socket'
# TCPSocketのクラス階層を得る。IOのサブクラスだとわかる
TCPSocket.ancestors[0,4]  # => [TCPSocket, IPSocket, BasicSocket, IO]
# https://www.ruby-lang.org/ にアクセスする例
# www.ruby-lang.orgのポート番号80にアクセスする
TCPSocket.open "www.ruby-lang.org", 80 do |soc|
  # socはTCPSocketオブジェクト
  soc.class # => TCPSocket
  # HTTP/1.1のプロトコルに従ってソケットに書き込む
  soc.write "GET /ja HTTP/1.1\r\n"
  soc.write "Host: www.ruby-lang.org\r\n"
  soc.write "Connection: close\r\n\r\n"
  # レスポンスを出力する
  puts soc.read
end


# >> HTTP/1.1 301 Moved Permanently
# >> Server: Cowboy
# >> Strict-Transport-Security: max-age=31536000
# >> Location: /ja/
# >> Cache-Control: max-age=3600, must-revalidate
# >> Expires: Fri, 25 Aug 2017 10:34:07 GMT
# >> Content-Type: text/html
# >> X-Frame-Options: SAMEORIGIN
# >> Via: 1.1 vegur
# >> Content-Length: 173
# >> Accept-Ranges: bytes
# >> Date: Fri, 25 Aug 2017 09:34:07 GMT
# >> Via: 1.1 varnish
# >> Age: 0
# >> Connection: close
# >> X-Served-By: cache-nrt6129-NRT
# >> X-Cache: MISS
# >> X-Cache-Hits: 0
# >> X-Timer: S1503653647.299338,VS0,VE663
# >>
# >> <!DOCTYPE html>
# >> <html lang="en">
# >> <head>
```

■ SECTION-229 ■ ソケットを読み書きする

```
# >>    <meta charset="utf-8">
# >>    <title>Redirection</title></head>
# >> <body>
# >>    <p>Redirecting to <a href="/ja/">/ja/</a>.</p>
# >> </body>
# >> </html>
```

ONEPOINT ソケットはIOのサブクラス

　ソケットとは、プロセス間通信やインターネットアクセスのためのAPIです。主にプロトコルの実装に使われています。Rubyでのソケットクラスは「BasicSocket」のサブクラスで、「TCPSocket」「TCPServer」「UDPSocket」「UNIXSocket」「UNIXServer」などがあります。「BasicSocket」は「IO」のサブクラスなので、ソケットはファイルと同じように読み書きすることができます。

　今回のサンプルではHTTPを直接、扱うのではなく、TCPのソケットを通してアクセスする例を紹介しましたが、HTTP以外でもTCPを使うプロトコルであれば、プロトコルの仕様に従ってTCPソケットを通してデータのやり取りが可能です。

　ただし、ほとんどのプロトコルで既に実装されたライブラリが公開されているので、自分でTCPのリクエストを組み立てる必要はないでしょう。公開されているライブラリはすでに運用実績が積まれており、取り扱いが用意になるようなラッパが用意されていたり、バグフィックスが何人ものライブラリ利用者によって行われていることがほとんどです。

　自分のスキル向上のために実装にチャレンジするのは良いことですが、本番運用するサービスでは公開されているライブラリを用いるのが無難でしょう。

関連項目 ▶ ▶ ▶
- ファイル全体を読み込む ……………………………………………………………… p.457
- ファイルに書き込む ……………………………………………………………………… p.463

SECTION-230

JSONでデータをやり取りするHTTPサーバを作成する

❖ HTTPサーバの作成

ここでは、JSONでデータをやり取りするHTTPサーバを作成する方法を紹介します。

昨今ではWeb APIを公開し、相互のサービスが持つデータや機能を利用することで、より便利な機能を実現するということが頻繁に行われています。

たとえば、Webサービス上でGoogleの提供する地図アプリであるGoogle Mapsが表示できたり、GitHubのpush情報がCIサービスで使えたりといったことはAPIを使用することで実現しています。

APIの仕様はさまざまなものがありますが、RESTに基づいて設計され、データのフォーマットをJSONとするものが最もメジャーとなっています。

ここではWebサーバをDSLで定義できるgemであるSinatraを使って、RESTでJSONをやり取りする実践的なサーバを作る方法について紹介します。Sinatraを使うとURLとそれに対するロジックの定義を直感的に書くことができます。

SinatraやREST、JSONについてここでは解説しませんので、詳しく知りたい場合はインターネット上の情報やRFCなどを参照してください。

ブログ記事をpostリソースとしてアクセスできるAPIを想定します。記事の取得、作成、更新、削除は次のようなコードになります。

```ruby
gem 'sinatra'
require 'sinatra'
require 'json'

# sinatraでは 'GET /posts' の処理をこのようにDSLで直感的に書くことができる
get '/posts/' do
  # 「#content_type」でレスポンスヘッダのContent-Typeを指定できる
  content_type :json

  # ブロックの最後に評価したものがレスポンスボディにセットされるので
  # ここで投稿一覧を返す処理を書く
  # Post.all.to_json
end

# '/:id' のようにパスにコロンから始まる文字列を指定することでURLパラメーターを指定できる
get '/posts/:id' do
  content_type :json

  # パラメーターにはparamsでアクセスする
  # post = Post.find(params[:id])
```

▼

535

■ S E C T I O N - 2 3 0 ■ JSONでデータをやり取りするHTTPサーバを作成する

```
  # レスポンスボディにセット
  # post.to_json
end

post '/posts/' do
  content_type :json

  # リソースを新規作成するロジック
  # post = Post.new(params[:title], params[:content])
  # post.save

  # レスポンスコードは「#status」で指定できる
  status 201

  # 作ったリソースをレスポンスボディにセット
  # post.to_json
end

put '/posts/:id' do
  content_type :json

  # リソースを更新するロジック
  # post = Post.find(params[:id])
  # post.update(params[:title], params[:content])

  # 更新したリソースをレスポンスボディにセット
  # post.to_json
end

delete '/posts/:id' do
  # リソースを削除するロジック
  # post = Post.find(params[:id])
  # post.delete

  status 204
end
```

　Sinatraをインストールしていない環境では事前にgemのインストールが必要です。gemのインストールについては《新しいgemをインストールする》(p.67)を参照してください。
　上記のコードをファイルに保存したら、次のコマンドでサーバが立ち上がります。

```
$ruby YOUR_FILE_NAME.rb
```

　デフォルトでは4567ポートで立ち上がるので、ブラウザで「http://localhost:4567/posts」にアクセスするとレスポンスが返ってくるはずです（ただし、上記のコードではレスポンスを返す実装はしていないので空レスポンスが返ります）。終了するときはCtrl-Cで終了します。

■ SECTION-230 ■ JSONでデータをやり取りするHTTPサーバを作成する

COLUMN	Ruby on Rails

　SinatraはWebサーバを構築するのに最低限の機能を提供できるように設計されているので、時間をかけずにモックやプロトタイプを公開するのには役立ちますが、その分、ライブラリ側で提供されている機能は最小限となっているため、そこそこの規模のWebアプリケーションを作ろうとすると機能が足りない場合が多くなります。

　そういった薄いフレームワークに対して、Webアプリケーションに必要な機能を多く載せたリッチなフレームワークも世の中には存在しており、その中で最も有名なものがRuby on Rails（http://rubyonrails.org/）です。Ruby on RailsはDavid Heinemeier Hanssonが、37signals（現Basecamp）社のプロダクトであるBasecampで使われていたベースの部分を切り出してオープンソース化したWebアプリケーションフレームワークで、すでに10年以上の歴史を持ち、多くのサービスで採用実績があります。

　機能はとても多岐に渡っており、大抵のアプリケーションはRuby on Railsを使って実装できます。

　本節ではSinatraを使った例を紹介しましたが、Web APIでは常にSinatraを選択するべきというわけではなく、アプリケーションの規模に応じて適切なフレームワークを選択することが開発の効率化につながります。

関連項目 ▶ ▶ ▶

● Webサーバを立ち上げる ………………………………………………………… p.530

SECTION-231

Web APIにアクセスする

ここでは、HTTPでWeb APIにアクセスする方法を紹介します。

SAMPLE CODE

```ruby
gem 'httpclient'
require 'httpclient'
require 'json'


# httpclientを使ってサーバーにアクセスする
client = HTTPClient.new
# GETリクエストを送信
response = client.get('http://localhost:4567/posts')
posts = JSON.parse(response.body)
posts


request_params = {
  title: 'タイトル',
  content: '本文'
}
# POSTリクエストを送信
# パラメーターは第2引数にハッシュで渡す
response = client.post('http://localhost:4567/posts',
                       body: request_params)
response.status
# => 201


request_params = {
  title: 'タイトル(UPDATED)'
}
# id: 1のリソースにPUTリクエストを送信
response = client.put('http://localhost:4567/posts/1',
                      body: request_params)
response.status
# => 200


# id: 1のリソースにDELETEリクエストを送信
response = client.delete('http://localhost:4567/posts/1')
response.status
# => 204
```

> **HINT**
> サンプルコードでは《JSONでデータをやり取りするHTTPサーバを作成する》(p.535)で用意し
> たサーバーにアクセスするので、サーバーを立ち上げておいてください。

■ SECTION-231 ■ Web APIにアクセスする

ONEPOINT Web APIにアクセスするときは
「httpclient」などのHTTPクライアントライブラリを使用する

RubyはHTTPに関するライブラリである「Net::HTTP」が標準で含まれているため、HTTPでサーバーにアクセスするだけの用途であれば「Net::HTTP」を使って自前で実装可能です。

しかし、実際に環境のコードを書く際は、「httpclient」が代表するような、低レイヤーのコードをラップしたHTTPクライアントライブラリを使うのが好ましいです。

理由は主に2つあります。1つは、車輪の再発明をしないためです。すでに同じようなコードが世の中に存在しているのにそれをあなたが実装し直すことほど無駄なことはありません。個人の教養や趣味のため以外では世の中の財産を再利用して時間を有効に使いましょう。

2つ目は保守コストで有利だからです。公開されてメンテナンスが長く続いているライブラリであれば、大体の不具合はつぶされているので安定していますし、自分以外の大多数(それも世界中の優秀なエンジニアたち)がメンテナンスしてくれることほど心強いことはないでしょう。

逆に、公開されて間もないライブラリや長期間メンテナンスがされていないライブラリは、使用する前に中のコードがどのような実装になっているかよく確認しましょう。

COLUMN 公式クライアントを活用する

WebでAPIを公開しているサービスでは、大抵の場合、サービス提供側が公式にサポートしているクライアントライブラリを提供しています。

その手のライブラリは裏側がHTTPであることを忘れるほど直感的にリソースを操作できるように作り込まれていることがほとんどです。サービスの提供者自身がメンテナンスしているライブラリですから、保守・運用面からみても自前で実装するより遥かに信頼できます。

APIを公開しているサービスにRubyからアクセスしたいときはまず公式クライアントが用意されていないかチェックすることをお勧めします。

関連項目 ▶ ▶ ▶

● JSONでデータをやり取りするHTTPサーバを作成する ………………………… p.535

SECTION-232

メールを読み書きする

ここでは、メールを作成・編集する方法を解説します。

SAMPLE CODE

```
gem 'mail'
require 'mail'

# mailオブジェクトの作成
m = Mail.new do
  to 'test@example.com'
  from 'rubikitch@ruby-lang.org'
  subject 'こんにちは'
  body 'メールは複雑で難しい？'
end

m.to_s
# => "Date: Tue, 10 Apr 2018 20:07:11 +0900\r\n" +
#    "From: rubikitch@ruby-lang.org\r\n" +
#    "To: test@example.com\r\n" +
#    "Message-ID: <5acc9adf800ae_...@moneyforward.local.mail>\r\n" +
#    "Subject: =?UTF-8?Q?=E3=81=93=E3=82=93=E3=81=AB=E3=81=AF?=\r\n" +
#    "Mime-Version: 1.0\r\n" +
#    "Content-Type: text/plain;\r\n" +
#    " charset=UTF-8\r\n" +
#    "Content-Transfer-Encoding: base64\r\n" +
#    "\r\n"

# Subjectを得る
m.subject # => "こんにちは"
# FromとToは複数指定できるので配列で返る
m.from    # => ["rubikitch@ruby-lang.org"]
m.to      # => ["rubikitch@ruby-lang.org", "test@example.com"]
# ハッシュ形式でアクセスするとMail::Fieldオブジェクトを得る
m["to"]   # => #<Mail::Field 0x7fae0a9eddc8 @name="To" ...

# bodyは表示方法や文字コードの違いを吸収するためのMail::Bodyオブジェクトが得られる
m.body    # => #<Mail::Body:0x00007fae0b6ce7e0 @ascii_only=false, ...
m.body.charset # => "UTF-8"
m.body.encoded # => "メールは複雑で難しい？"

# DateをTimeオブジェクトで得る
m.date    # => #<DateTime: 2018-03-30T00:00:00+00:00 (...)>
m["Date"] # => #<Mail::Field 0x7f82489f0e58 @name="Date"...
```

■ SECTION-232 ■ メールを読み書きする

····H|I|N|T···
Mailをインストールしていない環境では事前にgemのインストールが必要です。gemのインストー
ルについては《新しいgemをインストールする》(p.67)を参照してください。

ONEPOINT　**メールを読み書きするにはmailを使用する**

　メールを解析・書き換え・新規作成するには、「mail」を使用します。必要なライブラ
リ「mail」はRubyGemsパッケージが用意されているので「gem install mail」でインス
トールしてください。「mail」は、メールに関する包括的なインタフェースを提供していま
す。日本語はもちろんのこと、マルチパート(添付ファイル)にも対応していますし、メール
ボックスを丸ごと扱うこともできます。

　文字列をメールとして解析する場合にも「Mail.new」を、ファイルに保存されたメールを
解析するには「Mail.read」を使用します。日本語メールは、JISコードで与えます。ヘッダ
や本文を得るには、アクセサを使用します。書き込みアクセサを使用することで、メール
の内容を変更することもできます。「encoded」メソッド(実体は「Mail::Body#encoded」)
で、送信可能な形が得られます。

COLUMN　**添付ファイル付きのメールを作成する**

　添付ファイルを付けるには、「Mail#add_file」を使用します。

```
require 'rubygems'
require 'mail'

m = Mail.new do
  to "foo@example"
  from "bar@example"
  subject "multipart test"
end
m.add_file("images/100x100.png")

m.parts.first.attachment?                #=> true
m.parts.first.content_transfer_encoding  #=> 'base64'
m.attachments.first.mime_type            #=> 'image/png'
m.attachments.first.filename             #=> '100x100.png'
puts m.to_s
# => "Date: Fri, 13 Apr 2018 20:16:08 +0900\r\n" +
# "From: bar@example.com\r\n" +
# "To: foo@example.com\r\n" +
# "Message-ID: <5ad09178ba35d_...@moneyforward.local.mail>\r\n" +
# "Subject: multipart test\r\n" +
# "Mime-Version: 1.0\r\n" +
```

▼

■ SECTION-232 ■ メールを読み書きする

```
# "Content-Type: multipart/mixed;\r\n" +
# " boundary=\"--==_mimepart_5ad091728d2e0_...\";\r\n" +
# " charset=UTF-8\r\n" +
# "Content-Transfer-Encoding: 7bit\r\n" +
# "\r\n" +
# "\r\n" +
# "----==_mimepart_5ad091728d2e0_8123fc20983eec82408c\r\n" +
# "Content-Type: image/png;\r\n" +
# " filename=100x100.png\r\n" +
# "Content-Transfer-Encoding: base64\r\n" +
# "Content-Disposition: attachment;\r\n" +
# " filename=100x100.png\r\n" +
# "Content-ID: <5ad09178ba6ff_...@moneyforward.local.mail>\r\n" +
# "\r\n" +
# "iVBORw0KGgoAAAANSUhEUgAAAGQAAABkBAMAAACCzIhnAAAAG1BMVEXMzMyW\r\n" +
# "lpacnJy+vr6jo6PFxcW3t7eqqqqxsbHbm8QuAAAACXBIWXMAAA7EAAAOxAGV\r\n" +
# "Kw4bAAAAiklEQVRYhe3QMQ6EIBAF0C+GSInF9mYTs+1ewRsQbmBlayysKefY\r\n" +
# "O2asXbbYxvxHQj6ECQMAEREREf2NQ/fCtp5Zky6vtRMkSJEzhyISynWJnzH6\r\n" +
# "Z8oQlzS7lEc/fLmmQUSvc16OrCPqRl1JePxQYo1ZSWVj9nxrrOb5esw+eXdv\r\n" +
# "zTWfTERERHRXH4tWFZGswQ2yAAAAAElFTkSuQmCC\r\n" +
# "\r\n" +
# "----==_mimepart_5ad091728d2e0_8123fc20983eec82408c--\r\n"
```

関連項目 ▶ ▶ ▶

● メールを送信する p.543

SECTION-233

メールを送信する

ここでは、メールを送信する方法を解説します。

SAMPLE CODE

```ruby
require 'rubygems'
require 'mail'

$SENDER_MAIL = "foo@example.com"
$SMTP_SERVER = {
  address: '127.0.0.1',
  port:    1025
}

# 本文とヘッダを指定してメールを送る関数を定義する
def sendmail(body, header)
  # メールオブジェクトの作成
  mail = Mail.new do
    mime_version "1.0"
    date     Time.now
    from     $SENDER_MAIL
    to       header[:to]
    content_type "text/plain; charset=UTF-8"
    subject header[:subject]
    body body
  end

  # SMTPサーバの設定
  mail.delivery_method :smtp,
    address: $SMTP_SERVER[:address],
    port:    $SMTP_SERVER[:port]

  # メールを送信する
  mail.deliver
end

sendmail "メールですよ\n",
    to:      "bar@example.com",
    subject: "テストメール"
```

■ SECTION-233 ■ メールを送信する

ONEPOINT メールを送信するには「Mail#deliver」を使用する

メールを送信する処理は、メールを新規作成→送信の2段階になります。まず、「Mail.new」でメールオブジェクトを作成します。その際、ブロック内でヘッダと本文を設定します。「#mime_version」と「#content_type」の呼び出しはおまじないと思って付けてください。メールを作成したら、「Mail#deliver」でメールを送信します。内容を指定してメールを送るのは定型処理なので、サンプルでは本文と宛先などを指定するだけでメールを送信する関数を定義しました。

COLUMN 単純なメールならば「Net::SMTP」だけで充分

添付ファイルがないテキストメールならば、標準ライブラリのみで充分です。ポイントは「Array#pack」でMIMEエンコードすることと、「Time#rfc822」でDateヘッダを作成することです。

```
require 'net/smtp'
require 'time'

$SENDER_MAIL = "foo@example.com"
$SMTP_SERVER = "127.0.0.1"
$SMTP_PORT = 1025
def sendmail(body, header)
  Net::SMTP.start($SMTP_SERVER, $SMTP_PORT) do |smtp|
    smtp.sendmail <<"EOM", $SENDER_MAIL, header["to"]
From: #$SENDER_MAIL
To: #{header["to"]}
Mime-Version: 1.0
Content-Type: text/plain; charset=UTF-8
Content-Transfer-Encoding: base64
Date: #{Time.now.rfc822}
Subject: =?UTF-8?Q?#{[header["subject"]].pack('M').chomp}?=

#{[body].pack('m')}
EOM
  end
end
sendmail "Array#packでMIMEエンコード\n",
         "to"      => "bar@example.com",
         "subject" => "テストメール"
```

関連項目 ▶ ▶ ▶

● 文字コードを変換する ……………………………………………………………………… p.230
● 時刻・日付をフォーマットする……………………………………………………………… p.443
● メールの読み書きする……………………………………………………………………… p.540

SECTION-234

TCPサーバ・クライアントを作成する

ここでは、TCPサーバとクライアントを作成する方法を解説します。

SAMPLE CODE　Helloと書き込まれたらHiを返すだけのサーバ

```ruby
# socketライブラリにTCPServerが定義されているので読み込む
require 'socket'
# ポート番号7430でサーバを立ち上げる
Socket.tcp_server_loop("localhost", 7430) do |socket, peer|
  Thread.new(socket) do |sock|
    begin
      # リクエストから1行得る。そのとき、末尾の改行を取り除く
      line = sock.gets.chomp
      # レスポンスを返す
      sock.write("Hi") if line == "Hello"
    ensure
      # レスポンスを返したら、必ずソケットを閉じる
      sock.close
    end
  end
end
```

SAMPLE CODE　クライアント

```ruby
# socketライブラリにTCPSocketが定義されているので読み込む
require 'socket'
# TCPSocketのクラス階層を得る。IOのサブクラスだとわかる
TCPSocket.ancestors[0,4]  # => [TCPSocket, IPSocket, BasicSocket, IO]

# localhostのポート番号7430にアクセスする
TCPSocket.open("localhost", 7430) do |sock|
  # sockはTCPSocketオブジェクト
  sock.class              # => TCPSocket
  # Helloと書き込んで、応答を待つ
  sock.write("Hello\n")
  sock.read               # => "Hi"
end
```

> **HINT**
> クライアントを動かす前に、必ずサーバを実行してください。

545

■ SECTION-234 ■ TCPサーバ・クライアントを作成する

ONEPOINT　TCPサーバを作成するには「Socket.tcp_server_loop」を使う

　Rubyを使わずCなどでTCPサーバを作成する場合、「socketしてbindしてlistenしてaccept」などといった決まった作法が存在します。Rubyではこの古来の方法でTCPサーバを作るやり方もできますが、作法は決まりきっているので毎度書くのも面倒です。そこで、TCPサーバを作成するというズバリそのものの機能が「Socket.tcp_server_loop」として提供されています。

　このメソッドは指定されたホスト名とポート番号（をいい感じに名前解決したアドレス）で待ち受け、クライアントからのリクエストを受け付けます。リクエストが来た時点で「TCPSocket」オブジェクトと接続相手先アドレスを表す「Addrinfo」オブジェクトをブロックに渡します。この「TCPSocket」オブジェクトは、クライアントの「TCPSocket」オブジェクトと同じようにIOとして読み書きできます。

　上記のサンプルコードではブロックの中からスレッドを起動して処理をそちらに移しています。このようにすることで、リクエスト処理中でも別の新たなリクエストの到着を待つことができるようになります。

　また、リクエストの処理後は必ず「TCPSocket#close」でソケットを閉じます。忘れるとクライアントがレスポンスの終了を待ち続けてしまい、終了しなくなります。

COLUMN　ソケットはIOのサブクラス

　ソケットとは、プロセス間通信やインターネットアクセスのためのAPIです。主にプロトコルの実装に使われています。Rubyでのソケットクラスは「BasicSocket」のサブクラスで、「TCPSocket」、「UDPSocket」、「UNIXSocket」などがあります。「BasicSocket」は「IO」のサブクラスなので、ソケットはファイルと同じように読み書きすることができます。

　特にTCPはHTTP、FTP、Telnet、SSHなど、幅広く使われています。TCPクライアントを作成するには、「TCPSocket」クラスを使用します。「TCPSocket.open」はホスト名とポート番号を指定し、ブロックパラメータに「TCPSocket」のインスタンスを受け取ります。そして、「IO#write」でソケットにリクエストを書き込み、「IO#read」でレスポンスを受け取ります。

関連項目 ▶ ▶ ▶

- 文字列の最後の文字・改行を取り除く ……………………………………………… p.215
- ファイル全体を読み込む ……………………………………………………………… p.457
- ファイルに書き込む …………………………………………………………………… p.463
- スレッドで並行実行する ……………………………………………………………… p.638
- 無限ループを実現する………………………………………………………………… p.642

CHAPTER 13

クラス・モジュール・オブジェクト

SECTION-235
アクセサを使ってインスタンス変数を パブリックにする

ここでは、外部からインスタンス変数にアクセスできるようにする方法を解説します。

SAMPLE CODE

```
class Foo
  # @a、@b、@cに対するアクセサを作成する
  attr_reader   :a            # 読み込み専用
  attr_writer   :b            # 書き込み専用
  attr_accessor :c            # 読み書き可能

  def initialize(a, b)
    @a, @b = a, b
    @v = a + b                # 外から見えないインスタンス変数
  end
  # 「attr_accessor :d」と等価
  def d()     @d     end      # 「attr_reader :d」と等価
  def d=(d)   @d = d  end     # 「attr_writer :d」と等価
end

foo = Foo.new(1, 2) # => #<Foo:0xb7b30fbc @b=2, @a=1, @v=3>
# @aの読み込みは可能だが、書き込みができない
foo.a                  # => 1
(foo.a = 9) rescue $!
# => #<NoMethodError: undefined method `a=' for
# =>     #<Foo:0xb7b30fbc @b=2, @a=1, @v=3>>
# @bの書き込みは可能だが、読み込みはできない
foo.b rescue $!
# => #<NoMethodError: undefined method `b' for
# =>     #<Foo:0xb7b30fbc @b=2, @a=1, @v=3>>
foo.b = 6
foo                    # => #<Foo:0xb7b30fbc @b=6, @a=1, @v=3>
# @cは読み書き可能
foo.c = 5
foo.c                  # => 5
# 字面上代入なので自己代入ができる
foo.c += 1
foo.c                  # => 6
# 字面上代入なので多重代入もできる
foo.c, v = 7, 8
v                      # => 8
foo                    # => #<Foo:0xb7b30fbc @b=6, @a=1, @v=3, @c=7>
```

■ SECTION-235 ■ アクセサを使ってインスタンス変数をパブリックにする

ONEPOINT | インスタンス変数を外部からアクセス可能にするには
「Module#attr_accessor」などを使用する

　Rubyのインスタンス変数は、外部からアクセスできないようになっています。オブジェクト指向の原則に、「詳細を隠蔽して外部に公開する情報は必要最小限にすべき（カプセル化）」というのがあります。もう1つ、「インスタンス変数のアクセスはメソッドを媒介すると柔軟性が向上する」という原則もあります。

　1つ以上のインスタンス変数を外部から読み書き可能にするには、クラス・モジュール定義中に「Module#attr_accessor」を使用します。引数には、インスタンス変数名から「@」を抜いたシンボルか文字列を、1つ以上、指定します。たとえば、@ivの場合は、「attr_accessor :iv」と指定します。そのとき、内部では、「iv」と「iv=」というインスタンス変数名のインスタンスメソッドが作成されます。作成されたメソッドは、「アクセサ」といいます。

　読み込み専用のアクセサのみを作成するには「Module#attr_reader」を、書き込み専用アクセサのみを作成するには「Module#attr_writer」を使用します。

　アクセサの実体はメソッドなので、Rubyは言語レベルでオブジェクト指向の原則に従っています。しかも無引数メソッドの「()」は省略可能なので、読み込みアクセサは、字面上、あたかもインスタンス変数に直接、アクセスしているように見えます。書き込みアクセサは、字面上、代入に見えます。おまけに、自己代入や多重代入もできてしまいます。

COLUMN | アクセサ経由でインスタンス変数にアクセスすることの利点

　メソッド経由でインスタンス変数にアクセスすることで、メソッドの実体が必ずしもインスタンス変数である必要がなくなります。たとえば、「radius」メソッドを持つ座標オブジェクトの実装を見比べてください。Point1はインスタンス変数「@radius」にあらかじめ計算した値を格納していますが、Point2は「radius」メソッドが呼ばれたときに計算しています。内部実装は異なりますが、外部からは同じように「p.radius」で呼び出すことができます。

　このように、アクセサはカプセル化に一役買っているのです。Rubyは正しいオブジェクト指向の作法を教えてくれます。

```ruby
class Point1
  def initialize(x, y)
    @x, @y = x, y
    @radius = Math.hypot(x, y)
  end
  attr_reader :x, :y, :radius
end

p = Point1.new(3, 4)
p.radius  # => 5.0
```

```ruby
class Point2
  def initialize(x, y)
    @x, @y = x, y
  end
  attr_reader :x, :y
  def radius
    Math.hypot(x, y)
  end
end

p = Point2.new(3, 4)
p.radius  # => 5.0
```

■ SECTION-235 ■ アクセサを使ってインスタンス変数をパブリックにする

| COLUMN | 「obj.getA()」「obj.setA(a)」ではなくて
「obj.a」「obj.a = a」がRuby流 |

　他言語ではしばしば「getA」「setA」などのメソッドを定義しますが、Rubyではあまり一般的でない記述です。せっかく「attr_accessor」などでインスタンス変数とメソッドをつなげる機能があるので、それを使いましょう。値をキャッシュするなど、通常のアクセサ以上のことを行う場合でも、インスタンス変数にアクセスすることが主眼のメソッドは、そのまま「a」「a=」というメソッド名にすることが一般的です。

関連項目 ▶ ▶ ▶

- デフォルト値付きのアクセサを定義する …………………………………………… p.551
- ハッシュのキーをアクセサにする ………………………………………………… p.570
- 名前を指定してインスタンス変数を読み書きする ……………………………… p.615

SECTION-236

デフォルト値付きのアクセサを定義する

ここでは、デフォルト値付きのアクセサを定義する方法を解説します。

SAMPLE CODE

```ruby
module AttrAccessorDefault
  def attr_accessor_default(name, default=nil, &block)
    # 書き込みアクセサはそのまま
    attr_writer name
    iv = "@#{name}"
    # 読み込みアクセサの定義。ivを参照するのでModule#define_methodを使う必要がある
    define_method(name) do
      if instance_variable_defined?(iv)  # インスタンス変数が定義されているときは
        instance_variable_get(iv)        # その値を返し、
      elsif block                        # ブロックが付いていれば
        instance_eval(&block)            # メソッドの文脈で評価し、
      else                               # ブロックが付いていなければ
        default                          # デフォルト値を返す
      end
    end
  end
end


Class.include(AttrAccessorDefault)

class X
  attr_accessor_default(:foo, 9999)        # デフォルト値9999
  attr_accessor_default(:bar) { foo }      # デフォルトはfoo呼び出し
  attr_accessor_default(:baz) { @baz = foo } # foo呼び出しをキャッシュする
end
x = X.new
# @fooは未定義なのでデフォルト値を返す
x.foo                  # => 9999
# @fooに値を設定する
x.foo = 7; x.foo       # => 7
# nilを設定しても大丈夫
x.foo = nil; x.foo     # => nil
x.foo = 77
# @barが未定義ならばfooメソッド(つまり@fooの値)を呼び出す
x.bar                  # => 77
# @barに値を設定する
x.bar = "hoge"; x.bar  # => "hoge"
# @bazには、その時点のfooメソッドの結果を保持する
x.baz                  # => 77
```

▼

■ SECTION-336 ■ デフォルト値付きのアクセサを定義する

```
# @fooに値を設定する
x.foo = 0
# @bazはbazメソッドを呼び出した時点の値を保持している
x.baz                    # => 77
```

ONEPOINT ┃ デフォルト値のアクセサを定義するには
「Module#attr_accessor_default」を定義する

　「Module#attr_reader」や「Module#attr_accessor」は、手軽にアクセサを定義することができて便利です。アクセサのデフォルト値はnilですが、nil以外のデフォルト値を設定できると便利です。その機能は標準のアクセサには用意されていないので、自分でメソッドを定義する必要があります。「initialize」メソッド内でインスタンス変数にデフォルト値を格納するのもいいですが、このテクニックを使うことでアクセサ定義を読みやすくすることができます。

　「Module#attr_accessor_default」は、第2引数あるいはブロックでデフォルトを指定します。

関連項目 ▶ ▶ ▶

- アクセサを使ってインスタンス変数をパブリックにする ……………………………p.548
- 動的にメソッドを定義する ……………………………………………………………p.580
- ブロックを他のメソッドに丸投げする ………………………………………………p.596
- 名前を指定してインスタンス変数を読み書きする …………………………………p.615

SECTION-237

オブジェクトがメソッドを受け付けるか
チェックする

ここでは、オブジェクトがメソッドを受け付けるかチェックする方法を解説します。

SAMPLE CODE

```ruby
# stringioライブラリにStringIOが定義されているので読み込む
require 'stringio'
# StringIOはIOのように扱える文字列
strio = StringIO.new "strio"  # => #<StringIO:0xb7dacc00>
str = "str"
# StringIO#readは存在する
strio.respond_to? :read       # => true
# String#readは存在しない
str.respond_to? :read         # => false
# スーパークラスのメソッド(Object#object_id)が存在する
str.respond_to? :object_id    # => true

# オブジェクトの「内容」を返す関数を定義する。
# readメソッドを持つオブジェクト(IOなど)はreadしたものを、
# 持たないものはそのままを返す
def content(x)  x.respond_to?(:read) ? x.read : x  end
# StringもStringIO(IO)もStringで標準化できる
content(strio)                # => "strio"
content(str)                  # => "str"
```

ONEPOINT **オブジェクトがメソッドを受け付けるかチェックするには
「Object#respond_to?」を使用する**

Rubyのオブジェクトは、自分自身がどのようなメソッドを受け付けるかを知っています。「Object#respond_to?」は、引数で指定したメソッドを受け付けるときに真になります。

Rubyのオブジェクトの種類で場合分けする際、クラスで場合分けするのは特別な事情がない限り、お勧めできません。たとえば、サンプル中の「content」関数を「x.kind_of?（IO）? x.read : x」と記述してしまうと、StringIOだと望み通りの動作をしません。この場合は、「read」メソッドを受け付けるかどうかが問題なのです。

553

SECTION-237 ■ オブジェクトがメソッドを受け付けるかチェックする

COLUMN	「Object#respond_to?」を使わずに メソッドを受け付けるかチェックする方法

　「Object#respond_to?」を使わずに直接メソッドを呼び出してみて、例外が発生したら他の方法に切り替えるという書き方もできます。先ほどのコードであれば、次のようにも書くことができます。

```ruby
def content(x)
  x.read
rescue
  x
end

require 'stringio'
strio = StringIO.new "strio"
str = "str"
content(strio)                # => "strio"
content(str)                  # => "str"
```

COLUMN	プライベートメソッドやプロテクテッドメソッドを受け付けるかチェックする

　「Object#respond_to?」の第2引数にtrueを指定すると、プライベートメソッドとプロテクテッドメソッドの受け付けチェックができます。

```ruby
class Foo
  def private_method_1() end
  private :private_method_1

  def protected_method_1() end
  protected :protected_method_1
end
foo = Foo.new
foo.respond_to? :private_method_1          # => false
foo.respond_to? :private_method_1, true    # => true
foo.respond_to? :protected_method_1        # => false
foo.respond_to? :protected_method_1, true  # => true
```

関連項目 ▶ ▶ ▶

- ●動的型付について ……………………………………………………………… p.54
- ●文字列をIOオブジェクトのように扱う……………………………………………… p.487

SECTION-238

メソッドの可視性を設定する

💎 メソッドのアクセス制御を設定する

クラスを作成してメソッドを定義したら、外部から呼び出し可能なメソッドを限定すべきです。外部から呼び出し可能なメソッドを制限して内部を隠蔽する(カプセル化する)ことで、内部の実装を変更しやすくなります。Rubyには、主に2つのアクセス制御があります。アクセス制御で使う用語は他の言語でも使われていますが、意味はまったく異なるので、他言語を知っている人は注意してください。

▶ 外部に公開するのはpublic

publicは、何のアクセス制限もなく、外部から自由に呼び出せるアクセス制御です。外部に公開するメソッドはpublicにします。もちろん関数的メソッド呼び出しもできます。

クラス・モジュール定義内でメソッドを定義した場合、デフォルトはpublicです。そのため、アクセス制御なしでメソッド定義をしただけだと、外から丸見えになっています。

▶ 内部でのみ利用するのはprivate

privateは、関数的メソッド呼び出しのみを許すアクセス制御です。privateなメソッドにレシーバを付けるとエラーになるため、外部からアクセスできないようになります。内部でのみ利用するメソッドはprivateにします。

クラス・モジュール定義内でprivateメソッドを定義する場合は、privateと明示する必要があります。オブジェクトを初期化するときに呼び出される「initialize」メソッドや「initialize_copy」メソッドなどは、例外的にprivateになっています。

トップレベルで関数として定義したメソッドは、privateになっています。

▶ インスタンスメソッドのアクセス制御の方法

インスタンスメソッドのアクセス制御をするには、「Module#public」と「Module#private」を使用します。「public」も「private」も単なるメソッドなので、実行時にアクセス制御を変更することができます。

これらのメソッドはクラス・モジュール定義中に使います。使い方は2種類あります。

無引数で呼び出した場合、その場所からクラス・モジュール定義が終わるまでのメソッド定義のアクセス制御を変更します。

引数に1つ以上のシンボル(もしくは文字列)を指定して呼び出した場合、指定したメソッドのアクセス制御を変更します。

```
class AccessControlTest
  def initialize()        end    # initializeはprivate
  def public_method1()    end    # アクセス制御がされていないのでpublic
  private                        # 以後のメソッド定義はprivateになる
  def private_method1() end
```

■ SECTION-238 ■ メソッドの可視性を設定する

```
   public                      # 以後のメソッド定義はpublicになる
     def public_method2()  end
   private                     # 以後のメソッド定義はprivateになる
     def public_method3()  end
   public :public_method3      # メソッドを指定してpublicにする
     def private_method2() end
end
act = AccessControlTest.new
act.public_methods(false)
# => [:public_method1, :public_method2, :public_method3]
act.private_methods(false)
# => [:initialize, :private_method1, :private_method2]

class Klass
   # defが:private_method1を返すので、このようにも書ける
   private def private_method1() end
   def public_method1() end
end

obj = Klass.new
obj.public_methods(false)
# => [:public_method1]
obj.private_methods(false)
# => [:private_method1]
```

▶ クラスメソッドのアクセス制御の方法

クラスメソッド（クラス・モジュールの特異メソッド）のアクセス制御をするには、「Module#public_class_method」と「Module#private_class_method」を使用します。これらは、引数でクラスメソッド名を指定する必要があります。

```
class CM
   def self.private_method1() end
   private_class_method :private_method1
   def self.public_method1() end
   public_class_method :public_method1
end

CM.public_methods(false)
# => [:public_method1, :new, :allocate, :superclass]
CM.private_methods(false)
# => [:private_method1, :inherited, :initialize]
```

■ SECTION-238 ■ メソッドの可視性を設定する

| COLUMN | privateなメソッドを外部から強引に呼ぶ |

　privateなメソッドを外部から強引に呼ぶ方法は存在します。しかし、カプセル化の意味がなくなってしまうため、特別な事情がない限り、テストやデバッグのとき以外は使うべきではありません。

　1つは「Object#__send__」を使用する方法です。もう1つは、「Object#instance_eval」でselfをすり替えて関数的メソッド呼び出しをする方法です。

```
class X
  private
  def private_method() :private end
end
x = X.new
x.__send__ :private_method          # => :private
x.instance_eval { private_method }  # => :private
```

| COLUMN | 使いどころが難しいprotected |

　実はpublicとprivateの他に、protectedという少し変わったアクセス制御があります。protectedは、あまり使われません。使われていたとしてもあえてprotectedにする意味がなく、privateにすべき場合がほとんどです。

　protectedは、selfのクラスかそのサブクラスのインスタンスのみレシーバを付けることが許されます。それ以外はprivateと同様に、関数的メソッド呼び出ししかできません。

　protectedのほぼ唯一といってもいい用途は、同じクラスかサブクラスのインスタンスを引数に取るメソッド内で、そのインスタンスに対してメソッド呼び出しをする場合です。内部的に利用するメソッドなのでprivateにしたいが、そうしてしまうとインスタンスをレシーバにできず、かといって内部的なメソッドをpublicにするのもはばかれます。そこで、両者の中間に位置するprotectedの出番です。

```
class Person
  def initialize(name) @name, @married = name, false end
  attr_accessor :married   # Person#marriedとPerson#married=を定義する
  protected :married=      # Person#married=のみをprotectedにする
  def marry!(partner)
    # selfと同じクラスなのでprotectedなメソッドが呼べる
    self.married = true
    partner.married = true
  end
end
tom = Person.new "Tom"
# => #<Person:0xb7ae4388 @name="Tom", @married=false>
may = Person.new "May"
```

▼

557

■ SECTION-238 ■ メソッドの可視性を設定する

```
# => #<Person:0xb7ae4180 @name="May", @married=false>
# 外部からは呼び出せない
(tom.married = true) rescue $!
# => #<NoMethodError: protected method `married=' called for
# =>     #<Person:0xb7ae4388 @name="Tom", @married=false>>
tom.married            # => false
tom.marry! may
tom  # => #<Person:0xb7ae4388 @name="Tom", @married=true>
may  # => #<Person:0xb7ae4180 @name="May", @married=true>
```

COLUMN	内部インターフェイスを共有する場合はprivateにして「Object#__send__」で呼び出す

アクセス制御にはpublic、protected、privateがありますが、内部でのみレシーバ付きで呼び出されるものの、公にしたくないメソッドを定義したいことがあります。publicとprivateの中間に位置するアクセス制御であるprotectedがありますが、同じクラスかサブクラスにしか適用できません。

protectedを使いたいものの、別のクラスなので適用できない場合は、内部のメソッドをprivateにして、「Object#__send__」で呼び出してください。

```
class Writer
  def write_book(book, content)
    book.__send__(:content=, content)
  end
end
class Book
  attr_reader :name
  attr_accessor :content
  private :content=
end
b = Book.new
w = Writer.new
w.write_book b, "I love Ruby!"
b  # => #<Book:0x83954d8 @content="I love Ruby!">
```

関連項目 ▶ ▶ ▶

- アクセサを使ってインスタンス変数をパブリックにする ························· p.548
- 文脈を変えてブロックを評価する ····························· p.602
- 名前を指定してメソッドを呼び出す ························· p.612

SECTION-239

変数を遅延初期化する

ここでは、変数を遅延初期化する方法を解説します。

SAMPLE CODE

```
# 遅延初期化式の例
$VERBOSE = true
# 未初期化のインスタンス変数はnil
@v          # => nil # !> instance variable @v not initialized
# 2に遅延初期化する
@v ||= 2    # => 2
@v          # => 2
# 真の値が設定されている場合、遅延初期化式を評価しても何も起こらない
@v = 3
@v ||= 2    # => 3
@v          # => 3
# ただし、falseは偽なので遅延初期化式で値が設定されてしまう。要注意!
@v = false
@v ||= 2    # => 2
@v          # => 2


# 1~6のうち偶数の二乗を求める例
(1..6).select{|i| i%2 == 0}.map{|i| i*i} # => [4, 16, 36]
for i in 1..6            # for式はスコープを作らないのでaryは外から見える
  # 偶数のとき、二乗をaryに追加する。「ary ||= []」はローカル変数宣言も兼ねている
  (ary ||= []) << i*i if i%2 == 0
end
ary    # => [4, 16, 36]
# 遅延初期化を使わないとこのようになる
ary = []
for i in 1..6
  ary << i*i if i%2 == 0
end
ary    # => [4, 16, 36]

# 単語の長さでグループ分けする例
"This is a ball".split.group_by{|w| w.length}
# => {4=>["This", "ball"], 2=>["is"], 1=>["a"]}
module Enumerable
  def my_group_by__delayed
    hash_of_ary = {}
    each do |elem|        # 「self.each」は「each」と記述できる
      # ブロックの評価結果をキーにして、要素を追加する
      (hash_of_ary[ yield(elem) ] ||= []) << elem
    end
```

▼

■ SECTION-239 ■ 変数を遅延初期化する

```
      hash_of_ary
    end
    def my_group_by__hash_new
      # 遅延初期化を使わずに、ブロック付きHash.newを使う例
      hash_of_ary = Hash.new {|h,k| h[k] = []}
      each do |elem|
        hash_of_ary[ yield(elem) ] << elem
      end
      hash_of_ary
    end
  end
  "This is a ball".split.my_group_by__delayed{|w| w.length}
  # => {4=>["This", "ball"], 2=>["is"], 1=>["a"]}
  "This is a ball".split.my_group_by__hash_new{|w| w.length}
  # => {4=>["This", "ball"], 2=>["is"], 1=>["a"]}
```

ONEPOINT 　変数がnilのときに初期値を与えるには「||=」演算子を使用する

　Rubyの「||=」演算子は、非常に便利です。「a ||= b」は、「a = a || b」の短縮形です。aが偽（nilかfalse）のときにaにbの値を代入しますが、真のときは何も起きません。このことは、次のように言い換えることができます。

● bは初期値である。
● いったん、aに真の値が設定されたら、bがいかなる式であってもaの値は変わらない。

　nilのときに初期値を与えるテクニックは、主にインスタンス変数、グローバル変数、アクセサという、未初期化で参照したらnilを返す変数に対して使用します。「initialize」メソッドなどであらかじめ変数を初期化するのではなくて、変数を初めて使用するまで、初期化を遅らせます。そのため、このテクニックは「遅延初期化」と呼ばれています。変数が遅延初期化された状態で、再び遅延初期化式を評価しても何も起こりません。

　インスタンス変数の遅延初期化は、特にMix-in用モジュールメソッドに有用です。モジュール内部で使用するインスタンス変数までMix-inされるクラス側で初期化させるのではなくて、モジュール内で閉じてほしいのです。

　遅延初期化式の返り値は、変数の値か初期値です。このことを利用して、遅延初期化された変数にメソッドを適用することができます。特に「(a ||= []) << b」「(a ||= {})[b] = c」の形はイディオムになっています。これらの式は、「aは配列・ハッシュである宣言」と読むとわかりやすいでしょう。

■ SECTION-239 ■ 変数を遅延初期化する

COLUMN 「||=」は警告が出ないので安心

　たとえばRuby 2.5系では「-w」オプション付きでRubyのスクリプトを実行している最中に、未初期化のインスタンス変数へアクセスすると警告が出ます。インスタンス変数を遅延初期化したときも、「instance variable @a not initialized」という警告が出るのではと心配な人もいるでしょう。実は、「@a ||= b」の場合のみ、例外的に警告が出ないようになっています。遅延初期化があまりに頻繁に使われるので、そのことを配慮したものです。一方、「@a = @a || b」だと警告が出ます。安心してインスタンス変数を遅延初期化してください。グローバル変数も同様です。

　ちなみにクラス変数の場合にも特殊な処理が施されていて、「@@a = @@a || b」は未初期化エラーになるのに対し、「@@a ||= b」はエラーになりません。

COLUMN 「||=」演算子を簡易memoizeとして使う

　ディスクアクセスやネットワークアクセスなどの時間のかかる処理を行うメソッドは、結果を保存することで次に呼ばれたときにすぐに結果を返すことができます。ただし、このテクニックは結果が不変である場合にしか適用できません。この目的にも遅延初期化式の返り値を利用することができます。

```
def foo
  @foo ||= File.read("sample.txt")
end
```

初期化のためのコードが複数行になるときは、「begin」式を使う方法もあります。

```
def bar
  @bar ||= begin
             # 処理...
             File.read("sample.txt")
           end
end
```

関連項目 ▶ ▶ ▶

- 各要素に対してブロックの評価結果の配列を作る（写像） ……………………………… p.374
- 条件を満たす要素をすべて求める…………………………………………………………… p.384
- 条件を満たす要素と満たさない要素に分ける …………………………………………… p.388
- キャッシュ付きのメソッドを定義する …………………………………………………… p.574

SECTION-240

複数のコンストラクタを定義する

ここでは、「new」以外のコンストラクタを定義する方法を解説します。

SAMPLE CODE

```
class Adder
  # 引数は数値の配列で指定するコンストラクタ
  def initialize(numbers) @nums = numbers.map{|s| s.to_f } end
  def sum()               @nums.inject{|s,x| s + x } end
  # スペースで区切られた数値を読み取ってAdderを作成する
  def self.parse(string)  new(string.split) end
  # IO(実際はreadメソッドを受け付けるオブジェクト)からAdderを作成する
  def self.for_io(io)     parse(io.read) end
  # ファイル名で指定されたファイルからAdderを作成する
  def self.load(filename) open(filename){|io| for_io io } end
end
# 通常のコンストラクタを使用した場合
a1 = Adder.new([1,2,3])
[ a1, a1.sum ]  # => [#<Adder:0x819be0c @nums=[1.0, 2.0, 3.0]>, 6.0]
# 文字列を解析した場合
a2 = Adder.parse("1.1 2.2 3.3")
[ a2, a2.sum ]  # => [#<Adder:0x826e6cc @nums=[1.1, 2.2, 3.3]>, 6.6]
# ファイルを解析した場合
a3 = Adder.load("nums.dat")
[ a3, a3.sum ]  # => [#<Adder:0x826e348 @nums=[2.0, 3.0, 4.0]>, 9.0]
```

HINT

ファイル「nums.dat」の内容は、「2 3 4」だと想定しています。

■ SECTION-240 ■ 複数のコンストラクタを定義する

ONEPOINT	new以外のコンストラクタを定義するには クラスメソッド定義中にnewを呼ぶ

　Rubyのオブジェクトは、「new」クラスメソッド(「Class#new」、コンストラクタ)で作成されます。しかし、さまざまな情報源からオブジェクトを作成するには、複数のコンストラクタが欲しくなります。このサンプルでは配列以外にも、文字列やIOからもオブジェクトが作成できるようにしています。

　複数のコンストラクタを定義するには、クラスメソッドを定義します。そして、「new」クラスメソッド(「initialize」インスタンスメソッド)の引数を計算してから、「new」クラスメソッドを呼び出します。クラスメソッド定義中は、自クラスのインスタンスメソッドを呼び出せないので注意してください。

　「new」以外のコンストラクタの名前は自由ですが、次の形式がわかりやすいでしょう。

- 文字列を解析してオブジェクトを作成するのは「parse」
- IOから読み込んでオブジェクトを作成するのは「for_io」
- ファイル名で指定されたファイルを読み込んでオブジェクトを作成するのは「load」

関連項目 ▶ ▶ ▶

- キーワード引数を使う ·· p.564

CHAPTER 13　クラス・モジュール・オブジェクト

563

SECTION-241

キーワード引数を使う

ここでは、キーワード引数について解説します。

SAMPLE CODE

```
class Reporter
  def initialize(content, type:, format: :html)
    @format = format
    # 想定外のtypeが渡ってきた場合は例外発生
    @content = case type
               when :filename
                 File.read(content)
               when :io
                 content.read
               when :string
                 content
               else
                 raise ArgumentError,
                   "type must be :filename, :io, or :string."
               end
  end
  # @formatに応じたメソッドを動的に呼び出す
  def report()  __send__ "output_to_#{@format}"  end
  private
  # 実際の変換処理は以下のprivateメソッドで。ここでは仮実装
  def output_to_html()  "`#{@content}' in HTML"  end
  def output_to_xml()   "`#{@content}' in XML"   end
end
# 文字列をXMLに変換する
r = Reporter.new("FOO", type: :string, format: :xml)
r.report  # => "`FOO' in XML"
# IOやStringIOなど、readメソッドを持つオブジェクトをHTMLに変換する
require 'stringio'
r = Reporter.new(StringIO.new("strio"), type: :io, format: :html)
r.report  # => "`strio' in HTML"
# formatを省略した場合は、デフォルトの`:html`になる
r = Reporter.new(StringIO.new("strio"), type: :io)
r.report  # => "`strio' in HTML"

# 必要なキーが指定されていない場合は例外発生
Reporter.new("abcde") rescue $!  # => #<ArgumentError: missing keyword: type>

# 想定外のtypeを指定した場合は例外発生
Reporter.new("abcde", format: :xml, type: :unknown) rescue $!
# => #<ArgumentError: type must be :filename, :io, or :string.>
```

■ SECTION-241 ■ キーワード引数を使う

······| H | I | N | T |··
文字列・IO・ファイル名で指定された情報をHTML、XMLに書き出すクラスを想定しています。

ONEPOINT キーワード引数の指定の仕方

メソッド定義の際に仮引数に「type:」と記述することで、必須のキーワード引数を表現することができます。この場合、メソッド呼び出し時に「type:」を与えないと例外が発生します。

一方で「format: :html」とした場合は、デフォルト値が「:html」になり、メソッド呼び出し時に「format:」を省略することができます。

また、「**kwrest」のように引数の前に「**」を記述することで、明示したキーワード以外をHashで受け取ることができます。

```
def keywords(must:, optional: 1, **kwrest)
  [must, optional, kwrest]
end

keywords(must: :a, should: "!", would: [], optional: 2)
# => [:a, 2, {:should=>"!", :would=>[]}]
```

COLUMN 疑似キーワード引数

キーワード引数のように振る舞うコードとして次のようなコードがあります。Rubyではメソッド呼び出しの最後の引数がハッシュの場合は「{}」が省略できます。そのため、「should: "!", would: [], optional: 2」が「opts」に代入されます。キーワード引数と異なり、キーワード名がローカル変数として設定されないことに注意が必要です。キーワード引数がRubyに導入されたのはRuby 2.0からなので、それ以前のRubyではこのように記述されることがありました。

```
def keywords(must, opts = {})
  optional = opts.delete(:optional) || 1
  [must, optional, opts]
end

keywords(:a, should: "!", would: [], optional: 2)
# => [:a, 2, {:should=>"!", :would=>[]}]
```

関連項目 ▶ ▶ ▶

● 配列で集合演算する ·· p.327
● ハッシュの要素を1つずつ処理する ··· p.356
● 名前を指定してインスタンス変数を読み書きする ······················· p.615

565

SECTION-242

モジュール関数を定義する

ここでは、モジュール関数を定義する方法を解説します。

SAMPLE CODE

```ruby
module Foo
  def double(x) x*2 end
  # doubleのみをモジュール関数にする
  module_function :double
  # モジュール関数のエイリアスを作成するには、aliasの後にmodule_functionが必要
  alias :twice :double
  module_function :twice
  # Fooモジュールの以下のメソッドすべてをモジュール関数にする
  module_function
  def triple(x)    x*3 end
  def quadruple(x) x*4 end
end
class Bar
  # モジュール関数はモジュールをincludeして関数的メソッドとして使える
  include Foo
  def eight_times(x) double(quadruple(x)) end
end
# モジュールの特異メソッドとしても使える
Foo.double(3)            # => 6
Bar.new.eight_times(8)   # => 64
```

ONEPOINT　モジュール関数を定義するには「module_function」を指定する

モジュール関数とは、privateメソッドであり、モジュールの特異メソッドでもあるメソッドのことです。一連の関数的メソッドを1つの名前空間にまとめる場合に、モジュール関数を使用します。モジュール関数の代表例がMathモジュールのメソッドです。

モジュール関数を宣言するには、モジュール定義中に「Module#module_function」を使用します。引数を付けた場合、そのメソッドをモジュール関数にします。引数を省略した場合は、モジュール定義が終わるまでのすべてのメソッドをモジュール関数にします。

モジュール関数の使い方は、次の2通りがあります。

● モジュールオブジェクトをレシーバにして呼び出す。
● インクルードしてから関数的メソッドとして呼び出す。

■ SECTION-242 ■ モジュール関数を定義する

COLUMN 「extend self」とするとすべてのメソッドをモジュール関数にできる

別解として、「extend self」としても事実上モジュール関数になります。ただし、public
メソッドになるという違いがあります。

```
module Baz
  extend self
  def quintuple(x) x*5 end
end
Baz.quintuple 7   # => 35
include Baz
quintuple 3       # => 15
```

関連項目 ▶ ▶ ▶

- Mix-inについて ………………………………………………………………… p.135
- 特異メソッド・クラスメソッドについて ……………………………………… p.138
- 数学関数の値を求める ………………………………………………………… p.416
- メソッドの可視性を設定する ………………………………………………… p.555

SECTION-243

情報を集積するタイプのオブジェクトには構造体を使う

ここでは、構造体の使い方を解説します。

SAMPLE CODE

```ruby
# 構造体Dogを定義する。メンバは:nameと:age
Dog = Struct.new :name, :age    # => Dog
# momoはDogのインスタンス
momo = Dog.new "Momo", 8        # => #<struct Dog name="Momo", age=8>
# アクセサ形式でもハッシュ形式でも配列形式でもメンバにアクセスできる
[ momo.name, momo.age ]         # => ["Momo", 8]
[ momo[:name], momo[:age] ]     # => ["Momo", 8]
[ momo["name"], momo["age"] ]   # => ["Momo", 8]
[ momo[0], momo[1] ]            # => ["Momo", 8]
# メンバ名の配列が返る
momo.members                    # => [:name, :age]
Dog.members                     # => [:name, :age]
# メンバの数
momo.length                     # => 2
# メンバの更新はアクセサ形式でもハッシュ形式でも配列形式でも可能
momo.age = 9
momo                            # => #<struct Dog name="Momo", age=9>
# メンバは動的に追加できない。そのため打ち間違いは発見しやすい
momo.height rescue $!
# => #<NoMethodError: undefined method `height'
# =>       for #<struct Dog name="Momo", age=9>>
(momo.height = 0.5) rescue $!
# => #<NoMethodError: undefined method `height='
# =>       for #<struct Dog name="Momo", age=9>>
# Structのサブクラスになっている。クラスオブジェクトの比較は継承関係の比較
Dog < Struct                    # => true
# 構造体もれっきとしたクラスなので新たにメソッドが定義できる
class Dog
  def bark() "woof woof!"  end
end
momo.bark                       # => "woof woof!"
# Array#eachのようにメンバの値を繰り返す
momo.each {|m| puts "each: #{m.inspect}" }
# >> each: "Momo"
# >> each: 9
# Hash#each_pairのように[メンバ名，メンバの値]のペアで繰り返す
momo.each_pair {|m,v| puts "each_pair: #{m.inspect} = #{v.inspect}" }
# >> each_pair: :name = "Momo"
# >> each_pair: :age = 9
```

■ SECTION-243 ■ 情報を集積するタイプのオブジェクトには構造体を使う

ONEPOINT　構造体を定義するには「Struct.new」を使用する

　Rubyの構造体（Struct）は、配列とハッシュの性質を合わせ持ったようなクラスです。いろいろな方法でメンバにアクセスできるのが特徴です。

　構造体を使用する準備は、「構造体サブクラスの定義」と「構造体のメンバの値の設定」の2ステップに分かれます。構造体を定義するには、「Struct.new」を使用します。引数はメンバの名前をシンボルで指定します。返り値は、作成した構造体のクラスオブジェクト（Structのサブクラス）です。構造体を定義すると、動的なクラス定義が行われます。作成した構造体クラスオブジェクトは、定数に代入しておきましょう。ローカル変数にも代入できますが、定数の方がクラスという雰囲気が出ます。構造体クラスを定義したら、今度は構造体サブクラスの「new」クラスメソッドでメンバの値を設定します。「new」が2回も出てきてわかりにくいですが、それぞれ別物です。

COLUMN　ハッシュとの違い

　このように、構造体はハッシュとかなり似ています。ハッシュでも情報を集積できますが、作成後も新たにメンバ（キー）を増やすことができます。それに対して、構造体はメンバが固定されているので、入力を間違って存在しないメンバにアクセスしてしまってもエラーになってくれます。それと、アクセサでメンバにアクセスできる点が、ハッシュよりもオブジェクト指向的といえるでしょう。

COLUMN　OpenStructについて

　実は、ハッシュのように作成後もメンバを追加することができる構造体があります。OpenStructクラスです。初期値はハッシュで指定することができます。

```
require 'ostruct'
o = OpenStruct.new a: 1
o.a             # => 1
o[:a]           # => 1
o.b = 2
o.abracadabra = 7
o.abracadsbra   # => nil # 入力を間違えてもエラーにならない！
o               # => #<OpenStruct a=1, b=2, abracadabra=7>
```

　しかし、OpenStructは悪名高い「method_missing」で実装されているので、打ち間違いや既存のメソッドを検出しにくいという欠点があり、お勧めできません。

関連項目 ▶▶▶

- 配列・ハッシュを作成する ……………………………………………………… p.314
- 存在しないメソッド呼び出しをフックする ……………………………………… p.634

SECTION-244

ハッシュのキーをアクセサにする

ここでは、ハッシュのキーをアクセサにする方法を解説します。

SAMPLE CODE

```
def Struct(hash)  # ハッシュから構造体を作成する関数
  klass = Struct.new(*hash.keys.map(&:to_sym))
  klass.new(*hash.values.map{|s| Hash === s ? Struct(s) : s})
end
# {a: 1, b: 2}を構造体に変換する
s1 = Struct(a: 1, b: 2)  # => #<struct a=1, b=2>
# このようにアクセサ経由でアクセスできる
[s1.a, s1.b]  # => [1, 2]
# 既存のメソッド名をキーにしたらアクセサが上書きする
s2 = Struct(object_id: 1, class: 2, find: 3, map: 4)
[s2.object_id, s2.class, s2.find, s2.map]  # => [1, 2, 3, 4]
# ネストしたハッシュを与えると、構造体もネストする
nested = Struct(a: 1, b: {c: {d: 4}})
# => #<struct a=1, b=#<struct c=#<struct d=4>>>
# そのため、メソッドチェーンでネストをたどれる
nested.b      # => #<struct c=#<struct d=4>>
nested.b.c    # => #<struct d=4>
nested.b.c.d  # => 4
```

ONEPOINT　**ハッシュのキーをアクセサにするには構造体に変換する**

　ハッシュのキーの集合が固定されていて追加される予定がない場合は、キーをアクセサにしておくと、よりオブジェクト指向的になります。たとえば「x[:foo]」を「x.foo」のようにアクセスできるようにします。これを実現するにはハッシュから構造体に変換します。サンプルで示しているように、ネストしたハッシュはネストした構造体になります。構造体にすることで存在しないキーへアクセスができなくなり、プログラムがより堅牢になります。

　同じキーの集合のハッシュが複数ある場合は、あらかじめ構造体クラスを定義して構造体として使用した方がわかりやすくなります。

関連項目 ▶▶▶

● 配列・ハッシュを作成する ……………………………………………………… p.314
● 情報を集積するタイプのオブジェクトには構造体を使う ………………………… p.568

SECTION-245

メソッドを委譲する

ここでは、メソッドをインスタンス変数に委譲する方法を解説します。

SAMPLE CODE

```ruby
# forwardableライブラリにForwardableが定義されているので読み込む
require 'forwardable'
class Stack
  # クラスメソッドを追加するためextendする
  extend Forwardable
  def initialize()  @ary = []  end
  # 「push」「pop」「empty?」メソッドを@aryへの委譲を使って定義する
  def_delegators(:@ary, :push, :pop, :empty?)
  # 「peek」メソッドを@aryへの委譲を使って定義する。「@ary.last」を実行させる
  def_delegator(:@ary, :last, :peek)
end

stack = Stack.new
# 厳密なスタックとして働く
stack.push 1
stack.push 2
stack.empty?  # => false
stack.peek    # => 2
stack.pop     # => 2
stack.pop     # => 1
stack.empty?  # => true
stack.length rescue $!
# => #<NoMethodError: undefined method `length'
# =>     for #<Stack:0x8f19174 @ary=[]>>
# lastではなくてpeekで定義されている
stack.last rescue $!
# => #<NoMethodError: undefined method `last'
# =>     for #<Stack:0x8f19174 @ary=[]>>
```

■ SECTION-245 ■ メソッドを委譲する

| ONEPOINT | メソッドをインスタンス変数に委譲するには
Forwardableモジュールを使用する |

委譲とは、インスタンス変数にメソッドを丸投げすることをいいます。たとえば、メソッドfooを「@var」に委譲させるコードは、次のようになります。

```
def foo(*args,&block)  @var.foo(*args,&block)  end
```

しかし、委譲するメソッドが多くなると、このようなコードを何度も記述するのは面倒です。そこでForwardableモジュールが役立ちます。クラスにメソッド委譲機能を追加するには、クラス定義中に「extend Forwardable」と宣言します。クラスメソッドを追加するため、includeではなくてextendです。そうすると、「Forwardable#def_delegator」と「Forwardable#def_delegators」がクラスメソッドとして使えるようになります。

どちらのメソッドも最初にインスタンス変数名を指定します。委譲先が実行するメソッド名とクラスが定義するメソッド名が同じ場合は「def_delegators」を、異なる場合は「def_delegator」を使います。名前からわかるように、「def_delegators」は委譲するメソッドを、複数個、指定することができます。

| COLUMN | 継承と委譲 |

配列はすでにスタックとしての機能が含まれているため、実際のプログラミングでは配列を使えば済みます。それでも今回は、あえてStackクラスを作成してみました。配列の機能のうち、スタックに必要な機能のみを使用できるように制限するためです。必要なメソッドのみを定義する用途には、委譲が向いています。また、実際のプログラミングではインスタンス変数は複数あるのが普通で、メソッドによって委譲先をコントロールできるところも委譲の強味です。継承よりも小回りが利くのです。

継承は委譲と違い、スーパークラスのメソッドがすべて受け継がれます。余計なメソッドも受け継がれる分、継承は委譲よりも大がかりな機能といえるでしょう。それに継承である以上、サブクラスのインスタンスはスーパークラスとis_aの関係になります。継承は強力な道具であるがゆえに、副作用も大きくなります。継承すべきか、委譲で済ませるかは、よく考えましょう。

関連項目 ▶ ▶ ▶
● クラスの継承について ………………………………………………………… p.132
● 配列をスタックとして使う ……………………………………………………… p.348

SECTION-246

オブジェクトを変更不可にする

ここでは、オブジェクトを変更不可にする方法を解説します。

SAMPLE CODE

```ruby
# 3要素が同一オブジェクトの配列の要素に破壊的メソッドを適用すると、全要素が変更されてしまう
ary = Array.new(3, "a")        # => ["a", "a", "a"]
ary[0].replace "A"
ary                            # => ["A", "A", "A"]
# それを防ぐためには、オブジェクトを変更不可にする
ary = Array.new(3, "a".freeze) # => ["a", "a", "a"]
ary[0].frozen?                 # => true
# 変更しようとしたら例外が発生するので、意図しない書き換えからプログラムを守る
ary[0].replace "A" rescue $!   # => #<RuntimeError: can't modify frozen String>
```

ONEPOINT　オブジェクトを変更不可にするには「Object#freeze」を使用する

オブジェクトに破壊的メソッドを適用されたくない場合があります。そういう場合は、「Object#freeze」でオブジェクトを変更不可にします。変更不可にすることで、オブジェクトを意図しない変更から守ることができます。「Object#freeze」は自分自身を返すので、式に「.freeze」を付けるだけです。定数のようにプログラムの実行中に値が変更されると困るオブジェクトは、「Object#freeze」で変更できなくするのがよいでしょう。

オブジェクトが変更不可かどうか判定するには、「Object#frozen?」を使用します。

COLUMN　自己代入は名札の張り替えである

自己代入は新しいオブジェクトを作成し、変数（名札）を古いオブジェクトから新しいオブジェクトに張り替えます。そのため、古いオブジェクトは変更不可のまま存在しています。破壊的メソッドと勘違いしないでください。あくまで変更不可はオブジェクトに作用するのであって、変数に作用するわけではありません。

```ruby
a = "FROZEN".freeze
old_a = a
a += " object"  # => "FROZEN object"
a.frozen?       # => false
old_a           # => "FROZEN"
old_a.frozen?   # => true
```

関連項目 ▶ ▶ ▶

- 破壊的メソッドについて ……………………………………………………………… p.180
- 同一要素にまつわる問題について ………………………………………………… p.316

SECTION-247

キャッシュ付きのメソッドを定義する

ここでは、memoizeを簡単に実現する方法を解説します。

SAMPLE CODE

```ruby
class FibonacciTest  # フィボナッチ数列でmemoizeの効果を検証するクラス
  attr_reader :fib_calls, :fib_memoized_block_calls  # カウンタ
  def initialize()
    @fib_calls = @fib_memoized_block_calls = 0
  end
  def fib(n)                     # memoizeしない場合
    # 呼ばれた回数をカウントアップする
    @fib_calls += 1
    case n
    when 1,2 then 1
    else fib(n-1) + fib(n-2)     # 再帰
    end
  end
  def fib_memoized(m)            # memoizeする場合
    # メソッドが再び呼ばれたときに同じハッシュを再利用するため、遅延初期化する
    @memoize_hash ||= Hash.new do |h,n|
      # 呼ばれた回数をカウントアップする
      @fib_memoized_block_calls += 1
      # 存在しないキーの場合、新たにキーと値を関連付ける。fibの定義との類似性に注目
      h[n] = case n
             when 1,2 then 1
             else h[n-1] + h[n-2]
             end
    end
    @memoize_hash[m]
  end
end
fib = FibonacciTest.new
fib.fib 30                       # => 832040
fib.fib_memoized 30              # => 832040
# フィボナッチ数列計算ルーチンを呼んだ回数を比較する
fib.fib_calls                    # => 1664079
fib.fib_memoized_block_calls     # => 30
# 10番目までの要素を列挙する
(1..10).map {|i| fib.fib_memoized(i) }
# => [1, 1, 2, 3, 5, 8, 13, 21, 34, 55]

# キャッシュを初期化し、かかった時間を比較する
require 'benchmark'
Benchmark.bm(20) do |b|
```

▼

■ SECTION-247 ■ キャッシュ付きのメソッドを定義する

```
  fib = FibonacciTest.new
  b.report("not memoized") { fib.fib 30 }
  b.report("memoized") { fib.fib_memoized 30 }
end
# >>                            user      system      total          real
# >> not memoized        0.740000    0.000000    0.740000 (   0.871795)
# >> memoized            0.000000    0.000000    0.000000 (   0.000107)
```

ONEPOINT 　計算結果をキャッシュするメソッドを作成するには
　　　　　　　ブロック付き「Hash.new」を使用する

　効率を上げるため、計算結果をキャッシュすることがあります。メソッドの引数と返り値のペアを保存しておき、同じ引数で再び呼ばれたときは保存した結果を返すというものです。このテクニックを「memoize（メモ化）」と呼びます。

　memoizeが使えるのは、同じ引数に対して同じ結果が返るメソッドです。何度も呼び出される複雑な計算の結果はもちろんのこと、スクリプト動作中は変わらないことを仮定すれば、ファイルの内容やURLの内容にも適用できます。

　ブロック付き「Hash.new」は、memoizeにうってつけの方法です。この方法で作成されたハッシュはキーが存在しない場合に、自分自身とキーをブロックパラメータとしてブロックを評価します。ブロックの中でそのキーに対応する値を設定すれば、memoizeができます。

　サンプルでは、memoizeの効果が一番よく出る例として、再帰版フィボナッチ数列を取り上げています。フィボナッチ数列は、直前の2つの要素の和を並べていく数列です。メソッドやブロックの呼び出し回数、ベンチマークも測定しています。

■ SECTION-247 ■ キャッシュ付きのメソッドを定義する

COLUMN	フィボナッチ数列にmemoizeが効果的な理由

memoizeの例として、フィボナッチ数列は定番です。サンプルの「FibonacciTest#fib」は、再帰的に定義されています。それでは、「fib(4)」がどのように計算されるかを見てみましょう。

```
fib(4) = fib(3) + fib(2) = ( fib(2) + fib(1) ) + fib(2) = ( 1 + 1 ) + fib(2)
```

「fib(4) = fib(3) + fib(2)」なので、上記のような計算になります。ここまで計算してやっと「fib(3)」が確定しました。そのあとで、「fib(2)」を計算します。一般に、「fib(N) = fib(N-1) + fib(N-2)」は「fib(N-1)」を計算し終えたとき、今度は「fib(N-2)」を計算しないといけません。「N」が数十を超えると、とんでもない計算量になることは容易に想像が付くでしょう。

「fib(7)」をmemoize付きで計算することを考えてみます。「fib(7)」は、次のように展開されます。

```
fib(7) = fib(6) + fib(5)
       = ( fib(5) + fib(4) ) + fib(5)
       = (( fib(4) + fib(3) ) + fib(4) ) + fib(5)
       = ((( fib(3) + fib(2) ) + fib(3) ) + fib(4) ) + fib(5)
       = (((( fib(2) + fib(1) ) + fib(2) ) + fib(3) ) + fib(4) ) + fib(5)
```

それから、一番下の式から順次式を上にさかのぼっていき、記録しつつ値を当てはめていきます。「fib(1) = fib(2) = 1」、「fib(3) = 2」、「fib(4) = 3」、「fib(5) = 5」となります。そして、最後の式に記録した値を埋め込んでいけば、「fib(7) = 13」とわかります。このように、記録した値のほぼすべてを再利用しているため、フィボナッチ数列の計算においてmemoize効果は絶大なのです。

関連項目 ▶ ▶ ▶
- 配列・ハッシュを作成する ……………………………………………………… p.314
- 変数を遅延初期化する ……………………………………………………… p.559

SECTION-248

オブジェクトに動的に特異メソッドを追加する

ここでは、オブジェクトに動的に特異メソッドを追加する方法を解説します。

SAMPLE CODE

```
class Archiver          # アーカイブファイルを扱うクラス
  def initialize(archive_file)
    @archive = archive_file
    # アーカイブファイルの拡張子に応じてextractメソッドを選択する
    case archive_file
    when /\.tar\.gz\z/, /\.tgz\z/ then extend TarGz
    when /\.lzh\z/               then extend LHA
    end
  end
  # .tar.gz/.tgz用展開コマンド
  module TarGz
    def extract() "tar xzf #@archive"  end
  end
  # .lzh用展開コマンド
  module LHA
    def extract() "lha x #@archive"       end
  end
end
# 拡張子に応じて別のextractメソッドが実行される
Archiver.new("foo.tgz").extract # => "tar xzf foo.tgz"
Archiver.new("bar.lzh").extract # => "lha x bar.lzh"
```

ONEPOINT | オブジェクトに動的に特異メソッドを追加するには 「Kernel#extend」を使用する

Rubyのオブジェクトは、実行中に特異メソッドを定義することができます。モジュールのメソッドを特異メソッドとしてオブジェクトに追加するには、「Kernel#extend」を使用します。モジュール単位なので、一度に複数の特異メソッドを追加することができます。

サンプルでは、オブジェクトの初期化時に引数で条件分岐してモジュールを選択しています。こうすることで、コンストラクタの引数に応じてオブジェクトの挙動を変えることができます。

クラス・モジュール定義中にextendを使用すると、クラスメソッドを追加できます。クラス・モジュールの特異メソッドがクラスメソッドだからです。《メソッドを委譲する》(p.571)がその実例です。

また、オブジェクトの特異メソッドを定義する場合は、直接、特異メソッドを定義するよりもモジュールを作成してextendを使用する方が柔軟になります。

577

■ SECTION-248 ■ オブジェクトに動的に特異メソッドを追加する

| COLUMN | 組み込みクラスに必要に応じてメソッドを追加するには |

「Kernel#extend」はselfを返すので、追加した特異メソッドをいきなり呼び出すことができます。次の例では、URLエンコードする機能を文字列に加え、即座に呼び出しています。

URLエンコードはすべての文字列に必要なメソッドではないため、文字列クラスに追加するのは気が引けます。とはいえ、関数的メソッドを定義するのではなくて、メソッド形式で呼び出したいというような局面では、extendでメソッドを追加することができます。

```
require 'cgi'
module Escape
  def url_escape()  CGI.escape(self) end
end
"<a>".extend(Escape).url_escape  # => "%3Ca%3E"
```

| COLUMN | オブジェクトの特異メソッド定義はextendを使用するべき |

オブジェクトに特異メソッドを定義する場合は、直接、特異メソッドを定義するのではなく、モジュールを作成してextendしましょう。直接、特異メソッドを定義すると、柔軟性が失われるからです。

特異メソッド定義とは、特異クラスにメソッドを定義することです。一方、extendは、特異クラスにモジュールをインクルードします。モジュールのインクルードとは、モジュールを自クラスとスーパークラスの間に割り込むことです。いわば、モジュールをスーパークラスにしてしまうようなものです。つまり、extendで行っていることは、厳密には動的に特異メソッドを定義しているのではなく、特異クラスのスーパークラスのメソッドを定義しているのです。そのため、多重にextendした場合は、後でextendしたメソッドが有効になります。

具体例で示しましょう。ジェネリックなオブジェクトobjに特異メソッドhelloを定義する場合です。特異メソッドを定義した後でextendしても、特異メソッドが優先されてしまいます。

```
obj = Object.new
def obj.hello() "Hello" end
module Japanese; def hello() "#{super} = こんにちは" end; end
obj.extend(Japanese).hello      # => "Hello"
```

一方、モジュールを作成してextendした場合は、後でextendしたモジュールのメソッドが有効になります。もちろん、「super」で前にextendされたメソッドにアクセスすることもできます。

```
module Japanese; def hello() "#{super} = こんにちは" end; end
module English; def hello() "Hello" end; end
obj = Object.new
```

▼

■SECTION-248■ オブジェクトに動的に特異メソッドを追加する

```
obj.extend(English).hello        # => "Hello"
obj.extend(Japanese).hello       # => "Hello = こんにちは"
```

このように、特異メソッドを定義する場面ではextendを使用することで、柔軟なプログラムになります。さらに、特異メソッドを含むオブジェクトは「Marshal.dump」できませんが、extendされたオブジェクトは「Marshal.dump」できるようにもなります。

関連項目 ▶▶▶
- 特異メソッド・クラスメソッドについて ……………………………………… p.138
- メソッドを委譲する ………………………………………………………… p.571

SECTION-249

動的にメソッドを定義する

ここでは、動的にメソッドを定義する方法を解説します。

SAMPLE CODE

```
class TrafficSignal            # 信号機クラス
  # 信号を赤にするTrafficSignal#redを定義する。同様にyellowは黄色、greenは青にする
  [:red, :yellow, :green].each do |state|
    # stateをメソッド名にしてインスタンスメソッドを定義する
    define_method(state) do
      # ローカル変数stateは見える。define_methodのブロックでのselfは
      # TrafficSignalのインスタンスにすり変わるので、@stateはクラスのインスタンス変数ではない
      @state = state
    end
  end
  def initialize() green end
  attr_reader :state
end
s = TrafficSignal.new
# 最初は青
s.state                        # => :green
# 黄色に変える
s.yellow                       # => :yellow
s.state                        # => :yellow
# 赤に変える
s.red                          # => :red
s.state                        # => :red
```

HINT

信号を変えるメソッド群は、それぞれ、「def red() @state = :red end」「def yellow() @state = :yellow end」「def green() @state = :green end」と記述することができます。しかし、メソッド名とシンボルが同じものを3つも定義するのは嫌なので、筆者なら動的にメソッドを定義します。

■ SECTION-249 ■ 動的にメソッドを定義する

| ONEPOINT | 動的にメソッドを定義するには「Module#define_method」を使用する |

　メソッドを定義するときは、通常は「def」キーワードによるメソッド定義を使用しますが、次の問題があります。
- 「def」に続くメソッド名は字面のまま解釈されるため、変数の内容をメソッド名にできない。
- メソッド定義中はスコープが新しくなるため、メソッド定義の外側のローカル変数が見えなくなる。

　そこで、「メソッドを定義するメソッド」である「Module#define_method」の出番です。「Module#define_method」は、次の特徴があります。
- メソッド名は「Module#define_method」の引数で指定するため、引数の評価値をメソッド名にできる。
- メソッドの内容はブロックで指定するため、外側のローカル変数が見える。

　ただし、「Module#define_method」はprivateなので、レシーバを指定することができません。そのため、「Module#module_eval」と併用することが多くなるでしょう。「Module#define_method」は強力ですが、通常のメソッド定義で済む場合はそちらを使うべきです。「Module#define_method」の濫用は避けるべきです。

関連項目 ▶ ▶ ▶
- メソッド定義について ……………………………………………………………… p.109
- 動的にブロック付きメソッドを定義する ……………………………………………… p.582
- 動的に特異メソッドを定義する ……………………………………………………… p.584
- 文脈を変えてブロックを評価する …………………………………………………… p.602
- 名前を指定してインスタンス変数を読み書きする ………………………………… p.615

SECTION-250

動的にブロック付きメソッドを定義する

ここでは、動的にブロック付きメソッドを定義する方法を解説します。

SAMPLE CODE

```
class TrafficSignal
  [:red, :yellow, :green].each do |state|
    # stateをメソッド名にしてインスタンスメソッドを定義する
    define_method(state) do |&block|
      # ブロックがある場合はブロックを実行する
      block[state] if block
      @state = state
    end
  end
  def initialize() green end
  attr_reader :state
end
s = TrafficSignal.new
s.yellow {|state| puts "Signal turned #{state}." } # => :yellow
# >> Signal turned yellow.
s.red { puts "Halt!" }                             # => :red
# >> Halt!
```

> **HINT**
> 前節の信号機クラスを拡張したものです。

ONEPOINT	動的にブロック付きメソッドを定義するには 「Module#define_method」でブロック引数を使用する

Rubyでは、ブロックパラメータにブロック引数を渡すことができます。そのため、「Module #define_method」で問題なくブロック付きメソッドを定義することができます。ただし、yield ではなくて「ブロック引数」に対して、「Proc#[]」「Proc#call」を使う必要があります。

■ SECTION-250 ■ 動的にブロック付きメソッドを定義する

COLUMN　optional引数やkeyword引数を使う

　ブロックパラメータ以外にも、optional引数やkeyword引数をブロックパラメータに指定することができます。

```
class Klass
  define_method(:opt) {|opt=1| opt }
  define_method(:opt_rest) {|opt=1, *rest| [opt, rest] }
  define_method(:opt_block) {|opt=2, &block| opt * block[] }
  define_method(:keyword) {|a:, b: 1| [a, b] }
end

k = Klass.new
k.opt              # => 1
k.opt_rest         # => [1, []]
k.opt_block { 3 }  # => 6
k.keyword(a: 100)  # => [100, 1]
```

関連項目 ▶ ▶ ▶

● メソッド定義について ……………………………………………………………… p.109
● 動的にメソッドを定義する ………………………………………………………… p.580
● 動的に特異メソッドを定義する …………………………………………………… p.584
● ブロックでクロージャー（無名関数）を作る ……………………………………… p.590
● 文脈を変えてブロックを評価する ………………………………………………… p.602
● 文字列をRubyの式として評価する ……………………………………………… p.609

SECTION-251

動的に特異メソッドを定義する

ここでは、動的に特異メソッドを定義する方法を解説します。

SAMPLE CODE

```ruby
class Module
  # クラスのオプションを定義するメソッド。selfはクラスオブジェクト
  def define_option_switch(option, flag)
    # クラスのインスタンス変数の遅延初期化。未定義ならば空ハッシュを作成する
    # オプション名とフラグを対応付ける
    (@__option_switch__ ||= {})[option] = flag
    # 特異クラスの文脈で評価する
    singleton_class.module_eval do
      # 特異クラス内なので、クラスのインスタンス変数へのアクセサになる
      attr_reader :__option_switch__
      # !> method redefined; discarding old __option_switch__

      # クラスメソッド「option=」、「option?」を定義する。ローカル変数optionが見えるのが重要
      define_method("#{option}=") do |bool|
        __option_switch__[option] = bool
      end
      define_method("#{option}?") do
        __option_switch__[option]
      end
    end
    # インスタンスメソッド「option?」を定義する。中でクラスメソッドを呼んでいる
    define_method("#{option}?") do
      self.class.__option_switch__[option]
    end
  end
end

class FooService
  # 「FooService.verbose_mode=」「FooService.verbose_mode?」
  # 「FooService#verbose_mode?」が定義される
  define_option_switch :verbose_mode, false
  define_option_switch :compatibility_mode, true
end
foo = FooService.new
# クラスメソッド、インスタンスメソッドの両方で呼べる
FooService.verbose_mode?    # => false
foo.verbose_mode?           # => false
foo.compatibility_mode?     # => true
FooService.__option_switch__
# => {:verbose_mode=>false, :compatibility_mode=>true}
```

▼

■ SECTION-251 ■ 動的に特異メソッドを定義する

```
FooService.verbose_mode = true
foo.verbose_mode?          # => true
FooService.compatibility_mode = false
foo.compatibility_mode?    # => false
FooService.__option_switch__
# => {:verbose_mode=>true, :compatibility_mode=>false}
```

ONEPOINT **動的に特異メソッドを定義するには**
特異クラス内で「Module#define_method」を使用する

　動的に特異メソッドを定義するには、まず、「#singleton_class」で特異クラスを取得します。こうすることで、外側のローカル変数が見えます。

　次に特異クラスに対して、「Module#define_method」を使用します。特異メソッドは、特異クラスのインスタンスメソッドだからです。

　サンプルでは、クラス(モジュール)を細かく制御するオプションを設定・取得します。特異メソッドの定義部分をModuleのメソッドに追い出しているため、具象クラスが見やすくなります。

COLUMN **特異クラスの取得方法とスコープの関係**

　動的に特異メソッドを定義する場合、「#singleton_class」を使います。通常の特異メソッド定義の場合は、「class << self … end」で特異クラスを開き、その中にメソッド定義を記述すればよいのですが、これはクラス定義になっているため、外側のローカル変数が見えなくなります。動的メソッド定義の場合は、特異クラスに対して、「Module#module_eval」(「Module#class_eval」)を使う必要があります。

　特異クラスの開き方とスコープの違いは、次のようになります。

```
a = 7           # => 7
class << self
  self          # => #<Class:#<Object:0x81b15a4>>
  a rescue $!
  # => #<NameError: undefined local variable or method `a'
  # =>     for #<Class:#<Object:0x81b15a4>>>
end
singleton_class.module_eval do
  self          # => #<Class:#<Object:0x81b15a4>>
  a             # => 7
end
```

585

■ SECTION-251 ■ 動的に特異メソッドを定義する

| COLUMN | 「class << self; self; end」というイディオム |

　Rubyにまだ「#singleton_class」がなかったころ、特異クラスオブジェクトを取得するために、「class << self; self; end」という書き方をしていました。特異クラス定義の中でselfを評価すれば、特異クラスオブジェクトが手に入るというわけです。

関連項目 ▶ ▶ ▶

- 特異メソッド・クラスメソッドについて ……………………………………………… p.138
- アクセサを使ってインスタンス変数をパブリックにする ……………………… p.548
- 変数を遅延初期化する ……………………………………………………………………… p.559
- オブジェクトに動的に特異メソッドを追加する ……………………………………… p.577
- 動的にメソッドを定義する ……………………………………………………………… p.580
- 文脈を変えてブロックを評価する ……………………………………………………… p.602

SECTION-252

動的にクラス・モジュールを定義する

ここでは、動的にクラス・モジュールを作成する方法を解説します。

SAMPLE CODE

```
# インスタンス変数を含むモジュールを作成する
module M
  def mult(x)
    @v * x
  end
end
# 無名クラスを作成する
klass = Class.new do
  # Mをインクルードする
  include M
  # インスタンス変数@vにアクセス可能にする
  attr_accessor :v
end
obj = klass.new  # => #<#<Class:0x97abeb8>:0x97abdc8>
obj.v = 7
obj.mult(10)      # => 70
```

ONEPOINT　動的にクラスを定義するには「Class.new」を使用する

　　動的にクラスを定義するには、「Class.new」を使用します。省略可能な第1引数には、スーパークラスを指定することができます。指定しない場合は通常のクラス定義と同様に、Objectのサブクラスになります。ブロックを付けると、クラス定義と同様に、新しく作成したクラスの文脈でブロックが評価されます。クラス作成後に「Module#module_eval」していると考えることもできます。

　　同様に、「Module.new」で動的にモジュールを定義することができます。モジュールはスーパークラスを指定することができないため、「Module.new」は引数を取りません。

　　このテクニックは、モジュールメソッドのテストに有効です。メソッド定義の中ではクラス定義ができないので、このテクニックを使わざるを得ません。

　　また、クラスを定義させるDSLでも使うことができます。

関連項目 ▶ ▶ ▶

- メソッド定義について p.109
- クラス・モジュール定義について p.126
- 動的にメソッドを定義する p.580
- 文脈を変えてブロックを評価する p.602
- 型付き構造体を表すDSLについて p.677

SECTION-253

メソッドを再定義する

ここでは、メソッドを再定義する方法を解説します。

SAMPLE CODE

```
class Greeting
  def hello()    "Hello!"    end
  def hi()       "Hi!"       end
  def good_bye() "Good bye!" end
end

# 直接メソッドを再定義する
class Greeting
  # method redefinedの警告を消す
  undef :hi
  def hi() "Hi Hi!" end
end
Greeting.new.hi
# => "Hi Hi!"

# prependを利用する
module Prepended
  def hello() "#{super} (prepended)" end
end
Greeting.prepend Prepended
Greeting.new.hello
# => "Hello! (prepended)"

# aliasで再定義する方法
class Greeting
  # 元のgood_byeメソッドをgood_bye_oldに保存する
  alias good_bye_old good_bye
  def good_bye() "#{good_bye_old} (redefined by alias)" end
end
Greeting.new.good_bye
# => "Good bye! (redefined by alias)"
```

■ SECTION-253 ■ メソッドを再定義する

ONEPOINT	元の定義を保持しつつメソッドを再定義するには「Module#prepend」を使用する

　Rubyのメソッドは、いつでも再定義できます。メソッドを丸ごと再定義するのはいたって簡単で、後でメソッドを定義するだけです。メソッドを再定義するときは、明示的に「undef」しておくと警告が出ません。

　しかし、元の定義を使って再定義する場合は、少し面倒です。最も簡単な方法は、モジュールを定義して「Module#prepend」を使用することです。元の定義は、「super」キーワードで呼び出すことができます。

　何らかの事情で「prepend」する機会がない場合は、明示的に元の定義を保存する必要があります。定義を保存するには「alias」キーワード（「alias_method」メソッドでも可）を使用します。

　再定義した後で、元に戻せるようにする方法は、《大きいオブジェクトをコンパクトに表示する》(p.619)を参照してください。

COLUMN	「Module#prepend」と継承ツリー

　「Module#include」では、引数のモジュール（モジュール「B」）がレシーバの継承ツリー上の、祖先側に挿入されます。一方で「Module#prepend」の場合は、引数のモジュール（モジュール「C」）は、子孫側に挿入されます。そのため、prependされるモジュールのメソッド内で「super」を呼び出すことで、prependする側のクラスのインスタンスメソッドを呼び出すことができます。

```ruby
class A
end

module B
end

module C
end

A.include B
A.prepend C

A.ancestors
# => [C, A, B, Object, Kernel, BasicObject]
```

589

SECTION-254

ブロックでクロージャー（無名関数）を作る

ここでは、Rubyでクロージャーを扱う方法を解説します。

SAMPLE CODE

```ruby
# 外側のローカル変数に対する挙動
outer = :outer
# メソッドは外側のローカル変数が見えない
def meth()  outer rescue $!  end
meth
# => #<NameError: undefined local variable or method `outer'
# =>     for main:Object>
[1].each do |x|
  outer  # => :outer
end
# ブロック付きメソッドのように外部のローカル変数が見える
f = lambda do
  outer  # => :outer
end
f.call  # => :outer
# 同じ処理を複数の場所に記述する場合
def cat(x)
  # 同じ処理を複数の場所に記述する場合は、Procを定義してそれを呼ぶとDRY原則を守れる
  action = lambda { puts "<#{x}> Meow" }
  action.call if x == 1
  action.call if x < 3
end
cat 0
# >> <0> Meow
cat 1
# >> <1> Meow
# >> <1> Meow
```

■ SECTION-254 ■ ブロックでクロージャー（無名関数）を作る

ONEPOINT 手続きオブジェクトは明示的にも作成できる

　Proc（手続きオブジェクト）は、ブロックをオブジェクトとして扱える形にしたものです。メ
ソッドのブロック引数から得ることができますが、明示的に作成することもできます。Proc
を作成するには、「Proc.new」「Kernel#proc」「Kernel#lambda」「-> 引数 {処理}」
のいずれかを使用します。

```
# lambda{|x,y| x+y } と等価
g = -> x,y { x+y }
g.(3,4)  # => 7
```

　Procを呼び出すには、「Proc#call」「Proc#[]」を使用します。後者は字面をメソッド
呼び出しと似せるために用意されています。

　Procは無名関数のようなものですが、メソッドとの決定的な違いは変数スコープです。
Procはブロックから生成されるので、Proc外部のローカル変数が見えます。Proc作成
時の文脈（ローカル変数、selfなど）を閉じ込めるため、クロージャーと呼ばれています。

COLUMN 「Proc.new」と「Kernel#lambda」の違い

　Procの作成方法はいろいろありますが、lambdaか否かで微妙に挙動が異なります。
「Kernel#lambda」の場合、引数の数のチェックが厳密になります。Procの引数の個
数と呼び出しの引数の個数が一致しないとエラーになります。それに対し、「Proc.new」
の場合は、引数の数をチェックしません。「Kernel#lambda」はメソッドに近く、「Proc.
new」はブロックに近いといえます。lambda→ラムダ式→関数と連想してみましょう。

```
# lambdaは厳密な引数チェックをする
f = lambda {|x,y| y}
f[1] rescue $!
# => #<ArgumentError: wrong number of arguments (given 1, expected 2)>
# Proc.newは引数をチェックしない
f = Proc.new {|x,y| y}
f[1] rescue $!  # => nil
```

　Proc内で「return」が呼び出されたときの挙動も異なります。「Proc.new」の場合は
普通にメソッドから抜け出しますが、「Kernel#lambda」の場合はメソッドではなく、Proc
から抜け出します。「Kernel#lambda」がメソッド寄りの性質を持つことを思い返せば、
合点がいく挙動です。Rubyは「return」をあまり記述しない言語だけに、この落とし穴に
は気を付けましょう。

```
def lambda_return
  # lambdaから抜ける
  lambda { return :return_from_lambda }.call
```

▼

■ SECTION-254 ■ ブロックでクロージャー（無名関数）を作る

```
  # => :return_from_lambda
  return :return_from_method
end
def proc_return
  # メソッドから抜ける
  Proc.new { return :return_from_Proc_new }.call
  # => :return_from_Proc_new
  return :return_from_method
end
lambda_return  # => :return_from_method
proc_return    # => :return_from_Proc_new
```

　「next」「break」はともにProcから抜け出しますが、「Proc.new」の場合は「break」で例外が発生します。Procから抜け出すには、「next」と覚えておきましょう。

COLUMN **クロージャーでデータを隠蔽する**

　Procは作成時にローカル変数を閉じ込めます。そのため、ローカル変数のスコープを抜けてもProcが生き残っている限り、そのローカル変数にアクセスすることができます。また、そのローカル変数に外部からアクセスするには「Kernel#eval」や「Binding#eval」という特殊な手段しかないため、事実上、外部から隠蔽されています。

　クロージャーを利用したカウンタは、次のようになります。「c1」と「c2」のProcは別々のスコープを保持しているので、それぞれ独立してカウントアップしていきます。

```
def counter() i=0;  lambda { i+=1 } end
c1 = counter         # => #<Proc:0x9ffcdc4@-:1 (lambda)>
c1.call              # => 1
c2 = counter         # => #<Proc:0x9ffca54@-:1 (lambda)>
c1.call              # => 2
c2.call              # => 1
c1.call              # => 3
# ((:Proc#binding:))でProcが保持している文脈を得る
eval "i", c1.binding  # => 3
eval "i=9999", c1.binding
c1.call              # => 10000
```

592

■ SECTION-254 ■ ブロックでクロージャー（無名関数）を作る

| COLUMN | Procに関する文法 |

Rubyでは「.(引数)」の形式で「call」メソッドを呼び出すことができます。「Proc#call」に特化しているわけではないので、Methodなどでも使うことができます。

```
f = lambda {|x| x*2}
f.(3)      # => 6
```

関連項目 ▶ ▶ ▶

- ● ブロック付きメソッドについて ……………………………………………… p.121
- ● ブロックを他のメソッドに丸投げする ………………………………………… p.596
- ● 文字列をRubyの式として評価する ……………………………………………… p.609

SECTION-255

メソッドオブジェクトを得る

ここでは、メソッドオブジェクトについて解説します。

SAMPLE CODE

```ruby
animals = %w[dog cat rabbit]
# animals.fetchをオブジェクトとして取り出す
fetch = animals.method(:fetch)   # => #<Method: Array#fetch>
# Methodオブジェクトを呼ぶ
fetch.call(0)                    # => "dog"
fetch[2]                         # => "rabbit"
# レシーバ、メソッド名、クラス名を得る
fetch.receiver                   # => ["dog", "cat", "rabbit"]
fetch.name                       # => :fetch
fetch.owner                      # => Array
# ブロック付きメソッドを呼ぶときはcallを使う必要がある。「map[] {~}」はSyntaxErrorになる
map = animals.method(:map)       # => #<Method: Array#map>
map.call {|x| x.upcase}          # => ["DOG", "CAT", "RABBIT"]
# 特異メソッド(クラスメソッド)の場合、Method#ownerは特異クラスを返す
IO.method(:read).owner           # => #<Class:IO>
class << IO; self; end           # => #<Class:IO>


# 引数によって呼び出すメソッドを切り替える例
def write_to_stdout() :stdout end
def send_to_printer() :printer end
def doit(command)  # commandメソッドを呼ぶ関数を定義する(Method版)
  m = method(command)            # => #<Method: Object#write_to_stdout>
  m.call
end
# write_to_stdout関数が呼ばれる
doit(:write_to_stdout)           # => :stdout
def doit2(command) # commandメソッドを呼ぶ関数を定義する(__send__版)
  __send__ command
end
# send_to_printer関数が呼ばれる
doit2(:send_to_printer)          # => :printer
```

■ SECTION-255 ■ メソッドオブジェクトを得る

ONEPOINT メソッドをオブジェクトとして扱うには「Kernel#method」を使用する

Rubyでは、メソッドをオブジェクトとして扱うことができます。ただし、クラス名のように名前を指定してすぐに扱えるわけではなく、「Kernel#method」を使用する必要があります。

メソッドオブジェクト（Methodクラス）はメソッドの実体だけでなく、レシーバも保持しています。Methodというクラス名からはわかりにくいかもしれませんが、レシーバのクラスではなくてレシーバそのものを持っています。Procと異なり、文脈（ローカル変数など）は保持しません。「Method#receiver」「Method#name」「Method#owner」などで保持している情報にアクセスすることができます。

Methodオブジェクトの呼び出す方法は、Procと同様に、「Method#call」（別名「Method#[]」）を使用します。

ただ、名前を指定して動的にメソッドを呼ぶケースでは、Methodオブジェクトよりも「BasicObject#__send__」を使う方が一般的でしょう。

COLUMN Methodはメソッドの実体をコピーする

Methodオブジェクトと「BasicObject#__send__」の役割は重なっていますが、両者はメソッドを再定義した場合の挙動が異なります。Methodオブジェクトはメソッドの名前ではなく、実体をコピーします。そのため、Methodオブジェクトを作成後にメソッドを再定義しても、Methodオブジェクトはオリジナルの定義を保持しています。

対して、「__send__」は名前を指定してメソッドを呼び出すため、再定義が反映されます。

```
def foo() :original end
m = method(:foo)
__send__ :foo    # => :original
undef :foo       # 警告消し
def foo() :redefined end
foo              # => :redefined
m[]              # => :original
__send__ :foo    # => :redefined
```

関連項目 ▶ ▶ ▶
- ● ブロックでクロージャー（無名関数）を作る …………………………………… p.590
- ● 名前を指定してメソッドを呼び出す …………………………………………… p.612

SECTION-256

ブロックを他のメソッドに丸投げする

ここでは、ブロックを他のメソッドに丸投げする方法を解説します。

SAMPLE CODE

```ruby
# Enumerable#mapで変換した結果をArray#joinでつなげるEnumerable#mapconcatを定義する例
module Enumerable
  # ブロックをmapに丸投げする
  def mapconcat(separator, &block)
    map(&block).join separator
  end
  # mapconcatと等価
  def mapconcat_yield(separator)
    map{|x| yield x }.join separator
  end
end
[1,2,3].mapconcat(",") {|x| x*x }        # => "1,4,9"
[1,2,3].mapconcat_yield(",") {|x| x*x }  # => "1,4,9"


# コンストラクタにブロックを付ける例
class X
  attr_accessor :v
  # 間違った例。yieldが呼び出し元の文脈で評価されるため、正しく動作しない
  def self.define_wrong()
    obj = new; obj.instance_eval { yield }; obj
  end
  # BasicObject#instance_evalにブロックを丸投げするのが正解
  def self.define_right(&block)
    obj = new; obj.instance_eval(&block); obj
  end
end
wrong = X.define_wrong do
  # Xのインスタンスの文脈で評価させるつもりが、呼び出し側の文脈で評価されている
  self                     # => main
  (self.v = :ok) rescue $!
  # => #<NoMethodError: undefined method `v=' for main:Object>
end
wrong                      # => #<X:0x9bced9c>
right = X.define_right do
  # Xのインスタンスの文脈で評価されている
  self                     # => #<X:0x9bce6bc>
  self.v = :ok
end
right                      # => #<X:0x9bce6bc @v=:ok>
```

596

■ SECTION-256 ■ ブロックを他のメソッドに丸投げする

ONEPOINT ブロックを他のメソッドに丸投げするにはブロック引数を指定する

ブロック引数を使うことでブロックをProcオブジェクトとして扱うことができます。さらに、受け取ったブロックをブロック引数で渡すことで、ブロックを丸投げすることができます。

関連項目 ▶ ▶ ▶

- ブロック付きメソッドについて ……………………………………………………… p.121
- ブロックでクロージャー（無名関数）を作る ……………………………………… p.590
- 文脈を変えてブロックを評価する ………………………………………………… p.602

SECTION-257

ブロックを簡潔に表現する

ここでは、ブロックを簡潔に記述する方法を解説します。

SAMPLE CODE

```ruby
s = "ball"
# Kernel#pをオブジェクトとして取り出す
p = method(:p)
# => #<Method: Object(Kernel)#p>

# p(s)と同様の効果なので「ball」と表示される
p[s]
# proc {|*x| p(*x)} と同様
p.to_proc
# => #<Proc:0xb7d9da0c (lambda)>

# 両者は等価なので、「ball」と表示される
s.tap {|x| p(x) }                      # => "ball"
s.tap(&p)                              # => "ball"
# 1~6のうち偶数のみを取り出す。両者は等価。「Symbol#to_proc」のおかげで簡潔に記述できる
(1..6).select {|x| x.even? }           # => [2, 4, 6]
(1..6).select(&:even?)                 # => [2, 4, 6]
# 文字列配列の要素を大文字にする。両者は等価
%w[cat tiger lion].map {|x| x.upcase } # => ["CAT", "TIGER", "LION"]
%w[cat tiger lion].map(&:upcase)       # => ["CAT", "TIGER", "LION"]
# 文字列配列の要素を整数配列にする
%w[1 10 100 1000].map(&:to_i)          # => [1, 10, 100, 1000]
"cat\ntiger\nlion\n".lines.to_a
# => ["cat\n", "tiger\n", "lion\n"]

# 改行を取り除いて、各行を得る
"cat\ntiger\nlion\n".lines.map(&:chomp) # => ["cat", "tiger", "lion"]
```

■ SECTION-257 ■ ブロックを簡潔に表現する

| ONEPOINT | 無引数メソッド呼び出しのみのブロックを簡潔に記述するには |
| | ブロック引数にシンボルを指定する |

　ブロック付きメソッドにブロック引数を渡すと、ブロック引数をブロックと見立てることがで
きます。ブロック引数のほとんどの用途はブロック引数で受け取ったブロックをさらに他の
メソッドに丸投げすることですが、本当はより多くの用途でも使うことができます。

　ブロック引数には通常はProcを指定しますが、他のオブジェクトを指定することもでき
ます。この際、メソッド呼び出し時に「#to_proc」メソッドによって暗黙的にProcに変換さ
れます。「#to_proc」が定義されているクラスは非常に少ないです。

　「Method#to_proc」は、self(Methodオブジェクト)を引数として呼び出すProcを作
成します。つまり、「lambda ｛|*x| レシーバ.メソッド(*x)｝」です。ブロック引数との連携
はかなり強引なので、ほとんど使われないでしょう。

　「Symbol#to_proc」は、シンボルをメソッド名として呼ぶProcを作成します。つまり「proc
｛|x,*args| x.シンボル名 *args｝」です。シンボルをブロック引数に指定すると、無引数メ
ソッド呼び出しのみのブロックを指定したのと同じ効果になります。「Enumerable#map」や
「Enumerable#select」を、より簡潔に記述することができます。

関連項目 ▶ ▶ ▶

- 各要素に対してブロックの評価結果の配列を作る(写像) ………………………… p.374
- 条件を満たす要素をすべて求める ……………………………………………………… p.384
- ブロックを他のメソッドに丸投げする ………………………………………………… p.596

SECTION-258

抽象メソッドを定義する

Javaにはサブクラスで定義されるべきメソッドを、抽象メソッドという形で宣言することができます。ここでは、Rubyで抽象メソッドを実現する方法を解説します。

SAMPLE CODE

```ruby
# 抽象クラスの例
# スーパークラスに抽象メソッドhogeを宣言する
# インスタンスはサブクラスから作られるという意思表示にもなる
class Base
  def hoge(x)
    # 例外を発生させる
    raise NotImplementedError, "hoge is not implemented"
  end
end
# サブクラスでhogeメソッドを実装する
class Concrete < Base
  def hoge(x) x*2 end
end
# 抽象メソッドなのでNotImplementedError例外が発生する
begin
  Base.new.hoge(3)
rescue NotImplementedError
  $! # => #<NotImplementedError: hoge is not implemented>
end
# サブクラスからは呼び出し可能
Concrete.new.hoge(3)              # => 6


# インターフェイスの例
# モジュールで抽象メソッドを宣言すると、Javaのinterfaceみたいな感じになる
module Interface
  def foo
    raise NotImplementedError, "foo is not implemented"
  end
  def bar
    raise NotImplementedError, "bar is not implemented"
  end
end
class Implementation
  # fooとbarが抽象メソッドになる
  include Interface
  def bar() :implemented  end
end
```

■SECTION-258■ 抽象メソッドを定義する

```
# このようにして実装不足が発見できる
begin
  Implementation.new.foo
rescue NotImplementedError
  $! # => #<NotImplementedError: foo is not implemented>
end
Implementation.new.bar              # => :implemented
```

HINT

Javaの抽象メソッドとは、スーパークラスでメソッドの引数と返り値の型のみを宣言し、サブクラス
で実際の処理を記述させる機能です。抽象メソッドを含むクラスは抽象クラスとなり、インスタンス
化はできません。抽象メソッドの中身をサブクラスに記述することを「実装する」といいます。

ONEPOINT **サブクラスで定義されるべきメソッドを表現するには
「NotImplementedError」を利用する**

サブクラスで実装されるメソッドを宣言したいことがあります。Javaでいう抽象メソッドで
す。Rubyには抽象メソッドという概念はありませんが、「NotImplementedError」例外
を発生させるメソッドを定義することで実現できます。ただし、型チェックは行われません。

抽象メソッドのみが含まれるモジュールを作成すると、Javaでいうインターフェイスを実
現することができます。そのモジュールをインクルードしたクラス・モジュールは、抽象メソッ
ドを実装する義務が生じます。

サブクラスで実装されない抽象メソッドを呼び出すと「NotImplementedError」例外
を起こすので、実装漏れを発見しやすくなります。また、「このメソッドは抽象メソッドであ
る」というプログラマーの意図がわかります。

関連項目 ▶ ▶ ▶

● Mix-inについて ……………………………………………………………… p.135
● 動的にメソッドを定義する …………………………………………………… p.580

601

SECTION-259

文脈を変えてブロックを評価する

ここでは、文脈を変えてコードを評価する方法を解説します。

SAMPLE CODE

```
class A
  def initialize(x)  @x = x end
  private
  def private_meth()  @x * 2 end
end
class B
  def initialize(a)  @a, @v = a, 3  end
  def test          # 文脈を変える実験
    self            # => #<B:0xb7d5dce0 @v=3, @a=#<A:0xb7d5df9c @x=5>>
    a = @a          # => #<A:0xb7d5df9c @x=5>
    # instance_eval内に今のselfの情報を持ち込むにはあらかじめローカル変数に代入する
    v = @v
    # ここだけaの文脈になる
    a.instance_eval do
      # selfがaにすり変わった。この時点で外側のselfは見えない
      self          # => #<A:0xb7d5df9c @x=5>
      # aのインスタンス変数@xにアクセスする
      @x            # => 5
      # instance_eval内ではプライベートメソッドも呼び出せる
      private_meth  # => 10
      # 外側のselfのインスタンス変数を持ち込んだ。
      v             # => 3
      # instance_eval内でのメソッド定義は特異メソッドとなる
      def smeth() :singleton_method end
    end
    self            # => #<B:0xb7d5dce0 @v=3, @a=#<A:0xb7d5df9c @x=5>>
    # smethはaの特異メソッドになっている
    a.smeth         # => :singleton_method
    a2 = A.new 8    # => #<A:0xb7d5c304 @x=8>
    a2.smeth rescue $!
    # => #<NoMethodError: undefined method `smeth' for
    #        #<A:0xb7d5c304 @x=8>>
    # instance_evalはブロックの代わりに文字列を指定できる
    a.instance_eval "private_meth" # => 10
    # ここだけクラスAの文脈になる
    A.module_eval do
      self              # => A
      # module_eval内でのメソッド定義はインスタンスメソッドとなる
      def imeth() :instance_method end
    end
```

■ SECTION-259 ■ 文脈を変えてブロックを評価する

```
  # インスタンスメソッドなのでAオブジェクトならば呼び出せる
  a.imeth              # => :instance_method
  a2.imeth             # => :instance_method


  # ここだけクラスオブジェクトAの文脈になる
  A.instance_eval do
    # selfはクラスオブジェクトAになる。
    self               # => A


    def cmeth() :class_method end   # クラスメソッド定義
  end
  A.respond_to? :cmeth  # => true
  A.cmeth              # => :class_method
  end
end
a = A.new 5  # => #<A:0xb7d5df9c @x=5>
b = B.new a  # => #<B:0xb7d5dce0 @v=3, @a=#<A:0xb7d5df9c @x=5>>
b.test
```

ONEPOINT 　**文脈を変えてコードを評価するには「BasicObject#instance_eval」や「Module#module_eval」を使用する**

　Rubyスクリプト中のすべての式は、デフォルトのレシーバ(self)を持っています。関数的メソッド呼び出しやインスタンス変数のアクセスなどは、現在のselfが対象となります。しかし、まれにselfをすり替えたいことがあります。特定のオブジェクトの文脈でコードを評価するには、「BasicObject#instance_eval」を使用します。コードはブロックか文字列で指定します。「instance_eval」の中でのメソッド定義は、特異メソッド定義となります。

　また、特定のモジュール(クラス)の文脈でコードを評価するには、「Module#module_eval」を使用します。「module_eval」の中ではクラス・モジュール定義であるかのように評価されます。「module_eval」の別名は、「Module#class_eval」です。

　ブロック内部ではselfが変更されます。元のselfを参照するには、外側で変数に代入しておく必要があります。selfが変更されるため、インスタンス変数の所属も変更されます。

　これらは、Rubyの柔軟性を発揮する大切なメソッドです。思い通りのDSLを作成したければ、しっかりマスターしましょう。

■ SECTION-259 ■ 文脈を変えてブロックを評価する

| COLUMN | 「Module#define_method」とメソッド定義は同一ではない |

　モジュールオブジェクトについて「instance_eval」したとき、その中でのメソッド定義は特異メソッドになりますが、「define_method」でメソッドを定義した場合はインスタンスメソッドになります。なぜなら、「define_method」はインスタンスメソッドを定義するメソッドだからです。

```
Object.instance_eval do
  def smeth() :singleton end
  define_method(:imeth) { :instance }
end
Object.smeth        # => :singleton
Object.new.imeth    # => :instance
```

関連項目 ▶ ▶ ▶

- 動的にメソッドを定義する ……………………………………………………… p.580
- 文脈を変えて引数付きでブロックを評価する …………………………………… p.605
- 文字列をRubyの式として評価する ……………………………………………… p.609

SECTION-260

文脈を変えて引数付きでブロックを評価する

　ここでは、ブロックパラメータを渡しつつ「BasicObject#instance_eval」を実行する方法を解説します。

SAMPLE CODE

```ruby
# Enumerable#each_with_indexのようなメソッドを実装する
class Array
  def my_each_with_index(&block)          # each_with_indexの同等品
    length.times {|i| yield self[i], i }
  end
  def instance_eval_each_with_index(&block) # selfを変えるeach_with_index
    length.times {|i| instance_exec(self[i], i, &block) }
  end
end
a = [:foo, :bar]
# selfはすり替わらない
a.my_each_with_index do |x,i|
  self    # => main, main
  [x, i]  # => [:foo, 0], [:bar, 1]
end
# selfはaにすり替わる
a.instance_eval_each_with_index do |x,i|
  self    # => [:foo, :bar], [:foo, :bar]
  length  # => 2, 2
  [x, i]  # => [:foo, 0], [:bar, 1]
end

# メソッド定義の例
Object.instance_exec(1) do |x|
  x       # => 1
  # Objectの特異メソッド(クラスメソッド)を定義する
  def cmeth() :class_method end
  self    # => Object
end
Object.module_exec(1) do |x|
  x       # => 1
  # Objectのインスタンスメソッドを定義する
  def imeth() :instance_method end
  self    # => Object
end
Object.cmeth        # => :class_method
Object.new.imeth    # => :instance_method
```

605

■ SECTION-260 ■ 文脈を変えて引数付きでブロックを評価する

ONEPOINT 「BasicObject#instance_eval」にブロックパラメータを渡すには
「BasicObject#instance_exec」を使用する

「BasicObject#instance_eval」は、selfをすり替えてブロックを評価することができま
す。しかし、ブロックに引数を渡すことはできません。「BasicObject#instance_exec」
ならば、それが可能になります。

「BasicObject#instance_exec」の使い所は、ブロック引数でブロックを受け取って
引数とともにブロックを評価する場合です。yieldと異なる点は、selfがすり替わることで
す。ブロックを使ったDSLを定義する場合にも、応用範囲が広がります。

COLUMN 「Module#module_exec」と「Module#class_exec」

「BasicObject#instance_eval」に「BasicObject#instance_exec」が対応しているよ
うに、「Module#module_eval」(Module#class_eval)には「Module#module_exec」
(Module#class_exec)が対応しています。

関連項目 ▶ ▶ ▶

● ブロックを他のメソッドに丸投げする ……………………………………………… p.596
● 文脈を変えてブロックを評価する ………………………………………………… p.602
● ブロックを使ってDSLを構築する ………………………………………………… p.666

SECTION-261

似たようなメソッドをまとめて定義する

ここでは、似たようなメソッドをまとめて定義する方法を解説します。

SAMPLE CODE

```
class Module
  def def_each(*methods, &block) # 連続的にメソッドを定義するメソッド
    # 引数に指定された各々のシンボルに対して、
    methods.each do |meth|
      # メソッドを定義する
      define_method(meth) do |*args|
        # ブロックをメソッドの文脈で評価する
        instance_exec(meth, *args, &block)
      end
    end
  end
end

class TrafficSignal # 信号機クラス
  # TrafficSignal#red、TrafficSignal#yellow、TrafficSignal#greenを定義する
  def_each :red, :yellow, :green do |state|
    @state = state
  end
  # TrafficSignal#red?、TrafficSignal#yellow?、TrafficSignal#green?を定義する
  def_each :red?, :yellow?, :green? do |predicate|
    # predicateはシンボルなので文字列化して末尾の「?」を取り、シンボル化する
    state == predicate.to_s.chop.to_sym
  end
  def initialize() green end
  attr_reader :state
end
s = TrafficSignal.new
s.state      # => :green
s.yellow     # => :yellow
s.yellow?    # => true
s.red?       # => false
```

■ SECTION-261 ■ 似たようなメソッドをまとめて定義する

ONEPOINT	似たようなメソッドをまとめて定義するには 「Module#def_each」を定義する

　似たようなメソッドを定義するには、「Module#define_method」で動的に定義するの
が有効です。ここでは具象クラス(サンプルでは「TrafficSignal」)に「define_method」
を記述するのではなく、複数のメソッドをまとめて定義する「Module#def_each」を定義
してみます。こうすることで、具象クラスがすっきりして読みやすくなります。ただし、この
定義では、ブロック付きメソッドをまとめて定義することはできません。

　「Module#def_each」は、定義するメソッド名を複数の引数で指定します。ブロックパ
ラメータは、メソッド名とメソッドの引数が渡ります。

関連項目 ▶ ▶ ▶

- ●文字列の最後の文字・改行を取り除く ……………………………………………… p.215
- ●文字列とシンボルを変換する ………………………………………………………… p.278
- ●アクセサを使ってインスタンス変数をパブリックにする ……………………………… p.548
- ●動的にメソッドを定義する ……………………………………………………………… p.580
- ●文脈を変えてブロックを評価する ……………………………………………………… p.602
- ●文脈を変えて引数付きでブロックを評価する ………………………………………… p.605

SECTION-262

文字列をRubyの式として評価する

ここでは、文字列をRubyの式として評価する方法を解説します。

SAMPLE CODE

```
a = 1
# 現在の文脈で式を評価する
eval "a"                    # => 1
eval "a+2"                  # => 3
eval "a", binding           # => 1
# bindの文脈でのaの値を得る。両者は等価
def func1(bind)
  eval "a", bind
end
def func2(bind)
  bind.eval "a"
end
# ブロック呼び出し元の文脈でのaの値を得る
def func3(&block)
  eval "a", block.binding
end
def func4(&block)
  block.binding.eval "a"
end
# 「binding」関数で現在の文脈を渡すことができる
func1 binding               # => 1
func2 binding               # => 1
# ブロックはBindingを保持しているので文脈をメソッドに伝えることができる
func3 {}                    # => 1
func4 {}                    # => 1
# evalでローカル変数を定義しても有効にはならない
eval "b=3"
eval "b" rescue $!
# => #<NameError: undefined local variable or method `b' for
# =>       main:Object>
b rescue $!
# => #<NameError: undefined local variable or method `b' for
# =>       main:Object>
# 文字列"str"の文脈でlengthメソッドを評価する
"str".instance_eval "length"  # => 3
# Array#lengthの定義をArray#my_lengthにコピーする
Array.module_eval "alias :my_length :length"
[1,2].my_length             # => 2
```

■ SECTION-262 ■ 文字列をRubyの式として評価する

ONEPOINT 文字列をRubyの式として評価するには「Kernel#eval」を使用する

Rubyは実行中に、動的に文字列をRubyスクリプトとして実行することができます。eval族と呼ばれるこの機能は、Rubyなどのスクリプト言語の大きな特徴です。とても強力な反面、濫用は避けるべきです。他の手段で目的が達成できるのならば、eval族を使わないでください。

文字列をRubyの式として評価するには、「Kernel#eval」を使用します。省略可能な第2引数はBindingを指定します。Bindingは現在の文脈を保持したオブジェクトで、「Kernel#binding」か「Proc#binding」で得ることができます。そのため、明示的にBindingを渡すか、Procを渡すか、ブロック付きメソッドにするかで、呼び出し元の文脈で式を評価できるようになります。ブロックをブロック引数で受け取るとProcになるので、そのようなことが可能になります。

Bindingではなく、特定のインスタンスの文脈で評価するには「BasicObject#instance_eval」を、特定のモジュール・クラスの文脈で評価するには「Module#module_eval」を使用します。

COLUMN 複数行の文字列を評価する場合は
ファイル名と行番号を設定しておくべき

eval族では、しばしばヒアドキュメントと組み合わせて複数行のコードを評価します。たとえば、式展開でコードを埋めていきながら動的にメソッドを定義する場合です。しかし、eval族によって定義されたメソッドでの例外発生位置がわからなくなるという欠点があります。

```
meth = "foo"      # 1
eval <<"EOF"      # 2
def #{meth}       # 3
  x               # 4
end               # 5
EOF
foo               # 7
# ~> (eval):2:in `foo': undefined local variable or method `x' for
#       main:Object (NameError)
# ~>    from error.rb:7
```

エラーメッセージの「(eval):2」は、「eval」で定義された2行目という意味です。しかし、プログラマーは「4行目でエラーが発生した」という事実が知りたいのです。それには、「Kernel#eval」の省略可能な第3引数、第4引数でファイル名と行番号を渡します。なお、疑似変数「__FILE__」は、現在、実行中のファイル名で、「__LINE__」は行番号です。

■ SECTION-262 ■ 文字列をRubyの式として評価する

　ヒアドキュメントの場合、行番号は「__LINE__+1」としないとずれてしまいます。「<<
識別子」の部分から文字列リテラルが始まるとみなされるので、3行目が2行目にあるもの
と認識されます。

```
meth = "foo"      # 1
eval <<"EOF", binding, __FILE__, __LINE__+1
def #{meth}       # 3
  x               # 4
end               # 5
EOF
foo               # 7
# ~> error.rb:4:in `foo': undefined local variable or method `x' for
#        main:Object (NameError)
# ~>   from error.rb:7
```

　ファイルの内容をevalするには、「eval File.read(ファイル名), binding, ファイル名」と
記述します。この場合は、ファイル名を与えているだけです。
　「BasicObject#instance_eval」「Module#module_eval」では同様のテクニックで、
省略可能な第2引数・第3引数にファイル名と行番号を渡します。

関連項目 ▶ ▶ ▶

● ヒアドキュメントについて ･･･p.192
● ブロックでクロージャー（無名関数）を作る ･･p.590
● ブロックを他のメソッドに丸投げする ･･p.596
● 文脈を変えてブロックを評価する ･･p.602

SECTION-263

名前を指定してメソッドを呼び出す

ここでは、名前を指定してメソッドを呼び出す方法を解説します。

```
$ ruby send.rb print foo bar baz
Print:foo, bar, baz
$ ruby send.rb list 1
List:1
$ ruby send.rb undefined
send.rb:7:in `<main>': undefined method `do_undefined' for main:Object (NoMethodError)
$
```

SAMPLE CODE

```ruby
# send.rb
# コマンドラインの第1引数にprintを指定した場合に実行するメソッド
def do_print(*args)  puts "Print:#{args.join ', '}"  end
# コマンドラインの第1引数にlistを指定した場合に実行するメソッド
def do_list(*args)   puts "List:#{args.join ', '}"   end
# 呼ぶメソッドをコマンドラインの第1引数で分岐する。
# 第1引数の頭に「do_」を付けたメソッドを呼ぶ。残りのコマンドライン引数をそのメソッドに渡す
__send__ "do_#{ARGV.first}", *ARGV[1..-1]
```

ONEPOINT | 名前を指定してメソッドを呼び出すには
「BasicObject#__send__」を使用する

文字列やシンボルで名前を指定してメソッドを呼び出すには、「BasicObject#__send__」を使用します。

別名の「send」でも可能ですが、再定義される可能性を考えると、「__send__」を使うべききです。

サンプルのように呼び出すメソッドをコマンドラインで指定することは、お手軽プログラミングではよく行います。また、クラス内でメソッドを分岐する場合にも有用です。

■ SECTION-263 ■ 名前を指定してメソッドを呼び出す

COLUMN	呼び出すメソッドを「case」式で分岐する処理が出てきたら 「BasicObject#__send__」を使うチャンス

　サンプルでは「do_○○○」なメソッドを定義して「BasicObject#__send__」で呼び出していますが、「__send__」を「case」式に置き換えると、次のようになります。

```
case ARGV.first
when 'print' then do_print *ARGV[1..-1]
when 'list'  then do_list *ARGV[1..-1]
end
```

　しかし、この場合には、次のデメリットがあります。
- 処理用メソッドが増えると、when節を追加する必要がある。
- when節を見ると、処理名以外みな同じになっている。

　前者は、処理用メソッドを実装したにもかかわらず、追加を忘れてしまった場合に動かないというミスを誘発してしまいます。後者は同じような行の繰り返しになるので、DRY原則に反します。動的にメソッドや関数を呼び出せない言語で、このような分岐を記述せざるを得ない局面に遭遇した場合には、コードジェネレータで生成するテクニックがあります。
　しかし、Rubyだとコードジェネレータのような大がかりな仕組みは不要で、「『do_処理名』なメソッドは処理用メソッドなので、処理名に該当する処理用メソッドを呼び出せ!」と指示するだけで済みます。実際のコードで上記のようなコードを見かけた場合や、記述したくなった場合は、「BasicObject#__send__」を使ってみてください。処理を増やす場合は処理用メソッドを定義するだけなので、保守性が上がります。Rubyの動的な性質を利用した解決法です。

CHAPTER 13　クラス・モジュール・オブジェクト

SECTION-264

名前を指定して定数の値を得る

ここでは、名前を指定して定数の値を得る方法を解説します。

SAMPLE CODE

```
# IOクラスに定数SEEK_CURが定義されている
IO::SEEK_CUR              # => 1
# IOを継承したFileクラスからもアクセスできる
File::SEEK_CUR           # => 1
# const_getで名前を指定して定数の値を得る
IO.const_get(:SEEK_CUR)      # => 1
File.const_get(:SEEK_CUR)  # => 1
# const_getの第2引数にfalseを指定すると、そのクラスで定義された定数にしかアクセスできない
File.const_get(:SEEK_CUR, false) rescue $!
# => #<NameError: uninitialized constant File::SEEK_CUR>
# ネストした定数もアクセスできる
Object.const_get("File::SEEK_CUR") # => 1

# 名前で指定した定数を使ってオブジェクトを作成する
range = Object.const_get("Range").new(1, 3) # => 1..3
range.class                        # => Range
```

ONEPOINT 名前を指定して定数の値を得るには「Module#const_get」を使用する

シンボルや文字列で名前を指定して定数の値を得るには、「Kernel#eval」ではなく、「Module#const_get」を使用します。

クラスはクラスオブジェクトを定数に格納しているので、「Module#const_get」でクラスオブジェクトを得て、そこからインスタンスを作成することができます。

関連項目 ▶ ▶ ▶

- 文字列を分割する ………………………………………………………………… p.270
- 合計を計算する ……………………………………………………………………… p.381
- 文字列をRubyの式として評価する ………………………………………… p.609

SECTION-265

名前を指定してインスタンス変数を読み書きする

ここでは、インスタンス変数を外から読み書きする方法を解説します。

SAMPLE CODE

```ruby
require 'forwardable'
class Stack                        # スタッククラス
  # スタックの状態を表現するための配列は内部でのみ利用されるので公開されていない
  def initialize()  @ary = []  end
  # スタックの操作「push」「pop」「empty?」「peek」を委譲を用いて定義する
  extend Forwardable
  def_delegators(:@ary, :push, :pop, :empty?)
  def_delegator(:@ary, :last, :peek)
end
stack = Stack.new
stack.push 1
# インスタンス変数が定義されているときにtrueを返す
stack.instance_variable_defined? :@ary  # => true
# そのときのスタックの状態を見る
stack.instance_variable_get :@ary        # => [1]
stack.push 2
stack.instance_variable_get :@ary        # => [1, 2]
stack.pop                                # => 2
stack.pop                                # => 1
stack.instance_variable_get :@ary        # => []
# スタックの状態を無理やり変更する
stack.instance_variable_set :@ary, [1,2,3]
stack.pop                                # => 3
```

CHAPTER 13 クラス・モジュール・オブジェクト

■ SECTION-265 ■ 名前を指定してインスタンス変数を読み書きする

| ONEPOINT | オブジェクトのインスタンス変数を外から参照するには「Kernel#instance_variable_get」を使用する |

　オブジェクト指向の原則「カプセル化」とは、外部に対しては最低限のインターフェイスのみを公開し、実装の詳細は隠蔽することです。そうすることで実装を自由に変更できます。サンプルのスタッククラスでは4つの操作のみが公開されていて、インスタンス変数「@ary」は公開されていません。外部から「@ary」を操作するのは、カプセル化の原則に反します。

　それでも外部からインスタンス変数に、直接、アクセスする方法は用意されています。インスタンス変数を参照するには、「Kernel#instance_variable_get」を使用します。引数にはインスタンス変数名をシンボルか文字列で指定しますが、「Module#attr_reader」などと異なり、「@」を付けます。インスタンス変数を設定するには、「Kernel#instance_variable_set」を使用します。インスタンス変数が定義されているかどうかは、「Kernel#instance_variable_defined?」で調べられます。

　これらのメソッドの用途は、主にテスト・デバッグ時とメタプログラミングです。メタプログラミングの例として《デフォルト値付きのアクセサを定義する》(p.551)があります。「attr」系のメソッドを自作する場合は、インスタンス変数に、直接、アクセスする必要があります。

関連項目 ▶ ▶ ▶

- 配列をスタックとして使う ……………………………………………………… p.348
- アクセサを使ってインスタンス変数をパブリックにする ……………………… p.548
- デフォルト値付きのアクセサを定義する ……………………………………… p.551
- メソッドを委譲する …………………………………………………………… p.571

SECTION-266

終了直前に実行する処理を記述する

ここでは、スクリプト終了直前に実行する処理を指定する方法を解説します。

SAMPLE CODE

```
# at_exitによる終了処理
at_exit { puts "at_exit 1" }
at_exit { puts "at_exit 2" }
# EXIT疑似シグナルによる終了処理
Signal.trap(:EXIT) { puts "trap :EXIT 1" }
Signal.trap(:EXIT) { puts "trap :EXIT 2" } # シグナルハンドラを上書き
# ENDブロックによる終了処理
END { puts "END exit 1" }
END { puts "END exit 2" }
begin
  exit
# exitによって終了したときはSystemExitを発生させる
rescue SystemExit
  puts "rescue SystemExit"
end
# >> rescue SystemExit
# >> trap :EXIT 2
# >> END exit 2
# >> END exit 1
# >> at_exit 2
# >> at_exit 1
```

ONEPOINT スクリプト終了直前に実行させるには「Kernel#at_exit」などを使用する

スクリプト終了時に実行する処理を登録する方法は、いろいろあります。最も代表的な方法は、「Kernel#at_exit」によるものです。「at_exit」はブロックのみを取ります。

また、ENDブロックでも終了処理を記述することができます。ただし、ループの中で記述したときは、最初の1回のみが登録されます。

「at_exit」とENDはともに、複数個、指定することもできます。このとき、登録順とは逆順に実行されます。登録した処理を取り消すことはできません。

他にも「Signal#trap」(「Kernel#trap」は非推奨)で、疑似シグナル「EXIT」を指定することでも終了処理を記述することができます。実行されるタイミングは、END、「at_exit」の前です。これらはすべて、例外発生時にも実行されます。

「Kernel#exit」によって終了したときは「SystemExit」例外を発生させるため、「begin」式でも終了処理を記述できます。

「at_exit」とENDといった処理をまったく行わずにプログラムを終了するメソッドとして「Kernel#exit!」があります。「Kernel#exit!」は「SystemExit」例外も発生させません。

617

■ SECTION-266 ■ 終了直前に実行する処理を記述する

```
at_exit { puts "at_exit 1" }
Signal.trap(:EXIT) { puts "trap :EXIT 1" }
END { puts "END exit 1" }
begin
  exit!(true)
rescue SystemExit
  puts "rescue SystemExit"
end
# プログラムは`exit!`により即座に終了するため、
# 何も表示されない
```

COLUMN　リソース使用開始時に終了処理を記述する

　スクリプトの最後尾に終了処理を記述することもできますが、リソースを使い始めたときに「at_exit」などで後片付けを記述しておくと見通しがよくなります。

　一時ファイルの作成はTempfileでもできますが、Tempfileはファイル名を指定できない欠点があります。

```
require 'tmpdir'       # 一時ディレクトリを返すDir.tmpdirを定義している
tmp_script = File.join(Dir.tmpdir, "foo.rb") # => "/tmp/foo.rb"
open(tmp_script, "w") do |f|
# スクリプト終了直前に一時ファイルを消す。
  at_exit { File.unlink tmp_script }
  f.puts "puts 'hoge'"
end
# 一時ファイルを外部コマンド(ruby)が使用する
system "ruby", tmp_script
# >> hoge
```

関連項目 ▶ ▶ ▶

- ●例外処理・後片付けについて ……………………………………………… p.152
- ●一時ファイルを作成する ……………………………………………………… p.473
- ●外部コマンドを実行する ……………………………………………………… p.507
- ●シグナルを捕捉する ………………………………………………………… p.513
- ●ワンライナーでフィルタを記述する ………………………………………… p.520

SECTION-267

大きいオブジェクトをコンパクトに表示する

ここでは、大きいオブジェクトをコンパクトに表示する方法を解説します。

SAMPLE CODE

```ruby
require 'pp'
class Module
  def enable_short_inspect(&block) # 短縮名を有効にする
    # 元のinspect、pretty_printメソッドをインスタンス変数に退避する
    # すでに退避されていれば何もしない
    @__inspect__ ||= instance_method(:inspect)
    @__pp__ ||= instance_method(:pretty_print)
    if block
      # ブロック付きならばその内容のinspectメソッドを定義する
      define_method(:inspect, &block)
    else
      # デフォルトの短縮形を定義する
      define_method(:inspect) { "#<#{self.class}>" }
    end
    # pretty_printの定義はObject#pretty_printにする
    pretty_print = Object.instance_method(:pretty_print)
    define_method(:pretty_print, pretty_print)
  end

  def disable_short_inspect      # 短縮名を無効にする
    # inspectを元(__inspect__)に戻す
    define_method(:inspect, @__inspect__)
    define_method(:pretty_print, @__pp__)
  end
end

class X; end
x = X.new        # => #<X:0x8b24168>
# inspectを短縮名にする
X.enable_short_inspect
x                # => #<X>
# inspectを元に戻す
X.disable_short_inspect
x                # => #<X:0x8b24168>

# フィールドの多い構造体の例
Person = Struct.new :name, :age, :job, :location, :tel
tom = Person.new "Tom", 18, "programmer", "London", "123-254-4758"
# => #<struct Person name="Tom", age=18, job="programmer",
# =>     location="London", tel="123-254-4758">
```

619

■ SECTION-267 ■ 大きいオブジェクトをコンパクトに表示する

```ruby
# 名前だけ表示する
Person.enable_short_inspect { "P:#{name}" }
tom                    # => P:Tom
X.enable_short_inspect
[:id, [tom, x]]  # => [:id, [P:Tom, #<X>]]
# ppにも対応している
pp [:id, [tom, x]]
# >> [:id, [P:Tom, #<X>]]
```

ONEPOINT **大きいオブジェクトをコンパクトに表示するには
不要なオブジェクトを短縮形にする**

　大きいオブジェクト(たとえば大きなサイズの配列、ネストした配列、インスタンス変数の多いオブジェクトなど)を「Kernel#p」や「Kernel#pp」で表示すると、表示がとてつもなく長くなってしまい、見にくくなってしまいます。それでもデバッグ時には、そのオブジェクトとにらめっこしなければなりません。

　大きいオブジェクトを見るときは、特定の部分がどうなっているかなどの観点を持って見ています。当然、無視すべきオブジェクトが出てきます。無視すべきオブジェクトは短い文字列で表示してくれると、かなり見やすくなります。

　オブジェクトの表示するときは、「inspect」メソッドで文字列化します。短縮表示してほしいクラスは、そのクラスの「inspect」メソッドを再定義してしまえばいいです。直接、再定義してもいいですが、サンプルではより踏み込んだアプローチで、元に戻せるようにしています。

　また、デフォルトの短縮形は「#<クラス名>」ですが、自分で短縮形を定義できるようにもしています。これにより、一部のインスタンス変数のみを見たい場合にも対応できます。

COLUMN **UnboundMethodからメソッドを定義する**

　「Module#define_method」の第2引数にUnboundMethodを渡すと、そのメソッド定義になります。このテクニックでメソッドの中身をコピーしたり入れ替えたりすることができます。

```ruby
class Object
  print = instance_method(:print)
  # => #<UnboundMethod: Object(Kernel)#print>
  # Object#print2 の定義は Kernel#print
  define_method(:print2, print)
end
print2 "This is Kernel#print\n"
# >> This is Kernel#print
```

■ SECTION-267 ■ 大きいオブジェクトをコンパクトに表示する

関連項目 ▶ ▶ ▶

- オブジェクトの文字列表現について ……………………………………………… p.174
- オブジェクトを表示する ………………………………………………………… p.175
- 変数を遅延初期化する …………………………………………………………… p.559
- 動的にメソッドを定義する ……………………………………………………… p.580
- メソッドオブジェクトを得る …………………………………………………… p.594

SECTION-268

セキュリティチェックについて

❖ セキュリティと汚染マーク

Rubyでは安全なWebプログラミングなどを助けるために、セキュリティチェックを行うことができます。セキュリティチェックは、汚染マークとセーフレベルで成り立っています。

▶ 汚染マーク

Rubyのオブジェクトには、「汚染マーク」というフラグがあります。ARGVの要素、環境変数、「IO#read」の結果という外部からの入力は汚染されています。なぜなら、外部からは悪意のある入力がされる可能性があるからです。

汚染マークは、自分で設定・解除することができます。汚染マークを取り除く際には、細心の注意を払ってください。浄化するということはRubyのセキュリティチェックを欺いているので、安全が保証された場合以外は浄化してはいけません。

```ruby
open("taint.rb") do |io|
  # ファイルの中身は汚染されている
  s = io.read
  s.tainted?          # => true
  # 内部のオブジェクトは汚染されていない
  t = "!"
  t.tainted?          # => false
  # 汚染は伝播する
  (s + t).tainted?    # => true
end
# 環境変数は汚染されている
ENV['USER'].tainted? # => true
# Kernel#taintでオブジェクトを汚染させる
s = "xxx".taint
s.tainted?           # => true
# Kernel#untaintでオブジェクトを浄化(汚染マークを取り除く)する
s.untaint
s.tainted?           # => false
# freezeされたオブジェクトは汚染マークの変更もできない
s.freeze
s.taint rescue $!    # => #<RuntimeError: can't modify frozen String>
```

▶ セーフレベル

Rubyには、スレッドごとに、セーフレベルが設定されています。セーフレベルは、「$SAFE」というスレッドローカル変数に格納されています。当然のことながら、セーフレベルを下げることはできません。その代わり、スレッドを作成することで一時的にセーフレベルを上げることができます。

■ SECTION-268 ■ セキュリティチェックについて

```
# プログラム開始時のセーフレベルは0
$SAFE    # => 0
Thread.start do
  # スレッドは親スレッド(この場合はメインスレッド)の値を引き継ぐ
  $SAFE # => 0
  # スレッド内のみセーフレベルを1に設定する
  $SAFE = 1
end.join
# $SAFEはこう見えてもグローバル変数ではない
$SAFE    # => 0
# セーフレベルを下げようとするとSecurityErrorになる
$SAFE = 1

begin
  $SAFE = 0
rescue SecurityError
  $! # => #<SecurityError: tried to downgrade safe level from 1 to 0>
end
```

♦ セーフレベル

セーフレベルは0と1があり、レベルが高い方が制限がきつくなります。デフォルトのセーフレベル0は、汚染されたオブジェクトに対してもすべての操作が行えます。

▶セーフレベル1

セーフレベル1は、信用できないデータを処理するためのレベルです。ユーザの入力を処理する場合に適しています。汚染された引数で、次の操作ができなくなります。

- Dir、IO、File、FileTestのクラスメソッド、メソッド
- 外部コマンド実行(「system」「exec」「` `」「IO.popen」「open」)
- 「eval」
- 「load」
- 「require」
- 「trap」

汚染された引数でファイルの入出力ができないのは当然です。たとえば、パスワードが保存されているファイルを勝手に読み書きされたら困るでしょう。汚染された文字列を外部コマンドとして実行されると、コンピュータを自由に操られてしまいかねません。汚染された文字列をRubyスクリプトとして実行されると、スクリプトを動的に書き換えられてしまいかねません。

このように、セーフレベル1は、得体の知れない入力から守ってくれます。

■ SECTION-268 ■ セキュリティチェックについて

| COLUMN | 徐々に廃止されてきたセーフレベル |

　Ruby 2.0までは0から4の5段階のセーフレベルが存在しました。Ruby 2.1でセーフレベル4が、Ruby 2.3でセーフレベル2と3が廃止されたため、Ruby 2.4ではセーフレベル0と1のみが残っています。

　このようにセーフレベルは徐々に廃止に向かっているため、今後の利用は控えたほうがいいといえます。

SECTION-269

リフレクションについて

❖ リフレクションでオブジェクトに問い掛ける

　Rubyのオブジェクトは、自分自身が何者であるかを知っています。クラスが何であるか、スーパークラスが何であるか、どのようなメソッドを受け付けるかなどを、オブジェクトに問い掛けることができます。これを「リフレクション」といいます。リフレクションのメソッド名の意味は明白なので、本書での解説にしばしば使ってきました。ここで紹介していないリフレクションは、関連項目を参照してください。

▶ すべてのオブジェクトで使えるリフレクション

　BasicObjectクラスやKernelモジュールで定義されているリフレクションは、すべてのオブジェクトに適用可能です。「BasicObject#__id__」「Kernel#object_id」はオブジェクトのIDを得ます。IDが等しければ、同一のオブジェクトになります。「x.equal? y」は「x.object_id == y.object_id」と記述できます。

```
s = "a_string"  # => "a_string"
s.__id__        # => 76248810
s.object_id     # => 76248810
```

　クラスの所属関係を調べるリフレクションがあります。クラスAを継承したクラスBのオブジェクトについて、その様子を見てみましょう。「Kernel#class」は、自分のクラスを得ます。「Kernel#is_a?」「Kernel#kind_of?」は、自分が属しているクラスかサブクラスならば真になります。「Kernel#instance_of?」は、自分が属しているクラスならば真になります。「Kernel#instance_of?」は、自クラスしか許さない厳密なメソッドです。

```
class A;        end
class B < A;   end
b = B.new
b.class           # => B
b.instance_of? B  # => true
b.instance_of? A  # => false
b.is_a? B         # => true
b.is_a? A         # => true
b.kind_of? A      # => true
# モジュールをインクルードしているときにも真になる。
"a_string".kind_of? Comparable  # => true
# ((:Module#===:))を使った別形式
A === b                         # => true
```

■ SECTION-269 ■ リフレクションについて

リフレクションによって汚染マーク、freeze状態も知ることができます。オブジェクトが汚染されているとき、「Kernel#tainted?」は真になります。オブジェクトがfreeze（変更禁止）されているとき、「Kernel#frozen?」は真になります。

```
class B ; end
b = B.new
b.tainted?              # => false
b.taint; b.tainted?    # => true
b.frozen?              # => false
b.freeze; b.frozen?    # => true
```

▶ クラス・モジュールで使えるリフレクション

Moduleクラスで定義されているリフレクションは、クラスオブジェクト・モジュールオブジェクトに適用することができます。

通常の（定数に代入された）クラス・モジュールは、自らの名前を保持しています。名前は、「Module#to_s」「Module#name」で得られます。無名クラス・モジュールの場合、「Module#name」は「nil」を返します。無名クラスは定数に代入した時点で、その定数名が名前となります。

```
Array.to_s         # => "Array"
Array.name         # => "Array"
File::Stat.name    # => "File::Stat"
c = Class.new      # => #<Class:0x886ba20>
[c.name, c.to_s]   # => [nil, "#<Class:0x886ba20>"]
Name = c           # => Name
[c.name, c.to_s]   # => ["Name", "Name"]
```

「Module#ancestors」は、スーパークラス、インクルードしているモジュールの配列を得ます。インデックスが大きいほど一般化していき、最後は「Object」、「Kernel」、「BasicObject」となります。整数クラスですら、かなり深い階層に位置していることがわかります。なお、「Module#included_modules」で、インクルードしているモジュールのみを得ることができます。スーパークラスは、「Class#superclass」で得られます。

```
Array.ancestors
# => [Array, Enumerable, Object, Kernel, BasicObject]
Integer.ancestors
# => [Integer, Numeric, Comparable, Object, Kernel, BasicObject]
Integer.included_modules # => [Comparable, Kernel]
Integer.superclass       # => Numeric
```

■ SECTION-269 ■ リフレクションについて

クラス・モジュールオブジェクトの比較は、親子関係が基準となります。子孫の方が小さいとみなされます。先祖子孫関係にないものを比較した場合は、必ず「nil」が返ります。「Module#ancestors」の配列インデックスで比較していると考えることもできます。インクルードしていないモジュールと比較した場合は「nil」が返ります。なお、モジュールをインクルードしているかどうかを調べるには、「Module#include?」を使用します。

```
Array < Enumerable        # => true
Array <= Object           # => true
Enumerable > Array        # => true
Array > Object            # => false
Array > Integer           # => nil
Enumerable < Integer      # => nil
Enumerable >= Integer     # => nil
Object > Enumerable       # => nil
module X; include Enumerable; end
X > Enumerable            # => false
Array.include? Enumerable # => true
```

当然、「<=>」演算子も、これに合わせて定義されています。「Module#ancestors」のインデックスで比較しても、つじつまが合います。ソートする場合は、「<=>」が「nil」になる組が存在してはいけません。

```
[0 <=> 1,  Array <=> Enumerable]     # => [-1, -1]
[1 <=> 1,  Array <=> Array]          # => [0, 0]
[1 <=> 0,  Enumerable <=> Array]     # => [1, 1]
Enumerable <=> Integer               # => nil
Object <=> Enumerable                # => nil
[Integer, Object, Numeric].sort
# => [Integer, Numeric, Object]
[Object, Enumerable].sort rescue $!
# => #<ArgumentError: comparison of Class with Module failed>
```

関連項目 ▶ ▶ ▶

- 式の検査について ……………………………………………………………… p.163
- オブジェクトがメソッドを受け付けるかチェックする ……………………… p.553
- 名前を指定して定数の値を得る …………………………………………… p.614
- 名前を指定してインスタンス変数を読み書きする ………………………… p.615
- 使用可能なメソッド名をすべて得る ……………………………………… p.628
- 変数のリストを得る ………………………………………………………… p.631

627

SECTION-270

使用可能なメソッド名をすべて得る

💠 メソッド名のリストを求めるリフレクション

オブジェクトが受け付けるメソッドのリストや、クラス・モジュールで使用可能なメソッドのリストを求めることができます。前者はObjectクラス、後者がModuleクラスのメソッドで対になっています。

▶ Objectクラスの場合

インスタンスメソッドのリストは、「Kernel#methods」「Module#instance_methods」で得ます。publicとprotectedメソッドが含まれ、privateメソッドは含まれません。オブジェクトの特異メソッドが含まれない場合は、両者は同じ結果になります。

publicメソッドは「Kernel#public_methods」「Module#public_instance_methods」で、privateメソッドは「Kernel#private_methods」「Module#private_instance_methods」で、protectedメソッドは「Kernel#protected_methods」「Module#protected_instance_methods」で得ます。

次の結果から、Ruby 2.4のObjectのpublicメソッドは56個、privateメソッドは75個、protectedメソッドは0個あることがわかります。

```ruby
objmeth = Object.instance_methods
obj_pub = Object.public_instance_methods
obj_pri = Object.private_instance_methods
obj_pro = Object.protected_instance_methods

objmeth.size # => 56
obj_pub.size # => 56
obj_pri.size # => 75
obj_pro.size # => 0

Object.new.methods == objmeth                    # => true
Object.new.public_methods == obj_pub             # => true
Object.new.private_methods == obj_pri            # => true
Object.new.protected_methods == obj_pro          # => true
```

▶ ユーザ定義クラスの場合

これらのメソッドのデフォルトは、継承されたメソッドも含みます。そのため、「Array#-」で
Objectのメソッドを取り除く（差集合を得る）ことにします。「public_instance_methods（false）」
のように引数にfalseを指定すると、継承されたメソッドを含めません。「A.private_instance_
methods」に「:initialize」が登場しているのは、「BasicObject#initialize」（空のメソッドと定義さ
れている）をAで再定義しているからです。

一方で「A.private_instance_methods - obj_pri」に「:initialize」が含まれないのは、
「Object.private_instance_methods」に「:initialize」が含まれているためです。

```
obj_pub = Object.public_instance_methods
obj_pri = Object.private_instance_methods

class A
  def initialize() @a = 1; @b = 2 end
  public;    def a_public() end;   def overridden() end
  private;   def a_private() end
  protected; def a_protected() end
end
A.public_instance_methods - obj_pub    # => [:a_public, :overridden]
A.private_instance_methods - obj_pri   # => [:a_private]
A.protected_instance_methods           # => [:a_protected]
A.public_instance_methods false        # => [:a_public, :overridden]
A.private_instance_methods false       # => [:initialize, :a_private]
A.protected_instance_methods false     # => [:a_protected]
```

▶ 特異メソッドを含むオブジェクトの場合

b（Bのインスタンス）には、特異メソッドが定義してあります。特異メソッドのリストは、「Kernel
#singleton_methods」で得ます。あるいは、「Kernel#methods」の引数にfalseを付けます。
この「#methods」の挙動は、特別にそうなっています。

```
class B
  def overridden() end
  private;    def b_private() end
end
b = B.new
def b.a_singleton() end
b.singleton_methods    # => [:a_singleton]
b.methods false        # => [:a_singleton]

# Objectのメソッドは特異メソッドを反映したメソッドのリストを返します。
b.instance_methods false         # => [:overridden]
b.public_methods false           # => [:a_singleton, :overridden]
B.public_instance_methods false  # => [:overridden]
b.private_methods false          # => [:b_private]
B.private_instance_methods false # => [:b_private]
```

■ SECTION-270 ■ 使用可能なメソッド名をすべて得る

▶ クラスメソッドの場合

クラスメソッドはクラスの特異メソッドなので、「Kernel#singleton_methods」でクラスメソッドのリストを得ることができます。クラスメソッドも継承するので引数にfalseを付けることで、自クラスのクラスメソッドのみを得ることができます。

```
class A; end
class B < A; end

def A.a_cmeth() end
def B.b_cmeth() end
B.singleton_methods         # => [:b_cmeth, :a_cmeth]
B.singleton_methods false   # => [:b_cmeth]
A.methods false             # => [:a_cmeth]
B.methods false             # => [:b_cmeth]
```

COLUMN　　**普通は「Kernel#respond_to?」を使用する**

実際のプログラミングでは、メソッドのリストが必要になることはほとんどありません。多くの場合は、メソッドを受け付けるかどうかをチェックすればよいので、「Object#respond_to?」で間に合います。一方でirbなどで試行錯誤するときには、メソッドのリストを利用することもあります。

関連項目 ▶ ▶ ▶

● オブジェクトがメソッドを受け付けるかチェックする ……………………………………… p.553
● リフレクションについて ……………………………………………………………………… p.625

SECTION-271

変数のリストを得る

💎 変数のリストを得る

Rubyでは動的に変数のリストを得ることができます。

▶ グローバル変数とローカル変数のリストを得る

グローバル変数のリストは「Kernel#global_variables」、ローカル変数のリストは「Kernel#local_variables」で得られます。グローバル変数とローカル変数はコンパイル時に静的に決定します。そのため、リストを得た時点で到達していないコードで定義されている変数も含まれます。

```
# 組み込み変数のリスト + プログラムで定義されているグローバル変数のリスト
$gvars = global_variables  # => [:$_, ... :$-a]
# $gvars, $lvars, $gvar2 も含まれている
$gvars.grep(/var/)          # => [:$gvars, :$lvars, :$gvar2]
$lvars = local_variables
$lvars          # => [:lvar, :lvar2]
lvar = 0
if false    # 到達し得ないコード
  $gvar2 = 0
  lvar2 = 0
end
```

▶ インスタンス変数のリストを得る

現時点のインスタンス変数のリストは、「Kernel#instance_variables」で得られます。

```
class A
  instance_variables      # => []
  @class_ivar = 0
  instance_variables      # => [:@class_ivar]
  def initialize() @ivar = 1 end
end
A.instance_variables      # => [:@class_ivar]
A.new.instance_variables  # => [:@ivar]
```

▶ クラス変数のリストを得る

現時点のクラス変数のリストは、「Module#class_variables」で得られます。

```
class B
  class_variables  # => []
  @@cvar = 0
  class_variables  # => [:@@cvar]
end
B.class_variables  # => [:@@cvar]
```

■ SECTION-271 ■ 変数のリストを得る

▶定数のリストを得る

定数のリストを得るメソッドは2つあります。「Module.constants」は、現時点でアクセスできる定数名のリストを得ます。ただし、File::Statなどのネストした定数名は含まれていません。「Module#constants」は、そのクラス・モジュールが定義している定数名のリストを得ます。スーパークラス・インクルードしているモジュールの定数も含まれます。

「Module.constants」を評価すると巨大な配列が返ります。Rubyではクラス名とモジュール名は定数なので、リストのほとんどを占めています。

```ruby
# 初期段階でアクセスできる定数は差し引くことにする
$init_constants = Module.constants
# => [:SimpleDelegator, ... :RUBYGEMS_ACTIVATION_MONITOR]
CONST0 = 0
class Outer
  CONST1 = 1
  constants       # => [:CONST1]
  Module.constants - $init_constants
  # => [:CONST1, :CONST0, :Outer]
  module Mixin
    CONST2 = 2
    constants   # => [:CONST2]
    Module.constants - $init_constants
    # => [:CONST2, :CONST1, :Mixin, :CONST0, :Outer]
  end

  class Inner1
    include Mixin
    CONST3 = 3
    constants   # => [:CONST3, :CONST2]
    Module.constants - $init_constants
    # => [:CONST3, :CONST1, :Mixin, :Inner1, :CONST0, :Outer, :CONST2]
  end

  class Inner2 < Inner1
    CONST4 = 2
    constants   # => [:CONST4, :CONST3, :CONST2]
    Module.constants - $init_constants
    # => [:CONST4, :CONST1, :Mixin, :Inner1, :Inner2, :CONST0,
    # =>   :Outer, :CONST3, :CONST2]
  end
  constants       # => [:CONST1, :Mixin, :Inner1, :Inner2]
  Module.constants - $init_constants
  # => [:CONST1, :Mixin, :Inner1, :Inner2, :CONST0, :Outer]
  def initialize() @x = 8 end
end
Outer::Inner2.constants
```

■ SECTION-271 ■ 変数のリストを得る

```
# => [:CONST4, :CONST3, :CONST2]
Outer.constants
# => [:CONST1, :Mixin, :Inner1, :Inner2]
Module.constants - $init_constants
# => [:CONST0, :Outer]
```

関連項目 ▶ ▶ ▶

- 名前を指定して定数の値を得る ··· p.614
- 名前を指定してインスタンス変数を読み書きする ···················· p.615
- リフレクションについて ·· p.625

633

SECTION-272

存在しないメソッド呼び出しをフックする

ここでは、存在しないメソッドを呼び出した場合に呼び出すメソッドを定義する方法を解説します。

SAMPLE CODE

```ruby
class Object
  # メソッドが存在しないときに呼ばれるメソッドを定義する。
  # Objectクラスなのですべてのオブジェクトが対象。
  # この例では「XXXX?」形式のメソッドを「is_XXXX?」「is_a_XXXX?」「is_an_XXXX?」とも呼べるようにする
  def method_missing(name, *args, &block)
    # メソッド名がis_、is_a、is_anで始まる場合は、それらを取り除いたメソッドを呼ぶ
    match = name.to_s.match(/\Ais_(an?_)?(.+\?)\z/)

    if match
      __send__ match[2], *args, &block
    else
      # スーパークラスのmethod_missingを呼ぶ。
      # ObjectはBasicObjectを継承しているので、BasicObject#method_missingが呼ばれる
      super
    end
  end
end
1.tainted?                    # => false
1.is_tainted?                 # => false
1.kind_of? Integer            # => true
1.is_a_kind_of? Integer       # => true
1.instance_of? Integer        # => true
1.is_an_instance_of? Integer # => true
# 存在しないメソッドなのでNoMethodError
1.no_method rescue $!
# => #<NoMethodError: undefined method `no_method' for 1:Integer>
```

■ SECTION-272 ■ 存在しないメソッド呼び出しをフックする

ONEPOINT	存在しないメソッドを呼び出した場合の動作を定義するには 「method_missing」メソッドを定義する

　定義されていないメソッドを呼び出した場合、通常ならば、「NoMethodError」例外か「NameError」例外（関数的メソッド呼び出しの場合）が発生します。それが「Basic Object#method_missing」の定義です。「method_missing」は、任意のクラスで再定義することができます。引数は呼び出されたメソッド名と渡された引数です。

　デバッグが困難になるため、このテクニックはできるだけ使わないでください。「Module# define_method」による動的メソッド定義で済む場合は、そちらを使用してください。インスタンス変数にメソッドを委譲する場合は、「Forwardable」を使用してください。

　このテクニックが活躍するのは、サンプルのように呼び出されるメソッドが不特定の場合です。条件を満たす未定義メソッドのみを受け付ける場合は、「if」式と「super」を使用します。

関連項目 ▶▶▶

- メソッドを委譲する ……………………………………………………………… p.571
- 動的にメソッドを定義する ……………………………………………………… p.580

CHAPTER 14

マルチスレッドと
分散Ruby

SECTION-273

スレッドで並行実行する

　ここでは、スレッドで並行処理する方法を解説します。

SAMPLE CODE

```ruby
# プログラム実行開始からの経過時間とstringを表示する関数を定義
def log(start_time, str)
  printf("%.0fs: %s\n", Time.now - start_time, str)
end


# スレッドを生成して並列実行する
def loop_thread(start, sec, str)
  # 「Thread.start」に渡す引数はブロックにそのまま渡される。
  # ブロックパラメータはスレッドローカルであることが保証される
  Thread.start(start, sec, str) do |start_time, wait_time, string|
    # スレッドの内容は、wait_time秒ごとにstringを表示し続けること
    loop do
      sleep wait_time
      log start_time, string
    end
  end
end


start_time = Time.now
log start_time, "Start."
# 2秒ごとに「a」を表示するスレッドと、3秒ごとに「b」を表示するスレッドを作成する
# ここから並行処理が始まる
loop_thread start_time, 2, "a" # => #<Thread:0x9d347f4 run>
loop_thread start_time, 3, "b" # => #<Thread:0x9d34600 run>
# 7秒後に「End.」と表示する。メインスレッドが終了した時点で他のスレッドの実行が打ち切られ、
# プログラムの実行が終了する
sleep 7
log start_time, "End."
# >> 0s: Start.
# >> 2s: a
# >> 3s: b
# >> 4s: a
# >> 6s: b
# >> 6s: a
# >> 7s: End.
```

■ SECTION-273 ■ スレッドで並行実行する

ONEPOINT **Rubyで並行処理するには「Thread.start」を使用する**

Rubyは、マルチスレッドプログラミングをサポートしています。スレッドを使えばメモリ空間を共有して、複数の処理の並行実行ができます。ブロック内の処理を別スレッドで実行するには、「Thread.start」を使用します。「Thread.start」は、「rest」引数を持つことができます。渡された引数は、そのままブロックに渡されます。渡されたブロックパラメータはスレッド固有のローカル変数となるので、他のスレッドからはアクセスできません。「Thread.start」の返り値は、Threadオブジェクトです。

プログラム開始時に作られるスレッドを、「メインスレッド」と呼びます。スレッドを新たに作成しないRubyスクリプトは、メインスレッドでのみ動作しています。メインスレッドが終了した時点で他のスレッドの実行は強制的に打ち切られ、プログラムが終了します。

サンプルでは、実際の並行処理の様子を示しています。作成するスレッドは無限ループですが、プログラムは正しく終了します。

スレッド間で共有されているオブジェクトにアクセスするときは、排他制御を行う必要があります。排他制御をしないと、知らず知らずのうちに他のスレッドに変数やオブジェクトが変更されてしまい、デバッグが困難になります。

639

■ SECTION-273 ■ スレッドで並行実行する

| COLUMN | 「Thread.start」の引数の必要性 |

　スレッドに渡す変数は、「Thread.start」の引数に指定してください。次のプログラムは間違いです。「for」式はスコープを作成しないため、ループ変数「i」は表示が始まるときには、すでに3に変わっています。「for」式は、ただスレッドを作成するだけなので、すぐに終了し、表示はメインスレッドがsleepしている間に行われます。

```ruby
for i in 1..3
  Thread.start{ sleep 0.1; puts "<#{i}>"}
end
i  # => 3
sleep 0.2
# >> <3>
# >> <3>
# >> <3>
```

　次のプログラムでは、ループ変数「i」をスレッドローカルなブロックパラメータ「x」に渡しているため、意図した通りの動作をします。

```ruby
for i in 1..3
  Thread.start(i) {|x| sleep 0.1; puts "[#{x}]"}
end
i  # => 3
sleep 0.2
# >> [1]
# >> [3]
# >> [2]
```

■ SECTION-273 ■ スレッドで並行実行する

| COLUMN | スレッドでの例外には注意 |

　Ruby 2.4以前のバージョンでは、メインスレッド以外のスレッド内で例外が発生し、「rescue」で捕捉されない場合は警告すら表示せずにそのスレッドの実行が打ち切られます。次のプログラムでは、「Error in th1」というエラーメッセージが出てこないことに注意してください。

```
th1 = Thread.start do
  raise "Error in th1"
  puts "OK"                    # th1の実行が打ち切られるため表示されない
end
th2 = Thread.start do
  # th2の例外をrescueで捕捉
  raise "Error in th2" rescue $!  # => #<RuntimeError: Error in th2>
end
sleep 0.1
puts "End of program."
# >> End of program.
```

　Ruby 2.5以降のバージョンではRuby 2.4で導入された「Thread.report_on_exception」のデフォルト値が「true」になったため、いずれかのスレッドが例外によって終了したときに標準エラーに例外の内容が出力されるようになりました。

```
Thread.new { 1.times { raise } }.join
# >> #<Thread:...> terminated ... (report_on_exception is true):
# >> Traceback (most recent call last):
# >>        2: from -e:1:in `block in <main>'
# >>        1: from -e:1:in `times'
```

　スレッド内で例外が発生したらプログラムを終了するには、次のように「Thread.abort_on_exception = true」のコードを入れるか、「Thread#abort_on_exception」で指定したスレッドのフラグを設定する、または「ruby -d」とデバッグオプション付きでRubyインタプリタを起動してください。

```
Thread.abort_on_exception = true
th3 = Thread.start { raise "Error in th3" }
sleep 0.1
puts "End of program."  # プログラムの実行が打ち切られるため表示されない
# ~> -:2:in `block in <main>': Error in th3 (RuntimeError)
```

| 関連項目 ▶ ▶ ▶ |

● 無限ループを実現する……………………………………………………………………p.642
● 他のスレッドの実行終了を待つ………………………………………………………p.644
● スレッドを排他制御する…………………………………………………………………p.650

SECTION-274

無限ループを実現する

ここでは、無限ループする方法を解説します。

SAMPLE CODE

```
i = 0
v = loop do
  i   # => 0, 1
  # breakで無限ループから抜ける
  break i if i >= 1
  i += 1
end
# Kernel#loopの返り値はbreakの引数などで最後に評価した値
v    # => 1

v = catch :exit do
  loop do
    # catch/throwでネストされた無限ループから抜ける
    loop { throw :exit, :ok }
  end
end
v    # => :ok

# a, b, a, ...と0.01秒ごとに交互に表示していくスレッド。
Thread.start do
  loop do
    %w[a b].each do |x|
      puts x
      sleep 0.01
    end
  end
end
# メインスレッドが0.039秒間止まっている間にスレッドによる表示が行われる
sleep 0.039
# >> a
# >> b
# >> a
# >> b
```

■ SECTION-274 ■ 無限ループを実現する

ONEPOINT 無限ループするには「Kernel#loop」を使用する

　無限ループするには、「Kernel#loop」を使用します。基本的には、「while true; ～ end」と等価です。無限ループをそのまま使うとプログラムが止まらなくなるので、「break」や「return」で抜けるのが普通です。例外的にメインスレッド以外では、無限ループをそのまま記述しても大丈夫です。メインスレッドが終了したら、他のスレッドが強制終了されるためです。

COLUMN 「StopIteration」例外で「Kernel#loop」から抜けることができる

　「StopIteration」例外を発生させることでも「Kernel#loop」から抜けることができます。「while」などの他の無限ループを抜けることはできません。そのまま例外終了してしまいます。

```
loop do
  raise StopIteration
  puts "not reached 1"
end
puts "exit"

while true
  raise StopIteration
end
puts "not reached 2"
# ~> -:9: StopIteration (StopIteration)
# >> exit
```

関連項目 ▶ ▶ ▶

● ループ制御について ………………………………………………………………… p.102
● 各要素をローテーションする ………………………………………………………… p.405
● スレッドで並行実行する ……………………………………………………………… p.638

SECTION-275

他のスレッドの実行終了を待つ

ここでは、スレッドの実行終了を待つ方法を解説します。

SAMPLE CODE

```
start_time = Time.now
# プログラム実行開始からの経過時間とstringを表示する関数を定義
def log(start_time, string)
  printf("%.2fs: %s\n", Time.now - start_time, string)
end
log(start_time, "Start.")
# 0~1秒後に文字列を表示する2つのスレッドを作成する
th1 = Thread.start(start_time) { |t| sleep rand; log(t, "Thread 1") }
th2 = Thread.start(start_time) { |t| sleep rand; log(t, "Thread 2") }
# 2つのスレッドの待ち合わせをする
[th1, th2].each {|th| th.join }
log(start_time, "joined")
Thread.start(start_time) { |t| sleep rand; log(t, "Thread 3") }
Thread.start(start_time) { |t| sleep rand; log(t, "Thread 4") }

# 実行中のすべてのスレッドの待ち合わせをするイディオム。スレッドオブジェクトを
# 格納する変数を使わないのが特徴。「Thread.list」で生きているすべてのスレッドを
# 得ることができ、「Thread.main」でメインスレッドを得ることができる。
Thread.list.each {|th| th.join unless th == Thread.main }
log(start_time, "End.")
# >> 0.00s: Start.
# >> 0.83s: Thread 2
# >> 0.85s: Thread 1
# >> 0.85s: joined
# >> 1.73s: Thread 3
# >> 1.74s: Thread 4
# >> 1.74s: End.
```

ONEPOINT 他のスレッドと待ち合わせをするには「Thread#join」を使用する

スレッドの実行終了を待つには、「Thread#join」を使用します。他のスレッドよりも先に
メインスレッドを終了した場合、他のスレッドの実行も打ち切られてしまいます。スレッドの
実行を完遂するには、実行終了まで待つ必要があります。

サンプルでは、2つのスレッドの待ち合わせの様子を時系列で追っています。実行が遅
いスレッドの実行終了と「Thread#join」の実行が、同時に行われている点が重要です。

■ SECTION-275 ■ 他のスレッドの実行終了を待つ

COLUMN 「Thread#join」と例外

待ち合わせしているスレッドで例外が発生した場合、カレントスレッドでその例外が発生します。

```
th = Thread.start { sleep 0.1; raise "Error in th" }
th.join rescue $!  # => #<RuntimeError: Error in th>
```

COLUMN スレッドのブロックが返した値を知るには「Thread#value」を使用する

「Thread#join」の亜種として、「Thread#value」があります。どちらもスレッドの終了を待ちますが、「join」がスレッドを返すのに対し、「value」はブロックの評価結果を返します。

```
th = Thread.start{ sleep 0.1; 7 }
th.value  # => 7
```

COLUMN タイムアウトの設定

「Thread#join」の「optional」引数は、タイムアウトする時間です。単位は秒です。タイムアウトした場合、「Thread#join」は「nil」を返すので、条件分岐式や論理式と併用することができます。

```
th = Thread.start { sleep 0.5 }
th.join(0.2) or puts "遅い!"
# >> 遅い!
```

CHAPTER 14 マルチスレッドと分散Ruby

SECTION-276

スレッドローカル変数を扱う

ここでは、スレッドローカル変数について解説します。

SAMPLE CODE

```
# メインスレッドのスレッドローカル変数aを初期化する
Thread.current.thread_variable_set(:a, "main thread")
# グローバル変数を初期化する
$gvar = "global"
th = Thread.start do
  $gvar = "changed!"
  # スレッドthのスレッドローカル変数は未初期化なのでnilである
  Thread.current.thread_variable_get(:a)     # => nil
  Thread.current.thread_variable_set(:a, "new thread")
  Thread.current.thread_variable_get(:a)     # => "new thread"
end
# thの実行終了まで待つ
th.join
# メインスレッドのスレッドローカル変数は変更されていない
Thread.current.thread_variable_get(:a)     # => "main thread"
# キーに文字列を指定しても構わない
Thread.current.thread_variable_get("a")     # => "main thread"
# グローバル変数がスレッドth内で変更されてしまった
$gvar                                       # => "changed!"
# メインスレッドのスレッドローカル変数を削除する
Thread.current.thread_variable_set(:a, nil) # => nil
Thread.current.thread_variable_get(:a)     # => nil
```

ONEPOINT	スレッド固有のデータを設定するには 「Thread#thread_variable_get」を使用する

Threadは、固有のデータを保持することができます。設定するには、「Thread#thread_variable_set」を使用します。スレッド固有のデータはハッシュのようにアクセスできますが、キーはシンボルか文字列に限定されます。文字列を指定した場合は、「String#to_sym」によってシンボルに変換されます。

「Thread#thread_variable_set」によりセットされたデータは、はカレントスレッド固有のデータなのでスレッドローカル変数とみなせます。「Thread#thread_variable_set」「Thread#thread_variable_get」を使っている限り、他のスレッドに触られる心配はありません。

SECTION-277

ブロックの実行にタイムアウトを設定する

ここでは、ブロックのタイムアウトを設定する方法を解説します。

SAMPLE CODE

```ruby
# timeoutライブラリにTimeout.timeoutが定義されているので読み込む
require 'timeout'
# タイムリミットは0.3秒
Timeout.timeout(0.3) {|lim|  "Time limit = #{lim}" }
# => "Time limit = 0.3"
# タイムアウトした場合はTimeout::Error例外が発生する
begin
  Timeout.timeout(0.2) do
    # ここに制限時間付きの処理を記述する
    sleep 0.3
  end
rescue
  # ここにタイムアウト時の処理を記述する
  puts "Too late."
  $!  # => #<Timeout::Error: execution expired>
end
# >> Too late.
```

ONEPOINT | タイムアウトを設定するには「Timeout.timeout」モジュール関数を使用する

ブロックのタイムアウトを設定するには、「Timeout.timeout」モジュール関数を使用します。引数には制限時間を取り、ブロックパラメータに伝播します。制限時間以内に処理が終わった場合は、ブロックの評価結果が返ります。終わらなかった場合は、「Timeout::Error」例外が発生します。そのため、「begin〜rescue〜end」と併用されます。タイムアウトはネットワークの接続待ちなど、一定時間待っても処理が終わらない場合にエラーを発生させる用途に適しています。

COLUMN | timeout.rbのソースコードを読んでみる

timeout.rbの内部処理は単純です。「制限時間待った後、例外を発生させる」タイムアウトスレッドを内部で作成します。そして、ブロックを評価します。もし、制限時間内にブロックの評価が終わった場合は、タイムアウトスレッドを殺します。終わらなかった場合は、「Thread#raise」で「timeout」を呼び出したスレッドに例外を発生させます。このように、タイムアウト処理はスレッドの簡単な使用例です。

CHAPTER 14 マルチスレッドと分散Ruby

SECTION-278

キューで順番に処理していく

ここでは、別スレッドに情報を渡す方法を解説します。

SAMPLE CODE

```
start_time = Time.now
# プログラム実行開始からの経過時間とstringを表示する関数を定義
def log(start_time, string)
  printf("%.2fs: %s\n", Time.now - start_time, string)
end
# スレッドと通信するキューを作成する
q = Queue.new
# スレッドupcaserはキューに投入された文字列を大文字にして表示する。サーバと考えることができる
upcaser = Thread.start(start_time) do |time|
  # キューにnilが投入された時点でスレッドの実行を終了する
  while str = q.pop
    log(time, str.upcase)
  end
end

log start_time, "Start."
# 0~1秒ごとにキューに文字列を投入する。クライアントと考えることができる
q.push "foo"; sleep rand
q.push "bar"; sleep rand
q.push "baz"
q.push "abc"
# 終了マークnilを投入してスレッドの実行終了を宣言する
q.push nil
# スレッドupcaserの実行終了まで待つ
upcaser.join
log start_time, "End."
# >> 0.00s: Start.
# >> 0.01s: FOO
# >> 0.60s: BAR
# >> 1.56s: BAZ
# >> 1.56s: ABC
# >> 1.56s: End.
```

■ SECTION-278 ■ キューで順番に処理していく

| ONEPOINT | スレッド間通信のキューを作成するには「Queue」クラスを使用する |

オブジェクトが来るのを待ち、来たときに順番に処理するスレッドを作成することができます。いわばレジ係のようなスレッドです。そのためには、「Queue」クラスで、スレッドに渡すオブジェクトの待ち行列(キュー)を作成する必要があります。

空の「Queue」を読み出そうとすると、そのスレッドが停止します。そして、「Queue」にオブジェクトが投入されたときにスレッドが再開されます。「Queue」に立て続けにオブジェクトが投入されても、きちんと処理してくれます。最大サイズを指定することができる「SizedQueue」クラスもあります。

「Queue」にオブジェクトを投入するには、「Queue#push」を使用します。Queueからオブジェクトを取り出すには、「Queue#pop」を使用します。それぞれ、「enq」「deq」という別名も用意されています。

サンプルのメインスレッドでは「Queue」に文字列を投入しているだけで、実際の処理は「upcaser」スレッドに委任している点が重要です。

関連項目 ▶ ▶ ▶

- 配列をキューとして使う ………………………………………………………… p.350
- スレッドを排他制御する ………………………………………………………… p.650

SECTION-279

スレッドを排他制御する

ここでは、スレッドを排他制御する方法を解説します。

SAMPLE CODE

```ruby
# Loggerの縮小版
class TinyLogger
  def initialize(filename)
    @io = open(filename, "a")
    # IO#putsの結果をすぐにディスクに反映する
    @io.sync = true
    # 排他制御オブジェクトを作成する。この場合は「Monitor」「Mutex」のどちらでもよい
    @mutex = Monitor.new
  end

  def log(message)
    @mutex.synchronize do
      # この間がクリティカルセクション。ログメッセージを書き込む
      @io.puts "#{Time.now}:#{message}"
    end
  end

  def close
    # ログファイルを閉じるのもクリティカルセクション
    @mutex.synchronize { @io.close }
  end
end

log_file = "test.log"
logger = TinyLogger.new log_file
# 各スレッドでログメッセージを書き込む
logger.log "In main thread."
Thread.start { logger.log "In thread 1."}
Thread.start { sleep 0.1; logger.log "In thread 2."}
sleep 0.5
logger.close
puts File.read(log_file)
# >> 2018-01-05 20:55:38 +0900:In main thread.
# >> 2018-01-05 20:55:38 +0900:In thread 1.
# >> 2018-01-05 20:55:39 +0900:In thread 2.
```

■ SECTION-279 ■ スレッドを排他制御する

| ONEPOINT | 排他制御するには「Mutex#synchronize」や「Monitor#synchronize」を使用する |

マルチスレッドプログラミングでは、複数のスレッドがリソースを共有しています。そのため、いつどのスレッドがリソースにアクセスするかわかりません。何も考えずにプログラミングしていると、リソースにたまたま同時アクセスして予期せぬバグが出てしまいます。しかも、その手のバグは再現しにくいため、デバッグ困難なバグです。

リソース内には、「ここからここまでは他のスレッドに割り込まれてはいけない」領域があります。これを「クリティカルセクション」と呼びます。クリティカルセクションを他のスレッドから守ることを、「排他制御」と呼びます。

Rubyで排他制御をするには「Mutex.new」や「Monitor.new」で排他制御オブジェクトを作成し、「synchronize」ブロック付きメソッドでクリティカルセクションを囲みます。

| COLUMN | 「Monitor」は「Mutex」の高機能版 |

「Monitor」でも「Mutex」でも、単純な排他制御を行うことはできます。しかし、「synchronize」をネストしたときに、両者の違いが出てきます。次のコードは「m」が「Monitor」だと動作しますが、「Mutex」ではプログラムがマルチスレッドの場合は終了しなくなります。「Mutex」では悪名高いデッドロックが起きたのです。なお、メインスレッドしかないときは「ThreadError」が起きます。

```
m.synchronize do
  m.synchronize do
    # 処理
  end
end
```

「Mutex#synchronize」はロックしてからブロックを評価し、必ずアンロックします。スレッドがロックすると「Mutex」が「ロック中」という状態になり、他のスレッドがロックしようとすると、そのスレッドは停止して待ち状態になります。スレッドが停止すると、他のスレッドに切り替わります。ロックしたスレッドがアンロックすると、待ち状態のスレッドが動作します。

上記のコードのように「Mutex」でロックしたスレッドが再びロックしようとすると、自分自身が停止してしまいます。それがメインスレッドだった場合は、プログラムが終了しなくなります。それがデッドロックです。「Monitor」は自分自身をロックしないようになっているので、二重ロックが原因でデッドロックしません。

上記のコードは見た目から明らかにデッドロックしますが、次のコードはどうでしょうか? クリティカルセクションAとBがあり、Aの中でBに入ろうとしています。ここで二重ロックが発生します。このコードはMonitorなので無事に実行できますが、(1)を「Mutex」に置き換えると、デッドロックが発生します。「crit_a」メソッドと「crit_b」メソッドが離れて定義してあった場合は発見しにくいため、二重ロック問題は馬鹿できません。

■ SECTION-279 ■ スレッドを排他制御する

```ruby
class DeadLockTest
  def initialize
    @mutex = Monitor.new  # (1)
    # @mutex = Mutex.new
  end
  def crit_a
    @mutex.synchronize do
      puts "In critical section A"
      crit_b
    end
  end
  def crit_b
    @mutex.synchronize do
      puts "In critical section B"
    end
  end
end
DeadLockTest.new.crit_a
# >> In critical section A
# >> In critical section B
```

とりあえず最初は「Monitor」で排他制御をして、デッドロックの心配がなければ「Mutex」に置き換えるのが無難です。「Monitor」は高機能な分、やや遅くなります。

COLUMN 　「Thread.stop」はカレントスレッドを停止する

「Thread.stop」は、カレントスレッドを停止します。メインスレッドしかないときに「Thread.stop」を評価すると、「1つしかないスレッドを止めるなんて」ということでデッドロックせずに「ThreadError」が発生します。「Mutex」で二重ロックすると「ThreadError」が起きるのは、そのせいです。

しかし、他にスレッドがある場合、「Thread.stop」は、たとえメインスレッドだろうが遠慮せずに停止させます。他のスレッドがメインスレッドを実行可能状態にしてくれるかもしれないからです。デッドロックを発生させる最も単純なコードは、次のようになります。

```ruby
Thread.start { sleep 1 }
Thread.stop
# >> deadlock.rb:2:in `stop': No live threads left. Deadlock? (fatal)
```

「Thread#wakeup」は、停止したスレッドを実行可能状態にします。「Thread#run」は、それに加え、そのスレッドへ切り替えます。

これらはスレッドの低レベルなメソッドなので、実際のプログラミングではこれらのメソッドを、直接、使うのではなくて、排他制御やキューなどのより高レベルなメソッドを使います。

関連項目 ▶ ▶ ▶

● キューで順番に処理していく ……………………………………………………… p.648

SECTION-280

他のRubyスクリプトと通信する

ここでは、Rubyで分散オブジェクトを扱う方法を解説します。

SAMPLE CODE dRubyサーバ

```ruby
# drbライブラリにDRbが定義されているので読み込む
require 'drb'
class Front
  def add(a, b)
    a + b
  end

  def current_time
    Time.now
  end

  def make_hash(value)
    { value: value }
  end
end
# Frontオブジェクトをdruby://127.0.0.1:3459で公開する
DRb.start_service("druby://127.0.0.1:3459", Front.new)
DRb.thread.join
```

SAMPLE CODE dRubyクライアント

```ruby
require 'drb'
# サーバのFrontオブジェクトの参照を得る
remote = DRbObject.new_with_uri "druby://127.0.0.1:3459"
# サーバ側のメソッドを呼ぶ
remote.add(1, 3)          # => 4
remote.current_time       # => 2017-08-31 10:10:44 +0900
# 構造体ClientObjectを作成する
ClientObject = Struct.new :a
co = ClientObject.new 8   # => #<struct ClientObject a=8>
# 構造体にメソッドを渡していないので、うまくいく
remote.make_hash(co)      # => {:value=>#<struct ClientObject a=8>}
```

> **HINT**
>
> クライアントを動かす前に、必ずサーバを実行してください。サーバは何も出力せず実行し続けます。

653

■ SECTION-280 ■ 他のRubyスクリプトと通信する

ONEPOINT	他のRubyスクリプトとdRubyで通信するには 「DRb.start_service」と「DRbObject.new_with_uri」を対で使用する

　dRubyとは、分散（distributed）Rubyのことです。dRubyを使うと、他のプロセスや他のホストで動作しているRubyスクリプトとシームレスに通信することができます。JavaのRMIのようなものですが、IDLなどの面倒な手続きは不要です。また、dRubyはRubyスクリプトで記述されているため、Rubyが動く環境ならばOSに依存しません。

　最も単純な分散オブジェクトとして、オブジェクトを提供するサーバとそれにアクセスするクライアントを考えます。サーバが公開するオブジェクトを「Front」と呼びます。サンプルでの「Front」の定義は、何の変哲もないクラスです。「Front」を公開するには、「DRb.start_service」に「druby://」から始まるURIと「Front」を指定します。クライアントは、そのURIを指定して「Front」にアクセスします。

　クライアント側は、「DRbObject.new_with_uri」でURIを指定します。返り値はリモートオブジェクトの「参照」です。あくまで参照なのでオブジェクトの実体はサーバ側にありますが、あたかもクライアント側に定義されているかのようにメソッドを呼び出すことができます。メソッドを呼び出すと、引数が「Marshal.dump」でコピーされ、サーバ側に渡ります（値渡し）。そして、サーバ側でメソッドを実行し、返り値を「Marshal.dump」でクライアント側に送り返します。これがdRubyの中核です。dRubyを少し使うだけならば、このように簡単です。

　dRubyはスレッドを別プロセス・別サーバに拡張したようなものなので、マルチスレッドプログラミングの一種です。**同時アクセスされて困る部分は、排他制御する必要があります。**

COLUMN	dRubyサーバを動かし続ける方法

　「DRb.start_service」を実行した後、「DRb.thread.join」を行わないとそのままスクリプトが終了します。

　「DRb.thread」はdRubyサーバのスレッドを返し、「Thread#join」でスレッドが終了するまで待ち続けます。終了するときは、Ctrl+Cなどで強制終了します。

COLUMN	相手の知らないオブジェクトを渡すとどうなるか

　dRubyは「Marshal」による値渡しが基本です。リモートメソッドを呼び出すと、引数はコピーされます。コピーされるということは、相手もそのオブジェクトについて知っていなければなりません。組み込みクラスならば何の問題もありませんが、サンプルの最後の例のようにユーザ定義クラスを渡すとなると、多くの場合は困ったことになります。

　実は、サンプルで「remote.make_hash(co)」したとき、「co(ClientObject)」はクライアント側しか知らないので、サーバ側では「DRbUnknown」オブジェクトとして渡ります。

CHAPTER **14** マルチスレッドと分散Ruby

654

■ SECTION-280 ■ 他のRubyスクリプトと通信する

「DRbUnknown」とは得体の知れないオブジェクトのことで、メソッドを呼び出すとエラーになります。ただ、サーバ側の「Front#make_hash」は「DRbUnknown」をハッシュの値にしてクライアントに返すだけなので、正しく動作します。もし、「¦ value: value.a ¦」のように変更すると、「「a」メソッドなんて知らない」とエラーになります。

COLUMN **Unix系OSで他のユーザに使わせないようにするにはdrbunixを使用する**

通常のdRubyではTCPソケットを使うので、ホスト単位のアクセス制御しかできません。Unix系OSでパーミッションによるアクセス制御を行うには、「drbunix」を使用します。これは、UNIXドメインソケット(ソケットファイル)で通信するものです。

drbunixを使用するには、URIを「drbunix:ファイル名」の形式にするだけです。パーミッションを指定するには、「DRb.start_service」の省略可能な第3引数に「:UNIXFileMode」をキーとしたハッシュを指定します。自分のみにアクセスできるようにするには、「¦ UNIXFileMode: 0600 ¦」を指定します。

たとえば、カレントディレクトリの「druby.soc」というソケットファイルで通信するには、サンプルの「DRb.start_service」と「DRbObject.new_with_uri」を次のように書き換えます。

- サーバ側「DRb.start_service("drbunix:druby.soc", Front.new, UNIXFileMode: 0600)」
- クライアント側「remote = DRbObject.new_with_uri "drbunix:druby.soc"」

実際に「ls」でソケットファイルを見てみると、確かに自分のみがアクセスできるソケットファイル(srw-------)が生成されています。

```
$ ls -l druby.soc
srw------- 1 rubyist rubyist 0 2017-08-31 10:59 druby.soc
```

関連項目 ▶ ▶ ▶

- デーモンを作成する ……………………………………………………………………… p.516
- 情報を集積するタイプのオブジェクトには構造体を使う …………………………… p.568
- スレッドで並行実行する …………………………………………………………………… p.638
- 他のスレッドの実行終了を待つ ………………………………………………………… p.644
- スレッドを排他制御する …………………………………………………………………… p.650
- dRubyでオブジェクトを遠隔操作する ………………………………………………… p.656

SECTION-281

dRubyでオブジェクトを遠隔操作する

ここでは、dRubyでオブジェクトを遠隔操作する方法を解説します。

SAMPLE CODE dRubyサーバ

```ruby
require 'drb'
# ServerObjectは1つのメンバを持つ構造体で値渡し
ServerObject = Struct.new :value
# ServerObjectUndumpedは参照渡し版ServerObject
class ServerObjectUndumped < ServerObject
  include DRbUndumped
end

class Front
  def dumped()
    @dumped ||= ServerObject.new
  end
  # サーバ側でのinspectの結果を返す
  def dumped_inspect()
    dumped.inspect
  end
  def undumped()
    @undumped ||= ServerObjectUndumped.new
  end
  def undumped_inspect()
    undumped.inspect
  end
end
DRb.start_service("druby://:54354", Front.new)
DRb.thread.join
```

SAMPLE CODE dRubyクライアント

```ruby
require 'drb'
# Frontの参照を得る
remote = DRbObject.new_with_uri "druby://:54354"
# ServerObjectが値渡しでやってきたが、クライアントはServerObjectを知らないので
# DRbUnknownになる
dumped = remote.dumped
# => #<DRb::DRbUnknown:0x007ff45c71a158 @buf="..ServerObject.."
#    + "value0", @name="ServerObject">
# サーバ側でのinspectの結果が返る
remote.dumped_inspect # => "#<struct ServerObject value=nil>"
# DRbUnknownにメソッドを送信するとエラーになる
(dumped.value = 1) rescue $!
```

■ SECTION-281 ■ dRubyでオブジェクトを遠隔操作する

```
# => #<NoMethodError: undefined method `value='
#    for #<DRb::DRbUnknown:0x007fad3d051378>>
# ServerObjectUndumpedの参照を得る(参照渡し)
undumped = remote.undumped
# => #<DRb::DRbObject:0x007fad3d02a598 @uri="druby://127.0.0.1:54354",
#    @ref=70307583139860>
# 参照に対してはメソッドを送信することができ、サーバ側に反映されている
undumped.value = 2
remote.undumped_inspect # => "#<struct ServerObjectUndumped value=2>"
# クライアントしか知らないオブジェクトをサーバに送る例
ClientObject = Struct.new :a
co = ClientObject.new 8  # => #<struct ClientObject a=8>
# オブジェクトを個別に参照渡しにする場合はextendを使用する
co.extend DRbUndumped
# クライアントからサーバへ参照渡しする場合は、これが必要。ないとエラーになる
DRb.start_service
# dumpedへはメソッドが送信できないので、undumpedへメソッドを送信する(参照渡し)
undumped.value = co
# 確かに参照が渡っている
remote.undumped_inspect
# => "#<struct ServerObjectUndumped value=#<DRb::DRbObject:0x00..,
#    @uri=\"druby://localhost:54089\", @ref=70343756115080>>"
# 参照がこちらに戻ってきたので実体に戻る
remote.undumped.value      # => #<struct ClientObject a=8>
remote.undumped.value.a    # => 8
```

H I N T

クライアントを動かす前に、必ずサーバを実行してください。サンプルは、「DRbUndumped」の有
無を比較するものです。「value」への属性代入は、「value=」という名前のメソッドです。

657

■ SECTION-281 ■ dRubyでオブジェクトを遠隔操作する

| ONEPOINT | 相手の知らないオブジェクトを遠隔操作するには「DRbUndumped」をインクルードする |

　dRubyのデフォルトの通信方式は、オブジェクトのコピーが相手に渡る「値渡し」です。しかし、相手の知らないユーザ定義オブジェクトを値渡しすると「DRbUnknown」となり、メソッドを送ることができません。そこで、オブジェクトの実体を相手に渡さずに参照(「DRbObject」)を媒介すれば、メソッドを送ることができます。

　参照にメソッドが渡ると、実体にメソッドを転送します。言い換えると、参照を媒介して相手のオブジェクトを遠隔操作していることになります。

　サンプルの後半では、サーバが知らないオブジェクトをクライアントが送っています。そういう場合も「DRbUndumped」を使用します。このとき、クライアントにも「DRb.start_service」が必要となります。サーバにクライアントの参照が渡るということは、今度はクライアント側が遠隔操作される側だからです。

| COLUMN | 「Marshal.dump」を実行できないオブジェクトは参照渡しになる |

　Rubyのオブジェクトはユーザ定義オブジェクトも含め、ほとんど「Marshal.dump」を実行できますが、「IO」や「Proc」などは「Marshal.dump」を実行できません。また、「Marshal.dump」が実行できないオブジェクトを保持する(配列の要素やインスタンス変数に含まれる)オブジェクトも、また、「Marshal.dump」を実行できません。これらのオブジェクトは「DRbUndumped」をインクルードしなくても自動的に参照渡しになります。実際に「Marshal.dump」を試してみて、そのとき例外が発生したら参照渡しになるように実装されています。

| COLUMN | 巨大なオブジェクトも参照渡しがよい |

　要素数の多い配列・ハッシュ、またはそれらを含むオブジェクトは値渡しでも動きますが、明示的に参照渡しにするとよいでしょう。そうすることで通信のオーバーヘッドを削減でき、実行効率が上がることがあります。

| 関連項目 ▶ ▶ ▶ |
- 情報を集積するタイプのオブジェクトには構造体を使う ……………………………… p.568
- 他のRubyスクリプトと通信する …………………………………………………………… p.653

CHAPTER 15

ドメイン特化言語 （DSL）の構築

SECTION-282

ドメイン特化言語とは

❖ ドメイン特化言語とは、狭い範囲の問題を記述するための簡便な言語

　プログラミング言語は、これまでいろいろなものが作られてきました。コンピュータの仕組みに直結したものから人間の都合を重視したものまであります。機械語やアセンブリ言語は、コンピュータの内部表現に近く、人間がそれを読み書きして現実的な問題を解決するのには不便です。C言語などは、それらに比べて人間にとって読み書きが容易で、現実の幅広い問題に使うことができます。Rubyは、スクリプト言語というグループに属し、人間が特に楽に扱うことのできるプログラミング言語の1つです。しかし、たとえスクリプト言語であっても、それを使いこなせるのは、プログラミングを専門的に習得したプログラマーに限られているのが普通です。

　一方、記述できる事柄の範囲を限定することによって、文法を簡略化し、場合によっては、プログラミングを専門としていない人でも容易に扱うことができるようにすることができます。そうして作られた言語が、本章で取り上げるドメイン特化言語（Domain Specific Language、略称DSL）です。これに対して、プログラマーでなければ扱うことの難しい、一般的な目的に用いられるプログラミング言語を汎用言語と呼びます。

　DSLは、他の種類のプログラミング言語の場合と同様に新たに実装する他に、既存の汎用言語の限られた機能だけを使うことによっても実現できます。前者の場合を外部DSLといい、後者を内部DSLといいます。

▶ 外部DSL

　他のプログラミング言語を使って実装されるDSLが外部DSLです。DSLを実装する言語をホスト言語といいます。たとえば、ビルドツールのMakeで使われるMakefileというDSL（の実装）は、C言語をホスト言語としています。

　Makefileの文法は、汎用言語よりも単純で、すぐに覚えられます。しかし、DSLが用意した機能が貧弱なため、複雑なビルドルールを記述するのは大変です。これが外部DSLの限界です。DSLを使うための敷居が低く、単純な作業は簡単にできますが、ある程度の複雑な作業を記述するのは、困難あるいは不可能になってしまいます。

▶ 内部DSL

　内部DSLは、既存の汎用言語をその一部の機能に限定したり、制約を加えたりしたものです。元の汎用言語の実装の上に、追加のコードをその汎用言語で実装しています。そうした意味で、内部DSLの場合には、元の汎用言語をホスト言語とみなせます。内部DSLで書かれたプログラムは、同時にホスト言語のプログラムでもあります。

■ SECTION-282 ■ ドメイン特化言語とは

Rubyは汎用言語ですが、Rubyの正規表現の文法だけに注目すれば、それを内部DSLとみなすことができます。この場合、正規表現は、ある種の文字列のパターンを記述することに特化したDSLとなります。このDSLを、別に用意した何らかの仕組みとともに使えば、Rubyの全体像を知らなくても、正規表現を書くだけで、ある種の複雑な文字列を解析することができるかもしれません。この程度の内部DSLは、外部DSLと同様に、敷居が低く、すぐに覚えられますが、機能が貧弱です。

一方で、ホスト言語を全面的に使いながらも、ホスト言語の文法の範囲内でさらに独自の制約を課すという内部DSLもあります。このような内部DSLを特定の分野の実用的な目的のために使う仕組みをフレームワークといいます。フレームワークの特徴は、外部DSLや上に挙げた簡単な内部DSLの正反対です。つまり、ホスト言語のパワーを100%引き出せる反面、使うための敷居が高くなってしまいます。フレームワークを使うためには、ホスト言語についての知識が必要です。Ruby on Railsは、Rubyをホスト言語とする内部DSLを使った、Webアプリケーションという目的のための代表的なフレームワークで、Ruby初心者でもとりあえず動くWebアプリケーションが作れます。

💎 Rubyによる内部DSL

幸いなことにRubyは読み書きしやすい文法なので、内部DSLを定義するのに向いた言語といえます。次の例は変数に値を設定するだけのRubyスクリプトですが、この部分だけ見れば設定用ミニ言語と何ら変わりがありません。数値はそのまま、文字列は「"」で囲むということのみを利用者に教えれば、すぐに使うことができます。

```
i = 1
s = "Foo"
```

ビルドツールRakeは、RakefileというRubyの内部DSLでビルドルールを定義します。次の例は、test.rdからtest.htmlを生成するためのコマンドを記述したRakefileです。

```
file "test.html" => "test.rd" do
  sh "rd2 test.rd > test.html"
end
```

一見するとビルド専用言語で記述されたように見えますが、ハッシュを引数としたブロック付きメソッド呼び出しをしている単なるRubyスクリプトに過ぎません。Rubyのブロック構文は、明確にアクションを定義することができます。メソッド呼び出しの最後の引数にハッシュを渡すときは、「{}」を省略することができます。ハッシュリテラルの「=>」が、依存関係を示す格好の記法となります。「file」や「sh」メソッドは、Rakeが定義した関数です。記号文字を多用していないため、読み書きしやすいDSLとなっています。このように、Rubyは内部DSLを定義するのに、うってつけの言語なのです。

■SECTION-282■ ドメイン特化言語とは

　内部DSLを実装するのは、追加したい名前のメソッドを定義するだけなので、外部DSLより
もはるかに楽です。DSLの処理系がRubyインタプリタなので、わざわざ処理系を作成する必
要がありません。

　これだけ便利なRubyによる内部DSLですが、欠点がまったくないわけでもありません。DSL
を記述する際にRubyのパワーが100%使えるので、DSLの範囲外の記述をしても、Rubyス
クリプトとして正しければ実行できてしまいます。また、DSLで文法エラーやタイプミスがあった
場合は、Rubyの例外がそのまま出てしまいます。Rubyを知らないDSL利用者にとって、それ
は奇妙なものに映るでしょう。反面、RakeのようにDSL利用者のターゲットがRubyプログラマー
の場合、内部DSLは非常に強力な考え方となります。

　本章では、Rubyによる内部DSLの例を解説していきます。

SECTION-283

ハッシュの省略記法やキーワード引数を使って設定ファイルのDSLを構築する

❖ 内部DSLの例

内部DSLの最もよくある使用法の1つが、あることの属性とその値の組を設定としてファイルに書くことです。

ここでは、例として、Webサーバのクラス「HTTPServer」からインスタンスを作る際に「root dir」「port」「http_version」「bind_address」という4つの属性を設定するための内部DSLを考えます。

設定ファイルの仕様として単純なのは、次のように、属性と値の組を「Hash」としてユーザーに書かせるということでしょう。

```
s = HTTPServer.new({
  :rootdir => "/var/www",
  :port => 8331,
  :http_version => "2.0",
  :bind_address => "127.0.0.1"
})
```

「Hash」キーが「Symbol」の場合には、「=>」の代りに「:」を使う省略記法があります。また、「Hash」リテラルの中括弧は、メソッドの最後の引数の位置では省略できます。これらを使うと、次のように、より設定ファイルらしく表記することができます。

```
s = HTTPServer.new(
  rootdir: "/var/www",
  port: 8331,
  http_version: "2.0",
  bind_address: "127.0.0.1"
)
```

DSL内部で、この4つの属性をそれぞれインスタンス変数として持ちたいとします。これを実現するDSLは、次のように書けます。

```
class HTTPServer
  def initialize(hash)
    @rootdir = hash[:rootdir]
    @port = hash[:port]
    @http_version = hash[:http_version]
    @bind_address = hash[:bind_address]
  end
end
```

■ SECTION-283 ■ ハッシュの省略記法やキーワード引数を使って設定ファイルのDSLを構築する

あるいは、「%i」記法とアスタリスク「*」、「Hash#values_at」を使って、次のようにまとめることもできます。

```
class HTTPServer
  def initialize(hash)
    @rootdir, @port, @http_version, @bind_address =
      hash.values_at(*%i[rootdir port http_version bind_address])
  end
end
```

実際に、上記のように表記した結果、インスタンス変数が定義されているのがわかります。

```
require_relative "02-ci-skip.rb"

HTTPServer.new(
  rootdir: "/var/www",
  port: 8331,
  http_version: "2.0",
  bind_address: "127.0.0.1"
)
# => #<HTTPServer:0x999277c @rootdir="/var/www", @port=8331,
# => @http_version="2.0", @bind_address="127.0.0.1">


require_relative "03-ci-skip.rb"

HTTPServer.new(
  rootdir: "/var/www",
  port: 8331,
  http_version: "2.0",
  bind_address: "127.0.0.1"
)
# => #<HTTPServer:0x999277c @rootdir="/var/www", @port=8331,
# => @http_version="2.0", @bind_address="127.0.0.1">
```

DSLのユーザーが、存在しない属性を与えた場合や、書いた属性が足りない場合には次のようになります。

```
require_relative "03-ci-skip.rb"

HTTPServer.new(
  host: "/var/www",
  port: 8331,
  bind_address: "127.0.0.1"
)
# => #<HTTPServer:0x999277d @rootdir=nil, @port=8331,
# => @http_version=nil, @bind_address="127.0.0.1">
```

■ SECTION-283 ■ ハッシュの省略記法やキーワード引数を使って設定ファイルのDSLを構築する

　個別の属性を必須にしたり、任意にしたり、デフォルトを与えたりするには、キーワード引数を
使うのが便利です。「Symbol」をキーとする「Hash」は、キーワード引数と同じ文法を持ちます。
上記で定義した「HTTPServer#initialize」の実装を次のように置き換えることで、引数がキー
ワード引数として解釈されます。ここで「:rootdir」と「:bind_address」は必須とし、「:port」と
「:http_version」はデフォルトがそれぞれ「3000」と「"2.0"」の任意としています。

```
class HTTPServer
  def initialize(rootdir:, port: 3000, http_version: "2.0",
    bind_address:)
    @rootdir, @port, @http_version, @bind_address =
      rootdir, port, http_version, bind_address
  end
end
```

　このDSL定義のもとで、「:port」と「:http_version」を与えない場合には、デフォルトで埋め
られます。

```
require_relative "06.rb"

HTTPServer.new(
  rootdir: "/var/www",
  bind_address: "127.0.0.1"
)
# => #<HTTPServer:0x0055fe6dc9c3b0 @rootdir="/var/www", @port=3000,
# => @http_version="2.0", @bind_address="127.0.0.1">
```

　一方、必須のキーワード引数を省略すると「ArgumentError」が発生します。

```
require_relative "06.rb"

HTTPServer.new(
  port: 8331,
  http_version: "1.1",
  bind_address: "127.0.0.1"
) rescue $!
# => #<ArgumentError: missing keyword: rootdir>
```

　このように、「Hash」の省略記法のおかげで、メソッドの引数を設定ファイルのように書けます。
キーワード引数を使うことによって、メソッドに属性を渡すときに必須のものや任意のもの、そ
の場合のデフォルトを容易に定義できます。

関連項目 ▶ ▶ ▶
- アクセサを使ってインスタンス変数をパブリックにする ……………………………… p.548
- メソッドの可視性を設定する ……………………………………………………………… p.555
- ブロックを他のメソッドに丸投げする …………………………………………………… p.596
- 文脈を変えてブロックを評価する ………………………………………………………… p.602

665

SECTION-284

ブロックを使ってDSLを構築する

❖ ブロックを使う内部DSL

前節に引き続いて、設定ファイルのDSLを解説します。前節では、ハッシュやキーワード引数を使って、設定ファイルのDSLを構築しました。設定が単純な場合にはこのような方法が使えます。一方、より複雑な設定をする必要がある場合には、ブロックを使って、もっと自由度の高いDSLを構築することができます。本節ではブロックを使う内部DSLを説明します。

前節と同じくWebサーバのクラス「HTTPServer」のインスタンスに「rootdir」「port」「http_version」「bind_address」という4つの属性を設定をするための内部DSLを作る必要があるとします。ただし、前節とは違って、この設定は必ずしもインスタンスの生成時に行われるとは限らず、すでに存在するインスタンスに対して行われることがあり、属性のうちのいくつかがあらかじめ指定されている可能性があるとします。そして、すでに値がある場合には、それに応じた値を上書き設定したいとします。

前節で行ったように属性の値をインスタンス変数として保持する場合、「HTTPServer」インスタンスに対して、各値を読み書きするためのメソッドを定義するのが便利です。このようなメソッド（の中でも特に値を読むもの）をアクセサメソッドといいます（第14章 クラス・モジュール・オブジェクト参照）。アクセサメソッドには、普通は次のような文法を使います（ここで「http_server」は問題となっている「HTTPServer」のインスタンスとします）。

```
http_server.port # => 8330
http_server.http_version = "2.0"
```

Rubyには、アクセサメソッドを定義するためのクラスメソッドが備わっています。「attr_reader」で読むためのメソッド、「attr_writer」で書くためのメソッド、「attr_accessor」で両方のメソッドを定義します。

```
class HTTPServer
  attr_accessor :rootdir, :port, :http_version, :bind_address
end
```

このようなアクセサメソッドが「HTTPServer」インスタンスから各属性に対して定義されている場合、設定ファイルの中でそのインスタンスにアクセスできる環境を作ることで、ハッシュやキーワードを使ったときよりも自由度の高い設定ファイルのDSLとなります。そのような環境としてブロックを使います。例として、すでに存在するインスタンス「http_server」の属性を（上書き）設定するDSLを考えましょう。この目的には、「Kernel#tap」メソッドを使います。

```
require_relative "02.rb"

http_server = HTTPServer.new
```

▼

666

■ SECTION-284 ■ ブロックを使ってDSLを構築する

```
http_server.tap do |http_server|
  http_server.rootdir = "#{http_server.rootdir}/var"
  http_server.port ||= 8331
  http_server.http_version = "1.1"
end
# => #<HTTPServer:0x0000564a0bd171c0 @rootdir="/var",
# => @port=8331, @http_version="1.1">
```

　上記の場合、「rootdir」属性がすでに設定してあればそれに文字列「"/var"」を連結した
値に設定し、なければ単に「"/var"」に設定します。「port」属性は設定されていないとき(あ
るいは値が「nil」か「false」のとき)に限って「8331」に設定します。「http_version」属性は
設定してあるか否かに関わらず「"1.1"」に設定します。

　ここで、すでに設定してある「rootdir」属性を読むために、「http_server」レシーバーを
明示的に書き、それに対して「rootdir」メソッドを呼び出しましたが、このブロックの中でだけ
「self」の値が「http_server」になるようにすることによって、これを省略することができます。
そこで使えるのが「Object#instance_eval」です。

```
require_relative "02.rb"

http_server = HTTPServer.new
http_server.instance_eval do
  self.rootdir = "#{rootdir}/var"
  self.port ||= 8331
  self.http_version = "1.1"
  self
end
# => #<HTTPServer:0x0000564a0bd16c70 @rootdir="/var",
# => @port=8331, @http_version="1.1">
```

　属性を読むメソッドを使って「http_server.rootdir」と書いていた部分が、単にメソッド名だ
けの「rootdir」になりました。これは、メソッドのレシーバーを省略したときには「self」がレシー
バーになるというRubyの文法によるものです。ここで、「rootdir=」のように「=」で終わる、書くメ
ソッドの場合には、Rubyの文法上の制約により、レシーバーの「self」を省略できないことに注
意してください(省略した場合には、メソッド呼び出しでなく、ローカル変数への代入となります)。

　この他、「http_server」に明示的にアクセスするには、ブロック変数を使わずに、「self」と
いうキーワードが使えます(ブロック変数を通じてアクセスすることも可能です)。「instance_
eval」の戻り値はブロックの最後の表現の値なので、元のレシーバーが戻り値になるように、ブ
ロックの最後に「self」を書いておきます。

関連項目 ▶ ▶ ▶
- アクセサを使ってインスタンス変数をパブリックにする ………………………………… p.548
- ブロックを他のメソッドに丸投げする ………………………………………………………… p.596
- 文脈を変えてブロックを評価する ……………………………………………………………… p.602

667

SECTION-285

メソッド呼び出しを英語として
自然に読めるようにする

❖ 「alias」を使う

Rubyの文は、英語の表現に似ているところがあります。たとえば、数量のレシーバーの後に続くメソッドが名詞のように感じられたり、レシーバーが主語、メソッドが述語のように思えたりするときがあります。

```
3.times # 英語 "3 times" とほぼ同じ
"hoge".empty? # 英語 " 'hoge' is empty" に近い
```

そこで、いっそRubyを部分的に英語のように読みたいと思うときがあるかもしれません。本節では、その方法について解説します。

Rubyの文を英語の表現とみなそうとする場合に、妨げとなることの1つが人称変化です。英語では、名詞が表す内容に応じて単数や複数になったり、動詞が主語の人称に応じて変化したりします。1つ目の例で、レシーバーが「3」でなく「1」だった場合、「1.times」よりは「1.time」と書くほうが、正しい英語に近いですが、そのままRubyの文として書いたら、エラーが起きてしまいます。そこで、そのように書くことを可能にするために、すでに定義されている「times」メソッドを、別の形である「time」としても呼び出せるようにします。それには、「alias」を使います。

```
class Integer
  alias time times
end
```

これで、「3.times」「1.time」のどちらも書くことができるようになりました。

```
require_relative "02.rb"

3.times # => #<Enumerator: 3:times>
1.time # => #<Enumerator: 1:times>
```

2つ目の「"hoge".empty?」例の場合、意味的に重要な役割を果たしていない「is」が英語にあってRubyにないのが問題です。そこで、自分自身を返すメソッド「is」を定義することによって、Rubyでも「is」を書けるようにします。また、1つ目の例と同様に、「is」の他の形もレシーバーに応じて使えるようにしておきます。

```
class Object
  def is; self end
  alias am is
  alias are is
end
```

■ SECTION-285 ■ メソッド呼び出しを英語として自然に読めるようにする

これで、次のようなRubyの表現が可能になります。

```
require_relative "04.rb"

"hoge".is.empty? # => false
[1,2,3].are.all?(&:even?) # => false
I = "fuga"
I.am.empty? # => false
```

関連項目 ▶ ▶ ▶

- ●定義の別名・取り消しについて ………………………………………………… p.158
- ●存在しないメソッド呼び出しをフックする ……………………………………… p.634
- ●RSpecを使ってspecを記述する ……………………………………………… p.697

669

SECTION-286

メソッドを定義せずにメソッド呼び出しに反応させる

🏵 メソッドを定義せずにメソッド呼び出しに反応させるには

キーワード「def」を使う通常のメソッド定義は、コードの実行前に定まっているメソッド名に対して行うものです。これは静的なメソッド定義と呼ばれます。また、「Class#define_method」を使うと、コードを評価中に生成された文字列で表されるメソッド名に対してメソッドを定義することができます。これは動的なメソッド定義と呼ばれます。静的または動的なメソッド定義は、特定のメソッド名の呼び出しに対して振る舞いを定めるのに向いています。一方、不特定多数のメソッド名の呼び出しに対して、対応するメソッド定義なしに、振る舞いを定めることもできます。本節ではその方法を見ます。

例として、ほぼ任意のメソッド名の呼び出しに対して定められた反応をするレシーバを作ります。メソッドが呼び出されるたびにメソッド名を記録し、後で出力できるようにします。そのために、ほとんどメソッドが定義されていないオブジェクトを使います。ここで使えるのが「BasicObject」クラスです。これは、基本的なメソッド「==」「__send__」「equal?」「__id__」「instance_eval」しか定義されていません。そして、レシーバに対して未定義メソッドが呼び出されたときにデフォルトで呼び出されることになっている「method_missing」というメソッドを使います。次のようにします。

```ruby
class Recorder < BasicObject
  def initialize
    @buf = []
  end

  def method_missing(name)
    @buf.push(name)
    self
  end

  def __play__
    @buf.join(' ')
  end
end
```

次のように、「Recorder」インスタンスを生成すると、「@buf」というバッファーが内部に作られます。未定義のメソッドがそれに続くと、「method_missing」が呼び出され、メソッド名が「@buf」に破壊的に蓄えられていきます。

```ruby
require_relative "01.rb"

_ = Recorder.new
_.I.am.a.boy.and.I.play.baseball
```

■ SECTION-286 ■ メソッドを定義せずにメソッド呼び出しに反応させる

「method_missing」の定義の最後に「self」があるので、各呼び出しの戻り値は元の「_」となり、メソッドを続けていくことができます。この時点で、「_」のインスタンス変数「@buf」には、次の内容が蓄えられているはずです。

```
["I", "am", "a", "boy", "and", "I", "play", "baseball"]
```

この後で、「__play__」を呼び出すと、「@buf」の内容をスペースでつないだものが文のように出力されます。

```
require_relative "01.rb"

_ = Recorder.new
_.I.am.a.boy.and.I.play.baseball
_.__play__
# => "I am a boy and I play baseball"
```

ちなみに、「method_missing」による振る舞いの定義は、「__send__」(や「Object」の場合には「send」)を通じたメソッド呼び出しに対しても適用されます。

```
require_relative "01.rb"

_ = Recorder.new
_.I.am.a.boy.and.I.play.baseball
_.__send__(:__play__)
# => "I am a boy and I play baseball"
```

数字はメソッド名の最初に使うことはできませんが、引数にすることはできます。上記で、「method_missing」の定義を次のように変えます。

```
require_relative "01.rb"

class Recorder < BasicObject
  def method_missing(*args)
    @buf.push(*args)
    self
  end
end
```

このようにして、該当するメソッドを引数とともに呼び出すと、配列「args」には、1つ目の要素としてメソッド名が、そしてそれに続く2つ目以降の要素として引数が与えられます。

```
require_relative "06.rb"

__ = Recorder.new
__.My.object_id.is(123456)
__.__play__
# => "My object_id is 123456"
```

671

■ SECTION 206 ■ メソッドを定義せずにメソッド呼び出しに反応させる

　ところで、レシーバーがメソッドの呼び出しに反応を示すかどうかを問い合わせる「Object#respond_to?」というメソッドがあります。このメソッドは、問題のメソッド名を引数として取り、その名前のメソッドが定義されている場合には「true」を返します。

```
"foo".respond_to?(:downcase) # => true
```

　メソッドが定義されていない場合には、内部的に「respond_to_missing?」がそのメソッド名を引数として呼ばれ、評価結果が返されます。上記で紹介した「_」や「__」は、「BasicObject」のインスタンスであるために「respond_to?」は使えず、また、「method_missing」の定義により、いかなる未定義のメソッド呼び出しに対しても反応するので、「respond_to?」が使えたとしても、期待される結果は常に「true」であり、この仕組みを使う動機は乏しいかもしれません。しかし、レシーバーが「Object」やそのサブクラスのインスタンスで、特定の形のメソッド名の場合にだけ「method_missing」による振る舞いが定められている場合には、「respond_to_missing?」も定義して、「respond_to?」を正しく使えるようにしておくことに意義があります。

　次の例では、「FizzBuzz」のインスタンスが「fizzbuzz_」に数字が続く形のメソッド名にのみ反応するように「method_missing」が定義されています。当てはまらない場合には、「NoMethodError」が発生するようにしてあります。そして、それに合わせて、「respond_to_missing?」が「fizzbuzz_」に数字が続く形のメソッド名には「true」を、そうでない場合には「false」を返すように定義してあります。

```
class FizzBuzz < Object
  def method_missing(method)
    number = method[/(?<=\Afizzbuzz_)\d+\z/]
    number = number.to_i if number
    super unless number
    return "FizzBuzz" if (number % 15).zero?
    return "Fizz" if (number % 3).zero?
    return "Buzz" if (number % 5).zero?
  end

  def respond_to_missing?(method, _)
    !!(method =~ /\A(?:fizzbuzz_)\d+\z/)
  end
end
```

　その結果、次のように、「fizzbuzz_3」や「fizzbuzz_4」というメソッド名に対しては「respond_to?」が「true」を返し、実際のメソッド呼び出しには「"Fizz"」や「nil」という値が返されています。その一方で、「foobar」というメソッド名に対しては「respond_to?」は「false」を返し、実際にメソッドを呼び出そうとすると、「NoMethodError」が生じます。

■ SECTION-286 ■ メソッドを定義せずにメソッド呼び出しに反応させる

```
require_relative "09.rb"

fizzbuzz = FizzBuzz.new
fizzbuzz.respond_to?(:fizzbuzz_3) # => true
fizzbuzz.fizzbuzz_3 # => "Fizz"
fizzbuzz.respond_to?(:fizzbuzz_4) # => true
fizzbuzz.fizzbuzz_4 # => nil
fizzbuzz.respond_to?(:foobar) # => false
fizzbuzz.foobar rescue $!
# => #<NoMethodError: undefined method `foobar' for
# => #<FizzBuzz:0x0000556455552080>>
```

　また、「respond_to_missing?」を上のように定義したことにより、名前が若干、紛らわしい
ですが、「Kernel#method」メソッドで「Method」インスタンスを作り、（後で）呼び出すこともで
きるようになります。「respond_to_missing?」が「false」を返す場合には「NameError」が
発生します。

```
require_relative "09.rb"

fizzbuzz = FizzBuzz.new
fizzbuzz.method(:fizzbuzz_3) # => #<Method: FizzBuzz#fizzbuzz_3>
fizzbuzz.method(:fizzbuzz_3).call # => "Fizz"
fizzbuzz.method(:foobar) rescue $!
# => #<NameError: undefined method `foobar' for class `FizzBuzz'>
```

COLUMN　　**メソッド呼び出しを記録するには「Recorder」クラスを定義する**

　「BasicObject」と「method_missing」を活用することで、ほぼ任意のメソッドをRuby
スクリプトに記録することさえできてしまいます。

　「method_missing」を呼び出すことが目的のクラスは、「BasicObject」クラスを継承
してください。最小限のメソッドしか定義されていません。

　本節で紹介した内容は、通常では使用する機会はあまりないかもしれませんが、可能
なことを知っておくだけでも格好いいDSLを作成する手助けになります。

関連項目 ▶ ▶ ▶

- ●定義の別名・取り消しについて ··· p.158
- ●式の検査について ·· p.163
- ●配列を結合する ·· p.322
- ●配列で集合演算する ··· p.327
- ●配列に要素を追加する··· p.331
- ●存在しないメソッド呼び出しをフックする ·· p.634
- ●メソッド呼び出しを英語として自然に読めるようにする ···························· p.668

673

SECTION-287

単位を表すDSLについて

❖ 単位計算のためのDSL

ここでは、単位、特に長さを記述しやすくするDSLを構築します。単位には、時代や国、地域によって異なるものが使われてきました。昔の日本では寸や尺が広く使われ、アメリカでは現在でもインチやフィートが使われています。このような単位を変換するDSLを作成します。

▶ DSLの仕様

数値に単位名のメソッドを追加して、「1.cm」などと記述できるようにします。こうすると、通常の文章中に1cmと書くのに似ていて、自然に読み書きできます。このような書き方は、著名なウェブフレームワークであるRuby on Rails（ActiveSupport）でも使われている方法です。また、「1.feet」などを「1.ft」などとも記述できるように、単位の別名も定義します。現在の国際的な標準はメートルなので、単位名のメソッドが返す値は、メートルに換算した値にします。使用例は、次のようです。

```
1.cm            # => 0.01
1.mm            # => 0.001
1.inch          # => 0.0254
1.feet          # => 0.3048
1.mile          # => 1609.344
1.yard          # => 0.9144
tall = 6.ft + 2.in  # => 1.8796
```

▶ DSLを実現するメタDSLの仕様

単位はたくさんあるので、定義の繰り返しを避けるため、また必要に応じて簡単に単位を追加することができるようにするために、上記のことを実現できるように単位を登録するためのDSLを作ります。つまり、DSLを作るためののDSLで、メタDSLといえるものです。

メタDSLのメソッド「define_unit」を定義し、このメソッドを呼び出すことで単位が登録されるようにします。引数として、新しい単位を登録するのに必要な単位名（name）、メートルに換算した値（quantity）、別名（aliases）を与えます。これを宣言的に呼び出すことで、設定ファイルらしく使います。「define_unit」を外部から隠すために、モジュール「TinyUnits」を定義して、その中でのみ使えるようにします。使い方の例は、次のようです。

```
module TinyUnits
    define_unit :cm,    0.01
    define_unit :mm,    0.1.cm
    define_unit :inch,  2.54.cm, :in
    define_unit :feet,  12.inch, :ft
    define_unit :yard,  3.feet
    define_unit :mile,  1760.yard
end
```

■ SECTION-287 ■ 単位を表すDSLについて

「define_unit」の実行後は単位が定義された状態になるので、次の単位を定義するときに
その単位が使えることに注目してください。

ちなみに、inch、feet、yard、mileは整数倍の関係として定義していますが、これらは内
部的にcmで表されるので、浮動小数点数の丸め誤差により、綺麗な整数倍の関係にはなり
ません。

▶「define_unit」メソッドを実装する

「TinyUnits」のモジュール本体内で「define_unit」を呼び出したときに、暗黙のレシー
バーが「TinyUnits」になるように、「TinyUnits」内で「define_unit」を特異メソッドとして定
義します。外部から「TinyUnits.define_unit」とできないように、「Module#private_class_
method」で「define_unit」をprivateメソッドにしておきます。

「Module#module_eval」を使うと、通常では他のクラス・モジュールの本体に書かれること
を動的に書くことができます。「define_unit」の実装では、単位メソッドのレシーバーとして想定
される「Numeric」に対してこのメソッドを使います。ブロック内で、「Module#define_method」
で主となる単位メソッドを定義し、「Module#alias_method」でその別名を定義します。「alias」
キーワードは、引数をレキシカルに評価し、動的に生成したメソッド名を与えることができないの
で、この場合は使えません。「module_eval」のブロック外部のローカル変数「name」「quantity」
「aliases」を使います。単位名メソッドの定義は「self * quantity」となります。

コードは次のようになります。

```ruby
module TinyUnits
  private_class_method def self.define_unit(name, quantity, *aliases)
    Numeric.module_eval do
      define_method(name) { self * quantity }
      aliases.each {|ali| alias_method ali, name }
    end
  end
end
```

「define_unit」は、「private_class_method」でprivateにしているので、モジュールの外
からは呼び出せません。

```ruby
require_relative "03.rb"

TinyUnits.define_unit :cm, 0.01 rescue $!
# => #<NoMethodError: private method `define_unit' called for
# => TinyUnits:Module
# => Did you mean?  define_method>
```

▶関数型メソッド

今度は逆に、メートルで表された数字をさまざまな長さの単位に換算する関数的メソッドも
用意します。引数をその単位に換算するメソッドです。たとえば、「cm（6.feet + 2.inch）」で、
6フィート2インチをcmに変換するという具合です。

675

■ SECTION-287 ■ 単位を表すDSLについて

```
tall = 6.ft + 2.in   # => 1.8796
TinyUnits.cm(tall)   # => 187.96
include TinyUnits
cm(6.ft + 2.in)      # => 187.96
```

単位換算メソッドはMathモジュールと同様に、モジュール関数にしておきます。「TinyUnits.cm」はモジュール関数なので、インクルードした後に関数として使えます。

上記で定義した単位メソッドの場合とは単位変換の向きが逆なので、定義は除算になります。

```
module TinyUnits
  private_class_method def self.define_unit(name, quantity, *aliases)
    Numeric.module_eval do
      define_method(name) { self * quantity }
      aliases.each {|ali| alias_method ali, name }
    end
    define_method(name) {|x| x / quantity }
    aliases.each {|ali| alias_method ali, name }
    module_function name
  end
end


require_relative "02-ci-skip.rb"


include TinyUnits
cm(6.ft + 2.in)      # => 187.96
```

次の例では、長さをフィートとインチで表します。

```
require_relative "06.rb"
require_relative "02-ci-skip.rb"


1.inch               # => 0.0254
tall = 6.ft + 2.in   # => 1.8796

def feet_inch(len)
  int, mod = len.divmod 1.ft
  [int, TinyUnits.inch(mod)]
end

feet_inch(tall)      # => [6, 2.0]
```

関連項目 ▶ ▶ ▶

- 定義の別名・取り消しについて ……………………………………………………… p.158
- メソッドの可視性を設定する ………………………………………………………… p.555
- モジュール関数を定義する …………………………………………………………… p.566
- 動的にメソッドを定義する …………………………………………………………… p.580
- 文脈を変えてブロックを評価する …………………………………………………… p.602

SECTION-288

型付き構造体を表すDSLについて

❖ C言語風の型付き構造体を構築する

ここでは、C言語風の型付き構造体を定義するDSLを構築する方法を解説します。なお、このプログラムはRubyの奥義をふんだんに使っているので、慣れるまでは難しいと思います。この節が理解できれば、自分好みの格好いいDSLを自在に作成することができるでしょう。

▶ DSLの仕様

名前と年齢、技能、国籍をフィールドに持つC言語の構造体は次のように書けます。

```
struct Person {
  char *name;
  int  age;
  char **skill;
  char **nationality;
};
```

Rubyの文法の範囲内でこれに似せて、次のように型付き構造体を書くようなDSLを作ります。

```
class Person < TypedStruct
  string :name
  int    :age
  array  :skill
  string :nationality
end
```

まず、型付き構造体の骨格を持ちインスタンスを作成しないクラス「TypedStruct」を用意します。そのサブクラスとして具体的な型付き構造体「Person」を定義します。「Struct」と同じ考え方です。

「Person」クラスの中に記述してある「string」「int」「array」(以後「型指定子」)は、「TypedStruct」のクラスメソッドを継承したもので、それぞれ「String」「Integer」「Array」を受け付けるフィールドを定義します。簡単にするため、受け付けるクラスは、これら3種類にします。ここでは、型指定子を繰り返し使って、「:name」「:age」「:skill」「:nationality」という4つのフィールドを定義しています。

構造体のフィールドでは順番が重要です。型指定子が呼び出された順番を保存する必要があります。

型付き構造体に指定された型以外のオブジェクトの代入を試みたときには例外が発生するようにしますが、配列の内部の要素の型チェックまでは行いません。

■ SECTION-288 ■ 型付き構造体を表すDSLについて

▶ TypedStructを定義する

型指定子の名前を表す「Symbol」インスタンスとそれによって指定されるクラスの対応を示す「Hash」インスタンス「TYPE_TABLE」を定義します。

```
class TypedStruct
  TYPE_TABLE = {int: Integer, array: Array, string: String}
end
```

「TypedStruct」の特異クラス内で、「Hash#each」を使って「TYPE_TABLE」内の型指定子の名前「type」とそのクラス「klass」の対を1つずつたどりながら、「Module#define_method」により、「type」で表される型指定子メソッドを定義していきます。特異クラス内での定義なので、型指定子は「TypedStruct」のクラスメソッドになりますが、実際の使用では、「Person」などの「TypedStruct」のサブクラスから呼び出されます。「define_method」のブロック変数「field」は、型指定子メソッドを呼び出すときに渡すフィールド名を表す引数です。

```
class TypedStruct
  class << self
    TYPE_TABLE.each do |type, klass|
      define_method(type) do |field|
        # ...
      end
    end
  end
end
```

▶ 型指定子定義の中身

「Person」などの型つき構造体のクラスごとにフィールドの順番を保存するために、構造体クラスでインスタンス変数「@order」を持ち、そこに配列を保持します。ここでクラス変数を使ってしまうと、「TypedStruct」とそのサブクラスであるすべての型付き構造体のクラスの間でその変数が共有されてしまうので、使えません。クラスのインスタンス変数を使うことで、そのサブクラス固有の変数であることが保証されます。また、特異クラスで「Module#attr_reader」を使用して、クラスのインスタンス変数へのアクセサを定義します。

```
class TypedStruct
  class << self
    TYPE_TABLE.each do |type, klass|
      define_method(type) do |field|
        (@order ||= []) << field
        # ...
      end
    end
    attr_reader :order
  end
end
```

■ SECTION-288 ■ 型付き構造体を表すDSLについて

前ページの例では、「Person」に対して初めて型指定子（「string」）が呼び出されたときに、「Person」の「@order」が空配列「[]」に初期化された上で「:name」が追加されます。明示的に初期化せずに「@order」を呼び出すと、その値は「nil」となり、「Array#<<」メソッドを呼び出すことができません。ここでは「（変数 ||= []）<< 値」という遅延初期化+要素追加の常套句を使っています。それ以降は、呼び出された順番に「:age」「:skill」「:nationality」の順で「@order」に追加されます。

構造体では、フィールドへの読み書きが必要です。単純な場合には、「Module#attr_accessor」を使って、読むためのインスタンスメソッドと書くためのインスタンスメソッドを自動的に定義できますが、今は書き込む前に型チェックが必要なので、書き込み用のメソッドは別に細かく定義しないといけません。そこで、読むためのメソッドだけを「Module#attr_reader」を使って自動的に定義します。特異クラス定義中の「define_method」の中なので、クラスメソッド定義の文脈になります。そのため、定義されたアクセサメソッドはインスタンスメソッドになります。書くためのインスタンスメソッドを定義するには、そのままクラスメソッド中で「define_method」を使用します。

```
# ...
define_method(type) do |field|
  (@order ||= []) << field
  attr_reader field
  define_method("#{field}=") do |value|
    # ...
  end
end
# ...
```

引数が期待するクラスに属していれば、フィールドに対応するインスタンス変数に代入し、それ以外の場合は「TypeError」例外を発生させます。

```
# ...
define_method("#{field}=") do |value|
  if klass === value
    instance_variable_set "@#{field}", value
  else
    raise TypeError, "#{value.inspect}: expected #{klass}"
  end
end
```

上記のコードで、アクセサメソッドの引数「value」が期待するクラス「klass」に属するか調べるために「Module#===」を使っています。

```
klass === value
```

679

■ SECTION 000 ■ 型付き構造体を表すDSLについて

　これは検査されるべき対象である「value」が「===」の左辺（レシーバ）でなく右辺（引数）になっている点で、不自然に思えるかもしれません。（プログラミングでは、定義や叙述される内容を左側に書くのが普通であり、このように左右逆になっている書き方は、映画スターウォーズに登場するヨーダというキャラクタの話し方にちなんで、ヨーダ記法と言います。）それにもかかわらず、このような書き方をしているのには意味があります。

　「===」メソッドは、（「Module」以外のクラスに定義されているものも含めて、）対称的でない、つまり「a === b」と「b === a」は等価でないので「value === klass」としてしまったら違う意味になってしまうということもありますが、それとは別の理由があります。これと近い内容で「value」をレシーバにする書き方として、「Kernel#kind_of?」を使って次のように書けます。

```
value.kind_of?(klass)
```

　しかし、「===」を使う書き方の方が「kind_of?」を使う書き方よりも堅牢なのです。「===」はレシーバ「klass」に対して定義されている必要があり、「klass」は「TypedStruct::TYPE_TABLE」から来ています。これはDSLを構築するときに規定されます。その定義に間違いがない限り、DSLのユーザの使い方によって問題が生じることはありません。一方、「kind_of?」は「value」に対して定義されている必要があり、「value」はDSLのユーザが型指定子に引数として渡すものです。DSLのユーザが型指定子の引数として「kind_of?」の定義されていないオブジェクトを（間違って）渡した場合、型チェックが行われる以前に、このDSL自体が意図しないエラーを発生させて、実行が止まってしまいます。実際、「BasicObject」は「Kernel」を継承していないので、そのインスタンスには「kind_of?」が定義されていません。そこで、次のような違いが出ます。

```
klass = String
value = BasicObject.new
klass === value # => false
value.kind_of?(klass) rescue $!
# => #<NoMethodError: undefined method `kind_of?' for
# => #<BasicObject:0x0000555571920808>>
```

　DSLの構築に当たっては、そのユーザよりも一段高い視点に立って、ユーザーによるDSLの使用上の誤りを予期し、それに対処できるようにすることが重要です。ここで構造体に対して行っている型チェックはそのような誤りへの対処の一環なのですが、その型チェック自体がエラーを起こしてしまっては、DSLのユーザーが混乱するばかりです。「===」を使って書いたのには、このような意味があるのです。

　ここで、クラス検査の仕様を変更し、「nil」を値として渡したときには、フィールドに対応するインスタンス変数がすでにあれば削除し、また、そのために、型設定にかかわらず、どのフィールドにも「nil」を渡せるようにしましょう。上記のクラスチェックの条件を「case」…「when」に変更し、最終的に次のようなコードになりました。

680

■ SECTION-288 ■ 型付き構造体を表すDSLについて

```ruby
class TypedStruct
  TYPE_TABLE = {int: Integer, array: Array, string: String}

  class << self
    TYPE_TABLE.each do |type, klass|
      define_method(type) do |field|
        (@order ||= []) << field
        attr_reader field
        define_method("#{field}=") do |value|
          case value
          when NilClass
            if instance_variable_defined? "@#{field}"
              remove_instance_variable "@#{field}"
            end
          when klass
            instance_variable_set "@#{field}", value
          else
            raise TypeError, "#{value.inspect}: expected #{klass}"
          end
        end
      end
    end
    attr_reader :order
  end
end
```

「case a」...「when b」文は内部的に「b === a」を呼び出すので、以前のコードと同じ堅牢性があります。

▶ Personを定義する

ここまできて、やっと「TypedStruct」DSLが定義できました。早速、「Person」サブクラスを定義してみましょう。

```ruby
class Person < TypedStruct
  string :name
  int    :age
  array  :skill
  string :nationality
end
```

次に、インスタンスを作成します。フィールドへのアクセスと型チェックが正しく動作していることがわかります。

```ruby
require_relative "10.rb"
require_relative "11-ci-skip.rb"
```

▼

681

■ SECTION 200 ■ 型付き構造体を表すDSLについて

```
taro = Person.new
taro.name = "Taro"
taro.name # => "Taro"
(taro.age = "28") rescue $! # => #<TypeError: "28": expected Integer>
taro.age = 28
taro.skill = ["Ruby", "Perl"]
taro.nationality = "Japan"
taro
# => #<Person:0x972d98c @name="Taro", @age=28,
# => @skill=["Ruby", "Perl"], @nationality="Japan">
taro.nationality = nil
taro
# => #<Person:0x972d98c @name="Taro", @age=28,
# => @skill=["Ruby", "Perl"]>
```

　最後の「taro」で、インスタンス変数「@nationality」がなくなっていることに注意してください。その前の行で引数に「nil」を渡したためです。インスタンス変数は、定義されていなくても呼び出すことができ、「nil」を返すので、一見すると、定義されていないのか、それとも値「nil」を持つものとして定義されているのか、混乱することもあるかもしれません。しかし、このようにしてインスタンスのデフォルトの「inspect」を呼び出してみると、定義されているインスタンス変数の値が表示され、その違いがわかります。

▶ コンストラクタと「TypedStruct#each」の定義

　上記では、構造体のインスタンスを生成してから、1つひとつ値を設定しましたが、今度は「TypedStruct.new」に引数を渡して、これらを一気に設定するようにしましょう。

　「Person」などの構造体のクラスごとに決められた個数の引数がメソッド「initialize」に与えられ、それを継承元の「TypedStruct#initialize」でrest引数「args」として受け取ります。これは配列であり、クラスのインスタンス変数「@order」に設定された順に各フィールドの値を表しています。自分自身のクラスは「self.class」で得られ、アクセサが定義されているので「self.class.order」で「@order」を呼び出せます。これと「args」からの対応する対を順にループするために、「Enumerable#zip」を使います。そして、フィールド名「field」から動的に合成されたメソッド名「"#{field}="」のメソッドを呼び出すために「BasicObject#__send__」を使います。

　この変更に対応する出力の変更として、「to_a」メソッドにより、コンストラクタに渡す引数の形式と同様の配列を得られるようにしましょう。そのためには、「Enumerable」モジュールをインクルードし、「each」を定義します。

```
class TypedStruct
  include Enumerable

  def initialize(*args)
    self.class.order
    .zip(args) {|field, arg| __send__("#{field}=", arg)}
  end
```

■ SECTION-288 ■ 型付き構造体を表すDSLについて

```
  def each
    self.class.order.each {|field| yield(__send__(field))}
  end
end
```

早速、使ってみましょう。

```
require_relative "10.rb"
require_relative "13.rb"
require_relative "11-ci-skip.rb"

jake = Person.new "Jake", 33, ["Ruby", "JavaScript"], "Japan"
jake
# => #<Person:0x972d1bc @name="Jake", @age=33,
# => @skill=["Ruby", "JavaScript"], @nationality="Japan">
jake.to_a
# => ["Jake", 33, ["Ruby", "JavaScript"], "Japan"]
```

▶ TypedStruct定義用の文法を作成する

　ここまでは、通常のクラス定義の文法に従って、抽象クラス「TypedStruct」から具象クラス「Person」を継承しましたが、それに代わって、次のように、「TypedStruct」のクラスメソッドとして、具象クラスを生成するようにすることもできます。

```
Person = TypedStruct.define do
  string :name
  int    :age
  array  :skill
  string :nationality
end
```

　そのためには「TypedStruct」のクラスメソッド「define」を定義します。「Class.new」で引数にスーパークラス（「TypedStruct」自身）を指定し、ブロックがあれば新しいクラスで「module_eval」することによって、「TypedStruct」のサブクラスを作ります。

```
require_relative "10.rb"
require_relative "13.rb"

def TypedStruct.define(&block)
  Class.new(self, &block)
end

require_relative "15-ci-skip.rb"
```

683

■ □COTION 2□□ ■ 型付き構造体を表す DSL について

関連項目 ▶▶▶

- ●特異メソッド・クラスメソッドについて ……………………………………… p.138
- ●アクセサを使ってインスタンス変数をパブリックにする ……………………… p.548
- ●情報を集積するタイプのオブジェクトには構造体を使う ……………………… p.568
- ●動的にメソッドを定義する ……………………………………………………… p.580
- ●動的にクラス・モジュールを定義する ………………………………………… p.587
- ●名前を指定してインスタンス変数を読み書きする ……………………………… p.615

CHAPTER 16

プログラムを書いた
後の話

SECTION-289

エコシステム概論：
プログラムを書いた後に何が始まるか

❖ プログラムを「書く」と「動く」のはざまで

　計算機科学系の大学に入ると、学部一年目に学ぶ核心ともいえる事実が、「書いたままの
プログラムはそのままでは使えない」、別の言い方で「プログラムは思った通りではなく、書い
た通りに動く」というものです。これは大学なら親切にも教えてくれますが、そうでなくとも、プロ
グラムを書くなら自力で必ず会得している必要がある事実といえます。

　プログラムと一言にいってもさまざまです。CHAPTER 11ではワンライナーの紹介をしまし
た。逆にCHAPTER 2で紹介したbundlerを利用することで、何千個ものライブラリを組み合
わせて使う、とても巨大なプログラムをRubyを使って書くことも今日では珍しくありません。この
ように、プログラムの純粋な記述量は数百万倍くらいの振り幅がある中、私たちプログラマー
は1人で数百万倍ものパフォーマンスを発揮することは（不可能、と言い切ってしまうことに語
弊があるのなら、少なくとも）かなり困難といえます。そこで結果的に発生するのが、思った通
りに動かないプログラムということになります。私たちは実際には、プログラムを書くことよりも、
それを思った通りに動くようにすることに多大な労力をかける傾向にあるのです。

　もう少し実務に沿った例で説明しましょう。あなたは単純とはいえない規模のWebアプリケー
ションを作成したとします。このプログラムを記述し終わったら、あるいは記述している最中から
もすでに、始まっているのが「検証」つまりテストです。テストは、1つや1回とは限りません。いく
つものテストを何回も繰り返すこともあります。テストをすることは、プログラムが「思った通りか」
を検証する上で最も基礎となる行為です。もちろん、テストで発見したバグは、修正する必要
があります。

　プログラムは、手元でちゃんと書かれていたとしても、役に立つように配置しないといけない
場合があります。今、例として考えているWebアプリケーションの場合、手元のコンピュータで
動いていてもあまり役に立たなくて、Webサーバを立ち上げないといけないことも多いですし、
データベースと接続する必要もあるかもしれません。こういった作業もプログラムが役に立つま
でには必要で、「デプロイ」などと呼ばれるものです。デプロイも何度も実施することを考えると
自動化することが得策という判断になり、それはそれで一種のプログラムと呼べるものになって
いきます。なので「デプロイのテスト」というものもあります。

　デプロイが無事に行われてもそれで終了ではありません。プログラムが結局、思った通りに
動いているかは、そのままでは誰もわからないということになってしまいます。したがって、デプ
ロイが終わった後に待っているのは「モニタリング」です。たとえば死活監視、ログの監視など
から、パフォーマンスの監視まで多岐にわたるモニタリング作業を行って、思いと実際の乖離
を見つけていく作業が続くことになります。

　これらはプロジェクトが進捗するに従い、ビルドパイプライン・デリバリーパイプライン・メトリ
クスフィードバックといったシステムとして、必ずしも境界が明確ではない渾然一体としたオート
メーションに発展していくことも多いです。

■ SECTION-289 ■ エコシステム概論：プログラムを書いた後に何が始まるか

❖ エコシステムを支える技術と使う技術

このようにプログラムを動かすというのは一種、終わりのない営みと化す場合があるのですが、これらの作業をすべて自分で行うというのもまた現実的ではないことも多いです。たとえば、Webプログラムであれば、そもそもWebサーバを自分で用意するのかどうかというところにすでにいくつかの選択肢があるはずです。世の中で公開されているレンタルサーバだとか、Platform as a Serviceだとかいったものを使うのであれば、それらに適した方法がさまざまにあることでしょう。

こういったものを総称してエコシステムと呼ぶことがあります。外部の提供するライブラリや方法をうまく活用することは、成功するプログラムにとって今では不可欠ともいえることです。そのすべてを紹介するのは本書の手に余りますし、外部サービスの内容は当然、時代に応じていろいろと変わっていくものですので、書籍よりもより確実な情報が別に存在することはいうまでもありません。ぜひ公式のドキュメントを探してください。

しかしながら、どのようなエコシステムを使うとしても共通して有用な考え方はあります。たとえば、テストをするとか、デプロイをするとか、モニタリングをするとかいうことです。そこで、こういった事項をRubyでどのように解決していくかを解説することには意味があるのではと思う次第です。

この章では、プログラムの本体ではない、周辺の事情を解説していきます。

関連項目 ▶ ▶ ▶

- gem間のバージョン依存関係を管理する ……………………………………………… p.68
- ワンライナーを極める ……………………………………………………………………… p.518

SECTION-290

YARDでドキュメントを記述する

ここでは、ドキュメントコメントを書くためのYARDという書式について解説します。

SAMPLE CODE

```ruby
# このクラスは外部コマンドの実行を扱う
class Foo
  # 抽象クラスなので、新しいインスタンスを作らせないように
  private_class_method :new

  # @param cmd [String] 実行する文字列
  def initialize(cmd)
    @cmd = cmd
  end

  # コマンドを実行する
  # @return [String] 実行結果
  # @raise  [Errno::ENOEXEC] 実行可能形式ではなかった
  # @raise  [Errno::EACCESS] 実行権がない
  def system
    IO.popen(*@cmd, mode: 'r') {|f| return f.read }
  end
end

# 環境変数を扱えるように拡張
class Bar < Foo
  public_class_method :new

  # @param env [{ String => String }] 環境変数
  # @param cmd [String] (see {Foo#initialize})
  def initialize(env, cmd)
    super([env, cmd])
  end
end
```

■ SECTION-290 ■ YARDでドキュメントを記述する

ONEPOINT　ドキュメントコメントという概念について

　多くの場合、メソッドには想定した使い方というものがあります。たとえば、引数は、何でもよいということは少なくて、配列を期待しているとか、そういった想定は当然ありますし、あるいはたとえば戻り値はどういう値か、どういうときに例外が返るか、などといったことは決まっているものでしょう。このような情報のことをAPIと呼びます。

　これは、プログラムの中を読めば本来は理論上はわかることかもしれません。ただし、毎回それを利用者に押し付けるのは負担になりますし、しばしば実装は詳細すぎて、どこまでが本来の意図でどこまでがただのバグなのか見分けが付かないことも多いです。

　そこでAPIのことを書いたドキュメントを用意するという話になります。プログラミング言語とIDEが密接に関連しているJavaやC#、Swiftといった他の言語では、ドキュメントをIDEから取り込んで表示してくれる機能が一般的に使われており、ほぼ言語組み込み機能と読んで差し支えない状態です。そういった場合に使われている形式のことを、言語を問わず総称する場合に「ドキュメントコメント」(doc comments)と呼ぶようです。名前の通り、コメント形式でドキュメントが埋め込まれているためです。RubyはIDEと連携しているわけではないかもしれませんが、それでもドキュメントコメントは便利です。

　Rubyでドキュメントコメントを実現するために広く使われているのがYARDです。通常のRubyのコメントの中に、JavadocやDoxygenを使ったことがある人なら馴染みのある@returnといったタグが書かれているのが特徴です。この形式のドキュメントを「yardoc」コマンドに与えることで、フォーマットされたHTMLが生成されてきます。

　YARDは、また、オープンソースのRubyライブラリのドキュメントを広く収集しているサイトwww.rubydoc.infoでも利用されており、実際の利用例をインターネット上で閲覧できるのも特徴です。YARD形式のドキュメントを一番手っ取り早く公開する方法は、オープンソースにしてしまってこのサイトに任せることかもしれません。

■SECTION-290 ■ YARDでドキュメントを記述する

| COLUMN | ドキュメントに何を書くべきか問題 |

　この章の文責は卜部ですが、卜部は過去のことを記憶することが極端に苦手です。3
カ月前には理解していたはずの概念や、運用していたはずのツールのことが思い出せ
ないこともしばしばあります。自分の場合は例としては極端かとは思いますが、程度の差
こそあれ過去のことがよく思い出せなくなるのは誰しもあることです。そこで必要となるの
がドキュメントです。プログラムを読んだだけでは理解できない、設計の意図を残しておく
必要があります。3カ月後の自分が読むと思えば、今の自分と同等以上のスキルがある
人が最低一人は読者になってくれるわけですから、これは力を入れて記述する価値は
十分にありますよね。

　とはいうものの、書きすぎも考えものです。Linus TorvaldsはLinuxカーネルのスタイル
ガイドに「ひどいコードを解説する暇があるなら、コードのほうをもっとわかりやすく書こう」
と記述しています。プログラムが変更されることは決して稀ではありませんが、それに併
せてドキュメントも更新されることは少ない。ですから、常に変更されていくような部分をド
キュメントに残すのは得策ではありません。それよりも、そのプログラムがいったい何を達
成したいのか。どこで使われる想定なのか。実装が変わっても普遍なはずの部分に着
目してドキュメントを書くとよいでしょう。角谷信太郎はこう言っています。「テストコードに
はWhat、ソースコードにはHow、そしてドキュメントにはWhyを書くんだ」。

| COLUMN | ドキュメントもテストすればいいという発想 |

　しかし、ドキュメントが実装と乖離することが問題なら、それも乖離してるか検証すれ
ばいいのではでしょうか。この発想にもそれなりの妥当性があります。Pythonには昔から
doctestというコンセプトがあって、docstrings（Pythonにおけるドキュメントコメントに相
当する概念）の中にテストを書いておくことができます。折に触れてdoctestを実行してい
れば差異が生じたときに気付けるので、便利です。そうでなくてもドキュメントの中に実行
例を書いておくことは時折発生する話ですので、その例のところを抜き出して実行してく
れるといいのになあ、と思うのは自然な発想ですね。rubygems.orgで「doctest」で検
索するといくらかヒットしてきますので、Rubyでも同様の試みはあるようです。

関連項目 ▶ ▶ ▶

- ●ドキュメント引き ………………………………………………………………… p.69
- ●コメントについて ………………………………………………………………… p.95

SECTION-291

テストを書くということ

　テストの具体的な書き方に先立ち、次に前節のクラスBarにテストを書くとしたら、こうなるというものをちょっとだけお見せします。網羅的でも完璧でもないので、雰囲気だけ感じていただければと思います。

SAMPLE CODE

```
require 'test/unit/autorunner'
require_relative '../02/01'

class TestBar < Test::Unit::TestCase
  def setup
    @envp = { "LANG" => "C" }
    @argv = "/bin/ls -la"
    @this = Bar.new(@envp, @argv)
  end

  def test_system
    assert { @this.system.kind_of? String }
    assert { @this.system =~ /^d[rwx-]{9} .+ \.$/ }
    # ...
  end
end
```

ONEPOINT　テストとドキュメントにはある程度の関連がある

　自分もそうでしたが、最初「テストを書きましょう」とだけ言われても、いったい何をすればいいのか右も左もわからないことが多いかと思います。それは、根本的な理由を深く考えていくと、深い話もあるでしょうが、もはやRubyとはまったく関係なくなっていくので、ここでは理由の深追いの話はしません。しかし、実は最初に何をすればいいかは、簡単な対策があります。ドキュメントを翻訳すればいいのです。

　たとえばBarのsystemメソッドだと、そのドキュメントに「# @return ［String］実行結果」と書いてありました。ということは、このメソッドの戻り値はStringであることを確認するテストに意味があるということになります。テストにある「assert ｛ @this.system.kind_of String ｝」というのは、この確認をするテストです。

　もちろん、テストも奥深いので、これだけやっておけばOKかというと、いろいろと漏れがあるかもしれません。ドキュメントは必ずしも詳細設計だけを書いてあるものでもないでしょうし、ドキュメントによらないテストも多々あることでしょう。しかし、「右も左もわからない」という状況は、とりあえずこれで脱することができるかと思います。参考にしていってください。

■ SECTION-291 ■ テストを書くということ

COLUMN テストは冪等(べきとう)に書く

　テストでいう冪等とは何かというと、「何回やっても同じ結果が出るようにしよう」という方針のことだとご理解ください。

　たとえば、Barのテストで上記だとlsを実行してみていますが、これはあまり「よくない」可能性があります。lsコマンドの存在は仮定していいといえる場合でも、lsコマンドの出力は、時とともにファイルの増減などでどんどん変化していくからです。実際、上記のテストも、手元では動いていたものが他のサーバで検証してみたところパーミッションの違いで動かないということを経験しました。

　テストは、書いているときに役に立つことも無論大きいですが、その真価を発揮するのは回帰テスト、つまり以前書いたテストを改めて実行するときです。以前は成功していたテストが失敗するようになった場合は、バグを作り込んだ可能性が高いのです。しかし、たとえば関係ないファイルが増えたことが原因だった、とかが続くとやる気がなくなってしまいますよね。あるいは逆に、以前は失敗していたはずのテストが、何も変えていないはずだったのに成功するようになってしまったというのも、これはこれで困る話です。以前失敗していたのが何がいけなかったのか、わからなくなってしまうのです。

　テストは繰り返してこそ意味がある。繰り返しても問題ないように、最初からテストの書き方を考えましょう。たとえば外部コマンドに依存しているような場合、この依存している部分を切り替えれるようにして、テストのときは外部コマンドではないテスト用のクラスにすげ替えることで依存性を排除できます。そのようにして使われるオブジェクトを、テストダブル(test double)と呼びます。

COLUMN テストを書かないということ

　テストを書かないのは、たとえていうと無灯火で高速道路を走るような行為ですので、だいたいの場合は「書きましょう」という話に終始しがちです。

　しかしながら何でもかんでもともかく全部テストすればいいのかというと、そこには当然、トレードオフというものも存在するわけです。たとえば品質。たとえば費用。たとえば納期。さまざまな理由で、すべてのテストをもれなく実施することは難しい、となる場合がほとんどです。

　じゃあそこで、どのテストは実施して、どのテストは実施しないのかという、戦略を決めていく必要がありますね。無灯火の例でいうと、やはり前面への灯火は死守したい(リスクベースの考え方)、などというものです。こういう場面で必要なのがテスト計画です。これは詳しく考えていくとISO 29119などに発展していく話ですので、興味のある読者は参照してください。

SECTION-292

test-unitを使ってテストを記述する

　ここからは実際にRubyでテストを書く方法を見ていきます。本書執筆時点は過渡期で、いくつかのフレームワークがそれぞれ使われていますので、そのうちの代表的ないくつかを紹介します。最初はtest-unitです。

SAMPLE CODE

```ruby
# テストしたいクラス
class Takeuchi
  # @param x [Integer] 解の候補
  # @param y [Integer] 解の候補
  # @param z [Integer] 解の候補
  # @return [Integer] y if x <= y
  # @return [Integer] z if x > y && y <= z
  # @return [Integer] x otherwize.
  def tarai(x, y, z)
    if x > y then
      return tarai(tarai(x - 1, y, z),
                   tarai(y - 1, z, x),
                   tarai(z - 1, x, y))
    else
      return y
    end
  end
end

require 'test/unit/autorunner'

# テストクラスを作成する
# (1) 昔ながらの書き方
class TC_Tak_OldSchool < Test::Unit::TestCase
  # setupはテストのたびに呼ばれる
  # テストの準備を書くと良い
  # たとえばDBに接続するとか
  def setup
    @tak = Takeuchi.new
  end

  # テストはtestから始まる名前のメソッドである
  # テストにはdescriptionを付けることができる(必須ではない)
  description "test for tarai()"
  def test_tarai
    assert_equal(1, @tak.tarai(0, 1, 2))
    assert_equal(1, @tak.tarai(2, 0, 1))
```

■ SECTION-292 ■ test-unitを使ってテストを記述する

```
    assert_equal(2, @tak.tarai(2, 1, 0))
  end
end

# テストクラスを作成する
# (2) 最近はこの書き方もできる
class TC_Tak_Block < Test::Unit::TestCase
  # setupはブロックでも良い
  setup do
    @tak = Takeuchi.new
  end

  # testブロックでdescription + defを一度に
  test "test for tarai()" do
    assert_equal(1, @tak.tarai(0, 1, 2))
    assert_equal(1, @tak.tarai(2, 0, 1))
    assert_equal(2, @tak.tarai(2, 1, 0))
  end
end
```

HINT

test-unitの場合、「test/unit/autorunner」というライブラリをrequireすることにより、自動的にテストを実行してくれるようになります。上記のサンプルの場合であれば、上記をファイルに保存した後、「ruby sample.rb」のようにして起動すればテストが実行されます。

ONEPOINT **単体テスト自動化フレームワークtest-unitを使う**

　テストと一口で言ってもさまざまなテストがあるわけですが、読者のみなさんはRubyプログラムを書くつもりで読んでおられるでしょうから、最も密接に関連するのは、プログラムと詳細仕様の齟齬を確認する単体テストといえるでしょう。

　test-unitは名前の通り単体テストを自動化するフレームワークです。xUnitという系統に属するフレームワークで、他のプログラミング言語で単体テストを書いたことがある人には「setup」「teardown」「assert_equal」といったコンセプトはほとんど説明するまでもなく理解できることでしょう。

　また、過去の経緯からRubyをソースコードからインストールしたときに一緒にインストールされるgemの1つですので、何も準備せずに使えるのも魅力です。ちょっとしたプログラムだけどテストは書きたい、というニーズなどにも対応できて便利です。

関連項目 ▶ ▶ ▶

● minitestを使ってテストを記述する ……………………………………………… p.695
● RSpecを使ってspecを記述する ………………………………………………… p.697

694

SECTION-293

minitestを使ってテストを記述する

Rubyと一緒にインストールされるもう1つのテスティングフレームワークがminitestです。

SAMPLE CODE

```ruby
# テストしたいクラス
class Takeuchi
  # @param x [Integer] 解の候補
  # @param y [Integer] 解の候補
  # @param z [Integer] 解の候補
  # @return  [Integer] y if x <= y
  # @return  [Integer] z if x > y && y <= z
  # @return  [Integer] x otherwize.
  def tarai(x, y, z)
    if x > y then
      return tarai(tarai(x - 1, y, z),
                   tarai(y - 1, z, x),
                   tarai(z - 1, x, y))
    else
      return y
    end
  end
end


require 'minitest/autorun'

# テストクラスを作成する
# (1) Testとして書く
class TakTest < Minitest::Test
  # setupはテストのたびに呼ばれる
  # テストの準備を書くと良い。
  # たとえばDBに接続するとか。
  def setup
    @tak = Takeuchi.new
  end

  # テストはtestから始まる名前のメソッドである
  def test_tarai
    assert_equal(1, @tak.tarai(0, 1, 2))
    assert_equal(1, @tak.tarai(2, 0, 1))
    assert_equal(2, @tak.tarai(2, 1, 0))
  end
end
```

▼

■ SECTION-293 ■ minitestを使ってテストを記述する

```
# (2) Specとして書く
describe "Takeuchi" do
  let(:tak) { Takeuchi.new }

  describe "#tarai" do
    it "x <= y のときは y" do
      expect(tak.tarai(0, 1, 2)).must_equal 1
    end

    it "y <= z のときは z" do
      expect(tak.tarai(2, 0, 1)).must_equal 1
    end

    it "x > y > z のときは x" do
      expect(tak.tarai(2, 1, 0)).must_equal 2
    end
  end
end
```

HINT

minitestでもtest-unitと同様、「minitest/autorun」を使うと、テストの自動実行ができるようになります。上記のサンプルであればファイルに保存して、そのまま実行すればOKです。

ONEPOINT **明快で強力なテスティングフレームワーク**

多くの読者は実のところRailsを使うのではと予想するのですが、Railsを使う場合で、意図的に他の選択肢を選ばなければ、標準的に利用されるのがこのminitestです。

minitestは実装が単純明快であるところを特徴としています。テストの裏で何か複雑怪奇なことが行われていたりしない、書いたままのものが実行されるというのは、好ましい性質と思う人も多いでしょう。

また、後述のRSpecのように、Spec形式の記述にも対応しています。この記述は、やや考え方が変化していますが、「describe」や「it」だけを読んでいくと、どういった仕様を満たしていればいいかがわかるので、これはこれで便利です。

他にも、見落とされがちなパフォーマンス劣化に気付ける「minitest/benchmark」など、簡潔な中にもかゆいところに手がとどく機能が提供されていて、けっこう玄人好みではあると思います。

関連項目 ▶ ▶ ▶

● test-unitを使ってテストを記述する ……………………………………………… p.693
● RSpecを使ってspecを記述する ……………………………………………………… p.697

SECTION-294

RSpecを使ってspecを記述する

RSpecは根強い人気がある「BDDフレームワーク」です。

SAMPLE CODE

```ruby
# テストしたいクラス
class Takeuchi
  # @param x [Integer] 解の候補
  # @param y [Integer] 解の候補
  # @param z [Integer] 解の候補
  # @return  [Integer] y if x <= y
  # @return  [Integer] z if x > y && y <= z
  # @return  [Integer] x otherwize.
  def tarai(x, y, z)
    if x > y then
      return tarai(tarai(x - 1, y, z),
                   tarai(y - 1, z, x),
                   tarai(z - 1, x, y))
    else
      return y
    end
  end
end

gem 'rspec'
require 'rspec/autorun'

describe Takeuchi do
  let(:tak) { Takeuchi.new }

  describe "#tarai" do
    context "x <= y のとき" do
      subject { tak.tarai(0, 1, 2) }
      it      { is_expected.to eq(1) }
    end

    context "y <= z のとき" do
      subject { tak.tarai(2, 0, 1) }
      it      { is_expected.to eq(1) }
    end

    context "x > y > z のとき" do
      subject { tak.tarai(2, 1, 0) }
      it      { is_expected.to eq(2) }
    end
```

▼

697

■ SECTION-374 ■ RSpecを使ってspecを記述する

```
  end
end
```

----HINT----

RSpecにも同様に「rspec/autorun」があり、上記はそれを使う場合の記述ですが、それとは別に
RSpecには「rspec」コマンドが付属しており、これを使うことも可能です。

ONEPOINT　実行可能なSpecをRSpecで記述する

　RSpecのいうBDDとはbehaviourつまり振る舞いに駆動された開発のことです。振る
舞いというのは、たとえば「Takeuchi#tarailはx≦yのとき、yを返す」といったもので、上
記のサンプルコードでは、ブロックを使った階層構造と「describe」「context」「it」といっ
たキーワードで整然と振る舞いが記述できていることがわかります。一種の要求仕様と
でもいえるものが書かれていると見なせるわけです。このような記述のことをRSpecでは
Specと呼びます。これは、テストと何が違うのかというと、実際に中でやっていることは違
わないのですが、記述方法や記述の順序などを工夫することで、人間にも読みやすくし
てるのが特徴といえます。

　このため、RSpecはDSLを駆使して英語っぽく読める（it is expected toとか）ように
注力されています。これが便利と思う人も多いです。ドキュメントが実装としばしば乖離
していくことを別節で指摘しましたが、RSpecは、ドキュメントが実行可能なプログラムに
なっていれば検証できるのではという、逆転の発想でこれを回避しようという試みともいえ
ます。

関連項目 ▶ ▶ ▶

- YARDでドキュメントを記述する ……………………………………………… p.688
- test-unitを使ってテストを記述する ……………………………………………… p.693
- minitestを使ってテストを記述する ……………………………………………… p.695

SECTION-295

selenium-webdriverを使って
Webサイトをテストする

　読者のみなさんがWebサイトを作成したとき、大抵の場合はRubyだけで話が完結すること
は少なくて、JavaScriptなどが複雑にからんだ大規模なシステムにならざるをえないことが多々
ありますね。そういうときにWebサイト全体をテストするのがSeleniumです。

SAMPLE CODE

```ruby
gem 'selenium-webdriver'
require 'selenium-webdriver'
require 'test/unit/autorunner'

class WebTest < Test::Unit::TestCase
  # ブラウザを起動してテストするページまで遷移する
  def setup
    wait     = Selenium::WebDriver::Wait.new
    caps     = Selenium::WebDriver::Remote::Capabilities.chrome(
      "chromeOptions" => {args: %w"--headless --disable-gpu"})
    @browser = Selenium::WebDriver.for :chrome, \
      desired_capabilities: caps
    @browser.navigate.to 'https://google.com/webhp?hl=en&gws_rd=cr'
    elem = @browser.find_element :xpath, '//*[@name="q"]'
    elem.send_keys "Ruby逆引きハンドブック"
    elem.submit
    wait.until do
      @hits = @browser.find_element :xpath, '//*[@id="resultStats"]'
    end
  end

  def test_hit
    assert_match(/About [0-9,]+ results/, @hits.text)
  end

  # ブラウザを終了する
  def teardown
    @browser.quit
  end
end
```

699

ONEPOINT End-to-endテストを実施しよう

　単体テストだけがテストではありません。RubyにはRubyの、JavaScriptにはJavaScript
の単体テストがあるのは当然ですが、それらを組み合わせた後にきちんと動くかは未知
数の部分があります。他の組み合わせとしてはマイクロサービスとマイクロサービスとか、
OpenID Connectのproviderとclientとか、要は複数コンポーネントが関連する場合は一
般的にそうです。コンポーネントが単体でうまく書かれていたとしても、組み合わせたときに
どうなるかはわからりません。

　これを検証するのがEnd-to-endテストと呼ばれるテストです。すべてのコンポーネント
を結合した状態でブラックボックスと考え、あくまで外的な出入力にのみ着目してテストす
る方式です。したがってWebアプリケーションであればWebブラウザから操作することが
テストになるわけですが、これを自動化していく手段がSeleniumで、それをRubyから利
用するためのライブラリがselenium-webdriverということになります。

　selenium-webdriverは実際のブラウザであるFirefoxやGoogle Chromeを実際に
自動操作して、レンダリング結果のDOMなどを取得することによりテストを行うことができ
ます。HTMLの静的なレンダリングにとどまらず、AJAXなどのインタラクティブな実行結
果まで、実際にユーザが使うのにかなり近いものをテストできるのが魅力です。しかしな
がら実際のレンダリングが発生するので、控えめに言ってもさほど機敏な感じでは動きま
せん。これがあれば単体テストはいらないとか、そういう性質のものではないことには留
意しましょう。

SECTION-296

SimpleCovでテストの網羅率を確認する

　プログラムを検査するためにテストを書くわけですが、そのテスト自体の質はどうやって確認するのでしょうか。いくつかの指標がありえますが、代表的な観点である網羅を確認する方法を見てみましょう。

SAMPLE CODE

```
BEGIN {
  gem 'simplecov'
  require 'simplecov'
  # このSimpleCov.startメソッドは他に先駆けて実行されるように
  # 先頭に記述するなどの必要がある
  SimpleCov.start do
    add_filter 'vendor/bundle'
  end
}

require_relative 'テスト対象ファイル'
require_relative 'テスト記述ファイル'
```

HINT

SimpleCovをrequireするファイルはテスト対象のクラスやモジュールが書かれたファイルとは分かれている必要があります。ごく普通にテストを書けばそうなっているはずなので通常は問題ないはずです。

ONEPOINT **C0カバレッジを計測するにはSimpleCovを使う**

　ホワイトボックステストの場合、テストがプログラムの具体的にどの行をテストしたくて書かれているかは明確である（であるべき）です。これがどの程度、達成されているかの指標が網羅率です。理論上はC0、C1、C2などの種類がありえますが、Rubyで一般的に計測されるのはC0カバレッジともよばれる、「ソースコードのどの部分を通過したか」の指標です。これを計測するためのツールがSimpleCovです。

　SimpleCovを利用するには、テストの可能な限り先頭に近い箇所で「SimpleCov.start」を実施する必要があります。なぜかというと、そのstartの呼び出しよりも前の部分は計測できないからです。しかし、基本的には必要な作業はこれだけです。テストを実行すると、カレントディレクトリに「coverage/index.html」という静的なHTMLファイルが生成されているので、後はこれを好みのWebブラウザで閲覧してください。

■ ■ SECTION-396 ■ SimpleCovでテストの網羅率を確認する

| COLUMN | カバレッジは指標なのであり目標ではない |

　初めてカバレッジを取得したとき、何の前提条件もなく、％単位で数値がポンと出てくるため、あたかも「百点満点中何点」であるかのような錯覚を得てしまうことがあります。

　しかし、カバレッジはテストの点数ではありません。テストは、カバレッジのために行うものではないことを肝に銘じる必要があります。カバレッジを上げようとして、意味のないテストを追加するのは本末転倒といえますし、あるいは「カバレッジが100％になればテストは完成」とかそういう問題でもありません。

　数字ではなく、実際にテストが行われていない部分がどこかに着目しましょう。

SECTION-297

Byebugでデバッグする

Rubyで使えるデバッガ「Byebug」

テストをすれば何も問題ないかというと世の中そこまで甘くはできていません。テストでわかるのはバグの存在だけで、それをどう解消するかは依然としてプログラマが決めていくことです。

霊感だけでバグと戦うということは（しばしば発生しますが）しんどい話です。そこで、デバッグ支援ツールとでもいえるものが用意されており、使うと便利なことがあります。そういったもののことをデバッガと呼んだりします。Rubyで使えるデバッガとしてはByebugが有名です。

byebugコマンドから使う方法

他の有名なデバッガであるgdbやlldbと同様にbyebugライブラリには「byebug」というコマンドが付属しており、「ruby」コマンドの代わりに「byebug」コマンドからプロセスを起動することでインタラクティブなデバッガを起動することができます。小規模なスクリプトであれば簡便な方法で、お勧めです。

```
bundle exec byebug スクリプト
```

プログラムに埋め込んで使う方法

上記の方法はプログラムの起動方法がすでに決まっている場合はトリッキーになります。たとえばRailsでサーバを起動する際などは難しいといえるでしょう。その場合はプログラムの中にByebugを起動する記述を含めることができます。

```
require 'byebug'
byebug
```

この「byebug」メソッドが実行されることによりデバッガが起動するので、実質的なブレークポイントとして機能するといえます。

pryから使う方法

Byebugの中では、「ブレークポイント」「バックトレース」「ステップ実行」といった他のデバッガと共通するコンセプトが通用して、gdbやlldbで使える「b」「bt」「s」などのコマンドがだいたい同じ感じで使えるので、そのあたりは標準的な使い方をしてもらえばよいのではと思います。もちろんRubyの普通の「p」も使えます。

しかしByebugはそれだけにとどまらず、特徴的な機能も備えています。それが「pry」連携です。

```
(byebug) pry
```

703

■ SECTION 277 ■ Byebugでデバッグする

前ページのように入力することにより、Byebugの途中からpryに移行することができます。逆にpryセッションの中からステップ実行などができるようになる「pry-byebug」gemも存在し、これを使うとpryとByebugをほぼシームレスに一体的に利用できるようになります。

❖ Byebugセッションを行ってみる

ここでは、実際にByebugを使ってデバッグを行った例を解説します。

```ruby
gem 'pry-byebug'
require 'pry'

# コメントと実装のどちらかが誤っているクラス
class Takeuchi
  # @param x [Integer] 解の候補
  # @param y [Integer] 解の候補
  # @param z [Integer] 解の候補
  # @return  [Integer] y if x <= y
  # @return  [Integer] z if x > y && y <= z
  # @return  [Integer] x otherwize.
  def tak(x, y, z)
    if x > y then
      return tak(tak(x - 1, y, z),
                 tak(y - 1, z, x),
                 tak(z - 1, x, y))
    else
      return z
    end
  end
end

binding.pry # ここから開始
puts Takeuchi.new.tak(2, 1, 0)
```

上記のtak関数はコメントで示してあるような振る舞いとは異なる振る舞いをします。x, y, zの組2, 1, 0に対しては、コメント通りであれば2が返らなければおかしいですが、動かしてみると実際には1を返してきます。竹内郁雄によるとこのバグはJohn McCarthyによって作り込まれたそうです。

ともあれどこかの動きがおかしいので、これをデバッグしてみましょう。上記では「tak」を呼ぶ直前のところに「pry」を追加しました。このスクリプトを実行すると、まずはこの「pry」行で実行が中断されます。

```
% bundle exec ruby debug-sample.rb

From: /root/debug-sample.rb @ line 25 :
```

■ SECTION-297 ■ Byebugでデバッグする

```
 20:     end
 21:   end
 22: end
 23:
 24: binding.pry
=> 25: puts Takeuchi.new.tak(2, 1, 0)

[1] pry(main)> _
```

　もちろんこのまま普通にpryのセッションが実行できるわけですが、今回はByebugの機能である「ステップ実行」をしていきます。「step」と入力してみます。

```
[1] pry(main)> step

From: /root/debug-sample.rb @ line 14 Takeuchi#tak:

    13: def tak(x, y, z)
=>  14:   if x > y then
    15:     return tak(tak(x - 1, y, z),
    16:                tak(y - 1, z, x),
    17:                tak(z - 1, x, y))
    18:   else
    19:     return z
    20:   end
    21: end

[1] pry(#<Takeuchi>)> _
```

　おわかりでしょうか。プログラムの実行が1「ステップ」進んで、メソッド「tak」の実行途中で止まりました。実行途中なので、渡された変数などを見ることができます。

```
[1] pry(#<Takeuchi>)> [x, y, z]
=> [2, 1, 0]
[2] pry(#<Takeuchi>)> _
```

　25行目で渡した引数が変数に代入されているのが見えます。xのほうがyより大きいので、次のステップは15行目になるはずです。

```
[2] pry(#<Takeuchi>)> step

From: /root/debug-sample.rb @ line 15 Takeuchi#tak:

    13: def tak(x, y, z)
    14:   if x > y then
=>  15:     return tak(tak(x - 1, y, z),
    16:                tak(y - 1, z, x),
```

705

■ SECTION 297 ■ byebugでデバッグする

```
    17:                 tak(z - 1, x, y))
    18:   else
    19:     return z
    20:   end
    21: end

[2] pry(#<Takeuchi>)> _
```

15行目になりましたね。もう1回進んでみます。

```
[2] pry(#<Takeuchi>)> step

From: /root/debug-sample.rb @ line 14 Takeuchi#tak:

    13: def tak(x, y, z)
=>  14:   if x > y then
    15:     return tak(tak(x - 1, y, z),
    16:                 tak(y - 1, z, x),
    17:                 tak(z - 1, x, y))
    18:   else
    19:     return z
    20:   end
    21: end

[2] pry(#<Takeuchi>)> _
```

おっと、14行目に戻ってしまいました。どういうことでしょうか。バックトレースを見てみましょう。

```
[2] pry(#<Takeuchi>)> backtrace
--> #0  Takeuchi.tak(x#Integer, y#Integer, z#Integer) at /root/debug-sample.rb:14
    #1  Takeuchi.tak(x#Integer, y#Integer, z#Integer) at /root/debug-sample.rb:15
    #2  <main> at /root/debug-sample.rb:25

From: /root/debug-sample.rb @ line 14 Takeuchi#tak:

    13: def tak(x, y, z)
=>  14:   if x > y then
    15:     return tak(tak(x - 1, y, z),
    16:                 tak(y - 1, z, x),
    17:                 tak(z - 1, x, y))
    18:   else
    19:     return z
    20:   end
    21: end

[2] pry(#<Takeuchi>)> [x, y, z]
=> [1, 1, 0]
[3] pry(#<Takeuchi>)> _
```

■ SECTION-297 ■ Byebugでデバッグする

これは要は再帰的にメソッドが呼び出されて、その中で止まっているのですね。x, y, zが1, 1, 0であるところからわかりますが、今は、次の部分の中なわけです。

```
15:       return tak(tak(x - 1, y, z),
                      ^^^^^^^^^^^^^^^^^
                      = 2 - 1, 1, 0
```

どんどん進みましょう。

```
[3] pry(#<Takeuchi>)> step

From: /root/debug-sample.rb @ line 19 Takeuchi#tak:

    13: def tak(x, y, z)
    14:   if x > y then
    15:     return tak(tak(x - 1, y, z),
    16:                    tak(y - 1, z, x),
    17:                    tak(z - 1, x, y))
    18:   else
 => 19:     return z
    20:   end
    21: end

[3] pry(#<Takeuchi>)> [x, y, z]
=> [1, 1, 0]
[4] pry(#<Takeuchi>)> _
```

これまでと違うところに来ました。

ここにきて、誤りが明らかになります。x, y, zの組1, 1, 0に対しては、コメント通りであれば1が返らなければおかしいですが、「return z」つまり0を返そうとしています。ここが問題だったのです。コメント通りにするには、zではなくyを返す必要があったのでした。

```
関連項目 ▶ ▶ ▶
```
● 「Pry」を使う ……………………………………………………………………… p.63

SECTION-298

benchmarkでベンチマークする

間違った結果になるわけではないが、なんとなく動きが遅いというプログラムは存在します。理由はさまざまかと思いますが、まずは調査すべきなのは「なんとなく」ではなく実際にどの程度遅いかという計測です。

SAMPLE CODE

```
require 'benchmark'

# 時間を測るだけのシンプルな利用方法
puts Benchmark.measure { sleep 1 }
# >> 0.000000   0.000000   0.000000 (  1.000000)

# リハーサルを実施し、出力もいい感じにする
Benchmark.bmbm do |bmbm|
  bmbm.report("#1") { sleep 1 }
  bmbm.report("#2") { sleep 1.11 }
end
```

ONEPOINT | **実時間計測にはbenchmarkを使う**

このライブラリは基本的にはブロックを実行してそのかかった時間を得るものです。それだけのためのシンプルな利用方法が「Benchmark.measure」です。このメソッドは「Benchmark::Tms」を返し、その内容はブロックの実行時間です。

しかし、時間の計測は何回か実施すると値が異なることがあります。特にディスクアクセスなどはキャッシュされるため、初回と2回目以降で速さが違うことはよくあります。そのためリハーサルを行ってキャッシュなどをあたためる場合は、「Benchmark.bmbm」を使います。

SECTION-299

stackprofでプロファイリングを取得する

❖ 「stackprof」について

　Rubyには標準添付の「profile」というライブラリがあり、簡単に使えるので、小さなプログラムを作っているときなどはこれで充分な場合も多いです。requireするだけで計測から結果の出力までやってくれます。

```
$ ruby -rprofile script options ...
```

　ただし、得てしてプロファイリングはプログラムが大規模になってきてから初めてニーズが出てくるものです。そのような場合にお勧めなのが「stackprof」というgemです。

❖ stackprofの使い方

　stackprofの場合は、データを収集するのと、それを集計するのは別々です。まず収集する方ですが、RailsやSinatraなどのRackアプリケーションなら、Rackミドルウエアが添付されてきているので、それを使うのがよいでしょう。

```
gem 'stackprof'
require 'stackprof'
use StackProf::Middleware, enabled: true
```

　そうではなく、非Web系のアプリケーションの場合や、特にピンポイントで確認したい部分があるという場合は、直接、APIを利用することになります。

```
gem 'stackprof'
require 'stackprof'

StackProf.run(out: '/tmp/stackprof.dump') do
  #...
end
```

709

■ SECTION-299 ■ ctookprofでプロファイリングを取得する

| COLUMN | 集計結果を閲覧するにはstackprofコマンドを使う |

　このようにして計測したデータを元に集計結果を閲覧するには、stackprofコマンドが利用できます。stackprofコマンドにはいくつかの出力モードがあります。一番シンプルなのはテキストモードです。

```
$ bundle exec stackprof /tmp/stackprof.dump --text
==================================
  Mode: wall(1000)
  Samples: 558 (0.00% miss rate)
  GC: 0 (0.00%)
==================================
    TOTAL    (pct)     SAMPLES    (pct)     FRAME
    18851 (3378.3%)       558 (100.0%)     Takeuchi#tarai
      558 (100.0%)         0   (0.0%)     block in <main>
      558 (100.0%)         0   (0.0%)     <main>
      558 (100.0%)         0   (0.0%)     <main>
```

　時間がかかっているところがどこか、すぐわかりますね。一覧として便利ですが、一方で遅いメソッドがどこから呼ばれているかわからないという欠点もあります。そこで、コールグラフと呼ばれる、何がどこから呼ばれているかの情報を出力することもできます。

```
$ bundle exec stackprof /tmp/stackprof.dump --graphviz
digraph profile {
......
$ bundle exec stackprof /tmp/stackprof.dump --callgrind
version: 1
creator: stackprof
pid: 0
cmd: ruby
......
```

　これらはそれぞれgraphvizというビジュアライザや、KCachegrindというビジュアライザで表示することができます。
　最後に、フレームグラフという出力形式は、メソッド呼び出しの深さが直感的にわかる形式です。この形式の表示を作成するには、まず計測側で「raw: true」を指定してプロファイルを計測しておきます。

```
gem 'stackprof'
require 'stackprof'

StackProf.run(out: '/tmp/stackprof.dump', raw: true) do
  # ...
end
```

その後、stackprofコマンドで出力します。

```
$ bundle exec stackprof /tmp/stackprof.dump --flamegraph > /tmp/stackprof.js
```

たとえばこのような出力が得られます。なお、下図はstackprofのREADMEから引用しました。

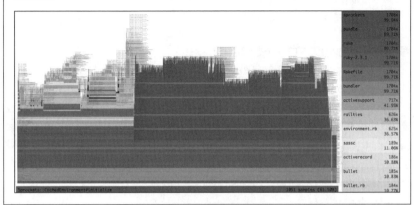

SECTION-300

この本には書いていないことについて

書ききれなかったこと

この章が最後の章ですが、Rubyのすべてを網羅することはできませんでした。駆け足ではありますが、書ききれなかったことについて多少でも追加できればと思います。

トップダウンのアプローチで学ぶこと

プログラミングを始める動機というものが、普通はあると思います。マストドンのアプリを作りたいとか。ゲームのアプリを作りたいとかなどです。

こういう場合にまずどうすればいいかですが、ドキュメントとかチュートリアルとかいったものを読みながら、概要から先に、やがて細部に向かって学んでいくような流れがよいのではないでしょうか。本書は逆引きハンドブックという性質上、このアプローチの内容はあまり含まれていません。

たとえばRailsを使う人であれば、Rails Guidesという文章がこれに該当することでしょう。

ボトムアップのアプローチで学ぶこと

逆に、細部に対する理解を積み重ねて俯瞰的な視点を得る学び方もあると思います。本書はこちらの方針ですので、Ruby本体に関する解説はある程度、行えたかと思います。しかし、必ずしも網羅的でもないでしょう。また、外部のライブラリに関する記述はあまりできませんでした。量的にも膨大になりますので、これらに関しては読者におまかせするよりありません。

特にライブラリの場合ですが、ソースコードを読むことで、その動きがわかるようになったり、あるいはテストを見ることで、使い方がわかったりすることは多いです。使うライブラリのレポジトリを閲覧していくというのは良い方針だと思います。https://github.com/amatsuda/gem-srcというものがあり、インストールしておくと、gemを使うたびにソースコードを取得してくれるようになります。手元にあることでいつでも閲覧できるようになるので、便利です。

コミュニティで学ぶこと

昔話は割愛しますが、現代になってとても良いと思う点として、同じ目標で学ぶ人がインターネット上で比較的簡単に見つかるということがあります。見つけてみると意外に近所にいたということも稀ではないです。Rubyに限った話ではないですが、他人に質問したり、他人から質問されることで、より理解が深まるという面は確実にあります。

インターネット以外の方法として、Rubyの場合は各国のコミュニティがカンファレンスなどを実施しており、そういったところに参加することも1つの選択肢です。日本国内に限って言うと、地域Rubyコミュニティとよばれるものがミートアップ（集会のようなもの）をやっている地域もたくさんありあます。執筆時点では、https://github.com/ruby-no-kai/official/wiki/RubyEventCheckに情報がまとまっています。

■ SECTION-300 ■ この本には書いていないことについて

❖ 実運用で学ぶこと

　本書のサンプルコードは大部分が実際に動くコードです。とはいえ、紙面の都合もありますので、どうしても規模のあるプログラムは掲載しきれませんでした。

　実際にプログラムを動かしてみることで、予想もしなかったり見落としたりしていた挙動に出会うことは多いです。ぜひ、皆さん自身でプログラムを書いて、動かしてみてください。

INDEX

記号・数字

^	236,237
__dir__	90
__ENCODING__	90
__FILE__	90,494
__LINE__	90
__method__	90
-	77,327
::	88
!	79,180
!~	233
?	237
.	236
..	421
...	421
.cgi	35
.rb	35
[]=	320
*	77,237,323,343
**	78
/	77,233
\	189
\`	265
\'	265
\&	265
\+	265
\0	265
\1	265
\u	189
\x	189
&	327
&&	79
#	95
#!	35
%	77
%記法	167
+	77,237
<	182
<<	331
<=	182
<=>	182,421,627
==	177,182
===	150
=~	233
=begin	95
=end	95
>	182
>=	182
|	235,327
||	79

||=	560
$	237
$`	91,256
$_	94
$:	38,92
$!	92,154
$?	91
$'	91,256
$@	92
$*	94
$&	91,256
$+	91,256
$<	93
$>	93,464
$~	91,256
$0	93,494
$1	242,256
$DEBUG	93
$LOAD_PATH	38,92
$SAFE	92,622
$stderr	92,464
$stdin	92
$stdout	92,464
$VERBOSE	93
0	414
0b	414
0d	414
0o	414
0x	414
2進整数	414
8進数表記	189
8進整数	414
10進小数	434
10進整数	414
16進数表記	189
16進整数	414

A

alias	158,668
and	79
ARGF	93,498
ARGV	94,495
ARGV.options	499
Array	314
Array#-	629
Array#[]	319,325
Array#+	322
Array#<<	342
Array#assoc	333
Array#clear	334

714

INDEX

Array#collect!	374
Array#combination	330
Array#compact	335
Array#compact!	335
Array#concat	322
Array#delete	335
Array#delete_at	335
Array#delete_if	335,386
Array#dig	368
Array#each	337
Array#each_index	338
Array#each_with_index	338
Array#empty?	349,351
Array#fetch	319
Array#fill	317,339
Array#first	351
Array#flatten	340
Array#flatten!	340
Array#include?	277
Array#index	341
Array#insert	342
Array#inspect	343
Array#join	343
Array#last	349
Array#length	196,262,321,351
Array#map!	374
Array.new	314,316
Array#new	353
Array#permutation	330
Array#pop	332,349
Array#product	330
Array#push	331,342,349,351
Array#rassoc	333
Array#reject	335
Array#reject!	335
Array#replace	334
Array#reverse	344,395
Array#reverse!	344
Array#reverse_each	337
Array#rindex	341
Array#sample	347
Array#shelljoin	290
Array#shift	332,351
Array#shuffle	347
Array#size	321
Array#transpose	338,345
Array#uniq	219,346
Array#uniq!	346
Array#unshift	331,342
Array#values_at	326

Array#zip	338
ASCII compatibility	58

B

BasicObject#__id__	625
BasicObject#__send__	595,612
BasicObject#instance_eval	603,606
BasicObject#instance_exec	606
BasicObject#method_missing	635
BasicSocket	534
begin	116,153,156
Benchmark.bmbm	708
Benchmark.measure	708
Benchmark::Tms	708
between?	182
Binding	295
break	102
Byebug	703

C

COカバレッジ	701
case	148,252,379
CGI.escapeElement	291
CGI.escapeHTML	291
CGI.unescapeElement	291
CGI.unescapeHTML	291
clamp	182
Class#ancestors	143
Class.new	587
Class#new	563
Class#superclass	626
CMath	431
Comparable	182
Comparable#between?	424
Complex	431
Complex.polar	431
CSV	305
CSV.foreach	306
CSV.open	306
CSV.read	306
Ctrl文字	190

D

Date#day	442
Date#month	442
Date.new	441
Date._parse	445
Date.parse	445
Date#strftime	443

INDEX

DateTime#day 442
DateTime#hour............................ 442
DateTime#min 442
DateTime#month............................ 442
DateTime.now 440
DateTime#sec 442
DateTime#wday 442
DateTime#yday 442
DateTime#year............................ 442
DateTime#zone 442
Date.today 440
Date#wday............................ 442
Date#yday 442
Date#year 442
Date#zone 442
default_external 453
default_internal............................ 453
defined? 163
Dir.[] 479,483
Dir.glob............................ 479,483
Dir.tmpdir............................ 474
do 121
DRbObject.new_with_uri 654
DRb.start_service 654
DRbUndumped 658
dRuby 654,656
DSL 660,666

E

e 414
else 96,116,153
elsif 96
empty?............................ 185
Encoding 57
end............................ 153
End-to-endテスト 700
ensure 116,153,155
Enumerable 372
Enumerable#all? 375
Enumerable#any? 375
Enumerable#chunk_while............................ 391
Enumerable#collect 374
Enumerable#count 392
Enumerable#cycle 406
Enumerable#detect 383
Enumerable#drop............................ 326
Enumerable#drop_while 387
Enumerable#each_cons 404
Enumerable#each_slice 403
Enumerable#each_with_index 377

Enumerable#find 252,383
Enumerable#find_all 385
Enumerable#grep 250,380
Enumerable#group_by 388
Enumerable#include? 378
Enumerable#inject 381,397
Enumerable#lazy 407
Enumerable#map............................ 119,374
Enumerable#max............................ 382
Enumerable#member? 378
Enumerable#min 382
Enumerable#partition 386,388
Enumerable#reduce 397
Enumerable#reject 386,388
Enumerable#select
.... 119,369,383,385,388
Enumerable#slice_after 391
Enumerable#slice_before............................ 391
Enumerable#slice_when 391
Enumerable#sort............................ 395
Enumerable#sort_by 395
Enumerable#sum............................ 381
Enumerable#take............................ 325,406
Enumerable#to_a............................ 372
Enumerable#zip 345,377,402
Enumerator............................ 408
Enumerator::Lazy 407
Enumerator#next............................ 409
Enumerator#rewind............................ 409
ENV 504
EOC 192
EOF 192
EOS 192
ERB 293,297,299,300
ERB#def_method............................ 302
ERB.new 296,298
ERB#result 296,300
ERB#result_with_hash 301
ERB::Util#h 304
ERB::Util#u 304
ERBタグ 298
eval 225
Exception 152

F

false 79,90
FIFO 351
File.basename 478
File.dirname 478
File.expand_path 478

INDEX

File.extname	478
File.fnmatch	479,480,482
File.fnmatch?	480
File.lstat	468
File.open	450
File.read	457
File.split	478
File.stat	467
File::Stat	467
FileUtils	469
File.write	462
Find.find	485
for	100
Forwardable	572

G

gem	67,68
Gemfile	68
grep	250
gzip圧縮	475

H

Hash	315
Hash#[]	319
Hash#clear	334
Hash#default=	355
Hash#default_proc=	355
Hash#delete	359
Hash#delete_if	359
Hash#dig	368
Hash#each	356
Hash#each_key	356,362
Hash#each_value	356,362
Hash#fetch	319
Hash#has_key?	357
Hash#has_value?	357
Hash#include?	357
Hash#invert	360,361
Hash#keep_if	369
Hash#key	360
Hash#key?	357
Hash#keys	362
Hash#length	321
Hash#member?	357
Hash#merge	363
Hash#merge!	363
Hash.new	355,575
Hash#reject	359
Hash#reject!	359

Hash#replace	334
Hash#select	369
Hash#select!	369
Hash#size	321
Hash#to_a	362
Hash#update	363
Hash#value?	357
Hash#values	362
HTML	307
HTMLエスケープ	291,304
HTTPサーバ	535

I

if	96
Imaginary	78
Integer#even?	415
Integer#oct	221
Integer#odd?	415
Integer#times	118
Integer#to_f	77
Integer#to_s	415
Integer#upto	423
interpolation	209
IO#<<	464
IO#close	450
IO#each_byte	461
IO#each_line	459
IO#gets	459
IO.popen	512
IO#pos	472
IO#pos=	472
IO#printf	211
IO.read	457
IO#read	457
IO.readlines	457
IO#readlines	457
IO#rewind	472
IO#tell	472
IO#write	464
IOエンコーディング	453
irb	37,60

J

JSON	535

K

Kernel#Array	315
Kernel#at_exit	617
Kernel#BigDecimal	434

717

INDEX

Kernel#binding ················· 295,610
Kernel#block_given? ··········· 123,165
Kernel#catch···························· 103
Kernel#eval ··················· 295,610
Kernel#exit ·························· 617
Kernel#exit! ························ 617
Kernel#extend ······················ 577
Kernel#Float ······················· 221
Kernel#frozen? ····················· 626
Kernel#global_variables ············ 631
Kernel#instance_variable_get ····· 616
Kernel#instance_variables ·········· 631
Kernel#Integer ····················· 221
Kernel#lambda ······················ 591
Kernel#load ····················· 40,43
Kernel#local_variables ············· 631
Kernel#loop ························ 643
Kernel#method····················· 595
Kernel#methods···················· 628
Kernel#object_id ·················· 625
Kernel#open ······················ 450
Kernel#p ······················ 61,176
Kernel#Pathname ·················· 484
Kernel#pp ························· 176
Kernel#print ················· 175,464
Kernel#printf ······················ 211
Kernel#private_methods ············ 628
Kernel#proc ······················ 591
Kernel#protected_methods ········· 628
Kernel#public_methods ············· 628
Kernel#puts ······················ 175
Kernel#raise ······················ 154
Kernel#rand ······················ 418
Kernel#Rational ··················· 432
Kernel#require ····················· 40
Kernel#set_backtrace ·············· 92
Kernel#singleton_methods ·········· 630
Kernel#sprintf ················ 211,221
Kernel#srand····················· 419
Kernel#system ···················· 508
Kernel#tainted? ··················· 626
Kernel#tap ······················· 666
Kernel#throw······················ 103
Kernel#trap ······················ 617
Kernel#URI························ 528
keyword引数 ······················ 113

L

LIFO ······························· 349
Logger ···························· 490

Logger#debug ····················· 490
Logger#level= ····················· 490
Logger.new························ 490

M

mail ······························ 541
Mail#add_file ····················· 541
Mail::Body#encoded ··············· 541
Mail#deliver ······················ 544
Mail.new ························· 541
Mail.read ························· 541
Marshal ·························· 183
Marshal.dump ················ 183,658
MatchData················ 233,242,256
MatchData#begin ················· 256
MatchData#end ··················· 256
Math ····························· 417
Matrix ···························· 428
Matrix.[] ·························· 428
memoize ························· 575
Meta文字························· 190
Method#[] ························ 595
Method#call ······················ 595
Method#name ····················· 595
Method#owner ···················· 595
Method#receiver ·················· 595
Method#to_proc ··················· 599
minitest ····················· 695,696
Mix-in···························· 49,135
Module#alias_method ·············· 161
Module#ancestors ················· 626
Module#append_features ··········· 137
Module#attr_accessor ·············· 549
Module#attr_accessor_default ····· 552
Module#attr_reader ··········· 277,549
Module#attr_writer ················ 549
Module#class_exec ················ 606
Module#class_variable_defined? ··· 163
Module#class_variables ············ 631
Module.constants ················· 632
Module#constants ················· 632
Module#const_defined? ············ 163
Module#const_get ············· 400,614
Module#def_each ·················· 608
Module#define_method··· 581,582,585
Module#include ··················· 136
Module#include? ·················· 627
Module#included ·················· 136
Module#included_modules ·········· 626
Module#instance_methods··········· 628

INDEX

Module#module_eval ······ 136,581,603
Module#module_exec ··············· 606
Module#module_function ············· 566
Module#name ····················· 626
Module#prepend ···················· 589
Module#private····················· 555
Module#private_instance_methods
···································· 628
Module#protected_instance_methods
···································· 628
Module#public ···················· 555
Module#public_instance_methods
···································· 628
Module#remove_method ············· 159
Module#to_s ····················· 626
Monitor··························· 651
Monitor#synchronize ··············· 651
Mutex ···························· 651
Mutex#synchronize················· 651

N

NArray ·························· 437
NArray.[] ························ 437
Net::HTTP ······················ 539
next ···························· 102
nil ·························· 79,90
nil? ··························· 185
nkf ···························· 232
NKF.nkf ························ 282
Nokogiri ························ 308
Nokogiri.HTML ·················· 308
Nokogiri::HTML::Document ········· 308
not ···························· 79
NotImplementedError················ 601
Numeric#div ····················· 77
Numeric#divmod ·················· 77
Numeric#modulo ·················· 77
Numeric#quo····················· 77

O

Object#__id__ ···················· 177
Object#__send__ ········· 277,557,558
Object#== ···················· 150,178
Object#=== ······················ 150
Object#clone···················· 181,183,324
Object#dup······················ 181,183
Object#eql? ········· 179,327,346,365
Object#equal? ···················· 177
Object#extend ·················· 136,142

Object#freeze ···················· 316,573
Object#frozen? ···················· 573
Object#hash ······················ 365
Object#inspect···················· 174
Object#instance_eval ·············· 557
Object#instance_variable_defined?
···································· 163
Object#object_id ·················· 177
Object#respond_to? ············· 164,553
Object#singleton_class ············· 585
Object#to_s ······················ 174
OpenID Connect ·················· 287
OpenSSL························· 286
OpenSSL::Cipher ·················· 289
OpenStruct······················ 569
open-uri ························ 532
optional引数 ······················ 111
OptionParser···················· 499
OptionParser.getopts ·············· 503
OptionParser#on ············· 499,502
OptionParser#parse! ·············· 499
or······························· 79
OS ····························· 506

P

PATH ························· 38,46
Pathname ························ 484
Pathname#children ··············· 485
Pathname#each_entry ············· 485
Pathname#find···················· 485
Pathname#glob ··················· 485
Pathname.pwd ···················· 484
platform ························ 506
private ·························· 555
Proc#[] ·························· 591
Proc#binding ···················· 610
Proc#call························ 123,591
Process.daemon ·················· 517
Process.kill······················ 517
Process::Status ···················· 91
Process::Status#coredump? ········· 508
Process::Status#exited? ············· 508
Proc.new ························ 591
Procオブジェクト ··················· 123
protected ························ 557
Pry ····························· 63
pry-byebug ······················ 66
public ·························· 555

719

INDEX

Q

Queue	649
Queue#pop	649
Queue#push	649

R

Random.rand	418
Random#rand	418
Range#each	423
Range#include?	424,425
Rational	78
Recorder	673
redo	103
Regexp#===	252
Regexp#=~	252
Regexp#compile	249
Regexp.escape	254
Regexp.last_match	257
Regexp#match	233
Regexp.new	249
Regexp.quote	254
Regexp.union	254
Regexpオブジェクト	233
rescue	116,153,154,156
rest引数	112
retry	155
return	114
REXML	309
REXML::Document.new	309
REXML::Parsers::StreamParser.new	311
REXML::StreamListener	311
RI	70
RSpec	697,698
Ruby	32
RUBY_DESCRIPTION	505
RubyGems.org	67
RUBYLIB	38,46
Ruby on Rails	537
RUBYOPT	46
RUBY_PATCHLEVEL	505
RUBYPATH	38,46
RUBY_PLATFORM	506
RUBYSHELL	47
RUBY_VERSION	505

S

selenium-webdriver	699
self	90
Set#classify	388
set.rb	328,388
Shellwords.escape	290
Shellwords.join	290
Shellwords.split	290
Signal.trap	514
Signal#trap	617
SimpleCov	701
SizedQueue	649
Socket.tcp_server_loop	546
splat	84
stackprof	709
STDERR	92,464
STDIN	92
STDOUT	92,464
StopIteration	643
String#[]	197,260
String#[]=	200
String#*	204
String#%	211,221,415
String#+	198
String#<<	198
String#<=>	207
String#b	280
String#bytes	212
String#bytesize	196
String#capitalize	213
String#casecmp	207
String#casecmp?	207
String#center	204,214
String#chars	196,212
String#chomp	216,509
String#chop	216
String#concat	198
String#count	222
String#crypt	287
String#delete	224
String#downcase	213
String#dump	226
String#each_byte	212
String#each_char	212
String#each_line	212
String#encode	191,231
String#encode!	191
String#end_with?	251
String#external_filter	510
String#gsub	219,264,268,426
String#index	273
String#insert	203
String#intern	278

INDEX

StringIO	488	Thread	639
String#length	196	Thread#join	644
String#lines	212	Thread.start	639
String#ljust	204,214	Thread.stop	652
String#match	233	Thread#thread_variable_get	646
String#partition	271	Thread#thread_variable_set	646
String#prepend	198	Thread#value	645
String#reverse	205	Time#day	442
String#reverse!	205	Time#hour	442
String#rindex	273	Time.local	441
String#rjust	204,214	Time#min	442
String#rpartition	271	Time#month	442
String#scan	262	Time.now	440
String#scanf	284	timeout.rb	647
String#shellescape	290	Timeout.timeout	647
String#shellsplit	290	Time.parse	445
String#size	196	Time#sec	442
String#slice!	201	Time#strftime	443
String#split	270	Time#wday	442
String#squeeze	219	Time#yday	442
String#squeeze!	219	Time#year	442
String#start_with?	251	Time#zone	442
String#strip	217	true	79,90
String#sub	264		

String#succ	228		
String#succ!	228	**U**	
String#swapcase	213	UDPSocket	534
String#to_f	221	undef	158
String#to_i	221	Unicodeコードポイント	189
String#tr	219,224	UNIXServer	534
String#unicode_normalize	232	UNIXSocket	534
String#unpack	280	unless	97
String#upcase	213	until	99
Struct	569	URI	528,529
Struct.new	569	URI.extract	528
succ	105	URI.parse	528
super	165	URI#read	532
Symbol	275	URL	528,529,532
Symbol#to_proc	599	URN	529
Symbol#to_s	278		

		V	
T		Vector	428
TCPServer	534	Vector.[]	428
TCPSocket	534		
TCPSocket#close	546	**W**	
TCPクライアント	545		
TCPサーバ	545	Web API	538
Tempfile.create	473	WEBrick	530
test-unit	693,694	WEBrick::HTTPServer.new	530
then	96	Webサーバ	530
		while	99

721

INDEX

X

XML	309
XMLパーサ	309
xmpfilter	61

Y

YARD	688
yield	165

Z

Zlib.gunzip	476
Zlib.gzip	476
Zlib::GzipReader	476
Zlib::GzipReader.open	476
Zlib::GzipReader.wrap	476
Zlib::GzipWriter	476
Zlib::GzipWriter.open	476
Zlib::GzipWriter.wrap	476

あ行

アクセサ	548,551,570
アクセス制御	555
浅いコピー	183
値	315
後片付け	152,155
余り	77
アンカー	237
暗号化	288
委譲	571
依存関係	68
一時ディレクトリ	474
一時ファイル	473
イテレータ	118
移動	469
インクリメント	105
インクルード	136
インスタンス	49
インスタンス変数	87,163,548,615,631
インスタンスメソッド	50
インストール	34
インタプリタ	37
インデックス	338
インデント	36
エコシステム	686
エスケープ	235
遠隔操作	656
エンコーディング	57,191,452
演算子	75

オープンクラス	129
オープンモード	451
大文字	213,239
汚染マーク	622
オブジェクト	48
オブジェクト指向	48,484

か行

改行	216
改行コード	231,266
解析	307,309
外部DSL	660
外部イテレータ	409
外部エンコーディング	453
外部コマンド	507
隠しファイル	481
拡張子	35,478
可視性	555
型付き構造体	677
カプセル化	48,549
可変長引数	112
空	185,334
仮引数	111
カレントスレッド	652
環境変数	46,504
関数	50
キー	315,570
キーワード引数	564
疑似キーワード引数	565
疑似変数	90
奇数	415
基本的な記述方法	35
逆写像	361
キャッシュ	575
キュー	350,648
行列	428
偶数	415
空白文字	217
組み合わせ	329
組み込み変数	91
クラス	48
クラス階層	51
クラス定義	126
クラス変数	89,163,631
クラスメソッド	50,140
グループ	236,237
クロージャー	590
グローバル変数	89,631
クロスサイトスクリプティング	292
継承	49,132

722

INDEX

結合	198,322
現在時刻	440
検索	273
高階関数	125
合計	381
構造体	271,568,570
後方参照	241
強欲マッチ	244
誤差	433
コピー	183,324,469
子プロセス	509,510,511
コマンド	494
コマンドラインオプション	456,499
コマンドライン引数	495
コメント	95
小文字	213,239
混合	363
コンストラクタ	562

さ行

再試行	155
最小値	382
サイズ	321
最大値	382
最短一致	244
最長一致	243
再定義	588
先読み	246
削除	335,469
サブクラス	49,132
三項演算子	98
参照渡し	658
時	442
式展開	188,208,249
式の検査	163
シグナル	513
自己代入	82
四則演算	77
実行	37
写像	374
シャッフル	347
縦横計算	401
集合演算	327
順列	329
商	77
条件演算子	98
条件分岐式	96
剰余	77
ショートサーキット評価	79,80
書式	284

真偽	375
真偽値	79
シングルクォート文字列	188,265
シンボリックリンク	468
シンボル	275,278
数学関数	416
数値	221
数値計算用多次元配列	436
数値リテラル	414
スーパークラス	49,132
スクリプト探索パス	38
スクリプトファイル	35
スコープ	122
スタック	348
ストリーミングAPI	311
スレッド	638
スレッドローカル変数	90,646
正規表現	233,235,239,273
正規表現マッチ	91
正規表現リテラル	233,249
セーフレベル	623,624
セキュリティチェック	622
絶対パス	478
設定ファイル	663
先頭	251,332
送信	543
挿入	203,342
ソース	34
ソート	394
ソケット	533,546

た行

代入	82
タイムアウト	645,647
タイムゾーン	442
ダウンロード	34
多次元配列	352
多重代入	84
畳み込み	381,397,401
ダブルエスケープ問題	267
ダブルクォート文字列	188
単位	674
遅延初期化	559
遅延評価	209
置換	264
中央寄せ	214
抽象メソッド	600
重複要素	346
直積	329
追加	331

723

INDEX

通算日数	442
月	442
停止	652
定数	86,88,163,614,632
ディレクトリ名	478
デーモン	516
デクリメント	105
テスト	691,693,695
デバッグ	93,703
デフォルト式	111
デフォルト値	354
転置	345
テンプレート処理	293
同一性	177
同一要素問題	316
同値性	177
動的型付	54
ドキュメントコメント	688
ドキュメント引き	69
特異クラス	138
特異メソッド	50,139,577,584
ドメイン特化言語	660

な行

内部DSL	660
内部エンコーディング	453
長いオプション	500
名前空間	43
二次元配列	345
日本語	191
入出力バッファリング	512
入力ファイル	497
任意精度浮動小数点数	433
年	442

は行

場合分け	252
バージョン	505
パーミッション	452
排他制御	650
バイト数	196
バイナリ	239
バイナリデータ	279
バイナリ文字列	280
パイプライン	511
配列	314
配列式	314
破壊的メソッド	180
パス	528

パス名	478
パスワード文字列	286
パターンマッチ	380,479
バックスラッシュ記法	189
バックトラック抑制	244
ハッシュ	315,354,570
ハッシュ関数	286
ハッシュリテラル	315
範囲オブジェクト	420
反転	205,344,361
日	442
ヒアドキュメント	192
比較	182,206
左詰め	214
日付	440
否定	79
否定先読み	247
秒	442
表示	175
標準エラー出力	92,464
標準出力	92,464
標準入力	92,497,510
非欲張りマッチ	244
ファイル操作	450
ファイル名	477,478,484
フィルタ	520
フォーマット	210
深いコピー	183
復号化	288
複素数	78,431
フック	136,634
浮動小数点数	77,414,433
部分配列	325
部分マッチ	241
部分文字列	197
ブロック	118,450,590,666
ブロック付きメソッド	121
ブロック引数	113,582
ブロックローカル	122
ブロックローカル変数	124
プロファイリング	709
分	442
分割	270,290
分散Ruby	654
並行実行	638
並行処理	377
平坦化	340
べき乗	78
冪等	692
ベクトル	428